ERICH
SCHMIDT
VERLAG

W0229486

Bilanzanalyse

Unternehmensbeurteilung auf der Basis von HGB- und IFRS-Abschlüssen

Von
Univ.-Prof. Dr. Gerrit Brösel

Begründet von
Univ.-Prof. Dr. Eberhard Schult

15., neu bearbeitete Auflage

ERICH SCHMIDT VERLAG

Bibliografische Information der Deutschen Nationalbibliothek
Die Deutsche Nationalbibliothek verzeichnet diese Publikation in der Deutschen
Nationalbibliografie; detaillierte bibliografische Daten sind im Internet über
http://dnb.d-nb.de abrufbar.

Weitere Informationen zu diesem Titel finden Sie im Internet unter
ESV.info/978 3 503 15671 9

Hinweis für Dozenten:
Um Sie bei der Vorbereitung und Durchführung Ihrer Lehrveranstaltung
zu unterstützen, stellen wir Ihnen – bei Nachweis der Lehrtätigkeit –
gern die auf das Buch ausgerichtete PowerPoint-Präsentation zur Verfügung.
Wenden Sie sich diesbezüglich bitte an buchvertrieb@ESVmedien.de.

1.–8. Auflage Haufe Verlag, Freiburg
9. Auflage (1997) und 10. Auflage (1999)
S+W Steuer- und Wirtschaftsverlag, Hamburg
11. Auflage 2003
12. Auflage 2008
13. Auflage 2010
14. Auflage 2012
15. Auflage 2014

ISBN 978 3 503 15671 9

Druckerei Strauss GmbH, Mörlenbach

Meiner Frau

ANIKKE

sowie meinen Kindern

RAPHAEL und *EVA*

gewidmet.

Vorwort

Die **Krisen in Wirtschaft** (sog. Finanzkrise/-n) **und Politik** (sog. Währungskrise/-n) offenbarten die Probleme, die in der Praxis bei der Durchführung von Bilanzanalysen bestehen: Mit vorauseilendem Gehorsam wird den „Kochbuchrezepten" angloamerikanischer „Forscher" gefolgt; den Aussagen der Ratingagenturen wird weitgehend Glauben geschenkt – es sei denn, man ist das „Opfer". Das (Nach-)Denken wird über weite Strecken ebenso vernachlässigt, wie die damit verbundene kritische Reflektion der Kennzahlen. Um Krisen zu umgehen oder um deren Auswirkungen wenigstens zu vermindern, sollten solche Fehler vermieden werden. Im Hinblick auf die Bilanzanalyse muss deshalb in Theorie und Praxis dem Rechnen das Denken vor- und nachgeschaltet werden. Nicht das Beherrschen der Ermittlung jeglicher Kennzahlen sollte im Mittelpunkt stehen, sondern das Wissen um deren begrenzte Aussagekraft! In diesem Buch finden Sie diesbezüglich wertvolle Denkanstöße.

Das Buch verfolgt das **Ziel**, die Möglichkeiten und Grenzen der Bilanzanalyse umfassend, systematisch und vor allem kritisch darzustellen. Gradmesser der Würdigung der Analyseinstrumente ist einerseits die Frage, ob den Publikationen über das Unternehmen die zur Anwendung der Methode erforderlichen Informationen zu entnehmen sind (**Informationskompatibilität**). Andererseits werden die Instrumente dahingehend analysiert, ob die mit deren Hilfe ermittelten Ergebnisse der Zielstellung der Analyse gerecht werden (**Zielkompatibilität**). Hierbei wird deutlich, dass die Mehrzahl der in der Praxis genutzten Methoden diesen Ansprüchen nicht genügt. Deshalb werden jene Analysemethoden hervorgehoben, die eine weitgehend effiziente und vor allem effektive Bilanzanalyse ermöglichen. Da im Zusammenhang mit der Bilanzanalyse die Mangelhaftigkeit der Informationsquellen ein wesentliches Hindernis darstellt, wird auf die Möglichkeiten zur Beseitigung dieses Problems hingewiesen. Dies umfasst auch eine ausführliche Auseinandersetzung mit dem Phänomen „**Bilanzpolitik**".

Nach der Darstellung der „Grundlagen der Bilanzanalyse" (**I. Kapitel**) und den Ausführungen zur „Vorbereitung der Bilanzanalyse" (**II. Kapitel**) befassen sich das **III. Kapitel** („Analyse der Vermögens-, Finanz- und Ertragslage") und das **IV. Kapitel** („Weitere ausgewählte Analyseziele") mit den in Theorie und Praxis bedeutendsten Analysezielen sowie den damit verbundenen Analysemethoden. Bezogen auf die jeweilige Zielsetzung der Analyseadressaten werden die Instrumente der Bilanzanalyse dargestellt, diskutiert und kritisch gewürdigt. Im **V. Kapitel** werden schließlich „Besondere Aspekte der Bilanzanalyse" betrachtet.

Die 14. Auflage dieses Buches wurde von den Lesern sehr gut angenommen und erfreulich schnell abverkauft. Diese positive Resonanz und ein frühzeitiger Hinweis des Verlages eröffneten mir die Möglichkeit, mich schon bald der gewissenhaften Vorbereitung einer weiteren Neuauflage des Werkes zu widmen. Die nunmehr vorliegende **15. Auflage** wurde vollständig überarbeitet und z. B. um die Ausführungen zur qualitativen Bilanzanalyse erweitert; im Gegenzug wurde das Werk um weniger relevante Inhalte gekürzt. Zudem wurden die Literaturhinweise aktualisiert; auch das durchgehende Praxisbeispiel wurde an die neuen Gegebenheiten angepasst. Im Hinblick auf die nationalen und die internationalen Rechnungslegungsnormen wurden im Buch die per **1. Januar 2014** zu beachtenden Regelungen berücksichtigt.

Das vorliegende Werk ist als Lehrbuch konzipiert. **Zielgruppen** sind gleichermaßen Studenten der Universitäten und Fachhochschulen sowie interessierte Praktiker. Mit dem Buch kann neben der **Bilanzanalyse** auch die **Bilanzpolitik im Studium und** im **Selbststudium** erschlossen werden. Darüber hinaus hilft es einerseits **Praktikern**, sei es beispielsweise als Privatanleger, Wirtschaftsprüfer oder potentieller Kreditgeber, wirksame Bilanzanalysen durchzuführen und/oder deren Ergebnisse zu interpretieren. Andererseits vereinfacht es den bilanzierenden Unternehmen, die Erwartungshaltung der Bilanzanalysten und -leser zu antizipieren. Um die Fokussierung des Buches auf die Zielgruppen zu unterstreichen, sind zahlreiche **didaktische Komponenten** enthalten: So sind die Analysemethoden unter Rückgriff auf einen beispielhaften Jahresabschluss verdeutlicht, explizite Lernziele für jedes Hauptkapitel formuliert sowie Definitionen und Merksätze transparent hervorgehoben. Für Dozenten stehen nunmehr auch die zahlreichen Abbildungen und Formeln des Buches als **PowerPoint-Präsentation** im Netz zur Verfügung.

Ich bedanke mich für die Anmerkungen und Verbesserungsvorschläge, die zur Vorauflage u. a. von Herrn Prof. Dr. *CLAUS KOSS* und Herrn Dipl.-Betriebswirt (FH) *MICHAEL SCHELLENBERG* bei mir eingegangen sind und welche ich gern berücksichtigt habe. Zu **Dank** verpflichtet bin ich bezüglich der Unterstützung bei der Neuauflage auch den wissenschaftlichen und studentischen Mitarbeitern meines Lehrstuhls für Betriebswirtschaftslehre, insbesondere Wirtschaftsprüfung, der FernUniversität in Hagen, wobei stellvertretend und vor allem Herr Dipl.-Wirtsch.-Ing. *PHILIPP EISFELD* genannt sei. Für die wiederholt sehr angenehme Zusammenarbeit danke ich darüber hinaus dem *ERICH SCHMIDT VERLAG*.

Zur weiteren Verbesserung des Buches bedarf es der Diskussion mit Ihnen, dem kritischen Leser. Insofern freue ich mich, wenn Sie sich mit **Anregungen und Anmerkungen** zum Inhalt mit mir in Verbindung setzen: Bilanzanalyse@FernUni-Hagen.de.

Hagen, im Februar 2014   *GERRIT BRÖSEL*

Inhaltsübersicht

	Seite
Vorwort	VII
Inhaltsverzeichnis	XI
Abkürzungsverzeichnis	XVII
Abbildungsverzeichnis	XXI
Symbolverzeichnis	XXIII

I. Kapitel: Grundlagen der Bilanzanalyse — 1
1 Begriff und Abgrenzungen — 3
2 Entwicklungsstand — 10
3 Grundsätze — 17
4 Methodik — 21
5 Grenzen — 31

II. Kapitel: Vorbereitung der Bilanzanalyse — 41
1 Zielformulierung, -definition und -gewichtung — 43
2 Informationsbeschaffung und -auswahl — 48
3 Informationsaufbereitung — 77

III. Kapitel: Analyse der Vermögens-, Finanz- und Ertragslage — 129
1 Analyse der Liquiditätslage — 131
2 Analyse der Erfolgslage — 180
3 Analyse der Vermögenslage — 232

IV. Kapitel: Weitere ausgewählte Analyseziele — 247
1 Analyse der Kreditwürdigkeit — 249
2 Analyse der Personalpolitik — 268
3 Analyse der Umweltpolitik — 275
4 Analyse der Investitions- und der Innovationspolitik — 286
5 Analyse der Abhängigkeit — 296
6 Analyse der Unternehmenszielerreichung — 303

V. Kapitel: Besondere Aspekte der Bilanzanalyse — 307
1 Qualitative Bilanzanalyse — 309
2 Strategische Bilanzanalyse — 333
3 Analyse von Konzernabschlüssen — 349
4 Internationale Vergleiche — 361
5 Steuerliche Außenprüfung — 365

Aufgabenteil	369
Lösungsteil	393
Anlage	445
Literaturverzeichnis	467
Normenverzeichnis	487
Stichwortverzeichnis	489

Inhaltsverzeichnis

		Seite
Vorwort		VII
Inhaltsübersicht		IX
Abkürzungsverzeichnis		XVII
Abbildungsverzeichnis		XXII
Symbolverzeichnis		XXIII

I. Kapitel: Grundlagen der Bilanzanalyse   1

1   Begriff und Abgrenzungen   3

2   Entwicklungsstand   10
  2.1   Entwicklungsstand in der Theorie   10
  2.2   Entwicklungsstand in der Praxis   14

3   Grundsätze   17

4   Methodik   21
  4.1   Überblick   21
  4.2   Wesentliche Aspekte der einzelnen Analyseschritte   22
    4.2.1   Zielformulierung, -definition und -gewichtung   22
    4.2.2   Informationsbeschaffung, -auswahl und -aufbereitung   25
    4.2.3   Methodenauswahl   26
      4.2.3.1   Überblick   26
      4.2.3.2   Methoden-Informationsvergleich   27
      4.2.3.3   Methodenvergleich   28
    4.2.4   Ergebnisberechnung   28
    4.2.5   Ergebnisvergleich und -interpretation   29
    4.2.6   Ergebnisdarstellung   30

5   Grenzen   31

II. Kapitel: Vorbereitung der Bilanzanalyse   41

1   Zielformulierung, -definition und -gewichtung   43

2   Informationsbeschaffung und -auswahl   48
  2.1   Informationsquellen im Überblick   48
  2.2   Nationale versus internationale Rechnungslegung   59
    2.2.1   Grundlagen   59
    2.2.2   Konzeptionelle Unterschiede   61
    2.2.3   Wesentliche Detailunterschiede   66
    2.2.4   Auswirkungen auf die Bilanzanalyse   72

3	Informationsaufbereitung	77
3.1	Überblick	77
3.2	Informationsaufbereitung hinsichtlich der Bilanzpolitik	82
	3.2.1 Grundlagen der Bilanzpolitik	82
	3.2.1.1 Definition und Grenzen der Bilanzpolitik	82
	3.2.1.2 Bilanzpolitisches Zielsystem	86
	3.2.1.3 Auswahlkriterien im Hinblick auf das bilanzpolitische Entscheidungsfeld	92
	3.2.2 Instrumente der Bilanzpolitik	94
	3.2.2.1 Überblick	94
	3.2.2.2 Sachverhaltsgestaltende Instrumente	97
	3.2.2.3 Darstellungsgestaltende Instrumente	102
	3.2.2.3.1 Explizite Wahlrechte	102
	3.2.2.3.2 Implizite Wahlrechte	105
	3.2.3 Analyse der Bilanzpolitik	109
3.3	Erstellung einer Strukturbilanz	113
	3.3.1 Grundlagen	113
	3.3.2 Besondere Aspekte	116
III. Kapitel:	**Analyse der Vermögens-, Finanz- und Ertragslage**	**129**
1	Analyse der Liquiditätslage	131
1.1	Definition	131
1.2	Analysemethoden	134
	1.2.1 Überblick	134
	1.2.2 Methoden zur bestandsorientierten Liquiditätsanalyse	135
	1.2.2.1 Grundlagen	135
	1.2.2.2 Langfristige Deckungsgrade	138
	1.2.2.3 Liquiditätsgrade	140
	1.2.2.4 Nettoumlaufvermögen	142
	1.2.2.5 Umschlagskoeffizienten	143
	1.2.3 Methoden zur stromgrößenorientierten Liquiditätsanalyse	148
	1.2.3.1 Grundlagen	148
	1.2.3.2 Cashflow	149
	1.2.3.2.1 Grundlagen	149
	1.2.3.2.2 Indirekte Ermittlungsmethode	153
	1.2.3.2.3 Direkte Ermittlungsmethode	157
	1.2.3.2.4 Bedeutung im Rahmen der Analyse	160
	1.2.3.3 Kapitalflussrechnungen	162
	1.2.3.3.1 Grundlagen	162
	1.2.3.3.2 Bewegungsbilanz	164
	1.2.3.3.3 Erweiterte Kapitalflussrechnung	167

	1.2.3.3.4 Fondsrechnung	170
	1.2.3.3.5 Kapitalflussrechnungen als Abschlussbestandteil	172
1.2.4	Kombinierte Analyse	176
1.3	Methoden-Informationsvergleich	178
1.4	Methodenvergleich	179

2 Analyse der Erfolgslage   180
- 2.1 Definition   180
- 2.2 Analysemethoden   185
  - 2.2.1 Überblick   185
  - 2.2.2 Methoden zur betragsmäßigen Erfolgsanalyse   186
    - 2.2.2.1 Ergebnis nach DVFA/SG   186
    - 2.2.2.2 EBIT, EBITDA und EBITDASO   187
    - 2.2.2.3 Cashflow   194
    - 2.2.2.4 Börsenkapitalisierung   195
    - 2.2.2.5 Wertschöpfungsrechnung   198
      - 2.2.2.5.1 Grundlagen   198
      - 2.2.2.5.2 Entstehungsrechnung   198
      - 2.2.2.5.3 Verteilungsrechnung   201
    - 2.2.2.6 Gewinnschwellenanalyse   202
    - 2.2.2.7 Rentabilitätsanalysen   204
      - 2.2.2.7.1 Grundlagen   204
      - 2.2.2.7.2 Eigenkapitalrentabilität   204
      - 2.2.2.7.3 Gesamtkapitalrentabilität   205
      - 2.2.2.7.4 Betriebsrentabilität   208
      - 2.2.2.7.5 Umsatzrentabilität   211
      - 2.2.2.7.6 Relative Wertschöpfung   212
      - 2.2.2.7.7 Gewinn je Aktie   213
      - 2.2.2.7.8 Kurs-Gewinn-Verhältnis   215
  - 2.2.3 Methoden zur strukturellen Erfolgsanalyse   216
    - 2.2.3.1 Erfolgsquellenanalyse   216
    - 2.2.3.2 Analyse der Ertrags- und Aufwandsstruktur   221
  - 2.2.4 Kombinierte Analyse   224
- 2.3 Methoden-Informationsvergleich   228
- 2.4 Methodenvergleich   231

3 Analyse der Vermögenslage   232
- 3.1 Definition   232
- 3.2 Analysemethoden   234
  - 3.2.1 Überblick   234
  - 3.2.2 Methoden zur Vermögensstrukturanalyse   235
    - 3.2.2.1 Realvermögen   235

	3.2.2.1.1 Liquidierbarkeit	235
	3.2.2.1.2 Kapazitätsauslastung	238
	3.2.2.2 Humanvermögen	239
	3.2.3 Methoden zur Finanzierungsstrukturanalyse	242
	3.2.4 Kombinierte Analyse	244
3.3	Methoden-Informationsvergleich	245
3.4	Methodenvergleich	246
	3.4.1 Liquiditätssicherungsvermögen	246
	3.4.2 Erfolgserzielungsvermögen	246

IV. Kapitel: Weitere ausgewählte Analyseziele   **247**

1	Analyse der Kreditwürdigkeit	249
	1.1 Definition	249
	1.2 Analysemethoden	254
	1.2.1 Quantitative Analyse	254
	1.2.1.1 Fragebogenanalyse	254
	1.2.1.2 Analyse der „fünf Cs"	256
	1.2.1.3 Cashflow	258
	1.2.1.4 Reingewinn	259
	1.2.1.5 „Current Ratio"	260
	1.2.1.6 Profilanalysen	261
	1.2.2 Qualitative Analyse	263
	1.2.3 Qualitativ-quantitative Ranganalyse	265
	1.2.3.1 Primäranalyse	265
	1.2.3.2 Sekundäranalyse	266
2	Analyse der Personalpolitik	268
	2.1 Definition	268
	2.2 Analysemethodik	269
	2.3 Unterziele	270
	2.3.1 Soziale Sicherheit	270
	2.3.2 Bildung	272
	2.3.3 Betriebsklima	273
	2.3.4 Beförderung	274
3	Analyse der Umweltpolitik	275
	3.1 Definition	275
	3.2 Analysemethodik	277
	3.3 Unterziele	277
	3.3.1 Informationspolitik	277
	3.3.2 Aktionärspolitik	279
	3.3.3 Steuerliches Verhalten	280
	3.3.4 Umweltschutz	282
	3.3.5 Konjunkturbeitrag	283

4   Analyse der Investitions- und der Innovationspolitik   286
     4.1   Definition   286
     4.2   Analysemethodik   288
            4.2.1   Analyse der Investitionspolitik   288
            4.2.2   Analyse der Innovationspolitik   292

5   Analyse der Abhängigkeit   296
     5.1   Definition   296
     5.2   Analysemethodik   298
            5.2.1   Auswertung von Beteiligungs- und anderen
                    Abhängigkeitsmitteilungen   298
            5.2.2   Auswertung der Abhängigkeitserklärung   300
            5.2.3   Auswertung des Konzernabschlusses   301

6   Analyse der Unternehmenszielerreichung   303

V. Kapitel: **Besondere Aspekte der Bilanzanalyse**   307

1   Qualitative Bilanzanalyse   309
     1.1   Definition   309
     1.2   Informationspflichten und Informationserwartungen   312
            1.2.1   Informationspflichten   312
                    1.2.1.1   Grundlage der Informationspflichten   312
                    1.2.1.2   Verbale Informationspflichten nach HGB 312
                    1.2.1.3   Verbale Informationspflichten nach IFRS 314
            1.2.2   Informationserwartungen   315
     1.3   Semiotische Bilanzanalyse   317
            1.3.1   Grundlagen   317
            1.3.2   Pragmatische Ebene   319
            1.3.3   Syntaktische Ebene   322
            1.3.4   Semantische Ebene   326
     1.4   Kritische Würdigung   331

2   Strategische Bilanzanalyse   333
     2.1   Definition   333
     2.2   Analysemethoden   334
            2.2.1   Überblick   334
            2.2.2   Umweltanalysen   335
                    2.2.2.1   Überblick   335
                    2.2.2.2   Globale Umweltanalyse   337
                    2.2.2.3   Spezielle Umweltanalysen   337
            2.2.3   Unternehmensanalysen   338
            2.2.4   Integrierte Analysen   339
     2.3   Methoden-Informationsvergleich   343
     2.4   Methodenvergleich   348

3   Analyse von Konzernabschlüssen   349
    3.1   Überblick   349
    3.2   Unvollkommenheit des Konsolidierungskreises   351
    3.3   Uneinheitlichkeit der Bewertung   352
    3.4   Uneinheitlichkeit des Ausweises   353
    3.5   Unvollständigkeit der Erfolgskonsolidierung   353
    3.6   Berücksichtigung des Unterschiedsbetrages aus der
          Kapitalkonsolidierung   355

4   Internationale Vergleiche   361
    4.1   Überblick   361
    4.2   Umwertung   362
    4.3   Umrechnung   363

5   Steuerliche Außenprüfung   365

Aufgabenteil   369
Aufgaben zum I. Kapitel   371
Aufgaben zum II. Kapitel   373
Aufgaben zum III. Kapitel   378
Aufgaben zum IV. Kapitel   386
Aufgaben zum V. Kapitel   391

Lösungsteil   393
Lösungsvorschläge zu den Aufgaben des I. Kapitels   395
Lösungsvorschläge zu den Aufgaben des II. Kapitels   400
Lösungsvorschläge zu den Aufgaben des III. Kapitels   406
Lösungsvorschläge zu den Aufgaben des IV. Kapitels   428
Lösungsvorschläge zu den Aufgaben des V. Kapitels   441

**Anlage: Auszüge aus dem Lagebericht und Jahresabschluss 05 der
          MUSTER AKTIENGESELLSCHAFT (MUSTER AG)**   445
Auf einen Blick   447
Die Aktie   447
Auszüge aus dem Lagebericht der *MUSTER AG*   448
Auszüge aus dem Jahresabschluss der *MUSTER AG* des Jahres 05   455
    Gewinn- und Verlustrechnung des Jahres 05   455
    Bilanz zum 31. Dezember 05   456
    Entwicklung des Anlagevermögens   457
    Auszüge aus dem Anhang des Jahres 05   458
    Bestätigungsvermerk des Abschlussprüfers   465

Literaturverzeichnis   467
Normenverzeichnis   487
Stichwortverzeichnis   489

Abkürzungsverzeichnis

ABl.	Amtsblatt
Abs.	Absatz
AfA	Absetzung für Abnutzung
AG	Aktiengesellschaft
AktG	Aktiengesetz; Die Aktiengesellschaft
AO	Abgabenordnung
Aufl.	Auflage
B	Beispiel
BASF	Badische Anilin- & Soda-Fabrik
BB	Betriebs-Berater
BBK	Buchführung, Bilanzierung, Kostenrechnung
BC	Zeitschrift für Bilanzierung, Rechnungswesen und Controlling
Bd.	Band
BetrVG	Betriebsverfassungsgesetz
BFuP	Betriebswirtschaftliche Forschung und Praxis
bilanzanal.	bilanzanalytisches
BilMoG	Bilanzrechtsmodernisierungsgesetz
BilReG	Bilanzrechtsreformgesetz
BMF	Bundesministerium der Finanzen
BRZ	Zeitschrift für Bilanzierung und Rechnungswesen (mittlerweile: Zeitschrift für Bilanzierung, Rechnungswesen und Controlling – BC)
BSC	Balanced Scorecard
BStBl.	Bundessteuerblatt
bzw.	beziehungsweise
ca.	circa
CAPM	Capital Asset Pricing Model
Co.	Compagnie
d. h.	das heißt
DB	Der Betrieb
DBW	Die Betriebswirtschaft
DCF	Discounted-Cashflow
DPR	Deutsche Prüfstelle für Rechnungslegung DPR e. V.
DRS	Deutsche Rechnungslegungs Standards
DRSC	Deutsche Rechnungslegungs Standards Committee e. V.
DSGV	Deutscher Sparkassen- und Giroverband
DStR	Deutsches Steuerrecht
DVFA	Deutsche Vereinigung für Finanzanalyse und Anlageberatung

€	Euro
e. V.	eingetragener Verein
EBIT	Earnings before Interest and Taxes
EBITDA	Earnings before Interest, Taxes, Depreciation and Amortization
EBITDASO	Earnings before Interest, Taxes, Depreciation, Amortization and Stock Options
ED	Exposure Draft
EDV	elektronische Datenverarbeitung
EG	Europäische Gemeinschaft
EGHGB	Einführungsgesetz zum Handelsgesetzbuch
EH	Ergänzungsheft
EPS	Earnings per Share
EStG	Einkommensteuergesetz
et al.	et alii
EU	Europäische Union
F.	Framework (Rahmenkonzept) der IFRS
f.	folgende
F&E	Forschung und Entwicklung
FASB	Financial Accounting Standards Board
FAZ	Frankfurter Allgemeine Zeitung
FB	FINANZ BETRIEB
FCF	Free Cash Flow
ff.	fortfolgende
Fifo	First in – first out
FS	Festschrift
FTD	Financial Times Deutschland
GAAP	Generally Accepted Accounting Principles
ggü.	gegenüber
GmbH	Gesellschaft mit beschränkter Haftung
GoB	Grundsätze ordnungsmäßiger Buchführung/Bilanzierung
GWG	geringwertige Wirtschaftsgüter
H.	Heft
HGB	Handelsgesetzbuch
Hrsg.	Herausgeber
i. d. R.	in der Regel
i. e. S.	im engeren Sinne
i. H. v.	in Höhe von
i. S. d.	im Sinne des/der
i. S. v.	im Sinne von
i. V. m.	in Verbindung mit
i. w. S.	im weiteren Sinne
IAS	International Accounting Standards

IASB	International Accounting Standards Board
IDW	Institut der Wirtschaftsprüfer e. V.
IF	Infineon
IFD	Initiative Finanzstandort Deutschland
IFRS	International Financial Reporting Standards
IFRIC	International Financial Reporting Interpretation Committee
IKS	Internes Kontrollsystem
InsO	Insolvenzordnung
IRBA	auf internen Ratings basierender Ansatz
IRZ	Zeitschrift für Internationale Rechnungslegung
IWF	Internationaler Währungsfonds
Jg.	Jahrgang
kfr.	kurzfristig
KG	Kommanditgesellschaft
KGaA	Kommanditgesellschaft auf Aktien
KGV	Kurs-Gewinn-Verhältnis
KMU	kleine und mittlere Unternehmen
KoR	Zeitschrift für internationale und kapitalmarktorientierte Rechnungslegung
KSA	Kreditrisiko-Standardansatz
lfr.	langfristig
m. w. N.	mit weiteren Nennungen
Mio.	Millionen
Nr.	Nummer
o. V.	ohne Verfasser
OHG	Offene Handelsgesellschaft
p. a.	per annum oder pro anno
PER	Price Earnings Ratio
PiR	Internationale Rechnungslegung (vormals: Praxis der internationalen Rechnungslegung)
Pkt.	Punkt
PoC	Percentage of Completion
PS	Prüfungsstandard
PublG	Publizitätsgesetz
RGBl.	Reichsgesetzblatt
ROA	Return on Assets
ROCE	Return on Capital Employed
ROI	Return on Investment
RONA	Return on Net Assets
ROS	Return on Sales

RVG	Relative Value of Growth
Rz.	Randziffer
S.	Seite/Seiten
SEC	Securities and Exchange Commission
SFAS	Statement of Financial Accounting Standards
SG	*SCHMALENBACH*-Gesellschaft – Deutsche Gesellschaft für Betriebs-wirtschaft e. V.
SGE	strategische Geschäftseinheit(en)
SIC	Standards Interpretation Committee
sog.	so genannte/so genannten/so genannter
SolvV	Solvabilitätsverordnung
StB	Der Steuerberater
StBp	Die steuerliche Betriebsprüfung
StuB	Steuern und Bilanzen
SWOT-Analyse	„Strengths-Weaknesses-Opportunities-Threats"-Analyse
T€	Tausend Euro
TUG	Transparenzrichtlinie-Umsetzungsgesetz
Tz.	Textziffer
U.	Unternehmen
u. a.	unter anderem
URG	Unternehmensreorganisationsgesetz (Österreich)
US	United States
USA	United States of America
usw.	und so weiter
VFE-Lage	Vermögens-, Finanz- und Ertragslage
vgl.	vergleiche
WiSt	Wirtschaftswissenschaftliches Studium
WISU	Das Wirtschaftsstudium
WPg	Die Wirtschaftsprüfung
WR	Wahlrecht
z. B.	zum Beispiel
z. T.	zum Teil
ZCG	Zeitschrift für Corporate Governance
ZfB	Zeitschrift für Betriebswirtschaft
ZfbF	*SCHMALENBACH*s Zeitschrift für betriebswirtschaftliche Forschung
ZfgK	Zeitschrift für das gesamte Kreditwesen
ZfhF	Zeitschrift für handelswissenschaftliche Forschung
ZGE	zahlungsmittelgenerierende Einheit
ZIP	Zeitschrift für Wirtschaftsrecht

Abbildungsverzeichnis

Abb.   Seite

I. Kapitel: Grundlagen der Bilanzanalyse

1	Zusammenhang von Bilanzierung und Bilanzanalyse	4
2	Wesentliche Einflussgrößen auf die Analyseergebnisse	8
3	Schritte der zielorientierten Bilanzanalyse	21
4	Wesentliche Grenzen der Bilanzanalyse	31

II. Kapitel: Vorbereitung der Bilanzanalyse

5	Ausschnitt aus einem zielorientierten Kennzahlensystem mit dem Oberziel „Aufrechterhaltung der Unternehmensexistenz"	47
6	Wesentliche Informationsquellen der Bilanzanalyse im Überblick	48
7	Allgemeine Aufstellungs-, Prüfungs- und Offenlegungspflichten deutscher Unternehmen und Konzerne im Überblick	52
8	Auswirkungen des Bilanzrechtsreformgesetzes	60
9	Wesentliche konzeptionelle Unterschiede zwischen HGB und IFRS	65
10	Wesentliche Ansatz-, Bewertungs- und Ausweisunterschiede zwischen HGB und IFRS	71
11	Kennzahlenarten	78
12	Zielkonflikte bei der Bilanzpolitik	91
13	Angriffspunkte der Bilanzpolitik	94
14	Wesentliche Instrumente der Bilanzpolitik im Überblick	95
15	Wirkungen der Instrumente der Bilanzpolitik	96
16	Beispielhafte Auswirkungen der Wahl des Bilanzstichtages auf die Bilanzstruktur	99
17	Übersetzungen für „significant" und „insignificant" in den IFRS	106
18	Grundstruktur eines auf die Ergebniswirkungen ausgerichteten Bilanzpolitikprofils	111
19	Hauptgliederungspositionen einer Strukturbilanz	115
20	Strukturbilanz 05 der MUSTER AG	127

III. Kapitel: Analyse der Vermögens-, Finanz- und Ertragslage

21	Fonds und Stromgrößen eines Unternehmens	133
22	Ausgewählte Methoden zur Liquiditätsanalyse im Überblick	135
23	Erstellung unterschiedlicher Ausprägungen von Kapitalflussrechnungen im Überblick	163
24	Beständedifferenzenbilanz	164
25	Veränderungsbilanz	164

26   Bewegungsbilanz   165
27   Bewegungsbilanz 05 der MUSTER AG   166
28   Erweiterte Kapitalflussrechnung   168
29   Erweiterte Kapitalflussrechnung 05 der MUSTER AG   169
30   Gesamtkapitalliquidität auf Basis des Nettogeldvermögens   176
31   Ausgewählte Methoden zur Erfolgsanalyse im Überblick   185
32   An- und Verkaufszeitpunkte im Rahmen einer „Chart-Analyse"   197
33   Gesamtkapitalrentabilitätsanalyse nach dem Vorbild des DuPont-Systems   207
34   Kombinierte Erfolgsanalyse   224
35   Ausgewählte Methoden zur Vermögensanalyse im Überblick   234

IV. Kapitel: Weitere ausgewählte Analyseziele

36   Vergleich der Masterskalen ausgewählter Bankinstitute mit den
     IFD-Ratingstufen und den Ein-Jahres-Ausfallwahrscheinlichkeiten   252
37   Beispiel einer Profilanalyse   262
38   Beispiele für empirisch nachgewiesene Zusammenhänge zwischen
     verschiedenen qualitativen Faktoren und der Kreditwürdigkeit   263
39   Entscheidungsschema einer qualitativ-quantitativen Ranganalyse
     (Sekundäranalyse)   267
40   Wesentliche Kriterien der Analyse der Personalpolitik   270

V. Kapitel: Besondere Aspekte der Bilanzanalyse

41   Prozess der Informationsvermittlung und -analyse in der verbalen
     Berichterstattung   311
42   Ebenen der strukturellen Textanalyse   318
43   Strukturierung der strategischen Analysemethoden   335
44   Einbettung des Unternehmens in die Umwelt   336
45   Zusammenwirken der verschiedenen Analysen   340
46   SWOT-Analyse   341
47   Portfolio-Technik   343
48   Systematisierung des Informationsbedarfs   344
49   „Impairment Test" für den Goodwill nach IAS 36   358

Symbolverzeichnis

a	Periodenbeginn/-anfang
A	Aktiva
ARAP	aktive Rechnungsabgrenzungsposten
AV	Anlagevermögen
b	Betriebszugehörigkeit
BE	Betriebsergebnis
ber	bereinigt
e	Periodenende
EK	Eigenkapital
FE	fertige Erzeugnisse
FK	Fremdkapital
FTE	Mitarbeiterzahl
g	Inflationsindex
G	Gewinn
GewSt	Gewerbesteuer
GK	Gesamtkapital
HC	Humankapital
i	Rentabilität; Beschäftigungsgruppen
korr	korrigiert
l	Marktgehalt
m	Analysemethode
M	Mitarbeitermotivation
P	Passiva
PE	Personalentwicklungskosten
PW	Produktionswert
r_{GK}	Gesamtkapitalrentabilität
r_U	Umsatzrentabilität
RAP	Rechnungsabgrenzungsposten
RHB	Roh-, Hilfs- und Betriebsstoffe
t	Zeitpunkt; Zeitraum
U	Umsatz(-erlöse)
UH_{GK}	Kapitalumschlagshäufigkeit
UV	Umlaufvermögen

$V_{betriebsnotw}$	betriebsnotwendiges Vermögen
VG	Vermögensgegenstände
w	Wachstum; Wissensrelevanzzeit
z	Partialziel
ZA	Zinsaufwand

I. Kapitel:

Grundlagen der Bilanzanalyse

„Eine Bilanz ist wie der Bikini einer Frau.
Sie zeigt fast alles, aber verdeckt das Wesentliche."
GÜNTER STOTZ

Überblick

Das erste Kapitel beinhaltet die Darstellung der **konzeptionellen Grundlagen der Bilanzanalyse**. Während im **Abschnitt 1** der Begriff „Bilanzanalyse" – ausgehend vom allgemeinen Analysebegriff – „mit Leben gefüllt" sowie von den Begriffen „Betriebsanalyse" und „Unternehmensbewertung" abgegrenzt wird, erfolgt im **Abschnitt 2** die Darstellung des Entwicklungsstandes der Bilanzanalyse in der Theorie und in der Praxis. Im **Abschnitt 3** werden im Hinblick auf die „Qualitätssicherung" einer Bilanzanalyse entsprechende Grundsätze einer ordnungsgemäßen Bilanzanalyse genannt und erläutert. Anschließend wird im **Abschnitt 4** eine Methodik zur Durchführung der Bilanzanalyse dargestellt, welche sich vor allem durch ihre Zielorientierung auszeichnet. Diese Analysemethodik ist Basis der Ausführungen nachfolgender Kapitel. **Abschnitt 5** des vorliegenden ersten Kapitels beschäftigt sich schließlich mit der bei einer Bilanzanalyse bestehenden Diskrepanz zwischen dem Informationsbedürfnis und der Informationsmöglichkeit – also mit den Grenzen der Bilanzanalyse.

Lernziele

Im Anschluss an das Studium dieses Kapitels sollte der Leser im Wesentlichen beantworten können,

- was unter einer Bilanzanalyse zu verstehen ist und wie sich diese von der Betriebsanalyse und von der Unternehmensbewertung unterscheidet,
- womit sich in der Forschung zur Bilanzanalyse befasst wird und welche aktuellen Fragestellungen sich dabei z. B. aufgrund der „Internationalisierung" der Rechnungslegung ergeben,
- warum (mit Hilfe statistischer Methoden) keine gesicherten Prognosen auf Basis historischer Daten möglich sind,
- welche wesentlichen Grundsätze im Rahmen der Bilanzanalyse beachtet werden sollten,
- welche Schritte die Methodik der zielorientierten Bilanzanalyse umfasst und wie diese ausgestaltet sind,
- wodurch die Erkenntnisse einer Bilanzanalyse begrenzt werden sowie
- welche Anforderungen sich an einen Bilanzanalysten im Hinblick auf die Rechnungslegungsnormen und bezüglich der Bilanzpolitik stellen.

1 Begriff und Abgrenzungen

Im Rahmen einer jeden Analyse wird von einem Subjekt – dem sog. Analysten – durch Aufbereitung geeigneter Informationsquellen und unter Anwendung bestimmter Methoden **zielgerichtet** versucht, **Informationen** über ein Analyseobjekt zu beschaffen und aufzubereiten. Schließlich ist das Analyseobjekt auf Basis der aufbereiteten Informationen zu beurteilen. Eine Analyse führt deshalb nur dann zu sinnvollen und aussagekräftigen Ergebnissen, wenn in einem ersten Schritt das Analyseziel eindeutig festgelegt und diese Zielbezogenheit in den dann folgenden Schritten der Analyse durchgehend beachtet wird. Entsprechend müssen die Auswahl der Informationsquellen, die Aufbereitung der Informationen und die Auswahl der Analysemethoden zielgerichtet erfolgen. Letztlich ist es unabdingbar, bei der sich anschließenden Beurteilung der Analyseergebnisse ebenfalls zielorientiert vorzugehen.

Diese grundlegenden Erkenntnisse gelten analog für die Bilanzanalyse, die auch als **Jahresabschlussanalyse** (gegebenenfalls als Konzernabschlussanalyse) oder (lediglich) als Abschlussanalyse bezeichnet wird. Hierbei versuchen **Bilanzanalysten** – also jene Personen (Subjekte), welche die Bilanzanalyse vornehmen – durch Aufbereitung entsprechender Informationsquellen und unter Anwendung ausgewählter Methoden, zielorientierte Informationen über das Analyseobjekt zu gewinnen sowie dieses schließlich auf Basis dieser aufbereiteten Informationen zu beurteilen.[1] Als **Analyseobjekt** – auch Analysegegenstand genannt – kommen einzelne Unternehmen, ganze Konzerne oder einzelne Unternehmens- und Konzernsegmente in Betracht.

Im Hinblick auf die **Informationsquellen** sind die (externen) Analysten ausschließlich auf publizierte Quellen beschränkt. Von einer **Bilanzanalyse i. e. S.** wird gesprochen, wenn als Informationsquellen lediglich die Jahresabschlüsse[2] und gegebenenfalls die Lageberichte des Analyseobjekts – eventuell für mehrere Jahre – zur Verfügung stehen. Demgegenüber wird eine **Bilanzanalyse i. w. S.** durchgeführt, sofern zusätzlich weitere, möglichst zeitnähere Publikationen, insbesondere aus der freiwilligen Publizität des Unternehmens bzw. des Konzerns und etwa der (seriösen) Wirtschaftspresse, als Informationsquellen herangezogen werden.

---

[1] Die Beurteilung, also die kritische Würdigung, der im Rahmen der Bilanzanalyse ermittelten Informationen kann auch als **Bilanzkritik** bezeichnet werden. Siehe bereits *AULER* (1925), S. 499, der es als Aufgabe des Bilanzkritikers sieht, „das Zahlenbild kritisch zu beleuchten: die prüfende Betrachtung soll den toten Zahlen Leben verleihen." Bilanzkritik ist somit lediglich ein Teilbereich der Bilanzanalyse. Anderer Ansicht ist *RASCHENBERGER* (1933), S. 546 f.

[2] Zum Jahresabschluss zählen hauptsächlich die Bilanz, die Gewinn- und Verlustrechnung (nach HGB) bzw. die Gesamtergebnisrechnung (nach IFRS) sowie der Anhang.

> Die **Bilanzanalyse** ist die Auswahl, Aufbereitung und Auswertung
> sowie die Beurteilung publizierter Informationsquellen zur
> Gewinnung zielorientierter Informationen über das Analyseobjekt.

Abbildung 1 zeigt den Zusammenhang zwischen der Bilanzierung und der Bilanzanalyse. Im Rahmen der Bilanzierung werden Informationen über reale wirtschaftliche Sachverhalte auf Basis von Normen (z. B. Gesetzen, Standards und/oder Grundsätzen) abgeleitet, im Jahresabschluss (und gegebenenfalls im Lagebericht) in kodierter Form zusammengefasst und einem interessierten Personenkreis – den Abschlussadressaten – zur Verfügung gestellt. Die Bilanzanalysten unterstützen die Abschlussadressaten bei der **Dekodierung der gewünschten Informationen**. Im Hinblick auf eine qualifizierte Bilanzanalyse ist somit die Kenntnis der entsprechenden Kodierungs- und Dekodierungsnormen unerlässlich. An dieser Stelle wird bereits deutlich, dass die Abschlussadressaten und die Adressaten der Bilanzanalyse grundsätzlich identisch sind.

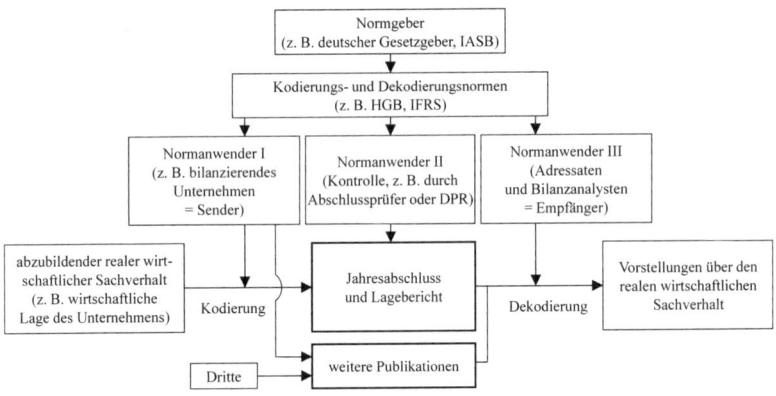

Abbildung 1:   *Zusammenhang von Bilanzierung und Bilanzanalyse*

Die **Zielsetzung der Bilanzanalyse** besteht **in allgemeiner Form** darin, einen möglichst umfassenden (zielgerichteten) Einblick in die wirtschaftliche Lage des Analyseobjekts, z. B. des zu untersuchenden Unternehmens, zu erhalten. Eine Analyse der wirtschaftlichen Lage des Unternehmens wird i. d. R. durchgeführt, um Anhaltspunkte über die zukünftige wirtschaftliche Entwicklung des Unternehmens zu erlangen. Die wirtschaftliche Lage wird gemeinhin als Vermögens-, Finanz- und Ertragslage bezeichnet und orientiert sich z. B. an der in § 264 Abs. 2 HGB kodifizierten Zielsetzung der deutschen handelsrechtlichen Rechnungslegungsvorschriften für Kapitalgesellschaften und für Personenhandelsgesellschaften i. S. d. § 264a HGB[3]. Demnach soll der Jahres-

---

3   Personenhandelsgesellschaften i. S. d. § 264a HGB sind offene Handelsgesellschaften und Kommanditgesellschaften, an denen keine natürliche Person unmittelbar oder mittelbar (§ 264a Abs. 1 Nr. 2

abschluss „unter Beachtung der Grundsätze ordnungsmäßiger Buchführung [GoB] ein den tatsächlichen Verhältnissen entsprechendes Bild der Vermögens-, Finanz- und Ertragslage" des Unternehmens vermitteln.[4] Im Hinblick auf eine solche **Generalnorm** – auch als Generalklausel bezeichnet – ändert sich bei der Anwendung sog. internationaler Rechnungslegungsnormen, z. B. der International Financial Reporting Standards (IFRS), grundsätzlich wenig. Gemäß IAS 1.9 ist die „Zielsetzung eines [internationalen] Abschlusses [...], Informationen über die Vermögens-, Finanz- und Ertragslage [...] eines Unternehmens bereitzustellen, die für ein breites Spektrum von Adressaten nützlich sind, um wirtschaftliche Entscheidungen zu treffen"[5]. Die Generalnormen erwähnen im HGB und in den IFRS – neben der Vermögens- und der Finanzlage – zwar „nur" die Ertragslage;[6] da der Wortsinn insgesamt jedoch auf die wirtschaftliche Lage des Unternehmens ausgerichtet ist, können Erträge und Aufwendungen in diesem Zusammenhang nicht losgelöst voneinander betrachtet werden. Mit der **Ertragslage** ist deshalb „die gesamte **erfolgswirtschaftliche Lage**, die durch die Erträge und Aufwendungen des Geschäftsjahres beschrieben wird, gemeint."[7]

Die Zielsetzung der Bilanzanalyse muss aus der
Interessenlage ihrer Adressaten abgeleitet werden.
Hierzu sind die Adressaten der Bilanzanalyse zu identifizieren.

Die Adressaten der Bilanzanalyse können mit dem Bilanzanalysten **identisch oder nicht identisch** sein. Sind die Adressaten nicht mit den Bilanzanalysten identisch, dann wird i. d. R. von einer Auftragsanalyse gesprochen. Hierbei kann zudem dahingehend unterschieden werden, ob die Adressaten der Bilanzanalyse den Bilanzanalysten bekannt oder nicht bekannt sind. Letztere Situation liegt z. B. bei Auftragsanalysen für die Wirtschaftspresse, die sich wiederum an einen weitgehend anonymen Leserkreis richtet, vor.

HGB) als persönlich haftender Gesellschafter beteiligt ist. Diese Gesellschaften, die also über keinen natürlichen Vollhafter verfügen, werden nachfolgend als **haftungsbeschränkte Personenhandelsgesellschaften** bezeichnet. Sie unterliegen den handelsrechtlichen Vorschriften für Kapitalgesellschaften (§§ 264–289a HGB), soweit nicht die Befreiungsvorschriften des § 264b HGB greifen.

[4] Siehe § 297 Abs. 2 HGB zur entsprechenden Regelung für nach HGB erstellte **Konzernabschlüsse**.

[5] In der amtlichen deutschen Übersetzung wird – wie im HGB – von der „Vermögens-, Finanz- und Ertragslage" gesprochen; in der englischen Originalfassung ist allgemein von „Financial Position" und „Financial Performance" die Rede. Im Unterschied zur deutschen Generalnorm gilt die Generalnorm nach IFRS gemäß herrschender Meinung als „**Overriding Principle**"; von Einzelnormen, welche die Erfüllung der Generalnorm behindern, müsste demnach abgewichen werden. Siehe *PETERSEN/BANSBACH/DORNBACH* (2014), S. 6. Der wesentlichste Unterschied ergibt sich jedoch aus dem in der HGB-Norm zu findenden Verweis auf die GoB, wonach der Einblick in die HGB-Abschlüsse „gläubigerschutzbedingt" vor allem durch das Vorsichtsprinzip „getrübt" ist.

[6] Erträge sind nur die eine Seite der Medaille „Erfolg". Der Erfolg eines Unternehmens ergibt sich als Differenz zwischen den Erträgen und den Aufwendungen.

[7] *BAETGE/KIRSCH/THIELE* (2012), S. 97 (im Original ohne Hervorhebungen).

Im Hinblick auf den Analysegegenstand sowie die diesbezüglich publizierten und zur Analyse vorliegenden Informationsquellen lassen sich die (primären) **Adressaten der Bilanzanalyse** ermitteln. Diese entsprechen jenen Gruppen, die an dem betreffenden Analyseobjekt interessiert sind und denen ausschließlich publizierte Informationsquellen zur Verfügung stehen. Insbesondere die aktuellen und potentiellen „Kleineigenkapitalgeber" (z. B. Kleinaktionäre) sowie die „Kleinfremdkapitalgeber", Arbeitnehmer, Kunden und die sog. allgemeine Öffentlichkeit haben ein (unmittelbares oder primäres) Interesse an den Ergebnissen der Bilanzanalyse. Es handelt sich somit vor allem um diejenigen Personenkreise, denen der Zugang zu internen Informationen verwehrt ist. Dies unterstreicht (wiederholt), dass die Adressaten der Bilanzanalyse grundsätzlich den Abschlussadressaten entsprechen.

Es ist jedoch zu berücksichtigen, dass auch die „**Mitbewerber**" zu den Adressaten der Bilanzanalyse gezählt werden können. Diese gelten allerdings nicht als (berechtigte) Abschlussadressaten, denn sie haben keinen rechtlich begründeten und durchsetzbaren Anspruch auf Informationen. Sie können aber aufgrund der Publizitätspflicht der Unternehmen nicht vom Einblick in die publizierten Unterlagen ausgeschlossen werden.[8] In diesem Zusammenhang gewinnen jene Bilanzanalysen an Bedeutung, die auf die Konkurrenten ausgerichtet sind. Hierbei wird von der **jahresabschlussbasierten Konkurrentenanalyse** gesprochen.[9]

Die Geschäftsleitung, Aufsichtsorgane, „Großeigenkapitalgeber" (Großaktionäre) und „Großfremdkapitalgeber" (insbesondere die Kreditinstitute) des Unternehmens sowie die Finanzverwaltung und unter Umständen die Gerichte haben aufgrund rechtlicher und faktischer Machtbefugnisse gewöhnlich Zugang zu den aussagekräftigeren internen Informationsquellen. Diese Gruppen verfügen deshalb nur über ein mittelbares oder **sekundäres Interesse** an den Ergebnissen einer (externen) Bilanzanalyse.[10] Allerdings greifen diese regelmäßig auf die Instrumente und Ergebnisse der Bilanzanalyse zurück.

---

8   Siehe in diesem Zusammenhang MOXTER (1976), S. 94–96. Demnach haben die **Rechenschafts-adressaten** (Abschlussadressaten, z. B. Gläubiger und Eigner) einen berechtigten Anspruch auf die Informationen des Jahresabschlusses, so dass die Rechenschaft über die Lage des Unternehmens in deren Interesse erfolgen sollte. Von den Adressaten sind alle anderen **Rechenschaftsempfänger** abzugrenzen, die in Anbetracht der Publikationspflicht nicht von der Information ausgeschlossen werden können; die Informationen sind gewöhnlich nicht an deren Interessen ausgerichtet. Zu diesen Empfängern gehören regelmäßig auch jene Personen, die kein berechtigtes (bzw. ein negatives) Informationsinteresse haben. Diesen **Rechenschaftsinteressenten** sind z. B. die Konkurrenten zu subsumieren.

9   Siehe HOFFJAN (2003), HOFFJAN (2004), der auch vom „Competitor Accounting" spricht.

10   Vgl. JACOBS/GREIF/WEBER (1972). So kann beispielsweise der Aufsichtsrat seiner Überwachungsfunktion i. S. d. § 111 Abs. 1 AktG nachkommen, indem er neben den Abschlüssen z. B. auf interne Statistiken, Planungs-, Budget- und Steuerungsunterlagen, Vorstandsberichte sowie den Prüfungsbericht des Abschlussprüfers zurückgreift. Darüber hinaus hat er die Möglichkeit, Gespräche mit der Unternehmensleitung und mit leitenden Angestellten zu führen. Siehe hierzu ZWIRNER/BOECKER (2010), S. 110 f.

Der **Einblick** in die wirtschaftliche Lage (oder in die i. S. d. Zielsetzung der Bilanzanalyse gewünschten Sachverhalte) ist innerhalb des Jahresabschlusses **meist erheblich getrübt**. So muss grundsätzlich berücksichtigt werden, dass der Jahresabschluss lediglich als ein vom Standardsetzer oder vom jeweiligen Gesetzgeber „verordneter, z. T. politisch ausgehandelter Informationskompromiss zwischen divergierenden Interessengruppen [... angesehen werden darf, welcher] sozusagen eine Datenbank [darstellt], die je nach Informationsziel ausgewertet werden muss."[11]

Darüber hinaus sind die Informationen des Jahresabschlusses, der das „Kernstück"[12] der Bilanzanalyse darstellt, einerseits vielfach **historisch gewachsen** und andererseits durch die Bilanzierenden – also durch die Personen, welche die Jahresabschlüsse erstellen – aufgrund zahlreicher Gestaltungsmöglichkeiten beeinflussbar. Schließlich bestehen sowohl bei der Bilanzierung nach HGB als auch bei der Bilanzierung nach den IFRS zahlreiche explizite und implizite (also faktische) bilanzpolitische Spielräume. Diese **bilanzpolitischen Instrumente** werden in der Praxis nicht etwa so eingesetzt, dass die Ziele und Intensionen des Gesetzgebers oder der Standardsetzer erreicht werden. Vielmehr werden die Ziele des Unternehmens bzw. der Unternehmensleitung verfolgt, wodurch – aus Sicht des Bilanzanalysten und allgemein aus Sicht der Bilanzadressaten – die Jahresabschlüsse als „deformiert" bezeichnet werden können.[13]

Die wesentlichen Einflussgrößen auf die **Erkenntnisse einer Bilanzanalyse**[14] sind deshalb die verfügbare Datenbasis und die zur Verfügung stehenden Auswertungsmethoden (Abbildung 2). **Art und Quantität der Datenbasis** ergeben sich hauptsächlich aus den relevanten Rechnungslegungsnormen und der freiwilligen Publizitätsbereitschaft des betreffenden Unternehmens. Die **Qualität der Datenbasis** wird u. a. aufgrund der gesetzlichen oder freiwilligen Prüfung der Daten durch den Abschlussprüfer, der primär die Ordnungsmäßigkeit der Rechnungslegung beurteilen soll, beeinflusst.[15] Zudem wirken sich die Möglichkeiten zur Bilanzpolitik, die stark von den Rechnungslegungsnormen determiniert werden, auf die Qualität der Datenbasis aus. Die Auswahl der **Analysemethoden** ist schließlich abhängig vom Analyseziel und von den vorhandenen Informationen. Eine noch so leistungsfähige Auswertungsmethode kann allerdings nicht die Mängel der Datenbasis (z. B. das Fehlen relevanter Informationen) beseitigen.

---

11 *LACHNIT* (2004), S. 2.

12 *LACHNIT* (2004), S. 2 (im Original hervorgehoben).

13 „Die Gestaltung von Jahresabschlüssen gehört zum alljährlichen Procedere jedes Unternehmens. Entspricht die im jeweiligen Jahresabschluß [...] zum Ausdruck gebrachte wirtschaftliche Lage nicht dem, was die Unternehmenspolitik verlangt, so kann es nicht verwundern, daß nach weitergehenden jahresabschlußgestaltenden Instrumenten gesucht wird." Es „scheinen dem Einfallsreichtum beim Kreieren neuer jahresabschlußpolitischer Instrumente kaum noch Grenzen gesetzt zu sein", äußert sich treffend *SELCHERT* (1996), S. 1933.

14 Siehe hierzu *LACHNIT* (2004), S. 2 f.

15 Als Ergebnis der Prüfung liegt den externen Adressaten lediglich das als **Bestätigungsvermerk** bezeichnete Testat vor. Der umfangreichere **Prüfungsbericht** ist hingegen grundsätzlich nur für die Organe der Gesellschaft bestimmt. Siehe hierzu ausführlich z. B. *BUCHNER* (1997).

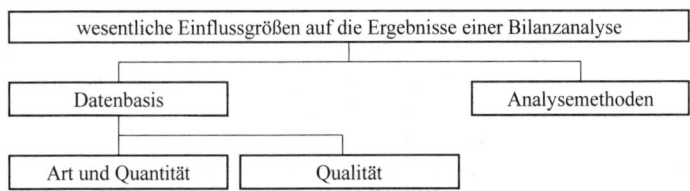

Abbildung 2:   *Wesentliche Einflussgrößen auf die Analyseergebnisse*

> Von der Bilanzanalyse sind die Betriebsanalyse
> und die Unternehmensbewertung abzugrenzen.

Die Bilanzanalyse unterscheidet sich von der **Betriebsanalyse**[16], die auch als Unternehmensanalyse oder – allerdings zu eng – als „interne Bilanzanalyse" bezeichnet wird, (nur) durch den geringeren Umfang der Informationsquellen. Bei der Betriebsanalyse stehen mehr Informationsquellen als bei der Bilanzanalyse zur Verfügung. Die Zielsetzungen können bei beiden Analysearten zwar im Einzelfall differieren, sie stimmen jedoch häufig überein. Da bei der (internen) Betriebsanalyse – neben den publizierten (also „unternehmensexternen") – auch unternehmens- oder betriebsinterne Informationsquellen (z. B. aus der Kostenrechnung, der kurzfristigen Erfolgsrechnung und der Finanzplanung sowie vertrauliche Auskünfte der Unternehmensleitung) zur Verfügung stehen, sollten deren Ergebnisse zuverlässiger als die Ergebnisse der (externen) Bilanzanalyse sein.

Während bei der Bilanzanalyse i. d. R. die Gewinnung von Informationen über die Vermögens-, Finanz- und Ertragslage sowie über andere Aspekte eines Unternehmens im Mittelpunkt stehen, wird unter einer **Unternehmensbewertung**[17] die Zuordnung eines Wertes zu einem Unternehmen oder zu abgrenzbaren Unternehmens(an)teilen (Bewertungsobjekt) durch ein Subjekt (Bewertungssubjekt) verstanden. Auch hierbei ist eine Zielorientierung – und dies in zweifacher Hinsicht – von entscheidender Bedeutung. Zum einen ist der Unternehmenswert abhängig vom Ziel oder besser vom Zweck (auch Aufgabe oder Funktion bezeichnet), der mit der Unternehmensbewertung verfolgt wird. Zum anderen werden Unternehmenswerte durch das Zielsystem (und das Entscheidungsfeld) des Bewertungssubjekts determiniert, denn Unternehmensbewertungen haben dem Grundsatz der Subjektivität zu entsprechen.

---

[16]   Siehe *SCHULT* (2001), Rz. 1 f. Vgl. hierzu die allgemeinen Darstellungen in *KRAJCEVIC* (1971) und *HARTMANN* (1985). *LACHNIT* (2004), S. 1, unterscheidet hingegen in die externe Jahresabschlussanalyse (hier: Bilanzanalyse) und die interne Jahresabschlussanalyse (hier: Betriebsanalyse).

[17]   Siehe hierzu vor allem *MATSCHKE/BRÖSEL* (2013). Vgl. auch *HERING* (2006).

Der **Brückenschlag von der Bilanzanalyse zur Unternehmensbewertung**[18] lässt sich vollziehen, wenn bei der Bilanzanalyse die Position eines aktuellen bzw. potentiellen Kleinaktionärs eingenommen wird. Dieser möchte i. d. R. eine Entscheidung hinsichtlich der Erweiterung (Kauf, Zukauf), der Verringerung (Verkauf) oder der unveränderten Fortführung (Halten) seines Engagements im Hinblick auf das Unternehmen treffen. Hierzu muss dieser der einzelnen Aktie einen (subjektiven) Wert beimessen und diesen Wert mit dem (aktuellen objektiven) Preis (Börsenkurs) vergleichen. Ein solcher (subjektiver) Wert der Aktie wird in der Unternehmensbewertung als **Entscheidungswert** bezeichnet, weil er der Entscheidungsfindung dienen soll. Liegt der Kurs der Aktie (Preis) über dem Entscheidungswert, dann sollte ein rational handelnder Investor die Aktie veräußern bzw. gar nicht erst erwerben. Falls der Kurs der Aktie jedoch unter dem Entscheidungswert liegt, sollte der Investor die Aktie oder Aktien erwerben bzw. – soweit er über diese schon verfügt – halten. Es ist also wichtig, die Begriffe „Preis" und „Wert" zu **unterscheiden**.[19]

Zur Bewertung von Aktien sind Informationen bzw. Prognosen über den Umfang, die zeitliche Struktur sowie die Sicherheit der **zukünftigen Zahlungen** zwischen Unternehmen und Eignern erforderlich.[20] Diese zu prognostizierenden Zahlungen muss der jeweilige Aktionär schließlich – unter Berücksichtigung seines Zielsystems und seines Entscheidungsfeldes – mit den investitionstheoretischen Methoden der Unternehmensbewertung in den Entscheidungswert der Aktie transformieren. Das Vorgehen bei der Bewertung einer einzelnen Aktie entspricht grundsätzlich dem Vorgehen bei der Bewertung eines Unternehmens „als Ganzes", denn bewertungsrelevant ist in beiden Situationen der Nutzen, den das Bewertungsobjekt (die einzelne Aktie oder das gesamte Unternehmen) dem Bewertungssubjekt in der Zukunft voraussichtlich stiften wird. Dieser Nutzen resultiert bei Aktien aus den erwarteten Zahlungen, die dem Aktionär als Dividenden und als Liquidationserlös aus dem Verkauf des Papiers zufließen.

Im **Unterschied zum Großaktionär** stehen dem Kleinaktionär hierzu allein die **Informationen aus den publizierten Quellen** zur Verfügung. Er ist also ausschließlich auf die Ergebnisse einer Bilanzanalyse angewiesen. Zudem kann er keinen oder nur einen geringen Einfluss auf die Geschäftspolitik des Unternehmens ausüben, weil er gewöhnlich relativ wenige Aktien des Unternehmens besitzt oder erwerben kann. Ihm obliegt es deshalb nicht, wertsteigernde Veränderungen im Unternehmen zu initiieren. Er hat lediglich das Recht zur Entscheidung zwischen der Fortführung seines Engagements und der damit verbundenen Vereinnahmung der Dividenden einerseits sowie der Beendigung seines Engagements und der damit verbundenen Vereinnahmung des Liquidationserlöses aus dem Aktienverkauf andererseits.

[18] Vgl. zu den nachfolgenden Ausführungen *OLBRICH* (2009), *MATSCHKE/BRÖSEL* (2013), S. 12 f.
[19] Zu dieser Unterscheidung, die in der aktuellen angelsächsischen Literatur zumeist vernachlässigt wird, siehe z. B. *OLBRICH* (2000), S. 460, sowie bereits *MÜNSTERMANN* (1966), S. 11–13.
[20] Vgl. *SCHILDBACH* (2006), S. 312.

2   Entwicklungsstand

2.1   Entwicklungsstand in der Theorie

Obwohl weltweit schon seit langem Jahresabschlüsse analysiert werden,[21] konnte bis heute keine geschlossene Theorie einer Bilanzanalyse[22] auf nationaler und – erst recht nicht – auf internationaler Ebene entwickelt werden.[23] Dies liegt insbesondere daran, dass es noch nicht gelungen ist, eine nachvollziehbare ökonomische Begründung für jene Beziehungen zu finden, die zwischen dem Jahresabschluss und den sich hieraus ergebenden Analyseergebnissen sowie den „tatsächlichen wirtschaftlichen Verhältnissen" vermutet werden.

Beispiel: Bei der Durchführung von Bilanzanalysen werden z. B. Zusammenhänge zwischen den Bilanzzahlen und den daraus berechneten Liquiditätszahlen auf der einen Seite sowie der zukünftigen Liquiditätslage auf der anderen Seite **behauptet**. Dies wird meist durch (mehr oder weniger) „einleuchtende" Gründe gestützt. Nachvollziehbar und überzeugend wären aber nur objektiv begründete oder begründbare Ursache-Wirkungs-Beziehungen.

Das **Problem der Unsicherheit**[24] **der Prognose**, das aus dem Fehlen gesicherter Informationen über zukünftige wirtschaftliche Entwicklungen resultiert, ist und bleibt ein **Hauptgegenstand der Forschung** auf dem Gebiet der Bilanzanalyse.

Nachfolgend werden die empirische Bilanzanalyse und die Analyse der (qualitativen) Berichterstattung als wesentliche Forschungsgebiete dargestellt. Darüber hinaus wird auf aktuelle Herausforderungen, welche sich z. B. aus der „Internationalisierung" der Rechnungslegung ergeben, hingewiesen.

Insbesondere mit Hilfe **empirischer** (statistischer) **Methoden** wird versucht, auf Basis von historischen Zahlen möglichst gesicherte Prognosen über die zukünftige wirtschaftliche Entwicklung von Unternehmen zu stellen. Aber die (behaupteten) statistischen Zusammenhänge zwischen einzelnen oder mehreren Kennzahlen sowie der zukünftigen wirtschaftlichen Lage des Unternehmens sind theoretisch nicht fundiert.

Bei Anwendung empirischer Methoden wird lediglich ein Zusammenhang festgestellt, aber weder theoretisch noch ökonomisch begründet!

---

[21]   Vgl. zur Entwicklung der Bilanzanalyse in Theorie und Praxis *PEEMÖLLER* (2003), S. 221–229.

[22]   Vgl. *BURGER* (1994a), S. 1196. Siehe auch *BALLWIESER* (1993), Sp. 219 f.

[23]   Siehe zum Entwicklungsstand der „Theorie" der Bilanzanalyse *BAETGE* (2002).

[24]   Vgl. z. B. die Darstellung von *LAUX* (1971). Siehe *KÜTING/LAM/MOJADADR* (2010), S. 2291 f.

Für die Analysepraxis mag die **fehlende ökonomische Begründung** unerheblich sein, für die Existenz einer Theorie der Bilanzanalyse ist sie jedoch unabdingbar. „Da eine Theorie der Bilanzanalyse nicht Lücken in der Finanzierungstheorie beseitigen kann, sehe ich die vordringliche Aufgabe einer Theorie der Bilanzanalyse in einer ‚Bedingungsanalyse': Sie hat offenzulegen, welche Finanzierungshypothesen gelten müßten, damit ein Schluß von den Anfangsbedingungen, wie sie Bilanzanalysen allein liefern können, auf eine Prognose der Vermögens-, Finanz- und Ertragslage logisch zulässig wird."[25] Empirisch nachgewiesene Zusammenhänge „übertünchen"[26] diese Einwände nur; abgebaut werden diese dadurch nicht.

Gleichwohl hat das Bedürfnis der Informationsgewinnung aus Jahresabschlüssen dazu geführt, dass **empirische Bilanzanalyseverfahren**[27] – die zudem als statistische oder klassifizierende Bilanzanalyseverfahren bezeichnet werden – (weiter-)entwickelt wurden. Mit Hilfe dieser Verfahren wird *a priori* die nachprüfbare Zuordnung des zu analysierenden Unternehmens in eine definierte Unternehmensklasse (etwa in die Klasse der Unternehmen, die insolvenzgefährdet sind, und die Klasse der Unternehmen, welche vermeintlich nicht insolvenzgefährdet sind, bzw. in die Klasse der wachsenden, der stagnierenden oder der schrumpfenden Unternehmen) vorgenommen.[28]

Dabei wird eine **„objektivierte" Klassenbildung** angestrebt. Eine oder mehrere Kennzahlen werden hierzu (empirisch) daraufhin untersucht, wie groß der Zusammenhang mit dem entsprechenden Ereignis, z. B. dem Eintritt der Insolvenz, in der Vergangenheit war. Die Kennzahlen, die sich als „prognosestark" erwiesen haben, werden zur Klassenbildung eingesetzt. Entweder wird nur eine Kennzahl – etwa die Kennzahl „Eigenkapitalquote" – mit dem Ziel „Insolvenzprognose" in Verbindung gesetzt (sog. **univariate Diskriminanzanalyse**) oder es werden mehrere Kennzahlen gemeinsam – beispielsweise die Kennzahlen „Gesamtkapitalrentabilität", „Return on Investment", „Fremdkapitalquote" und „Kapitalrückflussquote" – herangezogen und gegebenenfalls gewichtet (sog. **multivariate Diskriminanzanalyse**).[29] Das gravierende Problem ist die **Ermittlung des sog. Cut-Off-Point**. Das heißt, es muss (empirisch „fundiert") festgestellt werden, bis zu welchem Kennzahlenwert das jeweilige Unternehmen in die eine oder die andere Klasse einzuordnen ist.

---

[25]   *SCHNEIDER* (1989), S. 642 (Hervorhebungen im Original).

[26]   *SCHNEIDER* (1989), S. 633.

[27]   Vgl. hierzu *HAUSCHILDT/LEKER* (1995), *KÜHNBERGER/ECKSTEIN/WOITHE* (1996) sowie als Überblick *BAETGE/WÜNSCHE/HATER* (2011).

[28]   Die Erkenntnisse dieses Forschungsbereiches werden in der Praxis meist für die Prognose der künftigen Liquiditätslage zwecks Einschätzung der Kreditwürdigkeit von Unternehmen eingesetzt. Siehe hierzu und im Hinblick auf die nachfolgenden Ausführungen etwa *BAETGE/KRAUSE/ MERTENS* (1994), *BAETGE ET AL.* (1994), *BURGER* (1994b), *LEKER* (1994), *HÜLS* (1995), *BAETGE/ BAETGE/KRUSE* (1999), *BLOCHWITZ/EIGERMANN* (2000).

[29]   Vgl. z. B. *WÖHE* (1997), S. 869–871, *REHKUGLER/PODDIG* (1998), S. 293–321, *LEKER/SCHEFFCZYK* (2006).

Bei einer solchen empirischen Bilanzanalyse tritt **eine Reihe von Problemen** auf, deren Lösung die praktische Umsetzung wesentlich beeinflusst. Hierzu zählen vor allem die Prämissen über die statistische Verteilung der Kennzahlenergebnisse, die Probleme der Fehlerschätzung und der Schätzung der Eintrittswahrscheinlichkeiten sowie die Kosten von **Fehlklassifikationen**. Letztere entstehen, wenn ein Unternehmen fälschlich als „insolvenzgefährdet" eingeschätzt wird, damit keinen Kredit erhält und es – im Extremfall im Sinne einer „sich selbsterfüllenden Prophezeiung" – aufgrund dieser Fehlprognose zur Insolvenz kommt. Ebenso kann ein Unternehmen fälschlich als „solvent" eingestuft werden, einen Kredit erhalten und dennoch insolvent werden. Nicht zuletzt machen vor allem die aktuellen (Finanz- und Währungs-)Krisen deutlich, dass die Forschung zur Insolvenzprognose i. V. m. einer Krisendiagnose noch in den „Kinderschuhen" steckt.[30]

Eng verbunden mit statistischen Analyseverfahren ist der Versuch, **neuronale Netze**[31] zur Minderung des „Theoriedefizits" einzusetzen.[32] Hierbei soll menschliche Intelligenz in einem Modell simuliert werden. Die bisherigen Ergebnisse der Erforschung neuronaler Netze vermögen wohl allenfalls, „mittelbar zu einer Entwicklung der Theorie der Jahresabschlußanalyse beizutragen. [...] Wie bei der Anwendung der multivariaten Diskriminanzanalyse im Rahmen der Jahresabschlußanalyse werden lediglich relevante Kennzahlen ermittelt."[33] Aussagen wie: „Neuronale Netze sind sehr anpassungsfähige Werkzeuge, mit denen ein geübter Anwender beinahe jedes Problem lösen kann"[34], sind als zu euphorisch zu beurteilen. Immerhin wurde die Wirksamkeit künstlicher neuronaler Netze im Bereich des Bilanzbonitätsratings nachgewiesen.[35] Dennoch: „Die fehlende Erklärungskomponente führt zu beträchtlichen Akzeptanzproblemen in der Praxis, da das Netz nicht in der Lage ist, die Bonitätseinstufung eines Kreditengagements nachvollziehbar zu begründen"[36].

---

[30] Siehe *KÜTING/LAM/MOJADADR* (2010), S. 2289 und S. 2293. Die frühzeitige, theoretisch fundierte Auseinandersetzung mit dieser Thematik durch *MATSCHKE* (1979) stellt eher eine Ausnahme dar. Siehe zudem die kritische Würdigung der Diskriminanzanalyse in *BITZ/SCHNEELOCH/WITTSTOCK* (2011), S. 668–671, m. w. N.

[31] Grundsätzlich dazu etwa *ADAM/HERING/WELKER* (1995), *REHKUGLER/KERLING* (1995), *BAETGE/STRÖHER* (2006).

[32] Vgl. etwa *BURGER/SCHELLBERG* (1996).

[33] *BURGER/SCHELLBERG* (1996), S. 109.

[34] *UHLIG* (1995), S. V.

[35] Siehe *BAETGE/JERSCHENSKY* (1996).

[36] *BLOCHWITZ/EIGERMANN* (2000), S. 58 f.

Ein weiterer Schwerpunkt der Bilanzanalyse ist die Analyse der (qualitativen) Berichterstattung. Dieser Bereich wird – im Gegensatz zur herkömmlichen quantitativen (kennzahlenorientierten) Bilanzanalyse[37] – als qualitative Bilanzanalyse bezeichnet.[38] Als Analysebasis werden insbesondere der Anhang und gegebenenfalls der Lagebericht herangezogen.[39] Weiter gefasst betrifft die qualitative Bilanzanalyse nicht nur die verbalen Teile des Jahresabschlusses und deren Struktur, sondern auch die Frage nach der Qualität der Informationen. Allerdings „erscheint eine umfassende Qualitätsbeurteilung der Rechnungslegung [..] nicht nur anspruchsvoll, sondern [..] auch gar nicht möglich!"[40]

Aktuelle Ansätze zur Forschung im Rahmen der Bilanzanalyse ergeben sich durch die **„Internationalisierung" der Rechnungslegung.** Ziel der „internationalen" Normen ist u. a. die Schaffung einer vergleichbaren und transparenten Rechnungslegung. Die länderübergreifende Anwendung identischer Rechnungslegungsnormen soll entsprechend zu einer verbesserten **Vergleichbarkeit** der Unternehmen i. S. d. Investoren führen. Im Hinblick auf die angestrebte **Transparenz** orientieren sich die in internationalen Jahresabschlüssen zu findenden Informationen vermeintlich stärker an den „tatsächlichen" (und zukünftigen) Verhältnissen der wirtschaftlichen Lage.[41] Informationen in internationalen Jahresabschlüssen unterscheiden sich sowohl quantitativ als auch qualitativ fundamental von den Informationen in Jahresabschlüssen, die nach den deutschen HGB-Normen erstellt werden.

> Hinsichtlich der „Internationalisierung" der Rechnungslegung ist in
> Forschungsarbeiten z. B. der Frage nachzugehen,
> welche Auswirkungen sich auf die Bilanzanalyse ergeben.[42]

---

[37] Siehe als ersten Überblick *BAETGE/KÖSTER/HATER* (2011).
[38] Diesbezüglich wird auf Abschnitt 1 im V. Kapitel dieses Buches verwiesen.
[39] Vgl. hierzu bereits *WERNER* (1990b), *KÜTING* (1992b), *PEEMÖLLER* (2003), S. 225–228.
[40] *EWERT* (1993), S. 716. Vgl. auch *BÖTZEL* (1993).
[41] Siehe *WOHLGEMUTH* (2007), S. 2, zu Vertretern dieser Ansicht.
[42] Siehe zu solchen Überlegungen bereits *WOHLGEMUTH* (2007). Vgl. auch *KÜTING/LAM/MOJADADR* (2010), S. 2289, *KÜTING* (2011b).

Forschungspotential besteht darüber hinaus im Zusammenhang mit der „Internationalisierung" der Rechnungslegung hinsichtlich der Analyse der Bilanzpolitik. Ein Schwerpunkt liegt vor allem in der Identifikation von Art, Richtung und Ausmaß der von Unternehmen genutzten impliziten Wahlrechte. Die Bedeutung dieser Fragestellung
wächst, weil sich das bilanzpolitische Agieren der Unternehmen beim „Übergang" von
der HGB- zur IFRS-Bilanzierung insofern wandelt, als eine Verschiebung des Einsatzes
von den expliziten zu den impliziten Wahlrechten, zu denen die Ermessens-, Prognose-
und Schätzungsspielräume gezählt werden, und zu den sog. Sachverhaltsgestaltungen[43]
erfolgt. „Die betriebswirtschaftliche Forschung muss diesen noch relativ großen ‚wei-
ßen Fleck' auf der Analyselandkarte eingehender bearbeiten und methodische Ansätze
zur Erschließung entwickeln sowie testen."[44]

Forschungsbedarf bezüglich bilanzanalytischer (und bilanzpolitischer) Fragestellungen
besteht zudem aufgrund der in den letzten Jahren zu beobachtenden nachhaltigen **Veränderung der HGB-Bilanzierung** [z. B. durch das Bilanzrechtsmodernisierungsgesetz
(BilMoG) in den Jahren 2009/2010].[45] Der Forschungsbedarf bezieht sich u. a. auf die
Auswirkungen der Neuregelungen und der damit verbundenen Übergangsvorschriften
auf die Informationsaufbereitung bei der Bilanzanalyse.

2.2   Entwicklungsstand in der Praxis

Bei der Durchführung von Bilanzanalysen in der Praxis[46] wird sehr oft auf **einfache
Kennzahlenvergleiche** zurückgegriffen. Kennzahlen verschiedener Zeiträume desselben
Unternehmens werden vor allem im Rahmen eines **Zeitvergleiches**[47] gegenübergestellt.
Mit „Augenmaß" wird versucht, eine Tendenz festzustellen. Dabei wird die Tendenz
gewöhnlich entweder als „positiv" oder als „negativ" interpretiert. Daneben wird
oftmals ein **Branchenvergleich** durchgeführt, dessen Ergebnis ebenso ausgewertet wird.
In einzelnen Fällen – bei besonders umfangreichen Analysen – werden z. T. **Kennzahlensysteme**[48] herangezogen, welche die Ursachen für bestimmte Entwicklungen besser
erkennen lassen (sollen).

---

[43]   Es ist zu beobachten, dass die Tendenz zu Sachverhaltsgestaltungen größer wird, je höher der De-
        taillierungsgrad von Vorschriften ist. Vgl., m. w. N., *BÖCKING/DUTZI* (2010), S. 797.

[44]   *LACHNIT* (2004), S. 101.

[45]   Vgl. *KÜTING/LAM/MOJADADR* (2010), S. 2289. Siehe zu umfassenden Betrachtungen *LACHNIT/
        WULF* (2010) sowie vor allem *PETERSEN/ZWIRNER/KÜNKELE* (2010).

[46]   Vgl. etwa *TACKE/TACKE* (1997), *HIRSCH* (2000), S. 81–107, *RIEBELL* (2006).

[47]   Ursprünglich wurde auch vom **Bewegungsvergleich** gesprochen. Vgl. *RASCHENBERGER* (1933),
        S. 568.

[48]   Diese sind jedoch nicht mit einer einfachen Aneinanderreihung vieler Kennzahlen zu verwechseln.
        So etwa bei *HOFMANN* (1974). Dort sind z. B. 58 Kennzahlen aufgereiht. *BALLWIESER* (1989),
        S. 41, zu diesem Missverständnis: Viele „Jahresabschlußanalytiker setzen zur Lösung des Meß-
        problems auf eine Instrumentenvielfalt; sie hoffen auf einen ‚Fehlerausgleich'."

Insbesondere bei der **Bonitätsbeurteilung gewerblicher Kreditnehmer** durch Kreditinstitute hat die Bilanzanalyse eine herausragende Bedeutung. In diesem Zusammenhang haben vor allem **statistische Bilanzanalyseverfahren** Eingang in die Praxis der Kreditanalyse gefunden. Dabei ist zu beobachten, dass der (bereits in vorangegangenen Abschnitt dargestellten) Kritik an der statistischen Bilanzanalyse „sehr optimistisch" begegnet wird. Der Gefahr, dass Schlussfolgerungen, Interpretationen und Entscheidungen möglicherweise ausschließlich auf statistischen Analysen basieren, soll in der Praxis vor allem durch die Schulung der Kritikfähigkeit der Mitarbeiter begegnet werden.[49] Trotzdem ist – wie so oft in der Praxis – eine gewisse Überschätzung der Wirksamkeit des entwickelten Instrumentariums zu beobachten. Neben statistischen Bilanzanalyseverfahren nutzen Kreditinstitute vereinzelt **neuronale Netze**.[50]

Bereits vor einigen Jahren wurden für **Kreditinstitute Eigenkapitalvorschriften** erlassen („Basel I").[51] Aus diesen inzwischen modifizierten und unter dem Pseudonym „Basel II" bekannt gewordenen Regelungen[52] resultiert (was nicht überrascht), dass sich die Kreditkonditionen und auch die Kredithöhe am Ergebnis eines Bonitätsbeurteilungsverfahrens, dem sog. Rating[53], orientieren sollen. Potentielle Kreditnehmer mit einem guten Ratingergebnis können mit besseren Kreditbedingungen rechnen; für Antragsteller mit einem eher schlechten Ratingergebnis drohen nicht nur vergleichsweise ungünstige Kreditbedingungen, sondern es besteht auch die Gefahr, dass Kreditlimite eingeschränkt, Kredite nicht prolongiert oder gar versagt werden. Ziel der Eigenkapitalvorschriften ist vor allem die risikoabhängige Eigenkapitalunterlegung durch Kreditinstitute. Damit gewinnt das von Kreditinstituten durchgeführte „interne" Rating (aber auch das von sog. Ratingagenturen durchgeführte „bankexterne" Rating) in der Praxis der Kreditvergabe für sog. Firmenkunden eine erhebliche Bedeutung. Letztere können mit diesen Verfahren sich selbst „testen" und mit Veränderungsmaßnahmen bestenfalls ihre Fremdkapitalkosten beeinflussen.

---

[49] Es ist festzustellen, dass „nur eine geringe Anzahl von Banken das Rating allein auf mathematisch-statistischer Basis gewinnt; die Mehrzahl der Banken bezieht Expertenmeinungen in das Urteil ein, wobei aber deren relative Bedeutung unter den Banken stark variiert", so *ROLFES/EMSE* (2001), S. 324.

[50] Vgl. *GÜNTHER/GRÜNING* (2000), S. 44. Siehe zudem *DIETZ/FÜSER/SCHMIDTMEIER* (1997).

[51] Von „Basel I" (sowie „Basel II" und nunmehr „Basel III") wird gesprochen, weil diese Vorschriften vom **Basler Ausschuss für Bankenaufsicht** entwickelt wurden.

[52] Vgl. etwa *PAETZMANN* (2001), *GLEIßNER/FÜSER* (2003), *WINKELJOHANN/SOLFRIAN* (2003). Dass diese Regelungen bezüglich der Risiken, denen Kreditinstitute ausgesetzt sind, zu kurz greifen, zeigen u. a. die Gründe der sog. Finanz(markt)krise. Vgl. z. B. *BARTHEL* (2009), S. 1025 f. Siehe zudem bereits die kritische Betrachtung der „Basel II"-Regelungen von *BRÖSEL/ROTHE* (2003). Die Finanz(markt)krise hat eine Weiterentwicklung der bestehenden Eigenkapitalvereinbarungen notwendig gemacht. Im Jahre 2010 wurde das überarbeitete Regelwerk „**Basel III**" veröffentlicht, das schrittweise in Kraft tritt. Im Fokus der (Neu-)Regelungen stehen aber nicht die Kreditwürdigkeitsprüfungen der Bankkunden, sondern die Eigenkapitaldeckung und diesbezügliche Mindestquoten auf Seiten der Kreditinstitute. Vgl. z. B. *BECKER ET AL.* (2011), *PAPE* (2011), S. 246–251.

[53] Vgl. *ROLFES/EMSE* (2001).

Basis der Ratingverfahren ist eine ordinale Rangordnung, in welche die potentiellen oder existenten Kreditnehmer in Abhängigkeit des Ratingergebnisses gebracht werden. Die **Beurteilungskriterien** in den institutsspezifisch differierenden Ratingverfahren sind – neben den Aspekten der traditionellen kennzahlengestützten Bilanzanalyse – beispielsweise das Branchenrisiko, der Diversifikationsgrad, der Marktanteil sowie die sog. Erfolgsfaktoren, wie die Produktqualität und -differenzierung oder der Ruf des Unternehmens.[54]

Die **„Rahmenanforderungen"** an **Ratingverfahren** sind in der sog. Solvabilitätsverordnung (SolvV) festgelegt. In den Zulassungsprüfungen zum „auf internen Ratings basierenden Ansatz" (IRBA) wird die Einhaltung dieser Anforderungen von der Bankenaufsicht geprüft. Für IRBA-Banken bilden diese Normen insofern die Grundlage für die Ratingverfahren. Ansonsten sind die Kreditinstitute, die auch den sog. Kreditrisiko-Standardansatz (KSA) anwenden können, bei der Entwicklung und Weiterentwicklung der Ratingverfahren frei. Viele Kreditinstitute entwickeln jedoch keine eigenständigen Verfahren, sondern nutzen sog. Poollösungen, die z. B. in Landesbankprojekten oder durch den Deutschen Sparkassen- und Giroverband (DSGV) entwickelt wurden und weiterentwickelt werden.

Dem Rating ähnlich, weil hier ebenfalls auf synthetischem Wege – durch Gewichtung und Zusammenfassung mehrerer untergeordneter Kennzahlen – eine Zielkennzahl ermittelt wird, sind die sog. **Scoringverfahren**. Bei diesem Verfahren wird mittels einer Punktevergabe versucht, quantitative und qualitative Merkmale eines Kreditnehmers vergleichbar zu machen und schließlich zu einer Gesamtpunktzahl („Score") zusammenzufassen.[55] Für die Bonitätsanalyse möglicherweise relevante Merkmale des Kreditnehmers werden auf Basis von sog. Checklisten erfasst und gewichtet. Die Gewichtung kann sich aus Erfahrungswerten ergeben oder auf Diskriminanzanalysen basieren.

Nicht nur aufgrund des Wandels in der Rechnungslegung von der klassischen Bilanzierung zur „wirtschaftlichen Berichterstattung" ist in der Praxis der Bilanzanalyse seit geraumer Zeit ein gewisser **Wandel**[56] festzustellen. Im Rahmen der (vergangenheitsorientierten) Kennzahlenanalyse ist es aufgrund der unterjährigen Dynamik anzuraten, nicht nur die klassischen Jahresabschlüsse, sondern auch die Quartals- und Zwischenabschlüsse in Zeitvergleiche einzubeziehen. Die klassische Kennzahlenanalyse wird zudem um statistische Analysemethoden und um eine qualitative Bilanzanalyse erweitert. Darüber hinaus wird im Rahmen einer sog. strategischen Bilanzanalyse versucht, verstärkt die (zukunftsorientierten) Rahmenbedingungen der wirtschaftlichen Tätigkeit bei der Unternehmensbeurteilung zu berücksichtigen.[57]

---

54   Vgl. *BAETGE/KIRSCH/THIELE* (2004), S. 17.
55   Vgl. *ROLFES/EMSE* (2001), S. 319 f.
56   Vgl. hierzu *KÜTING/LAM/MOJADADR* (2010), S. 2289 und S. 2292 f.
57   Diesbezüglich wird auf Abschnitt 2 im V. Kapitel dieses Buches verwiesen.

3 Grundsätze

„Grundsätze ordnungsmäßiger Buchführung" und „Grundsätze ordnungsmäßiger Bilanzierung" wurden und werden in der wirtschaftswissenschaftlichen Fachliteratur umfassend analysiert und diskutiert. **„Grundsätze ordnungsgemäßer Bilanzanalyse"** wurden bisher jedoch eher vernachlässigt. In Anbetracht der Komplexität der Materie und den daraus resultierenden Gefahren für die Adressaten der Bilanzanalyse erscheint es allerdings bedeutsam, dass im Hinblick auf die Qualitätssicherung einer Bilanzanalyse entsprechende Grundsätze entwickelt und zur Verfügung gestellt werden.[58] Die Grundsätze müssen dabei möglichst widerspruchsfreie Normen zur Steuerung des Prozesses der Bilanzanalyse darstellen. Diese zielen somit auf die Vorgehensweise und die Resultatsherleitung durch den Bilanzanalysten. Nachfolgend werden wesentliche Grundsätze, die bei der Bilanzanalyse zu beachten sind, benannt und erläutert.

Oberster Grundsatz einer ordnungsgemäßen Bilanzanalyse ist der **Grundsatz der Zielorientierung**.[59] Wie bereits im ersten Abschnitt dieses Kapitels dargelegt, führt eine Analyse nur dann zu sinnvollen und aussagekräftigen Ergebnissen, wenn zum einen eindeutig festgelegt wird, welches Ziel mit dieser Analyse verfolgt werden soll, und zum anderen alle Analyseschritte zielbezogen erfolgen.[60]

Eng verbunden mit dem Grundsatz der Zielorientierung ist der **Grundsatz der Entsprechung** (Kompatibilität) **von Informationsbedürfnis und Informationsmöglichkeit**. Dieser Grundsatz kommt insbesondere dann zur Geltung, wenn die vorhandenen Informationsquellen[61] nicht ausreichen, um einer sachgerechten Analyse i. S. d. Informationsbedürfnisses zu genügen. In diesen Fällen müssen die Ziele der Bilanzanalyse auf die Informationsmöglichkeiten reduziert werden bzw. beschränkt bleiben. Jedoch ist auch im umgekehrten Fall, wenn weitergehende Informationsmöglichkeiten zur Verfügung stehen als im Hinblick auf ein konkretes Analyseziel erforderlich sind, der hier definierte Kompatibilitätsgrundsatz zu beachten. An dieser Stelle ist eine Selektion der Informationsmaterialien hinsichtlich des Informationsbedürfnisses notwendig. Anderenfalls droht eine Informationsüberfrachtung.

---

[58] Siehe analog und m. w. N. die Ausführungen zu den Grundsätzen der Unternehmensbewertung *MATSCHKE/BRÖSEL* (2013), S. 759–811. Siehe dort – im übertragenen Sinne – auch zu den Gründen, warum von „Grundsätzen **ordnungsgemäßer** Bilanzanalyse" und nicht von „Grundsätzen **ordnungsmäßiger** Bilanzanalyse" gesprochen wird bzw. gesprochen werden sollte.

[59] Siehe auch *BAETGE/KIRSCH/THIELE* (2004), S. 26, die vom „Prinzip der Analysezielorientierung" sprechen.

[60] Diesbezüglich wird auf Abschnitt 1 im II. Kapitel dieses Buches verwiesen.

[61] Diesbezüglich wird auf Abschnitt 2.1 im II. Kapitel dieses Buches verwiesen.

Gemäß dem **Grundsatz der Adressatenorientierung** ist einerseits zu beachten, dass sich die Ziele der Bilanzanalyse aus den Informationsbedürfnissen der Adressaten (Empfänger der Analyseergebnisse) ergeben. Andererseits ist bei der Bilanzanalyse die betriebswirtschaftliche Qualifikation der Adressaten zu berücksichtigen. Die Aufbereitung der Ergebnisse muss diesbezüglich also möglichst so erfolgen, dass die vom Empfänger gewünschten Informationen auch von diesem verstanden und interpretiert werden können.[62] Hierzu gehört beispielsweise die empfängerbezogene Ausrichtung der Ergebnisdarstellung im Analysebericht (z. B. die graphische Aufbereitung der Analyseergebnisse).

Eng mit dem Grundsatz der Adressatenorientierung ist der **Grundsatz der Transparenz** verbunden. Demnach ist die subjektive Interpretation der Informationen im Analysebericht von objektiven Berechnungen zu trennen. Darüber hinaus hat die Dokumentation der Bilanzanalyse so zu erfolgen, dass die Vorgehensweise durch Dritte auch in den Folgejahren nachvollzogen werden kann.

Vor allem im Rahmen der Aufbereitung der Informationsbasis ist der **Grundsatz der betriebswirtschaftlichen Orientierung** zu beachten. Die im Jahresabschluss dargestellten Informationen basieren auf Rechnungslegungsnormen, die einerseits – wie bereits dargestellt – einen politisch ausgehandelten Kompromiss zwischen mehreren Interessengruppen darstellen und andererseits meist unterschiedliche Zwecke bzw. Ziele – mehr oder weniger – erfüllen sollen. Entsprechend sind der eigentlichen Analyse eine Reihe von (zielorientierten) Aufbereitungsmaßnahmen[63] im Hinblick auf betriebswirtschaftliche Aspekte vorzuschalten.

Soll die Analyse nicht ausschließlich retrospektiv erfolgen, ist der **Grundsatz der Zukunftsorientierung** zu beachten. Für eine existente Sache ist der historisch und gegenwärtig damit erzielte Nutzen unerheblich, denn für das Gewesene gibt nicht nur der Kaufmann, sondern auch der Adressat der Bilanzanalyse nichts.[64] Diese zukunftsorientierte Ausrichtung des Interesses gilt auch für die Adressaten der Bilanzanalyse. Der Grundsatz der Zukunftsorientierung lässt sich somit aus dem Grundsatz der Zielorientierung und dem Grundsatz der Adressatenorientierung ableiten.

---

[62] Siehe auch *GROLL* (2004), S. 26, der vom **Grundsatz der Verständlichkeit** spricht.
[63] Diesbezüglich wird auf Abschnitt 3 im II. Kapitel dieses Buches verwiesen.
[64] Basierend auf *MATSCHKE/BRÖSEL* (2013), S. 19; dort in enger Anlehnung an *SCHMALENBACH* (1917/18), S. 11, und *MÜNSTERMANN* (1966), S. 21.

Insbesondere bei der Bildung von Kennzahlen sind der Grundsatz der Manipulationsfreiheit und der Grundsatz der Äquivalenz relevant. Im Hinblick auf den **Grundsatz der Manipulationsfreiheit** sind Kennzahlen möglichst so zu definieren, dass unternehmensseitig eine vorhergehende Beeinflussung der Datenbasis – beispielsweise durch bilanzpolitische Maßnahmen – weitgehend ausgeschlossen wird. In Anbetracht der Quantität und der Qualität bilanzpolitischer Möglichkeiten ist es jedoch ausgesprochen schwierig, diesem Grundsatz zu entsprechen. Zudem kann der Grundsatz der Manipulationsfreiheit im Konflikt mit dem Grundsatz der Entsprechung von Informationsbedürfnis und Informationsmöglichkeit sowie dem Grundsatz der Zukunftsorientierung stehen.

Der **Grundsatz der Äquivalenz** zielt auf die in die Kennzahlen eingehenden Größen.[65] Diese müssen sich sachlich, zeitlich und – soweit möglich – wertmäßig entsprechen.[66] In diesen Zusammenhang sei auf *GROLL* verwiesen, der allgemein vom **Grundsatz der Richtigkeit** spricht.[67]

Darüber hinaus gilt der **Grundsatz der vorsichtigen Interpretation**. Dieser zielt auf ein „gesundes Misstrauen" hinsichtlich der Datenbasis. Es ist in diesem Sinne zu berücksichtigen, dass sowohl die aus rechtlichen Gründen und die freiwillig zur Verfügung gestellten Daten des Unternehmens als auch die Daten Dritter – im Hinblick auf die jeweiligen Ziele des Senders der Informationen – subjektiv geprägt sind und dabei bis zu einem gewissen Grad manipuliert werden können (und regelmäßig auch wurden).[68]

Gemäß dem in der Praxis bedeutsamen **Grundsatz der Praktikabilität** der Bilanzanalyse müssen bei der Auswahl der Analysemethoden die personellen und wirtschaftlichen Aspekte des Analysten beachtet werden. Entsprechend ist zu berücksichtigen, ob der Analyst über die erforderlichen Qualifikationen verfügt, schwierige oder umfängliche mathematische Operationen vorzunehmen sowie komplizierte Sachverhalte und Informationen auszuwerten, oder ob dieser diesbezüglich zumindest auf qualifiziertes Personal zurückgreifen kann. Unabhängig davon ist im Hinblick auf die Kosten oder die zeitliche Restriktion zu überprüfen, ob aus Sicht des Analysten eine umfangreiche und differenzierte Analyse durchgeführt werden kann oder soll.

---

[65] Siehe hierzu *BAETGE/KIRSCH/THIELE* (2004), S. 151 f., die vom **Äquivalenzprinzip** sprechen.
[66] Diesbezüglich wird auf Abschnitt 3.1 im II. Kapitel dieses Buches verwiesen.
[67] Siehe *GROLL* (2004), S. 23–25.
[68] Siehe hierzu mit zahlreichen praktischen Beispielen *SCHÜRMANN* (2009), *SCHÜRMANN* (2011).

In diesem Zusammenhang ist der **Grundsatz der Wirtschaftlichkeit** der Analyse (Kosten-Nutzen-Postulat) hervorzuheben. Dieser richtet sich vor allem auf die Vorgehensweise bei der Analyse, aber auch auf die Auswahl der Informationsbasis. Kann ein vorhandenes Informationsbedürfnis mit einfachen Mitteln befriedigt werden, ist – trotz eventuell vorhandener weitergehender Informationsmöglichkeiten – die Komplexität der Analyse entsprechend zu begrenzen. Da zudem die Anwendung komplexer (also anspruchsvoller) Analysemethoden bei unzureichender Datenbasis nicht zur Erhöhung der Aussagekraft der Ergebnisse führt, kann sich der Analyst im Rahmen der Analyse bei entsprechender Datenbasis auf den Einsatz einfacher informationskompatibler Methoden beschränken.[69]

Die Notwendigkeit zur Berücksichtigung des **Grundsatzes der Rechtzeitigkeit (Grundsatz der Aktualität)**[70] leitet sich daraus ab, dass zum einen im Jahresabschluss primär historische Ereignisse und deren Wirkungen berücksichtigt werden und zum anderen die Offenlegung der Informationen – insbesondere im Hinblick auf einen mehr oder weniger langen Aufstellungszeitraum – weit nach dem Bilanzstichtag erfolgt. Im Sinne dieses Grundsatzes sind deshalb vor allem die aktuellsten zur Verfügung stehenden Informationsmaterialien in die Analyse einzubeziehen sowie die Ergebnisse der Analyse möglichst zeitnah an die Adressaten weiterzuleiten. Darüber hinaus muss mit Blick auf die Durchführung der Analyse, die möglichst im Anschluss an die Informationsveröffentlichung oder – soweit die Informationen bereits vorliegen – unmittelbar nach der Auftragserteilung durchgeführt werden sollte, eine Abwägung zwischen der Rechtzeitigkeit der Zurverfügungstellung der Analyseergebnisse auf der einen Seite und der Genauigkeit der Analyseergebnisse auf der anderen Seite erfolgen.[71]

Zudem ist der **Grundsatz der Ganzheitlichkeit**[72] zu beachten. Vor diesem Hintergrund sollte ein Gesamturteil bezüglich eines Analyseziels nicht ausschließlich auf Basis einer kennzahlenorientierten Analyse vorgenommen werden. Vielmehr sind hierbei die Möglichkeiten der qualitativen und der strategischen Bilanzanalyse zu berücksichtigen. Nur so wird es möglich sein, die Erfolgspotentiale eines zu beurteilenden Unternehmens zu identifizieren und fundierte Prognosen zu (er)stellen.

---

[69]   Siehe auch GROLL (2004), S. 27, wobei z. B. nicht mehr Kennzahlen zu ermitteln sind, als für den Informationsbedarf erforderlich. Vgl. zudem WAGENHOFER (2010), S. 201.

[70]   Vgl. insbesondere im Hinblick auf die Kennzahlenermittlung GROLL (2004), S. 26.

[71]   Eine entsprechende Abwägung findet sich bereits im Rahmen der Jahresabschlusserstellung, wobei ein Ausgleich zwischen Rechtzeitigkeit der Aufstellung und der Veröffentlichung einerseits sowie der Verlässlichkeit der (früher oder später) publizierten Informationen andererseits zu finden ist.

[72]   In Anlehnung an BAETGE/KIRSCH/THIELE (2004), S. 48–54. Siehe auch KÜTING/LAM/MOJADADR (2010), S. 2289, LACHNIT/WULF (2010), S. 695.

4   Methodik

4.1   Überblick

Eine allgemeingültige **Methodik zur Durchführung einer Bilanzanalyse** existiert weder in der betrieblichen Praxis noch wurde sie bisher von der betriebswirtschaftlichen Forschung entwickelt. Sofern gewisse praktische Vorschriften oder theoretische Ansätze im Einzelfall den Anspruch auf Allgemeingültigkeit erheben, kann dies bezüglich der **praktischen Vorschriften** aufgrund der Einfachheit und der Normierung leicht widerlegt werden; hinsichtlich der **theoretischen Ansätze** kann konstatiert werden, dass diese tatsächlich nicht allgemein anerkannt sind.

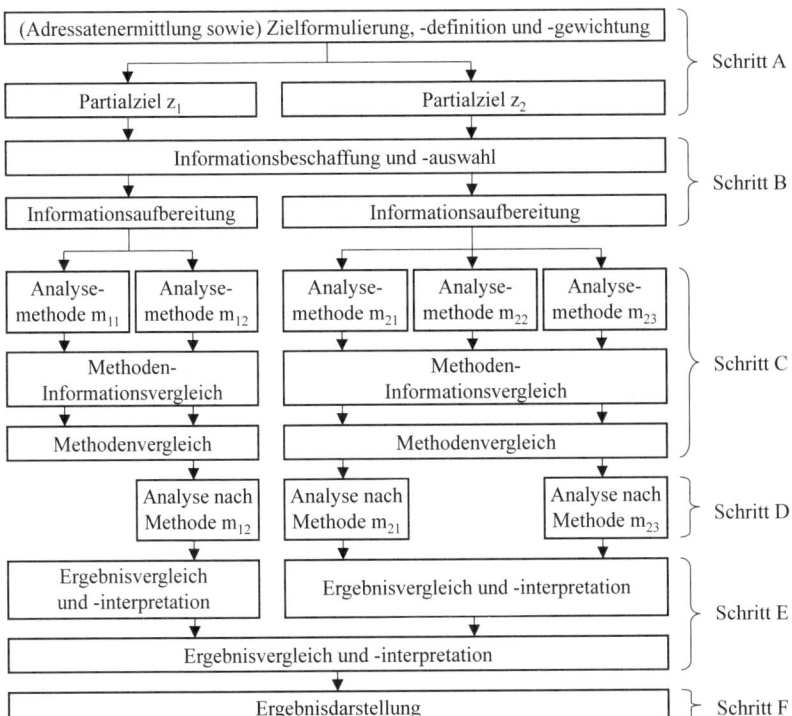

Abbildung 3:   *Schritte der zielorientierten Bilanzanalyse*

An dieser Stelle wird eine Methodik zur Durchführung der Bilanzanalyse dargestellt, die sich durch ihre **Zielorientierung** auszeichnet. Diese Analysemethodik ist in ihrer Grundstruktur in der Abbildung 3 dargestellt. Es sei darauf hingewiesen, dass es sich hierbei nicht um die einzig mögliche Vorgehensweise, sondern vielmehr um einen **Vorschlag** handelt, wie eine Analyse (hier: eine Bilanzanalyse) rational und vollständig durchgeführt werden kann. Das schließt die Berechtigung und die Existenz anderer Durchführungsverfahren nicht aus.

Bei der Bilanzanalyse ist das Merkmal der Zielbezogenheit hervorzuheben. Zu Beginn einer Bilanzanalyse muss sich der Analyst deshalb – bestenfalls ausgehend von den Vorstellungen des/der identifizierten Analyseadressaten – mit dem Analyseziel bzw. den **Analysezielen** auseinandersetzen (**Schritt A**). Hierzu zählen die Zielformulierung, die Zieldefinition und gegebenenfalls die Zielgewichtung. Als **Zielformulierung** werden die Auswahl und die Konkretisierung des Ziels bzw. der Ziele bezeichnet. Im Rahmen der **Zieldefinition** sind die hinsichtlich der formulierten Ziele relevanten Vergleichsmaßstäbe zu bestimmen. Die **Zielgewichtung** umfasst schließlich die Festlegung der (Partial-) Zielhierarchie, wenn ein in Partialziele zu zerlegendes Totalziel formuliert worden ist (oder mehrere Partialziele benannt wurden). Die Vorbereitung der eigentlichen Bilanzanalyse wird schließlich durch die **Beschaffung, Auswahl und Aufbereitung der Informationen (Schritt B)** entsprechend der zuvor formulierten Ziele abgeschlossen.

Anschließend wird im **Schritt C** die **Auswahl geeigneter Analysemethoden** getroffen. Dieser Schritt zielt einerseits – im Rahmen des sog. **Methoden-Informationsvergleiches** – auf die Informationskompatibilität. Diesbezüglich ist die Ausgewogenheit zwischen den vorliegenden Informationen und den Analysemethoden angestrebt. Andererseits – im Rahmen des sog. **Methodenvergleiches** – wird die Zielkompatibilität (auch als Zielentsprechung oder Zielangemessenheit bezeichnet) der Methoden überprüft. Nachdem im **Schritt D** die **Berechnung der Ergebnisse** erfolgte, müssen diese im **Schritt E** mit den ursprünglich (im Schritt A) festgelegten Vergleichsmaßstäben und den Ergebnissen anderer im Hinblick auf ein Partialziel genutzter Methoden **verglichen sowie** schließlich **interpretiert** werden. Gegebenenfalls sind im Rahmen einer Totalanalyse die Analyseergebnisse eines Partialziels den Ergebnissen der Analysen weiterer Partialziele gegenüberzustellen. Letztlich umfasst der **Schritt F** die (adressatenorientierte) **Darstellung** der (zielorientierten) Analyseergebnisse.

4.2   Wesentliche Aspekte der einzelnen Analyseschritte

4.2.1   Zielformulierung, -definition und -gewichtung

Im ersten Schritt einer Bilanzanalyse müssen – ausgehend von der Identifikation der Analyseadressaten – die Zielformulierung, die Zieldefinition und schließlich die Zielgewichtung erfolgen. Als **Zielformulierung** wird die **Festlegung der Analyseziele** verstanden. Da die Zielsetzungen auf der jeweiligen **Interessenlage der Adressaten der Bilanzanalyse** beruhen, sind die Analyseziele grundsätzlich subjektiv zu begründen. Die zu formulierenden Ziele können dabei in **Totalziele** (z. B. Beurteilung der Unternehmenszielerreichung) **und Partialziele** (z. B. Beurteilung der Liquiditätslage) unterschieden werden. Diese Differenzierung dient einerseits der Klarheit der Analyse; andererseits ist die Verfolgung von Totalzielen bei der Analyse i. S. d. Existenz einer Zielhierarchie nur durch die simultane oder sukzessive Untersuchung und Beurteilung von Partialzielen möglich. Deshalb ist die Kenntnis der Methoden und Probleme zur Analyse von Partialzielen die Voraussetzung zur kritischen Durchführung einer Totalanalyse.

Sind die Ziele schließlich formuliert, umfasst die **Zieldefinition** die **Auswahl geeigneter Vergleichsmaßstäbe**. Hinsichtlich der Ziele ist also im Rahmen der Zieldefinition das jeweilige Zielniveau festzulegen, um auf Basis der Bilanzanalyse letztlich den Zielerreichungsgrad beurteilen zu können. Diese Niveaus sind **für die jeweils eingesetzten Analysemethoden** zu bestimmen, wobei diese Niveaus sich entweder als „absolut" oder als „relativ" charakterisieren lassen.[73]

Um eine **absolute Zieldefinition** handelt es sich, wenn auf dieser Basis ein Urteil darüber gefällt werden soll, ob das Unternehmen in der Vergangenheit das (Total- oder Partial-) **Optimum** erreicht hat und/oder ob das Unternehmen dieses Optimum in der Zukunft erreichen wird. Dieser anspruchsvollen Zielsetzung kann eine Bilanzanalyse jedoch vor allem aus zwei Gründen nicht gerecht werden:

- Der **erste Grund** liegt in der Mangelhaftigkeit und Unvollständigkeit der Informationsquellen der (externen) Bilanzanalyse.
- Der **zweite Grund** ist das Fehlen unbestrittener Kriterien zur Festlegung eines Total- oder Partialoptimums. Es existieren zumindest bislang keine allgemeingültigen theoretischen Maßstäbe für eine praktikable Optimumbestimmung und -beschreibung.

Deshalb ist die **relative Zieldefinition** zu bevorzugen: Die Analyse soll hierbei eine Aussage darüber ermöglichen, ob das Unternehmen (bzw. dessen Geschäftsleitung) ein totales oder partiales (subjektives) **Anspruchsniveau** in der Vergangenheit erreicht hat und/oder (auch) in der Zukunft erreichen wird. Das in Rede stehende Anspruchsniveau stellt dabei kein (unbekanntes) Optimum dar. Vielmehr muss der Analyst jeweils einen sinnvollen „vorteilhaften" oder „guten" Wert (im Hinblick auf ein Total- oder Partialziel bzw. hinsichtlich der jeweiligen Analysemethode) festlegen, soweit dieser nicht bereits durch den Analyseadressaten vorgegeben wird.

Da eine Bilanzanalyse vorwiegend quantitativer Art ist und ihre Ergebnisse daher regelmäßig in quantitativer Form vorliegen, wird auch das Zielerreichungskriterium – hier also der „vorteilhafte" Wert – hauptsächlich zahlenmäßig definiert. Dies erfolgt durch das **Heranziehen von Vergleichszahlen** im Sinne relativer Zieldefinitionen.

---

[73]   Vgl. dazu die Auseinandersetzung mit der grundsätzlichen Frage „Kann die Bilanzanalyse ihren Zweck überhaupt erfüllen?" bei *HAUSCHILDT* (1971).

> Die Ermittlung oder Begründung der Höhe eines Vergleichswertes ist nicht Gegenstand, sondern **Datum der Bilanzanalyse**. Dies schließt eine Beurteilung der Angemessenheit des Vergleichswertes durch den Bilanzanalysten nicht aus.

Beispiel: Ist durch den Analyseadressaten bezüglich einer bestimmten Rentabilitätszahl der Mindestwert von 20 % p. a. als Kapitalanlagekriterium vorgegeben, könnte die Angemessenheit dieses Wertes durch ein Heranziehen der Verzinsung alternativer Kapitalanlagen beurteilt werden.[74] Beträgt z. B. die Rentabilität anderer Kapitalanlagen maximal 7 % p. a., kann der genannte Wert vom Analysten als unangemessen bezeichnet und die Empfehlung an den Analyseadressaten ausgesprochen werden, die Höhe des Wertes zu überdenken.

Aufgabe der betriebswirtschaftlichen Forschung ist in diesem Zusammenhang, die Vergleichsmaßstäbe zu eruieren und zu erläutern sowie hinsichtlich ihrer Zuverlässigkeit zu beurteilen. Der disziplinierende Effekt der betriebswirtschaftlichen Forschung auf diesem Gebiet darf dabei nicht unterschätzt werden. Durch eine unabhängige theoriegestützte (also eine wissenschaftliche) Beurteilung kann die Kritikfähigkeit und Zurückhaltung gegenüber allzu optimistischen Analyseauswertungen positiv beeinflusst werden.

Bei der Auswahl der Vergleichsmaßstäbe ist immer zu prüfen, ob diese den „vorteilhaften" Wert jeweils „möglichst weitgehend" repräsentieren. Bei der herkömmlichen Kennzahlenanalyse sind dies im Wesentlichen Vergleichszahlen aus unterschiedlichen Perioden (**Zeitvergleich**) oder von anderen Unternehmen (**Betriebs-** oder Unternehmens- bzw. **Branchenvergleich**) und – wie auch immer ermittelte – Normzahlen (**Normvergleich**).

Im Rahmen der **Totalanalyse** – bei der die Beurteilung von Zielbündeln angestrebt wird – sind Vergleichsmaßstäbe nicht durch eine einzige Zahl darzustellen. Vielmehr ist das Totalziel vor Beginn der Analyse in Partialziele zu zerlegen. Hierzu eignet sich die retrograde Aufspaltung des Totalziels. Das Ergebnis einer solchen Aufspaltung sind **Ziel-Mittel-Hierarchien**, anhand derer eine sukzessive Analyse durchgeführt werden kann.

Partialziele haben dabei Mittelcharakter in Bezug auf das Totalziel. Eine durchweg positive Beurteilung der Zielerreichungsgrade der Partialziele führt somit automatisch zu einer positiven Beurteilung der Totalzielerreichung. Problematisch wird die Analyseauswertung dann, wenn sich bei der Beurteilung der Partialziele unterschiedliche Ergebnisse zeigen. In diesem häufigen Fall ist zur Gesamtbeurteilung eine Partialzielgewichtung oder die Festlegung einer (Partial-)Zielhierarchie notwendig. Zudem gilt es, mögliche Korrelationen der Partialziele in Bezug auf das Totalziel zu ermitteln.

---

[74]   Vgl. z. B. RIETMANN (1973), S. 12 und S. 60, SCHULT (1973).

Sollen Zielbündel beurteilt werden, muss die **Partialzielgewichtung oder die Festlegung der Zielhierarchie** regelmäßig Bestandteil des ersten Analyseschrittes sein. Allgemeingültige Kriterien können hierfür jedoch nicht entwickelt werden. Zielgewichtung und Zielhierarchiefestlegung sollen sich vielmehr nach den Informationsbedürfnissen der Adressaten richten.

Die ursprüngliche Festlegung der Gewichte oder der Hierarchie muss jedoch kein Datum sein. Häufig ergeben sich bei den weiteren Analyseschritten Erkenntnisse, die zu einer **Neuformulierung der Zielhierarchie oder -gewichtung** führen können und sollen. Hierbei sind der Grundsatz der Entsprechung von Informationsbedürfnis und Informationsmöglichkeit sowie der Grundsatz der Wirtschaftlichkeit der Analyse zu beachten:

- Der **Grundsatz der Entsprechung von Informationsbedürfnis und Informationsmöglichkeit** kommt insbesondere dann zur Geltung, wenn die vorhandenen Informationsquellen nicht ausreichen, um einer abschließenden Analyse zu genügen. In diesen Fällen ist die Zielhierarchie auf die Informationsmöglichkeiten zu reduzieren. Aber auch der umgekehrte Fall einer Ausweitung der Partialziele und einer entsprechend weitergehenden Detaillierung der Zielhierarchie ist denkbar.

- Der **Grundsatz der Wirtschaftlichkeit** der Analyse richtet sich vor allem auf die Vorgehensweise. Kann ein vorhandenes Informationsbedürfnis mit der Analyse einfacher Zielhierarchien oder sogar durch die Analyse von Partialzielen befriedigt werden, ist – trotz eventuell vorhandener weitergehender Informationsmöglichkeiten – die Komplexität der Zielhierarchie und damit der Analyse zu reduzieren. Das heißt, es können bei der Analyse verfügbare Informationen vernachlässigt werden.

> Gemäß dem Grundsatz der Entsprechung von Informationsbedürfnis und Informationsmöglichkeit ist ein Kompromiss zwischen den zur Verfügung stehenden Informationen (Informationsmöglichkeiten) und den angestrebten Zielen (Informationsbedürfnissen) zu finden.

4.2.2 Informationsbeschaffung, -auswahl und -aufbereitung

Da der Umfang der Informationsquellen bei der Bilanzanalyse beschränkt ist, erweist sich der Schritt der **Informationsbeschaffung** regelmäßig als „eher unproblematisch". Grundsätzlich sind für die Bilanzanalyse sämtliche verfügbaren Informationsquellen heranzuziehen. Im Einzelfall können diese – in Anbetracht des Grundsatzes der Wirtschaftlichkeit der Analyse – eingeschränkt werden. Ist etwa nach der gewählten Zielsetzung eine Zeitanalyse nicht notwendig, sollte auf frühere Jahresabschlüsse nicht zurückgegriffen werden. Eine Eingrenzung (**Informationsauswahl**) der ohnehin geringen Informationsmöglichkeiten wird *in praxi* allerdings selten vorkommen. Im Rahmen der Informationsauswahl kann es jedoch erforderlich sein, unzuverlässige Informationen bzw. Informationen aus unzuverlässigen Quellen zu vernachlässigen.

Vor dem Hintergrund des Grundsatzes der betriebswirtschaftlichen Orientierung sind die vorliegenden Informationen für die eigentliche Analyse aufzubereiten. Diese **Informationsaufbereitung** ist einerseits von den Analysezielen und andererseits von den Analysemethoden abhängig. Im Sinne des Grundsatzes der Wirtschaftlichkeit der Analyse sind entsprechend lediglich jene Aufbereitungsmaßnahmen durchzuführen, die für das jeweilige Analyseziel und gleichzeitig für die jeweilige Analysemethode notwendig und nutzenerhöhend sind. Zu den Aufbereitungsmaßnahmen zählen regelmäßig die Erstellung einer sog. **Strukturbilanz** sowie die damit verbundene (der Strukturbilanzerstellung vorangestellte) Analyse der Bilanzpolitik des berichtenden Unternehmens.

4.2.3   Methodenauswahl

4.2.3.1   Überblick

Auch für die Methodenauswahl gilt die Forderung, zwischen Informationsmöglichkeit und Informationsbedürfnis einen Kompromiss zu finden. Aus allen möglichen Analysemethoden sind somit diejenigen zu wählen, die sowohl informations- als auch zielkonform sind. Zur Auswahl geeigneter Analysemethoden wird auf den sog. Methoden-Informationsvergleich und den sog. Methodenvergleich zurückgegriffen. Während der Methoden-Informationsvergleich auf die **Informationskompatibilität** der Analysemethoden zielt, stellt der Methodenvergleich auf die **Zielkompatibilität** der Analysemethoden ab.

Der (informationsorientierte) Methoden-Informationsvergleich und der (zielbezogene) Methodenvergleich sind nicht sukzessiv, sondern weitgehend **simultan** durchzuführen. Zwar ist ein sukzessives Vorgehen grundsätzlich möglich – wobei die Reihenfolge nicht festlegbar ist –, im Sinne einer effizienten und effektiven Vorgehensweise kann dieses jedoch nicht empfohlen werden.

Darüber hinaus dürfen im Hinblick auf den Grundsatz der Praktikabilität die unterschiedlichen Schwierigkeiten, die einzelne Methoden bei deren Anwendung aufwerfen, nicht vernachlässigt werden. Diese **Schwierigkeiten können personeller und wirtschaftlicher Art** sein:

- Einerseits steht nicht immer entsprechend qualifiziertes Personal für eine Analyse zur Verfügung oder der Analyst selbst verfügt nicht über die Qualifikation, schwierige oder umfängliche mathematische Operationen vorzunehmen oder Informationen über komplizierte Sachverhalte auszuwerten.

- Andererseits ist es auch möglich, dass der Analyst bezüglich seiner Qualifikation zwar nicht überfordert ist, dieser jedoch aus Kosten- oder Zeitgründen keine umfangreiche und differenzierte Analyse durchführen kann oder will.

Diese Fragen sind *in praxi* ebenso in den Entscheidungskalkül bei der Methodenwahl einzubeziehen wie die nachfolgend behandelten Aspekte der Zielbezogenheit der Methodik sowie der Güte der Informationsquellen und der Analyseergebnisse.

4.2.3.2 Methoden-Informationsvergleich

Im Rahmen des Methoden-Informationsvergleiches steht das Problem im Mittelpunkt, eine den Informationsmöglichkeiten entsprechende Methode zu finden (**Informationskompatibilität**). Es können schließlich keine Methoden eingesetzt werden, deren Informationsbedarfe mit den vorliegenden Informationen nicht befriedigt werden können. Eine allgemeine Aussage darüber zu treffen, welche Methoden bei welchen alternativen Informationsmöglichkeiten eingesetzt werden sollen, ist kaum möglich, weil **keine generellen Auswahlkriterien** im Rahmen des Methoden-Informationsvergleiches existieren.

> Der Methoden-Informationsvergleich zielt auf die notwendige Ausgewogenheit
> zwischen der Güte der jeweiligen Informationsquellen einerseits
> und dem Informationserfordernis der Analysemethode andererseits.

Liegen die zur Anwendung einer Methode notwendigen Informationen nicht vor und können diese auch nicht zuverlässig geschätzt werden, ist von der Anwendung der jeweiligen Methode abzuraten. Der in Teilen der Literatur und vor allem in der Praxis vertretenen Auffassung, „durch den Einsatz leistungsfähiger Auswertungsmethoden [... sei] den genannten Informationsmängeln des Jahresabschlusses soweit wie möglich Rechnung zu tragen"[75], kann nicht gefolgt werden. Allein durch eine (Ver-)Komplizierung der Auswertungsmethodik kann der Nachteil mangelhafter oder fehlender Informationen nicht ausgeglichen werden. **Die Aussagekraft mangel- und/oder fehlerhafter Informationen wird schließlich auch durch eine anspruchsvolle Methodik nicht erhöht.**

> Die Methodenauswahl hat sich nach dem Umfang und
> nach der Güte der vorhandenen Informationsquellen zu richten.
> Die gewählten Methoden müssen den vorhandenen Informationen
> angemessen, also **informationsadäquat, -kompatibel bzw. -konform**, sein.

Steht hingegen umfangreiches und aussagekräftiges Informationsmaterial zur Verfügung, kann dessen Aussagekraft durch die Anwendung sehr pauschaler Analysemethoden mitunter in erheblichem Umfang reduziert werden. Deshalb muss sich der Analyst für jene Methoden entscheiden, die unter Beachtung des Grundsatzes der Wirtschaftlichkeit geringe Informationsverluste versprechen oder mit denen **einem möglichen Informationsverlust** weitgehend **vorgebeugt** werden kann.

---

[75] *COENENBERG* (2001), S. 879. In späteren Auflagen dieser Quelle wurde auf diese Aussage verzichtet.

Beispiel: Ein Zeitvergleich auf Basis der Daten von drei aufeinander folgenden Jahren
mittels der Methode gleitender Durchschnitte ist in bestimmten Fällen nicht
aussagekräftiger als die Schätzung nach der Augenscheinlichkeit der Entwicklung ohne jede methodische Begründung. Umgekehrt ist der Rückgriff
auf eine einfache Methode beim Vorliegen langjähriger Zahlenreihen unzureichend. In diesem Fall gehen sogar Informationen verloren, wenn z. B. lediglich ein einfacher Mittelwert ohne Trendberechnung gebildet wird.

> Der Analyseadressat muss beachten, dass *in praxi* mit Blick auf die
> Komplexität einer Methode häufig eine besondere Güte
> der Analyseergebnisse – bewusst oder unbewusst – vorgetäuscht wird.
> Anstelle der Komplexität einer Methode sollte
> die **theoretische Fundierung** ein Auswahlkriterium sein.

4.2.3.3 Methodenvergleich

Neben der Informationskompatibilität der Analysemethode ist die **Zielkompatibilität** der
Methode zu berücksichtigen. Ziel des Schrittes „Methodenvergleich" ist, **eine den Informationsbedürfnissen entsprechende Methode zu finden**. Dies setzt die Kenntnis
darüber voraus, wie leistungsfähig die einzelnen von Literatur und Praxis vorgeschlagenen Methoden sind und wo die Grenzen ihrer Aussagekraft liegen. Im Rahmen des
Methodenvergleiches sind deshalb bestenfalls mehrere zieladäquate, -kompatible
bzw. -konforme (und ebenso informationsadäquate, -kompatible bzw. -konforme)
Methoden derart zu kombinieren, dass die Mängel der einen Methode durch die Vorteile
anderer Methoden kompensiert werden. Im Rahmen eines zu analysierenden Partialziels
werden somit gewöhnlich mehrere (verschiedene) Methoden eingesetzt.

> Der Methodenvergleich zielt auf die notwendige Kompatibilität
> von Analysemethode und Analyseziel.

4.2.4 Ergebnisberechnung

Die Ergebnisberechnung umfasst – im Hinblick auf die i. d. R. quantitative Ausrichtung
der Bilanzanalyse – einerseits das **Einsetzen** der aus den Informationsquellen entnom-
menen und erforderlichenfalls aufbereiteten Größen in die Formeln der einzelnen Analysemethoden sowie andererseits den Vollzug der von der jeweiligen Methode geforderten
Rechenschritte. Die daraus resultierenden zahlenmäßigen Ergebnisse bilden schließlich die Grundlage der dann folgenden Vergleichs- und Interpretationsprozesse.

Dieser Schritt beschreibt also einen **reinen Berechnungsvorgang**. Je nach eingesetzter Methode kann der Rechenvorgang allerdings – z. B. bei einigen statistischen Verfahren – recht umfangreich und kompliziert sein. Bei Bilanzanalysen gesamtwirtschaftlicher Art, wie sie etwa durchgeführt werden, um volkswirtschaftliche oder Branchendurchschnitte[76] zu erhalten, ist – trotz der Anwendung ziemlich einfacher Methoden – wegen der umfangreichen Datenmengen der Einsatz von EDV-Programmen und -Systemen notwendig. Das gilt z. T. auch für einzelne Bilanzanalysen, bei denen die Komplexität der Methoden unter Umständen den Einsatz von EDV-Programmen und -Systemen erfordert. Über deren Einsatz ist i. S. d. Grundsatzes der Wirtschaftlichkeit zu entscheiden; gewöhnlich ist jede Analyse „per Hand" durchführbar, nur kann der große Zeit- und Arbeitsaufwand dieser „manuellen" Durchführung entgegenstehen.

4.2.5 Ergebnisvergleich und -interpretation

In diesem Schritt wird die **Auswertung der Ergebnisse**, welche den Ergebnisvergleich und eine darauf aufbauende (analytische) Ergebnisinterpretation umfasst, vorgenommen. Die durch Anwendung eventuell unterschiedlicher Analysemethoden berechneten Ergebnisse werden in einem ersten Teilschritt den jeweils vorgegebenen Vergleichswerten im Sinne eines relativ definierten Zielniveaus (Vergleichsmaßstäbe im Zeit-, Betriebs- und/oder Normvergleich) gegenübergestellt. Weitergehende Vergleiche können erforderlich sein, wenn einerseits hinsichtlich eines Partialziels mehrere Methoden eingesetzt werden und/oder wenn andererseits unterschiedliche Partialziele zu analysieren sind.

Besondere Probleme treten auf, **wenn die auf ein Partialziel bezogenen Methoden zu unterschiedlichen Ergebnissen** bezüglich der Erreichung des vorteilhaften Vergleichswertes **führen**. In diesen Fällen muss eine Gewichtung der einzelnen Ergebnisse vorgenommen werden, um eine möglichst eindeutige Aussage über die Erreichung des Vorgabewertes zu erhalten. Als Kriterien für die Gewichtung der Ergebnisse können sowohl die gegebenenfalls bestehende Begrenzung der Aussagekraft der Ergebnisse einer Methode als auch die Geeignetheit der jeweiligen Methode i. S. d. Informations- und der Zielkompatibilität herangezogen werden. Entsprechend können nochmalige Methodenvergleiche und Methoden-Informationsvergleiche unter dem Aspekt einer relativen Beurteilung der Methoden Anhaltspunkte zur Gewichtung der Ergebnisse geben.

Soweit sich die Ergebnisse der Analysemethoden auf **unterschiedliche Partialziele** beziehen, ist deren Vergleich jedoch unmöglich, weil hier nicht die Methoden miteinander verglichen werden können. Vielmehr ist eine Gewichtung der Partialziele bezüglich ihrer Bedeutung für das Totalziel der Bilanzanalyse vorzunehmen. Grundsätzlich sind auch in diesem Fall die Ergebnisse insofern zu beurteilen, als untersucht wird, inwieweit die auf die einzelnen Partialziele bezogenen Ergebnisse die „verlangten" Werte (Vergleichsmaßstäbe) erreicht haben.

---

[76] Siehe beispielsweise MATSCHKE/WEGMANN (1985).

> Wesentliche Probleme bestehen in diesem Zusammenhang darin,
> das Analyseergebnis hinsichtlich der Erreichung des vorteilhaften
> Vergleichswertes **zu interpretieren** (Bilanzkritik) **und**
> bei Abweichungen **Ursachenforschung zu betreiben**.

4.2.6   Ergebnisdarstellung

Der letzte Schritt der vorgeschlagenen Methodik der Bilanzanalyse betrifft die (adressaten-orientierte) Darstellung der (zielorientierten) Analyseergebnisse durch den Bilanz-analysten. Die Präsentation der Ergebnisse sollte regelmäßig auch eine Darstellung des Analysevorgehens umfassen. Dabei kann als Orientierung z. B. der in den vorangehen-den Abschnitten skizzierte Analyseablauf zugrunde gelegt werden.

Eine **Gliederung des Analyseberichts** könnte demnach wie folgt aussehen:

- Zielsetzung der Analyse,
- (genutzte und gegebenenfalls nicht genutzte) Informationsquellen,
- Analysemethoden (eventuell mit Begründung der Anwendung bestimmter Methoden bzw. der Ablehnung anderer Methoden),
- Berechnung der Analyseergebnisse (der Umfang der Darstellung ist im Einzelfall fest-zulegen),
- Ergebnisvergleich und -interpretation sowie
- Gesamtbeurteilung.

Für die allgemeine Form der Darstellung gilt die konträre Forderung nach Klarheit und Einfachheit einerseits sowie nach hinreichend umfangreicher Differenzierung der Analyseergebnisse andererseits. Dieses **Dilemma** gilt insbesondere für Auftragsanaly-sen, bei denen Analyst und Adressat verschiedene Personen sind. In diesen Fällen wird die Ergebnisdarstellung häufig dadurch erschwert, dass der Adressat seine Vorteilhaf-tigkeitsvorstellungen nicht genau definieren kann – sei es aus Gründen der persönlichen Qualifikation oder weil der Adressat von vornherein nicht bekannt ist (z. B. bei Auf-tragsanalysen für die Wirtschaftspresse).

5   Grenzen

Im ersten Abschnitt dieses Kapitels wurde bereits auf die wesentlichen Einflussgrößen der Ergebnisse einer Bilanzanalyse hingewiesen. Daraus lassen sich „spiegelbildlich" die Grenzen der Analyse ableiten. Die Begrenzung der Aussagekraft einer jeden Analyse offenbart sich vor allem durch die **Diskrepanz zwischen dem Informationsbedürfnis und der Informationsmöglichkeit.**

In der Abbildung 4 werden mögliche Grenzen der Bilanzanalyse dahingehend strukturiert, ob deren Ursachen in den Informationsquellen, im Analysevorgehen oder in der Person bzw. im Umfeld des Analysten begründet sind.[77] Dabei ist zu berücksichtigen, dass eine überschneidungsfreie und eindeutige Zuordnung der Aspekte zu den einzelnen „Obergruppen" nicht immer möglich ist.

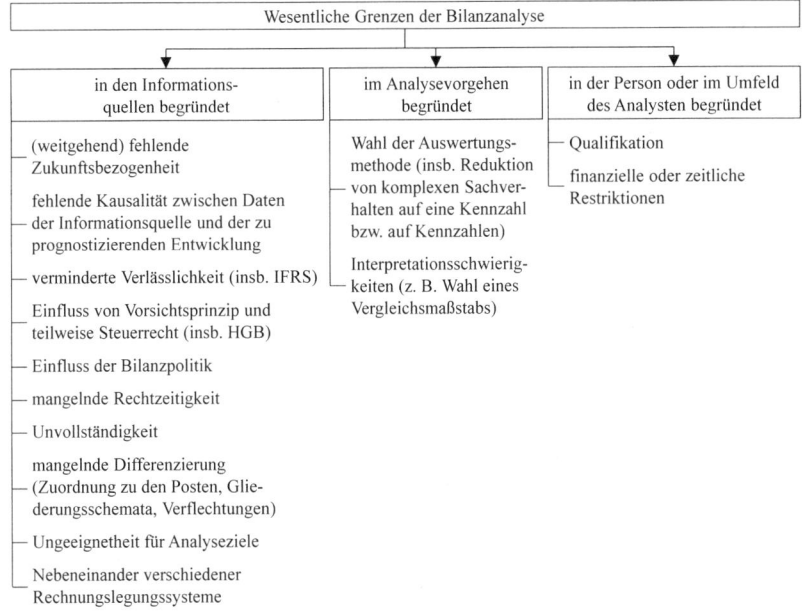

Abbildung 4:   *Wesentliche Grenzen der Bilanzanalyse*

---

77   Siehe zu den Grenzen der Bilanzanalyse beispielsweise auch *KUßMAUL/CLOß* (2011b), S. 73 f., *PAPE* (2011), S. 283 f., *BIEG/KUßMAUL/WASCHBUSCH* (2012), S. 381–384.

Die **wesentlichsten Einschränkungen** der Aussagekraft von Bilanzanalyseergebnissen sind regelmäßig **in den Informationsquellen begründet**. Dies kann – wie nachfolgend detailliert erläutert – wiederum verschiedene Ursachen haben:

Eine Analyse der Unternehmenslage wird i. d. R. durchgeführt, um Anhaltspunkte für die zukünftige Entwicklung des Unternehmens zu erhalten. Ziel der Auswertung der primär retrospektiven Datenbasis ist somit, prospektive Erkenntnisse über das Unternehmen zu erlangen (Prognosefunktion). Eine wesentliche Grenze der Bilanzanalyse liegt deshalb in der (weitgehend) **fehlenden Zukunftsbezogenheit** der Informationsquellen. Das Gros der Zahlen eines nach HGB erstellten Jahresabschlusses ist historisch geprägt. Die Bilanz sowie die Gewinn- und Verlustrechnung sind schließlich das Ergebnis der buchungspflichtigen Geschäftsvorfälle vergangener Geschäftsjahre, wobei ursprüngliche Anschaffungs- und Herstellungskosten eine erhebliche Bedeutung haben.[78]

Diesem Problem versuchen die Standardsetzer der internationalen Rechnungslegungsnormen insofern entgegenzuwirken, als verstärkt zukunftsorientierte Werte in die Bilanzierung Einzug halten. Hiermit ergeben sich wiederum zwei schwerwiegende Probleme:

- Einerseits ist eine – meist **unsystematische Vermengung** – historischer und zukunftsorientierter Daten zu verzeichnen.

- Andererseits **vermindert sich** – durch die mit der Zukunftsorientierung einhergehende Entobjektivierung internationaler Jahresabschlüsse – **die Verlässlichkeit** der publizierten Informationen.

Grundsätzlich sind Planbilanzen weder verfügbar noch bilden diese eine verlässliche Informationsquelle für eine Analyse. Die Erstellung von **Prognosen** ist somit der Publikation von Abschlüssen nachgelagert und entsprechend eine wichtige Aufgabe im Rahmen der Bilanzanalyse.

Prognosen im Zuge der Bilanzanalyse bestehen – und nur so ist der Ausdruck der Zukunftsbezogenheit innerhalb der Bilanzanalyse zu verstehen – ausschließlich aus einem vermuteten Analogieschluss von Vergangenheitsentwicklungen auf die Zukunft („Alles-bleibt-wie-es-ist-Annahme").[79]

---

[78] Allerdings sind auch **Prognosen** zur Erstellung eines Jahresabschlusses nach HGB erforderlich, z. B. im Hinblick auf die Nutzungsdauer der Vermögensgegenstände des Anlagevermögens, die Verwertungsmöglichkeiten von fertigen Erzeugnissen, erwartete Forderungsausfälle sowie die Beantwortung der Fragen zu Ansatz und Bewertung von Rückstellungen.

[79] Dies unterstellt jedoch – unrealistisch – ein sich vergleichbar zur Vergangenheit entwickelndes Unternehmensumfeld sowie eine gleichbleibende Unternehmenspolitik. Vgl. auch *BALLWIESER* (1989), S. 22. *BALLWIESER* (1993), Sp. 217, reduziert in diesem Zusammenhang die Bedeutung der (vergangenheitsorientierten) Bilanzanalyse wie folgt: „Die wichtigste Funktion der Vergangenheitsanalyse liegt insofern in der Stimulation, weitere Fragen zu stellen und andere Informationsgrundlagen zu gewinnen. Bilanzanalyse kann dazu beitragen, Trends und Strukturen anzudeuten, deren Bestätigung oder Verwerfung erst nach weiterer Informationseinholung möglich erscheint."

Ein eindeutiger **Ursache-Wirkungs-Zusammenhang** (Kausalzusammenhang) zwischen Vergangenheit und Zukunft besteht nicht. Das Prognoseproblem verschärft sich z. B. durch die Dynamik und Komplexität des Wettbewerbs sowie die damit verbundene Zunahme von Diskontinuitäten. Zur Verbesserung der Qualität der Prognose sollten qualitative Informationen herangezogen werden. Eine im Hinblick auf die zukünftige Entwicklung der Unternehmen mittlerweile deutlich verbesserte Datenbasis liefern der Lagebericht nach HGB, der gemäß § 315a Abs. 1 HGB auch von den deutschen „IFRS-Bilanzierern" aufzustellen ist, sowie der Anhang nach IFRS.

> „Rechnungslegung bietet bestenfalls bedingtes Tatsachenwissen, gewissermaßen das Kellergeschoß, auf dem mittels Hypothesen aus erklärenden Theorien Prognosen errichtet werden können."[80]

Das Problem der Unsicherheit der Prognose, welches aus dem Fehlen gesicherter Informationen über zukünftige Entwicklungen resultiert, wurde bereits als Hauptgegenstand der Forschung charakterisiert. Mit Hilfe statistischer Methoden wird versucht, auf der Basis von historischen Zahlen möglichst gesicherte Prognosen zu stellen.[81]

> Prognosen können in diesem Zusammenhang gewöhnlich nur einen geringen Genauigkeitsgrad (Bandbreiten) aufweisen. Eine **Zunahme der Genauigkeit der Prognose** (z. B. die Verengung einer Bandbreite auf einen Punktwert) korreliert mit einem **Rückgang der Eintrittswahrscheinlichkeit**.

Im Rahmen der Bilanzierung nach HGB erfolgt eine Beschränkung der Darstellung der „tatsächlichen" wirtschaftlichen Lage eines Unternehmens zudem dahingehend, dass diese „eher pessimistisch" dargestellt werden soll.[82] Dies resultiert aus dem hierbei dominierenden **Vorsichtsprinzip**. Da auch durch gesetzliche Vorschriften die Darstellung der Unternehmenslage nicht eindeutig fixiert werden kann, soll der Unternehmer i. S. d. Gläubigerschutzes[83] zumindest daran gehindert werden, seine Lage „zu positiv" darzustellen bzw. seine Ausschüttungen zu erhöhen. Die damit verbundenen Verzerrungen in der Darstellung der wirtschaftlichen Lage eines Unternehmens werden dadurch verstärkt, dass Jahresabschlüsse ein Vielzweckinstrument sind, die – wie etwa der Jahresabschluss nach HGB – neben dem Gläubigerschutz noch weitere Zwecke, z. B. die Informationsfunktion, erfüllen sollen.

---

80 SCHNEIDER (2008), S. 328.

81 Entgegen aller bereits dargestellten Bedenken zeigen sich HAUSCHILDT/LEKER (1995), S. 251, entsprechend euphorisch: „Diese gestiegenen prognostischen und analytischen Anforderungen können nur durch Einsatz neuer Instrumente erfüllt werden. Die Methoden der Bilanzanalyse haben sich durch den Einsatz von Computern und statistischen Methoden revolutioniert."

82 Siehe allgemein zum Einfluss der GoB auf die Bilanzanalyse BALLWIESER (1989), S. 19–21.

83 Siehe aus juristischer Sicht sowohl deskriptiv als auch kritisch zum Gläubigerschutz WACKERBARTH/EISENHARDT (2013), S. 46–77 sowie S. 87 und S. 92 f.

Dass die **umgekehrte Maßgeblichkeit,** durch welche der HGB-Abschluss direkt durch das deutsche Steuerrecht beeinflusst wurde, mittlerweile nicht mehr besteht, sollte sich tendenziell positiv auf die Informationsbasis bei der Analyse von HGB-Abschlüssen auswirken. Bei der Analyse von nach HGB erstellten Jahresabschlüssen dürfte es aufgrund der durchaus weiterhin bestehenden gesetzlichen und faktischen **Verknüpfungen von Handels- und Steuerbilanzen**[84] jedoch nicht von Nachteil sein, wenn der Analyst neben den handelsrechtlichen Rechnungslegungsnormen auch grundlegende steuerrechtliche Bilanzierungsvorschriften kennt. Insgesamt wird sich zukünftig die Beeinflussung der HGB-Abschlüsse durch steuerliche Normen allerdings verringern.

Eine weitere (sehr bedeutende) Ursache der Verzerrung der Informationen liegt in der **bilanzpolitischen Beeinflussungsmöglichkeit** durch die Bilanzierenden. Die Zahlen in den publizierten Jahresabschlüssen sind keine eindeutig definierten Größen. Durch zahlreiche bilanzpolitische Instrumente können einzelne Positionen der Bilanz sowie der Gewinn- und Verlust- bzw. der Gesamtergebnisrechnung (aber auch Angaben im Anhang und im Lagebericht) bewusst beeinflusst werden. Die Bilanzpolitik stellt dabei meist eine Gratwanderung zwischen erlaubten und unerlaubten Beeinflussungsinstrumenten dar, weshalb die Grenzen zwischen Bilanzbeeinflussung und Bilanzmanipulation *in praxi* fließend sind. Je größer die Interessengegensätze zwischen dem Bilanzierenden und den Bilanzadressaten sind, desto größer ist tendenziell die Gefahr, dass Zahlen des Jahresabschlusses entgegen den Interessen der Adressaten bilanzpolitisch verändert werden.[85]

Darüber hinaus ist im Rahmen der Bilanzanalyse die **mangelnde Rechtzeitigkeit** des Vorliegens der Informationsquellen zu beachten. So liegen zwischen dem Bilanzstichtag, dem Tag der Bilanzerstellung sowie schließlich dem Tag der Publikation und einer möglichen Analyse i. d. R. – je nach Publizitätsfrist – mindestens drei oder sogar sechs Monate, so dass eine ohnehin schon geringe Zukunftsrelevanz der im Jahresabschluss enthaltenen Informationen durch die verminderte Aktualität der Informationen weiter abnimmt. Die Informationen der Jahresabschlüsse sind also „in mehrfacher Hinsicht veraltet."[86] Erstellen die Unternehmen hingegen einen sog. Fast-Close-Abschluss, steigt durch die eher pauschalen Hochrechnungen die Unsicherheit; die Genauigkeit und die Verlässlichkeit sinken.

---

[84]   Siehe grundlegend und gleichsam kritisch *SCHILDBACH/STOBBE/BRÖSEL* (2013), S. 163–180.

[85]   „Die Bilanzanalyse versucht, das interpretationsbedürftige Zahlenwerk der Jahresabschlüsse zu entschlüsseln und zusätzliche [...] Informationen zu gewinnen. Diesem ‚Enttarnungsversuch' begegnet die Bilanzpolitik durch die Anpassung des Jahresabschlusses an die Postulate und Erwartungen der Bilanzanalyse sowie dem leider meist erfolgreichen Versuch, die Analysemethoden zu antizipieren", so *KÜTING* (1996), S. 943.

[86]   *KÜTING/WEBER* (2012b), S. 74. *HAUSCHILDT* (2006), S. 113, verweist im Zusammenhang mit der Vorlage auf den durch Analysten geprägten Grundsatz: „Späte Bilanzen sind schlechte Bilanzen".

Ein Problem der Bilanzanalyse ist zudem, dass grundsätzlich **nur** auf unternehmens-externe, **publizierte Informationen** zurückgegriffen wird. Demzufolge sind die zur Verfügung stehenden Informationen stark begrenzt. Der Ausgangspunkt der Bilanz-analyse ist somit ein lediglich „eingeschränkter Informationsstand"[87].

Die der Bilanzanalyse zugrunde liegenden (begrenzten) Informationsquellen sind wei-terhin deshalb mangelhaft, weil diese **unvollständig** sind. Auch wenn es durch den Übergang von der nationalen zur internationalen Rechnungslegung zu einer Ausweitung der (Quantität der) Informationen im Jahresabschluss – vor allem im Hinblick auf zukunftsorientierte Aspekte – kommt („Masse statt Klasse"), ändert sich an diesem Problem kaum etwas,[88] denn Jahresabschlüsse vermitteln primär quantitative Informationen. Qualitative Informationen (wie z. B. Hinweise auf die Qualität der Führung und der Mitarbeiter, das Betriebsklima, das Technologiepotential, den Ruf des Unternehmens sowie die Wettbewerbsposition auf den Märkten)[89] lassen sich nur in geringem Umfang aus Bilanz, Gewinn- und Verlust- bzw. Gesamtergebnisrechnung sowie Anhang entnehmen. Sie sind Bestandteile des originären Goodwill. Wesentliche Hinweise auf die Komponenten des originären Goodwill können bestenfalls einem ordnungsge-mäß erstellten Lagebericht bzw. dem „Management Commentary" entnommen werden.

Demgemäß muss darauf verwiesen werden, dass **auch** die **quantitative Aussagekraft** des Jahresabschlusses **unvollständig** ist, weil nicht alle (wesentlichen) wirtschaftlichen Aspekte in der Finanzbuchhaltung festgehalten werden.

Beispiel: In HGB- und in IFRS-Abschlüssen fehlen explizite Informationen über origi-näre Geschäfts- oder Firmenwerte sowie die zur Beurteilung der Liquidität notwendigen Hinweise auf vorhandene Kreditlinien. Sofern das Aktivie-rungswahlrecht nach § 248 Abs. 2 HGB nicht ausgeübt wird, lassen sich zu-dem in Jahresabschlüssen nach HGB z. B. keine Aussagen über selbst erstell-te immaterielle Vermögensgegenstände des Anlagevermögens finden.[90]

Schließlich sind die Informationen insofern beeinträchtigt, **als es an einer ausreichenden Differenzierung fehlt.** Einerseits besteht das Problem der nicht immer sachgerechten und klaren Bezeichnung von Bilanz- sowie Erfolgsrechnungspositionen. Andererseits sind die Schwierigkeiten (und die Interessen der Bilanzierenden) zu berücksichtigen, die sich mit der sachgerechten Zuordnung der Geschäftsvorfälle zu den einzelnen Jah-resabschlusspositionen ergeben.

---

87   *LACHNIT* (2004), S. 12.

88   Allerdings fühlt sich so mancher Bilanzanalyst – aber auch so mancher Bilanzersteller – durch die Erhöhung der Quantität der Informationen **zu Recht überfordert.** Vgl. zu dieser Informations-überfrachtung (**„Information Overload"**) z. B. *RAMMERT* (2010), S. 2266 (Rz. 40).

89   Diese Beispiele finden sich bei *LACHNIT* (2004), S. 13.

90   Das bedeutet jedoch nicht, dass Hinweise auf solche Vermögensgegenstände verlässlich sind, wenn das Aktivierungswahlrecht ausübt wird. Vgl. z. B. *SCHILDBACH/STOBBE/BRÖSEL* (2013), S. 187 f.

Diese Problematik verschärft sich vor allem im Hinblick auf die internationale Rechnungslegung, weil in den IFRS (bisher) **keine umfassenden und allgemein verbindlichen Gliederungsschemata** kodifiziert sind. Im Unterschied zu den Regelungen nach HGB, die sowohl für die Bilanz (§ 266 HGB) als auch für die Gewinn- und Verlustrechnung (§ 275 HGB) – zumindest für Kapitalgesellschaften und haftungsbeschränkte Personenhandelsgesellschaften – ein Gliederungsschema festlegen, sind im IAS 1 („Darstellung des Abschlusses" – „Presentation of Financial Statements") nur Mindestvorschriften zu finden.[91] Aber auch die „Kennzahlenbildung" auf Basis der handelsrechtlichen Gliederung[92] ist nicht durchweg positiv zu beurteilen.[93] Die Kodifizierung stellt schließlich nur einen kleinen Schritt auf dem Wege zu einem informativen Jahresabschluss und zu der für die Analyse erforderlichen Strukturbilanz dar. Für diesen Zweck finden sich indes (mitunter) hilfreiche Angaben zu Fälligkeiten und Fristigkeiten im Anhang.

Zudem bestehen Grenzen bei der Bilanzanalyse, weil die Informationsquellen für spezielle Analysezwecke gänzlich **ungeeignet** sein können. Diese Diskrepanz ist meist nur mit Hilfsmethoden zu überbrücken, deren Ergebnisse sehr vorsichtig zu interpretieren sind.

Beispiel: Eine Liquiditätsanalyse ist auf Basis von Ein- und Auszahlungen (d. h. von Zahlungsströmen sowie Veränderungen des Zahlungsmittelfonds) oder zumindest von Einnahmen und Ausgaben (Veränderungen des Fonds des Nettogeldvermögens) durchzuführen. Die Bilanz sowie die Gewinn- und Verlustrechnung beziehen sich jedoch auf die Veränderungen des Reinvermögens und somit vor allem auf Erträge und Aufwendungen.

---

[91] Die Mindestvorschriften für die **Bilanz** ergeben sich beispielsweise aus IAS 1.54–80. Die Mindestregelungen für die Gewinn- und Verlustrechnung bzw. die **Gesamtergebnisrechnung** resultieren aus IAS 1.81–105. Hier finden sich lediglich Informationen über Positionen, die in den entsprechenden Jahresabschlusskomponenten nicht fehlen sollten. „Einige Beispiele für die Gliederung der Bilanz, der Gesamtergebnisrechnung und der Eigenkapital-Veränderungsrechnung finden sich in der *Guidance on Implementing* IAS 1 (IAS 1.IG3–IG6), die aber aus Sicht des IASB nicht verbindlich ist und daher auch nicht in europäisches Recht übernommen wurde", so *BUCHHEIM* (2009), S. 25 (Hervorhebungen im Original). Die Entwicklung einer einheitlichen Gliederungssystematik bleibt abzuwarten; vgl. hierzu und zu den damit verbundenen möglichen Auswirkungen auf die Bilanzanalyse *KIRSCH* (2010).

[92] Auch handelsrechtliche Jahresabschlüsse müssen – unter Berücksichtigung betriebswirtschaftlicher Aspekte – im Rahmen der ersten Schritte der Bilanzanalyse (insbesondere vor der Kennzahlenbildung) aufbereitet werden.

[93] Grenzen der Bilanzanalyse können sich entsprechend durch rechtsform- und größenspezifische Befreiungsvorschriften innerhalb des HGB, die u. a. zu verminderten Informationspflichten sowie zu unterschiedlich detaillierten Gliederungen der Bilanz sowie der Gewinn- und Verlustrechnung der betroffenen Unternehmen führen, ergeben.

Ein weiteres Problem, welches sich auf die Informationsquellen bezieht, besteht im **Nebeneinander von Jahresabschlüssen unterschiedlicher** (nationaler und internationaler) **Rechnungslegungssysteme**.[94] Diese Problematik hat sich mit der „Einführung" der internationalen Rechnungslegungsnormen nicht gelegt. Während – abgesehen von handelsrechtlichen Wahlrechten – zumindest deutsche Unternehmen bisher weitgehend miteinander vergleichbar waren, sind diese es nun nicht mehr, wenn beispielsweise das eine Unternehmen einen Jahresabschluss nach HGB und das andere Unternehmen – auf Basis von § 325 Abs. 2a HGB – einen Jahresabschluss nach IFRS publizieren sollte.

Differenzierungsprobleme ergeben sich darüber hinaus durch **zunehmende Unternehmensverflechtungen**.[95] Diese beeinträchtigen aufgrund der Probleme bei der Eliminierung konzerninterner Vorgänge die Aussagekraft der Informationsquellen. Zur Analyse eines Unternehmens, welches in einen Konzernverbund integriert ist, sollte deshalb neben dem Einzelabschluss auch auf den Konzernabschluss zurückgegriffen werden. Allerdings können hiermit die konzerninternen Vorgänge bezüglich eines einzelnen Unternehmens – abgesehen von möglicherweise im Einzelabschluss enthaltenen „davon-Ausweisen" hinsichtlich verbundener Unternehmen – weder erkannt noch eliminiert werden. Die Aussagekraft der Bilanzanalyse einzelner Konzernunternehmen ist erheblich eingeschränkt. Sofern Konzern- und Einzelabschluss auf Basis unterschiedlicher Rechnungslegungsnormen (z. B. der Einzelabschluss nach HGB und der Konzernabschluss nach IFRS) erstellt wurden, erhöhen sich die ohnehin schon bestehenden Schwierigkeiten, die im Einzelabschluss gegebenenfalls enthaltenen konzerninternen Vorgänge zu identifizieren.

Im Hinblick auf Unternehmensverflechtungen ist zudem auf die Existenz von **faktischen Unternehmensverbänden**, die sich z. B. in den Fällen bedeutender Darlehensverträge, einer Personalunion in Führungs- und Kontrollorganen zweier Unternehmen oder ausländischer Mutterunternehmen ergeben können, hinzuweisen, weil in diesen Fällen die gesetzlichen Schutzvorschriften nicht immer greifen. Diese Unternehmensgruppen machen oft nicht einmal den Versuch, „konzerninterne" Vorgänge zu trennen oder gar zu eliminieren. Ein Konzernabschluss wird regelmäßig nicht erstellt.

---

[94] LACHNIT (2004), S. 8, verweist grundsätzlich auf die „juristisch, vertraglich oder freiwillig begründeten Unterschiede der Ausgangsmaterialien", die letztlich der Vergleichbarkeit von Unternehmen entgegenstehen. Auch innerhalb desselben Rechnungslegungssystems können so beispielsweise größen- und rechtsformspezifische Unterschiede hinsichtlich der Bilanzierungs-, Prüfungs- und Offenlegungsregelungen die Bilanzanalyse behindern.

[95] „Die Einzelabschlüsse haben als Informationsinstrument für den externen Anleger nur eine untergeordnete Bedeutung. Bei konzerngebundenen Unternehmen ist die Aussagefähigkeit von Einzelabschlüssen begrenzt: Die Erfolgssituation eines konzerngebundenen Unternehmens kann mehr oder weniger stark durch die Geschäftsbeziehungen innerhalb des Konzernverbunds determiniert sein", so der ARBEITSKREIS „EXTERNE UNTERNEHMENSRECHNUNG" DER SCHMALENBACH-GESELLSCHAFT (1996), S. 1989.

Auch die **Wahl der Auswertungsmethoden** beeinflusst die Aussagefähigkeit der Bilanzanalyse. Die wichtigste Methode der klassischen Analyse ist der Kennzahlenvergleich in seinen unterschiedlichen Formen. Dabei ist insbesondere die **Begrenzung durch Normierung** hervorzuheben. Jede **Kennzahl** reduziert eine Mehrzahl von Informationen auf eine einzige Größe. Dies ist aus Gründen der Vergleichbarkeit notwendig. Es darf jedoch nicht übersehen werden, dass mit einer einzigen Kennzahl ein gewöhnlich überaus komplexer Sachverhalt charakterisiert werden soll, der aus einer Vielzahl von Einflussmomenten entstanden ist. Um die jeweilige Situation besser als mit einer einzigen Kennzahl analysieren zu können, wurden Kennzahlensysteme entwickelt, die einzelne Einflussfaktoren und deren Beziehungen untereinander explizit aufzeigen sollen.

Weiterhin treten **Interpretationsschwierigkeiten** bei der Auswertung der Ergebnisse der Bilanzanalyse auf. Die Auswertung setzt einen Vergleichsmaßstab als Beurteilungskriterium voraus. So werden z. B. beim **Zeitvergleich** Kennzahlen früherer Perioden als Vergleichsmaßstab herangezogen (Ist-Ist-Vergleich).[96] Über die Güte dieser Maßstäbe, als Optimalitäts- oder Vorteilhaftigkeitskriterium zu dienen, lassen sich aber nur selten fundierte Aussagen treffen. Hier – und ebenso beim **Betriebs- oder Branchenvergleich**[97] – besteht immer die Gefahr, „Schlendrian mit Schlendrian"[98] zu vergleichen. Auch der sog. **Normvergleich**, z. B. der Vergleich der ermittelten Kennzahlen mit vermeintlichen Branchenkennzahlen oder deren Abwägung auf Basis „goldener (Finanzierungs-)Regeln" (Soll-Ist-Vergleich), führt nur zu einer Aussage über die relative Güte der analysierten Kennzahl hinsichtlich eines fiktiven Durchschnitts oder einer wissenschaftlich nicht begründbaren Erfahrungsrelation. „Wer solche Finanzierungsregeln einhält, bewegt sich in Bahnen, in denen er nicht auffällt. Er erfüllt einen weithin akzeptierten, wenngleich wissenschaftlich nicht begründeten Anspruch, ,solide' finanziert zu sein."[99] Somit wird bei Einhaltung der Norm allenfalls ein Positivsignal gegeben, dass die Unternehmen in der Lage sind, diese – mit welchen Mitteln auch immer – einhalten zu können.

> „Nicht die theoretische Begründbarkeit, sondern die Praxis der
> Kreditwürdigkeitsprüfung gibt den Finanzierungsregeln ihren Stellenwert."[100]

---

[96]   Ständige Veränderungen der (internationalen) Rechnungslegungsnormen und auch ein Übergang von der HGB- auf die IFRS-Bilanzierung vermindern die Aussagekraft von Zeitvergleichen und können dessen Einsatz sogar unmöglich machen. Siehe z. B. *RAMMERT* (2010), S. 2271 (Rz. 52).

[97]   Zum Branchenvergleich siehe etwa *LEKER/WIEBEN* (1998).

[98]   *SCHMALENBACH* (1963), S. 447, der weiter ausführt: „Wenn aber der Betriebsvergleich Zahlen anderer Betriebe beibringen kann, in denen frischer Wind weht, dann kann der Schlendrian sich nicht länger verbergen".

[99]   *SCHNEIDER* (1989), S. 637. „Dennoch erfreuen sich solche Kennzahlen in der Praxis großer Beliebtheit, weil sie unter Verwendung öffentlich zugänglicher Daten kalkuliert werden können, einfach zu verstehen sind, Vergleiche zwischen unterschiedlichen Unternehmen oder Perioden ermöglichen und bei ,starken' Abweichungen von einer wie auch immer begründeten ,Norm' erste Hinweise auf etwaige Probleme geben sollen", so treffend *ROLLBERG* (2012), S. 27.

[100] *WÖHE/DÖRING* (2013), S. 608.

Beispiel: Bilanzanalysen aufgrund von Normvergleichen werden z. B. durch die Finanzverwaltung durchgeführt, um Abweichungen im Rahmen steuerlicher Außenprüfungen feststellen zu können. Da dieses Vorgehen den Betrieben bekannt ist, versuchen diese, die Normkennzahlen hinsichtlich der Steuerbilanzen einzuhalten. Hier wird die Gefahr erkennbar, dass die Normzahlen im Laufe der Zeit nicht mehr ein „normales" betriebswirtschaftliches Verhalten widerspiegeln, sondern im speziellen Fall auf Steuerverkürzung oder gar Steuerhinterziehung ausgerichtet sind.

Entsprechend wird im Jahresabschluss häufig vom Bilanzierenden versucht, durch Bilanzpolitik „goldene Regeln" einzuhalten. **Der Bilanzierende versucht, die Zielvorstellungen der Bilanzadressaten zu antizipieren und „im vorauseilenden Gehorsam" zu erfüllen.** Dies gilt allerdings nur, wenn die Zielvorstellungen weitgehend homogen sind, sich in einer erwarteten Kennzahl ausdrücken lassen und bekannt sind. Die Zielerfüllung kann dann durch bilanzpolitische Maßnahmen zustande gekommen und somit lediglich formaler und nicht betrieblicher Art sein. Eine Prognose aufgrund eines solchen Normvergleiches kann – überspitzt ausgedrückt – nur insofern vorgenommen werden, als prognostiziert wird, dass der Bilanzierende auch in Zukunft versuchen wird, von vornherein die Bilanz auf ein durch „goldene" Kennzahlen ausgedrücktes Ziel „hinzufrisieren".

> Bei Normvergleichen ist nicht nur die ermittelte Kennzahl
> zu interpretieren, sondern auch die Vergleichskennzahl
> (also das Beurteilungskriterium) zu hinterfragen.

Weitere Grenzen der Bilanzanalyse können **in der Person** (z. B. im Hinblick auf Qualität und Quantität des Personals) **oder im Umfeld des Bilanzanalysten** begründet sein. Personelle Probleme betreffen etwa die Qualifikation des/der Analysten.[101] Daneben kann das Umfeld des Analysten insofern zur Einschränkung der Analyseergebnisse führen, als zwar qualifiziertes Analysepersonal zur Verfügung steht, diesem jedoch aus wirtschaftlichen Gründen (z. B. aufgrund zeitlicher oder finanzieller Restriktionen) keine qualifizierte Analyse möglich ist.

Die hier nur in abstrakter Form dargestellte Begrenzung der Aussagefähigkeit von Bilanzanalysen soll nicht zu dem Schluss verleiten, es sei sinnlos, derartige Analysen durchzuführen. Die **klare Kenntnis der Grenzen und deren Berücksichtigung** bei allen Überlegungen und Schlussfolgerungen sollen vielmehr dazu beitragen, ein allzu schematisches Vorgehen bei Analyse und Prognose zu verhindern sowie stattdessen kritisch die Analysemethoden und -ergebnisse zu hinterfragen. Schließlich ist es nur so möglich, vorhandene Analyseverfahren zu verbessern und neue zu entwickeln.

---

[101] Siehe bereits *AULER* (1925), S. 499.

Die Existenz der Grenzen ist entsprechend schon bei der **Formulierung des Informationsbedürfnisses** zu berücksichtigen. Ein allzu anspruchsvoll formulierter Informationswunsch kann so vor Beginn der Analyse auf einen realisierbaren Umfang reduziert werden. Dieses Vorgehen verhindert im Einzelfall die Anwendung unangemessener Methoden oder die Durchführung aufwendiger Berechnungen, ohne dass hiermit die Güte des Ergebnisses verbessert wird.

Die **Methodenauswahl** muss ebenfalls unter der Berücksichtigung der Grenzen, die vor allem durch die Informationsquellen, die Ungewissheit der Zukunft und die Methodik selbst gesetzt sind, vorgenommen werden. Bei jeder Analysemethode sind die Prämissen, die der jeweiligen Methode – und damit deren Ergebnissen – zugrunde liegen, festzustellen und bei der Ergebnisinterpretation zu berücksichtigen.

Zur Verminderung (bzw. auch zur Identifikation) möglicher Aussageverzerrungen in nationalen und internationalen Jahresabschlüssen wird somit vom Analysten eine **fundierte Kenntnis der jeweiligen Bilanzierungsvorschriften** verlangt. Die Einschränkung durch die Beeinflussbarkeit der Informationsquellen verringert sich gleichzeitig in dem Maße, in dem der Bilanzanalyst – aber auch der Adressat – das dem Bilanzierenden zur Verfügung stehende bilanzpolitische Instrumentarium und bestenfalls den Umfang der Ausnutzung der damit verbundenen Möglichkeiten durch den Bilanzierenden (er-)kennt.

> Durch die Kenntnis der vorhandenen und im Einzelfall wahrgenommenen
> Beeinflussungsmöglichkeiten kann der Bilanzanalyst zumindest
> einen Teil der daraus resultierenden Verzerrungen im Rahmen
> der **Analyse der Bilanzpolitik** rückgängig machen bzw.
> in die Interpretation der Ergebnisse einfließen lassen.

In vollem Umfang ist eine „Entzerrung" jedoch schon deshalb nicht möglich, weil nicht nur dem Bilanzierenden, sondern auch dem Bilanzanalysten **eindeutige Beurteilungsmaßstäbe fehlen**. Die Wertmaßstäbe gehen also einerseits durch mangelhafte gesetzliche oder betriebswirtschaftliche Definitionen und andererseits durch die unterschiedlichen – häufig sogar konfliktären – Zielsetzungen von Bilanzierenden und Bilanzanalysten auseinander. Um zumindest einen Teil der Verzerrungen bei der Bilanzanalyse zu berücksichtigen, finden sich im Rahmen des zweiten Kapitels (Abschnitt 3) dieses Buches als Hilfestellung detaillierte Ausführungen zum Phänomen „Bilanzpolitik".

II. Kapitel:

Vorbereitung der Bilanzanalyse

„Information über Geld ist fast so wichtig wie Geld selbst."
WALTER WRISTON

Überblick

Im zweiten Kapitel werden die **Vorbereitungsschritte der Bilanzanalyse** umfassend dargestellt. Da sich die Bilanzanalyse durch eine Zielorientierung auszeichnen muss, sind – ausgehend von der Identifikation der Adressaten – die Zielformulierung, die Zieldefinition und die Zielgewichtung (**Abschnitt 1** dieses Kapitels) Basis einer jeden Bilanzanalyse. Diesem Schritt werden u. a. die Auswahl der Ziele und die Bestimmung der Vergleichsmaßstäbe subsumiert. **Abschnitt 2** befasst sich mit der Beschaffung der Informationen. In diesem Zusammenhang werden mögliche Informationsquellen einerseits hinsichtlich ihrer rechtlichen Basis und andererseits bezüglich ihrer wesentlichen Inhalte erläutert. Zu den wichtigsten Informationsquellen gehören Jahresabschlüsse, die sowohl nach nationalen als auch nach internationalen Normen erstellt sein können. Vor diesem Hintergrund werden zudem die konzeptionellen Gegensätze und die wesentlichen Detailunterschiede dieser beiden Rechnungslegungssysteme dargestellt sowie die daraus resultierenden Auswirkungen auf die Bilanzanalyse betrachtet. Schließlich beinhaltet der **Abschnitt 3** die Ausführungen zur Informationsaufbereitung. Da auch diese zielorientiert und somit im Hinblick auf die einzusetzenden Analysemethoden vorzunehmen ist, werden hierbei – z. B. mit der Analyse der Bilanzpolitik sowie der Erstellung der sog. Strukturbilanz – die Grundlagen der Aufbereitung vermittelt und an einem Beispiel veranschaulicht. Auf Besonderheiten der Aufbereitung, die sich bezüglich einzelner Analysemethoden ergeben können, wird in den nachfolgenden Kapiteln an entsprechender Stelle hingewiesen.

Lernziele

Nach der Lektüre dieses Kapitels sollten Sie u. a. in der Lage sein,

- wesentliche Ziele einer Bilanzanalyse zu formulieren sowie mögliche Vergleichsmaßstäbe hinsichtlich einzelner Ziele zu bestimmen,

- zwischen quantifizierbaren und nicht quantifizierbaren Informationsbedürfnissen zu unterscheiden sowie das Erfordernis einer Zielgewichtung zu erkennen,

- die wesentlichen Informationsquellen einer Bilanzanalyse zu nennen sowie hinsichtlich ihrer Inhalte und ihrer Rechtsquellen zu charakterisieren,

- die „Internationalisierung" der Rechnungslegung sowie deren Auswirkungen auf die Bilanzanalyse zu erläutern,

- die Ziele der Bilanzpolitik zu charakterisieren, bilanzpolitische Instrumente des HGB bzw. der IFRS darzustellen und eine Analyse der Bilanzpolitik durchzuführen sowie

- wesentliche Aufbereitungsmaßnahmen – vor allem Ansatz- und Ausweiskorrekturen – vorzunehmen, um schließlich eine sog. Strukturbilanz erstellen zu können.

1   Zielformulierung, -definition und -gewichtung

Der erste Schritt der Analysevorbereitung umfasst die Formulierung, die Definition und gegebenenfalls die Gewichtung und/oder Hierarchisierung der Analyseziele. Ausgangspunkt einer jeden Bilanzanalyse ist somit das Informationsbedürfnis jener Subjekte, welche die Analyse veranlasst haben oder zumindest an deren Ergebnissen interessiert sind – also das der sog. Analyseadressaten. Die konkrete Zielstellung der Bilanzanalyse muss somit aus der Interessenlage dieser Subjekte abgeleitet werden. Die wichtigen **Informationsbedürfnisse der** (primären) **Adressaten der Bilanzanalyse**, die grundsätzlich den Abschlussadressaten entsprechen, lassen sich folgendermaßen zusammenfassen:

- **Kleinaktionäre** interessieren sich i. d. R. für die zukünftigen Dividendenausschüttungen eines Unternehmens und einen möglichen Liquidationserlös aus ihrer Beteiligung.

- Die **Kleinkreditgeber** interessiert die Sicherheit ihrer herausgegebenen Darlehen. Sie benötigen Informationen dahingehend, ob das Unternehmen (der Kreditnehmer) den Kapitaldienst (Zins- und Tilgungsverpflichtungen) fristgerecht leisten kann.

- Vor allem, wenn das Unternehmen ein wichtiger Kunde ist, interessieren sich **Lieferanten** für die Dauerhaftigkeit der Geschäftsbeziehung und eine entsprechende Fortführung des Unternehmens. Sofern diese Lieferanten auch gleichzeitig Gläubiger sind, entsprechen deren Interessen denen der Kleinkreditgeber.

- Die **Arbeitnehmer und deren Vertretungen** möchten u. a. die Fähigkeiten des Unternehmens beurteilen, einen sicheren Arbeitsplatz zu bieten sowie Löhne, Gehälter und betriebliche Altersversorgungen zu zahlen.

- Auch die **Kunden** des Unternehmens sind an dessen Fortführung interessiert. Dies gilt vor allem, wenn eine langfristige Geschäftsbeziehung angestrebt ist oder diese insofern vom Analyseobjekt abhängig sind, als sie z. B. ihre Erzeugnisse bzw. Prozesse auf die Produkte des in Rede stehenden Unternehmens abgestellt haben, oder von diesem Leistungen erwarten (z. B. Garantieleistungen, Kulanzleistungen bzw. Ersatzteile oder bei geleisteten Anzahlungen).

- Die **allgemeine Öffentlichkeit** ist in verschiedener Weise am Analyseobjekt interessiert. Schließlich leistet dieses oft einen für die Region bedeutenden Beitrag, z. B. durch die Schaffung von Arbeitsplätzen, die Unterstützung regionaler Lieferanten sowie Gemeindeabgaben, dessen Nachhaltigkeit und Höhe von Interesse ist.

> Je nach Interessenlage der Adressaten der Analyse ist das
> **Analyseziel** durch den Bilanzanalysten **zu formulieren**.

Im Rahmen der **Zielformulierung** kommen zahlreiche Analyseziele in Betracht. Nachfolgend werden – neben dem Totalziel „Unternehmenszielerreichung" – beispielhaft

mögliche Partialziele aufgelistet und skizziert.[1] Diese Zielsetzungen spiegeln häufig an-
zutreffende Interessenlagen wider und sollen Anhaltspunkte für eine analysekonforme
Formulierung bestimmter Interessenlagen geben. Das schließt jedoch nicht aus, dass eine
Bilanzanalyse auch hinsichtlich anderer Zielsetzungen durchgeführt werden kann.

Beispielhaftes Totalziel:

- Unternehmens-   Beurteilung der Zielsetzungen der Geschäftsleitung sowie
  zielerreichung   Ermittlung und Prognose des Zielerreichungsgrades

Beispielhafte Partialziele:[2]

- Liquiditätslage   Beurteilung der Liquiditätslage und Prognose der Liquiditätsent-
                        wicklung
- Erfolgslage   Beurteilung und Prognose der Ertragskraft
- Vermögenslage   Beurteilung der Vermögens- und der Verschuldungssituation
- Kreditwürdigkeit   Beurteilung und Prognose einer möglichen Fremdfinanzierung
- Personalpolitik   Beurteilung und Prognose des personal- und sozialpolitischen
                        Verhaltens
- Umweltpolitik   Beurteilung und Prognose des Verhaltens hinsichtlich Umweltschutz
                        und Informationspolitik sowie gegenüber der Finanzverwaltung
- Abhängigkeit   Beurteilung der Einflussmöglichkeiten anderer Unternehmen auf die
                        Geschäftsleitung

Unabhängig vom jeweiligen konkreten Analyseziel sollte der Analyst im Rahmen der
Vorbereitung der eigentlichen Bilanzanalyse einen **allgemeinen Überblick** über die Ge-
schäftätigkeit des zu analysierenden Unternehmens gewinnen. Dies ist erforderlich, um
die Rahmenbedingungen zu kennen, welche sich auf die veröffentlichten (quantitativen)
Daten ausgewirkt haben. Zudem können so gegebenenfalls Rückschlüsse auf die zukünftige Entwicklung bzw. zumindest Rückschlüsse auf die Prämissen, die der z. B. im Lagebericht dargestellten zukünftigen Entwicklung zugrunde liegen, gezogen werden.[3]

> Informationsbedürfnisse lassen sich in quantifizierbare
> und in nicht quantifizierbare Aspekte aufgliedern.

---

1   *BIEG* (1993b), S. 379, unterscheidet in diesem Zusammenhang in das Oberziel „Gesamtbeurtei-
    lung" und in diverse Partialziele i. S. v. Unterzielen.

2   Die aus den Generalnormen bekannte Vermögens-, Finanz- und Ertragslage (VFE-Lage) wird im
    Rahmen der Partialziele „Liquiditätslage", „Erfolgslage" und „Vermögenslage" analysiert.

3   Siehe hierzu *GRÄFER/SCHNEIDER/GERENKAMP* (2012), S. 12–14, die diesbezüglich z. B. auf die
    Eigentums- und Kapitalverhältnisse, die Beziehungen zu verbundenen Unternehmen, die Konkur-
    renz- und Branchenverhältnisse sowie die Geschäftsentwicklung verweisen. Eine besondere Be-
    deutung kommt in diesem Zusammenhang der sog. **strategischen Bilanzanalyse** zu; Ausführun-
    gen hierzu finden sich im Abschnitt 2 des V. Kapitels dieses Buches.

Zu den **quantifizierbaren Informationsbedürfnissen** gehören z. B. Informationen über den Periodenerfolg, die Vermögensstruktur und finanzwirtschaftliche Sachverhalte des Unternehmens. Dabei interessiert die vergangene Entwicklung des Unternehmens gewöhnlich nur zur Prognose der zukünftigen Entwicklung. Die quantifizierbaren Informationsbedürfnisse setzen somit die Prognose zukünftiger Werte (i. d. R. durch den Analysten) voraus. Da Zukunftswerte nicht eindeutig zu ermitteln sind, besteht eine gewisse Gefahr der Manipulation, so dass bereits die Befriedigung quantifizierbarer Informationsbedürfnisse nur näherungsweise – und dies nicht nur im Hinblick auf die „eingeschränkte" Datenbasis der Prognosen – möglich ist.

Zu den **nicht quantifizierbaren Informationsbedürfnissen** gehören beispielsweise Hinweise auf die Führungsqualitäten, die Marktposition oder die Entwicklungschancen des Produktions- und Absatzprogramms des Unternehmens. Diese Informationsbedürfnisse lassen sich mit Hilfe einer Bilanzanalyse gewöhnlich nur indirekt und unvollkommen befriedigen. Auf Basis des Jahresabschlusses können qualitative Aussagen i. d. R. lediglich dergestalt getroffen werden, dass bei positiver Beurteilung der quantitativen Ergebnisse auch die Erfüllung qualitativer Ansprüche unterstellt wird. Direkte Hinweise auf nicht quantifizierbare Aspekte geben bestenfalls die Bestandteile des Lageberichts (z. B. der Prognosebericht) oder des „Management Commentary", denen im Hinblick auf den Grundsatz der vorsichtigen Interpretation mit einem „gesunden Misstrauen" begegnet werden sollte. Hinsichtlich der prospektiven Beurteilung qualitativer Merkmale ist es meist günstiger, eine **Bilanzanalyse i. w. S.** durchzuführen und dabei zeitnähere Publikationen Dritter heranzuziehen. Diese sind (ebenfalls) kritisch und mit großer Sorgfalt zu analysieren. Insgesamt ist jedoch der **Grad der Befriedigung** nicht quantifizierbarer Informationsbedürfnisse als **mangelhaft** zu bezeichnen. Einerseits sind die Information über qualitative Merkmale eines Unternehmens gewöhnlich begrenzter als jene über quantitative Merkmale,[4] andererseits fehlt es hierfür an wissenschaftlich fundierten und aussagefähigen Vergleichsmaßstäben sowie an qualitativen Prognosemethoden.

Die erforderliche **Zieldefinition** bezieht sich vor allem auf die **Auswahl der geeigneten Vergleichsmaßstäbe** hinsichtlich der formulierten Ziele. Da – wie bereits mehrfach dargestellt – eine absolute Zieldefinition aufgrund der Mangelhaftigkeit und Unvollständigkeit der Informationsquellen sowie – und vor allem – aufgrund der fehlenden Kriterien zur Bestimmung eines Optimums unmöglich ist, muss eine relative, also eine subjektive Zieldefinition erfolgen. Innerhalb der herkömmlichen Kennzahlenanalyse kommen der Zeitvergleich, der Betriebs- oder Branchenvergleich sowie der Normvergleich in Betracht.[5]

---

[4]   Auch verbale Publikationen – etwa den „Geschäftsbericht" – nutzen Unternehmen „als Instrument ihrer Public Relations und hier insbesondere der Investor Relations. [... Z]u diesem Zweck ist sowohl sein Inhalt als auch seine Aufmachung [...] zielgruppenorientiert zu gestalten", so *KÜTING/ HÜTTEN* (1996), S. 2671.

[5]   Siehe hierzu z. B. *SCHELD* (2009), S. 16–22.

Beim **Zeitvergleich**, der auch als interner Betriebsvergleich bezeichnet wird, werden als Vergleichsmaßstäbe die Daten des zu analysierenden Unternehmens aus früheren Perioden herangezogen. Mit dem Zeitvergleich kann z. B. die zeitliche Entwicklung eines Unternehmens hinsichtlich einzelner Kennzahlen beobachtet und untersucht werden.[6]

Zieht der Analyst als Vergleichsmaßstab die Daten anderer Unternehmen heran, wird – wenn es sich um ein konkretes Unternehmen handelt – vom (externen) **Betriebsvergleich** (bzw. Unternehmensvergleich)[7] oder – wenn es sich z. B. um Durchschnittswerte der Branche handelt – vom **Branchenvergleich** gesprochen. Beim Betriebsvergleich erfolgt ein Rückgriff auf die Daten und die daraus ermittelten Kennzahlen von Unternehmen derselben Branche oder auch anderer Branchen. Dabei kann etwa ein Unternehmen der sog. strategischen Gruppe oder ein vermeintlicher „Marktführer" als Vergleichsobjekt herangezogen werden. Es ist jedoch übertrieben, bei letzterem Vergleich vom „Benchmarking" zu sprechen.[8] Beim „Benchmarking" handelt es sich schließlich nicht nur um einen ein- oder mehrmaligen Vergleich mit einem „hervorragenden" Unternehmen, sondern vielmehr um einen **kontinuierlichen Prozess**, der darauf abzielt, Produkte, Prozesse oder Methoden des Unternehmens, welches dieses Instrument anwendet, durch Annäherung („Kopie") an das „Benchmark-Unternehmen" zu verbessern.[9]

> Mit Hilfe der Zeit-, Betriebs- oder Branchenvergleiche können lediglich Abweichungen von anderen Geschäftsjahren, von anderen Unternehmen[10] oder von der Branche festgestellt werden. Wirtschaftlich angemessene Aussagen über Erfolg, Liquidität, Vermögen und sonstige Größen lassen sich so aber nicht zwingend treffen.

Gewöhnlich werden deshalb für Vergleichszwecke – wie auch immer ermittelte – Normzahlen herangezogen. Hierbei wird vom **Normvergleich** gesprochen. Diese Art des Vergleiches ist jedoch insofern kritisch zu betrachten, als den Kennzahlen des in Rede stehenden Unternehmens meist fiktive Durchschnitte oder wissenschaftlich nicht be-

---

6   Es wurde bereits darauf hingewiesen, dass ständige Veränderungen der internationalen Rechnungslegungsnormen und der Übergang von der HGB- auf die IFRS-Bilanzierung die Aussagekraft von **Zeitvergleichen** vermindern und teilweise dessen Einsatz sogar unmöglich machen. Vgl. *BAETGE/ MARESCH/SCHULZ* (2008). Auch Änderungen in den Rechnungslegungsnormen können Zeitvergleiche erschweren oder unmöglich machen. Siehe am Beispiel der Erlösrealisierung *FINK/ KETTERLE/SCHEFFEL* (2012), S. 2005 f. Schließlich treten „Brüche" innerhalb der Zeitreihen auf, weil u. a. neue Ansatz- und Bewertungsregeln geschaffen sowie den Bilanzierenden verschiedene Übergangsregelungen und -wahlrechte gewährt werden. Siehe hierzu z. B. *PETERSEN/ZWIRNER/ KÜNKELE* (2010), S. 217–265.

7   Siehe *BITZ/SCHNEELOCH/WITTSTOCK* (2011), S. 482.

8   So etwa *BAETGE/KIRSCH/THIELE* (2004), S. 175 f., *COENENBERG/HALLER/SCHULTZE* (2012), S. 1019.

9   Siehe hierzu etwa *HORVÁTH* (2011), S. 354–359.

10   Auf die Gefahr, dass hierbei „Schlendrian mit Schlendrian", so *SCHMALENBACH* (1963), S. 447, verglichen wird, wurde bereits verwiesen.

gründbare Erfahrungsrelationen i. S. v. „goldenen Regeln" gegenübergestellt werden. Nicht nur die damit verbundene Kennzahlengläubigkeit[11] ist ein Problem der traditionellen Bilanzanalyse. In diesem Zusammenhang ist auch die **ausufernde Anzahl von Kennzahlen** zu kritisieren.[12] Pointiert stellt HAUSCHILDT diesbezüglich die Frage, ob in der Theorie und Praxis das Ziel verfolgt wird, die Gesetze der Kombinatorik bestmöglich auszunutzen, um die Anzahl der Kennzahlen weiter zu erhöhen.[13]

Auch in den Fällen, in denen eine Analyse der gesamten Unternehmenssituation beabsichtigt ist, kann bei der Analyse *in praxi* nicht allein von einer einzigen generellen Zielformulierung, z. B. „Analyse der wirtschaftlichen Lage" oder „Aufrechterhaltung der Unternehmensexistenz", ausgegangen werden. Im Sinne einer **Zielhierarchie** ist zur Analyse des Oberziels (z. B. des Totalziels „Aufrechterhaltung der Unternehmensexistenz") von der Analyse der Unterziele [z. B. der Partialziele „Liquidität", „Schuldendeckung", „Rentabilität" und „Produkt(e)"] auf den Erreichungsgrad des Oberziels zu schließen.[14] Dieser Zusammenhang kann – wie in Abbildung 5 verdeutlicht – in einem Kennzahlensystem formalisiert werden. Darüber hinaus kann im Hinblick auf ein solches Vorgehen einerseits eine **Zielgewichtung** erforderlich sein. Andererseits sind bestenfalls eventuell **bestehende Korrelationen** (und auch Konkurrenzbeziehungen) zwischen den einzelnen Zielen innerhalb dieses Systems zu **identifizieren**.

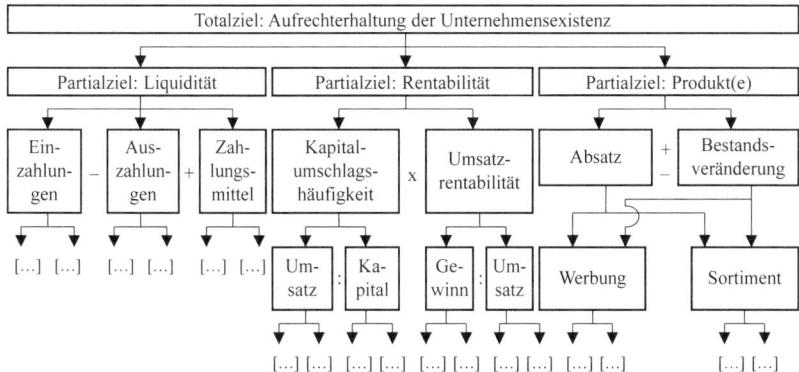

Abbildung 5:   *Ausschnitt aus einem zielorientierten Kennzahlensystem mit dem Oberziel „Aufrechterhaltung der Unternehmensexistenz"*

---

[11]   Der Blick vieler Analysten gilt diesbezüglich primär den Ergebnissen bzw. Zahlen; er richtet sich (bedenklicherweise) selten(er) darauf, wie diese zustande kommen. Vgl. auch SCHÜRMANN (2011), S. 92.

[12]   Vgl. hierzu die Auswertung von LITTKEMANN/KREHL (2000), S. 25.

[13]   Siehe HAUSCHILDT (1996), S. 5.

[14]   Vgl. ausführlich z. B. BERTHEL (1973).

2   Informationsbeschaffung und -auswahl

2.1   Informationsquellen im Überblick

Die Bilanzanalyse ist letztlich eine externe Unternehmensanalyse, welche ausschließlich auf der **Auswertung publizierter** (also unternehmensextern zur Verfügung stehender) **Informationen über ein Unternehmen** basiert. Liegen der Analyse auch unternehmens-interne Informationsquellen zugrunde, wird hingegen von einer Betriebsanalyse gesprochen. Die Zielsetzungen beider Analysearten sind prinzipiell gleich – die Analysen unterscheiden sich jedoch im Hinblick auf die verfügbaren Informationsquellen und – daraus resultierend – teilweise hinsichtlich der einsetzbaren Methoden sowie schließlich durch eine unterschiedliche Aussagekraft der Ergebnisse.

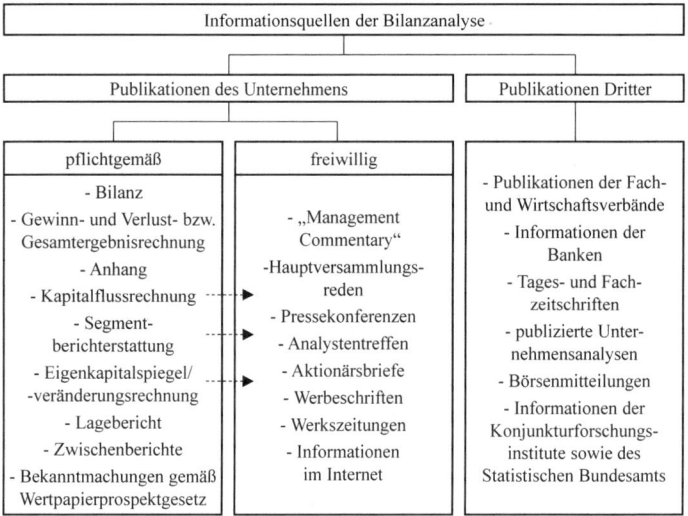

Abbildung 6:   *Wesentliche Informationsquellen der Bilanzanalyse im Überblick*[15]

Die für die Bilanzanalyse zur Verfügung stehenden Informationen können – wie in Abbildung 6 dargestellt – dahingehend unterschieden werden, ob es sich um Publikationen des Unternehmens oder um Publikationen Dritter handelt. Zu den **Publikationen des Unternehmens** zählen einerseits die pflichtgemäß (gesetzlich oder vertraglich begründet) erfolgenden Publikationen sowie andererseits die freiwillig erfolgenden Publikationen. Die **Publikationen Dritter** sind fallweise zu eruieren und können sich auf das betrachtete Unternehmen sowie auch auf die relevante Unternehmensumwelt (z. B. hinsichtlich der Entwicklungen in der Branche, auf den Märkten und in der Volkswirtschaft) beziehen.

---

[15]   In enger Anlehnung an *LACHNIT* (2004), S. 7, sowie *KÜTING/WEBER* (2012b), S. 4, erstellt.

> Die wichtigste externe Informationsquelle zur Bilanzanalyse
> ist der publizierte Jahresabschluss.

Jahresabschlüsse von Unternehmen umfassen eine Reihe von unterschiedlichen Bestandteilen. Gemäß § 242 Abs. 3 HGB beinhalten Jahresabschlüsse von Einzelunternehmen und nicht haftungsbeschränkten Personenhandelsgesellschaften eine Bilanz sowie die Gewinn- und Verlustrechnung.[16] Die Jahresabschlüsse von Kapitalgesellschaften[17] sowie von haftungsbeschränkten Personenhandelsgesellschaften werden gemäß § 264 Abs. 1 HGB um einen Anhang erweitert.[18] Mittelgroße und große Kapitalgesellschaften sowie entsprechende haftungsbeschränkte Personenhandelsgesellschaften müssen neben dem Jahresabschluss einen Lagebericht aufstellen. Die Einzelabschlüsse deutscher Unternehmen sind nach den Bilanzierungsvorschriften des HGB zu erstellen, weil diese bei beschränkt haftenden Unternehmen der Ausschüttungsbemessung dienen.[19] Im Hinblick auf die Offenlegung des Einzelabschlusses kann gemäß § 325 Abs. 2a HGB an die Stelle des nach den Normen des deutschen HGB erstellten (Einzel-) Jahresabschlusses ein nach internationalen Normen (IFRS) aufgestellter (Einzel-)Jahresabschluss treten, was in der Praxis bisher jedoch kaum genutzt wird.

Liegt mindestens ein Mutter-Tochter-Verhältnis vor, ist – von möglichen Befreiungsvorschriften (z. B. gemäß § 293 HGB) abgesehen – ein **Konzernabschluss** für den gesamten Unternehmensverbund (Konzern) aufzustellen. Im Konzernabschluss wird der Konzern, also das Mutter- und die Tochterunternehmen sowie die weiteren Unternehmen des Konzernverbundes (Gemeinschaftsunternehmen und assoziierte Unternehmen), als wirtschaftlich-organisatorische Einheit betrachtet (**Einheitsfiktion**).

> Im Hinblick auf die bei der Konzernabschlusserstellung anzuwendenden Normen
> muss danach unterschieden werden, ob es sich um einen kapitalmarktorientierten
> oder um einen nicht kapitalmarktorientierten Konzern handelt.

---

[16]   Kleine Einzelkaufleute sind von der Pflicht zur Buchführung und Erstellung eines Inventars gemäß § 241a HGB befreit, wenn an zwei aufeinander folgenden Geschäftsjahren jeweils die Umsatzerlöse nicht mehr als 500.000 € und der Jahresüberschuss nicht mehr als 50.000 € beträgt. Zudem bestehen für sog. Kleinstkapitalgesellschaften Erleichterungen im Hinblick auf die Aufstellung und Offenlegung. Diesbezüglich sei verwiesen auf *SCHILDBACH/STOBBE/BRÖSEL* (2013), S. 133 f.

[17]   Kapitalgesellschaften, die Tochterunternehmen eines nach § 290 HGB zur Konzernabschlusserstellung verpflichteten Mutterunternehmens sind, brauchen unter gewissen, in § 264 Abs. 3 HGB genannten Bedingungen die für Kapitalgesellschaften geltenden Regelungen zur Erstellung, Prüfung und Offenlegung der Einzelabschlüsse nicht anwenden.

[18]   **Nicht zur Aufstellung eines Konzernabschlusses verpflichtete kapitalmarktorientierte Unternehmen** haben den Einzelabschluss gemäß § 264 Abs. 1 Satz 2 HGB um eine Kapitalflussrechnung und einen Eigenkapitalspiegel zu erweitern. Der Abschluss kann um eine Segmentberichterstattung erweitert werden.

[19]   Zur faktischen Ausschüttungsbemessungsfunktion von IFRS-Abschlüssen siehe z. B. *WASCHBUSCH/ LOEWENS* (2013).

Während **kapitalmarktorientierte Konzernmutterunternehmen** gemäß § 315a Abs. 1 und Abs. 2 HGB einen Konzernabschluss nach IFRS aufstellen müssen, haben **nicht kapitalmarktorientierte Konzerne** nach § 315a Abs. 3 HGB das Wahlrecht, den Konzernabschluss entweder nach den Vorschriften des HGB oder den IFRS zu erstellen.

Der **Konzernabschluss nach HGB** umfasst gemäß § 297 Abs. 1 HGB die Konzernbilanz, die Konzerngewinn- und Verlustrechnung, den Konzernanhang (§§ 313 f. HGB), die Konzernkapitalflussrechnung sowie den Eigenkapitalspiegel des Konzerns. Dieser Abschluss **kann** um einen Segmentbericht erweitert werden. Der Konzernabschluss ist gemäß § 290 Abs. 1 HGB um einen Konzernlagebericht (§ 315 HGB) zu ergänzen.[20]

Ein **(Konzern-)Abschluss nach IFRS**[21] umfasst gemäß IAS 1.10 die Bilanz („Statement of Financial Position"), die Gesamtergebnisrechnung („Statement of Profit or Loss and Other Comprehensive Income"), in welche die Gewinn- und Verlustrechnung integriert ist, den Anhang („Notes"), die Kapitalflussrechnung („Statement of Cash Flows") sowie die Eigenkapitalveränderungsrechnung („Statement of Changes in Equity"). Ein Segmentbericht ist gemäß IFRS 8.2 zu erstellen, wenn ein Handel von eigenen Schuld- oder Eigenkapitalinstrumenten auf einem öffentlichen Markt stattfindet oder die benannten Abschlüsse einer Wertpapieraufsichtsbehörde bzw. einer anderen Regulierungsbehörde mit dem Zweck der Emission dieser Instrumente auf einem öffentlichen Markt übermittelt werden. Eine dem Lagebericht vergleichbare Rechnungslegungskomponente resultiert mit dem Bericht der (Konzern-)Leitung („Management Commentary") aus der am 08.12.2010 vorgenommenen Veröffentlichung des „IFRS Practice Statement Management Commentary". Dessen Aufstellung wird empfohlen, aber – auf Ebene der Standardsetzer – nicht verbindlich vorgeschrieben.[22] Erfolgt die Erstellung der Konzernabschlüsse deutscher Konzerne nach internationalen Normen, müssen diese Abschlüsse, um als HGB-konform zu gelten, gemäß § 315a Abs. 1 HGB u. a. die nach HGB (zusätzlich) geforderten Anhangangaben enthalten sowie um einen den HGB-Normen entsprechenden Lagebericht ergänzt werden.

---

[20]   Siehe zur Konzernrechnungslegung nach HGB z. B. *PETERSEN/ZWIRNER* (2009) sowie zur Konzernrechnungslegung nach HGB und IFRS *VON WYSOCKI/WOHLGEMUTH/BRÖSEL* (2014).

[21]   Siehe ausführlich zu den Komponenten *VON WYSOCKI/WOHLGEMUTH/BRÖSEL* (2014).

[22]   Somit berücksichtigte der IASB die mehrheitliche Forderung nach einem unverbindlichen Charakter eines entsprechenden Berichts der Konzernleitung, um Konflikte mit nationalen Berichtsinstrumenten zu vermeiden. Beim „IFRS Practice Statement Management Commentary" handelt es sich lediglich um eine Aufzählung von Mindestanforderungen an die Berichtspflicht, über deren Anwendung auf nationaler Ebene entschieden werden soll. Sofern ein „Management Commentary" aufgestellt wird, stellt dieser keinen integralen Bestandteil des Jahresabschlusses dar, sondern soll diesen durch qualitative Informationen zur gegenwärtigen und (der voraussichtlich) zukünftigen Lage des Unternehmens erläutern bzw. ergänzen. Siehe z. B. *FINK/KAJÜTER* (2011), *UNREIN* (2011), *KAJÜTER/FINK* (2012).

Die Pflicht, den Jahresabschluss zu veröffentlichen (**Offenlegungspflicht**), kann sich aus unterschiedlichen Rechtsnormen ergeben. Für deutsche Unternehmen sind diesbezüglich in erster Linie die Regelungen des HGB relevant. Die **Offenlegung** umfasst gemäß §§ 325 ff. HGB die Einreichung der relevanten Unterlagen beim Betreiber des elektronischen Bundesanzeigers sowie deren anschließende Bekanntmachung.

Neben den Offenlegungspflichten[23], die sich in erster Linie aus dem HGB ergeben, können für deutsche Unternehmen besondere Normen zu beachten sein. Exemplarisch sind hier das **Publizitätsgesetz sowie die Regelungen für bestimmte Rechtsformen** (z. B. Genossenschaften) **und bestimmte Wirtschaftszweige** (z. B. Kreditinstitute, Versicherungen, Pensionsfonds und andere Finanzdienstleistungsinstitute) zu nennen. Ferner ist es denkbar, dass bestimmte Börsensegmente verkürzte Offenlegungsfristen vorschreiben.[24] Aufgrund entsprechender Regelungen kann bei der Bilanzanalyse gegebenenfalls auch auf die unterjährig publizierten Informationen der **Zwischenberichterstattung** zurückgegriffen werden.[25]

Nach den **Regelungen des HGB** (§§ 325–329) unterliegen sämtliche Kapitalgesellschaften sowie die nicht unter die Befreiungsvorschrift des § 264b HGB fallenden haftungsbeschränkten Personenhandelsgesellschaften Offenlegungspflichten. Diese differieren vor allem in Abhängigkeit von der Größe des Unternehmens, von der Art des Abschlusses (Einzel- oder Konzernabschluss) und der Kapitalmarktorientierung.

Gemäß § 325 Abs. 1 HGB müssen die **gesetzlichen Vertreter** der Unternehmen die relevanten Unterlagen beim Betreiber des elektronischen Bundesanzeigers in elektronischer Form einreichen und anschließend in diesem bekannt machen. Die Einreichung soll unverzüglich nach Vorlage des Jahresabschlusses an die Gesellschafter, jedoch **spätestens innerhalb von zwölf Monaten nach dem Bilanzstichtag** erfolgen. Dies gilt gemäß § 325 Abs. 3 HGB auch für Konzerne. Die Frist verkürzt sich hingegen gemäß § 325 Abs. 4 Satz 1 HGB (i. V. m. § 325 Abs. 3 HGB) auf **vier Monate**, wenn das (Mutter-)Unternehmen kapitalmarktorientiert i. S. d. § 264d HGB ist.

---

[23] Siehe hierzu und zu nachfolgenden Ausführungen ausführlich *SCHILDBACH/STOBBE/BRÖSEL* (2013), S. 123–134.

[24] Zudem resultiert z. B. aus dem „Deutschen Corporate Governance Kodex" (Pkt. 7.1.2) für Konzernabschlüsse eine Veröffentlichungsfrist von 90 Tagen nach Geschäftsjahresende im Sinne einer Sollvorschrift.

[25] Siehe hierzu z. B. *BURGER* (1997).

		deutsche Unternehmen				deutsche Konzerne	
		Einzelkaufleute[26] und nicht haftungs- beschränkte Personenhandels- gesellschaften	Kapitalgesellschaften[27] und haftungsbeschränkte Personenhandels- gesellschaften			nicht kapital- markt- orien- tiert	kapital- markt- orien- tiert
			klein	mittel- groß	groß		
Jahresabschluss	Bilanz	HGB	HGB	HGB	HGB	WR	IFRS
	Gewinn- und Verlustrechnung	HGB	HGB[28]	HGB	HGB	WR	IFRS
	Anhang	–	HGB	HGB	HGB	WR	IFRS
	Kapitalflussrechnung	–	–	–	–	WR	IFRS
	Segmentbericht	–	–	–	–	WR	IFRS
	Eigenkapitalveränderungs- rechnung/-spiegel	–	–	–	–	WR	IFRS
	Lagebericht	–	–	HGB	HGB	HGB	HGB
	Prüfungspflicht (§ 316 HGB)	–	–	ja	ja	ja	ja
	Offenlegungspflicht nach HGB	–	elektronischer Bundesanzeiger				
	Legende: HGB = verpflichtend nach HGB zu erstellen; IFRS = verpflichtend nach IFRS zu erstellen; WR = Wahlrecht (alle Abschlussbestandteile entweder nach HGB oder nach IFRS zu erstellen)						

Abbildung 7:   *Allgemeine Aufstellungs-, Prüfungs- und Offenlegungspflichten*
deutscher Unternehmen und Konzerne im Überblick[29]

Zu den **einzureichenden Unterlagen** gehören gemäß § 325 Abs. 1 HGB bei **großen** Kapitalgesellschaften bzw. haftungsbeschränkten Personenhandelsgesellschaften der (Einzel-)Jahresabschluss (mit Bestätigungsvermerk oder einem Vermerk über dessen Versagung) und der Lagebericht sowie gegebenenfalls weitere rechtsformspezifische Dokumente. Hierzu gehören der Bericht des Aufsichtsrates, die Erklärung des Vorstandes und des Aufsichtsrates zum „Corporate Governance Kodex" (gemäß § 161 AktG) sowie der Ergebnisverwendungsbeschluss bzw. -vorschlag, soweit die geplante Ergebnisverwendung nicht aus dem Abschluss ersichtlich ist. Der dargestellte Umfang gilt im übertragenen Sinne gemäß § 325 Abs. 3 HGB auch für Konzerne.

Bei **mittelgroßen** Gesellschaften ergeben sich nach § 327 HGB lediglich Vereinfachungen im Hinblick auf die Detailliertheit der Bilanz und den Umfang des Anhangs.

---

[26] Bezüglich der Einzelkaufleute seien hier jene ausgenommen, die unter § 241a HGB fallen.

[27] Ausgenommen sind an dieser Stelle und innerhalb der nachfolgenden Ausführungen die sog. Kleinstkapitalgesellschaften i. S. d. § 267a HGB.

[28] Die Gewinn- und Verlustrechnung kleiner Kapitalgesellschaften unterliegt gemäß § 326 Abs. 1 Satz 2 HGB nicht der Offenlegungspflicht.

[29] Das „Allgemeine" in der Abbildungsbezeichnung deutet darauf hin, dass branchenspezifische Aspekte (z. B. für Banken) und Regelungen außerhalb des HGB (z. B. im PublG) hier unbeachtet bleiben.

Wesentliche Erleichterungen bestehen bei der Offenlegung vor allem für die nach § 267 Abs. 1 HGB als **klein geltenden Kapitalgesellschaften und haftungsbeschränkten Personenhandelsgesellschaften**. Diese müssen gemäß § 326 Abs. 1 HGB beim elektronischen Bundesanzeiger lediglich die Bilanz und den Anhang (aber nicht die Gewinn- und Verlustrechnung) einreichen. Angaben, welche die Gewinn- und Verlustrechnung betreffen, müssen dabei nicht gemacht werden; diese können also im Zusammenhang mit der Offenlegung aus dem Anhang entfernt werden.[30]

An die Stelle des handelsrechtlichen Einzelabschlusses kann gemäß § 325 Abs. 2a HGB für **Offenlegungszwecke** auch ein **IFRS-Jahresabschluss** treten. Dies befreit die Unternehmen jedoch nicht von der Pflicht zur Aufstellung eines HGB-Einzelabschlusses, welcher (bei beschränkt haftenden Unternehmen) der Ausschüttungsbemessung dient.

Gemäß § 9 (Offenlegung des Einzelabschlusses) und § 15 (Offenlegung des Konzernabschlusses) **Publizitätsgesetz** (PublG) sind zudem solche Unternehmen zur Veröffentlichung ihrer Abschlüsse verpflichtet, die **bestimmte Größenmerkmale (§ 1 PublG) aufweisen und zugleich in bestimmten Rechtsformen (§ 3 PublG) geführt werden**.

Nachfolgend werden – unabhängig von konkreten Rechtsnormen – die Bestandteile des Jahresabschlusses und der Lagebericht hinsichtlich **wesentlicher Inhalte** skizziert:[31]

Die **Bilanz**[32] („Statement of Financial Position") ist eine Gegenüberstellung des Vermögens auf der Aktiva (i. S. d. Mittelverwendung) sowie der Schulden und des Eigenkapitals als Residualgröße auf der Passiva (i. S. d. Mittelherkunft) zum Bilanzstichtag (sog. **stichtagsbezogene Größen**). Werden nationale Abschlüsse erstellt, müssen Kapitalgesellschaften und haftungsbeschränkte Personenhandelsgesellschaften sowie – gemäß § 298 HGB – Konzerne ihre Bilanz gemäß den Gliederungsvorschriften des § 266 HGB aufstellen, wobei es nach § 266 Abs. 1 Satz 3 HGB unternehmensgrößenabhängige Vereinfachungen gibt. Für Einzelkaufleute und für nicht haftungsbeschränkte Personenhandelsgesellschaften ist bezüglich des Inhalts lediglich § 247 HGB zu beachten.

---

30 Zu weiteren **größen- und rechtsformspezifischen Offenlegungserleichterungen** hinsichtlich des Umfangs und der Gliederung der beim Handelsregister einzureichenden Unterlagen (sog. verkürzte Jahresabschlüsse) siehe z. B. § 325 Abs. 1 Satz 4 HGB (für Unternehmen in der Rechtsform der GmbH) sowie § 327 HGB (für mittelgroße Kapitalgesellschaften und haftungsbeschränkte Personenhandelsgesellschaften). Größenabhängige Erleichterungen gelten jedoch nicht für Unternehmen bestimmter Branchen (Kreditinstitute, Versicherungen, Pensionsfonds und andere Finanzdienstleistungsinstitute) sowie Unternehmen, die einen organisierten Markt i. S. d. § 2 WpHG in Anspruch nehmen.

31 Von der Darstellung der Besonderheiten für die sog. Kleinstkapitalgesellschaften i. S. d. § 267a HGB wird auch an dieser Stelle abgesehen. Diesbezüglich wird verwiesen auf SCHILDBACH/STOBBE/BRÖSEL (2013), S. 265 und S. 449 f.

32 Siehe ausführlich hinsichtlich der handelsrechtlichen Regelungen SCHILDBACH/STOBBE/BRÖSEL (2013), S. 181–414.

Die **Gewinn- und Verlustrechnung**[33] („Statement of Earnings") ergibt sich aufgrund der doppelten Buchführung[34] „automatisch" neben der Bilanz. Diese **(Zeitraum-)Rechnung** stellt den Erträgen des Geschäftsjahres die korrespondierenden Aufwendungen gegenüber. Mit diesen **zeitraumbezogenen Größen** sollen die Höhe und das Zustandekommen des Erfolges des abgelaufenen Geschäftsjahres – jeweils auch im Vergleich zur Vorperiode – aufgezeigt werden. Die Darstellung kann hierbei entweder im Gesamtkostenverfahren („Nature of Expense Method") oder im Umsatzkostenverfahren („Cost of Sales Method") erfolgen. Hinsichtlich der Gewinn- und Verlustrechnung sind für nationale Abschlüsse von Kapitalgesellschaften und haftungsbeschränkten Personenhandelsgesellschaften sowie – gemäß § 298 HGB – von Konzernen die Gliederungsnormen des § 275 HGB zu berücksichtigen. Dagegen findet sich für Einzelkaufleute und nicht haftungsbeschränkte Personenhandelsgesellschaften bezüglich der Gewinn- und Verlustrechnung nur in § 246 Abs. 1 HGB ein Hinweis darauf, dass sämtliche Erträge und Aufwendungen ausgewiesen werden müssen.

Auf internationaler Ebene ist die Gewinn- und Verlustrechnung in der **Gesamtergebnisrechnung** („Statement of Profit or Loss and Other Comprehensive Income") enthalten. Neben den erfolgswirksamen Ergebniskomponenten (innerhalb des Bestandteils „Gewinn- und Verlustrechnung") werden in der Gesamtergebnisrechnung bestimmte (dem handelsrechtlichen Grundgedanken fremde) erfolgsneutrale Ergebnisbestandteile im „Other Comprehensive Income" aufgenommen. Hierunter können z. B. Veränderungen fallen, die sich aus dem Neubewertungsmodell bei Sachanlagen oder aus der „Fair-Value-Bewertung" ergeben.

Im **Anhang** („Notes") kann der Analyst sowohl Pflicht- als auch freiwillige Angaben finden. Aufgrund einer fehlenden Standardisierung ist im Hinblick auf den Anhang (aber auch hinsichtlich des Lageberichts) oftmals die Vergleichbarkeit der Informationen zu bemängeln. Zu den Pflichtangaben gehören:[35]

- allgemeine Angaben zum Inhalt und zur Gliederung des vorliegenden Abschlusses (z. B. zu den relevanten Rechnungslegungsnormen),
- allgemeine Angaben zu Ansatz- und Bewertungsmethoden (z. B. gewählte Abschreibungsmethoden),
- nähere (quantitative und qualitative) Erläuterungen zu einzelnen Positionen der Bilanz (z. B. das **Anlagengitter**[36] zur Erläuterung des Anlagevermögens) sowie der Gewinn- und Verlustrechnung bzw. der Gesamtergebnisrechnung, die in diesen Jahresabschlussbestandteilen – aus Gründen der Transparenz – letztlich lediglich quantitativ und komprimiert dargestellt sind, sowie

---

[33]   Siehe hierzu wiederum *SCHILDBACH/STOBBE/BRÖSEL* (2013), S. 415–457.

[34]   Siehe ausführlich z. B. *MINDERMANN/BRÖSEL* (2014).

[35]   In Anlehnung an *BAETGE/KIRSCH/THIELE* (2012), S. 718. Siehe auch die ausführlichen Darstellungen in *SCHILDBACH/STOBBE/BRÖSEL* (2013), S. 458–489.

[36]   Das Anlagengitter wird auch als **Anlagespiegel**, Anlagenspiegel bzw. Anlagegitter bezeichnet.

- normenspezifisch konkret geregelte [z. B. nach HGB die sonstigen finanziellen Verpflichtungen (§ 285 Nr. 3a HGB), die durchschnittliche Zahl der Arbeitnehmer (§ 285 Nr. 7 HGB) und die Honorare für Abschlussprüferleistungen[37] (§ 285 Nr. 17 HGB)] und gegebenenfalls sonstige Zusatzinformationen, um der sog. Generalnorm zu entsprechen.

Die **Kapitalflussrechnung** („Statement of Cash Flows") soll die Entwicklung der Finanzlage im Berichtsjahr verdeutlichen. Im Rahmen der Kapitalflussrechnung sind jene Zahlungsströme – jeweils mit Angabe der Vorjahresbeträge – zu verdeutlichen, die a) aus der laufenden Geschäftstätigkeit, b) aus der Investitionstätigkeit und c) aus der Finanzierungstätigkeit resultieren. Die Ermittlung des sog. Cashflows aus der laufenden Geschäftstätigkeit erfolgt *in praxi* grundsätzlich in indirekter Form.[38] Bei dieser Form ergibt sich der Cashflow, indem das (erfolgswirksame) Jahresergebnis um wesentliche nicht zahlungswirksame Erträge und Aufwendungen korrigiert wird.

Aufgrund divergierender Chancen und Risiken in unterschiedlichen Konzern- oder Unternehmensbereichen, die auch als Segmente bezeichnet werden können, soll im Rahmen des **Segmentberichts** („Segment Reporting") über verschiedene wirtschaftliche Aspekte innerhalb der wesentlichen Bereiche informiert werden. Die Segmente müssen i. d. R. auf Basis der internen Berichterstattung gebildet werden. Informiert werden soll z. B. über Segmentergebnisse, -erträge, -schulden, -vermögen und/oder -investitionen.[39]

Die **Eigenkapitalveränderungsrechnung** („Statement of Changes in Equity") – auch **Eigenkapitalspiegel** genannt – gibt einen Überblick über den Anfangs- und den Endbestand sowie die unterjährigen Veränderungen der einzelnen Eigenkapitalpositionen. Veränderungen der einzelnen Positionen resultieren z. B. aus Einstellungen in die Gewinnrücklagen oder aus Entnahmen aus den verschiedenen (anderen) Rücklagen sowie aus Ausschüttungen.

Im **Lagebericht**[40] kann der Analyst Pflichtangaben gemäß § 289 HGB, rechtsformspezifische Pflichtangaben z. B. gemäß dem AktG (im sog. Ergänzungsbericht) sowie freiwillige Angaben (in sog. Zusatzberichten) finden. Zu den Pflichtangaben gehören gemäß § 289 HGB[41] folgende Berichtsteile und deren vor allem qualitative Inhalte:[42]

---

37 Für Genossenschaften ist diese Angabe gemäß § 336 Abs. 2 HGB nicht verpflichtend.

38 Siehe hierzu z. B. *HITZ/TEUTEBERG* (2013), S. 37 f.

39 Siehe weiterführend zu den Möglichkeiten und Grenzen einer segmentbezogenen Bilanzanalyse *KIRSCH* (2007) und *ROGLER* (2009).

40 Siehe hierzu *SCHILDBACH/STOBBE/BRÖSEL* (2013), S. 490–507.

41 Neben den Pflichtangaben des § 289 HGB sind börsennotierte und vergleichbare Aktiengesellschaften verpflichtet, eine **Erklärung zur Unternehmensführung** gemäß § 289a HGB als eigenständigen Abschnitt in den Lagebericht aufzunehmen. Diese Erklärung soll Angaben zu den über die gesetzlichen Anforderungen hinausgehenden Unternehmensführungspraktiken, zur Arbeitsweise von Vorstand und Aufsichtsrat sowie zur Zusammensetzung und Arbeitsweise von deren Ausschüssen beinhalten. Vgl. *PETERSEN/ZWIRNER/KÜNKELE* (2010), S. 166.

- der **Wirtschaftsbericht** (Inhalt: Darstellung des Geschäftsverlaufes einschließlich des Geschäftsergebnisses und der Lage der Gesellschaft sowie deren Analyse unter besonderer Berücksichtigung der bedeutsamsten finanziellen und auch nicht-finanziellen Leistungsindikatoren, wie Umwelt- und Arbeitnehmerbelange),

- der **Prognosebericht** (Inhalt: Erläuterung und Beurteilung der voraussichtlichen Entwicklung mit ihren wesentlichen Chancen und Risiken),[43]

- der **Nachtragsbericht** (Inhalt: Vorgänge von besonderer Bedeutung, die nach dem Schluss des Geschäftsjahres, also nach dem Bilanzstichtag, eingetreten sind),

- der (Finanz-)**Risikobericht** (Inhalt: finanzwirtschaftliche Risiken sowie sog. Risikomanagementziele und -methoden der Gesellschaft, insbesondere in Bezug auf Finanzrisiken, wie Preisänderungs-, Ausfall- und Liquiditätsrisiken),

- der **Forschungs- und Entwicklungsbericht**, auch F&E-Bericht genannt (Inhalt: Informationen über den Bereich „Forschung und Entwicklung"),[44]

- der **Zweigniederlassungsbericht** (Inhalt: bestehende Zweigniederlassungen),

- der **Vergütungsbericht** (Inhalt: Grundzüge des Vergütungssystems hinsichtlich des Geschäftsführungsorgans und des Aufsichtsrates, des Beirates oder einer ähnlichen Personengruppe und gegebenenfalls individualisierte Vorstandsvergütungen) sowie

- der sog. **IKS-Bericht** (Inhalt: Informationen über das interne Kontroll- und Risikomanagementsystem bezüglich des Rechnungslegungsprozesses).

Abgesehen von einigen Ausnahmen (z. B. hinsichtlich des Vergütungsberichts) brauchen im Lagebericht keine absoluten Zahlen veröffentlicht zu werden. Es genügt gewöhnlich die **Angabe tendenzieller Entwicklungen** eventuell unter Verwendung relativer Zahlen. Dadurch wird die Aussagekraft des Lageberichts nicht unerheblich eingeschränkt. Der Verzicht auf die Angabe absoluter Zahlen wird mit dem **Geheimhaltungsbedürfnis der Unternehmen** bzw. der Konzerne begründet, das mit dem Informationsbedürfnis der Abschlussadressaten kollidieren kann. Die Geschäftsleitung muss schließlich immer berücksichtigen, dass auch die Konkurrenten in (den Jahresabschluss und) den Lagebericht Einblick nehmen können.[45] Einerseits erschwert die

---

[42]   In Anlehnung an *BAETGE/KIRSCH/THIELE* (2012), S. 761–764. Darüber hinaus findet sich ebenda der Hinweis auf die **Informationen zur Übernahmesituation** gemäß § 289 Abs. 4 HGB.

[43]   Der sog. **Prognosebericht** bildet „ein Element im Kommunikations-Mix der Unternehmensleitung, externe Gruppen über die Lage des Unternehmens zu informieren. Bisherige empirische Studien zur Berichtspraxis lassen den Schluß zu, daß der Prognosebericht keine (sonderliche) Aussagekraft für die Aktienrendite besitzen dürfte"; so *PECHTL* (2000), S. 156. Dieser Meinung will die zitierte Untersuchung entgegentreten. Vgl. *PECHTL* (2000), S. 157.

[44]   In F&E-Berichten finden sich neben qualitativen Aspekten auch quantitative Hinweise (z. B. die Zahl der Mitarbeiter des F&E-Bereiches und der Anteil der Lizenzeinnahmen am Gesamtumsatz).

[45]   Bei Publikumsgesellschaften ist es praktisch unmöglich, Individuen ohne Informationsanspruch von der Nutzung der externen Berichterstattung als Informationsquelle auszuschließen. Vgl. *MOXTER* (1976), S. 95. Zugleich liegt es im Interesse des Unternehmens und auch der „befugten" Adressaten, Berichtsempfänger, die in einer Wettbewerbsbeziehung mit dem publizitätspflichtigen Unternehmen stehen, nicht über sensible interne Sachverhalte in Kenntnis zu setzen.

dadurch verursachte Zurückhaltung oder gar Verschleierung von Informationen ohne Zweifel die Durchführung einer Bilanzanalyse. Andererseits würde es sich – vor allem im Rahmen des Lageberichts – oftmals um „Scheinquantifizierungen" handeln, die bestenfalls von den Adressaten ignoriert werden und schlimmstenfalls Fehlentscheidungen bewirken können.

In jüngster Zeit wird der Lagebericht häufig durch einen **Sozialbericht** und/oder einen **Umweltbericht** ergänzt, die für speziell ausgerichtete Zielsetzungen der Analyse (z. B. Analyse der Personal- oder der Umweltpolitik) als wichtige Informationsquellen dienen können. Für diese – bei nichtgroßen Kapitalgesellschaften freiwilligen[46] – Bestandteile des Lageberichts ist der **Grundsatz der vorsichtigen Interpretation von besonderer Bedeutung.**[47] Im Falle nicht eindeutig fassbarer oder beschreibbarer Sachverhalte wird die Geschäftsleitung i. d. R. versuchen, das Bild nach ihren eigenen Zielen zu gestalten. Der Sozialbericht wird deshalb eine eher zu positive Darstellung der personalpolitischen Verhältnisse liefern. Auch die übrigen Teile des Lageberichts werden – insbesondere soweit es die Beurteilung der zukünftigen Lage angeht – (verbal) die Ziele des Unternehmens, z. B. hinsichtlich der Dividendenpolitik, verfolgen. Die Aufgabe des Bilanzanalysten ist entsprechend, diese subjektiven Verzerrungen zu erkennen.

Beispiel: Wenn die Geschäftsleitung an einem Kursanstieg der Aktien interessiert ist, weil eine Kapitalerhöhung durch Ausgabe junger Aktien geplant ist oder die Entlohnung der Geschäftsleitung in Abhängigkeit vom Börsenkurs erfolgt, wird die zukünftige Lage vermutlich eher positiv beurteilt. Will sie hingegen eine vorgeschlagene hohe Rücklagenbildung begründen, wird die Geschäftsleitung die ansonsten vielleicht völlig identische zukünftige Lage eher negativ darstellen oder alternativ eine tendenziell positive Darstellung der Investitionsmöglichkeiten, für die „dringend" liquide Mittel erforderlich sind, präferieren.

Nach IFRS muss **kein Lagebericht** neben dem Jahresabschluss aufgestellt werden. Auch das vom IASB verabschiedete „IFRS Practice Statement Management Commentary" beinhaltet keine Pflicht zur Erstellung eines – mit dem Lagebericht vergleichbaren – „Berichts der Unternehmensleitung" („Management Commentary"). Vielmehr wurde mit der Bezeichnung „Practice Statement" eine unverbindliche Anwendungsleitlinie geschaffen; die Entscheidung über Notwendigkeit und Umfang der Umsetzung dieser Leitlinie wurde den nationalen Rechnungslegungsgremien überlassen.[48]

---

[46]   Bei großen Kapitalgesellschaften handelt es sich hierbei gemäß § 289 Abs. 3 HGB um Pflichtbestandteile. Vgl. *SCHILDBACH/STOBBE/BRÖSEL* (2013), S. 502.

[47]   Zum geringeren Vertrauen der Adressaten in freiwillige Informationen vgl. z. B. *SIEBEN/MATSCHKE/ KÖNIG* (1981), Sp. 226.

[48]   Da es aus europäischer Sicht nicht unter die IAS-Verordnung fällt, können internationale Abschlüsse in den Ländern der EU derzeit auch ohne den ergänzenden „Management Commentary" IFRS-konform aufgestellt werden.

Jedoch müssen nach IFRS z. B. im Anhang bestimmte Informationen enthalten sein, die
– wie die Verpflichtung zur Angabe wesentlicher Ereignisse nach dem Bilanzstichtag
gemäß IAS 10.21 f. – „einzelnen nach § 289 [HGB] in den Lagebericht aufzunehmenden Informationen entsprechen."[49] Um als **HGB-konform** zu gelten, müssen die durch
deutsche Unternehmen freiwillig oder pflichtgemäß erstellten IFRS-Abschlüsse ohnehin
um die nach HGB geforderten Anhangangaben sowie um einen **handelsrechtlichen
Lagebericht** ergänzt werden (§ 315a Abs. 1 HGB).

Gemäß § 325 HGB ist zudem der Vorschlag oder der Beschluss über die **Ergebnisverwendung** (Gewinnverwendungsvorschlag) zu publizieren. Der Bilanzgewinn sollte vom
Analysten auf dieser Grundlage in der sog. Strukturbilanz gegebenenfalls anteilig dem
sog. bilanzanalytischen Eigenkapital (bei Gewinnvortrag) und dem bilanzanalytischen
Fremdkapital (bei Ausschüttung) zugeordnet werden.

> Von den Bestandteilen des Jahresabschlusses kommen **der Bilanz
> sowie der Gewinn- und Verlustrechnung** im Rahmen der Bilanzanalyse
> nach wie vor die wohl größte Bedeutung zu. In jedem Fall sollten der Anhang
> mit seinen Erläuterungen sowie gegebenenfalls der Lagebericht mit seinen
> prospektiven Elementen ergänzend zur Analyse herangezogen werden.

Zur Ergänzung der Bilanzanalyse kommen **sämtliche verfügbare Publikationen über
das zu analysierende Unternehmen** in Betracht. Dazu gehören etwa Werbekampagnen,
die häufig publizierte Hauptversammlungsansprache oder Publikationen der (seriösen)
Wirtschaftspresse, die insbesondere nach Herausgabe des Jahresabschlusses in kom-
mentierender Form erscheinen.

> Bei sämtlichen Publikationen ist – i. S. d. Grundsatzes der vorsichtigen
> Interpretation – die mögliche **subjektive** (Schön-)**Färbung zu beachten.**

Bei Werbekampagnen ist diese Subjektivität einleuchtend; Reden auf Hauptversammlungen verfolgen eine den Zielsetzungen der Geschäftsleitung adäquate Darstellung.
Die **subjektive Richtung** der Fachpresse kann im Allgemeinen an der Gesamttendenz
des jeweiligen Organs gemessen werden – meist ist diese von den individuellen Zielen
des Redakteurs oder des Verlages abhängig. Es empfiehlt sich deshalb, Kommentierungen unterschiedlich ausgerichteter Presseorgane zu studieren. Schließlich wird häufig
der Schwerpunkt der Kommentare anders gesetzt bzw. es wird ein anderer Blickwinkel
eingenommen. Allerdings fehlen in Presseartikeln regelmäßig die Kriterien, nach denen
die Beurteilung vorgenommen wurde. Sind die Beurteilungskriterien im Einzelfall genannt (häufig sind es ausschließlich die Vorjahreszahlen), zeigt sich oft eine gewisse
Oberflächlichkeit oder ein unflexibles schematisches Beurteilungsverhalten.

---

[49] BAETGE/KIRSCH/THIELE (2012), S. 804.

Wie bereits dargestellt, können sowohl die nach HGB als auch die nach IFRS erstellten Jahresabschlüsse primäre Informationsquellen einer Bilanzanalyse sein. Nachfolgend werden deshalb einerseits die konzeptionellen Gegensätze sowie andererseits die sich daraus ergebenden wesentlichen Detailunterschiede zwischen den nationalen und den internationalen Normen näher betrachtet.

2.2 Nationale versus internationale Rechnungslegung

2.2.1 Grundlagen

Von wesentlicher Bedeutung für die Bilanzanalyse ist die Kenntnis, nach welchen **Rechnungslegungsnormen** die publizierten Jahresabschlüsse erstellt wurden. Unterschiedliche Rechnungslegungsnormen führen selbst bei vergleichbaren Sachverhalten konsequenterweise zu unterschiedlichen Abschlussinhalten und entsprechend zu unterschiedlichen Ergebnissen der Bilanzanalyse. Informationen zu den verwendeten Rechnungsnormen finden sich i. d. R. im Anhang und im Bestätigungsvermerk des Abschlussprüfers. Grundsätzlich kommen für deutsche Unternehmen die traditionellen nationalen handelsrechtlichen Rechnungslegungsnormen (HGB)[50] sowie die sog. internationalen Rechnungslegungsnormen „IFRS" in Frage,[51] wobei Letztere bei deutschen Unternehmen i. d. R. nur im Konzernabschluss Anwendung finden.

Dem Recht eines Mitgliedsstaates der Europäischen Union (EU) unterliegende und am geregelten Kapitalmarkt eines EU-Landes notierte Konzerne sind gemäß **Verordnung 1606/2002 des Europäischen Parlaments** verpflichtet, den Konzernabschluss nach den IFRS aufzustellen. Für nicht kapitalmarktorientierte Unternehmen wurde ein **Mitgliedsstaatenwahlrecht** eingeräumt, das die Übernahme einer freiwilligen oder verpflichtenden Bilanzierung nach IFRS in nationales Recht ermöglicht.[52] Die Umsetzung des Mitgliedsstaatenwahlrechts durch den deutschen Gesetzgeber erfolgte – wie in Abbildung 8 dargestellt – durch das **Bilanzrechtsreformgesetz** (BilReG) insofern,[53] als für nicht kapitalmarktorientierte Konzerne ein Wahlrecht besteht, den Konzernabschluss alternativ zum HGB nach IFRS aufzustellen (§ 315a Abs. 3 HGB). Die Verpflichtung zur Erstellung eines Konzernabschlusses nach IFRS durch kapitalmarktorientierte Konzerne findet sich im § 315a Abs. 1 HGB.

> Kapitalmarktorientierte deutsche Unternehmen müssen ihren Konzernabschluss seit 2005 grundsätzlich nach den internationalen Normen „IFRS" aufstellen.

---

[50] Siehe grundlegend zur nationalen Rechnungslegung *SCHILDBACH/STOBBE/BRÖSEL* (2013).

[51] Siehe entsprechend zur internationalen Rechnungslegung *PELLENS ET AL.* (2011), *BUCHHOLZ* (2012), *PETERSEN/BANSBACH/DORNBACH* (2014).

[52] Vgl. *BUCHHEIM/GRÖNER* (2003), S. 953.

[53] Vgl. hierzu beispielsweise *KUßMAUL/TCHERVENIACHKI* (2005), S. 617 f.

Mit den Zielen der Erhöhung der Transparenz und der internationalen Vergleichbarkeit der Jahresabschlüsse[54] von Kapitalgesellschaften, des erweiterten Schutzes der Anteilseigner sowie der Steigerung der Attraktivität der europäischen Kapitalmärkte hat die EU die **Verbindlichkeit der IFRS** für die Mitgliedsstaaten kodifiziert.[55]

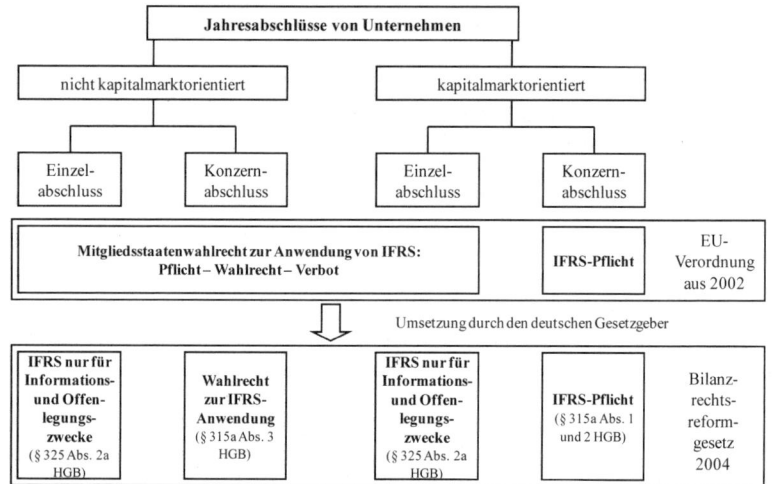

Abbildung 8:   *Auswirkungen des Bilanzrechtsreformgesetzes*

Im Hinblick auf die **Offenlegungspflicht des Einzelabschlusses** ist für deutsche Unternehmen – wie bereits ausgeführt – ein Wahlrecht (§ 325 Abs. 2a HGB) zwischen einem HGB-Einzelabschluss einerseits sowie einem in deutscher Sprache[56] verfassten und Euro-Beträge ausweisenden IFRS-Einzelabschluss andererseits kodifiziert. Dabei muss berücksichtigt werden, dass die Unternehmen durch dieses Wahlrecht nicht von der Erstellung des handelsrechtlichen Einzelabschlusses befreit sind. Demzufolge zieht die Erstellung eines freiwilligen IFRS-Einzelabschlusses zu Offenlegungszwecken zusätzliche Aufwendungen nach sich, die von diesen Unternehmen im Zuge einer – vermeintlich – besseren (internationalen) Vergleichbarkeit oder aus anderen Gründen „in Kauf genommen" werden müssen. Vor diesem Hintergrund wird das Wahlrecht zugunsten des IFRS-Abschlusses *in praxi* selten genutzt.[57]

---

54 Dass die Anwendung derselben Regeln zu (uneingeschränkt) vergleichbaren Jahresabschlüssen führt, ist jedoch eine Illusion.

55 Vgl. zu nachfolgenden Ausführungen *HOMBURG* (2004) und *HOMBURG/BRÖSEL* (2007).

56 Siehe diesbezüglich kritisch zur Praxis der Rechnungslegung *OLBRICH/FUHRMANN* (2011).

57 Vgl. *KÜTING/PFITZER/WEBER* (2011), S. 55 f.

> Auf Ebene des Einzelabschlusses deutscher Unternehmen besteht
> – unabhängig von deren Kapitalmarktorientierung – die **Pflicht
> zur Erstellung eines Jahresabschlusses nach HGB**, welcher bei
> beschränkt haftenden Unternehmen der **Ausschüttungsbemessung** dient.

2.2.2 Konzeptionelle Unterschiede

Das **Rechnungslegungssystem der IFRS** wurde explizit mit dem Ziel entwickelt (und wird derzeit und auch zukünftig entsprechend verändert[58]), einen weltweit einheitlichen Komplex von Rechnungslegungsnormen darzustellen. Zu dem IFRS-System zählen – mit unterschiedlichem Verbindlichkeitscharakter – vor allem das Rahmenkonzept („Framework"), die Standards [also die einzelnen IFRS und die noch gültigen „Vorgängernormen" International Accounting Standards (IAS)] sowie die Interpretationen (die IFRIC und die noch gültigen „Vorgängerinterpretationen" SIC).

Auch die **US-GAAP** werden als internationales Rechnungslegungssystem bezeichnet. Hierbei handelt es sich jedoch um Normen, die (lediglich) aufgrund der Anforderungen der US-amerikanischen Börsenaufsichtsbehörde SEC anzuwenden sind, um als Unternehmen an den US-amerikanischen Wertpapierbörsen gelistet werden zu können. Die US-GAAP sind somit nur ein nationales Rechnungslegungssystem, das in Anbetracht der Bedeutung der US-amerikanischen Börsen eine faktische Weltgeltung erfuhr. Unabhängig davon stellen die US-GAAP – sowohl inhaltlich als auch formell – keine mit dem deutschen HGB im Hinblick auf die Zwecksetzung und die Strukturierung vergleichbare einheitliche Rechtsquelle der Rechnungslegung dar.[59] Da die föderative Verfassung der USA den Bundesstaaten die Gesetzgebungskompetenz im Gesellschaftsrecht gewährt,[60] obliegt den einzelnen Staaten grundsätzlich auch die Regelungskompetenz hinsichtlich der („außerbörslichen") Rechnungslegung. „Eine gesellschaftsrechtliche Verpflichtung zur Erstellung und Prüfung von Jahresabschlüssen existiert in den USA auf Bundesstaatenebene praktisch nicht."[61] Den US-GAAP, die als Rechnungslegungssystem in den USA vornehmlich für börsennotierte Unternehmen verpflichtend sind, ist allerdings eine **Ausstrahlungswirkung auf die Rechnungslegung nicht börsenorientierter US-amerikanischer Unternehmen** zuzuschreiben.[62]

---

[58] Da die Verwendung des Wortes „Weiterentwicklung" gewöhnlich eine Verbesserung impliziert, wird an dieser Stelle lediglich von einer „Veränderung" gesprochen.

[59] Vgl. *HALLER* (1994), S. 19. Zudem besteht in den USA keine Verbindung zwischen handels- und steuerrechtlicher Rechnungslegung.

[60] Vgl. *WÜSTEMANN* (1996), S. 424, *WATRIN* (2001), S. 184 f.

[61] *KÜTING/HAYN* (1995), S. 1643.

[62] Vgl. *SCHREIBER* (2000), S. 51.

Die SEC weigerte sich viele Jahre beharrlich, die **IFRS für an der US-amerikanischen Wertpapierbörse notierte Unternehmen** anzuerkennen. Gemäß Beschluss der SEC ist es aktuell zumindest für ausländische Unternehmen ausreichend, einen Abschluss nach IFRS[63] vorzulegen. Dies stellt einen bedeutenden Schritt auf dem Weg zur Akzeptanz des IFRS-Rechnungslegungssystems in den USA dar. Eine verpflichtende IFRS-Anwendung für börsennotierte US-Unternehmen wurde von der SEC in Aussicht gestellt.[64]

Im Zusammenhang mit der – wenn auch zurückhaltenden – Anerkennung der IFRS durch die SEC sind die derzeitigen Projekte zur Überarbeitung und Weiterentwicklung der IFRS zu sehen, welche die IFRS-Standardsetzer gemeinsam mit dem FASB, an den die SEC die Regulierungskompetenz in den USA bereits im Jahre 1973 delegiert hat,[65] betreiben. Bei Betrachtung der bisherigen Entwicklung ist anzunehmen, dass die angestrebte **Konvergenz von IFRS und US-GAAP** vornehmlich durch Angleichung der IFRS an die US-GAAP „erkauft" wird. Die in den USA zu verzeichnende steigende Regulierungsdichte und eine kaum erkennbare Systematik führen jedoch zu einem „Regulierungswirrwarr".[66] Nicht nur deshalb ist der teilweise vorauseilende Gehorsam der IFRS-Standardsetzer sehr bedenklich. Diese sollten sich vielmehr darauf konzentrieren, theoretisch fundierte und somit keine den US-GAAP ähnelnden oder diesen Normen gleichenden Regelungen zu entwickeln.[67]

In der Gesetzgebung und Standardsetzung muss
der Kernsatz der Rechnungslegung beachtet werden:
„Der Rechnungszweck bestimmt über das Rechnungsziel den Rechnungsinhalt."[68]

Im Hinblick auf ein Rechnungslegungssystem stellt sich grundsätzlich die Frage nach den primären **Rechnungslegungsadressaten**. Die Art der Gewährleistung des Schutzes dieser Adressaten gilt als **Rechnungszweck** (bzw. Rechnungsfunktion oder -aufgabe). Zur Erfüllung dieser Aufgabe wird mit der Bilanzierung nach diesem Rechnungslegungssystem ein entsprechendes Hauptziel (**Rechnungsziel**) verfolgt. Zur Aufgabenerfüllung und Zielerreichung sind schließlich durch die bilanzierenden Unternehmen die (möglichst zweck- und zielkonformen) Rechnungslegungsprinzipien, die i. d. R. in einem hierarchischen Verhältnis zueinander stehen, sowie die kodifizierten und (möglichst) zweck- und zielorientierten Detailregelungen zu berücksichtigen.

---

[63]   Dies sind die vom IASB verabschiedeten (und nicht die von der EU anerkannten) Normen.
[64]   Zum aktuellen Stand der Übernahme bzw. Akzeptanz siehe z. B. *HEBESTREIT/TEITLER-FEINBERG* (2012), *ZÜLCH/DETZEN* (2012).
[65]   Vgl. *PELLENS ET AL.* (2011), S. 61 f.
[66]   Vgl. *WARLIMONT* (2007).
[67]   Sehr empfehlenswert ist in diesem Zusammenhang die amüsante Persiflage von *HAKELMACHER* (2006). Zur Person „HAKELMACHER" siehe *HAKELMACHER* (2006), S. 3.
[68]   *SCHNEIDER* (1997), S. 45.

> Werden zwei **Rechnungslegungssysteme miteinander verglichen**, sind im Hinblick auf die konzeptionellen Unterschiede die primär zu schützende Adressatengruppe, die damit verbundene vorrangige Rechnungslegungsaufgabe (der Zweck) und das Rechnungslegungsziel sowie die (hoffentlich) daraus deduktiv abgeleiteten wesentlichen Rechnungslegungsnormen gegenüberzustellen.

Nachfolgend wird das nationale Rechnungslegungssystem (HGB) mit den internationalen Rechnungslegungssystemen verglichen.[69] Im Hinblick auf die internationalen Systeme werden (lediglich) die IFRS betrachtet, weil

- es sich hier um ein „echtes" internationales System handelt (die US-GAAP sind schließlich nationale Normen),
- die Anwendung für deutsche kapitalmarktorientierte Konzerne verpflichtend ist,
- die US-GAAP und die IFRS eine vergleichbare Grundausrichtung haben sowie
- derzeit sog. Konvergenzprojekte vorangetrieben werden, die zu einer Vereinheitlichung von IFRS und US-GAAP führen sollen.

Im Mittelpunkt der **HGB-Bilanzierung** stehen als Adressaten die Gläubiger (Fremdkapitalgeber), die durch die entsprechend erstellten Jahresabschlüsse geschützt werden sollen. Der als Rechnungslegungszweck anzusehende **Gläubigerschutz** erfolgt hauptsächlich durch die Ausschüttungsbemessung, wobei (als Ziel) ein entziehbarer Erfolg bestimmt werden soll. So wird ermittelt, welcher Betrag des Ergebnisses an die Eigenkapitalgeber ausgeschüttet werden kann, ohne dass hierdurch die Gläubiger „geschädigt" werden. Das Unternehmen soll nach der Ausschüttung weiterhin mit hoher Wahrscheinlichkeit in der Lage sein, seinen Kapitaldienst (also Zinsen und Tilgung) betrags- und fristgerecht zu leisten. Der Erhalt eines angemessenen Haftungskapitals und die jederzeitige Zahlungsfähigkeit (Liquidität) sollen vornehmlich durch die Berücksichtigung des **Vorsichtsprinzips** erreicht werden. Dieses Prinzip konkretisiert sich vor allem im Realisations- und im Imparitätsprinzip.

Bezüglich des Gläubigerschutzes ist einerseits anzumerken, dass dieser nicht wie der informationsorientierte Gläubigerschutz in angloamerikanischen Ländern zu verstehen ist. Dort wird Gläubigerschutz eher als „Schutz der Unternehmen vor den Zugriffen der Gläubiger" interpretiert. Andererseits ergeben sich durch die jüngsten Änderungen des HGB Tendenzen, die den Gläubigerschutz vermindern und hingegen die Informationsversorgung stärken; allerdings sollte im HGB der Gläubigerschutz – nach wie vor – die Informationsfunktion dominieren. Deshalb sollte bei der Interpretation der kodifizierten Normen, bei der Ermittlung der GoB sowie schließlich bei der Bilanzierung selbst eine konsequente gläubigerschutzorientierte Sichtweise eingenommen werden.[70]

---

69   Dieser konzeptionelle Vergleich erfolgt in enger Anlehnung an *HOMBURG/BRÖSEL* (2007).
70   Zum Gläubigerschutz siehe u. a. *BRÖSEL/WITTKO* (2009), *HAAKER* (2009), *HAAKER* (2010).

Bei der **IFRS-Bilanzierung** stehen nicht die Gläubiger, sondern die Investoren im Sinne potentieller und derzeitiger Eigen- und Fremdkapitalgeber im Mittelpunkt.[71] Der Zweck der Rechnungslegung nach IFRS besteht somit im Schutz verschiedener Investoren. Diese sollen durch Informationen in die Lage versetzt werden, fundierte Entscheidungen im Hinblick auf eine Beteiligung am bilanzierenden Unternehmen – also z. B. den Kauf, den Verkauf und/oder das Halten der Anteile – zu treffen.[72] Die **Informationsasymmetrien** zwischen der Unternehmensführung und den Investoren, i. S. v. Anteilseignern und auch Fremdkapitalgebern, sollen **vermindert** werden.

Es kann unterstellt werden, dass Investoren primär an Informationen über zukünftige Zahlungen interessiert sind, die aus dem Unternehmen zu erwarten sind. Direkte verlässliche Informationen über diese Zahlungen kann eine Rechnungslegung in der realen unvollkommenen Welt nicht bieten, weshalb den Investoren zumindest die Möglichkeit eingeräumt werden soll, diese Zahlungen aus den vermittelten Informationen (eigenständig) abzuleiten. Ziel der Rechnungslegung nach IFRS sollte somit z. B. hinsichtlich der Eigenkapitalgeber sein, diesen Informationen über möglichst repräsentative Erfolge der abgelaufenen Periode zu vermitteln. Dies soll mit dem **Grundsatz der periodengerechten Erfolgsermittlung** unterstützt werden, damit die Eigenkapitalgeber aus den Erfolgen der vergangenen Berichtsjahre – die bestenfalls in eher nachhaltige und tendenziell vorübergehende Bestandteile untergliedert sind – auf den Betrag, die zeitliche Struktur und die Sicherheit des Zuflusses künftiger Zahlungen schließen können. Auf Basis dieser Informationen müssen sie schließlich – unter Berücksichtigung ihres individuellen Zielsystems und Entscheidungsfeldes – einen (subjektiven) Entscheidungswert bezüglich der Anteile am bilanzierenden Unternehmen ermitteln.[73] Fremdkapitalgeber erwarten schließlich in vergleichbarer Weise jene Informationen, die es ihnen ermöglichen, auf den Betrag, den Zeitpunkt und die Sicherheit des zukünftigen Kapitaldienstes zu schließen. Im Unterschied zu den Eignern partizipieren diese nicht an höheren Erfolgen.

> Durch den Übergang von der HGB- zur IFRS-Bilanzierung kommt es zu einer grundlegenden **Änderung der Rechnungslegungsphilosophie**.[74]

Problematisch ist jedoch, dass die Standardsetzer der IFRS versuchen, neben dem Periodenerfolg auch das Vermögen „richtig" zu ermitteln. Es wird ein **Spagat** zwischen dem (statisch orientierten) „Prinzip des vollständigen Vermögensausweises" und dem (dynamisch orientierten) „Prinzip des nachhaltigen Gewinns" (also dem Grundsatz der periodengerechten Erfolgsermittlung) unternommen. MOXTER äußert in diesem Zusammenhang treffend:

---

[71]   Vgl. COENENBERG (2005) zur historischen Entwicklung informationsorientierter Abschlüsse.

[72]   Vgl. zu nachfolgenden Ausführungen SCHILDBACH (2006), S. 312 f.

[73]   Vgl. ausführlich zur Entscheidungswertermittlung HERING (2006), OLBRICH (2009), MATSCHKE/ BRÖSEL (2013).

[74]   Vgl. kritisch zu diesem „Eintritt in eine andere Bilanzwelt" beispielsweise KÜTING (2005), S. 22.

> „Mit den angelsächsischen Standardisierern muß man nachsichtig sein.
> Sie arbeiten dilettantisch: denn sie entbehren der theoretischen Basis.
> Hätten sie auch nur SCHMALENBACH zur Kenntnis genommen,
> so wüßten sie immerhin, daß man das Vermögen falsch ermitteln muß,
> um den (vergleichbaren) Gewinn richtig ermitteln zu können."[75]

Ob die Ziele der internationalen Rechnungslegung durch die IFRS erfüllt werden und welche Probleme hieraus im Hinblick auf den Gläubigerschutz resultieren, soll an dieser Stelle nicht weiter diskutiert werden,[76] denn im Mittelpunkt der Bilanzanalyse steht – unabhängig von einer möglichen Kritik an den zugrunde liegenden Rechnungslegungs- normen – die zielgerichtete Auseinandersetzung mit den vorliegenden Abschlüssen.

	HGB	**IFRS**
vorrangig zu schützende Adressatengruppe(n)	Gläubiger	Investoren
vorrangiger Rechnungslegungszweck	Ausschüttungs- bemessung bei Erhalt von Haftungskapital	Informationsvermittlung für Investoren/ Kapitalmarktförderung
vorrangiges Rechnungslegungsziel	Ermittlung eines eher vorsichtigen Unternehmenserfolges	möglichst „realistische" Ermittlung von Vermögen <u>und</u> Erfolg
wesentliche Rechnungslegungs- prinzipien	Vorsichtsprinzip	Prinzip des vollständigen Vermögensausweises und Prinzip des nachhaltigen Gewinns
Rechtssystem	„Code Law"	„Case Law"

Abbildung 9:   *Wesentliche konzeptionelle Unterschiede zwischen HGB und IFRS*

Zum Abschluss des konzeptionellen Vergleiches, dessen Ergebnisse in Abbildung 9 zusammengefasst sind, sollen die den Normen zugrunde liegenden **Rechtssysteme** skizziert und verglichen werden. Während das HGB auf dem kontinentaleuropäischen „Code Law"-System basiert, orientieren sich die IFRS eher am angloamerikanischen „Case Law"-System.[77]

---

[75]   *MOXTER* (2003b), S. 488 f. (Hervorhebungen im Original hier nachempfunden).

[76]   Vgl. weiterführend etwa *KUßMAUL/TCHERVENIACHKI* (2005), *SCHILDBACH* (2006) und vor allem *KÜTING/PFITZER/WEBER* (2011).

[77]   Hinsichtlich der US-GAAP ist zudem das **„Common Law"** (Gewohnheitsrecht) von Bedeutung.

Beim „**Code Law**"-System handelt es sich um vom Gesetzgeber kodifizierte Regelungen, welche einen weitgehend geschlossenen grundsatz- bzw. prinzipienorientierten Rahmen setzen. Den einzelnen Normen kann jeweils eine Vielzahl von Sachverhalten subsumiert werden. Technische und wirtschaftliche Entwicklungen ziehen deshalb nicht zwingend und permanent einen Änderungsbedarf in den Rechnungslegungsnormen nach sich. Insgesamt zeichnen sich die handelsrechtlichen Regelungen, welche durchaus als „systematisch" bezeichnet werden können, somit durch ihre Flexibilität, aber auch durch ihre Interpretationsbedürftigkeit aus.

Beim „**Case Law**"-System finden sich für zahlreiche „konkrete" Sachverhalte ausführliche kasuistische Regelungen. Technische, wirtschaftliche und andere Entwicklungen führen zu einem permanenten Neuregelungs- oder Änderungsbedarf dieses (einzel-) fallorientierten Rechnungslegungssystems. Die eher chronologisch als systematisch geordneten IFRS stellen somit nicht nur sehr komplexe[78] und umfangreiche, sondern auch sehr dynamische Regelungen dar, die obendrein sehr interpretationsbedürftig sind. Die Verantwortlichkeit liegt zudem nicht bei einem Gesetzgeber, sondern beim IASB, welcher privatrechtlich organisiert ist und entsprechend finanziert wird. „Lobbyistische" Einflussmöglichkeiten durch Sponsoren sind somit erheblich. Die **Dynamik scheint die Standardsetzer selbst zu überfordern**, denn einerseits sind die Normen nicht frei von Widersprüchen und andererseits werden z. B. Begrifflichkeiten in verschiedenen Standards durchaus unterschiedlich definiert und interpretiert. Der Auffassung, dass dies den langen zeitlich parallel (und somit durch unterschiedliche „Experten" begleiteten) oder in unterschiedlichen Zeiträumen ablaufenden Standardsetzungsprozessen geschuldet und deshalb unumgänglich ist, kann nicht gefolgt werden, schließlich wurden die Normen in den „Code Law"-Systemen auch nicht alle durch dieselben Personen und an einem Tag „entwickelt".

2.2.3   Wesentliche Detailunterschiede

Vor dem Hintergrund der konzeptionellen Unterschiede zwischen HGB und IFRS ergeben sich zahlreiche Abweichungen in den Detailregelungen, welche die unterschiedlichen Rechnungslegungsphilosophien verdeutlichen. Nachfolgend werden exemplarisch wesentliche Aspekte dargestellt.[79] Hinsichtlich der Bilanzierung von wirtschaftlichen Sachverhalten müssen hierzu grundsätzlich und unabhängig vom anzuwendenden Rechnungslegungssystem **jeweils drei grundlegende Fragen** geklärt werden:

---

[78] Zur Komplexität der Normen vgl. *HEINTGES/HÄRLE* (2005). *SCHÜRMANN* (2011), S. 94, bezeichnet die IFRS als „Monsterwerk [..], mit dem höchstens noch das deutsche Steuerrecht in seiner Detailverliebtheit bei gleichzeitigem Mangel an Struktur vergleichbar ist."

[79] Siehe zu den Unterschieden im Einzelnen z. B. *BUCHHOLZ* (2012).

- Bilanzierung dem Grunde nach (**Ansatz**): „Ist der Sachverhalt zu bilanzieren?",
- Bilanzierung der Höhe nach (**Bewertung**): „Mit welchem Betrag findet sich der zu bilanzierende Sachverhalt im Jahresabschluss wieder?" und schließlich
- Bilanzierung der Stelle nach (**Ausweis**): „Wo ist der Sachverhalt im Abschluss auszuweisen, und welche zusätzlichen Angaben sind, z. B. im Anhang, erforderlich?".

Im Hinblick auf den **Ansatz** (Bilanzierung dem Grunde nach) werden die Aktiva gemäß HGB primär „statisch" interpretiert. Nach herrschender Meinung müssen die Vermögensgegenstände zum Bilanzstichtag selbständig verwertbar sein bzw. die Eigenschaft der abstrakten Einzelveräußerbarkeit erfüllen. Nach IFRS wird nicht von Vermögensgegenständen, sondern von Vermögenswerten („Assets") gesprochen, weil diese – auch vor dem Hintergrund der angestrebten Zukunftsorientierung entscheidungsrelevanter Informationen – „dynamisch" definiert sind. Maßgeblich ist hier vor allem der Nutzen (im Sinne direkter und indirekter Zahlungsmittelzuflüsse), den ein Sachverhalt dem bilanzierenden Unternehmen in der Zukunft voraussichtlich stiftet. Hieraus resultieren wesentliche Auswirkungen auf die Aktivseite der Bilanz, denn den **Vermögenswerten nach IFRS** können tendenziell mehr Sachverhalte als den **Vermögensgegenständen nach HGB** subsumiert werden.

Immaterielle Vermögenswerte sind gemäß IAS 38 zu aktivieren, wenn diese abgrenzbar und kontrollierbar sind sowie hieraus zukünftig ein wirtschaftlicher Nutzen erzielt werden kann. Dies betrifft auch die selbst erstellten immateriellen Komponenten. In diesem Zusammenhang sind beispielsweise auch **Entwicklungsaufwendungen** (nicht jedoch Forschungsaufwendungen) nach IFRS zu bilanzieren, sofern ein Vermögenswert vorliegt und zusätzlich die restriktiven postenspezifischen Kriterien des IAS 38.57 erfüllt sind. Aufgrund der Interpretationsbedürftigkeit dieser Kriterien liegt jedoch im Ergebnis ein faktisches Ansatzwahlrecht vor. Nach § 248 Abs. 2 HGB wird den Bilanzierenden für selbst erstellte **immaterielle Vermögensgegenstände** des Anlagevermögens ein Aktivierungswahlrecht eingeräumt.[80] Auch hierbei ist (gemäß § 255 Abs. 2 i. V. m. Abs. 2a HGB) zwischen den Forschungs- und den Entwicklungsaufwendungen zu unterscheiden, denn nur Entwicklungsaufwendungen sind unter bestimmten Bedingungen aktivierungsfähig.

Nach IFRS sind **aktive latente Steuern** verpflichtend als Vermögenswert zu aktivieren. Im HGB gelten diese als Sonderposten eigener Art, für die ein Ansatzwahlrecht (§ 274 Abs. 1 Satz 2 HGB) besteht. Auf Konzernebene besteht nach § 306 HGB eine Ansatzpflicht.

---

[80]   Siehe kritisch zur Aktivierung selbst erstellter immaterieller Vermögensgegenstände des Anlagevermögens u. a. MOXTER (2008).

Aktive Rechnungsabgrenzungsposten sind gemäß HGB **neben den Vermögens-gegenständen** zu bilanzieren, nach IFRS werden diese den Vermögenswerten zugerechnet, soweit diese die allgemeinen Ansatzkriterien erfüllen. Analog zur Behandlung auf der Aktivseite sind **passive Rechnungsabgrenzungsposten** nach IFRS – bei Erfüllung der entsprechenden Ansatzkriterien – den Schulden („Liabilities") zuzuordnen.

Zudem bestehen Unterschiede bei der Aktivierung z. B. bei Leasinggeschäften. Diesbezüglich sei auf die entsprechende Literatur verwiesen.[81] Auch auf der **Passivseite** der Bilanz finden sich differierende Ansatzregelungen. So dürfen nach IFRS sog. **Innenverpflichtungen** nicht passiviert werden. Ein Ansatz von Aufwandsrückstellungen ist demnach – im Unterschied zum HGB[82] – nicht möglich.

Im Rahmen der **Bewertung** (Bilanzierung der Höhe nach) gelten nach HGB die fortgeführten historischen Anschaffungs- und Herstellungskosten als die auf der Aktivseite zu berücksichtigende Obergrenze. Die IFRS zielen demgegenüber auf eine marktnahe und zukunftsorientierte Bewertung, wobei in einigen Bereichen die Anschaffungs- und Herstellungskosten als Obergrenze auch überschritten werden dürfen. Als Beispiele, die zu entsprechenden Bewertungsunterschieden zwischen IFRS und HGB führen, sind die „Fair-Value-Bewertung"[83] und das Neubewertungsmodell zu nennen, bei denen die IFRS vom Anschaffungskostenprinzip und somit auch vom Nominalwertprinzip abweichen.

So erfolgt z. B. die Bewertung zahlreicher Finanzinstrumente nach IFRS zum „**Fair Value**".[84] Als „Fair Value" wird hierbei jener Betrag verstanden, zu dem ein Vermögenswert zwischen sachverständigen, vertragswilligen und unabhängigen Parteien getauscht werden könnte. Damit verbundene Wertveränderungen, die auch zu einer (Neu-) Bewertung von Finanzinstrumenten über die historischen Anschaffungskosten hinaus führen können, sind je nach Sachverhalt entweder erfolgsneutral in eine „Fair-Value-Rücklage" („Fair Value Surplus"), die im Eigenkapital auszuweisen ist, einzustellen oder erfolgswirksam zu verbuchen.

---

[81]   Vgl. m. w. N. *BUCHHOLZ* (2012), S. 58–63, und *SCHILDBACH/STOBBE/BRÖSEL* (2013), S. 255–259.

[82]   Nach HGB sind für bestimmte „Innenverpflichtungen" Rückstellungen zu bilden.

[83]   Lediglich bei Kreditinstituten ist diese „Bewertungsform" gemäß HGB zulässig, obwohl diese Regelung dort enorme Probleme bereitet.

[84]   Zu den Problemen der „Fair-Value-Bewertung" siehe z. B. *SCHILDBACH* (2008). Vgl. auch *SCHÜRMANN* (2011), S. 95 f.

Neben dem der handelsrechtlichen Verfahrensweise entsprechenden **Anschaffungskosten-modell** ist für Sachanlagen und – soweit ein aktiver Markt[85] vorliegt – für immaterielle Vermögenswerte die Bewertung nach dem **Neubewertungsmodell** zulässig. Für die betreffenden Vermögenswerte ist demgemäß in regelmäßigen Zeitabständen eine Neu-bewertung durchzuführen, wobei wiederum jeweils der „Fair Value" zu ermitteln ist. Auch hierbei sind Wertsteigerungen über die Anschaffungs- oder Herstellungskosten hinaus möglich. Zuschreibungsbeträge werden erfolgsneutral in die ebenfalls im Eigen-kapital ausgewiesene Neubewertungsrücklage („Revaluation Surplus") eingestellt. Planmäßige Abschreibungen erfolgen auf Basis des Neubewertungsbetrages. Die Rück-lage ist schließlich erfolgsneutral mit den Gewinnrücklagen zu verrechnen. Dies hat entweder einmalig bei Ausbuchung des Vermögenswertes oder *pro rata temporis* in Höhe des Betrages, um den die planmäßigen Abschreibungen aufgrund der Neubewer-tung höher als auf Basis der fortgeführten Anschaffungskosten sind, zu erfolgen.

Darüber hinaus ist hinsichtlich der Bewertung grundsätzlich zu berücksichtigen, dass nach IFRS keine **Verknüpfung mit steuerlichen Wertansätzen** besteht. Somit sollte z. B. zur Ermittlung der Abschreibungsdauer nach IFRS nicht auf steuerliche AfA-Tabellen zurückgegriffen, sondern das Investitionsverhalten des bilanzierenden Unternehmens zugrunde gelegt werden. Obwohl dies auch für die handelsrechtliche Rechnungslegung gilt, greifen viele Unternehmen im Rahmen der Nutzungsdauerermittlung auf die i. d. R. längeren Zeiträume zurück, die sich nach den AfA-Tabellen ergeben.

Wesentliche Unterschiede in der Bewertung ergeben sich zudem beim nach IFRS nicht planmäßig abzuschreibenden derivativen **Geschäfts- oder Firmenwert**. Abschreibun-gen sind diesbezüglich nur vorzunehmen, wenn sich ein (außerplanmäßiger) Abschrei-bungsbedarf auf Basis eines Werthaltigkeitstests („Impairment Test") ergibt. Da sich diese Problematik vor allem auf die Analyse von Konzernabschlüssen auswirkt, sei auf die entsprechenden Ausführungen im fünften Kapitel (Abschnitt 3) dieses Buches ver-wiesen.

Weitere Unterschiede der beiden Systeme – auf die an dieser Stelle nicht weiter einge-gangen werden soll – bestehen z. B. im Hinblick auf den nach IFRS stärker als im HGB verwässerten Einzelbewertungsgrundsatz und die **Pensionsrückstellungen**[86].

---

[85] Ein **aktiver Markt** liegt gemäß IAS 38.8 grundsätzlich vor, wenn homogene Produkte gehandelt werden, Käufer und Verkäufer jederzeit zu finden sind sowie die Preise der Öffentlichkeit zur Ver-fügung gestellt werden. Somit scheidet eine Anwendung der Neubewertungsmethode für immate-rielle Vermögenswerte regelmäßig aus.

[86] Unterschiede ergeben sich bezüglich der Höhe von Pensionsrückstellungen nicht nur aus den un-terschiedlichen Regelungen zur Bilanzierung, die sich u. a. in den bei der Berechnung der Pensions-rückstellungen jeweils zu verwendenden Zinssätzen widerspiegeln, sondern auch in der grundsätz-lichen Art und Weise der Pensionszusage durch die Unternehmen. In Deutschland ist es üblich, dass die Unternehmen ihren Mitarbeitern **unmittelbare Pensionszusagen** geben. Da die Unter-nehmen deshalb selbst für die gesamte Pensionszusage haften, müssen sie entsprechend umfängliche Pensionsrückstellungen bilden. Im angelsächsischen Bereich erfolgen meist **mittelbare Pensions-**

Im Rahmen der Bewertung ist bei der HGB-Bilanzierung das **Imparitätsprinzip** als Ausfluss des Vorsichtsprinzips zu berücksichtigen. Erträge und Aufwendungen (sowie korrespondierend Vermögensgegenstände und Schulden) sind demnach imparitätisch – also unterschiedlich – im Jahresabschluss zu erfassen: Erträge sind erst dann auszuweisen, wenn sie endgültig realisiert sind, Aufwendungen bereits dann, wenn sie antizipiert werden. Aufwendungen werden so tendenziell früher als die Erträge ausgewiesen. Diese Vorgehensweise widerspricht dem nach IFRS zu berücksichtigenden **Grundsatz der periodengerechten Erfolgsermittlung**. Entsprechend sollen Erträge und Aufwendungen möglichst kongruent erfasst werden.

Darüber hinaus ist zu berücksichtigen, dass das **Realisationsprinzip** nach IFRS nicht so streng wie nach HGB interpretiert wird. Eine Konsequenz hieraus ist beispielsweise die unterschiedliche bilanzielle Berücksichtigung **langfristiger Fertigungsaufträge**. Während nach HGB – i. S. d. „Completed-Contract-Methode" – der Erfolg aus kundenspezifischen langfristigen Fertigungsaufträgen erst bei Abnahme auszuweisen ist, müssen die Erfolge gemäß der „Percentage-of-Completion-Methode" (PoC-Methode) in Abhängigkeit vom Fertigstellungsgrad ausgewiesen werden.

Aus den Ansatz- und Bewertungsunterschieden resultiert, dass **nach IFRS** grundsätzlich **weniger stille Reserven** gebildet werden können. Im Umkehrschluss sollte eine Umstellung von HGB auf IFRS – soweit unternehmensspezifisch vorhanden – zur Aufdeckung stiller Reserven führen. Aufgrund der verminderten Möglichkeit, Ergebnisse über stille Reserven zu glätten, ist eine erhöhte Volatilität der Ergebnisse bei nach IFRS bilanzierenden Unternehmen zu beobachten. Allerdings ist auch zu berücksichtigen, dass bestimmte „internationale" Regelungen (z. B. die im fünften Kapitel dieses Buches ausführlich beschriebene Goodwillbilanzierung und die damit verbundene „Verschleppung" der Goodwillabschreibung) zu überhöhten stillen Lasten führen können.[87]

> Es handelt sich bei den Unterschieden zwischen dem HGB- und dem IFRS- Abschluss eines Unternehmens „nur" um zeitliche Verschiebungen bei Bestands- und Erfolgsgrößen, denn der **Totalerfolg** eines Unternehmens ist unabhängig von den freiwillig gewählten oder verpflichtend anzuwendenden Rechnungslegungsnormen, die lediglich zu einer unterschiedlichen Periodisierung des Totalerfolges auf die einzelnen Geschäftsjahre führen.

---

zusagen. Hierbei wird die Versorgungsleistung – gegen Zahlung von entsprechenden Beiträgen – durch Dritte, z. B. rechtlich selbständige Pensions- und Unterstützungskassen oder Versicherungsunternehmen, übernommen. Bei den die Pensionszusage erteilenden (angelsächsischen) Unternehmen finden sich deshalb i. d. R. nur dann Pensionsrückstellungen, wenn die Versorgungszusage nicht ausreichend durch Dritte abgedeckt ist. Vgl. hierzu *LACHNIT* (2004), S. 333–335.

[87]   Siehe hierzu Daten bei *SCHÜRMANN* (2013), S. 76–80.

Beim **Ausweis** (Bilanzierung der Stelle nach) muss vor allem auf die sich aus den IFRS ergebenden umfangreicheren **Informationspflichten** verwiesen werden, welche – z. B. bezüglich der Anhangangaben – in den einzelnen Standards zu finden sind. Allerdings sind die Informationspflichten nach HGB ebenfalls nicht zu unterschätzen; diese haben jedoch – im Hinblick auf Anhang und Lagebericht – den Überfrachtungsgrad nach IFRS bislang nicht erreicht.

Zudem ergeben sich wesentliche Ausweisunterschiede etwa aufgrund der nach IFRS weniger (als nach HGB) detaillierten **Gliederungsvorschriften** für die Bilanz sowie für die Gewinn- und Verlustrechnung, die nach IFRS ein Bestandteil der Gesamtergebnisrechnung ist. Unterschiede ergeben sich auch bei der Darstellung der Gewinn- und Verlustrechnung. Zwar besteht diesbezüglich sowohl nach HGB als auch nach IFRS ein Wahlrecht zwischen dem Gesamt- und dem Umsatzkostenverfahren, allerdings wird dieses tendenziell unterschiedlich ausgeübt: Im angelsächsischen Raum dominiert das Umsatzkostenverfahren, in Gewinn- und Verlustrechnungen, die nach HGB erstellt werden, das Gesamtkostenverfahren.

Während darüber hinaus nach HGB auf der Passivseite streng zwischen Rückstellungen und Verbindlichkeiten unterschieden wird, erfolgt die Unterteilung nach IFRS vielmehr in langfristige und kurzfristige Schulden bzw. in langfristiges und kurzfristiges Fremdkapital. **Rückstellungen und Verbindlichkeiten** sind diesen Kategorien entsprechend ihrer Fälligkeit zuzuordnen. In Abbildung 10 sind schließlich ausgewählte Unterschiede zwischen HGB und IFRS strukturiert gegenübergestellt.

ausgewählte Besonderheiten		
	HGB	**IFRS**
Ansatz	Aktiva eher „statisch" interpretiert	Aktiva eher „dynamisch" (zukunftsorientiert) definiert
Bewertung	Anschaffungs- und Herstellungskosten als Obergrenze der Aktiva	verstärkte marktnahe und zukunftsorientierte Bewertung
	Imparitätsprinzip	milde Auslegung des Realisationsprinzips
Ausweis/ Angaben	detaillierte gesetzliche Gliederungsschemata	umfangreichere Anhangsangaben
		gewöhnlich Umsatzkostenverfahren

Abbildung 10: Wesentliche Ansatz-, Bewertungs- und Ausweisunterschiede zwischen HGB und IFRS

2.2.4   Auswirkungen auf die Bilanzanalyse

Bilanzanalysen erfolgen bei deutschen Unternehmen mittlerweile nicht mehr allein auf der Grundlage nationaler Abschlüsse, sondern auch auf Basis internationaler Abschlüsse. Darüber hinaus stehen die IFRS meist im Mittelpunkt der bilanzanalytischen Betrachtung, wenn Jahresabschlüsse ausländischer Unternehmen zu analysieren sind oder für Vergleichszwecke herangezogen werden. „Die Internationalisierung der Rechnungslegung ist eine Revolution [...], deren Konsequenzen in ihrer Tragweite den meisten Rechnungslegenden und Rechnungslegungsadressaten [noch] unbekannt sind."[88] Vor diesem Hintergrund stellt sich die Frage nach den **Konsequenzen dieser „Internationalisierung" für die Bilanzanalyse**, wobei hinsichtlich der dargestellten zielorientierten Methodik der Bilanzanalyse folgende Aspekte zu betrachten sind:

• Welche Auswirkungen ergeben sich auf die Zielformulierung und die Zieldefinition?
• Welche Auswirkungen ergeben sich im Hinblick auf die Informationsbeschaffung und die Informationsaufbereitung?
• Welche Auswirkungen ergeben sich bezüglich der Methoden der Bilanzanalyse?
• Welche Auswirkungen ergeben sich hinsichtlich Ergebnisvergleich, -interpretation und -darstellung?

Auf den ersten Blick resultieren aus der „Internationalisierung" keine Auswirkungen für **Zielformulierung und -definition**, denn die originären Ziele der Analyse werden grundsätzlich nicht durch die Informationsbasis determiniert. Doch genauso, wie eventuell die Reduktion der Ziele einer Bilanzanalyse aufgrund von Mängeln in HGB-Abschlüssen erforderlich war, kann im Hinblick auf IFRS-Abschlüsse über eine Rückgängigmachung dieser Reduktion nachgedacht werden.[89] Zudem ist bei der Zieldefinition zu beachten, dass gegebenenfalls die (überbetrieblichen) Vergleichsmaßstäbe anzupassen sind.

Durch die „Internationalisierung" sind die Anforderungen an die Analysten weiter gestiegen, denn die **Informationsaufbereitung** sowie die daran anknüpfende **Interpretation der Analyseergebnisse** setzen (neben der meist vorhandenen Kenntnis handelsrechtlicher Normen und bilanzpolitischer Möglichkeiten nach HGB) die Kenntnis der IFRS und der in diesem Zusammenhang bestehenden bilanzpolitischen Möglichkeiten voraus. Da die IFRS weitaus dynamischer und komplexer als die HGB-Regelungen sind, ist zudem eine permanente Beobachtung der aktuellen Neuregelungen erforderlich.

---

[88]   *KÜTING/WIRTH* (2005), S. 18.
[89]   Zu weiterhin bestehenden Lücken zwischen Informationsanspruch und -befriedigung vgl. u. a. *KAHLE* (2002). Siehe auch *KÜTING* (2000), S. 598–600.

Im Hinblick auf **Ansatz und Bewertung** ist zu berücksichtigen, dass mehr zukunftsorientierte Informationen in die IFRS-Abschlüsse integriert werden. Nicht nur die Analysten sollten beachten, dass die hieraus vermeintlich resultierende erhöhte Entscheidungsrelevanz der Informationen mit dem Preis einer verminderten Verlässlichkeit
erkauft wird.[90] Mit der Zukunftsorientierung kehren schließlich verstärkt Subjektivität,
Ermessensausübung sowie Prognosen in die Bilanzierung ein. Während die HGB-
Vorschriften – von einigen Detailregelungen wie z. B. dem Wahlrecht bezüglich des
Ansatzes selbst erstellter Vermögensgegenstände des Anlagevermögens abgesehen –
weiterhin überwiegend durch Objektivierungserfordernisse geprägt sind, wird sich bei der
IFRS-Bilanzierung von der pagatorisch orientierten Rechnungslegung entfernt.[91]

In der Literatur wird in diesem Zusammenhang die Verantwortung i. d. R. auf den **Abschlussprüfer** verlagert,[92] ohne jedoch konkrete Lösungsvorschläge dahingehend zu
präsentieren, wie der Abschlussprüfer den mit der Zukunftsorientierung gewachsenen
Ansprüchen im Rahmen seiner Tätigkeit gerecht werden soll.[93] In Anbetracht der Unsicherheit zukünftiger Ereignisse kann der Abschlussprüfer die Richtigkeit solcher Angaben nicht bestätigen. Ihm obliegt es vielmehr, die Plausibilität des Vorgehens bei der
Ermittlung zukunftsorientierter Werte zu beurteilen und gegebenenfalls die bestehende
Unsicherheit im Testat zu kommunizieren.[94] Selbst die Hoffnung auf eine durch den
Prüfer mögliche Beurteilung, „ob der vom Unternehmen behauptete Wert sich im Rahmen des Ermessensspielraumes bewegt, den die Rechnungslegungsnormen zwangsläufig
eröffnen"[95], ist – im Hinblick auf die Problematik der Beurteilung der Eingangsgrößen
i. S. v. unsicheren Daten – oftmals überzogen.

Trotz eines Testates durch den Abschlussprüfer sind die publizierten Jahresabschlüsse
i. S. d. Grundsatzes der vorsichtigen Interpretation einer eingehenden Analyse hinsichtlich der Verlässlichkeit der Datenbasis zu unterziehen. Entsprechend hat die Analyse
der Bilanzpolitik vor dem Hintergrund der bestehenden Möglichkeiten zu erfolgen,
denn obwohl die sog. expliziten (gesetzlichen) Wahlrechte in den IFRS geringer als im
HGB sind, ergeben sich nach IFRS nicht nur aufgrund der Zukunftsorientierung **neue
Dimensionen der Bilanzpolitik.**

---

[90] Zur „Balance zwischen Zuverlässigkeit und Entscheidungsrelevanz", die auch bei der Rechnungslegung nach HGB ein Grundproblem darstellt, siehe *LACHNIT* (2004), S. 2.

[91] Vgl. hierzu auch *KÜTING/WIRTH* (2005), S. 18. Zur IFRS-Orientierung bei der Analyse siehe z. B.
KIRSCH (2012).

[92] So etwa *KÜTING/WIRTH* (2005), S. 18. Vgl. auch *NÖCKER* (2004).

[93] Siehe kritisch z. B. *HITZ/KUHNER* (2002), S. 285.

[94] Siehe *RUHNKE/SCHMIDT* (2005), S. 595, *BRÖSEL/ZWIRNER* (2009).

[95] *RUHNKE/SCHMIDT* (2005), S. 581.

Im Hinblick auf die **Analyse der Bilanzpolitik**, die innerhalb des Analyseschrittes „**Informationsaufbereitung**" erfolgen sollte, verschiebt sich durch die „Internationalisierung" – wie nachfolgend noch dargestellt wird – der Fokus des Analysten. Schließlich sind die dominierenden Instrumente der Bilanzpolitik nach IFRS nicht die expliziten Wahlrechte, sondern vielmehr Sachverhaltsgestaltungen sowie die sog. impliziten (faktischen, oftmals verdeckten[96]) Wahlrechte, die sich aus Ermessens-, Schätzungs- und Prognosespielräumen ergeben,[97] die weitaus schwieriger oder überhaupt nicht zu identifizieren sind.[98]

Eine gelegentlich angestrebte sachgerechte **Überleitung der Informationen** aus einem internationalen Abschluss in einen HGB-Abschluss (oder auch umgekehrt) nur auf Basis der unternehmensexternen Informationen ist **praktisch unmöglich**,[99] weil die Unterschiede einerseits auf zahlreiche Einzelaspekte zurückzuführen sind und andererseits deren Ursachen nicht nur im Berichtszeitraum liegen. „Die deutlichen Unterschiede der Rechnungslegungskonzeption und die in der Praxis nur begrenzt zu erlangenden Korrekturinformationen führen [..] dazu, dass [...] lediglich eine grobe Annäherung zu erreichen ist"[100], welche aber aus Wirtschaftlichkeitsgründen im Rahmen der Bilanzanalyse nicht angestrebt werden sollte.

Auch die erweiterten **Ausweis**vorschriften in den IFRS wirken sich auf die Informationsbeschaffung und -aufbereitung aus. Zum einen können die umfangreicheren Informationspflichten nach IFRS das **Datenfundament der Bilanzanalyse verbessern**. Zum anderen besteht für die Analysten jedoch die Gefahr der Überflutung mit mehr oder weniger relevanten sowie mehr oder weniger verlässlichen Informationen. Darüber hinaus ergeben sich aufgrund der in den IFRS fehlenden detaillierten Gliederungsvorschriften für Bilanz und Gesamtergebnisrechnung Probleme der Vergleichbarkeit. Die bilanzierenden Unternehmen versuchen hinsichtlich der Gliederung ihrer internationalen Abschlüsse zumeist, ihre regelmäßig auf Basis der nationalen Vorschriften zustande gekommenen Einzelabschlussgliederungen an die Mindestvorschriften der IFRS anzupassen. Hieraus resultiert eine **Beeinträchtigung der Vergleichbarkeit** vor allem von Unternehmen aus verschiedenen Ländern, auch wenn diese jeweils nach IFRS sowie in derselben Währung bilanzieren. Diese Vergleichbarkeit muss durch erhöhte Anforderungen an die zielorientierte Aufbereitung der Daten im Sinne einer analysezielorientierten und somit betriebswirtschaftlichen Ausrichtung angestrebt werden.

---

[96]   Vgl. *KIRSCH* (2003b).

[97]   Zur Abgrenzung von Schätzung und Prognose vgl. *MANDL/JUNG* (2002), Sp. 1698 f.

[98]   Vgl. z. B. *KIRSCH* (2002b), *KÜTING/REUTER* (2005). Hieraus resultieren bei IFRS-Abschlüssen eine erschwerte Analyse der Bilanzpolitik und eine entsprechend schwierigere Bilanzanalyse. Siehe *KÜTING* (2006b), *KÜTING* (2011b).

[99]   Siehe hierzu z. B. *KÜTING/HARTH/LEINEN* (2001), S. 689 f. Vgl. auch *LACHNIT ET AL.* (1998).

[100] *LACHNIT* (2004), S. 14.

> Durch die „Internationalisierung" der Rechnungslegung ergeben sich bezüglich der Informationsbeschaffung und der Informationsaufbereitung hauptsächlich Auswirkungen auf die Verlässlichkeit der Datenbasis, die Analyse der Bilanzpolitik und die betriebswirtschaftlich orientierte Datenaufbereitung. Eine **Überleitung der Jahresabschlüsse** von HGB auf IFRS *et vice versa* ist im Rahmen der externen Analyse **unmöglich**. Solche Überleitungen sollten aus Wirtschaftlichkeitsgründen gar **nicht** erst **angestrebt** werden.[101]

Für die **Methoden der Bilanzanalyse** resultieren aus der „Internationalisierung" keine wesentlichen Änderungen. Das Instrumentarium kann beibehalten werden. Mehr oder weniger fundierte „moderne" angelsächsische Analysemethoden haben bereits in den vergangenen Jahrzehnten Einzug in die deutsche Theorie und Praxis der Bilanzanalyse gehalten. „In sofern besteht keine Notwendigkeit, dass sich Analysten mit einem neuen Instrumentarium vertraut machen müssen, was kleinere Modifikationen und laufende Verbesserungen natürlich nicht ausschließt."[102] Die Forderung zur Weiterentwicklung von Analysemethoden bestand – zumindest aus theoretischer Sicht – jedoch bereits vor dem „Streben nach der Internationalisierung" der Rechnungslegung.

> Auch bei IFRS-Jahresabschlüssen kann (und muss) zur Bilanzanalyse auf **bewährte Analysemethoden** zurückgegriffen werden.

Letztlich muss analysiert werden, welche Auswirkungen die „Internationalisierung" hinsichtlich **Ergebnisvergleich, -interpretation und -darstellung** der Bilanzanalyse hervorruft. Wie bereits erläutert, wird eine externe Überführung von Jahresabschlüssen unterschiedlicher Normen nicht von Erfolg gekrönt sein. Aufgrund der diametralen Rechnungslegungsphilosophien, die den HGB-Abschlüssen einerseits und den IFRS-Abschlüssen andererseits zugrunde liegen, sowie der daraus resultierenden zeitlichen Verschiebungen hinsichtlich der Berücksichtigung von Erfolgs- und Bestandsgrößen, können die Ergebnisse der Analyse internationaler und nationaler Abschlüsse **nicht miteinander verglichen werden**.[103]

---

[101] Anderer Ansicht sind *BAETGE/BEERMANN* (2000), S. 2094, *BORN* (2008), S. 243. Diese sehen es für die Bilanzanalyse jeweils als ausreichend an, die wichtigsten Unterschiede zu beseitigen.

[102] *TANSKI* (2006), S. 169. Siehe auch *RAMMERT* (2010), S. 2273 f. (Rz. 59).

[103] So auch *TANSKI* (2006), S. 170.

Das **Auseinanderdriften der Ergebnisse der Analyse** nationaler und internationaler Abschlüsse desselben Unternehmens könnte sich in der Zukunft **weiter verschärfen**.[104] Schließlich haben viele Unternehmen die internationale Rechnungslegung bisher als „notwendiges Übel" betrachtet und die Wahlrechte von HGB, US-GAAP und IFRS so ausgeübt, dass der Umfang der Überleitungsrechnungen reduziert wurde.[105] Darüber hinaus setzen sich die internationalen Standards in den Unternehmen nur zögerlich durch. So wird z. B. auf das Neubewertungsmodell, das etwa beim Sachanlagevermögen zulässig ist, selten zurückgegriffen.[106]

> Der mit der Internationalisierung zu verzeichnende Paradigmenwechsel erfordert vor allem ein **Umdenken bei Ergebnisvergleich, -interpretation und -darstellung**.[107]

Im Rahmen des **Ergebnisvergleiches** kommen bei der Analyse von IFRS-Abschlüssen keine Vergleichszahlen in Frage, die auf handelsrechtlichen Abschlüssen des berichtenden Unternehmens oder anderer Unternehmen beruhen. Bei der **Ergebnisinterpretation** ist zwingend zu berücksichtigen, dass die IFRS kein Vorsichtsprinzip im handelsrechtlichen Sinne kennen, sondern vielmehr den Grundsatz verfolgen, entscheidungsrelevante Informationen zu vermitteln. Um als solche zu gelten, müssen diese glaubwürdig dargestellt sein, was gemäß F.QC12 wiederum voraussetzt, dass diese „neutral", also „frei von verzerrenden Einflüssen" (F.QC14), sind. Dies ist nicht mit dem handelsrechtlichen Imparitätsprinzip vereinbar. Auch ein bewusst niedriger Ansatz des Vermögens und ein bewusst hoher Ansatz der Schulden, wie nach HGB möglich, ist nach IFRS nicht angestrebt. Im Rahmen der **Ergebnisdarstellung** ist deshalb unbedingt darauf zu verweisen, ob es sich um Analyseergebnisse auf Basis von gläubigerschutz- oder von investorenschutzorientierten Jahresabschlüssen handelt.

---

104 Siehe hierzu *TANSKI* (2006), S. 171.

105 Siehe *RAMMERT* (2010), S. 2267 f. (Rz. 44 f.).

106 Dies kann jedoch auch daran liegen, dass den damit verbundenen erfolgsneutralen Zuschreibungen höhere erfolgswirksame planmäßige Abschreibungen gegenüberstehen.

107 Vgl. hierzu auch *KÜTING/WIRTH* (2005), S. 18, sowie – berechtigt kritisch – *EULER* (2002).

3 Informationsaufbereitung

3.1 Überblick

Wie bereits ausgeführt, basieren die im Jahresabschluss abgebildeten Informationen auf Rechnungslegungsnormen, die einerseits einen politisch ausgehandelten Kompromiss zwischen unterschiedlichen Interessengruppen darstellen[108] und andererseits meist mehrere Ziele erfüllen sollen. Entsprechend sind vor der eigentlichen Bilanzanalyse – i. S. d. Grundsatzes der betriebswirtschaftlichen Orientierung – eine Reihe von **zielorientierten Aufbereitungsmaßnahmen** vorzunehmen. Eine allgemeine Darstellung möglicher Aufbereitungsvorgänge ist – ohne den Methodenbezug zu wahren – jedoch wenig sinnvoll. Deshalb werden an dieser Stelle nur die Grundlagen der Aufbereitung vermittelt und an einem Beispiel demonstriert. Auf gegebenenfalls darüber hinaus zu berücksichtigende methodenspezifische Besonderheiten hinsichtlich der Informationsaufbereitung wird schließlich im Rahmen der Darstellung der entsprechenden Analysemethode eingegangen.

Ziel der Aufbereitungsmaßnahmen ist die **Aufbereitung der Datenbasis unter Beachtung betriebswirtschaftlicher Aspekte.** Diese Aufbereitungsmaßnahmen sind erforderlich, um die Jahresabschlüsse von Unternehmen, die auf einheitlichen Rechnungslegungsnormen basieren, vergleichen und vor allem analysieren zu können.

Die im Rahmen der Aufbereitungsmaßnahmen erforderlichen Korrekturen können in **Ansatz-, Bewertungs- und Ausweiskorrekturen** unterschieden werden.

Ansatzkorrekturen betreffen die „Bilanzierung dem Grunde nach". Hierzu gehören entweder Sachverhalte, die zwar im zu analysierenden Jahresabschluss angesetzt wurden, unter betriebswirtschaftlichen Aspekten jedoch keine Berücksichtigung finden sollten, oder Sachverhalte, die im zu analysierenden Jahresabschluss hingegen nicht angesetzt wurden, unter betriebswirtschaftlichen Aspekten allerdings zu berücksichtigen sind. Letzteres wird sich im Rahmen der Aufbereitung als wesentlich schwieriger bis nahezu unmöglich gestalten. Ansatzkorrekturen sind z. B. im Zusammenhang mit dem derivativen Geschäfts- oder Firmenwert und den aktiven latenten Steuern erforderlich.

Bewertungskorrekturen zielen auf die „Bilanzierung der Höhe nach" und entsprechend auf die Vereinheitlichung oder zumindest auf die Anpassung von Bewertungsmaßstäben. Hierbei geht es vor allem um eine weitgehende Aufdeckung stiller Reserven und stiller Lasten im Jahresabschluss. Die Bezeichnung **„still"** verdeutlicht bereits die Schwierigkeiten, die bei der Durchführung von Bewertungskorrekturen bestehen, denn der Analyst hat nur eine stark begrenzte Informationsbasis.

---

[108] Vgl. zum sog. **Lobbying** im Rahmen der Rechnungslegungsstandardsetzung z. B. *KÖNIGSGRUBER* (2009), S. 849 f.

Ausweiskorrekturen beziehen sich auf die „Bilanzierung der Stelle nach" und haben die methodengerechte Umgliederung, Zusammenfassung (Saldierung) oder Aufspaltung von Jahresabschlusspositionen zum Ziel. Ausweiskorrekturen betreffen z. B. Rechnungsabgrenzungsposten und für die Ausschüttung vorgesehene Bilanzgewinne sowie die Umgliederung von Bilanzpositionen in Abhängigkeit von ihrer Fristigkeit.

Basis der bewertungsspezifischen Aufbereitungsmaßnahmen ist die **Analyse der Bilanzpolitik**, welche im Abschnitt 3.2 des II. Kapitels betrachtet wird. Das wichtigste Ergebnis der gesamten Aufbereitungsmaßnahmen ist die sog. **Strukturbilanz**, mit deren Erstellung sich der Abschnitt 3.3 des II. Kapitels befasst. Die Strukturbilanz ist eine unter betriebswirtschaftlichen Aspekten aus dem normierten Jahresabschluss hergeleitete Gegenüberstellung des „betriebswirtschaftlichen Vermögens" einerseits sowie des „betriebswirtschaftlichen Eigen- und Fremdkapitals" andererseits. Schließlich ist es möglich, **betriebswirtschaftliche Basisgrößen** (z. B. das „betriebswirtschaftliche Eigenkapital" und das „betriebswirtschaftliche Anlagevermögen") aus der Strukturbilanz zu entnehmen oder auf Basis der Strukturbilanz zu bilden. Betriebswirtschaftliche Basisgrößen dienen wiederum als Eingangsgrößen zur Berechnung von Kennzahlen und – darauf aufbauend – zur Bildung von Kennzahlensystemen bzw. zum weitergehenden Einsatz im Rahmen der Bilanzanalyse.

Wie noch zu zeigen sein wird, kann die Erstellung einer Strukturbilanz zu einer im Hinblick auf **betriebswirtschaftliche Aspekte angepassten Erfolgsrechnung** (betriebswirtschaftlich orientierte Gewinn- und Verlustrechnung) führen. Zur Berechnung von Kennzahlen sollte schließlich nicht nur hinsichtlich der Bestandgrößen auf korrigierte Daten (hier aus der Strukturbilanz) zurückgegriffen werden, auch im Hinblick auf die zur Berechnung diverser Kennzahlen erforderlichen Stromgrößen sollten entsprechend korrigierte Daten einer betriebswirtschaftlich orientierten Gewinn- und Verlustrechnung Verwendung finden.

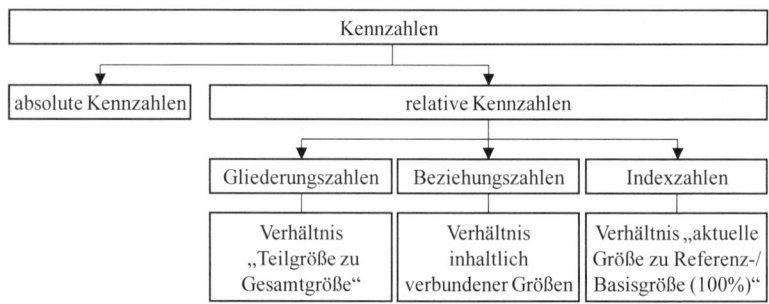

Abbildung 11:   *Kennzahlenarten*

> Vor allem mit dem Ziel, die Transparenz der Bilanzanalyse zu erhöhen sowie Informationen möglichst prägnant zu vermitteln, werden komplexe betriebswirtschaftliche Sachverhalte, Prozesse oder Strukturen mit Hilfe von **betriebswirtschaftlichen Kennzahlen**[109] in verdichteter Form abgebildet.

Voraussetzung für die Kennzahlenbildung ist, dass die zugrunde liegenden Aspekte quantifizierbar sind. Wie Abbildung 11 zeigt, kann in absolute und relative Kennzahlen unterschieden werden:

* **Absolute Kennzahlen** sind Wert- oder Mengengrößen, die als Einzelzahlen, Differenzen, Summen oder Mittelwerte gebildet werden. Diese vermitteln lediglich nicht relativierte Informationen. Im Rahmen der Bilanzanalyse sind z. B. der Jahresüberschuss bzw. der Jahresfehlbetrag, die Bilanzsumme, der Kassenbestand bzw. der Bestand an liquiden Mitteln, der durchschnittliche Lagerbestand sowie die Umsatzerlöse absolute Kennzahlen. Ohne eine Vergleichs- oder eine Bezugsgröße ist die Aussagekraft solcher Kennzahlen jedoch gering.

* Vor diesem Hintergrund werden – nicht nur im Rahmen der Bilanzanalyse – **relative Kennzahlen** gebildet, die auch als Verhältniszahlen bezeichnet werden. Relative Kennzahlen verdeutlichen als Quotient aus i. d. R. zwei absoluten Kennzahlen (z. B. aus zwei Positionen des Jahresabschlusses) eine Relation zwischen einer Zähler- und einer Nennergröße. Durch diese Relativierung soll die Aussagekraft erhöht werden. Dabei werden mit den Gliederungs(kenn)zahlen, den Beziehungs(kenn)zahlen und den Indexzahlen drei Arten von relativen Kennzahlen unterschieden:

  * Wenn eine Teilgröße ins Verhältnis zu einer dazugehörigen Gesamtgröße gesetzt wird, ergeben sich **Gliederungszahlen**. Wird z. B. das Anlagevermögen in Relation zur Bilanzsumme gesetzt, resultiert hieraus die Anlagenintensität. Entsprechend kann etwa das Eigenkapital ins Verhältnis zur Bilanzsumme gesetzt werden, wodurch sich die Eigenkapitalquote des Unternehmens ermitteln lässt.

  * Werden zwei verschiedenartige, jedoch inhaltlich verbundene Größen zueinander ins Verhältnis gesetzt, handelt es sich im Ergebnis um **Beziehungszahlen**. Beispiele solcher Zusammenhänge sind der Quotient aus Eigenkapital und Anlagevermögen (sog. Deckungsgrad A) sowie die Eigenkapitalrentabilität, die dem Verhältnis von Jahreserfolg und Eigenkapital entspricht.

  * **Indexzahlen** sollen über die zeitliche Entwicklung einer Zeitpunkt- oder einer Zeitraumgröße informieren. Sie ergeben sich, wenn die Ausprägung einer zu betrachtenden absoluten Kennzahl (z. B. zum heutigen Zeitpunkt) der Ausprägung der entsprechenden Kennzahl zu einem anderen (früheren) Zeitpunkt gegenübergestellt wird. Gewöhnlich wird hierzu eine historische, repräsentative Basisgröße (Referenzgröße) der in Rede stehenden absoluten Kennzahl als 100 % interpre-

---

[109] Vgl. zu nachfolgenden Ausführungen m. w. N. *BAETGE/KIRSCH/THIELE* (2004), S. 35 f. und S. 147–152. Siehe auch *WÖHE* (1997), S. 810–813, sowie ausführlich *LEFFSON* (1984), S. 167–197, *SCHELD* (2009), S. 1–15.

tiert und anschließend zur aktuellen Ausprägung der Kennzahl ins Verhältnis gesetzt. Beispiele für Indexzahlen, die sich vor allem für Zeitvergleiche eignen, sind die relative Veränderung der Umsatzerlöse und die relative Veränderung der Jahreserfolge.

Eine andere Möglichkeit der Unterscheidung von relativen Kennzahlen im Rahmen der traditionellen Bilanzanalyse ist – bezogen auf Kennzahlen, die ausschließlich aus Daten der Bilanz gebildet werden – die Differenzierung in horizontale und vertikale Kennzahlen.[110] Während bei **horizontalen Kennzahlen** Größen beider Bilanzseiten (Aktivseite und Passivseite) ins Verhältnis gesetzt werden (z. B. die Liquidität 1. Grades), resultieren **vertikale Kennzahlen** aus Größen derselben Bilanzseite. Betreffen Letztere die Aktivseite (z. B. Anlagenintensität), werden sie Aktivrelationen genannt, im Hinblick auf die Passivseite handelt es sich um Passivrelationen (z. B. Eigenkapitalquote).

Die in die relativen Kennzahlen eingehenden absoluten Größen müssen sich gemäß dem **Grundsatz der Äquivalenz** möglichst sachlich, zeitlich und wertmäßig entsprechen:

- Die **sachliche Entsprechung** verlangt, dass bei der Bilanzanalyse zwischen den gegenübergestellten Größen ein sinnvoller inhaltlicher Zusammenhang besteht. Somit sollte kein Quotient aus einem Zähler und einem Nenner, die jeweils aus unterschiedlichen Unternehmen resultieren, ermittelt werden. Aber auch innerhalb eines Unternehmens muss diesbezüglich auf den sachlichen Zusammenhang zwischen den in Relation gesetzten absoluten Kennzahlen geachtet werden.

- Gemäß der **zeitlichen Entsprechung** ist zu berücksichtigen, dass sich die Größen in Zähler und Nenner auf die gleichen Zeiträume oder Zeitpunkte beziehen. Wird z. B. eine Stromgröße ins Verhältnis zu einer Bestandsgröße gesetzt, ist die Bestandsgröße grundsätzlich als Mittelwert des Anfangs- und Endbestandes des Zeitraumes, auf den sich die Stromgröße bezieht, zu ermitteln.

- Bezüglich der **wertmäßigen Entsprechung** sollten Zähler und Nenner bei der Bilanzanalyse bestenfalls auf gleichartigen Werteinheiten und -kategorien basieren. Beispielsweise sollten sich die Zähler- und Nennergrößen übereinstimmend auf Anschaffungs- und Herstellungskosten oder aber auf Verkaufspreise beziehen.

Im Hinblick auf Kennzahlen wurde im I. Kapitel bereits ausgeführt, dass nicht versucht werden sollte, lediglich mit einzelnen Kennzahlen die überaus komplexen Sachverhalte der „realen Unternehmenswelt" zu charakterisieren. Vielmehr sollte auf **Kennzahlensysteme** zurückgegriffen werden, welche die zahlreichen Einflussfaktoren, die gewisse Entwicklungen hervorgerufen haben, und deren Beziehungen zueinander explizit berücksichtigen und bestenfalls verdeutlichen.

---

[110]   Vgl. hierzu *BITZ/SCHNEELOCH/WITTSTOCK* (2011), S. 481.

3 Informationsaufbereitung

Kennzahlensysteme[111] erfassen quantifizierbare Sachverhalte unter Berücksichtigung systematischer Verbindungen zwischen mehreren Kennzahlen, wobei diese Verbindungen mathematischer (zahlenlogischer) oder sachlicher (sachlogischer) Art sein können. Grundsätzlich können Kennzahlensysteme in Rechen- und Ordnungssysteme bzw. in analytische und synthetische Kennzahlensysteme unterschieden werden.

Rechensysteme zeichnen sich dadurch aus, dass die Verbindungen der einzelnen Elemente des Kennzahlensystems – also die Verknüpfungen der Kennzahlen untereinander – **zahlenlogisch** (basierend auf mathematischen Beziehungen) sind. Demgegenüber werden als **Ordnungssysteme** jene Kennzahlensysteme bezeichnet, deren Elemente miteinander **sachlogisch** verbunden sind, was sowohl auf statistischen Zusammenhängen als auch – mehr oder weniger willkürlich[112] – auf individueller Branchenkenntnis beruhen kann.

Wie das Wort „Analyse" (Auflösung, Aufspaltung) mit griechisch-mittellateinischer Herkunft verrät, sind **analytische Kennzahlensysteme** jene Systeme, bei denen eine Kennzahl – die sog. Spitzenkennzahl – in Subkennzahlen **zerlegt** wird, um etwa die Gründe für die Veränderung der „Spitzenkennzahl" zu eruieren. Ein prominentes Beispiel ist das sog. **DuPont-System**[113], bei dem die Kennzahl „Return on Investment" (ROI)[114] als „Spitzenkennzahl" im Sinne einer Kennzahlenpyramide oder eines Kennzahlenbaumes in Unterkennzahlen (auf erster Ebene in die Umsatzrentabilität r_U und die Kapitalumschlagshäufigkeit UH_{GK}) aufgespalten wird. Die zugrunde liegende Idee des DuPont-Systems lässt sich als **zahlenlogische** Beziehung darstellen, weshalb diese zugleich ein Rechensystem ist:

(1) $\quad ROI = \dfrac{\text{Gewinn (G)}}{\text{durchschnittliches Gesamtkapital (GK)}} \ (\cdot 100\,\%) = \dfrac{G}{\emptyset\,GK}\ (\cdot 100\,\%),$

wobei dieser Term nun – ohne Ergebniswirkung – um $\dfrac{\text{Umsatz (U)}}{\text{Umsatz (U)}}$ erweitert wird:

(2) $\quad ROI = \dfrac{G}{\emptyset\,GK} \cdot \dfrac{U}{U} (\cdot 100\,\%) = \dfrac{G}{U} \cdot \dfrac{U}{\emptyset\,GK} (\cdot 100\,\%)$

(3) $\quad ROI = \text{Umsatzrentabilität } (r_U) \ \cdot \ \text{Kapitalumschlagshäufigkeit } (UH_{GK})$

---

111 Siehe nachfolgend *LACHNIT* (2004), S. 42–47.

112 Deshalb wird hier gelegentlich auch von **verfahrensfreien Verknüpfungen** gesprochen.

113 Siehe z. B. *SCHELD* (2009), S. 176–187.

114 Im Unterschied zur Gesamtkapitalrentabilität lässt die Kennzahl „Return on Investment" die Fremdkapitalzinsen im Zähler unberücksichtigt.

Wie hingegen das Wort „Synthese" (mit griechisch-lateinischer Herkunft für Zusammenführung bzw. Verknüpfung stehend) verspricht, werden bei einem **synthetischen Kennzahlensystem** verschiedene Kennzahlen zu einer Zielkennzahl **zusammengefasst**. Die Auswahl der Unterkennzahlen und deren Zusammenführung sowie die dabei erforderliche Gewichtung erfolgen primär auf sachlogischer und ergänzend auf empirischer Basis. Beispielhafte Methoden zur Erstellung synthetischer Kennzahlensysteme sind das Rating, wobei einer Institution (z. B. einem Unternehmen oder einem Staat) durch Ratingagenturen oder durch Kreditinstitute eine Zielkennzahl (z. B. die Prädikate „AAA", „AA", „A", „BBB" usw.) zugeordnet wird, und das „Scoringverfahren", bei dem eine Gesamtpunktzahl berechnet wird. Die Zielkennzahlen werden dabei insofern ermittelt, als untergeordnete Kennzahlen z. B. auf Basis der Branchenkenntnis der Mitarbeiter des Kreditinstituts oder auf Basis statistischer Zusammenhänge verknüpft werden. Da zwischen den Kennzahlen keine Rechenoperationen erfolgen, sondern die Zielkennzahl auf heuristischem Wege ermittelt wird, handelt es sich bei diesen Beispielen nicht um Rechen-, sondern um Ordnungssysteme.

3.2   Informationsaufbereitung hinsichtlich der Bilanzpolitik

3.2.1   Grundlagen der Bilanzpolitik

3.2.1.1   Definition und Grenzen der Bilanzpolitik

Auf der einen Seite versuchen die Analysten, die Angaben der publizierten Informationsquellen gezielt aufzubereiten, sachlich auszuwerten und beurteilend zu kommentieren, um zweckgerichtete Informationen über das Analyseobjekt zu erhalten.[115] Auf der anderen Seite ist der oder sind die Ersteller dieser Informationsquellen gewöhnlich bemüht, diese Informationen so zu gestalten, dass den Adressaten eine bestimmte, also gewünschte Vorstellung vom Unternehmen vermittelt wird. Vor dem Hintergrund dieser **Wechselbeziehung**[116] müssen die Analysten wiederum bestrebt sein, weitgehend zu erfahren, in welcher Weise das „Bild" des Unternehmens durch diese zielorientierten Gestaltungsmaßnahmen, die als **bilanzpolitische Maßnahmen** bezeichnet werden, tendenziell beeinflusst wurde. Entsprechend sind zur Interpretation der publizierten Informationsquellen einerseits die Kenntnisse über das mit den jeweiligen Bilanzierungsvorschriften einhergehende bilanzpolitische Instrumentarium sowie andererseits eingehende Analysen der Bilanzpolitik bei dem zu analysierenden Unternehmen Grundvoraussetzungen einer qualifizierten Bilanzanalyse.

---

[115] Nachfolgende Ausführungen zur Bilanzpolitik erfolgen teilweise in Anlehnung an *SCHULTZ* (2004). Siehe zudem ausführlich *SIEBEN/MATSCHKE/KÖNIG* (1981), *SIEBEN/BARION/MALTRY* (1993), *WÖHE* (1997), S. 671–797, *FREIDANK/VELTE* (2013), S. 847–934, und *LITTKEMANN/HOLTRUP/REINBACHER* (2014), S. 223–252.

[116] In diesem Zusammenhang wird auch vom **„Spannungsverhältnis"** zwischen der Bilanzpolitik und der Bilanzanalyse gesprochen. Siehe z. B. *PETERSEN/ZWIRNER/KÜNKELE* (2010), S. 8 f.

> **Bilanzpolitik** ist die (vorschriftenkonforme) Gestaltung des Jahresabschlusses, des Lageberichts und anderer jahresabschlussspezifischer Unternehmensinformationen mit dem Ziel der Verhaltensbeeinflussung der Jahresabschlussadressaten und/oder der Steuerung der Zahlungskonsequenzen.

Bilanzpolitik – auch Jahresabschlusspolitik oder Rechnungslegungspolitik genannt[117] – ist die zielorientierte Gestaltung des Jahresabschlusses und (gegebenenfalls) des Lageberichts sowie anderer rechnungslegungsspezifischer Informationen (wie z. B. von Ad-hoc-Meldungen)[118] durch geeignete Maßnahmen und Instrumente. Grenzen dieser bewussten Gestaltung sind vor allem die jeweils zu beachtenden Rechnungslegungsnormen, weil sonst der Fall einer sog. Bilanzfälschung, -verschleierung oder -frisur vorliegt.[119] Diese Grenzen werden in der Praxis jedoch sehr weit interpretiert – die „Grauzonen" werden also oftmals ausgenutzt.[120]

Als **Träger der Bilanzpolitik**[121] werden jene Personen(-gruppen) bezeichnet, die auf die jahresabschlussspezifischen Informationen vor deren Publikation Einfluss nehmen können. Insofern gehört hierzu nicht nur die Unternehmensleitung, bei deren Gestaltungsmaßnahmen von **externer Bilanzpolitik** gesprochen werden kann. Auch die ihr zuarbeitenden Personen, welche im Sinne einer **internen Bilanzpolitik** aufgrund von Eigeninteressen tätig werden können, sind den Trägern der Bilanzpolitik zu subsumieren.

Beispiel: So kann z. B. der Leiter eines Teilbereiches des Unternehmens oder des Teilbereiches eines Konzerns Interesse daran haben, „geschönte" Zahlen an die Zentrale zu übermitteln.

---

117 Eine weniger euphemistische Bezeichnung der Bilanzpolitik ist **„Bilanzmanipulation"**.

118 *KÜTING* (2008), S. 750 f., unterscheidet bezüglich der beeinflussbaren Aspekte in **primäre** (z. B. Jahresabschlüsse, Lageberichte, Zwischenberichte) **und sekundäre Objekte** (z. B. Aktionärsbriefe und Pressemitteilungen).

119 Vgl. *SCHULT* (1991), S. 213. Siehe ausführlich bereits *MARKER* (1970).

120 Vgl. *BAETGE/BALLWIESER* (1978), S. 512. Die Bilanzpolitik der Unternehmensführung wird in diesem Zusammenhang auch durch die **ethisch-moralische Einstellung** der agierenden Personen flankiert und somit begrenzt: „Aus dem ethisch/moralischen sowie normativen Verständnis dieser Personen […] resultiert auch faktisch die Grenzziehung zwischen ‚legaler' und ‚konstruktiver' Bilanzpolitik sowie ‚illegaler' und ‚destruktiver' Bilanzfälschung", so *COENENBERG/HALLER/SCHULTZE* (2012), S. 1009. Zur damit verbundenen Bedeutung der Jahresabschlussprüfung sowie den Beziehungen zwischen Bilanzpolitik und Jahresabschlussprüfung siehe *SELCHERT* (1978).

121 Vgl. hierzu *KÜTING* (2008), S. 750 f. Siehe zur internen Bilanzpolitik vor allem *SIEBEN/KÖNIG* (1971), S. 53–55.

Bilanzpolitisches Gestaltungspotential[122] hat verschiedene Ursachen. Wenn es sich z. B. bei den Rechnungslegungsvorschriften um Generalklauseln handelt, besteht i. d. R. Interpretationsbedarf hinsichtlich einzelner unbestimmter Rechtsbegriffe oder bei der Anwendung aufgrund der Formulierung der Regelungen.[123] Handelt es sich hingegen um fallspezifische Regelungen, kann es vorkommen, dass nicht alle möglichen Sachverhalte geregelt sind, also Regelungslücken[124] bestehen. Darüber hinaus können, beispielsweise aufgrund unvollkommener Informationen über die (ungewisse) Zukunft, Prognosespielräume bestehen. Neben diesen Beispielen, die weitgehend den sog. **impliziten Wahlrechten** zuzurechnen sind, lassen sich in den Regelungen **explizite Wahlrechte** bezüglich Ansatz, Bewertung und Ausweis finden. Hierbei handelt es sich um Normen, welche im Gesetzestext oder Standard ausdrücklich verschiedene (mindestens zwei) Vorgehensweisen (Rechtsfolgen) für denselben Sachverhalt (Tatbestand) vorschreiben.[125]

Je nachdem, welche Adressaten in ihrem Verhalten bzw. welche Zahlungskonsequenzen beeinflusst werden sollen, sind verschiedene Abschlüsse des Unternehmens unterschiedlich zu gestalten. Diesbezüglich kann in die nationale (Handels-)Bilanzpolitik, die Steuerbilanzpolitik und die internationale Bilanzpolitik differenziert werden. Dabei müssen jeweils unterschiedliche Gestaltungsgrenzen beachtet werden.

Die **Grenzen der nationalen Handelsbilanzpolitik** (auch als **Ausschüttungspolitik** bezeichnet), also bezogen auf die Beeinflussung der Jahresabschlüsse nach HGB, ergeben sich vor allem aus den Regelungen des HGB sowie den handelsrechtlichen GoB. In diesem Zusammenhang ist auch zu beachten, dass sich – durch die Verknüpfung zwischen dem Jahresabschluss nach HGB und dem steuerrechtlichen Jahresabschluss aufgrund des Maßgeblichkeitsprinzips[126] – Maßnahmen der Handelsbilanzpolitik auf die Steuerbilanz auswirken können. Somit bestehen gesetzlich kodifizierte Dependenzen zwischen der Bilanzpolitik nationaler handelsrechtlicher Abschlüsse und der **Steuerbilanzpolitik**[127].

---

[122] Siehe *LACHNIT* (2004), S. 61.

[123] Siehe ausführlich *KÜTING* (2011b).

[124] Zum Vorgehen bei Regelungslücken innerhalb der IFRS siehe *RUHNKE/NERLICH* (2004).

[125] Siehe hierzu *BAUER* (1981b), S. 767, der den Begriff **„Wahlrecht"** (lediglich) im Sinne eines expliziten Wahlrechts nutzt. Implizite Wahlrechte, die auch faktische oder uneigentliche Wahlrechte genannt werden, bezeichnet *BAUER* als **Spielräume**; vgl. *BAUER* (1981b), S. 767 f., m. w. N.

[126] Vgl. ausführlich *KUßMAUL/GRÄBE* (2010), *SCHILDBACH/STOBBE/BRÖSEL* (2013), S. 163–180. Die **Maßgeblichkeit** des Jahresabschlusses nach HGB für den steuerlichen Jahresabschluss ergibt sich aus § 5 Abs. 1 Satz 1 Einkommensteuergesetz (EStG). Um den Fiskus bei der Erfolgsbemessung nicht besser als den Anteilseigner zu stellen, ist demnach in der Steuerbilanz das Betriebsvermögen zu berücksichtigen, welches nach (deutschen) handelsrechtlichen GoB ermittelt wurde. Somit gelten die in der Bilanz nach HGB relevanten GoB-konformen Werte auch für die Steuerbilanz, sofern diese nicht steuerlichen Bestimmungen widersprechen. Zur Auswirkung des Maßgeblichkeitsprinzips auf die Bilanzpolitik aus entscheidungstheoretischer Sicht siehe *KLOOCK* (1989).

[127] Siehe hierzu z. B. *BITZ/SCHNEELOCH/WITTSTOCK* (2011), S. 690–697, *ZWIRNER/KÜNKELE* (2012).

Die internationalen Normen tendieren hingegen eher zu einer Abkopplung der Steuerbilanz, so dass die steuerrechtsbedingten „Verfälschungen" des Bildes der wirtschaftlichen Lage hier unbeachtlich sind.[128] Die **Grenzen der internationalen Bilanzpolitik**, also bezogen auf die Beeinflussung der Abschlüsse nach IFRS, ergeben sich schließlich aus den jeweiligen Normen. Gesetzlich bedingte Interdependenzen zwischen der Bilanzpolitik nationaler handelsrechtlicher Abschlüsse und der Bilanzpolitik internationaler Abschlüsse bestehen nicht. Das heißt beispielsweise, dass die Abbildung eines Sachverhaltes in einem IFRS-Abschluss keinen unmittelbaren Einfluss auf die Abbildung desselben Sachverhaltes in einem HGB-Abschluss hat, *et vice versa*.

Neben den gesetzlichen Normen und gegebenenfalls der Verknüpfung von Handels- und Steuerrecht ist die Bilanzpolitik sowohl nach nationalen als auch nach internationalen Normen durch das **Prinzip der Stetigkeit** (z. B. Ansatz-, Bewertungs- und Ausweisstetigkeit) beschränkt.[129] Demnach müssen vor dem Treffen bilanzpolitischer Entscheidungen, die sich auf das Berichtsjahr beziehen, die Auswirkungen auf zukünftige Jahresabschlüsse betrachtet werden. Bilanzpolitisches Agieren erfährt somit einen (weitgehend) **langfristigen** (strategischen[130]) **Charakter**.

Beispiel: Entscheidet sich der nach HGB Bilanzierende etwa für die Aktivierung selbst geschaffener immaterieller Vermögensgegenstände des Anlagevermögens, ist er dauerhaft an diese Entscheidung gebunden.

Zudem stellt i. S. d. dargestellten Spannungsverhältnisses (bzw. der Wechselbeziehung) zwischen Bilanzpolitik und -analyse die **Erkennbarkeit des Einsatzes** von bilanzpolitischen Instrumenten durch den Adressaten oder Analysten eine bedeutende Einschränkung der Bilanzpolitik dar.[131] Der Adressat sollte – dies ist zumindest das Bestreben des bilanzierenden Unternehmens – die bilanzpolitischen Maßnahmen möglichst nicht entschlüsseln können, weil diese sonst nicht wirksam sind.[132]

Ferner ist auf eine **weitere, wesentliche Grenze der Bilanzpolitik** hinzuweisen: Aufgrund der **„Zweischneidigkeit" des Jahresabschlusses**, also der Wechselbeziehungen zwischen der Bilanz auf der einen Seite sowie der Erfolgsrechnung auf der anderen Seite, ist zu beachten, dass sich, weil sich „die Jahresergebnisse [eines Unternehmens grundsätzlich] auf den Totalerfolg aufsummieren, […] bilanzpolitische Maßnahmen zur Beeinflussung von einzelnen Jahresergebnissen im Zeitablauf betragsmäßig"[133] ausgleichen.

---

128 Vgl. hierzu etwa *HERZIG/BÄR* (2003).

129 Vgl. z. B. *KÜTING* (2008), S. 765 f.

130 Siehe ausführlich zur sog. strategischen Bilanzierung *HAMEL* (1984), der neben dem Zeitaspekt die unterschiedlichen Adressatengruppen und die zahlreichen, durch die Bilanzpolitik beeinflussbaren Objekte in die Betrachtung integriert.

131 Siehe auch *PEEMÖLLER* (2003), S. 203, *DÖRING* (2008), S. 112.

132 Vgl. *BAETGE/BALLWIESER* (1978), S. 511.

133 *RAMMERT* (2010), S. 2273 (Rz. 57).

> Bilanzpolitische Maßnahmen führen oftmals „lediglich"
> zu einer **zeitlichen Verschiebung der Erfolgsgrößen.**

3.2.1.2   Bilanzpolitisches Zielsystem

BAETGE/BALLWIESER definieren vier Kriterien für eine „effektive Bilanzpolitik":[134]

- Es sollten operationale **Zielkriterien** der Unternehmensleitung für die Bilanzpolitik vorliegen.

- Das **bilanzpolitische Instrumentarium** und deren Auswirkungen auf den aktuellen Abschluss und auf die Zukunft müssen bekannt sein (periodenübergreifende Betrachtung).

- Es müssen im Hinblick auf die möglichen Instrumente prognosetaugliche Hypothesen über die **Reaktionen der Abschlussadressaten** vorliegen.

- Die bilanzpolitischen Maßnahmen dürfen sich möglichst **nicht identifizieren** lassen.

Diese Kriterien sind bei weitem nicht so unproblematisch, wie sie auf den ersten Blick erscheinen. Während die letzten drei Punkte in den nachfolgenden Abschnitten genauer thematisiert werden, wird an dieser Stelle auf den ersten Aspekt eingegangen.

Die Bilanzpolitik ist Teil der Informationspolitik eines Unternehmens[135] und somit ein **Teilaspekt der Unternehmenspolitik.**[136] Als Inhalte der Unternehmenspolitik gelten gemeinhin das Setzen von Unternehmenszielen und das Treffen von Entscheidungen, um die vorgegebenen Ziele zu realisieren. Entsprechend lassen sich die Ziele der Bilanzpolitik im Zielsystem eines Unternehmens als Unterziele der unternehmerischen Oberziele, welche sich durch die individuellen Sach- und die Formalziele explizieren, auffassen. Demgemäß sollte die Bilanzpolitik dahingehend eingesetzt werden, dass die relevanten unternehmerischen Oberziele, z. B. das Ziel der Unternehmenssicherung, das Gewinnziel und das Liquiditätsziel, bestmöglich erreicht werden.[137]

> **Bilanzpolitisches Agieren** sollte keinem Selbstzweck genügen, sondern vielmehr als Mittel zur Erreichung übergeordneter Unternehmensziele verstanden werden.[138]

---

[134]   Vgl. *BAETGE/BALLWIESER* (1978), S. 516.

[135]   Hingegen sieht *WAGENHOFER* (1990), S. 307, die Informationspolitik eines Unternehmens als Teil der Bilanzpolitik.

[136]   Siehe hierzu auch *PEEMÖLLER* (2003), S. 171–179.

[137]   In diesem Zusammenhang sei auf eine **Problematik des bilanzpolitischen Zielsystems** hingewiesen, welches sich in der Praxis ergibt: Auf der einen Seite soll die Unternehmensleitung (Agent) die Ziele der Eigenkapitalgeber (Prinzipal) verfolgen. Auf der anderen Seite gehören die Eigenkapitalgeber zu den Abschlussadressaten, die mit den von der Unternehmensleitung manipulierten Abschlüssen beeinflusst werden (sollen).

[138]   Siehe auch *MÜLLER* (2010), Rz. 3.

Bilanzpolitische Ziele[139] sind eng mit der Hauptaufgabe (also dem Hauptzweck) und den Hauptadressaten des jeweiligen Abschlusses verknüpft, denn im Mittelpunkt steht hauptsächlich die **zielorientierte Steuerung der aus dem Jahresabschluss resultierenden (Zahlungs-)Konsequenzen und/oder die zielorientierte Steuerung des Verhaltens der Abschlussadressaten.** Bilanzpolitik konzentriert sich deshalb in Jahresabschlüssen nach HGB vornehmlich auf die Beeinflussung der Ausschüttungen an die Eigner. Schwerpunkt der Steuerbilanzpolitik ist hingegen die Gestaltung der steuerlichen Belastung des Unternehmens. Bei internationalen Abschlüssen steht gewöhnlich die Steuerung des Verhaltens der Investoren (z. B. der Eigenkapitalgeber) im Zentrum der Bilanzpolitik.[140] Sollen mit der Bilanzpolitik andere als die genannten Ziele verfolgt werden, ist durch das bilanzierende Unternehmen vorab zu klären, **welcher Abschluss des Unternehmens** für den Adressaten, der beeinflusst werden soll, relevant ist.

Beispiel: Ist etwa die Ausweitung der Kreditlinien angestrebt, muss festgestellt werden, welche Abschlüsse den potentiellen Fremdkapitalgebern zugänglich sind oder zur Verfügung gestellt werden sollen. Es muss z. B. die Frage beantwortet werden, ob die „Hausbank" die Kreditentscheidungen auf Basis nationaler oder internationaler Abschlüsse des Unternehmens treffen wird.[141]

In der Literatur werden bilanzpolitische Gründe vereinfacht und plakativ dahingehend unterschieden, ob ein tendenziell positives Bild (im Sinne einer ergebniserhöhenden Ausrichtung) oder ein eher negatives Bild (im Sinne einer ergebnisvermindernden Ausrichtung) des Abschlusses vermittelt werden soll. Während die ergebniserhöhende Ausrichtung auch als **progressive Bilanzpolitik** bezeichnet wird, lautet das Synonym für die ergebnisvermindernde Orientierung **konservative Bilanzpolitik**.[142] Nachfolgend werden – dieser Unterscheidung folgend – exemplarisch mögliche Gründe für die beiden Ausrichtungen genannt.

---

[139] Siehe hierzu auch *BIEG* (1993c), *HEINHOLD* (1993), Sp. 526–531, *WASCHBUSCH* (1993), *KUßMAUL/ CLOß* (2010b), *BITZ/SCHNEELOCH/WITTSTOCK* (2011), S. 682–709.

[140] Bilanzpolitische Ziele können zudem dahingehend unterschieden werden, ob diese primär monetärer (quantitativer) oder aber weitgehend nichtmonetärer (qualitativer) Art sind. Während die **monetären Ziele** hauptsächlich auf Zahlungs- und Erfolgskonsequenzen verfolgen, richten sich **nichtmonetäre Ziele** auf Erfolgsfaktoren, wie die Geschäftsbeziehung, die Reputation oder die Moral der Mitarbeiter, welche sich (lediglich) mittelbar auf quantitative Ergebnisse des finanz- und realwirtschaftlichen Unternehmensbereiches auswirken. Siehe etwa *PETERSEN/ZWIRNER/KÜNKELE* (2010), S. 3 f., sowie auch *KÜTING* (2008), S. 753–758, *FEDERMANN* (2010), S. 68, *WÖHE/DÖRING* (2013), S. 841 f.

[141] Siehe zur sog. ratingorientierten Bilanzpolitik beispielsweise *HAAS* (2009).

[142] Siehe *LACHNIT* (2004), S. 104.

Die Ausrichtung der Bilanzpolitik auf eine **tendenziell günstigere Darstellung** der wirtschaftlichen Lage im Jahresabschluss kann u. a. auf folgenden Zielen bzw. angestrebten Verhaltensweisen/Handlungen der Adressaten beruhen:[143]

- (potentielle) Gläubiger sollen dazu bewegt werden, ein Kreditengagement einzugehen, zu prolongieren oder zu erweitern bzw. hierbei günstige(re) Konditionen zu gewähren,

- (potentielle) Anteilseigner sollen dazu angehalten werden, Unternehmensanteile zu erwerben, zu halten oder nachzukaufen,

- (potentielle) Kunden und Lieferanten, aber auch (qualifizierte) Mitarbeiter sollen bestärkt werden, Geschäftsbeziehungen zum Unternehmen einzugehen, aufrechtzuerhalten oder zu intensivieren,

- feindliche Übernahmen sollen abgewehrt werden,

- der erzielbare Kaufpreis soll im Hinblick auf eine anstehende Unternehmensveräußerung erhöht werden,

- auslaufende Verträge mit der Geschäftsleitung sollen verlängert werden und/oder

- die Bemessungsgrundlage bei erfolgsabhängiger Vergütung soll erhöht werden.

Eine **tendenziell ungünstigere Darstellung** der wirtschaftlichen Lage durch die Bilanzpolitik kann im Abschluss z. B. aufgrund folgender Ziele angestrebt werden:

- Gewinnausschüttungen/-entnahmen (HGB-Abschluss) und Steuerzahlungen (Steuerbilanz) sollen mit Rücksicht auf die Liquiditäts- und Kapitalsituation des Unternehmens vermindert bzw. verzögert werden,

- um Publizitätspflichten zu reduzieren, wird angestrebt, das Unternehmen als „nächst kleinere" Gesellschaft einzustufen,

- gegenüber Kunden, Mitarbeitern und Lieferanten soll der Eindruck vermieden werden, dass Gewinne „zu ihren Lasten" erzielt werden,

- die Anspruchhaltung der Vertragspartner (z. B. in Tarif- und bei anderen Preisverhandlungen auf Beschaffungs- oder Absatzmärkten) soll reduziert werden und/oder

- es soll Risikovorsorge betrieben werden (beispielsweise kann durch Bildung stiller Reserven Spielraum für die Bilanzpolitik der Folgejahre geschaffen werden).

Beispiel: Im Hinblick auf die Steuerbilanz kann angestrebt sein, (a) die Steuerzahlung in spätere Perioden zu verschieben (Steuerstundungseffekt im Sinne eines zinslosen Kredites), (b) die Gewinne – bei einem progressiven Steuertarif – in jene Perioden zu verschieben, für die geringere Erfolge prognostiziert werden, und (c) Steuervorteile zu erzielen, sofern zukünftig eine Reduzierung der Steuersätze erwartet wird.[144]

---

[143] Vgl. zu nachfolgenden Beispielen für positive und negative Tendenzen PEEMÖLLER (2003), S. 175, SCHULTZ (2004), S. 530 f., MÜLLER (2010), Rz. 4. Allgemein zu den Zielen der Bilanzpolitik siehe auch BAETGE/BALLWIESER (1977), S. 200–205, m. w. N.

[144] Vgl. KUẞMAUL/CLOẞ (2010b), S. 386.

Es ist zu berücksichtigen, dass sich auch eine tendenziell pessimistische Darstellung „positiv" auf die Gläubiger auswirken kann. Dies gilt insofern, als die Gläubiger entweder in der Lage sind, die stillen Reserven eines Unternehmens zu identifizieren, oder diesen bewusst ist, dass sich durch eine entsprechende Verminderung der Ausschüttungen die Schuldendeckungsfähigkeit des Unternehmens verstärkt. Umgekehrt kann eine eher positive Ausrichtung der Bilanzanalyse beim Adressaten zu „negativen" Wirkungen führen; der freiwillige Ausweis aktiver latenter Steuern in einem HGB-Abschluss könnte beispielsweise als „Krisensignal" verstanden werden.

Ein weiteres Ziel kann eine **Erfolgsglättung**[145] sein. In erfolgreicheren Jahren wird dabei die Lage tendenziell ungünstiger und in weniger erfolgreichen Jahren tendenziell besser dargestellt. Daraus resultiert eine Gewinnverstetigung. Das Bilden stiller Reserven in erfolgreicheren Jahren macht es der Unternehmensleitung möglich, in weniger erfolgreichen Jahren negative Erfolgswirkungen aus Fehlentscheidungen zu kompensieren bzw. zu „vertuschen".

LEFFSON thematisiert in diesem Zusammenhang den Widerspruch zwischen der möglichen bilanzpolitischen Ergebnisbeeinflussung einerseits und der mit der Handelsbilanz verbundenen **Rechenschaftsfunktion** andererseits: „Handelsbilanzpolitik bedeutet, ‚sich der Kontrolle entziehen'."[146] Seines Erachtens verstößt Bilanzpolitik gegen die Zwecke der Rechnungslegung. Dabei ist jedoch zu berücksichtigen, dass keine Rechnungslegungssysteme existieren, die (gar) keine Bilanzpolitik ermöglichen. Aus Sicht des Normengebers besteht entweder die Möglichkeit, die Zahl der expliziten Wahlrechte zu erhöhen, oder das Ziel der Reduzierung solcher Wahlrechte.

> Während mit expliziten Wahlrechten gewöhnlich Anhangangaben verbunden sind, welche die damit verbundene Bilanzpolitik transparenter werden lassen,[147] ergibt sich hingegen beim „Wegfall" bzw. bei der Reduktion expliziter Wahlrechte das Problem, dass die Unternehmen auf bilanzpolitische Instrumente ausweichen, deren Auswirkungen kaum oder sogar nicht mehr erkennbar sind. Hierzu gehören Sachverhaltsgestaltungen und implizite Wahlrechte.

Aus wirtschaftlichen und zeitlichen Gründen kann die **weitgehende Angleichung der Abschlüsse nach HGB und nach IFRS** ein weiteres Ziel der Bilanzpolitik in einem Unternehmen sein.[148] Insbesondere in den ersten Jahren der verpflichtenden Aufstellung internationaler Abschlüsse, nutz(t)en viele Unternehmen bestehende explizite Wahlrechte und anderen Spielräume aus, um sich umfangreiche Überleitungen zu ersparen.

---

[145] Vgl. hierzu MÜLLER (2010), Rz. 13.
[146] LEFFSON (1987), S. 83. Siehe auch BAETGE/BALLWIESER (1978), S. 522.
[147] Vgl. BAETGE/SCHMIDT (2010), S. 173.
[148] Siehe auch TANSKI (2006), S. 171.

Weitere gebräuchliche bilanzpolitische Ziele bestehen darin, bestimmte von den Adressaten oder Analysten (vermutlich) gewünschte und erwartete bzw. in der Branche „übliche" **Kennzahlen** zu erreichen, einzuhalten oder nicht zu überschreiten.[149] So wird meist der Versuch unternommen, den Jahresabschluss von vornherein auf erwartete („goldene") Kennzahlen „hinzufrisieren". Vor allem diese bilanzpolitischen Ziele sind für die **Grenzen einer Bilanzanalyse** und die (eher geringere) Aussagekraft der Analyseergebnisse von erheblicher Bedeutung.

Da mit dem Jahresabschluss verschiedene Adressaten angesprochen werden sollen, bestehen für das bilanzierende Unternehmen gewöhnlich mehrere Ziele, die mit der Bilanzpolitik zu verfolgen sind. In der Realität führen die unterschiedlichen bilanzpolitischen Ziele oftmals zu **Zielkonflikten**.[150] Diesbezüglich kann in die Konflikte zwischen den diversen Anspruchsgruppen (z. B. zwischen der Unternehmensleitung und den Eigentümern oder zwischen den Eigen- und den Fremdkapitalgebern), die Konflikte innerhalb einer Adressatengruppe (z. B. zwischen den Klein- und den Großaktionären) sowie die Konflikte im Zielsystem einzelner Personen (z. B. das Interesse eines geschäftsführenden Gesellschafters einer GmbH an hohen Gewinnentnahmen einerseits und an geringen Steuerzahlungen andererseits) unterschieden werden.[151]

Beispiel: So kann einerseits aus einem hohen Gewinn im Jahresabschluss nach HGB aufgrund der Verknüpfung durch die Maßgeblichkeit tendenziell eine hohe Steuerbelastung resultieren. Während andererseits eine das Ergebnis stark verbessernde Darstellung der wirtschaftlichen Lage Fremdkapitalgeber im Hinblick auf anstehende Kreditgespräche beeindrucken könnte, kann dies wiederum bei anderen Anspruchsgruppen, z. B. den Arbeitnehmern, zu übertriebenen Erwartungen oder höheren Forderungen, beispielsweise im Hinblick auf Lohn- und Gehaltssteigerungen, führen.

---

[149] Siehe z. B. GÖLLERT (2008), S. 1165, der allerdings als Primärziel der Bilanzpolitik unterstellt, „eine mittlere Linie zu verfolgen und Auffälligkeiten zu vermeiden."
[150] In Anlehnung an SCHULTZ (2004), S. 531.
[151] Siehe hierzu MÜLLER (2010), Rz. 17.

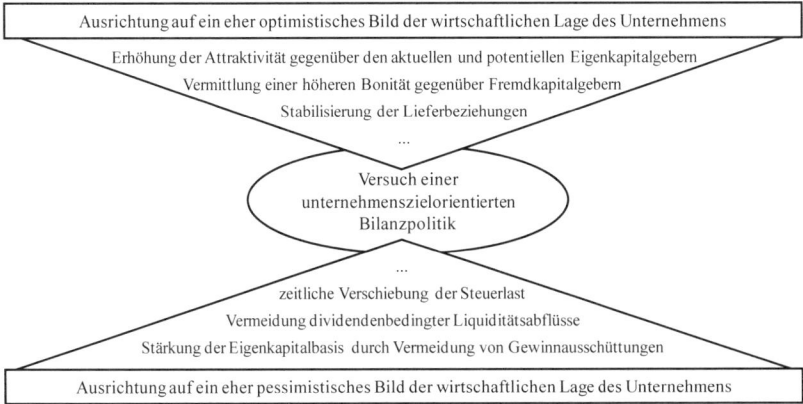

Abbildung 12:   Zielkonflikte bei der Bilanzpolitik[152]

Solche Zielkonflikte müssen durch die Geschäftsleitung im Rahmen der Bilanzpolitik berücksichtigt werden. Das bilanzpolitische Vorgehen wird dabei *in praxi* meist – wie in der Abbildung 12 dargestellt – einer **Kompromisslösung**[153] entsprechen,[154] wobei relevante Ziele unterschiedlich stark und/oder zu unterschiedlichen Zeitpunkten angestrebt werden. Die Ziele werden hierzu gewichtet und priorisiert, wobei zwingend die Oberziele des Unternehmens und die Zielinterdependenzen beachtet werden sollten. Besondere Bedeutung ist diesem Zielbildungsprozess in „**Krisenzeiten**" beizumessen, denn in solchen Situationen kann es von existentiellem Interesse sein, Kredite zu erhalten oder anderweitig die Liquidität des Unternehmens sicherzustellen.[155]

---

[152] In enger Anlehnung an *SCHULTZ* (2004), S. 532, und *WEBER/WEIßENBERGER* (2010), S. 211.

[153] Ein solcher Kompromiss ist jedoch nicht zwingend in dem von *GÖLLERT* (2008), S. 1165, grundsätzlich unterstellten Mittelweg zwischen progressiver und konservativer Bilanzpolitik zu sehen.

[154] Als weitere Lösungsmöglichkeiten bei Zielkonflikten hinsichtlich der Bilanzpolitik nennt *MÜLLER* (2010), Rz. 18, u. a. die Prioritätenbildung und die Ergebnisglättung.

[155] Siehe hierzu ausführlich *MÜLLER* (2009). Vgl. auch *SELCHERT* (1996), S. 1933, der auf die Bedeutung der Bilanzpolitik sowohl in negativen als auch in positiven „wirtschaftlichen Extremlagen" verweist.

3.2.1.3   Auswahlkriterien im Hinblick auf das bilanzpolitische Entscheidungsfeld

Aus Sicht der bilanzierenden Unternehmen bedarf es in Anbetracht der Vielzahl der zur Verfügung stehenden Instrumente sinnvoller **Auswahlkriterien**. Folgende Kriterien sollten hierbei beachtet werden:[156]

* **Wirksamkeit:** Bezüglich der Wirksamkeit ist zu prüfen, ob das Instrument grundsätzlich dazu geeignet ist, die bilanzpolitischen Ziele (z. B. bezüglich des Ergebnisses sowie der Höhe des Eigenkapitals oder der Bilanzsumme) und vor allem die damit verbundene (gewünschte) Reaktion der Abschlussadressaten zu erreichen. Sowohl im Hinblick auf die Auswirkungen auf bestimmte Größen im Jahresabschluss (z. B. Bilanzsumme versus Erfolg) als auch auf Jahresabschlüsse des Unternehmens, die für dieselben Berichtszeiträume nach anderen Rechnungslegungsnormen (z. B. HGB-Abschluss versus Steuerabschluss) erstellt werden, sollten mögliche Zielkonflikte beachtet werden. Die Wirksamkeit bezieht sich auch auf die Frage, welche der Öffentlichkeit zur Verfügung gestellten Informationsquellen beeinflusst werden (sollen). Insbesondere die freiwillig publizierten Informationen sind wenig geeignet, Adressaten zu beeinflussen,[157] weil diese sich des bilanzpolitischen Charakters dieser Informationen bewusst sein sollten. „Prognosetaugliche Hypothesen" über die Adressatenreaktionen verschiedener bilanzpolitischer Maßnahmen liegen selten vor. Dies gilt vor allem dann, wenn die Adressaten nicht konkret benannt werden können („Welcher Sachbearbeiter entscheidet über die Kreditverlängerung?") oder die Adressaten (z. B. bei Publikumsgesellschaften) sehr zahlreich und heterogen sind.

* **Erkennbarkeit:** Der Einsatz des Instrumentes sollte möglichst nicht durch den Adressaten identifizierbar sein, weil dieser sonst „die Maßnahme aus seinem Entscheidungskalkül ausgrenzt bzw. eventuell sogar noch negative Schlüsse aus deren Anwendung zieht"[158] (z. B. bei aktiven latenten Steuern). Hinsichtlich der Instrumente kann dabei in „betragsmäßig erkennbar" (z. B. die Höhe der aktivierten latenten Steuern), „nicht betragsmäßig erkennbar" (z. B. die vorgenommene Abgrenzung zwischen Forschungs- und Entwicklungskosten bei selbsterstellten immateriellen Vermögensgegenständen des Anlagevermögens) und „nicht erkennbar" (z. B. eine „Verzögerung" bei der Vornahme von Pensionszusagen) unterschieden werden.

* **Bindungswirkung:** Das Kriterium zielt vor allem auf den bereits benannten Aspekt der Stetigkeit. Demnach ist zu überprüfen, inwieweit ein Rückgriff auf ein bilanzpolitisches Instrument dazu führt, dass dieses auch in den folgenden Perioden (zeitliche Stetigkeit) oder für vergleichbare Sachverhalte (sachliche Stetigkeit) anzuwen-

---

[156] Vgl. zu den Kriterien vor allem *BAUER* (1981a), S. 201–240, *PFLEGER* (1991), *FISCHER/KLÖPFER* (2006), S. 710, *KIRSCH* (2006), S. 1268–1271 (konkret im Hinblick auf die Instrumente der IFRS-Rechnungslegung), *KÜTING* (2008), S. 769–825 (mit zahlreichen ausführlichen Beispielen zur HGB-Rechnungslegung), *MÜLLER* (2010), Rz. 63–110, *WULF* (2010), S. 564–568. Eine Systematisierung von Bewertungskriterien findet sich z. B. auch bei *KUßMAUL/LUTZ* (1993), S. 401–403.

[157] Vgl. *BAETGE/BALLWIESER* (1978), S. 512, *SIEBEN/MATSCHKE/KÖNIG* (1981), Sp. 226.

[158] *FISCHER/KLÖPFER* (2006), S. 710.

den ist (z. B. bei der Entscheidung zur Aktivierung selbst erstellter immaterieller Vermögensgegenstände des Anlagevermögens). Dies würde die Flexibilität des Unternehmens beeinträchtigen.

- **Wirkungsdauer:** Hinsichtlich der Wirkungsdauer ist zu überprüfen, ab wann sich der Einsatz des Instrumentes in der Folgezeit gegenläufig auswirkt, denn aufgrund der Zweischneidigkeit kehren sich Gewinnwirkungen gewöhnlich um. Also ist z. B. die Frage zu beantworten, wann sich die gegebenenfalls im aktuellen Jahr gebildeten stillen Reserven (automatisch oder auf Basis einer weiteren Entscheidung, z. B. durch den Verkauf einer Vermögensposition) auflösen und inwieweit dieses gezielt gesteuert werden kann.

- **Aufschiebbarkeit:** Auch hier stellt sich die Frage nach der Flexibilität des Instrumentes. Ein Instrument ist in diesem Sinne flexibel, wenn es zu einem späteren Zeitpunkt nachgeholt werden kann, also der Einsatz nicht an einen konkreten Stichtag gebunden ist. Instrumente, die aufgrund des Stichtagsprinzips vor dem Bilanzstichtag eingesetzt werden müssen, sind somit weniger flexibel als solche, über deren Einsatz beispielsweise bis zum Tag der Vorlage des Jahresabschlusses entschieden werden kann. Die meisten Instrumente der Sachverhaltsgestaltung sind so meist vor dem Bilanzstichtag durchzuführen (z. B. die Durchführung einer „Sale-and-lease-back-Maßnahme"); viele Instrumente der Darstellungsgestaltung (z. B. die Bildung einer Wertberichtigung) können hingegen bis zur Aufstellung bilanzpolitisch wirksam eingesetzt werden.

- **Dosierbarkeit:** Es ist zu überprüfen, inwieweit eine Dosierung des Wirkungsumfangs des Instrumentes möglich ist: Kann etwa nur zwischen zwei Alternativen („Einsatz des Instrumentes" oder „Unterlassung des Instrumenteneinsatzes") gewählt werden oder kann das Ausmaß eines Einsatzes beispielsweise durch Teilung, also Dosierung, reduziert werden?

- **Durchsetzbarkeit:** Es sollte berücksichtigt werden, dass gewisse Instrumente unzweifelhaft eingesetzt werden können (z. B. nahezu alle Instrumente der Sachverhaltsgestaltung). Bei anderen Instrumenten (z. B. der Abschreibungsmethode oder der Abschreibungsdauer) ist es jedoch noch nicht immer sicher, ob z. B. im Rahmen der Abschluss- bzw. der Betriebsprüfung ein Konsens mit dem Abschluss- bzw. dem Betriebsprüfer gefunden wird. Hierbei kann die Wesentlichkeit der Auswirkung eine Rolle spielen.

- **Wirtschaftlichkeit:** Wie bei jeder betrieblichen Maßnahme sollte auch bei der Wahl der Instrumente der Bilanzpolitik geprüft werden, ob das „Kosten-Nutzen-Postulat" eingehalten wird. Diesbezüglich sind dem bilanzpolitischen Nutzen des Instrumentes nicht nur die unmittelbar erkennbaren Auszahlungen/Aufwendungen (z. B. für Zinsen, Leasing oder Fakturierung bei einer Sachverhaltsgestaltung) gegenüberzustellen; vielmehr können sich Folgewirkungen ergeben, welche gravierend sein können (z. B. ein Reputationsverlust bzw. Betriebsausfälle bei der Verschiebung von Reparaturen oder bei der nicht geglückten Umstellung auf die „Just-in-Time-Beschaffung").

3.2.2   Instrumente der Bilanzpolitik

3.2.2.1   Überblick

Zur gezielten und vorschriftenkonformen Gestaltung des Bildes der Vermögens-, Finanz- und Ertragslage innerhalb des Jahresabschlusses, des Lageberichts und anderer jahresabschlussspezifischer Unternehmensinformationen besteht – wie in Abbildung 13 dargestellt – unabhängig von den zu beachtenden Rechnungslegungsnormen die Möglichkeit, einerseits auf die Darstellung der Sachverhalte und andererseits auf die Sachverhalte selbst gestalterisch Einfluss zu nehmen. Die **Bilanzpolitik i. w. S.**[159] kann somit in die sachverhaltsgestaltenden und die darstellungsgestaltenden Instrumente unterteilt werden.[160] Letztere werden der **Bilanzpolitik i. e. S.** subsumiert.[161]

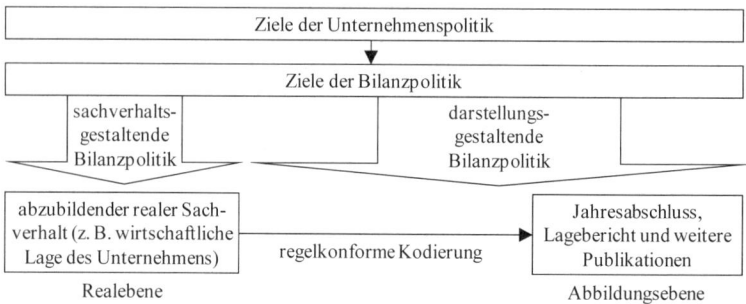

Abbildung 13:   *Angriffspunkte der Bilanzpolitik*[162]

Der **sachverhaltsgestaltenden Bilanzpolitik** werden jene bilanzpolitisch motivierten Maßnahmen des bilanzierenden Unternehmens zugeordnet, welche die tatsächlichen Verhältnisse, also den abzubildenden realen wirtschaftlichen Sachverhalt, insofern verändern, als durch die Gestaltung der wirtschaftlichen Gegebenheiten eine Veränderung der jahresabschlussspezifischen Unternehmensinformationen erzielt wird. Schwierig ist hierbei für den Außenstehenden die Abgrenzung dahingehend, ob eine solche Maßnahme (ausschließlich) bilanzpolitisch motiviert ist oder es sich um eine originäre unternehmerische Maßnahme handelt.[163]

---

[159]   Vgl. SIEBEN/MATSCHKE/KÖNIG (1981), Sp. 225.

[160]   In diesem Zusammenhang wird in der Literatur auch in die **Sachverhaltsgestaltung** und in die **Sachverhaltsdarstellung** unterschieden. Vgl. PETERSEN/ZWIRNER/KÜNKELE (2010), S. 4.

[161]   Vgl. SIEBEN/MATSCHKE/KÖNIG (1981), Sp. 226.

[162]   In Anlehnung an LACHNIT (2004), S. 68, erstellt. Zu den nachfolgenden Ausführungen hinsichtlich der Instrumente siehe LACHNIT (2004), S. 68–75. Siehe z. B. auch BIEG (1993a), KÜTING (2008), S. 758–764.

[163]   Vgl. MÜLLER (2010), Rz. 31. Damit die Sachverhaltsgestaltungen den **Kriterien der rechtlichen Zulässigkeit** entsprechen, muss es sich bei diesen Maßnahmen 1. um ernsthaft gewollte Geschäfte handeln, die 2. zu angemessenen Konditionen und 3. (i. S. d. Stichtagsprinzips) nicht rückwirkend vereinbart wurden. So MÜLLER (2010), Rz. 32–34.

Beispiel: Werden etwa kurz vor dem Bilanzstichtag Finanzinstrumente an Tochterunternehmen veräußert und im neuen Geschäftsjahr zurückerworben, liegt eine Sachverhaltsgestaltung vor.

Im Unterschied dazu sind die tatsächlichen Verhältnisse für die **darstellungsgestaltende Bilanzpolitik** ein Datum. Diese Art der Bilanzpolitik bezieht sich „lediglich" auf die Kodierung der dann „unveränderlichen" realen Verhältnisse (Sachverhalte) zum Bilanzstichtag. Bei diesen Instrumenten, welche auch als bilanzpolitische Instrumente i. e. S. bezeichnet werden, kann es sich – wie Abbildung 14 verdeutlicht – um explizite Wahlrechte sowie um Ermessens-, Schätzungs- und Prognosespielräume, die insgesamt auch als implizite Wahlrechte bezeichnet werden, handeln.

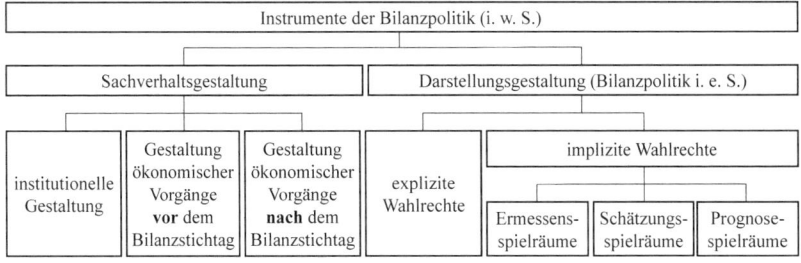

Abbildung 14:   *Wesentliche Instrumente der Bilanzpolitik im Überblick*[164]

Bilanzpolitische Instrumente können zudem – wie es Abbildung 15 zeigt – materiell, formell und zeitlich ausgerichtet sein.[165] **Materielle Instrumente** nehmen vor allem Einfluss auf die Ergebnishöhe und im Falle des Abschlusses nach HGB entsprechend auch auf Zahlungskonsequenzen (hauptsächlich Ausschüttungen). Um im (zu beeinflussenden) Geschäftsjahr z. B. höhere Gewinne auszuweisen, sollten Ansatzwahlrechte so genutzt werden, dass möglichst eine Aktivierung der entsprechenden Position erfolgt bzw. eine Passivierung anderer Sachverhalte als Fremdkapital vermieden wird. Zudem sind hierfür die Bewertungswahlrechte[166] hinsichtlich hoher Wertansätze auf der Aktivseite zu nutzen und geringe Wertansätze bezüglich des Fremdkapitals anzustreben.

---

164   In Anlehnung an *LACHNIT* (2004), S. 69.

165   Siehe zu einer solchen Unterteilung etwa *HEINHOLD* (1984) und *WASCHBUSCH* (1994).

166   *FEDERMANN* (2010), S. 572–581, unterscheidet bei den Bewertungswahlrechten in folgende Kategorien: 1. **Wertansatzwahlrechte** (beziehen sich auf das Bewertungskonzept, z. B. kann nach IFRS in das Anschaffungs- und das Neubewertungsmodell unterschieden werden), 2. **Wertumfangswahlrechte** (beziehen sich auf die Komponenten, die bei der Bewertung berücksichtigt werden müssen, z. B. hinsichtlich der Bestandteile der Anschaffungs- und Herstellungskosten), 3. **Bewertungsmethodenwahlrechte** (z. B. verschiedene Möglichkeiten der Abschreibungsmethoden und der Bewertungsvereinfachungsverfahren bei der Vorratsbewertung), 4. **Abwertungswahlrechte** (z. B. die Möglichkeit einer Abschreibung von Finanzanlagen bei voraussichtlich vorübergehenden Wertminderungen), 5. **Aufwertungswahlrechte** (z. B. die Möglichkeit zur Unterdotierung von Pensionsrückstellungen) sowie 6. **Bewertungsspielräume** (z. B. diverse Prognosespielräume).

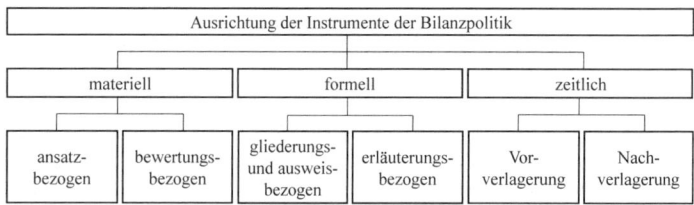

Abbildung 15:   *Wirkungen der Instrumente der Bilanzpolitik*

Vor allem durch den Einsatz materieller Instrumente können **stille Reserven** (ergebnismindernd) gebildet oder (ergebniserhöhend) aufgelöst werden.[167] Hierunter werden Vermögens- sowie Kapitalreserven verstanden, die sich auf der Aktivseite als Differenz zwischen dem Buchwert und einem höheren Vergleichswert (z. B. dem Zeit- oder dem Wiederbeschaffungswert) von Vermögenspositionen sowie auf der Passivseite als Differenz zwischen den Buchwerten und den niedrigeren „tatsächlichen" Werten von Schulden ergeben. Sind hingegen auf der Aktiva die Buchwerte bei einzelnen Vermögenspositionen höher als die entsprechenden Vergleichswerte bzw. auf der Passiva die Buchwerte niedriger als die „tatsächlichen" Werte von Schulden, liegen **stille Lasten** vor.

Beispiel: Wird sich bei der Wahl der Abschreibungsmethode für die degressive Abschreibung entschieden, ergeben sich in den ersten Jahren der Nutzungsdauer tendenziell stille Reserven, weil die Abschreibungsbeträge zu Beginn der Nutzungsdauer höher sind als z. B. bei der linearen Abschreibung. Die degressive Abschreibungsmethode führt somit regelmäßig zu geringeren Restbuchwerten als die lineare Abschreibungsmethode.

Stille Reserven und Lasten ergeben sich jedoch nicht nur aufgrund der Bilanzpolitik, sondern können auch aus Ansatzverboten und konkreten Bewertungsvorschriften resultieren. Rein buchungstechnisch verringert sich der ausgewiesene Jahreserfolg durch die Bildung stiller Reserven. Bei alleiniger Betrachtung des veröffentlichten Jahresergebnisses kann dies zu einer Unterschätzung der Ertragskraft führen. Im umgekehrten Fall spiegelt die Auflösung stiller Reserven hingegen eine „günstigere" Erfolgssituation wider. Es besteht so die Gefahr, dass die Ertragskraft des Unternehmens überschätzt wird.

> Bei entsprechender Nutzung der bilanzpolitischen Instrumente kann
> eine **stille Erfolgsglättung** vorgenommen werden, die aus
> dem Jahresabschluss kaum oder nur schwer erkennbar ist.
> Deshalb sind „gute Bilanzen meist besser und schlechte Bilanzen meist
> noch schlechter [..] als sie zumindest auf den ersten Blick erscheinen"[168].

---

[167] Siehe auch *PAPE* (2011), S. 222–225.

[168] *CLEMM* (1989), S. 360.

LACHNIT spricht in diesem Zusammenhang von der **Eisberghypothese**, wonach davon auszugehen ist, „dass bei deutlicher Veränderung der ausgewiesenen Erfolgszahlen hinter der sichtbaren Tendenz sozusagen ‚unter Wasser' in Wirklichkeit weitaus mehr in derselben Richtung vorliegt, aber durch bilanzpolitische Maßnahmen [...] verhindert worden ist."[169]

Formelle Instrumente der Bilanzpolitik konzentrieren sich primär auf die Gestaltung des „äußeren Bildes" des Jahresabschlusses. Im Mittelpunkt stehen hierbei die Bilanzstruktur[170] (z. B. die Kapital- und/oder die Vermögensstruktur), die **Gliederung** der Bilanz und der Gewinn- und Verlustrechnung, der Ausweis (die **„Platzierung"**) innerhalb dieser Jahresabschlussbestandteile sowie die über die Pflichtangaben hinausgehenden **Erläuterungen** (beispielsweise im Anhang und gegebenenfalls im Lagebericht).[171]

Zeitliche Instrumente[172] der Bilanzpolitik beziehen sich hingegen auf bestimmte jahresabschlussspezifische Termine (z. B. den Bilanzstichtag oder den Tag der Aufstellung), womit jedoch wiederum materielle bzw. formelle Auswirkungen angestrebt sind.

Beispiel: So kann einerseits die Vor- bzw. Nachverlagerung von Geschäftsvorfällen angestrebt sein (z. B. die Periodisierung von erfolgswirksamen Vorgängen i. S. d. zeitlichen Zuordnung zu einem bestimmten Geschäftsjahr bzw. die Verschiebung von Investitionen). Andererseits ist es denkbar, den Tag der Aufstellung näher an den Bilanzstichtag zu legen, um die Wahrscheinlichkeit zu vermindern, dass dem bilanzierenden Unternehmen Informationen zugehen, die sich erfolgswirksam auf den zu erstellenden Jahresabschluss auswirken.

3.2.2.2 Sachverhaltsgestaltende Instrumente

Je nachdem, ob eine Bilanzierung nach nationalen oder internationalen Normen erfolgen soll, stehen den bilanzierenden Unternehmen sowohl vergleichbare als auch unterschiedliche bilanzpolitische Instrumente zur Verfügung. Nachfolgend werden wesentliche Instrumente der einzelabschlussorientierten Bilanzpolitik dargestellt, wobei an den relevanten Stellen auf die **Unterschiede zwischen HGB und IFRS** hingewiesen wird.

---

[169] *LACHNIT* (2004), S. 106; dort wohl in Anlehnung an *GÖLLERT* (1984), S. 1851.

[170] Diesbezüglich wird auch von der **Bilanzstrukturpolitik** gesprochen. Siehe *SIGLE* (1993). Wobei eine Abgrenzung von Bilanzpolitik und Bilanzstrukturpolitik nicht sinnvoll erscheint, weil schließlich fast jede bilanzpolitische Maßnahme zu einer Veränderung der Bilanzstruktur führt.

[171] Siehe zu entsprechenden Auswüchsen beispielsweise *SCHÜRMANN* (2009), S. 108.

[172] Siehe hierzu z. B. *MÜLLER* (2010), Rz. 26–29.

Sachverhaltsgestaltende Maßnahmen[173] sind jene bilanzpolitisch motivierten Handlungen, welche die **tatsächlichen wirtschaftlichen Verhältnisse des Unternehmens verändern.** Die Mehrzahl dieser Instrumente kann und/oder muss von den bilanzierenden Unternehmen bereits im laufenden Geschäftsjahr (also vor dem Bilanzstichtag) eingesetzt werden, damit diese entsprechende Auswirkungen auf den (kommenden) Jahresabschluss i. S. d. bilanzpolitisch angestrebten Ziele haben. Diese Maßnahmen können in die grundlegenden institutionellen Instrumente sowie in die Instrumente der Gestaltung ökonomischer Sachverhalte vor bzw. nach dem Bilanzstichtag unterschieden werden (vgl. bereits Abbildung 14).[174]

Dabei ist selbst von Abschlussprüfern regelmäßig nicht ohne weiteres feststellbar, ob die jeweiligen Maßnahmen unmittelbar wirtschaftlich veranlasst oder rein bilanzpolitisch motiviert sind. Deshalb sind diese bilanzpolitischen Instrumente für den Analysten nicht oder kaum erkennbar. Besonders problematisch ist zudem, dass diese Instrumente weder durch die Rechnungslegungsnormen noch durch den Abschlussprüfer eingeschränkt werden können. Wie die nachfolgenden Beispiele verdeutlichen, sind zu diesen Instrumenten nicht nur jene Maßnahmen zu zählen, die „ungewöhnliche Rechtsgestaltungen"[175] aufweisen.

> „Für den gesamten Bereich der Sachverhaltsgestaltungen gilt,
> dass sie in aller Regel nicht aus dem Abschluss ersichtlich sind.
> Daher stellen sie für die Bilanzpolitik ein **Instrument ‚erster Klasse'** dar
> und zählen somit zu den wichtigsten Störfaktoren der Bilanzanalyse."[176]

Zu den **institutionellen Instrumenten der Sachverhaltsgestaltung** zählen vor allem:[177]

- die Wahl des Rechnungslegungssystems (HGB oder IFRS), soweit diesbezüglich ein Wahlrecht besteht,
- die Wahl der Rechtsform des bilanzierenden Unternehmens hinsichtlich der gegebenenfalls zu beachtenden rechtsformspezifischen Besonderheiten bei der Bilanzierung (wobei bilanzpolitische Aspekte bei dieser Entscheidung bestenfalls „sekundäre" Kriterien darstellen sollten),

---

173   Vgl. zu sachverhaltsgestaltenden Instrumenten auch *BIEG/KUßMAUL/WASCHBUSCH* (2012), S. 286–308. Im IDW PS 450.94 ff. wird diesbezüglich von **sachverhaltsgestaltenden Maßnahmen** gesprochen; *BERTL* (2013) spricht von der realen Bilanzpolitik.

174   Eine andere Unterscheidungsmöglichkeit wählt *MÜLLER* (2010), Rz. 35–38, der 1. in die zeitliche Verlagerung von Geschäftsvorfällen [mit a) der Vorverlagerung und b) der Nachverlagerung], 2. in dauerhafte Maßnahmen, die nach dem Bilanzstichtag beibehalten werden, sowie 3. in vorübergehende Maßnahmen, die nach dem Bilanzstichtag wieder rückgängig gemacht werden, differenziert.

175   *KÜHNBERGER/STACHULETZ* (1986), S. 359.

176   *KÜTING/WEBER* (2012b), S. 50 (Hervorhebungen durch den Verfasser).

177   Die nachfolgenden Beispiele zu den sachverhaltsgestaltenden Instrumenten basieren insbesondere auf *LACHNIT* (2004), S. 71 f. Siehe grundlegend auch *WÖHE/DÖRING* (2013), S. 842–844.

- die Frage der Kapitalmarktorientierung (die zur IFRS-Pflicht führt),
- die Bestimmung des Unternehmenssitzes bzw. des Sitzlandes im Hinblick auf die anzuwendenden Rechnungslegungsnormen,
- die Wahl des Bilanzstichtages,
- der Abschluss von Ergebnisabführungsverträgen sowie
- die Beeinflussung[178] der – zumindest nach HGB – publizitätsrelevanten Größenmerkmale „Umsatz", „Bilanzsumme" und „Mitarbeiterzahl".

Beispiel: Die **Wahl des Bilanzstichtages** erfährt bei Unternehmen mit saisonalem Geschäft eine besondere Bedeutung, weil vor allem deren stichtagsbezogene Vermögenslage stark vom rhythmischen Betriebsablauf geprägt wird. Das Instrument „Wahl des Bilanzstichtages" ist dabei hauptsächlich ein Mittel zur Beeinflussung des Bilanzbildes – insbesondere des Liquiditätsbildes. Bei der Wahl des Bilanzstichtages bestehen für die bilanzierenden Unternehmen große Freiheitsgrade. Während handelsrechtlich keine Einschränkungen bestehen, ist steuerrechtlich § 4a EStG relevant. Bezüglich der Häufigkeit der Aufstellung ist handelsrechtlich zumindest § 240 Abs. 2 HGB zu berücksichtigen, wonach die Dauer eines Geschäftsjahres (auch die eines Rumpfgeschäftsjahres) zwölf Monate nicht überschreiten darf. WÖHE/DÖRING[179] demonstrieren die Auswirkungen der Wahl des Bilanzstichtages transparent am Beispiel eines Sportbootherstellers, dessen Saison annahmegemäß von April bis August eines jeden Jahres laufen soll, während die Produktion ganzjährig erfolgt. Wird angenommen, dass das Lager des Sportbootherstellers jeweils im August geräumt ist sowie die erfolgten Lieferungen allesamt im September bezahlt sind, ergeben sich die in Abbildung 16 dargestellten Effekte auf ausgewählte Bilanzpositionen.

Bilanz-stichtag	Vorräte	Forderungen	Liquidität	kurzfristige Verbindlichkeiten
31.03.	hoch	niedrig	niedrig	hoch
31.08.	niedrig	hoch	niedrig	hoch
31.10.	niedrig	niedrig	hoch	niedrig

Abbildung 16:   *Beispielhafte Auswirkungen der Wahl des Bilanzstichtages auf die Bilanzstruktur*

---

[178] Aufgrund der Regelungen im § 267 Abs. 4 HGB kann sich die Beeinflussung auf jedes zweite Geschäftsjahr reduzieren, denn eine Eingruppierung in die nächsthöhere Größenklasse erfolgt lediglich dann, wenn zwei der drei Größenkriterien in zwei aufeinander folgenden Jahren überschritten werden. Zu entsprechenden Beeinflussungsmöglichkeiten siehe *KAYA/SCHERR* (2010), S. 759 f. Zu den damit verbundenen Maßnahmen, insbesondere zur Bilanzverkürzung, siehe z. B. *BITZ/SCHNEELOCH/WITTSTOCK* (2011), S. 745–748.

[179] Siehe hierzu und zur Abbildung 16 *WÖHE/DÖRING* (2013), S. 843.

Den **Sachverhaltsgestaltungen vor dem Bilanzstichtag**, welche auch als „Window Dressing"[180] bezeichnet werden, sind z. B. folgende Maßnahmen – insbesondere wenn sie konzernintern erfolgen bzw. nahestehende Personen betreffen – zuzuordnen:[181]

• die zeitliche Verlagerung von Lieferungen und Leistungen, von Investitionen und Desinvestitionen sowie von Finanzierungen (Kreditaufnahmen) sowie Tilgungen,

• das Durchführen von speziellen Investitionen und Desinvestitionen (z. B. die Veräußerung von nicht betriebsnotwendigem Vermögen und von Vermögenspositionen mit hohen stillen Reserven, „Sale-and-lease-back-Geschäfte", der Verkauf von Vorräten an verbundene Unternehmen),

• diverse Finanzierungsaktivitäten [z. B. Kapitalumschichtungen (Umwandlung von kurzfristigen Krediten in langfristige Darlehen) und die Aufnahme von kurzfristigen Krediten],

• die Auslagerung von Forschungs- und Entwicklungsarbeiten auf (Beteiligungs-)Unternehmen[182] und der anschließende Erwerb der Resultate von diesen Unternehmen (auch betreffend die sonstige Erstellung von selbst erstellten immateriellen Vermögensgegenständen),

• die Auswahl konkreter Formen betrieblicher Altersvorsorge (Pensionsgeschäfte) und die zeitliche Verlagerung von Pensionszusagen,

• die Anordnung von Betriebsferien zum Abbau von Urlaubstagen,

• die Ausgestaltung von Aktienoptionsplänen und Leasingverträgen,

• die Schaffung der Voraussetzungen für Teilabrechnungen oder vorgezogene Übergabe bei langfristiger Fertigung (betrifft lediglich das HGB, weil nach IFRS ohnehin die sog. Percentage-of-Completion-Methode anzuwenden ist),

• der Einsatz von Zweckgesellschaften („Special Purpose Entities"; z. B. Leasingobjektgesellschaften),

• das Verschieben des Realisationszeitpunktes von Ertrags- und Aufwandsvorgängen (zeitliches Verschieben von Geschäftsvorfällen z. B. durch vorgezogene Lieferungen und Leistungen, von Forschungs- und Werbemaßnahmen oder von Reparaturen),

• die Forderungsabtretung und -verkäufe (z. B. im Rahmen sog. Asset-Backed-Securities-Transaktionen),

• die Vereinbarung von Anzahlungen,

• die Umstellung der Beschaffung auf „Just-in-Time-Lieferungen",

• Tauschumsätze bzw. Kompensationsgeschäfte (sog. Barter-Transaktionen),

---

180 Das sog. **Window Dressing** „ist die Metapher einer Wandöffnung mit einem an sich unschönen Einblick, die durch verzierende Gardinen ein freundlicheres Bild vermittelt. Wesentlich ist, daß die Gardine den Blick auf sich zieht, ohne Bestandteil des Tatsächlichen zu sein, um dessen Einblick es geht", so *SELCHERT* (1996), S. 1933.

181 Siehe hierzu ausführlich *KUßMAUL/CLOß* (2010b) und auch *MÜLLER* (2010), Rz. 38. Vgl. zu einigen Beispielen auch *SELCHERT* (1996) sowie den IDW PS 450.95.

182 Insbesondere im Konzernverbund sind Sachverhaltsgestaltungen eine beliebte bilanzpolitische Maßnahme. Siehe ausführlich und mit zahlreichen Beispielen bei *PFLEGER* (1982).

- Factoring-[183] und Leasingmaßnahmen (Übergang vom Kauf zum Leasing – *et vice versa*) sowie
- die Einlagen und Entnahmen des Unternehmers.

Beispiele: Durch die **Aufnahme eines kurzfristigen Kredits** am 30.12., also kurz vor dem Bilanzstichtag 31.12., welcher unmittelbar nach diesem am 02.01. des Folgejahres wieder zurückgezahlt werden soll, kann die Eigenkapitalquote des Unternehmens vermindert werden. Zudem lassen sich hiermit die Liquiditätsgrade eines Unternehmens verbessern, soweit diese unter 100 % liegen. Letzteres wird im dritten Kapitel an einem konkreten Beispiel demonstriert.

Die zeitliche Verschiebung von Maßnahmen[184] bedingt, dass dies auch wirtschaftlich sinnvoll und möglich ist. Die **Verschiebung einer geplanten fremdfinanzierten Investition** auf einen Zeitpunkt bzw. in einen Zeitraum nach dem Bilanzstichtag reduziert (im Vergleich zur alternativen Durchführung der Investition vor dem Bilanzstichtag) zum Bilanzstichtag nicht nur das Anlagevermögen und das Fremdkapital, sondern auch die Bilanzsumme. Die Verschiebung vermeidet zudem eine Verschlechterung der Eigenkapitalquote und im laufenden Jahr gegebenenfalls noch erforderliche Abschreibungen auf die Vermögensposition, in welche investiert werden soll.

Die **Beeinflussung der Umsatzerlöse** kann beispielsweise von Bedeutung sein, weil diese als Kriterium für die Größe eines Unternehmens nach § 267 HGB relevant sind. Denkbar wäre es, dass ein Unternehmen deshalb bestrebt ist, dieses Größenkriterium – zumindest alle zwei Jahre – nicht zu überschreiten. Insofern kann zum Ende des Jahres 01 angestrebt sein, die Umsatzerlöse in das Jahr 02 zu verlagern. Dies kann durch eine langsamere Bearbeitung der eingegangenen Bestellungen oder durch in das Folgejahr verschobene Liefertermine erreicht werden. Zum Ende des Jahres 02 kann bereits die Entlastung des Jahres 03 angestrebt sein, indem versucht wird, die zu Jahresanfang 03 erwarteten Umsatzerlöse bereits im Jahr 02 zu realisieren. Hierzu kann – neben der Veräußerung von Produkten an verbundene Unternehmen – im Jahr 02 noch versucht werden, die bereits vorliegenden Bestellungen zügiger zu bearbeiten oder verkaufsfördernde Maßnahmen (z. B. attraktive Konditionen, Werbeaktionen) zum Jahresende zu starten.

---

[183] Siehe zu den Wirkungen des Factorings beispielsweise *PAPE* (2011), S. 191–197.

[184] Siehe zu diesem und zum folgenden Beispiel *KUßMAUL/CLOß* (2010b), S. 426 f.

Als **Sachverhaltsgestaltungen nach dem Bilanzstichtag** gelten z. B.:

• die Wahl des Vorlage- und des Veröffentlichungszeitpunktes des Jahresabschlusses sowie

• der Vorschlag zur Gewinnverwendung (Rücklagenbildung und/oder Ausschüttung bzw. Rückkauf eigener Aktien).

Beispiele: Durch die **Wahl des Vorlagezeitpunktes** kann der Jahresabschluss insofern beeinflusst werden, als mehr (bei einem späten Vorlagezeitpunkt) oder weniger (bei einem frühen Vorlagezeitpunkt) Informationen, die nach dem Jahresabschlussstichtag bekannt werden und die Verhältnisse zum Bilanzstichtag aufhellen, zu verwerten sind. Wertaufhellende Sachverhalte müssen schließlich nach HGB und IFRS im Abschluss berücksichtigt werden (**Prinzip der Wertaufhellung**).[185] Tendenziell haben wertaufhellende Informationen einen eher ergebnismindernden Charakter, weshalb eine zeitnahe Aufstellung des Jahresabschlusses zu verbesserten Ergebnissen führen würde.

Der **Gewinnverwendungsvorschlag** wirkt sich schließlich unmittelbar auf die vom Analysten vorzunehmende Zuordnung des Bilanzgewinns innerhalb der sog. Strukturbilanz aus. Der Bilanzgewinn ist auf Basis dieses Vorschlags anteilig dem sog. bilanzanalytischen Eigenkapital (bei einem vorgeschlagenen Gewinnvortrag) und dem bilanzanalytischen Fremdkapital (bei einer avisierten Ausschüttung) zuzuordnen.

3.2.2.3   Darstellungsgestaltende Instrumente

3.2.2.3.1   Explizite Wahlrechte

Die darstellungsgestaltenden Instrumente – also jene, für welche die tatsächlichen Verhältnisse ein Datum sind – werden nachfolgend in explizite Wahlrechte sowie in die impliziten Wahlrechte „Ermessensspielräume", „Schätzungsspielräume" und „Prognosespielräume" unterschieden. **Explizite Wahlrechte** bestehen, wenn im Gesetz oder im Standard an einem definierten „Tatbestand mindestens zwei [… mögliche] Rechtsfolgen anknüpfen, die sich gegenseitig ausschließen, und wenn der zur Rechnungslegung Verpflichtete [.. entscheiden kann und muss], welche von ihnen eintritt."[186] Unter die expliziten Wahlrechte fallen die Aktivierungs- und die Passivierungswahlrechte (Ansatzwahlrechte, welche oftmals auch als Bilanzierungswahlrechte bezeichnet werden) sowie die Bewertungs- und die Ausweiswahlrechte. Innerhalb der jeweiligen Rechnungslegungsnormen ist diesbezüglich vor allem auf Formulierungen wie „sollen", „können", „dürfen" und „brauchen nicht" zu achten. Nachfolgend werden wesentliche explizite Wahlrechte dargestellt, welche sich nach HGB sowie nach IFRS ergeben.

---

[185]   Siehe weiterführend *KUβMAUL/CLOβ* (2010b), S. 428 f.
[186]   *BAUER* (1981a), S. 66.

Die wichtigen **expliziten Aktivierungswahlrechte nach HGB**[187] beziehen sich z. B. auf:

- das Damnum (Disagio) von Verbindlichkeiten (§ 250 Abs. 3 HGB),
- die selbst erstellten immateriellen Vermögensgegenstände des Anlagevermögens (§ 248 Abs. 2 HGB)[188] sowie
- die aktiven latenten Steuern (§ 274 Abs. 1 HGB).

Nach HGB bestehen als explizite Passivierungswahlrechte[189] die Wahlrechte zur Bilanzierung von mittelbaren Altersversorgungsverpflichtungen und zur Bilanzierung von Altzusagen (Art. 28 Abs. 1 EGHGB).[190]

Explizite Bewertungswahlrechte nach HGB bestehen z. B. hinsichtlich:

- der Sammelbewertungsverfahren (§§ 240 Abs. 3 und 4, 256 HGB), wozu beispielsweise das Festwertverfahren, die Gruppen- und Durchschnittsbewertung sowie – speziell für Vorräte – die Verbrauchsfolgeverfahren (wie etwa die Fifo- und die Lifo-Methode)[191] zählen,
- der außerplanmäßigen Abschreibung bei vorübergehenden Wertminderungen von Finanzanlagen (§ 253 Abs. 3 Satz 4 HGB),
- der Ermittlung von Herstellungskosten (§ 255 Abs. 2 i. V. m. Abs. 3 HGB) sowie
- der Wahl des Zinssatzes bei der Abzinsung von Pensionsrückstellungen (§ 253 Abs. 2 HGB).[192]

Zu den **expliziten Ausweiswahlrechten gemäß HGB**, die wiederum in Platzierungs-, Gliederungs- und Erläuterungswahlrechte unterteilt werden könn(t)en, zählen z. B.:

- der Ausweis der Haftungsverhältnisse (§ 251 HGB i. V. m. § 268 Abs. 7 HGB),
- der Ausweis erhaltener Anzahlungen auf Bestellungen als Verbindlichkeit oder deren Saldierung mit den Vorräten (§ 268 Abs. 5 HGB),
- die Darstellung der Gewinn- und Verlustrechnung im Umsatz- oder im Gesamtkostenverfahren (§ 275 Abs. 1 HGB) sowie
- die Möglichkeit zur Saldierung aktiver und passiver latenter Steuern (§ 274 Abs. 1 Satz 3 HGB).

---

[187] Siehe zu expliziten und impliziten Wahlrechten nach dem österreichischen Handels- und Steuerrecht z. B. *BERTL* (2013), S. 15–27.

[188] Vgl. hierzu z. B. *SCHÜRMANN* (2011), S. 97 f.

[189] Siehe hierzu *KUßMAUL/CLOß* (2011a), S. 20.

[190] *MÜLLER* (2010), Rz. 45, verweist zudem auf Wertaufholungsrücklagen.

[191] Siehe hierzu *BRÖSEL/MINDERMANN/BOECKER* (2009).

[192] Siehe hierzu *BRÖSEL/MINDERMANN/ZWIRNER* (2009), S. 650. Vgl. *FINK/KUNATH* (2010) zur umfassenden Betrachtung der bilanzpolitischen Potentiale bei Rückstellungsbildung, -bewertung und -ausweis. Siehe auch *SCHÜRMANN* (2013), S. 80–82.

In den **IFRS** finden sich zwar keine expliziten **Ansatzwahlrechte**, jedoch zahlreiche explizite Bewertungs- und Ausweiswahlrechte (sowie faktische, also implizite Ansatzwahlrechte).

Bedeutende **explizite Bewertungswahlrechte nach IFRS** sind z. B.:[193]

- der mögliche Einsatz der Verbrauchsfolgeverfahren „Fifo-Methode" und „Durchschnittsmethode" bei der Bewertung von Vorräten (IAS 2.25),
- die Wahl zwischen dem Anschaffungskosten- und dem Neubewertungsmodell bei immateriellen Vermögenswerten, soweit diese auf aktiven Märkten gehandelt werden (IAS 38.74 ff. i. V. m. IAS 38.8), und bei Sachanlagen (IAS 16.30 ff.),
- die Wahl zwischen dem Anschaffungskostenmodell und dem Modell des beizulegenden Zeitwerts bei als Finanzinvestitionen gehaltenen Immobilien (z. B. IAS 40.30),
- die Wahl bei Beteiligungen zwischen der Bewertung zu Anschaffungskosten („at cost") und der Bewertung zum beizulegenden Zeitwert (IAS 27.38 i. V. m. IFRS 9) sowie
- die Wahl zwischen der erfolgsneutralen und der erfolgswirksamen Bewertung – jeweils zum beizulegenden Zeitwert – von längerfristigen Eigenkapitalinstrumenten, sofern diese (also) nicht zu Handelszwecken erworben wurden (sog. Fair-Value-Option nach IFRS 9.4.1.4 i. V. m. IFRS 9.5.7.5 f.).

Als wesentliche **explizite Ausweiswahlrechte nach IFRS** gelten beispielsweise:

- die Darstellung der Gewinn- und Verlustrechnung innerhalb der Gesamtergebnisrechnung nach dem Umsatz- oder dem Gesamtkostenverfahren (IAS 1.101 ff.),
- der Ausweis von Investitionszulagen als Passivposten oder deren Verrechnung mit den Anschaffungskosten des Vermögenswertes (IAS 20.24) sowie
- die mögliche Verrechnung erfolgsbezogener Zuwendungen der öffentlichen Hand mit den Aufwendungen (IAS 20.29).

---

[193] Siehe *RAMMERT* (2010), S. 2254–2257 (Rz. 23), *BUCHHOLZ* (2012), S. 140 und S. 149. Vgl. zu den nachfolgend dargestellten expliziten Wahlrechten nach IFRS auch *FISCHER/KLÖPFER* (2006), S. 712–714 und S. 717 f. Dort finden sich Analysen der Wirkungsrichtung von Wahlrechten im Hinblick auf das Eigenkapital, auf das Ergebnis und auf die Bilanzsumme sowie Betrachtungen zu den Auswahlkriterien „Erkennbarkeit", „Bindungswirkung", „Aufschiebbarkeit" und „Dosierbarkeit".

Sofern Novellierungen des HGB erfolgen, können diverse Wahlrechte auch aus den **Übergangsvorschriften** resultieren.[194] Da die internationale Rechnungslegung einer ständigen Überarbeitung unterliegt, sind auch dort für die jeweils geänderten Standards entsprechende Übergangsvorschriften, die explizite Wahlrechte beinhalten können, zu berücksichtigen.

Insgesamt sei jedoch unterstrichen, dass die **Instrumente der Bilanzpolitik nicht nur auf explizite Wahlrechte reduziert werden dürfen**. Auch und vor allem die nachfolgend betrachteten impliziten Wahlrechte (und die bereits benannten sachverhaltsgestaltenden Instrumente) bieten ein breites Spektrum an bilanzpolitischen Gestaltungsmöglichkeiten.

3.2.2.3.2 Implizite Wahlrechte

Bei **impliziten (faktischen) Wahlrechten** handelt es sich nicht um gesetzlich bzw. standardmäßig fixierte Entscheidungsalternativen, sondern um „Ausgestaltungsmöglichkeiten innerhalb der vorgeschriebenen Norm."[195] Hierzu zählen Ermessens-, Schätzungs- und Prognosespielräume. Besonders flexibel einsetzbar sind jene Instrumente, die „weder durch den Grundsatz der Stetigkeit noch durch die Erkennbarkeit durch den Adressaten beschränkt" sind.[196] Hinsichtlich impliziter Wahlrechte ist das Vorgehen bei Ansatz, Bewertung und/oder Ausweis nicht eindeutig festgelegt.

Gründe für implizite Wahlrechte sind, dass[197]

- Tatbestände oder Rechtsfolgen nur **unzureichend definiert** sind (z. B. bei unbestimmten Rechtsbegriffen oder Unschärfen in den Definitionen und Regelungen),
- **nicht alle** möglichen **Tatbestände und/oder Rechtsfolgen abgebildet** sind sowie
- dem Bilanzierenden **Ermessens-, Schätzungs- bzw. Prognosespielräume** zugesprochen werden und/oder diese aufgrund der vorliegenden Unsicherheit im Hinblick auf die bei der Bilanzierung zu beurteilenden Sachverhalte (insbesondere bei zukunftsbezogenen Aspekten) bestehen.

---

[194] Diese können sich je nach Sachverhalt unterschiedlich lange auswirken (z. B. resultiert aus den sich aus dem BilMoG ergebenden Übergangsvorschriften bei Pensionsrückstellungen ein bilanzpolitisches Potential, welches sich über 15 Jahre erstrecken kann). Siehe zu den Beibehaltungs- und Auflösungswahlrechten und den daraus resultierenden bilanzpolitischen Konsequenzen des BilMoG insbesondere *ZWIRNER/KÜNKELE* (2009), *PETERSEN/ZWIRNER/KÜNKELE* (2010), S. 217–265 sowie S. 275–301. Eine empirische Analyse der Auswirkungen der Übergangsvorschriften des BilMoG auf die Aussagekraft von Jahresabschlüssen erfolgt z. B. durch *LANGE/KREIPL/MÜLLER* (2012).

[195] *KLINGELS* (2005), S. 17.

[196] *FISCHER/KLÖPFER* (2006), S. 715.

[197] Vgl. hierzu etwa *BAUER* (1981a), S. 72–76, *KLINGELS* (2005), S. 18. Ähnlich auch *RAMMERT* (2010), S. 2258 (Rz. 24).

Aufgrund des Detailierungsgrades der sachverhaltsspezifischen IFRS-Regelungen könnte angenommen werden, dass diesbezüglich die Unschärfen geringer sind als nach HGB. Üblicherweise werden in diesem Zusammenhang die Begriffe „GoB", „wesentlich", „angemessen", „dauernd", „vorübergehend" sowie „klar und übersichtlich" als Beispiele für unbestimmte oder „unscharfe" Rechtsbegriffe nach HGB angeführt.[198] KÜTING weist jedoch nach, dass das Gegenteil der Fall ist: Die **Zahl der unbestimmten Rechtsbegriffe und Unschärfen ist in den IFRS weitaus größer als im HGB.**[199] Ein weiteres Problem ergibt sich hierbei aus der (amtlichen) Übersetzung des IFRS-Regelwerkes in die jeweilige Amtssprache der Anwenderstaaten. In der Abbildung 17 ist dargestellt, dass beispielsweise das ursprüngliche Wort „(in-)significant" mit zahlreichen deutschen Begriffen[200] übersetzt wird, die wiederum selbst unscharf sind. „Das internationale Bilanzrecht führt somit weder zu einem verminderten Kaschierungspotenzial noch zu einem System der gläsernen Taschen. Vielmehr werden tatsächlich im IFRS-System die bilanzpolitischen Gestaltungsmöglichkeiten intensiviert und die bilanzanalytische Untersuchung erschwert."[201]

englisches Original	deutsche Übersetzung	Beispiele für IFRS/IAS
significant	bedeutend	IAS 1.46, 38.79, 40.13
significant	bedeutsam	IAS 16.43, 16.44, 16.45
significant	erheblich	IAS 33.70(d), 36.68, 40.77
significant	maßgeblich	IAS 24.5, 28.2, 31.3
significant	signifikant	IAS 16.34, 36.12(b), IFRS 4.29
significant	wesentlich	IAS 1.10(e), 1.45, 10.22(i)
insignificant	geringfügig	IAS 16.34
insignificant	unerheblich	IAS 39.52
insignificant	unbedeutend	IAS 16.9, 16.53, 38.79, 40.10

Abbildung 17:   *Übersetzungen für „significant" und „insignificant" in den IFRS*[202]

Bedeutende **implizite Ansatzwahlrechte nach HGB** existieren z. B. hinsichtlich:

- des Ansatzes von Rückstellungen, denn Eintritt und Wegfall eines Rückstellungsgrundes lassen (erhebliche) Spielräume offen,
- der Abgrenzung von Reparatur- oder Erhaltungsaufwand einerseits und Herstellungskosten/Erweiterungsaufwand andererseits sowie
- der Abgrenzung zwischen Forschungs- und Entwicklungsphase (§ 255 Abs. 2a HGB).

---

[198] Zu dieser Aufzählung *KÜTING* (2011b), S. 2091.

[199] Vgl. *KÜTING* (2011b).

[200] Dies kann jedoch gleichzeitig als Argument für die Reichhaltigkeit der deutschen Sprache angesehen werden.

[201] *KÜTING* (2011b), S. 2095.

[202] Diese aktualisierte Abbildung wurde ursprünglich entnommen aus *KÜTING* (2011b), S. 2092, und basiert auf *TANSKI* (2006), S. 65 f.

Zu den wesentlichen **impliziten Bewertungswahlrechten nach HGB** zählen:

- die Prognosetoleranzen, z. B. bei der Einzel- und der Pauschalwertberichtigung von Forderungen,

- die Bestimmung des Erfüllungsbetrages bei Rückstellungen (§ 253 Abs. 1 HGB) „nach vernünftiger kaufmännischer Beurteilung" unter Berücksichtigung von absehbaren künftigen Preis- und Kostensteigerungen (insbesondere bei Pensionsrückstellungen),[203]

- die Wahl des Verfahrens der planmäßigen Abschreibung (§ 253 Abs. 3 HGB),

- die Bestimmung von Abschreibungsbeginn und -dauer bei Anlagegegenständen sowie

- die „Festlegung" einer „normalen" Ausbringungsmenge bei der Ermittlung der „angemessenen Teile" der Gemeinkosten im Rahmen der Herstellungskosten.

Als wichtige **implizite Ausweiswahlrechte nach HGB** gelten:

- die durch den Willen des Kaufmanns determinierte Möglichkeit der Umwidmung von Vermögenspositionen, z. B. von Wertpapieren, vom Umlauf- in das Anlagevermögen – *et vice versa*,

- die Abgrenzung des außerordentlichen Ergebnisses vom „ordentlichen" Ergebnis,

- die Gliederungstiefe von Bilanz sowie Gewinn- und Verlustrechnung,

- die Ausführlichkeit der Pflichtangaben im Anhang und im Lagebericht,

- die Erweiterung von Anhang und/oder Lagebericht um Zusatzinformationen, was oftmals zu einer Verwässerung wesentlicher Informationen führt, sowie

- die Streuung weiterer (freiwilliger) Informationen in diversen rechnungslegungsorientierten Publikationen.

Beispiel: Das HGB schreibt für die Bilanz (§ 266 HGB) sowie für die Gewinn- und Verlustrechnung (§ 275 HGB) von Kapitalgesellschaften und haftungsbeschränkten Personenhandelsgesellschaften eine Mindestgliederung vor. Die Bilanzierenden dürfen jedoch über die Mindestvorschriften hinausgehen (z. B. die einzelnen Positionen weiter untergliedern) und können sogar von der Gliederung abweichen, sofern dies beispielsweise der Klarheit und der Übersichtlichkeit des Jahresabschlusses dient (§ 265 HGB).

Im Hinblick auf Pensionsrückstellungen besteht nach § 246 Abs. 2 Satz 2 HGB zwar die Pflicht zur Saldierung mit dem dazugehörigen Planvermögen (sog. **Deckungsvermögen**), jedoch ist diese Pflicht an die in der benannten Norm zu findenden Voraussetzungen geknüpft. Insofern besteht auch hier bilanzpolitisches Potential im Sinne eines impliziten Ausweiswahlrechtes, als es in den Händen des Bilanzierenden liegt, ob diese Voraussetzungen nachgewiesen (und somit erfüllt) werden oder nicht.[204]

---

[203] Vgl. *WEINAND/OLDEWURTEL/WOLZ* (2011), S. 164.
[204] Siehe hierzu *KUßMAUL/CLOß* (2011a), S. 24.

Bedeutende **implizite Ansatzwahlrechte nach IFRS** sind:[205]

- die Möglichkeit, nicht entscheidungsrelevante Positionen aufgrund des Wesentlichkeitspostulats (IAS 1.29 und 1.31) sofort erfolgswirksam zu verbuchen,
- die Abgrenzung von Reparatur- oder Erhaltungsaufwand und Herstellungskosten/ Erweiterungsaufwand,
- die Beeinflussung des Ansatzes in Abhängigkeit der Wahrscheinlichkeit erwarteter Zu- und Abflüsse, z. B. bei aktiven latenten Steuern auf Verlustvorträge und bei Rückstellungen,[206] sowie
- die Beeinflussung des Ansatzes von immateriellen Vermögenswerten, insbesondere von Entwicklungsaufwendungen, in Abhängigkeit der erforderlichen postenspezifischen Ansatzkriterien und der damit verbundenen Nachweise.[207]

Zu den wesentlichen **impliziten Bewertungswahlrechten nach IFRS** zählen:

- die zahlreichen Schätz- und Prognosetoleranzen, z. B. bei der Einzelwertberichtigung von Forderungen, der Ermittlung beizulegender Zeitwerte („Fair Value"), des „erzielbaren Betrages" (höherer Wert aus beizulegendem Zeitwert abzüglich Verkaufskosten einerseits und Nutzungswert andererseits) im Rahmen des Werthaltigkeitstests sowie der Bewertung von Rückstellungen (insbesondere von Pensionsrückstellungen),
- die Wahl der Methode zur Ermittlung des Fertigstellungsgrades im Rahmen von langfristigen Fertigungsaufträgen (IAS 11.30 ff.) und deren damit verbundene Bewertung,
- die Durchführung sog. Portfoliowertberichtigungen, bei der Forderungen gemäß IAS 39.64 zu einem Portfolio zusammengefasst werden, weil deren Ausfallprofil übereinstimmt,
- die Aufgliederung der Vermögenswerte des Anlagevermögens gemäß dem Komponentenansatz sowie
- Wahl der Abschreibungsmethode und die Bestimmung des Abschreibungsbeginns und der Abschreibungsdauer von Vermögenswerten des Anlagevermögens.

Als wichtige **implizite Ausweiswahlrechte nach IFRS** gelten:

- die (nicht kodifizierten) Gliederungen von Bilanz und Erfolgsrechnung,
- die Ausführlichkeit der Pflichtangaben im Anhang,
- die Erweiterung des Anhangs um Zusatzinformationen, was oftmals zu einer Verwässerung wesentlicher Informationen führt,

---

[205] Vgl. zu den nachfolgend dargestellten impliziten Wahlrechten nach IFRS vor allem *FISCHER/ KLÖPFER* (2006), S. 715–717. Siehe ausführlich auch *RAMMERT* (2010), S. 2262–2264 (Rz. 34).

[206] Siehe hierzu *HAAKER* (2005).

[207] Siehe zum bilanzpolitischen Gestaltungspotential bei immateriellen Vermögenswerten im Hinblick auf den Ansatz *KÜTING/DAWO* (2002a) und im Hinblick auf die Bewertung *KÜTING/DAWO* (2002b).

- die Streuung weiterer (freiwilliger) Informationen in diversen rechnungslegungsorientierten Publikationen,
- die Zuordnung von Immobilien zu den Sachanlagen (IAS 16) oder zu den als Finanzinvestitionen gehaltenen Immobilien (IAS 40) sowie
- die Zuordnung spezieller Aspekte innerhalb der Kapitalflussrechnung.

> Die impliziten Wahlrechte stellen im Rahmen der Bilanzanalyse insofern ein Problem dar, als für den Bilanzanalysten die **Erkennbarkeit der Ausnutzung** solcher Spielräume ungleich schwerer als bei expliziten Wahlrechten ist.

3.2.3 Analyse der Bilanzpolitik

Hinsichtlich der Bilanzanalyse ist nicht nur die Kenntnis der verschiedenen bilanzpolitischen Instrumente erforderlich, sondern auch der Einsatz dieses Wissens im Rahmen der Analyse der Bilanzpolitik. Das **Ziel der Analyse der Bilanzpolitik** ist die Identifikation von Art, Richtung und Ausmaß der vom Unternehmen eingesetzten bilanzpolitischen Instrumente, um – nach möglichst weitgehender Eliminierung der bilanzpolitischen Einflüsse auf den jeweiligen Jahresabschluss – einen „sachgerechten" Einblick in die wirtschaftliche Lage des zu analysierenden Unternehmens zu erhalten.

Da grundsätzlich kein „richtiger" Einblick in die wirtschaftliche Lage existiert und auch keine „richtige" Darstellung „der" wirtschaftlichen Lage möglich ist, soll in diesem Zusammenhang **„sachgerecht"** bedeuten, dass die Daten des Jahresabschlusses auf Basis der Ergebnisse der Bilanzpolitikanalyse für die eigentliche Bilanzanalyse so aufzubereiten sind, dass die identifizierten bilanzpolitischen Einflüsse weitgehend eliminiert werden. Bezüglich der zu analysierenden Abschlüsse müssen dabei dieselben Prämissen gelten, die schon bei der Zieldefinition der Bilanzanalyse berücksichtigt wurden. Das heißt, es sollen bei der Informationsaufbereitung möglichst jene Kriterien eingesetzt werden, die auch zur Ermittlung der Vergleichsmaßstäbe für gegebenenfalls geplante Zeit-, Betriebs-, Branchen- oder Normvergleiche zugrunde gelegt wurden.

Zur Analyse der Bilanzpolitik kann folgende **Schrittfolge** gewählt werden:[208]
- Bestandsaufnahme hinsichtlich der vom Unternehmen eingesetzten bilanzpolitischen Instrumente (**Analyseschritt 1: Art der bilanzpolitischen Instrumente**),
- Ermittlung eines Gesamtbildes hinsichtlich der Ausrichtung der in Analyseschritt 1 identifizierten bilanzpolitischen Instrumente (**Analyseschritt 2: Ausrichtung der bilanzpolitischen Instrumente**) sowie bestenfalls

---

[208] Nachfolgende Ausführungen zur Analyse der Bilanzpolitik basieren vor allem auf *LACHNIT* (2004), S. 93–107.

- die (quantitative) Schätzung der bilanzpolitischen Effekte sowie die diesbezügliche Bereinigung der betroffenen Positionen in der (Struktur-)Bilanz sowie in einer (betriebswirtschaftlich orientierten) Gewinn- und Verlustrechnung (**Analyseschritt 3: Ausmaß der bilanzpolitischen Instrumente**).

> Da eine wesentliche Aufgabe der Bilanzpolitik die zielorientierte Steuerung des Verhaltens der Abschlussadressaten ist und deshalb meist jene Instrumente zum Einsatz kommen, die für die Adressaten nicht oder zumindest nicht unmittelbar erkennbar sind, stellen diese Analyseschritte hohe Anforderungen an die Bilanzanalysten.

Im Rahmen des **ersten Analyseschrittes** sind die vom bilanzierenden Unternehmen eingesetzten bilanzpolitischen Instrumente möglichst weitgehend zu identifizieren. Hierzu muss eine systematische Durchsicht des Jahresabschlusses nach Hinweisen auf die Art (sowie eventuell auch schon auf die Ausrichtung und das Ausmaß) der vom Unternehmen eingesetzten bilanzpolitischen Instrumente erfolgen. Es sollten dabei zumindest Informationen bezüglich der Anwendung expliziter Wahlrechte und bestenfalls hinsichtlich der Tendenzen über die Ausnutzung impliziter Wahlrechte gewonnen werden.

Im Mittelpunkt steht bei diesem Schritt die **Textanalyse des Anhangs**.[209] Im Anhang sind die eingesetzten Bilanzierungs- und Bewertungsmethoden zu erläutern.[210] Hierzu zählen z. B. Informationen über die Ausnutzung expliziter Wahlrechte und über die gewählten Abschreibungsmethoden. Im Blickpunkt des Analysten müssen dabei auch Methodenänderungen stehen, die nicht selten bilanzpolitisch motiviert sind. Darüber hinaus sollten die Anhangangaben zu den „bilanzpolitisch sensiblen Posten"[211] in die Analyse einbezogen werden.

Beispiel: Hinsichtlich der „sensiblen Positionen" sollten z. B. die Erläuterungen zu den Forderungen aus Lieferungen und Leistungen (insbesondere zu den Wertberichtigungen) und zu den (sonstigen) Rückstellungen sowie die Informationen zu den Abschreibungen und den sonstigen betrieblichen Erträgen bzw. den entsprechenden Aufwendungen genauer analysiert werden. „Durch Angaben zur näheren Zusammensetzung dieser Posten lassen sich meist recht gute Hinweise auf bilanzpolitische Überformungen gewinnen."[212]

---

[209] Diesbezüglich wird auf Abschnitt 1 im V. Kapitel dieses Buches verwiesen. Neben dem Anhang sollten auch die weiteren Bestandteile des Jahresabschlusses sowie der Lagebericht und die Publikationen Dritter hinsichtlich bilanzpolitischer Anhaltspunkte analysiert werden.

[210] Während die erforderlichen Anhangangaben nach IFRS in zahlreichen verschiedenen Standards zu finden sind, ergeben sich die Pflichtangaben nach HGB vor allem aus den §§ 284 f. HGB. „Anhangchecklisten" bezüglich expliziter Wahlrechte, die – nach Aktualisierung im Hinblick auf die derzeit gültigen Regelungen – zur Bestandsaufnahme im Rahmen der Textanalyse des Anhangs herangezogen werden können, finden sich z. B. bei *LACHNIT* (2004), S. 96 (HGB) und S. 98 (IFRS).

[211] *LACHNIT* (2004), S. 94.

[212] *LACHNIT* (2004), S. 94.

Schwache Signale für bilanzpolitisches Agieren können beispielsweise **auffällige Veränderungen von Postenproportionen** sein.

Beispiel: „So spricht z. B. viel für eine gewinnverkürzende Bilanzpolitik, wenn bei einem Unternehmen [...] das ausgewiesene Jahresergebnis um 20 % steigt und gleichzeitig die sonstigen Rückstellungen um 50 % zunehmen, ohne dass in der [entsprechenden] Positionserläuterung Sonderbelastungen als Grund für diese Zunahme benannt werden."[213]

identifizierte Instrumente	bilanzpolitische Beurteilung	
	progressiv	konservativ

- Hinweise auf die Ausnutzung expliziter Wahlrechte
  - Aktivierung von selbsterstellten immateriellen Vermögensgegenständen
  - Aktivierung latenter Steuern
  - Bemessung der Herstellungskosten zur Wertuntergrenze
  - Bewertungsvereinfachung bei Vorräten (Fifo)
  - Disagioaktivierung
  - Abschreibung auf das Finanzanlagevermögen
  - Auswirkungen von Methodenwechseln
- Hinweise auf Sachverhaltsgestaltungen
  - ...
- Hinweise auf die Ausnutzung impliziter Wahlrechte
  - ...

Abbildung 18:   *Grundstruktur eines auf die Ergebniswirkungen ausgerichteten Bilanzpolitikprofils*

Die gesammelten Einzelhinweise müssen im **zweiten Analyseschritt** zu einem Gesamtbild im Hinblick auf Art und Ausrichtung der eingesetzten bilanzpolitischen Instrumente zusammengefügt werden. Diese Synthese kann z. B. im Rahmen eines sog. **Bilanzpolitikprofils** erfolgen, dessen grundlegende Struktur in Abbildung 18 angedeutet ist.[214] Das Bilanzpolitikprofil ist die graphische Darstellung der Ausrichtung der im ersten Schritt identifizierten bilanzpolitischen Instrumente. Hierzu müssen die Instrumente dahingehend beurteilt werden, ob diese eher **„progressiv"** (ergebnisverbessernd) **oder eher „konservativ"** (ergebnisvermindernd) eingesetzt wurden.[215]

---

213   *LACHNIT* (2004), S. 94.

214   Siehe hierzu *LACHNIT* (2004), S. 101–106. Abbildung 18 wurde entsprechend in Anlehnung an die differenzierte Abbildung von *LACHNIT* (2004), S. 104 f., erstellt. Siehe zu möglichen „Checklisten" auch *KÜTING/WEBER* (2008), S. 737–739.

215   Ein Bilanzpolitikprofil kann ebenso für die Auswirkungen einzelner Instrumente auf die Bilanzsumme oder auf das Eigenkapital gebildet werden. Hierbei sind als Skalierung die Ausprägungen „erhöhend" und „vermindernd" zu wählen.

Auf eine **Skalierung** „**neutral**" oder „**normal**" sollte in diesem Zusammenhang möglichst verzichtet werden, denn eine sich etwa im Sinne eines „typischen Bilanzierungs-
verhaltens deutscher Unternehmen" ergebende „deutsche Normalbilanzierung"[216] als
Profilhintergrund stellt eine fiktive Durchschnittsbetrachtung dar, die weder wissenschaftlich begründbar noch bei einer Analyse der Bilanzpolitik praktisch handhabbar
ist.

Aus den möglichen ergebnis-, bilanzsummen- und/oder eigenkapitalorientierten Bilanz-
politikprofilen des Geschäftsjahres kann ein **Gesamteindruck hinsichtlich des bilanzpolitischen** Verhaltens des zu analysierenden Unternehmens gewonnen werden.[217] Dieser Eindruck unterstützt die nachfolgende (quantitative) Schätzung der stillen Reserven
und Lasten. Darüber hinaus lassen sich aus dem **Zeitvergleich von Bilanzpolitikprofi-
len** Aufschlüsse über die Veränderungen des bilanzpolitischen Vorgehens gewinnen.[218]

Beispiel: Eine Veränderung des bilanzpolitischen Vorgehens ist etwa nach dem Wechsel der Geschäftsleitung zu erwarten. In der Wechselperiode und eventuell im
darauffolgenden Geschäftsjahr wird i. d. R. auf bilanzpolitischem Wege versucht, Aufwendungen des Unternehmens zu erhöhen und vorwegzunehmen
(konservative Ausrichtung der Bilanzpolitik). Dieses **Großreinemachen ("Big
Bath Accounting")** – etwa durch eine Konzentration der Aufwendungen in
der Periode direkt nach dem Wechsel – hat zum Ziel, **einerseits** den Eindruck
zu erwecken, die Verantwortung dieser Verluste oder „schlechten" Ergebnisse
liegt noch in den Händen der ehemaligen Geschäftsleitung, und **andererseits**
die zukünftigen Perioden durch die „vorgezogenen" Aufwendungen zu entlas-
ten, was die durch die neue Geschäftsleitung vermeintlich zu verantwortenden
Erfolge „veredelt".

---

[216] Dies versucht zumindest *LACHNIT* (2004), S. 102 f., der in „konservativ", „normal" und „progressiv" unterscheidet. Siehe auch *LACHNIT/WULF* (2010), S. 689, welche einen umfangreichen Überblick hinsichtlich zahlreicher HGB-Wahlrechte und deren bilanzpolitischer Wertung gewähren,
ZDROWOMYSLAW/KASCH/PUCHINGER (1999), S. 45, welche die Übereinstimmung mit dem Vorgehen in der Steuerbilanz als „eher normal" ansehen, sowie *KÜTING/WEBER* (2008), S. 735 f., welche
die deutsche Normbilanzierung empirisch ableiten möchten.

[217] Hierzu kann beispielsweise die Kennzahl „**Abschreibungsquote**" (z. B. als Verhältnis der Abschreibungen des laufendes Jahres zum Anlagevermögen) im Rahmen eines Zeitvergleiches herangezogen werden, woraus gegebenenfalls Hinweise auf eine veränderte Abschreibungspolitik resultieren. Siehe hierzu *BURGER* (1995), S. 73.

[218] Bei diesen Zeitvergleichen ist – in Anbetracht der zu beachtenden Stetigkeit (Bindungswirkung)
der bisher eingesetzten Instrumente – ein besonderes Augenmerk auf die neu identifizierten und
die gegebenenfalls in veränderter Richtung eingesetzten bilanzpolitischen Instrumente zu richten.
In diesem Zusammenhang sei nochmals auf die **Eisberghypothese** verwiesen (Abschnitt 3.2.2.1
des II. Kapitels).

Ausgehend von der bislang identifizierten Art und Ausrichtung der verwendeten bilanz-politischen Instrumente sind im **dritten Analyseschritt** die quantitativen Effekte auf die einzelnen Positionen der Bilanz sowie der Gewinn- und Verlustrechnung zu schätzen. Vor allem das Eigenkapital und das Jahresergebnis sollen möglichst durch die **Schätzung und Berücksichtigung stiller Reserven und Lasten** bereinigt werden.

Allerdings ist vor dem Hintergrund der mangelhaften Informationsbasis sowie dem Grundsatz der Wirtschaftlichkeit der Bilanzanalyse den Anforderungen an die Aufbereitung der Informationen i. d. R. schon damit Genüge getan, dass z. B. durch die Aufstellung eines Bilanzpolitikprofils ein Gesamteindruck hinsichtlich des bilanzpolitischen Verhaltens des Unternehmens gewonnen wird.[219] Dieser Eindruck kann bei der Beurteilung der Analyseergebnisse als „Gradmesser" herangezogen werden. **Erhebliche Schätzprobleme**[220] bestehen letztlich nicht nur bei den sich aus der Bilanzpolitik ergebenden stillen Reserven und Lasten, auch im Hinblick auf die aus Ansatzverboten[221] und konkreten Bewertungsvorschriften[222] resultierenden stillen Reserven und Lasten gibt es kaum konkrete Anhaltspunkte zur Schätzung des jeweiligen Ausmaßes.

3.3   Erstellung einer Strukturbilanz

3.3.1   Grundlagen

Primäres Ziel der Informationsaufbereitung ist nicht die Erzeugung vollständig homogener Ausgangsdaten für die Bilanzanalyse, denn dies ist grundsätzlich nicht möglich, wenn beispielsweise Jahresabschlüsse vorliegen, die nach unterschiedlichen Rechnungslegungsnormen (HGB oder IFRS) erstellt wurden.[223] Vielmehr sollten die jeweiligen Analyseziele sowie der **Grundsatz der betriebswirtschaftlichen Orientierung** im Mittelpunkt der Informationsaufbereitung stehen (vgl. Abschnitt 3 des I. Kapitels). Ein wichtiges Ergebnis der Informationsaufbereitung ist die sog. Strukturbilanz.[224]

> Die **Strukturbilanz** stellt eine unter betriebswirtschaftlichen Aspekten (d. h. eine im Hinblick auf die Analyseziele) aus dem normierten Jahresabschluss hergeleitete Gegenüberstellung des (bilanzanalytischen) Vermögens einerseits sowie des (bilanzanalytischen) Eigen- und Fremdkapitals andererseits dar.

---

219 Hinsichtlich der Bemessung stiller Reserven und Lasten siehe *LACHNIT* (2004), S. 108–163.

220 Zu den Schätzproblemen und Grenzen der Analyse der Bilanzpolitik siehe *PFLEGER* (1991), S. 35, und *KÜTING/WEBER* (2012b), S. 223. Anderer Ansicht sind *REINHART* (1998), *LACHNIT* (2004), S. 99.

221 Diesbezüglich ist z. B. das handelsrechtliche Bilanzierungsverbot der selbst erstellten Marken, Drucktitel und Kundenlisten gemäß § 248 Abs. 2 Satz 2 HGB zu nennen.

222 Stille Reserven können sich z. B. durch die Obergrenze, welche mit den fortgeführten Anschaffungs- und Herstellungskosten nach HGB besteht bzw. nach IFRS bestehen kann, ergeben.

223 Ähnlich auch *KÜTING/WOHLGEMUTH* (2010), *KESSLER* (2010), S. 37.

224 Siehe ausführlich auch *BITZ/SCHNEELOCH/WITTSTOCK* (2011), S. 484–515.

Die Strukturbilanz wird durch **Umgliederungen, „Aufdeckungen", Verrechnungen und Umbewertungen** aus dem originären Abschluss abgeleitet. Erst durch diese Umgliederungen und „Aufdeckungen" (Korrekturen dem Ausweis nach), Verrechnungen (Korrekturen dem Ansatz nach) sowie Umbewertungen (Korrekturen der Höhe nach)[225] stehen Größen zur Verfügung, die zur Kennzahlenberechnung herangezogen werden können.[226] Auch mit Blick auf den Aussagegehalt der Strukturbilanz müssen grundsätzlich die nicht überwindbaren informationsquellenorientierten Grenzen der Bilanzanalyse berücksichtigt werden.

In der Strukturbilanz wird auf der **Aktivseite** das sog. bilanzanalytische Vermögen des Unternehmens dargestellt. Dieses sollte im Hinblick auf die Dauer der Betriebszugehörigkeit zumindest in ein (langfristig – also über das auf den Bilanzstichtag folgende Geschäftsjahr hinaus – zur Verfügung stehendes) bilanzanalytisches Anlagevermögen und ein (entsprechend kurzfristig zur Verfügung stehendes) bilanzanalytisches Umlaufvermögen unterteilt werden. Die Aktivseite wird entsprechend auf Verwertbarkeit und Liquiditätsgehalt untersucht und (um-)gegliedert.

Die **Passivseite** der Strukturbilanz zeigt die Zusammensetzung des sog. bilanzanalytischen Kapitals des Unternehmens. Dieses ergibt sich aus dem bilanzanalytischen Eigenkapital und dem bilanzanalytischen Fremdkapital. Letzteres sollte möglichst im Hinblick auf die Fristigkeit in ein langfristiges (Restlaufzeit der Schulden über fünf Jahre), ein mittelfristiges (Restlaufzeit der Schulden zwischen einem Jahr und fünf Jahren) und ein kurzfristiges (Restlaufzeit der Schulden bis zu einem Jahr) bilanzanalytisches Fremdkapital unterteilt werden. Stehen – wie es meist bei IFRS-Abschlüssen der Fall ist – keine Informationen zur Verfügung, um die mittelfristigen Schulden zu erkennen, ist das Fremdkapital bezüglich der Fristigkeit lediglich in das langfristige (Restlaufzeit der Schulden größer als ein Jahr) und das kurzfristige (Restlaufzeit der Schulden bis zu einem Jahr) bilanzanalytische Fremdkapital zu differenzieren.

In der Abbildung 19 werden die **Hauptgliederungspositionen einer Strukturbilanz** dargestellt. Diese sind je nach geplanter Auswertungsmethode, welche wiederum durch das Analyseziel („betriebswirtschaftlich") determiniert wird, weiter zu untergliedern. So ist beispielsweise zur Ermittlung von Liquiditätskennzahlen vor allem eine **weitere Unterteilung** des bilanzanalytischen Umlaufvermögens erforderlich.

---

[225] In diesem Falle ist i. d. R. ein entsprechender Verrechnungsposten im „bilanzanalytischen Eigenkapital" zu bilden.

[226] Siehe *KÜTING* (1991), S. 1468, *KÜTING/WEBER* (2012b), S. 81 f. *KERTH/WOLF* (1993), S. 104, sprechen deshalb im Hinblick auf die Strukturbilanz von einem **Bindeglied** „zwischen der Bilanzaufstellung und der Bilanzauswertung".

Neben der absoluten Darstellung der unter betriebswirtschaftlichen Aspekten analysezielorientiert ermittelten Positionen der Strukturbilanz ist die Angabe der **relativen Postenhöhe** (in % der bilanzanalytischen Bilanzsumme) zur transparenten Darstellung der Bilanzstrukturen zu empfehlen. Anzuraten ist in diesem Zusammenhang auch die Aufnahme einer **Veränderungsspalte** in die Strukturbilanz. Die Veränderungen sollten dabei sowohl in absoluter Höhe als auch – wie in Abbildung 19 vorgesehen – in relativer Höhe aufgezeigt werden. Für die bei der Kennzahlenberechnung gelegentlich notwendige Ermittlung von durchschnittlichen Bestandswerten (im Hinblick auf Abbildung 19 z. B. für das Jahr 03) ist zudem die Angabe der **korrespondierend ermittelten Vorjahreswerte** (hier zum 31.12.02) erforderlich. Soll zudem ein Zeitvergleich durchgeführt werden, ist entsprechend die Angabe der Beträge der darüber hinaus erforderlichen vorangegangenen Jahre notwendig.

	31.12.03		Veränderung	31.12.02	31.12.01
	absolut	in %	gegenüber dem Vorjahr in %	absolut	absolut
Strukturbilanz Aktiva					
A. bilanzanalytisches AV					
I. immaterielles AV					
1. ...					
II. ...					
...					
B. bilanzanalytisches UV					
...					
Bilanzvermögen insgesamt		100,0			
Strukturbilanz Passiva					
A. bilanzanalytisches EK					
...					
B. bilanzanalytisches FK					
I. langfristiges bilanzanal. FK					
...					
II. mittelfristiges bilanzanal. FK					
...					
III. kurzfristiges bilanzanal. FK					
...					
Bilanzkapital insgesamt		100,0			

Abbildung 19:   *Hauptgliederungspositionen einer Strukturbilanz*[227]

Im Rahmen der Aufbereitungsmaßnahmen muss zwingend der Grundsatz der Transparenz beachtet werden. Die **Dokumentation der Aufbereitungsmaßnahmen** hat dementsprechend so zu erfolgen, dass die Nachvollziehbarkeit der Vorgehensweise auch zukünftig gewährleistet ist, damit sich einerseits die im Rahmen der Strukturbilanz ausgewiesenen Werte unterschiedlicher Jahre sachlich entsprechen und andererseits eine weitgehend effiziente Datenaufbereitung aufgrund der Erkenntnisse der Vorjahre ermöglicht wird.

---

[227] In Anlehnung an *KÜTING/WEBER* (2012b), S. 87.

Aufgrund der **Verknüpfung von Bilanz sowie Gewinn- und Verlustrechnung** durch die doppelte Buchführung ist zu beachten, dass durch die Anpassungen, die zur Strukturbilanz führen (oder in den vergangenen Jahren zu dieser führten), auch Änderungen im Hinblick auf gegebenenfalls korrespondierende Erfolgsgrößen erforderlich sein können.[228] **Im Ergebnis führt die Erstellung der Strukturbilanz zugleich zu einer unter betriebswirtschaftlichen Aspekten bereinigten Gewinn- und Verlustrechnung.**

3.3.2   Besondere Aspekte

Im Weiteren soll verdeutlicht werden, welche wesentlichen Schritte („Korrekturmaßnahmen") bei den einzelnen Aktiv- und Passivposten einer publizierten Bilanz vor allem im Hinblick auf **Ansatz und Ausweis** zur Ableitung der Strukturbilanz erforderlich sind.[229] Als Ausgangspunkt dient hierzu die im § 266 HGB kodifizierte Bilanzgliederung. Auf grundlegende Besonderheiten, die bei den Aufbereitungsmaßnahmen von IFRS-Bilanzen zu berücksichtigen sind, wird an den entsprechenden Stellen hingewiesen. Bezüglich der nachfolgend vernachlässigten Aufbereitungsmaßnahmen zur **Bewertung** sei auf die kritischen Erläuterungen zum dritten Schritt der Bilanzpolitikanalyse in Abschnitt 3.2.3 dieses Kapitels verwiesen.

Ein auf der **Aktivseite** zu findender **derivativer Goodwill** (entgeltlich erworbener Geschäfts- oder Firmenwert) sollte nach HGB und IFRS aufgrund der damit verbundenen bilanzpolitischen Spielräume, der strittigen Werthaltigkeit und der mangelhaften Aussagekraft dieser Beträge sowie aufgrund der mit diesem Posten verbundenen Ungleichbehandlung von extern und intern wachsenden Unternehmen[230] nicht dem Vermögen der Strukturbilanz zugerechnet werden. Vielmehr ist anzuraten, den derivativen Goodwill mit dem Eigenkapital zu verrechnen.[231] Dies gilt auch – wie im fünften Kapitel näher erläutert – für den derivativen Goodwill, der sich im Rahmen der Konzernrechnungslegung ergibt. Hierbei ist darauf zu achten, dass Abschreibungen auf den Goodwill konsistent bei der Bereinigung der Gewinn- und Verlustrechnung zu eliminieren sind.

---

[228]   Erfolgt beispielsweise – bei einer durch das Unternehmen vorgenommenen Aktivierung selbst erstellter immaterieller Vermögensgegenstände des Anlagevermögens – im Rahmen der Erstellung der Strukturbilanz die Verrechnung dieser Position mit dem Eigenkapital im Sinne einer fiktiven Nichtaktivierung, sollte diese Fiktion auch innerhalb der Gewinn- und Verlustrechnung als Anpassung berücksichtigt werden, indem im Berichtsjahr der ursprünglichen Aktivierung ein entsprechender Aufwand in der Gewinn- und Verlustrechnung berücksichtigt wird. Darüber hinaus sollten die Folgejahre im Rahmen der Bilanzanalyse insofern korrigiert werden, als dort die vom Unternehmen vorgenommenen Abschreibungen, die sich auf die aktivierten selbst erstellten immateriellen Vermögensgegenstände des Anlagevermögens beziehen, aufwandsmindernd korrigiert werden.

[229]   Nachfolgende Ausführungen orientieren sich vor allem an *KÜTING/WEBER* (2012b), S. 87–112.

[230]   Schließlich ist ein bei internem Wachstum aufgebauter originärer Goodwill mangels Objektivierung nicht aktivierbar.

[231]   Siehe so z. B. auch *BAETGE/SCHMIDT* (2010), S. 179, *RAMMERT* (2010), S. 2274–2277 (Rz. 61–64), *HOMMEL/RAMMERT* (2012), S. 339, *KÜTING/WEBER* (2012b), S. 99. Anderer Ansicht sind *LACHNIT* (2004), S. 19. Siehe auch die verschiedenen Vorschläge von *GÖLLERT* (2009), S. 1774.

Für **selbst erstellte immaterielle Vermögenspositionen**, die dazu bestimmt sind, dauernd dem Geschäftsbetrieb des Unternehmens zu dienen, besteht gemäß § 248 Abs. 2 HGB ein Aktivierungswahlrecht.[232] Hieraus resultieren für die Unternehmen erhebliche bilanzpolitische Spielräume, wodurch sich die intertemporale und innerbetriebliche Vergleichbarkeit von Jahresabschlüssen erschwert. Die auf Basis dieses Wahlrechts nach HGB aktivierten Beträge sowie – soweit aus den Abschlüssen erkennbar – die nach IFRS aktivierten selbst geschaffenen immateriellen Vermögenswerte sollten bei der Bilanzanalyse im Sinne einer vorsichtigen Interpretation und damit verbundener Sicherheitsbedenken (zumindest aus Gläubigersicht) mit dem Eigenkapital (konkret mit den Gewinnrücklagen) verrechnet werden.[233] Dabei ist zwingend zu berücksichtigen,

- dass der hierzu korrespondierende Betrag **passiver latenter Steuern**, welcher sich aus dem Aktivierungsverbot des § 5 Abs. 2 EStG ergibt, ebenfalls mit dem Eigenkapital zu verrechnen ist und

- dass der in Rede stehende Betrag im Aktivierungsjahr hinsichtlich der Erfolgsanalyse beim Gesamtkostenverfahren von den anderen aktivierten Eigenleistungen abzuziehen bzw. beim Umsatzkostenverfahren als (Entwicklungs-)Aufwand hinzuzurechnen ist.[234]

- Darüber hinaus sind die Abschreibungen auf die selbst erstellten immateriellen Vermögensgegenstände bzw. -werte in den Folgejahren zu stornieren, denn in der Strukturbilanz wird diesbezüglich ein Aktivierungsverbot fingiert.[235]

Nach IFRS kann zur Bewertung von **Sachanlagen** und – im Ausnahmefall (weil i. d. R. kein aktiver Markt vorliegt) – immateriellen Vermögenspositionen neben dem Anschaffungskostenmodell, das als Wertobergrenze die fortgeführten Anschaffungs- und Herstellungskosten zugrunde legt, auch auf das **Neubewertungsmodell** zurückgegriffen werden. Mit Letzterem wird eine marktnähere bzw. zukunftsorientierte Bewertung zu einem Betrag angestrebt, der die fortgeführten Anschaffungs- und Herstellungskosten übersteigen kann. Als Gegenposten findet sich im Eigenkapital die **Neubewertungsrücklage**. In Anbetracht der Probleme[236] bei der Ermittlung eines beizulegenden Zeitwertes („Fair Value") sollten diese Positionen und entsprechend das Eigenkapital bei Anwendung des Neubewertungsmodells um den Betrag der Neubewertungsrücklage vermindert wer-

---

232 Hinsichtlich der Wirkung dieses Wahlrechts vgl. *MINDERMANN/BRÖSEL* (2009), S. 391–393. Siehe auch *BITZ/SCHNEELOCH/WITTSTOCK* (2011), S. 489 f.

233 Vgl. z. B. *GÖLLERT* (2009), S. 1773 f., *RAMMERT* (2010), S. 2277 f. (Rz. 65–67), *KÜTING/WEBER* (2012b), S. 88, *HAAKER* (2012a), S. 58. Dabei sollte nicht vergessen werden, dass „der Wert von Spezialmaschinen [häufig] nicht besser einschätzbar [ist] als der von selbst geschaffenen immateriellen Anlagewerten", so *BALLWIESER* (1989), S. 20 f. Anderer Ansicht ist *FREIBERG* (2012), S. 59.

234 Siehe *KÜTING/GRAU* (2012), S. 1244.

235 Vgl. *KESSLER* (2010), S. 38.

236 So ist z. B. die Ermittlung eines potentiellen Nettoverkaufspreises bei vielen Positionen des ruhenden Vermögens willkürlich; auch ist eine Veräußerung aufgrund der Zuordnung zum Anlagevermögen im Hinblick auf die grundsätzlich anzunehmende Fortführung des Geschäftsbetriebes nicht angestrebt. Siehe z. B. *WAGENHOFER* (2006), S. 34 f., *OLBRICH/BRÖSEL* (2007), *BIEG ET AL.* (2008).

den.[237] Probleme können sich bei dieser Korrektur ergeben, wenn die Neubewertungsrücklage nicht *pro rata temporis*, sondern erst bei Ausbuchung des Vermögenswertes
mit den Gewinnrücklagen verrechnet wird. Korrespondierend sind die Abschreibungen in
der Gesamtergebnisrechnung um den sich auf die erhöhte Neubewertung beziehenden
Betrag, der gegebenenfalls geschätzt werden muss, zu reduzieren.[238]

Im Hinblick auf die **Finanzanlagen** ist zu konstatieren, dass diese nach IFRS oftmals
zum „Fair Value", der auf einem Marktpreis basiert oder dem Ergebnis einer DCF-
Bewertung entspricht, ausgewiesen werden. Gemäß dem schon hinsichtlich der Neubewer-
tungsrücklagen präsentierten Vorschlag sollten die Finanzanlagen in Anbetracht der hier
ausgewiesenen unrealisierten Gewinne mit der die Finanzanlagen betreffenden und im
Eigenkapital ausgewiesenen **„Fair-Value-Rücklage"** verrechnet werden.[239] Dies gilt
jedoch nicht, wenn eine negative „Fair-Value-Rücklage" besteht, weil dies eine *realiter*
nicht vorliegende Wertaufholung zum Bilanzstichtag unterstellen würde.

Nach § 268 Abs. 5 HGB ist es möglich, **erhaltene Anzahlungen auf Bestellungen** offen
von den **Vorräten** abzusetzen. Diese (nach IFRS nicht zulässige) Saldierung sollte bei
der Erstellung der Strukturbilanz rückgängig gemacht werden, denn es ist einerseits
nicht sichergestellt, dass das betrachtete Unternehmen den Auftrag erfüllt. Insofern besteht eine Rückzahlungsverpflichtung (also eine Verbindlichkeit) bis zur Fertigstellung.
Es kann sogar möglich sein, dass mit der Auftragsabwicklung trotz erhaltener Anzah-
lung noch gar nicht begonnen wurde. Andererseits kann dies im Extremfall dazu führen,
dass in der Bilanz keine Vorräte ausgewiesen werden, wenn es sich z. B. um besonders
hohe Anzahlungsbeträge im Rahmen von Großprojekten handelt. Darüber hinaus führt
eine unterlassene Bereinigung dazu, dass – im Hinblick auf die Finanzierungsströme –
Mittelverwendung und -herkunft nicht sachgerecht differenziert werden. Die erhaltenen
Anzahlungen auf Bestellungen sollten deshalb in der Strukturbilanz vielmehr unter den
(kurzfristigen) Verbindlichkeiten ausgewiesen werden.

Nach IFRS werden **langfristige Fertigungsaufträge** gemäß der PoC-Methode nach
Projektfortschritt ausgewiesen. Diese beinhalten somit unrealisierte Gewinne, deren
Höhe jedoch in Ermangelung entsprechender Angabepflichten gewöhnlich nicht identifizierbar ist. Diese können daher nicht von der Summe der bisher angefallenen Kosten
separiert werden, weshalb die Verrechnung der unrealisierten Gewinne mit dem Eigenkapital regelmäßig nicht möglich ist. Gleichwohl sollten Forderungen im Hinblick auf
langfristige Fertigungsaufträge bei der Analyse eines IFRS-Abschlusses **dem langfristigen Vermögen zugeordnet** werden, weil die hiermit verbundenen Zahlungen i. d. R.
erst mittelfristig (oder langfristig) zu erwarten sind.[240] Die im Hinblick auf die Struktur-

---

[237] Siehe zu diesem Vorschlag auch *RAMMERT* (2010), S. 2279 f. (Rz. 71–74).

[238] Vgl. *KIRSCH* (2004b), S. 264.

[239] Siehe auch *RAMMERT* (2010), S. 2279 f. (Rz. 71–74).

[240] Vgl. *KIRSCH* (2005a), S. 881. Demnach sollten auch langfristige Fertigungsaufträge mit passivischem
       Saldo von den kurz- in die mittel- bzw. langfristigen Verbindlichkeiten umgegliedert werden.

bilanz für diese Umbuchung erforderlichen Informationen sollten sich im Anhang finden lassen.

Soweit **ausstehende Einlagen eingefordert** sind, werden diese (gemäß § 272 Abs. 1 Satz 3 2. Teilsatz HGB) unter den Forderungen ausgewiesen. Deren Zuordnung im Rahmen der Strukturbilanz ist davon abhängig, ob der Analyst (z. B. aufgrund der mangelnden Solvenz der betroffenen Anteilseigner) Bedenken hat, dass eine Einzahlung erfolgen wird. In diesem Fall muss in der Strukturbilanz eine Saldierung der unter den Forderungen ausgewiesenen Beträge mit dem Eigenkapital erfolgen. Sind die Einlagen hingegen eingefordert **und** bestehen keine solchen Bedenken, dann ist keine Saldierung notwendig. Vielmehr verbleiben die ausgewiesenen Beträge im bilanzanalytischen Umlaufvermögen.

Die **aktiven Rechnungsabgrenzungsposten** stellen nach HGB keine Vermögensgegenstände dar. Aus betriebswirtschaftlicher Sicht haben diese Posten jedoch Forderungscharakter und sind entsprechend umzugliedern. Soweit keine näheren Informationen über die Fristigkeit vorliegen, sollte eine Umgliederung zum kurzfristigen bilanzanalytischen Vermögen erfolgen. Nach IFRS sind diese transitorischen Rechnungsabgrenzungsposten bereits – unter Berücksichtigung der Fristigkeit – innerhalb der kurz- oder langfristigen Vermögenswerte ausgewiesen.

Eine Ausnahme bildet im Hinblick auf den aktiven Rechnungsabgrenzungsposten das möglicherweise (etwa nach § 250 Abs. 3 HGB) aktivierte **Disagio**. Da es sich hierbei um einen Korrekturposten zum Fremdkapital handelt, ist dieser mit den korrespondierenden (lang- oder mittelfristigen) Verbindlichkeiten zu verrechnen. Auswirkungen auf den Zinsaufwand ergeben sich hieraus nicht. **Denkbar** wäre auch eine Verrechnung des Disagios mit dem Eigenkapital, wenn hiermit die alternative Vorgehensweise der Verbuchung des Disagios im Zugangszeitpunkt nachvollzogen werden soll.[241] Eine solche Berücksichtigung im Rahmen der Bilanzanalyse würde zwar nicht der betriebswirtschaftlichen Bedeutung des Disagios entsprechen, welches lediglich zukünftige Zinsaufwendungen reduziert, jedoch könnte dies zu einer erhöhten Vergleichbarkeit mit jenen Unternehmen führen, welche das Disagio sofort aufwandwirksam verbuchen. So käme es bei diesem Vorgehen allerdings zu einer Verzerrung der Ertragslage, denn das Disagio bezieht sich auf die Darlehenslaufzeit. Bei dieser Vorgehensweise wäre somit die Vergleichbarkeit mit jenen Unternehmen gefährdet, welche Darlehen ohne Disagio aufnehmen; dies dürfte zudem die größere Zahl an Unternehmen sein.

Aktive latente Steuern können nach § 274 HGB im Sinne eines Wahlrechts im Einzelabschluss und **müssen** im Sinne einer Ansatzpflicht im Konzernabschluss nach HGB und nach IFRS ausgewiesen werden. Diese Position sollte bei der Bilanzanalyse mit

---

[241] Dies wird etwa von *KÜTING/WEBER* (2012b), S. 91, vorgeschlagen.

den passiven latenten Steuern saldiert werden. Ein eventuell bestehender aktiver Überhang ist letztlich mit dem Eigenkapital zu verrechnen.[242]

Ein **aktiver Unterschiedsbetrag aus der Vermögensverrechnung** ergibt sich nach HGB, wenn der beizulegende Zeitwert bestimmter Vermögensgegenstände den Betrag der mit diesen zu verrechnenden Altersversorgungs- und ähnlichen Verpflichtungen übersteigt. Da dieser Posten auf der Aktivseite nur zu bilden ist, wenn die mit der Verpflichtung korrespondierenden Vermögensgegenstände „dem Zugriff aller übrigen Gläubiger entzogen sind" (§ 246 Abs. 2 HGB), und dieser zudem unrealisierte Gewinne enthält, sollte diese Position bei der Bilanzanalyse mit dem Eigenkapital verrechnet werden. In diesem Zusammenhang sind die entsprechenden Effekte im Hinblick auf die passiven latenten Steuern zu bereinigen.[243]

Nach der Darstellung der wesentlichen, die Aktiva betreffenden Veränderungen wird nun auf bedeutende Aspekte der **Passivseite** eingegangen.

Im Hinblick auf das **Eigenkapital** sollte bei einem IFRS-Abschluss – entsprechend den gemachten Ausführungen zu den korrespondierenden Aktivposten – die **Neubewertungsrücklage** (Verrechnung mit den Sachanlagen und den immateriellen Vermögenswerten) eliminiert werden.[244] Die im Hinblick auf diverse Positionen (z. B. derivativer Goodwill, selbst erstellte immaterielle Vermögenspositionen) der Aktivseite empfohlene Verrechnung (Saldierung) mit dem Eigenkapital sollte – sofern es Erfolgswirkungen der Vorjahre betrifft – mit den **Gewinnrücklagen** erfolgen. Sofern identifizierbar ist, dass es sich um Erfolgswirkungen handelt, welche das Berichtsjahr betreffen, ist eine Saldierung mit dem **Bilanzgewinn** zu empfehlen. Sollte der Bilanzgewinn aufgrund geplanter hoher Ausschüttungen hierfür zu gering sein, ist eine Verrechnung des diesbezüglichen „Restbetrages" mit den Gewinnrücklagen erforderlich.

Ein innerhalb des Eigenkapitals ausgewiesener positiver **Jahreserfolg** (Bilanzgewinn oder Jahresüberschuss) ist dahingehend zu überprüfen, wie dieser verwendet werden soll. In diesem Zusammenhang ist zu berücksichtigen, dass die Bilanzerstellung nach § 268 Abs. 1 HGB „vor Ergebnisverwendung", „nach teilweiser Ergebnisverwendung" sowie „nach vollständiger Ergebnisverwendung" erfolgen kann.[245] Der Bestandteil des Ergebnisses, der voraussichtlich ausgeschüttet wird, ist schließlich in die kurzfristigen Verbindlichkeiten umzugliedern (z. B. als „Dividendenverbindlichkeiten").

---

[242] Siehe so auch *RAMMERT* (2010), S. 2278 f. (Rz. 68–70), *KÜTING/WEBER* (2012b), S. 92. Vgl. auch *SCHILDBACH/STOBBE/BRÖSEL* (2013), S. 215. Anderer Ansicht ist *LACHNIT* (2004), S. 18 f., der in dieser Position auch bilanzanalytisch einen zukünftigen „Verrechnungsanspruch gegen den Fiskus" (S. 18) sieht.

[243] Siehe *KÜTING/GRAU* (2012), S. 1245 f.

[244] Vgl. auch *KIRSCH* (2005b), S. 234.

[245] Siehe zu den nachfolgenden Ausführungen zum Erfolgsausweis *BUCHHOLZ* (2013), S. 125–129, *SCHILDBACH/STOBBE/BRÖSEL* (2013), S. 287–290.

Ein **Erfolgsausweis vor Ergebnisverwendung** erfolgt häufig in GmbH-Jahresabschlüssen, wenn sich die Gesellschafter beispielsweise noch nicht über die Ergebnisverwendung geeinigt haben. Innerhalb des Eigenkapitals werden dann die Positionen „Jahresüberschuss" oder „Jahresfehlbetrag" sowie gegebenenfalls die Positionen „Gewinnvortrag" oder „Verlustvortrag" ausgewiesen. In diesem Fall muss die Ergebnisverwendung vom Analysten – unter Berücksichtigung eventuell bestehender gesetzlicher und satzungsmäßiger Restriktionen – prognostiziert werden, soweit die dafür erforderlichen Informationen vorliegen.

Der **Erfolgsausweis nach teilweiser Ergebnisverwendung** ist gewöhnlich bei Aktiengesellschaften zu finden. Hierbei werden die Positionen „Bilanzgewinn" oder „Bilanzverlust" – unter Berücksichtigung von Entnahmen oder Zuführungen zu den Rücklagen – aus den Positionen „Jahresüberschuss" oder „Jahresfehlbetrag" und gegebenenfalls bestehender Gewinn- oder Verlustvorträge entwickelt. Im Falle einer AG unterbreitet der Vorstand zudem gemäß § 170 Abs. 2 AktG einen Gewinnverwendungsvorschlag, der eine Beschlussvorlage zur Einbehaltung und/oder Ausschüttung der Gewinne darstellt, über welche die Aktionäre schließlich auf der Hauptversammlung zu entscheiden haben. Die im Gewinnverwendungsvorschlag bezeichnete Ausschüttungshöhe sollte vom Analysten als „(latente) Dividendenverbindlichkeit" in die kurzfristigen Verbindlichkeiten umgegliedert werden. Der Betrag des Bilanzgewinns, der auf neue Rechnung vorgetragen werden soll, verbleibt im Eigenkapital der Strukturbilanz.

Ein **Erfolgsausweis nach vollständiger Ergebnisverwendung** kann i. d. R. nur erfolgen, wenn ein Gewinnverwendungsbeschluss bereits gefasst wurde. Insofern ist diese Ausweisvariante bei Aktiengesellschaften eher ungewöhnlich. Bei dieser Art des Erfolgsausweises lassen sich in der Bilanz weder die Posten „Bilanzgewinn" und „Bilanzverlust" noch die Posten „Jahresüberschuss" und „Jahresfehlbetrag" finden. Der auszuschüttende Betrag ist hier bereits dem Passivposten (kurzfristige) „Verbindlichkeiten gegenüber Gesellschaftern" zugeordnet. Eine Umgliederung muss in diesem Fall hinsichtlich der Strukturbilanz nicht mehr erfolgen.

Ein weiterer Aspekt betrifft die **Abgrenzung von Eigen- und Fremdkapital**.[246] Gemäß IAS 32.17 sind Finanzinstrumente dem Fremdkapital zuzuordnen, wenn diesbezüglich eine gesetzliche oder vertragliche Verpflichtung besteht, Zahlungsmittel oder andere finanzielle Vermögenswerte abzugeben. Diese Regelung führt beim „Übergang" von der HGB- auf die IFRS-Bilanzierung zu einer erforderlichen Umklassifizierung von Finanzinstrumenten vom Eigen- zum Fremdkapital, wenn gesetzlich oder vertraglich ein Rückgaberecht der (Eigen-)Kapitalgeber eingeräumt ist. Insbesondere deutsche Personengesellschaften und Genossenschaften können hiervon betroffen sein, denn aufgrund der nationalen Rechtslage ist bei diesen Unternehmen ein Ausschluss des Kündigungsrechts seitens der Gesellschafter und des damit verbundenen Abfindungsanspruchs

---

246 Zur Problematik des IAS 32 vgl. z. B. *Wirth* (2005). Siehe auch *Petersen/Zwirner* (2008).

gegenüber dem Unternehmen nicht ohne weiteres möglich. Zur Klassifizierung von sog. Geschäftsguthaben als Eigenkapital müssen z. B. Genossenschaften eine entsprechende Satzungsänderung vornehmen. Die betroffenen Unternehmen weisen – in Abhängigkeit von der (Nicht-)Erfüllung der in IAS 32.16A und 16B geregelten Bedingungen – „handelsrechtliches" Eigenkapital im Fremdkapital der IFRS-Bilanz aus.[247] Um die Adressaten diesbezüglich nicht zu irritieren, ist bestenfalls ein entsprechender Hinweis im Anhang anzuraten. Im Hinblick auf die Strukturbilanz sind diese Beträge in das bilanzanalytische Eigenkapital umzugliedern.

Diese Problematik betrifft in ähnlicher Weise auch das sog. **Mezzanine-Kapital**,[248] welches vor allem bei kleinen und mittleren Unternehmen eine hybride Kapitalposition mit – je nach Ausgestaltung des Finanzierungsinstrumentes – mehr oder weniger starkem Eigenkapitalcharakter darstellt. Hinsichtlich der Zuordnung zum bilanzanalytischen Eigen- oder Fremdkapital muss vor allem auf die Rechte der Kapitalgeber (z. B. Kündigungs-, Kontroll- und Informationsrechte sowie Fristigkeit, Nachrangigkeit bei Besicherung, Vergütung und Verlustteilnahme) abgestellt werden.[249] Dies ist nur möglich, wenn die notwendigen Informationen vorliegen.

Sonderposten haben – wie es der Name bereits ausdrückt – eine Sonderstellung auf der Passivseite der HGB-Bilanz zwischen Eigen- und Fremdkapital. Im Hinblick auf diesen Posten ist auf Basis der Anhangangaben zu unterscheiden, ob es sich um steuerpflichtige oder um steuerfreie Sonderposten für Investitionszuwendungen zum Anlagevermögen handelt. Diese können sich aus nicht rückzahlbaren Baukostenzuschüssen Dritter sowie aus Zuwendungen der Öffentlichen Hand – i. S. v. Investitionszulagen und -zuschüssen – ergeben. Der **steuerpflichtige Sonderposten für Investitionszuwendungen zum Anlagevermögen** ist hinsichtlich der Strukturbilanz anteilmäßig als Eigen- und Fremdkapital zu behandeln. Die Aufteilung ist abhängig von der erwarteten zukünftigen Ertragsteuerbelastung. Diese kann aus Vorsichtsgründen mit 40 % unterstellt werden,[250] weshalb der Sonderposten zu 60 % dem bilanzanalytischen Eigen- und zu 40 % dem bilanzanalytischen Fremdkapital zuzurechnen ist. In Ermangelung konkreter Informationen über die Auflösung dieser Posten in den Folgejahren ist eine Zuordnung zum mittelfristigen (oder

---

[247] Diese Posten sind dort in Höhe des „Fair Value" auszuweisen. Dies kann zu weiteren Problemen führen, denn der „Fair Value" wird i. d. R. den Nominalbetrag übersteigen, woraus ein „nicht durch Eigenkapital gedeckter Fehlbetrag" bei den betroffenen Unternehmen resultieren kann.

[248] Siehe hierzu MATSCHKE/BRÖSEL/BYSIKIEWICZ (2006), MEEH/KNAUSS (2006), S. 316–333, PAPE (2011), S. 197–206.

[249] Siehe diesbezüglich zur Diskussion um die bilanzielle Abgrenzung von Eigen- und Fremdkapital, welche in Anbetracht der wachsenden Bedeutung innovativer Finanzierungsformen durchaus zu einem Forschungsschwerpunkt der Bilanzanalyse „mutieren" kann, BIGUS (2007a) und (2007b) sowie STEINER/SCHIFFEL (2007). Siehe ausführlich auch DÜRR (2007).

[250] KÜTING/WEBER (2012b), S. 100 f., empfehlen beispielsweise in Anbetracht der durchschnittlichen Ertragsteuerbelastung eine Zuordnung von 70 : 30 bezüglich des Verhältnisses „Eigenkapital : Fremdkapital". Bei unwesentlichen Beträgen kann vereinfacht auch eine jeweils hälftige Zurechnung zum bilanzanalytischen Eigen- und Fremdkapital (also 50 : 50) erfolgen.

zum zusammengefassten mittel- und langfristigen) Teil des Fremdkapitals denkbar. Der **steuerfreie Sonderposten für Investitionszuwendungen zum Anlagevermögen** ist hingegen vollständig dem bilanzanalytischen Eigenkapital zuzurechnen.

Hinsichtlich der **Rückstellungen** ergeben sich bei der Erstellung von Strukturbilanzen aus HGB-Abschlüssen vor allem Fragen nach der Zuordnung zum lang-, mittel- oder kurzfristigen bilanzanalytischen Fremdkapital. Im Anhang eines Unternehmens findet sich i. d. R. kein mit dem Verbindlichkeitsspiegel vergleichbarer Rückstellungsspiegel, der Informationen über die Fristigkeiten der Rückstellungen gewähren würde. Während **Pensionsrückstellungen** in der Konsequenz dem langfristigen bilanzanalytischen Fremdkapital zuzuordnen sind, sollten – soweit keine gegenteiligen Informationen vorliegen – alle **übrigen Rückstellungen** dem kurzfristigen bilanzanalytischen Fremdkapital zugerechnet werden. Die Passivseite der IFRS-Bilanz wird bereits primär nach Fristigkeiten und sekundär nach der Art des Fremdkapitals unterschieden. Deshalb bestehen bei diesen Bilanzen entsprechende Probleme bei der fristgerechten Zuordnung der Rückstellungen nicht.

Da es sich bei den handelsrechtlich zulässigen **Aufwandsrückstellungen** um Innenverpflichtungen und nicht um Verpflichtungen gegenüber außenstehenden Dritten handelt, sollten diese – soweit identifizierbar – dem Eigenkapital zugeordnet werden.[251]

Sofern den Altersversorgungsverpflichtungen oder vergleichbaren Verpflichtungen Vermögensbestandteile gegenüberstehen, die dem Zugriff aller Gläubiger entzogen sind, muss dieses sog. **Deckungsvermögen** gemäß § 246 Abs. 2 Satz 2 HGB mit den korrespondierenden Verpflichtungen verrechnet werden. Im handelsrechtlichen Jahresabschluss erfolgt somit kein separater Ausweis dieser Vermögensgegenstände und Schulden (i. S. v. Pensionsrückstellungen), sondern es wird eine bilanzverkürzende Nettobilanzierung vorgenommen. Lediglich eine Über- oder eine Unterdeckung wird als Saldo entweder unter dem Posten „Aktiver Unterschiedsbetrag aus der Vermögensverrechnung" oder unter den „Pensionsrückstellungen" ausgewiesen. Bei der Erstellung der Strukturbilanz sollte dieses Vorgehen – insbesondere hinsichtlich der Vermögensanalyse – rückgängig gemacht werden, sofern dem Bilanzanalysten die entsprechenden Informationen dafür vorliegen. Dies ist regelmäßig bei Kapitalgesellschaften bzw. gleichgestellten Personenhandelsgesellschaften der Fall, weil sie gemäß § 285 Nr. 25 HGB im Anhang über die Höhe der Pensionsverpflichtungen und die Höhe des Deckungsvermögens berichten müssen. Diese Korrektur kann im Sinne einer „Aufdeckung" insofern erfolgen, als im bilanzanalytischen Anlagevermögen nach den Finanzanlagen der Posten „Deckungsvermögen" aufgenommen wird und die Verpflichtungen (wie die Pensionsrückstellungen) als langfristiges bilanzanalytisches Fremdkapital dargestellt werden.[252]

---

251 *KÜTING/WEBER* (2012b), S. 101 f., plädieren hingegen bezüglich der Aufwandsrückstellungen für eine Einzelbetrachtung und entsprechend für individuelle Entscheidungen.

252 Siehe *BITZ/SCHNEELOCH/WITTSTOCK* (2011), S. 496 und S. 970.

Beispiel: Ein Unternehmen weist auf der Aktivseite der ursprünglichen Bilanz die Position „Aktiver Unterschiedsbetrag aus der Vermögensverrechnung" i. H. v. T€ 100 aus. Diesem liegen ein Deckungsvermögen mit einem beizulegenden Zeitwert von T€ 1.100 (bei Anschaffungskosten i. H. v. T€ 1.000) und mit diesem in der Bilanz verrechneten Pensionsrückstellungen i. H. v. T€ 1.000 zugrunde. In der Strukturbilanz sollten entsprechend im Anlagevermögen das Deckungsvermögen und unter dem langfristigen Fremdkapital die Pensionsrückstellungen jeweils mit T€ 1.000 ausgewiesen werden. Der Betrag i. H. v. T€ 100, der sich aus dem Posten „Aktiver Unterschiedsbetrag aus der Vermögensverrechnung" ergibt, sollte in der Strukturbilanz mit dem Eigenkapital verrechnet werden.

Alternativ weist ein Unternehmen auf der Passivseite der ursprünglichen Bilanz – nach der Verrechnung mit dem Deckungsvermögen – „Pensionsrückstellungen" i. H. v. T€ 200 aus. Diesem liegen ein Deckungsvermögen mit einem beizulegenden Zeitwert von T€ 1.000 (= Anschaffungskosten) und Pensionsrückstellungen i. H. v. insgesamt T€ 1.200 zugrunde. In der Strukturbilanz sollte im Anlagevermögen das Deckungsvermögen mit T€ 1.000 ausgewiesen werden; im langfristigen Fremdkapital sind Pensionsrückstellungen i. H. v. T€ 1.200 darzustellen.

Auch die **Verbindlichkeiten** müssen nach HGB dem lang-, mittel- oder kurzfristigen bilanzanalytischen Fremdkapital zugerechnet werden. Hierzu kann gegebenenfalls auf den Verbindlichkeitenspiegel im Anhang zurückgegriffen werden, der in lang-, mittel- und kurzfristige Verbindlichkeiten unterscheiden sollte. Nach IFRS kann i. d. R. die bestehende Zuordnung der Passivseite beibehalten werden, die primär nach Fristigkeiten (allerdings lediglich in kurzfristiges und langfristiges, nicht jedoch auch in mittelfristiges Fremdkapital) unterscheidet.

Die Zuordnung des **passiven Rechnungsabgrenzungspostens** erfolgt nach HGB korrespondierend zur Vorgehensweise hinsichtlich des aktiven Pendants. Passive transitorische Rechnungsabgrenzungsposten haben Fremdkapitalcharakter und sind entsprechend – soweit keine weitergehenden Informationen vorliegen – dem kurzfristigen bilanzanalytischen Fremdkapital zuzuordnen. In IFRS-Bilanzen sollte eine entsprechende Zuordnung nicht mehr erforderlich sein, weil die den passiven Rechnungsabgrenzungsposten zugrunde liegenden Sachverhalte bereits unter den entsprechenden kurz- oder langfristigen Schulden ausgewiesen werden.

Die **passiven latenten Steuern** sollten – nach Verrechnung mit den gegebenenfalls ausgewiesenen aktiven latenten Steuern – grundsätzlich beibehalten werden, weil diese zukünftige Steuerbelastungen verkörpern. Die nach HGB unter dem Posten „Passive latente Steuern" separat auszuweisenden Komponenten sind in der Strukturbilanz dem Fremdkapital zuzurechnen. Bei einer Umgliederung in das Fremdkapital sollte – in Ermangelung näherer Informationen über die Fristigkeit – eine Zuordnung zum kurzfristigen bilanzanalytischen Fremdkapital erfolgen. In IFRS-Abschlüssen sind diese Positionen gewöhnlich bereits innerhalb der Schulden zu finden. Wenn jedoch bei der Strukturbilanzerstellung Aktivpositionen bereits mit dem Eigenkapital verrechnet worden sind, für die nachweisbar passive latente Steuern gebildet wurden (wie etwa beim selbsterstellten immateriellen Vermögen), müssen die entsprechenden Beträge der passiven latenten Steuer (vorab) ebenfalls bei der Verrechnung mit dem Eigenkapital berücksichtigt werden.

Darüber hinaus sollten die im publizierten Jahresabschluss ausgewiesenen **Verbundbeziehungen** (z. B. Anteile an verbundenen Unternehmen, Ausleihungen an diese Unternehmen, Forderungen gegen diese Unternehmen sowie Verbindlichkeiten gegenüber diesen Unternehmen; Forderungen gegenüber Gesellschaftern) in der Strukturbilanz weiterhin separat berücksichtigt werden. In Anbetracht der bestehenden Abhängigkeiten zwischen verbundenen Unternehmen, die z. B. besondere Vorgehensweisen bei der Kreditprolongation oder der Verzinsung nach sich ziehen, führt eine solche separate Berücksichtigung zu einer angemessenen Transparenz.[253]

Beispiel: Nunmehr wird die Herleitung der in Abbildung 20 dargestellten Strukturbilanz der MUSTER AG zum 31.12.05 aufgezeigt, wobei vereinfachend von Bewertungskorrekturen abgesehen wird. Zur Strukturbilanzerstellung wurde auf den in der Anlage dieses Buches zu findenden HGB-Jahresabschluss 05 (Bilanzstichtag: 31.12.05), aus dem auch die Informationen zum Bilanzstichtag 31.12.04 (Eröffnungsbilanz des Geschäftsjahres 05) ersichtlich sind, zurückgegriffen. Die Daten der Strukturbilanz zum 31.12.03 sind fiktiv.

Im Hinblick auf das **Anlagevermögen in den publizierten Bilanzen**, welche die immateriellen Vermögensgegenstände (Zeile A.I. der Aktiva[254]) sowie die Sach- (Zeile A.II. der Aktiva) und die Finanzanlagen (Zeilen A.III. und A.IV. der Aktiva) umfassen, waren keine Korrekturen erforderlich. Lediglich die Anteile an verbundenen Unternehmen werden nunmehr gesondert ausgewiesen (Zeile A.III. der Aktiva).

Das **Umlaufvermögen der publizierten Bilanzen** wurde wie folgt transformiert: Die Vorräte (Zeile B.I. der Aktiva) mussten nicht bereinigt werden, weil hiervon nicht die „Erhaltenen Anzahlungen" abgesetzt, sondern diesen (zumindest 31.12.04) die „Geleisteten Anzahlungen" auf Vorräte i. H. v. T€ 40 zugerechnet wurden. In den Forderungen aus Lieferungen und Leistungen (Zeile B.II. der Aktiva) sowie in den sonstigen Vermögensgegenständen

---

253 Siehe hierzu *KÜTING/WEBER* (2012b), S. 96 f. Vgl. auch die Ausführungen in Abschnitt 6 des IV. Kapitels.

254 Diese Angaben beziehen sich (auch im Folgenden) auf die in Abbildung 20 dargestellte Strukturbilanz. Der Jahresabschluss 05 der Gesellschaft findet sich als **Anlage in diesem Buch**.

(Zeile B.IV. der Aktiva) sind in den publizierten Bilanzen Beträge mit einer Restlaufzeit von über einem Jahr enthalten, welche in das bilanzanalytische Anlagevermögen umgegliedert wurden (Zeile A.V. der Aktiva).[255] Bei den Forderungen gegenüber verbundenen Unternehmen, die separat auszuweisen sind (Zeile B.III. der Aktiva), und bei den flüssigen Mitteln (Zeile B.V. der Aktiva) waren keine Anpassungen erforderlich.

Im **aktiven Rechnungsabgrenzungsposten** sind in den publizierten Bilanzen zum 31.12.04 T€ 9.155 und zum 31.12.05 T€ 8.038 enthalten, die ein Disagio aus der Begebung einer Wandelanleihe i. H. v. T€ 280.000 über eine Tochtergesellschaft betreffen, welche zur Tilgung von Verbindlichkeiten gegenüber Kreditinstituten eingesetzt wurde. Die das Disagio betreffenden Beträge sind mit den Verbindlichkeiten gegenüber verbundenen Unternehmen zu verrechnen. Obwohl das Disagio, wie im Hinblick auf die Veränderung vom 31.12.04 zum 31.12.05 zu erkennen ist, jährlich als Aufwand verrechnet wird, wurde i. S. d. Grundsatzes der Wirtschaftlichkeit auf eine differenzierte Verrechnung mit kurz-, mittel- und langfristigen Verbindlichkeiten verzichtet. Das Disagio wurde vollständig mit der benannten Wandelanleihe saldiert (Zeile B.II. der Passiva), welche vom Unternehmen im Anhang grundsätzlich als langfristig gekennzeichnet ist. Die im aktiven Rechnungsabgrenzungsposten verbleibenden Restbeträge wurden schließlich dem kurzfristigen bilanzanalytischen Vermögen zugerechnet (Zeile B.VI. der Aktiva).

Im **Eigenkapital** wurden die Positionen „Gezeichnetes Kapital" und „Kapitalrücklage" (Zeilen A.I. und A.II. der Passiva) unverändert in die Strukturbilanz übernommen. Im Hinblick auf die Erhöhung der Transparenz wurden die Gewinnrücklagen (Zeile A.III. der Passiva) zum 31.12.04 und zum 31.12.05 um die Beträge i. H. v. T€ 25.000 (fiktiver Betrag) bzw. T€ 31.000 vermindert. Hierbei handelt es sich um unterjährige Zuführungen zu den Gewinnrücklagen aus den Jahresüberschüssen der Jahre 04 bzw. 05, weshalb diese Beträge (zum Bilanzstichtag) dem im Eigenkapital ausgewiesenen „Übrigen Bilanzgewinn" (Zeile A.IV. der Passiva) zugeordnet wurden. Zum 31.12.04 und zum 31.12.05 wurden im Bilanzgewinn der originären Bilanzen jeweils auch die geplanten Gewinnausschüttungen i. H. v. T€ 25.772 und T€ 53.534 ausgewiesen. Diese Beträge wurden entsprechend in das kurzfristige bilanzanalytische Fremdkapital umgegliedert (Zeile D.VI. der Passiva).

---

[255] Eine Restlaufzeit von über einem Jahr haben zum 31.12.03 T€ 3.998, zum 31.12.05 T€ 663 und zum 31.12.05 T€ 285 der Forderungen aus Lieferungen und Leistungen sowie zum 31.12.05 T€ 29.851 der sonstigen Vermögensgegenstände.

	31.12.05		Veränderung gegenüber dem Vorjahr	31.12.04	31.12.03
Strukturbilanz Aktiva	absolut in T€	in %	in %	absolut in T€	absolut in T€
A. bilanzanalytisches AV					
I. immaterielle VG	20.735	0,82	+ 9,59	18.920	19.300
II. Sachanlagen	371.062	14,71	– 0,20	371.793	368.627
III. Anteile an verbundenen U.	855.910	33,94	+ 69,05	506.318	537.621
IV. übrige Finanzanlagen	333.653	13,23	+ 13,71	293.418	295.447
V. langfristige Forderungen	30.136	1,20	+ 4.445,40	663	3.998
langfristiges Vermögen insgesamt	1.611.496	63,90	+ 35,29	1.191.112	1.224.993
B. bilanzanalytisches UV					
I. Vorräte	284.728	11,29	+ 10,82	256.920	219.969
II. bereinigte Forderungen aus Lieferungen/Leistungen	63.989	2,54	+ 38,66	46.148	40.132
III. Forderungen gegen verbundene Unternehmen	469.358	18,61	– 36,26	736.359	878.176
IV. bereinigte sonstige VG	85.642	3,40	– 17,37	103.651	69.937
V. flüssige Mittel	934	0,04	– 98,10	49.180	11.096
VI. bereinigte(r) RAP	5.675	0,22	+ 14,90	4.939	7.807
kurzfristiges Vermögen insgesamt	910.326	36,10	– 23,96	1.197.197	1.227.117
Bilanzvermögen insgesamt	**2.521.822**	**100,00**	**+ 5,59**	**2.388.309**	**2.452.110**
Strukturbilanz Passiva					
A. bilanzanalytisches EK					
I. gezeichnetes Kapital	212.610	8,43	– 3,33	219.926	219.926
II. Kapitalrücklagen	10.846	0,43	+/– 0,00	10.846	947.804
III. Gewinnrücklagen	228.892	9,08	– 21,69	292.300	513.524
IV. übriger Bilanzgewinn	31.831	1,26	+ 22,31	26.025	– 1.167.487
bilanzanalytisches EK gesamt	484.179	19,20	– 11,82	549.097	513.767
B. langfristiges bilanzanal. FK					
I. Pensionsrückstellungen	576.715	22,87	+ 9,17	528.267	507.718
II. bereinigte Verbindlichkeiten ggü. Verbundenen	271.962	10,78	+ 0,41	270.845	0
III. übrige Verbindlichkeiten	11.290	0,45	– 1,83	11.500	50.279
langfristiges FK gesamt	859.967	34,10	+ 6,09	810.612	557.997
C. mittelfristiges bilanzanal. FK					
I. Verbindlichkeiten	40.156	1,60	+ 3,81	38.682	10.519
mittelfristiges FK gesamt	40.156	1,60	+ 3,81	38.682	10.519
D. kurzfristiges bilanzanal. FK					
I. Steuerrückstellungen	195.045	7,73	+ 18,18	165.045	158.045
II. sonstige Rückstellungen	226.809	8,99	– 5,22	239.296	246.695
III. Verbindlichkeiten ggü. verbundenen Unternehmen	368.706	14,62	+ 113,13	172.999	155.183
IV. übrige Verbindlichkeiten	287.949	11,42	– 24,67	382.272	805.253
V. RAP	5.477	0,22	+ 20,80	4.534	4.651
VI. geplante Ausschüttung	53.534	2,12	+ 107,72	25.772	0
kurzfristiges FK gesamt	1.137.520	45,10	+ 14,91	989.918	1.369.827
bilanzanalytisches FK gesamt	2.037.643	80,80	+ 10,79	1.839.212	1.938.343
Bilanzkapital insgesamt	**2.521.822**	**100,00**	**+ 5,59**	**2.388.309**	**2.452.110**

Abbildung 20:   *Strukturbilanz 05 der MUSTER AG*

Von den **Rückstellungen** wurden nur die „Rückstellungen für Pensionen und ähnliche Verpflichtungen" dem langfristigen bilanzanalytischen Fremdkapital (Zeile B.I. der Passiva) zugerechnet. Für die restlichen Beträge, welche die Steuerrückstellungen (Zeile D.I. der Passiva) und die sonstigen Rückstellungen (Zeile D.II. der Passiva) betreffen, wurde eine kurzfristige Erfüllung seitens des Unternehmens unterstellt, weshalb diese dem kurzfristigen bilanzanalytischen Fremdkapital subsumiert wurden.

Verbindlichkeiten wurden gemäß dem Verbindlichkeitenspiegel zugeordnet:

• Im Bereich der **langfristigen** Verbindlichkeiten werden die mit dem Disagio verrechneten Verbindlichkeiten gegenüber verbundenen Unternehmen (Zeile B.II. der Passiva) und übrige Verbindlichkeiten (Zeile B.III. der Passiva), welche Verbindlichkeiten gegenüber Kreditinstituten und sonstige Verbindlichkeiten betreffen, ausgewiesen.

• Unter den **mittelfristigen** Verbindlichkeiten finden sich in der Zeile C.II. der Passiva zusammengefasst Verbindlichkeiten gegenüber Kreditinstituten, Verbindlichkeiten aus Lieferungen und Leistungen sowie sonstige Verbindlichkeiten wieder.

• Die **kurzfristigen** Verbindlichkeiten betreffen Verbindlichkeiten gegenüber verbundenen Unternehmen (Zeile D.III. der Passiva) und übrige Verbindlichkeiten (Zeile D.IV. der Passiva), die wiederum aus Verbindlichkeiten gegenüber Kreditinstituten, aus Verbindlichkeiten aus Lieferungen und Leistungen sowie aus sonstigen Verbindlichkeiten resultieren.

Schließlich wurde dem kurzfristigen bilanzanalytischen Fremdkapital – neben den kurzfristigen Rückstellungen und Verbindlichkeiten sowie den geplanten Ausschüttungen – der **passive Rechnungsabgrenzungsposten** zugeordnet.

Die sich so ergebende Strukturbilanz dient in den folgenden Kapiteln als Datenbasis für die Berechnung der Kennzahlen.

Mit KÜTING/WEBER kann als **Gesamturteil** festgehalten werden: „Eine Anhäufung von Zahlen, Posten und Angaben im Anhang erschwert den gewünschten Einblick in die für die Analysetätigkeit relevanten Strukturen und macht daher einen schnell überschaubaren Gesamtüberblick erforderlich. Darin liegt einerseits der Vorteil der Strukturbilanz. Andererseits kann die Strukturbilanz die Realität nur sehr vereinfacht wiedergeben. Dies ist gleichzeitig ihre Schwäche."[256]

---

[256] *KÜTING/WEBER* (2012b), S. 83.

III. Kapitel:

Analyse der Vermögens-, Finanz- und Ertragslage

"Nicht alles, was zählbar ist, zählt
und nicht alles, was zählt, ist zählbar."
ALBERT EINSTEIN

Überblick

Nachdem die Vermittlung der Grundlagen der Bilanzanalyse erfolgte und die Vorbereitung der Analyse i. e. S. dargestellt wurde, werden im dritten und vierten Kapitel jeweils **einzelne Analysemethoden** im Hinblick auf wichtige Ziele einer Bilanzanalyse erläutert und vor allem hinsichtlich der Informations- und der Zielkompatibilität sowie der Durchführungsschwierigkeit untersucht. Soweit in Einzelfällen mit Hilfe einer bestimmten Methode verschiedene Zielsetzungen verfolgt werden können, wird die Methode jeweils nur im Zusammenhang mit der zuerst behandelten Zielsetzung detailliert betrachtet. Bei späteren Anwendungsmöglichkeiten wird auf die erste Darstellung verwiesen.

Im Mittelpunkt der Ausführungen steht insbesondere der Zielbezug der einzelnen Methoden, denn eine nicht zielbezogene Anwendung wäre nicht sinnvoll. Als erster Analyseschritt gilt somit die Festlegung der Ziele. Erst nach dem sich anschließenden zweiten Analyseschritt, der Informationssammlung und -aufbereitung, erfolgt die Auswahl informations- und zielkompatibler Analysemethoden. Die ersten beiden Schritte wurden im zweiten Kapitel betrachtet. Das dritte Kapitel befasst sich nunmehr mit der Analyse der sog. **Vermögens-, Finanz- und Ertragslage (VFE-Lage)**. Diese sei nachfolgend in die Partialziele „Liquiditätslage", „Erfolgslage" und „Vermögenslage" zerlegt (wobei jedoch zu berücksichtigen ist, dass die mit der VFE-Lage bezeichnete „wirtschaftliche Lage" eines Unternehmens als weit umfassender und als interdependent angesehen werden sollte). Während i. S. d. Partialziels „Liquiditätslage" (**Abschnitt 1**) eine Analyse und Prognose derselben erfolgt, zielt ein auf das Partialziel „Erfolgslage" (**Abschnitt 2**) ausgerichtetes Vorgehen auf die Analyse und Prognose der Ertragskraft des Analyseobjekts. Bezüglich des Partialziels „Vermögenslage" (**Abschnitt 3**) wird schließlich die Vermögens- und Verschuldungssituation des Unternehmens analysiert.

Lernziele

Nach dem Studium dieses Kapitels sollten Sie im Wesentlichen wissen,

- was unter der Liquiditätslage, der Erfolgslage und der Vermögenslage jeweils verstanden wird,
- welche bedeutenden Analysemethoden für die Liquiditätslage, die Erfolgslage und die Vermögenslage existieren und wie diese Methoden systematisiert werden können,
- wie diese Methoden zur Analyse der Liquiditätslage, der Erfolgslage und der Vermögenslage im Hinblick auf den Methoden-Informationsvergleich und den Methodenvergleich kritisch zu würdigen sind sowie
- warum die „Vermögenslage" im Rahmen der Hierarchie der Analyseziele einen niedrigeren Rang als die Analyseziele „Liquiditätslage" und „Erfolgslage" einnimmt.

1   Analyse der Liquiditätslage

1.1   Definition

Der **Begriff der Liquidität** wird sowohl in der Theorie als auch in der Praxis **in zwei-facher Hinsicht verwendet**: Es kann diesbezüglich zwischen der strukturellen und der dispositiven Liquidität unterschieden werden.[1]

> Unter der **strukturellen Liquidität** wird die **Eigenschaft von Vermögenspositionen** (Wirtschaftsgütern, Vermögenswerten bzw. -gegenständen) verstanden, als Zahlungsmittel zu dienen oder in diese umgewandelt werden zu können.

Für „Nichtzahlungsmittel" beschreibt die strukturelle Liquidität somit die unterschiedli-chen Möglichkeiten des Unternehmens, diese Vermögenspositionen im Rahmen des normalen Geschäftsverkehrs mehr oder weniger schnell verflüssigen (liquidieren) zu können, um fälligen Zahlungsverpflichtungen nachzukommen. Im Hinblick auf die da-mit charakterisierte **Geldnähe** der einzelnen Vermögensbestandteile wird diese Eigen-schaft auch als **Liquidierbarkeit** bezeichnet, wobei der (voraussichtliche) Zeitraum der Transformation in Geld im Vordergrund stehen sollte.[2]

> Die **dispositive Liquidität** charakterisiert (hingegen) die **Fähigkeit von Wirtschaftssubjekten**, also auch von Unternehmen, ihren fälligen Zahlungsverpflichtungen betrags- und zeitgenau nachkommen zu können.[3]

Die Frage, ob ein Unternehmen liquide ist, kann also nur in Abhängigkeit von den vorhan-denen liquiden Mitteln, den fälligen Zahlungsverpflichtungen und den Zahlungsmittel-reserven beantwortet werden. Im Umkehrschluss muss jedoch konstatiert werden: „Ein Unternehmen, das über einen positiven Zahlungsmittelbestand verfügt, ist nicht zwangsläu-fig liquide, und ein Unternehmen, das keinerlei Zahlungsmittel vorzuweisen hat, ist nicht unbedingt gleich illiquide."[4] Ist dispositive Liquidität gegeben, wird von der **Zahlungs-fähigkeit** oder (im Zusammenspiel mit einer gesicherten Ertragskraft) vom **finanziellen Gleichgewicht** gesprochen; ist diese jedoch nicht gegeben, dann liegt **Zahlungsunfä-higkeit** oder **Illiquidität** vor. Da es sich hierbei gemäß § 17 InsO um einen Insolvenz-

---

[1]   Vgl. hierzu *SCHULT* (1975), S. 570 f., *MATSCHKE* (1991), S. 26–29, *KÜTING/KAISER* (1992), S. 1142 f., *MATSCHKE/HERING/KLINGELHÖFER* (2002), S. 6–12, *KÜTING/WEBER* (2012b), S. 115–117.

[2]   *WÖHE/DÖRING* (2013), S. 856, nennen den Zeitraum, in dem eine Vermögensposition bei „norma-lem" Geschäftsablauf „wieder zu Geld" wird, **Selbstliquidationsperiode**.

[3]   Wird nachfolgend von der Liquidität gesprochen, dann ist die „Fähigkeit von Wirtschaftssubjek-ten" gemeint, anderenfalls wird auf den Terminus „Liquidierbarkeit" zurückgegriffen.

[4]   *ROLLBERG* (2012), S. 24.

tatbestand handelt,[5] muss jederzeit – also zu jedem Zeitpunkt – der jeweilige Zahlungsmittelbestand einschließlich der Zahlungsmittelreserven mindestens ebenso groß sein wie die Höhe der fälligen Zahlungsverpflichtungen. Den **Zahlungsmittelreserven** werden u. a. die nicht ausgenutzten Kreditlinien bei Kreditinstituten oder anderen Einrichtungen, erwartete Einzahlungen sowie jede sonstige Möglichkeit der Beschaffung von Zahlungsmitteln zum jeweils betrachteten Zeitpunkt subsumiert. Letzteres wird bei praktischen Liquiditätsanalysen nicht selten übersehen; allerdings sind für den Bilanzanalysten Informationen über Kreditspielräume oft nicht zugänglich.

Neben diesen **absoluten Definitionen** der Liquidität existieren **relative Liquiditätsmaßstäbe**, so etwa die relativen Maßstäbe „Überliquidität" und „Unterliquidität". Mit diesen Ausdrücken soll eine „zu hohe" oder „zu niedrige" Liquidität bezeichnet werden. Unterliquidität kann in diesem Zusammenhang generell mit **Illiquidität** gleichgesetzt werden. Bei der Überliquidität ist Liquidität gegeben; das Präfix „über" verweist darauf, dass ein tendenziell zu hoher Bestand an liquiden Mitteln vorgehalten wird, der wirtschaftlicher hätte angelegt werden können.

„Liquide oder zahlungsfähig zu sein setzt nicht voraus, daß man stets über einen gewissen Zahlungsmittelbestand […] verfügt, sondern daß man dann, wenn man zu zahlen hat, seinen Pflichten vereinbarungsgemäß nachkommt [bzw. nachkommen kann]. Damit Zahlungsfähigkeit gegeben ist, ist eine Vorhaltung von Zahlungsmitteln über den von den Zahlungsanforderungen her notwendigen Bestand hinaus nicht erforderlich. Das heißt, wenn man keine Zahlungen zu leisten hat, braucht man [bei Sicherheit] durchaus keinen Zahlungsmittelbestand zu halten, und dies ist unter dem Beurteilungskriterium der Rentabilität sogar sinnvoll, weil man auf diese Weise Zinsen erwirtschaften [oder Zinsaufwendungen vermeiden] kann, während ein Zahlungsmittelbestand keinen Erfolgsbeitrag leistet."[6] In Anbetracht der Unsicherheit sollte wegen möglicher ungeplanter oder unerwarteter Auszahlungen jedoch ein gewisser Zahlungsmittelbestand vorgehalten werden oder die Möglichkeit bestehen, kurzfristig auf Zahlungsmittelreserven zurückzugreifen.

Konsequenzen der Illiquidität sind die Insolvenz, der Vergleich oder die Auflösung eines Unternehmens bzw. die Restrukturierung desselben ohne Zwangsmaßnahmen. Das Analyseziel „Liquidität" (einschließlich der „Liquidierbarkeit") ist somit existentiell für das zu analysierende Unternehmen. Für die Zwecke der Bilanzanalyse ist es ausreichend, das **Informationsbedürfnis auf die Ausprägungen „Liquidität" und „Illiquidität" zu beschränken**.[7] Schon deren Prognose ist – vor allem wegen der Mangelhaftigkeit der Informationsquellen – problematisch.

---

5   In diesem Zusammenhang ist zu berücksichtigen, dass gemäß § 18 InsO auch die „**drohende Zahlungsunfähigkeit**" einen Insolvenzgrund darstellt.

6   *MATSCHKE/HERING/KLINGELHÖFER* (2002), S. 8.

7   So auch *ROLLBERG* (2012), S. 25, der „in diesem Zusammenhang den Sinn von Verhältniszahlen grundsätzlich [.. anzweifelt], weil es sich bei der Liquidität um ein ‚**0-1-Problem**' handelt" (Hervorhebungen im Original hier im Fettdruck nachvollzogen).

> Liquidität hat für ein Unternehmen absoluten **Vorrang**, weil Illiquidität regelmäßig zur Beendigung der unternehmerischen Aktivitäten führt; im Gegensatz dazu ist z. B. eine temporäre Unrentabilität eines Unternehmens i. d. R. weniger problematisch.

Im Hinblick auf die finanziellen Stromgrößen eines Unternehmens müssen die Begriffspaare „Einzahlungen und Auszahlungen", „Einnahmen und Ausgaben" sowie „Erträge und Aufwendungen" unterschieden werden:[8]

- **Einzahlungen und Auszahlungen** bezeichnen den Zufluss und den Abfluss liquider Mittel. Sie beziehen sich also auf die Erhöhungen und Verminderungen des **Zahlungsmittelfonds** (Fonds „Liquide/Flüssige Mittel"). Dieser Fonds betrifft die Bilanzposition „Kassenbestand, Bundesbankguthaben, Guthaben bei Kreditinstituten und Schecks".

- **Einnahmen und Ausgaben** sind hingegen die Erhöhungen und Verminderungen des Fonds „**Nettogeldvermögen**". Dieser Fonds entspricht dem Fonds „Liquide Mittel" zuzüglich der Forderungen und abzüglich der Verbindlichkeiten. Einnahmen und Ausgaben können wie folgt mit Ein- und Auszahlungen verknüpft werden:

(4) Einnahme / Ausgabe = Einzahlung – Auszahlung
(wenn Ergebnis positiv) / (wenn Ergebnis negativ)
   + Forderungszugang – Forderungsabgang
   + Schuldenabgang – Schuldenzugang

- **Erträge und Aufwendungen** betreffen schließlich die Veränderungen des **Reinvermögens** (Eigenkapitals) und sind direkt aus der Gewinn- und Verlustrechnung ablesbar.

Bargeld (Münzen, Banknoten)		
+ Buchgeld (täglich fällige Guthaben, Sichteinlagen)		
+ Schecks		
+ jederzeit veräußerbare Wertpapiere des Umlaufvermögens		
= **Fonds der liquiden Mittel**	Verminderung:	**Auszahlung**
	Erhöhung:	**Einzahlung**
+ Forderungen		
– Verbindlichkeiten		
= **Fonds des Nettogeldvermögens**	Verminderung:	**Ausgabe**
	Erhöhung:	**Einnahme**
+ Sachvermögen und immaterielles Vermögen		
– Rückstellungen		
= **Fonds des Reinvermögens**	Verminderung:	**Aufwand**
	Erhöhung:	**Ertrag**

Abbildung 21:   Fonds und Stromgrößen eines Unternehmens[9]

---

[8]   Siehe diesbezüglich auch *MÜLLER* (2006), S. 119 f. In Abbildung 21 werden die Zusammenhänge zwischen den benannten Stromgrößen und den Fonds eines Unternehmens veranschaulicht.

Gelegentlich wird die Auffassung vertreten, eine **Analyse der Liquiditätslage vergangener Perioden** sei überflüssig. Die Existenz des Unternehmens zum Analysezeitpunkt beweise, dass die Liquidität bislang jederzeit gewahrt wurde. Dieser Auffassung kann bezüglich der **Analyse der (dispositiven) Liquidität** nur gefolgt werden, wenn durch den Analysten keine Liquiditätsprognose gestellt werden soll.

> Für die Liquiditätsprognose ist die Analyse der vergangenen Liquiditätssituation (hingegen) insofern bedeutsam, als sie Anhaltspunkte für die Liquiditätsplanung der Geschäftsleitung bietet. Da die Planungsunterlagen extern nicht zugänglich sind, kann bestenfalls anhand der aus der Vergangenheit hergeleiteten Anhaltspunkte eine Aussage über die zukünftige Liquiditätslage gemacht werden.[10]

Im Hinblick auf die **Analyse der Liquidierbarkeit** ist zu konstatieren, dass zwischen der Liquidierbarkeit am Analysestichtag und der zukünftigen Liquiditätslage ein – wenn auch nur kurzfristiger – Zusammenhang besteht. Eine Analyse ohne Prognose ist daher auch bezüglich der „Liquidierbarkeit" nicht sinnvoll.

1.2   Analysemethoden

1.2.1   Überblick

Bei den Methoden zur Analyse der Liquidität und der Liquidierbarkeit wird zwischen bestandsorientierten, stromgrößenorientierten und kombinierten Methoden unterschieden. Zu den **bestandsorientierten Methoden** zählen Kennzahlen, wie die langfristigen Deckungsgrade, die Liquiditätsgrade, das Nettoumlaufvermögen sowie verschiedene Umschlagskoeffizienten. Den **stromgrößenorientierten Methoden** werden der Cashflow sowie verschiedene Kapitalflussrechnungen subsumiert. Als **kombinierte Methode** wird die Gesamtkapitalliquidität betrachtet. Die nachfolgenden Erläuterungen der Verfahren verdeutlichen, dass die Grenzen zwischen diesen in Abbildung 22 überblicksweise dargestellten Verfahren jedoch nicht immer scharf gezogen werden können.

9   In Anlehnung an *MATSCHKE/HERING/KLINGELHÖFER* (2002), S. 9. Kapitaleinnahmen und -entnahmen bleiben an dieser Stelle unberücksichtigt. Zur Abgrenzung verschiedener Fonds siehe *BAETGE/KIRSCH/THIELE* (2004), S. 284.

10   Ähnlich auch *BALLWIESER* (1987), S. 64, der zur Analyse der zukünftigen Liquiditätsentwicklung sogar die Aufstellung eines Grobfinanzplans anregt, dessen Aussagekraft er in Anbetracht der sehr lückenhaften Datenbasis jedoch „nicht überbewerten" möchte.

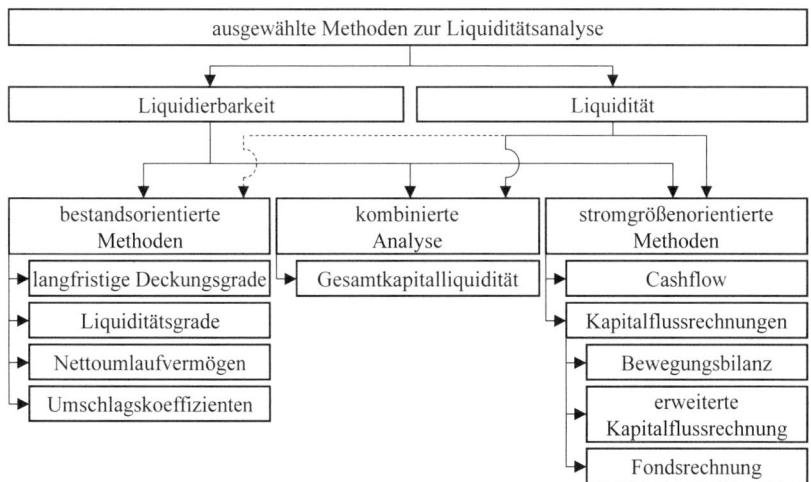

Abbildung 22: Ausgewählte Methoden zur Liquiditätsanalyse im Überblick

1.2.2 Methoden zur bestandsorientierten Liquiditätsanalyse

1.2.2.1 Grundlagen

Im Rahmen der bestandsorientierten Methoden[11] der Liquiditätsanalyse wird versucht, aus der Gegenüberstellung von Aktiv- und Passivpositionen der Bilanz die Möglichkeit der fristgerechten Einhaltung von Zahlungsverpflichtungen zu beurteilen. Hierzu werden primär **horizontale Kennzahlen** gebildet, die „gleichfristige" Zahlungsverpflichtungen (Fremdkapital der Passivseite der Bilanz) und Liquidierungsmöglichkeiten (Vermögenspositionen auf der Aktivseite der Bilanz) gegenüberstellen. Das **Hauptproblem der bestandsorientierten Methoden** liegt darin, dass von bilanziellen Bestandsgrößen auf mögliche Zahlungsströme (Einzahlungen und Auszahlungen) geschlossen werden soll. Dazu müssten jedoch bestimmte Voraussetzungen kumulativ erfüllt sein:

- Aus der Bilanz müsste zu erkennen sein, zu welchen **Terminen** Zahlungsverpflichtungen bestehen und zu welchen Terminen sich Vermögenspositionen liquidieren lassen.

- Die **Bewertung in der Bilanz** müsste anhand möglicher zukünftiger Ein- und Auszahlungen vorgenommen werden, um die umfangmäßige Entsprechung von Zahlungsmöglichkeiten und -verpflichtungen zu ermitteln.

- Die Bilanz müsste schließlich sämtliche **zukünftigen Einzahlungen und Auszahlungen** widerspiegeln.

---

[11] Vgl. hierzu etwa *KÜTING/KESSLER* (1992). Siehe auch *KIRSCH* (2004a).

Diese drei Kriterien sind weder für nationale noch für internationale Bilanzen erfüllt:

- Für die einzelnen Vermögenskomponenten lassen sich aus den Angaben der Bilanz kaum Rückschlüsse auf die möglichen **Termine der Liquidierbarkeit** ziehen. Vor allem hinsichtlich der Vermögenspositionen, die nicht zur Veräußerung vorgesehen sind (d. h. also hauptsächlich für das **Anlagevermögen**), liegen diese Termine weitgehend im Aktionsbereich der Geschäftsleitung und sind somit abhängig von deren Liquiditätsplanung. Selbst bei den Vermögenspositionen des **Umlaufvermögens** ist teilweise unklar, wann und mit welcher Wahrscheinlichkeit eine „Verflüssigung" erfolgt.

Beispiel: So können im Umlaufvermögen Vorräte ausgewiesen werden, bei denen sich erst später herausstellt, ob diese veräußert werden (können). Bei Forderungen ist zudem die Abhängigkeit vom Debitor zu beachten, denn ein pünktlicher Zahlungseingang setzt wiederum die Zahlungsfähigkeit und die Zahlungsbereitschaft des jeweiligen Debitors voraus. Insofern ist bei der Liquiditätsanalyse sogar der Aktionsbereich von Dritten relevant.

Im Hinblick auf den **Ausweis der Forderungen aus Lieferungen und Leistungen** auf der Aktivseite einer Bilanz sei darauf hingewiesen, dass dieser in Jahresabschlüssen nach HGB unabhängig von der Laufzeit im Umlaufvermögen erfolgt. Dabei besteht zudem die Pflicht, jene Beträge, deren Restlaufzeit größer als ein Jahr ist, gesondert auszuweisen (§ 268 Abs. 4 Satz 1 HGB). In internationalen Jahresabschlüssen ergibt sich die Zuordnung bereits aus der Unterteilung der Aktivseite in langfristige und kurzfristige Vermögenswerte nach IAS 1.60. Letztere sind gemäß IAS 1.66(c) jene, deren Realisation innerhalb von zwölf Monaten nach dem Bilanzstichtag erwartet wird. Mittelfristige Restlaufzeiten werden im Hinblick auf die Aktivseite weder nach HGB noch nach IFRS publiziert.

Beispiel: Eine Forderung aus Lieferungen und Leistungen, deren Restlaufzeit zwei Jahre beträgt, wird nach HGB gewöhnlich dem Umlaufvermögen zugeordnet. Nach IFRS wird diese Forderung unter den langfristigen Vermögenswerten („Non-current Assets") ausgewiesen.

Die **Fristen der Zahlungsverpflichtungen** lassen sich aus den Angaben des Jahresabschlusses – zumindest nach HGB – hingegen etwas besser entnehmen. In nationalen Jahresabschlüssen ist der Gesamtbetrag der Verbindlichkeiten mit einer Restlaufzeit von bis zu einem Jahr (§ 268 Abs. 5 Satz 1 HGB) sowie von mehr als fünf Jahren anzugeben (§ 285 Nr. 1 HGB). Nach internationalen Normen ist dies nicht vorgesehen. Hier ist die Unterteilung nach IAS 1.60 sowie IAS 1.69–1.76 in kurzfristige (Fälligkeit innerhalb von zwölf Monaten nach dem Bilanzstichtag bzw. innerhalb des gewöhnlichen Geschäftszyklus des Unternehmens) und in langfristige Verbindlichkeiten ausreichend.

- Das zweite Erfordernis, dass die **Bewertung in der Bilanz anhand möglicher zu-künftiger Einzahlungen und Auszahlungen** erfolgen müsste, ist im nationalen Jahresabschluss prinzipiell nicht erfüllt. Nach HGB werden in der Bilanz einerseits grundsätzlich historische Größen zur Bewertung genutzt, andererseits sind – nach dem dominierenden Prinzip der Vorsicht – die „potentiellen Einzahlungen" (Aktiva) eher zu niedrig und die „potentiellen Auszahlungen" (Passiva) tendenziell zu hoch angesetzt. Auch nach IFRS ist das zweite Erfordernis nicht vollständig erfüllt. Zwar beziehen sich die Definitionen von Vermögenswerten (F.4.8–4.14) und Schulden (F.4.15–4.19) auf den zukünftigen Nutzen, der durch erwartete Zu- oder Abflüsse von Zahlungsmitteln und Zahlungsmitteläquivalenten interpretiert wird, allerdings erfolgt die bilanzielle Bewertung auch nach IFRS in vielen Fällen – vor allem auf der Aktivseite – auf Basis historischer Größen (z. B. bei immateriellen Vermögenswerten und bei Sachanlagen, für die jeweils das Anschaffungskostenmodell eingesetzt wird, sowie bei Vorräten).

- Die dritte Voraussetzung, dass die Bilanz **sämtliche zukünftigen Ein- und Auszahlungen** widerspiegeln müsste, ist wegen des Stichtagsprinzips grundsätzlich nicht erfüllt.[12] Die Bilanz enthält nur zwischen verschiedenen Geschäftsjahren abgegrenzte Einnahmen und Ausgaben sowie Ertrags- und Aufwandspotentiale. Einzelne Hinweise auf zukünftige Auszahlungen, die nicht in der HGB-Bilanz berücksichtigt sind, ergeben sich aus den „unter der Bilanz angesetzten" oder im Anhang angegebenen Haftungsverhältnissen (§ 251 HGB) sowie aus den im Anhang anzugebenden sonstigen finanziellen Verpflichtungen (§ 285 Nr. 3 und 3a HGB). Da gemäß IAS 37.28 für Eventualschulden („Contingent Liabilities") ein Ansatzverbot besteht, finden sich die Hinweise auf Haftungsverhältnisse in IFRS-Jahresabschlüssen grundsätzlich im Anhang. Darüber hinaus ergeben sich aus den Publikationen jedoch regelmäßig keine direkten Hinweise auf zukünftige Ein- und Auszahlungen (z. B. aus zukünftigen Umsatzaktivitäten sowie für in Zukunft benötigtes Personal oder Material).

Beispiel: Haftungsverhältnisse (und auch sog. Eventualschulden) bestehen aus der Bestellung von Sicherheiten für fremde Verbindlichkeiten (z. B. eingegangene Bürgschaftsversprechen). Als sonstige finanzielle Verpflichtung gelten etwa zum Bilanzstichtag bestehende langfristige Abnahme- oder mehrjährige Miet- und Leasingverträge sowie bis zu diesem Tag eingegangene Verpflichtungen aus begonnenen Investitionsvorhaben.

Die Liquiditätsanalyse geht grundsätzlich von einer **Fortführung des Unternehmens** aus. Insofern dürfen Ein- und Auszahlungen aus der möglichen Veräußerung von betriebsnotwendigem Anlagevermögen oder der Rückzahlung von Eigenkapital nicht berücksichtigt werden, weil dies die Beendigung (eines Teils) der unternehmerischen Tätigkeit unterstellen würde. Die bestandsmäßige Analyse muss deshalb auf die i. w. S. nicht betriebsnotwendigen Vermögenspositionen beschränkt werden – konkret also auf

---

[12] Siehe bereits *OTTEL* (1933), S. 536.

die liquidierbaren Vermögenspositionen, deren Veräußerung die Erreichung des Unternehmensziels nicht gefährdet (z. B. Immobilien und Wertpapiere, sofern diese als Finanzanlagen gelten) bzw. sogar unterstützt (wie bei fertigen Erzeugnissen und Waren).

> Während die Liquidierbarkeit zum Bilanzstichtag im Einzelfall eventuell noch zahlenmäßig analysiert und beurteilt werden kann, ist eine Aussage über die zukünftige Liquidität nur der Tendenz nach und lediglich insofern möglich, als unterstellt wird, dass das liquiditätsmäßige Verhalten der Geschäftsleitung in der Vergangenheit und in der Zukunft übereinstimmt.

1.2.2.2 Langfristige Deckungsgrade

Für die langfristige Deckung von Zahlungsverpflichtungen durch Zahlungsmöglichkeiten werden üblicherweise folgende **horizontale Deckungsgrade**[13] verwendet:[14]

(5) $\text{Deckungsgrad A} = \dfrac{\text{bilanzanalytisches EK}}{\text{bilanzanalytisches AV}} (\cdot\ 100\ \%)$

(6) $\text{Deckungsgrad B} = \dfrac{\text{bilanzanalytisches EK} + \text{bilanzanal. langfristiges FK}}{\text{bilanzanalytisches AV}} (\cdot\ 100\ \%)$

(7) $\begin{array}{l}\text{Deckungsgrad}\\ \text{des langfristig gebundenen}\\ \text{Vermögens}\end{array} = \dfrac{\text{originäres EK} + \text{originäres langfristiges FK}}{\left(\begin{array}{l}\text{originäres AV} + \text{originäres}\\ \text{langfristig gebundenes UV}\end{array}\right)} (\cdot\ 100\ \%)$

Absolute Maßstäbe für diese (horizontalen) Kennzahlen lassen sich (wissenschaftlich) nicht begründen. In der Praxis werden Normen verwendet, die z. B. fordern:

(8) Deckungsgrad A $\geq\ 30\ \%$

(9) Deckungsgrad B $\geq\ 100\ \%$ sowie

(10) Deckungsgrad des langfristig gebundenen Vermögens $\geq\ 100\ \%$.

---

[13] In der Praxis werden diese Kennzahlen z. T. auch als **Anlagendeckung** I, II und III bezeichnet.

[14] Die Eingangsdaten nachfolgender Formeln beziehen sich hauptsächlich auf die **„betriebswirtschaftliche" Betrachtung**, die bereits Basis der Erstellung der Strukturbilanz war. Sollte im Rahmen der nachfolgenden Kennzahlen des Buches nicht mit dem Hinweis „originär" auf die „originäre" (publizierte) Bilanz verwiesen werden, zielt z. B. die Bezeichnung „EK" (Eigenkapital) auf das „bilanzanalytische Eigenkapital" der Strukturbilanz und die Bezeichnung „UV" (Umlaufvermögen) auf das entsprechende „bilanzanalytische Umlaufvermögen" derselben.

Da der „Deckungsgrad des langfristig gebundenen Vermögens" bei sachgerechter Anwendung, also bei Rückgriff auf das Datenmaterial der Strukturbilanz, dem „Deckungsgrad B" entsprechen würde, wurde an dieser Stelle im Hinblick auf die Formel 7 auf die originären Daten zurückgegriffen, wobei das originäre langfristige Fremdkapital den Pensionsrückstellungen und den (unbereinigten) mittel- bis langfristigen Verbindlichkeiten entspricht.

Diese Normvorstellungen, die auch als „**Goldene Bilanzregeln**" i. e. S. [Relationen 8 und 9] sowie i. w. S. [Relation 10] bezeichnet werden,[15] haben aber keinerlei bindende Aussagekraft für die Zukunft:[16]

• Mit der **Einhaltung** der Normvorstellungen ist die Zahlungsfähigkeit für die Zukunft nicht garantiert.

• Die Nichteinhaltung der Normvorstellungen führt nicht zwingend zu Illiquidität.

Hinweise auf zukünftige Tendenzen resultieren bestenfalls aus der Entwicklung der Relation eines (jeweiligen) Deckungsgrades, welche im Rahmen eines **Zeitvergleiches** deutlich werden sollte.[17]

Beispiel: Zum 31.12.05 ergeben sich für die MUSTER AG[18] folgende Deckungsgrade:[19]

$$(B5)\ \text{Deckungsgrad A} = \frac{484.179}{1.611.496} \cdot 100\,\% \approx 30,05\,\%$$

$$(B6)\ \text{Deckungsgrad B} = \frac{484.179 + 900.123}{1.611.496} \cdot 100\,\% \approx 85,90\,\%$$

$$(B7)\ \begin{array}{l}\text{Deckungsgrad des}\\ \text{langfristig gebun-}\\ \text{denen Vermögens}\end{array} = \frac{537.713 + 576.715 + 40.156 + 291.290}{1.581.360 + 30.136} \cdot 100\,\%$$

$$= \frac{1.445.874}{1.611.496} \cdot 100\,\% \approx 89,72\,\%$$

---

[15] Siehe ausführlich zu diesen Bilanzregeln *MATSCHKE/HERING/KLINGELHÖFER* (2002), S. 48–50. Die goldenen Bilanzregeln werden aus den **goldenen Finanzierungsregeln** abgeleitet, welche bei der Finanzierung „Fristenkongruenz zwischen Vermögen und Kapital eines Unternehmens" [Quelle: *ROLLBERG* (2012), S. 27 (Hervorhebungen im Original hier im Fettdruck nachvollzogen)] fordern. Demnach sollen das langfristig zur Verfügung stehende Kapital das langfristige Vermögen sowie das kurzfristige Vermögen das kurzfristig zur Verfügung stehende Kapital übersteigen. Siehe auch *MATSCHKE* (1991), S. 45. Diese Normregeln unterliegen denselben Problemen wie die goldenen Bilanzregeln.

[16] Siehe hierzu *WÖHE/DÖRING* (2013), S. 608.

[17] Vgl. ebenso kritisch z. B. *GRAUMANN* (1997), S. 118, *BAETGE/KIRSCH/THIELE* (2004), S. 258–262.

[18] Soweit in den folgenden Beispielen die Einheiten bei den Geldbeträgen nicht weiter spezifiziert sind, handelt es sich um die Einheit T€, die auch dem in der Anlage dieses Buches abgedruckten Jahresabschluss der MUSTER AG zugrunde liegt.

Im Hinblick auf die Bezeichnung der Formeln sei darauf verwiesen, dass das „B" für Beispiel steht. „B5" informiert den Leser somit darüber, dass es sich hier um ein Beispiel zur ursprünglichen Formel 5 handelt.

[19] Nachfolgende Angaben sind entweder der (in der Anlage dieses Buches) publizierten Bilanz oder der Strukturbilanz (siehe Abbildung 20) der MUSTER AG entnommen. Hinsichtlich der Strukturbilanz wird – gegebenenfalls auch in den folgenden Beispielen – das „langfristige bilanzanalytische Fremdkapital" (T€ 859.967) und das „mittelfristige bilanzanalytische Fremdkapital" (T€ 40.156) zum „langfristigen bilanzanalytischen Fremdkapital" (T€ 900.123) zusammengefasst, weil dieses im Hinblick auf die Fristigkeit mit dem „bilanzanalytischen Anlagevermögen" korrespondiert.

> An dieser Stelle sei noch einmal auf den **Aussagegehalt von Kennzahlen** hingewiesen: Kennzahlen sind nicht ohne jeden Vergleichsmaßstab zu interpretieren. **Vergleichsmaßstäbe** können die Kennzahlen anderer Geschäftsjahre (Zeitvergleich) sowie die (relativierten) Kennzahlen anderer Unternehmen (Betriebsvergleich) bzw. der Branche (Branchenvergleich) oder spezielle Normgrößen (Normvergleich) sein, wobei dem **Zeitvergleich** eine besondere Bedeutung zukommt.

Da im Rahmen der meisten Beispielberechnungen nur die Vorgehensweise demonstriert werden soll, wird hier und nachfolgend – auch aufgrund der mangelhaften Aussagekraft einzelner Kennzahlen für das jeweilige Analyseziel – weitgehend auf Vergleiche und i. d. R. auf Interpretationen der unternehmensspezifischen Ergebnisse verzichtet.

1.2.2.3   Liquiditätsgrade

Bei den Liquiditätsgraden[20] handelt es sich um **kurzfristige horizontale Deckungs-grade**. Hier werden in der Praxis regelmäßig die beiden folgenden Kennzahlen verwendet, wobei die einbezogenen Positionen in Theorie und Praxis variieren:[21]

(11) $\text{Liquidität 1. Grades} = \dfrac{\text{liquide Mittel 1. Grades}}{\text{kurzfristiges FK } - \text{ Leistungsschulden}} \, (\cdot 100\,\%)$

$$= \frac{\left[\begin{array}{l}\text{flüssige Mittel (Kassenbestand, Bundesbankgut-}\\ \text{haben, Guthaben bei Kreditinstituten und Schecks}\\ \text{sowie jederzeit veräußerbare Wertpapiere des UV)}\end{array}\right]}{\text{kurzfristiges FK } - \text{ Leistungsschulden}} \, (\cdot 100\,\%)$$

(12) $\text{Liquidität 2. Grades} = \dfrac{\text{liquide Mittel 2. Grades (monetäres UV)}}{\text{kfr. FK } - \text{ Leistungsschulden}} \, (\cdot 100\,\%)$

$$= \frac{\text{UV } - \text{ Vorräte } - \text{ ARAP}}{\text{kfr. FK } - \text{ Leistungsschulden}} \, (\cdot 100\,\%)$$

Die **Aussagekraft** der hier dargestellten kurzfristigen Deckungskennzahlen ist ebenfalls **gering**. Einerseits bleiben bei diesen Kennzahlen die nicht bilanzierten Zahlungsverpflichtungen unberücksichtigt. Andererseits sind zum Analysezeitpunkt im Allgemeinen die meisten der in die Berechnung einbezogenen Forderungen und Verbindlichkeiten bereits ausgeglichen. Die liquiditätsmäßige Situation kann sich also völlig verändert haben. Darüber hinaus besteht schließlich kein kausaler Zusammenhang zwischen der Liquidität am Bilanzstichtag und der zukünftigen Liquidität.

---

[20]   Siehe hierzu auch *PAPE* (2011), S. 269–271.

[21]   Vor allem die **„liquiden Mittel 2. Grades"** werden in Theorie und Praxis unterschiedlich definiert. Da aktive bzw. passive Rechnungsabgrenzungsposten bereits erfolgte Ab- bzw. Zuflüsse und somit Leistungsforderungen bzw. -schulden verkörpern (es wird keine Zahlung, sondern eine Leistung gefordert bzw. geschuldet), sollten diese Beträge – wie erhaltene Anzahlungen auf Bestellungen, die ebenfalls Leistungsschulden darstellen, – aus den Daten herausgerechnet werden.

An dieser Stelle sei auf den sog. **Acid Test** hingewiesen, der sich – vielleicht aufgrund seiner Einfachheit – vor allem in der angloamerikanischen Praxis einer großen Beliebtheit erfreut. Dabei wird im Sinne einer genormten Verhältniszahl pauschal gefordert, dass die **Liquidität 2. Grades des analysierten Unternehmens mindestens 100 %** betragen soll (**„Quick Ratio"** bzw. **„Acid Ratio"**).[22] Diese Anforderung ist jedoch – unabhängig von den skizzierten systembedingten Schwächen dieser kurzfristigen Deckungskennzahl – willkürlich.[23]

Allerdings sind – wie bereits dargestellt – viele Unternehmen darauf bedacht, solche **„goldenen" oder andersfarbigen Kennzahlen** zu erfüllen, weil diese von vielen Adressaten erwartet werden. Eine entsprechende Ausrichtung der Bilanzpolitik der Unternehmen vorausgesetzt, kann treffend im Sinne eines **Negativsignals**[24] **bei Nichterfüllung** Folgendes geschlussfolgert werden:

> „Unterstellt man das Bemühen des Rechenschaftspflichtigen, die Liquiditätskennzahlen wenigstens zum Stichtag bilanzpolitisch zu verbessern bzw. an Idealvorstellungen heranzuführen, so gewinnen tendenzielle Verschlechterungen der Liquiditätslage zusätzliches Gewicht dadurch, daß man die Frage stellen muß, ob es dem Bilanzierenden nicht mehr möglich war, das Bilanzbild positiv zu beeinflussen. Insoweit kann die Liquiditätsanalyse [auf Basis solcher Kennzahlen zumindest] zusätzlich Hinweise auf Finanzprobleme geben."[25]

Beispiel: Für die *MUSTER AG* ergeben sich zum 31.12.05 folgende Liquiditätsgrade:

$$\text{(B11) Liquidität 1. Grades} = \frac{934}{1.137.520 - 5.477 - 5.878} \cdot 100 \% \approx 0,08 \%$$

$$\text{(B12) Liquidität 2. Grades} = \frac{910.326 - 284.728 - 5.675}{1.137.520 - 5.477 - 5.878} \cdot 100 \%$$

$$= \frac{619.923}{1.126.165} \cdot 100 \% \approx 55,05 \%$$

---

[22] So z. B. *RIETMANN* (1973), S. 12 und S. 40, *TRACY* (1994), S. 149, *BURGER* (1995), S. 94, *LANGENBECK* (2007), S. 112. Die Liquidität ersten Grades wird hingegen als **„Cash Ratio"** bezeichnet.

[23] Vgl. hierzu kritisch mit dem Verweis auf branchenbezogene Erfahrungswerte *KERTH/WOLF* (1993), S. 155 f. Siehe auch *MATSCHKE/HERING/KLINGELHÖFER* (2002), S. 51, *HEESEN/GRUBER* (2008), S. 124.

[24] So auch *ROLLBERG* (2012), S. 27 f., der ausführt: „Wengleich ihr Aussagegehalt theoretisch fragwürdig ist, entfalten sie praktisch als fehlgedeutete Indikatoren mit Signalwirkung die Macht ‚sich selbst erfüllender Prophezeiungen'. Folglich ist [... das Unternehmen] dazu gezwungen, steuernd auf derartige Kennzahlen einzuwirken, um beispielsweise bei der Kapitalbeschaffung nicht in Schwierigkeiten zu geraten."

[25] *KERTH/WOLF* (1993), S. 157.

An dieser Stelle soll eine Manipulationsmöglichkeit von Liquiditätsgraden unter 100 % demonstriert werden, die allein schon durch Aufnahme eines kurzfristigen Darlehens (beispielsweise zum 28.12.05 i. H. v. T€ 300.000 mit vereinbarter Rückzahlung z. B. zum 10.01.06 oder sogar früher im „neuen" Geschäftsjahr) möglich ist.[26] Die Liquiditätskennzahlen des Unternehmens berechnen sich alternativ wie folgt:

$$\text{(B11 neu) Liquidität 1. Grades} = \frac{934 + 300.000}{1.126.165 + 300.000} \cdot 100\,\% \approx 21,10\,\% \text{ und}$$

$$\text{(B12 neu) Liquidität 2. Grades} = \frac{619.923 + 300.000}{1.126.165 + 300.000} \cdot 100\,\% \approx 64,50\,\%$$

1.2.2.4   Nettoumlaufvermögen

Das **Nettoumlaufvermögen** [„(Net) Working Capital"[27]] ist eine als Differenz ermittelte absolute Kennzahl, die gelegentlich zur Beurteilung zukünftiger Liquiditätsverhältnisse herangezogen wird, weil hierbei die Möglichkeit der Kennzahlenmanipulation zumindest eingeschränkt ist. Allerdings sind in der Literatur auch bei dieser Formel die Inhalte der einzelnen Bestandteile nicht einheitlich definiert. Grundsätzlich gilt:

(13)   Nettoumlaufvermögen = Working Capital = UV – kurzfristiges FK

Da ein Betriebsvergleich mit dieser absoluten Größe nicht ohne weiteres möglich ist, sollte das Nettoumlaufvermögen in Form einer Verhältniszahl („Ratio"), welche dann der **Liquidität 3. Grades**[28] („Working Capital Ratio", auch „Current Ratio") entspricht, dargestellt werden:

$$(14)\quad \text{Liquidität 3. Grades} = \text{Working Capital Ratio} = \frac{UV}{\text{kurzfristiges FK}}\ (\cdot\,100\,\%)$$

Aus dieser Kennzahl wird der Schluss gezogen, dass die zukünftige Liquiditätslage umso gesicherter ist, je höher das Nettoumlaufvermögen bzw. die Liquidität 3. Grades ist. Auch diese Kennzahl unterstellt, dass die Liquidität umso besser ist, je langfristiger die Zahlungsverpflichtungen und je kurzfristiger die Verflüssigungsmöglichkeiten (Liquidierbarkeit) zum Bilanzstichtag sind.

> Die tatsächliche Liquiditätsentwicklung hängt jedoch vor allem von der Entwicklung nicht bilanzierter Zahlungsströme ab, **so dass eine positive Relation dieser Kennzahl die Einhaltung der Liquidität nicht sicherstellt.**

---

[26]   Siehe auch *SELCHERT* (1996), S. 1934 f., *MATSCHKE/HERING/KLINGELHÖFER* (2002), S. 52.

[27]   Siehe hierzu z. B. die ausführliche und kritische Darstellung von *BISCHOFF* (1972), S. 77–96. Vgl. auch *PAPE* (2011), S. 272 f.

[28]   Siehe *KÜTING/WEBER* (2012b), S. 155.

Das gilt für sämtliche Liquiditätskennzahlen, die im Rahmen der Bilanzanalyse ermittelt werden können.

Beispiel: Das Nettoumlaufvermögen und die entsprechende Verhältniszahl „Liquidität 3. Grades" der MUSTER AG berechnen sich zum Bilanzstichtag 31.12.05 wie nachfolgend dargestellt:[29]

$$(B13) \quad \text{Nettoumlaufvermögen} = 910.326 - 1.137.520 = -227.194$$

$$(B14) \quad \text{Liquidität 3. Grades} = \frac{910.326}{1.137.520} \cdot 100\,\% \approx 80,03\,\%$$

Neben der dargestellten „Norm" bezüglich der „Quick Ratio" im Rahmen des „Acid Test" werden in der **angloamerikanischen Praxis** weitere genormte Verhältniszahlen eingesetzt. So verlangt z. B. die **„Banker's Rule"** (auch „Two-to-One-Rule" bezeichnet)[30], dass die Liquidität 3. Grades, also die „Current Ratio", mindestens 200 % betragen soll.[31] Bedeutung erfahren diese normierten Kennzahlen lediglich insofern, als die Analysepraxis diese oft anwendet und die Geschäftsleitung mittels bilanzpolitischer Instrumente den Jahresabschluss auf deren Einhaltung „hinfrisieren" wird.[32] Erst wenn dies nicht mehr gelingt, signalisiert das Unternehmen eine negative Liquiditätsentwicklung.

1.2.2.5 Umschlagskoeffizienten

Umschlagskoeffizienten sind Kennzahlen, die durch eine **Gegenüberstellung** der Bestände (**Bestandsgrößen**) und der „Abgänge" von ausgewählten Vermögenspositionen (**Stromgrößen**, z. B. Umsatz, Abschreibungen) entstehen. Es handelt sich um Kennzahlen zur Beurteilung der Liquidierbarkeit, weshalb diese meist zu den bestandsorientierten Methoden gezählt werden. Solche Umschlagskoeffizienten können – je nachdem, ob die Strom- oder die Bestandgrößen im Zähler dargestellt werden – entweder als **Häufigkeit oder** als **Dauer** definiert sein:

$$(15) \quad \text{Umschlagshäufigkeit} = \frac{\text{Abgänge von der Vermögensposition p. a.}}{\text{durchschnittlicher Bestand der Vermögensposition}} \quad \text{[in Mal p. a.]}$$

$$(16) \quad \text{Umschlagsdauer} = \frac{\text{durchschnittlicher Bestand der Vermögensposition} \cdot 365}{\text{Abgänge von der Vermögensposition p. a.}} \quad \text{[in Tagen]}$$

---

[29]   Ein negatives Nettoumlaufvermögen sagt lediglich aus, dass bzw. um welchen Betrag das zum Bilanzstichtag in der Strukturbilanz ausgewiesene kurzfristige Fremdkapital das Umlaufvermögen übersteigt.

[30]   Vgl. *BITZ/SCHNEELOCH/WITTSTOCK* (2011), S. 535.

[31]   Vgl. zu dieser „Daumenregel" z. B. *TRACY* (1994), S. 149. *HEESEN/GRUBER* (2008), S. 125, vergeben in diesem Zusammenhang – ebenso bedenklich – gestaffelte „Schulnoten".

[32]   Siehe bereits *OTTEL* (1933), S. 536.

Die Kennzahl[33] „**Umschlagshäufigkeit**" zeigt, wie oft eine bestimmte Vermögensposition in einem Jahr umgeschlagen wird. Dabei wird als Prämisse unterstellt, dass mit den Abgängen dieser Positionen entsprechende Einzahlungen (z. B. aufgrund von Umsatzerlösen) verbunden sind, so dass die Vermögensposition anschließend wieder aufgefüllt werden kann.

Mit der Kennzahl „**Umschlagsdauer**" (Verweildauer) kann eine ähnliche Aussage getroffen werden. Sie gibt an, wie viele Tage einzelne Vermögenspositionen durchschnittlich im Unternehmen verbleiben, bis diese schließlich verbraucht oder veräußert werden. Die Umschlagsdauer soll somit zeigen, in welcher Zeit ein bestimmter Vermögensposten im normalen Geschäftsverlauf liquidiert wird. Die Unterstellung der Realisation der Abgänge durch (Umsatz-)Erlöse ist auch in dieser Kennzahl enthalten, weil diese lediglich den Kehrwert der Umschlagshäufigkeit darstellt.

Beispiel: Zur Erläuterung von Umschlagshäufigkeit und Umschlagsdauer (Verweildauer) wählen BITZ/SCHNEELOCH/WITTSTOCK[34] ein treffendes Beispiel, welches hier aufgegriffen und in leicht abgewandelter Form dargestellt wird: Im Monat Januar werden in einer Pension in Binz auf Rügen 200 (verschiedene) Übernachtungsgäste registriert. Pro Tag übernachteten durchschnittlich 50 Gäste in dieser Pension. Zur Ermittlung der durchschnittlichen Verweildauer wird der Durchschnittsbestand (50 Personen) in das Verhältnis zum Gesamtstrom (200 Personen) gestellt, wonach die durchschnittliche **Verweildauer** 50 / 200 = 0,25 bzw. 50 / 200 · 30 Tage = 7,5 Tage beträgt. Ein Gast übernachtet entsprechend in der Pension durchschnittlich 7,5 Tage. Die **Umschlagshäufigkeit** ermittelt sich schließlich aus dem reziproken Verhältnis der Verweildauer: 200 / 50 = 4. Demnach wechselt der Gästebestand der Pension durchschnittlich vier Mal in der Periode (hier also im Monat).

Die **Liquidierbarkeit** einer Vermögensposition wird als umso besser angesehen, je höher die Umschlagshäufigkeit und – im Umkehrschluss – je geringer die Umschlagsdauer ist. Die „liquiditätsfördernden" Umsätze stehen dann häufiger zur Disposition. Sie können tendenziell eher zur Deckung von Liquiditätslücken herangezogen werden (**erste Interpretation**).

Teilweise werden Umschlagshäufigkeit und -dauer jedoch anders interpretiert (**zweite Interpretation**): Danach geben diese Kennzahlen Anhaltspunkte für die Bindungsdauer einzelner Vermögensteile im Unternehmen und damit **Hinweise auf den mit der Ersatznotwendigkeit dieser Positionen verbundenen Zahlungsmittelbedarf**. In diesem

---

[33]   „Um den Einstieg in eine vergleichende Bilanz- und Erfolgsanalyse zu erleichtern, empfiehlt der Arbeitskreis ‚Externe Unternehmensrechnung' einheitlich die Darstellung als Umschlagshäufigkeit", *ARBEITSKREIS „EXTERNE UNTERNEHMENSRECHNUNG" DER SCHMALENBACH-GESELLSCHAFT* (1996), S. 1990.

[34]   Vgl. *BITZ/SCHNEELOCH/WITTSTOCK* (2011), S. 516 f.

Fall werden die Einzahlungen aus den Abgängen der Positionen vernachlässigt. Bei dieser Interpretation ist die Liquidität als umso besser anzusehen, je geringer die Umschlagshäufigkeit und je länger die Umschlagsdauer ist. Schließlich fallen Auszahlungen somit weniger häufig an.

> Während die **erste Interpretation** von Umschlagshäufigkeit und -dauer auf die Einzahlungspotentiale der in Rede stehenden Vermögenspositionen abzielt, geht es bei der **zweiten Interpretation** dieser Kennzahlen um die Einschätzung möglicher Zahlungsverpflichtungen (also um potentielle Auszahlungen).

Da die zweite Interpretation jedoch auf eine Umsatzbezogenheit verzichtet, müsste hierbei gleichsam unterstellt werden, dass am Ersatzzeitpunkt eine liquiditätsverschlechternde „Wiederauffüllung" der Vermögensposition nicht notwendig ist. Diese wäre lediglich notwendig, um spätere Umsätze und somit Einzahlungen zu ermöglichen, welche bei dieser Interpretation außer Betracht bleiben. Stattdessen wird mit dieser Interpretation nur die Auffüllung (Erhaltung) der Vermögensposition als liquiditätswirksam erachtet. Da diese aber ohne die Betrachtung des zukünftigen Umsatzes nicht notwendig ist, kann eine Aussage über den Zeitpunkt des möglichen Liquiditätsengpasses ebenfalls nicht gegeben werden. **Die zweite Interpretation ist ökonomisch also nicht sinnvoll**, sofern diese gänzlich von der ersten Interpretation abgekoppelt wird.

Beliebte Umschlagskoeffizienten sind die Umschlagshäufigkeit des Anlagevermögens, die Umschlagshäufigkeit der Roh-, Hilfs- und Betriebsstoffe[35] sowie die Umschlagshäufigkeit der Forderungen (aus Lieferungen und Leistungen):[36]

---

[35]   Gewöhnlich wird nicht die „Umschlagshäufigkeit der Roh-, Hilfs- und Betriebsstoffe", sondern die „Umschlagshäufigkeit der Vorräte" dargestellt, welche als Quotient aus Umsatzerlösen (Zähler) sowie dem durchschnittlichen Bestand der Vorräte (Nenner) berechnet wird. Dies ist jedoch keine sinnvolle Kennzahl, weil die Eingangsgrößen sich weder sachlich noch wertmäßig entsprechen. Die sachliche Entsprechung ist nicht gegeben, weil der Posten „Vorräte" sowohl das Eingangs- als auch das Ausgangslager betrifft und die Umsatzerlöse sich lediglich direkt auf das Ausgangslager beziehen. Die **wertmäßige Entsprechung** liegt nicht vor, weil die Umsatzerlöse zu Verkaufspreisen ausgewiesen sind; die Roh-, Hilfs- und Betriebsstoffe hingegen nur mit ihren Anschaffungs- und Herstellungskosten bewertet werden.

[36]   Es werden nur die Umschlagshäufigkeiten dargestellt. Die jeweilige Umschlagsdauer ergibt sich als Kehrwert. Siehe hierzu die Ausführungen in Kapitel 3.2.2.1.1 des Kapitels III. Die Umschlagsdauer der Forderungen (aus Lieferungen und Leistungen) wird zudem als **Kunden- bzw. Debitorenziel** bezeichnet, die Umschlagsdauer der Roh-, Hilfs- und Betriebsstoffe als **Lagerreichweite**.
Bei der **„Umschlagshäufigkeit des AV"** wird auf das originäre Anlagevermögen zurückgegriffen, weil für die Positionen, die (wie die langfristigen Forderungen aus Lieferungen und Leistungen) gegebenenfalls noch zum betriebswirtschaftlichen Anlagevermögen gehören, keine Abschreibungen und Abgänge existieren bzw. bekannt sind. Insofern sollten auch die nicht korrigierten Abschreibungen aus der Gewinn- und Verlustrechnung in die Berechnung eingehen.
Da die Umsatzerlöse mit den gesamten (und nicht nur mit den kurzfristigen) Forderungen aus Lieferungen und Leistungen korrespondieren, gilt ein entsprechendes Vorgehen auch für die Berechnung der **Umschlagshäufigkeit der Forderungen**.

(17) $\dfrac{\text{Umschlagshäufigkeit}}{\text{des AV}} = \dfrac{[\text{Abschreibungen} + \text{Abgänge (Restbuchwert)}] \text{ p. a.}}{\text{durchschnittlicher Bestand des originären AV}}$

[in Mal p. a.]

(18) $\dfrac{\text{Umschlagshäufigkeit}}{\text{der RHB}} = \dfrac{\text{Aufwand für RHB p. a.}}{\text{durchschnittlicher Bestand der RHB}}$ [in Mal p. a.]

(19) $\dfrac{\text{Umschlagshäufigkeit}}{\text{der Forderungen}} = \dfrac{\text{Umsatzerlöse p. a.}}{\substack{\text{durchschnittlicher Bestand an (originären)} \\ \text{Forderungen aus Lieferungen und Leistungen}}}$ [in Mal p. a.]

Die **durchschnittlichen Bestände** können als einfache arithmetische Mittel aus den Anfangs- und den Endbeständen eines Geschäftsjahres berechnet werden, weil bei der Bilanzanalyse i. d. R. nur die Jahresschlussbilanzen verfügbar sind. Liegen hingegen Quartalsabschlüsse vor, können – wenn der Jahresabschluss analysiert werden soll und diese Vorgehensweise dem Grundsatz der Wirtschaftlichkeit der Analyse entspricht – die durchschnittlichen Bestände bestenfalls aus dem Vorjahresabschluss, den ersten drei Quartalsabschlüssen und dem zu analysierenden Abschluss ermittelt werden.

Die **Abgänge** der einzelnen Positionen sind nur für das Anlagevermögen (z. B. aus den Abschreibungen in der Gewinn- und Verlustrechnung und dem Restbuchwert der Abgänge, welcher aus dem Anhang, insbesondere aus dem Anlagespiegel, entnommen bzw. berechnet werden kann) sowie für die Roh-, Hilfs- und Betriebsstoffe (z. B. aus dem Materialaufwand in der Gewinn- und Verlustrechnung) im Einzelnen bekannt. Bei den Forderungen aus Lieferungen und Leistungen treten hilfsweise die Umsatzerlöse an die Stelle der nicht zu ermittelnden Abgänge.

Beispiel: Nachfolgend seien die oben genannten Umschlagshäufigkeiten der MUSTER AG für das Geschäftsjahr 05 berechnet:[37]

(B17) $\dfrac{\text{Umschlagshäufigkeit}}{\text{des AV}} = \dfrac{93.456 + (75.494 - 61.193)}{\dfrac{(1.190.449 + 1.581.360)}{2}} = \dfrac{93.456 + 14.301}{1.385.904,5}$

$= \dfrac{107.757}{1.385.904,5} \approx 0,078 \text{ Mal p. a.}$

(B18) $\dfrac{\text{Umschlagshäufigkeit}}{\text{der RHB}} = \dfrac{592.331}{\dfrac{(58.334 + 54.785)}{2}} = \dfrac{592.331}{56.559,5} \approx 10,47 \text{ Mal p. a.}$

---

[37] Die jährlichen Abgänge von der Vermögensposition „Anlagevermögen" ergeben sich im Beispiel aus den Abschreibungen auf das Anlagevermögen (T€ 93.456), welche aus der Gewinn- und Verlustrechnung entnommen werden können, sowie aus dem Restbuchwert der Anlagenabgänge, der sich wiederum aus der Differenz zwischen den Abgängen der Anschaffungs- und Herstellungskosten (T€ 75.494) sowie den Abgängen bei den kumulierten Abschreibungen (T€ 61.193) des Anlagevermögens berechnen lässt. Die hierfür erforderlichen Angaben können – wie auch die Abschreibungen des laufenden Jahres – dem **Anlagespiegel** entnommen werden.

$$(B19) \quad \frac{\text{Umschlagshäufigkeit}}{\text{der Forderungen}} = \frac{1.776.588}{\underbrace{(46.811 + 64.274)}_{2}} = \frac{1.776.588}{55.542,5} \approx 31,99 \text{ Mal p. a.}$$

Eine kurze Umschlagszeit bzw. eine hohe Umschlagshäufigkeit weist auf eine schnelle Liquidierbarkeit der jeweils analysierten Aktiva hin. Gründe einer langen Umschlagsdauer können vielfältig sein. Diese können beispielsweise auf langen Lager-, Produktions-, Transport- und Fakturierungszeiten basieren bzw. von entsprechenden Zahlungsmodalitäten herrühren, was branchenspezifisch zu beurteilen ist.[38]

> Von den Umschlagskoeffizienten kommt der **Umschlagshäufigkeit der Forderungen** eine besondere Bedeutung für die Liquiditätsbeurteilung zu.[39] Diese Kennzahl lässt auf das Zahlungsverhalten der Kunden schließen. Es ist jedoch zu beachten, dass darüber hinaus z. B. die vereinbarten Zahlungskonditionen Einfluss auf diese Kennzahl haben.[40]

Je niedriger die Umschlagshäufigkeit der Forderungen ist, desto später werden tendenziell aus realisierten Umsätzen Einzahlungen. Die **Möglichkeiten** der Geschäftsleitung, **diese Kennzahl zu manipulieren, sind gering.** Eine Erhöhung der Umschlagshäufigkeit ist etwa durch eine Verkürzung der Zahlungsfristen, die Gewährung höherer Skonti oder durch eine „Verschärfung" des Mahnwesens denkbar. Da Skonti im Normalfall bereits schon bei geringen Prozentsätzen ausgenutzt werden,[41] verbessert eine Skontoerhöhung – im Unterschied zu einer Skontoeinführung – das Zahlungsverhalten gewöhnlich kaum. Eine sinkende Umschlagshäufigkeit beruht meist auf **außerbetrieblichen Faktoren:** Hauptgrund dieser Entwicklung ist regelmäßig die mangelnde Zahlungsfähigkeit der Kunden, weniger der fehlende Zahlungswille (also die schlechte Zahlungsmoral), weshalb die Verschärfung des Mahnwesens nur selten hilfreich oder sogar „kontraproduktiv" ist.

Für kurzfristige Prognosen der Liquidierbarkeit sind die Umschlagshäufigkeiten vergleichsweise gut geeignet. Dem steht allerdings die Tatsache entgegen, dass zum Analysezeitpunkt meist der Zeitraum, für den die damit verbundene Aussagefähigkeit gegeben wäre, bereits abgelaufen ist.

---

38   Siehe bereits *OTTEL* (1933), S. 535.

39   Demgegenüber besitzen **Umschlagshäufigkeit und Umschlagsdauer des Anlagevermögens** – in Anbetracht der Zweckbestimmung des Anlagevermögens – eine eher geringe Aussagekraft.

40   Rückschlüsse auf das Zahlungsverhalten des Unternehmens ergeben sich korrespondierend aus der **Umschlagshäufigkeit der Verbindlichkeiten** (bzw. dem reziproken Wert „**Kreditorenziel**"), wobei die Materialaufwendungen (inklusive Wareneinsatz) den durchschnittlichen Verbindlichkeiten aus Lieferungen und Leistungen gegenüberzustellen sind.

41   Vgl. zum Finanzierungseffekt des Skontoabzugs *MATSCHKE* (1991), S. 228–236.

1.2.3   Methoden zur stromgrößenorientierten Liquiditätsanalyse

1.2.3.1   Grundlagen

Die (dispositive) Liquidität ist stromgrößenorientiert definiert. Es liegt deshalb nahe, die Liquiditätsanalyse unter Rückgriff auf zahlungsbezogene Stromgrößen vorzunehmen. Auf Basis der Analyse des zeitlichen und umfangmäßigen Anfalls von Zahlungsströmen soll dabei die zukünftige Entwicklung der Liquidität prognostiziert werden.

> Im Gegensatz zur Bestandsanalyse wird bei der stromgrößenorientierten Analyse nicht vom **Zahlungsmittel- und Schuldenbestand** der Vergangenheit auf die Zahlungsmöglichkeiten und -verpflichtungen der Zukunft geschlossen, sondern von den **Zahlungsströmen** der Vergangenheit auf jene in der Zukunft.

Neben den schon genannten allgemeinen Einschränkungen, welche sich durch die Unsicherheit der Zukunft und die fehlende Abhängigkeit der zukünftigen Entwicklungen von historischen Kennzahlen ergeben, ist bei den stromgrößenorientierten Methoden zu beachten, dass sich die Finanzbuchhaltung – und damit auch der Jahresabschluss – nicht auf Ein- und Auszahlungen bezieht, sondern durch Abgrenzung darauf zielt, die Erträge und Aufwendungen der jeweiligen Periode zu ermitteln. **Durch Hilfsrechnungen** muss entsprechend versucht werden, aus den im Jahresabschluss ausgewiesenen Aufwands- und Ertragsströmen die **zahlungsunwirksamen Teile** zu **eliminieren**.

Kritisch anzumerken ist zudem, dass ein Teil der sog. stromgrößenorientierten Methoden – wie z. B. die Bewegungsbilanzen – nicht auf Stromgrößen, sondern lediglich auf Differenzen zwischen Bestandsgrößen an unterschiedlichen Stichtagen basiert. Diese Differenzen können bestenfalls als „aggregierte Stromgrößen" bezeichnet werden, von denen weder die zeitliche Verteilung noch der Umfang bekannt ist. Da das Liquiditätsproblem regelmäßig kurzfristiger Natur ist, bleibt eine **Liquiditätsanalyse auf Basis saldierter Stromgrößen eines ganzen Geschäftsjahres in der Aussagekraft erheblich beschränkt**. Dies gilt nicht nur für die stromgrößenorientierten Methoden, die sich auf Bestandsdifferenzen konzentrieren, sondern für sämtliche Methoden zur Liquiditätsprognose, die auf Basis externer Informationsquellen durchgeführt werden.

Stromgrößenorientierte Analysemethoden werden in zwei Gruppen eingeteilt: Bei den **Methoden der ersten Gruppe** (hier: Cashflow) wird versucht, die Zahlungsströme aus den Erträgen und Aufwendungen abzuleiten. Die **Methoden der zweiten Gruppe** (hier: verschiedene Ausprägungen der Kapitalflussrechnung) stellen anhand der Zahlen der Bilanzen zweier aufeinander folgender Bilanzstichtage sowie z. T. der Gewinn- und Verlustrechnung die Zahlungsmittelherkunft der Zahlungsmittelverwendung gegenüber. Daraus sollen einerseits das Finanzierungs- und Investitionsverhalten des Unternehmens (oder genauer von dessen Geschäftsleitung) und andererseits die Fristverschiebungen zwischen Finanzierung und Investition ermittelt werden, um schließlich die Auswirkungen auf die Liquidität zu beurteilen bzw. zu prognostizieren.

1.2.3.2 Cashflow

1.2.3.2.1 Grundlagen

Der stromgrößenorientierten Kennzahl „Cashflow" kommt vor allem in Anbetracht ihrer häufigen Anwendung in der Praxis eine besondere Bedeutung im Rahmen der Liquiditätsanalyse zu.[42] Dabei ist zwischen einem **finanzwirtschaftlichen** und einem **erfolgswirtschaftlichen** Cashflow zu unterscheiden. Grundsätzlich kann ein Cashflow jeweils auf **direkte** oder **indirekte** Weise ermittelt werden, wobei sich die Art der Ermittlung hauptsächlich auf den erfolgswirtschaftlichen Cashflow bezieht, der allerdings wiederum Grundlage des finanzwirtschaftlichen Cashflows ist, wie nachfolgend deutlich wird. Ein Cashflow als solcher weist nicht die in einem Geschäftsjahr zu verzeichnenden erfolgswirksamen Einzahlungen **brutto**, sondern nur den **Saldo** des nach Abzug der laufenden betrieblichen Auszahlungen verfügbaren Teils aus.

Während der **erfolgswirtschaftliche Cashflow** lediglich die **zahlungswirksamen Bestandteile** des Jahresergebnisses beinhaltet, bezieht der **finanzwirtschaftliche Cashflow** darüber hinaus **auch jene** zahlungswirksamen Konsequenzen in die Betrachtung ein, die sich aus diversen **liquiditätswirksamen erfolgsneutralen Bestandsveränderungen**, welche aus der laufenden Geschäftstätigkeit resultieren (z. B. Verminderung der Forderungen aus Lieferungen und Leistungen sowie Erhöhung der Warenbestände), ergeben. Bei der Berechnung des finanzwirtschaftlichen Cashflows dürfen jedoch nicht jene Bestandsveränderungen einbezogen werden, die aus Investitions- und Finanzierungsmaßnahmen resultieren (z. B. Erhöhungen des Anlagevermögens oder Erhöhungen bzw. Verminderungen der Verbindlichkeiten gegenüber Kreditinstituten), weil diese eigene Cashflows (aus der Investitionstätigkeit und aus der Finanzierungstätigkeit) begründen. Die Beziehung zwischen dem erfolgs- und dem finanzwirtschaftlichen Cashflow kann wie folgt dargestellt werden:

(20)   direkt oder indirekt abgeleiteter Cashflow, der lediglich die
         zahlungswirksamen Erträge und Aufwendungen beinhaltet
   = **erfolgswirtschaftlicher Cashflow** der Periode
   + einzahlungswirksame erfolgsneutrale Bestandsveränderungen aus der
     laufenden Geschäftstätigkeit (Abnahme von bestimmten Positionen der
     Aktivseite und Zunahme von bestimmten Positionen der Passivseite)
   − auszahlungswirksame erfolgsneutrale Bestandsveränderungen aus der
     laufenden Geschäftstätigkeit (Zunahme von bestimmten Positionen der
     Aktivseite und Abnahme von bestimmten Positionen der Passivseite)
   = **finanzwirtschaftlicher Cashflow** der Periode
   ± Cashflow-Veränderungen der Periode aus der Investitionstätigkeit
   ± Cashflow-Veränderungen der Periode aus der Finanzierungstätigkeit
   + Zahlungsmittelbestand am Anfang der Periode
   = Zahlungsmittelbestand am Ende der Periode

---

[42] Vgl. zum Cashflow etwa *BIEG/HOSSFELD* (1996), *BIEG* (1998), *BIEG* (1999). Siehe auch *BEHRINGER* (2010).

Die Darstellung offenbart die Nähe der Cashflow-Ermittlung zur für einige Unternehmen bzw. für Konzerne als Rechnungslegungskomponente vorgeschriebenen Kapitalflussrechnung. Im Hinblick auf eine solche **Kapitalflussrechnung als Abschlussbestandteil** sollen – unter Rückgriff auf die liquiditätswirksamen Veränderungen der Bereiche „laufende Geschäftstätigkeit", „Investitionstätigkeit" und „Finanzierungstätigkeit" – **die Änderungen der liquiden Mittel** (also des sog. Finanzmittelfonds) der abgelaufenen Periode **erläutert** werden:

(21)   Cashflow aus der laufenden Geschäftstätigkeit
    +   Cashflow aus der Finanzierungstätigkeit
    +   Cashflow aus der Investitionstätigkeit
    =   Änderung des Finanzmittelfonds
    +   Bestand des Finanzmittelfonds zu Beginn des Geschäftsjahres
    =   Bestand des Finanzmittelfonds am Ende des Geschäftsjahres

---

Eine Verpflichtung zur Aufstellung der Kapitalflussrechnung besteht für IFRS-Abschlüsse nach IAS 7 sowie nach § 297 Abs. 1 HGB für HGB-Konzernabschlüsse und gemäß § 264 Abs. 1 Satz 2 HGB für bestimmte Kapitalgesellschaften auch auf Einzelabschlussebene.

Inwieweit sich eine Veröffentlichung dieser Rechnungslegungskomponente auf die Bilanzanalyse auswirkt, wird in Abschnitt 1.2.3.3.5 dieses Kapitels dargestellt. Wird der Cashflow aus der laufenden Geschäftstätigkeit der Formel 21 weiter unterteilt, wie nachfolgend in Formel 22 dargestellt, sind die Parallelen zur Formel 20 zu erkennen. Auch hier kann der Cashflow aus laufender Geschäftstätigkeit entweder direkt oder indirekt ermittelt werden.

(22)   **erfolgswirtschaftlicher Cashflow**
    ±   nicht finanzierungs- und investitionsorientierte Zunahme (–)/Abnahme (+) von Vorräten und Forderungen
    ±   nicht finanzierungs- und investitionsorientierte Zunahme (+)/Abnahme (–) von Verbindlichkeiten
    =   Cashflow aus der laufenden Geschäftstätigkeit (**finanzwirtschaftlicher Cashflow**)
    +   Cashflow aus der Finanzierungstätigkeit
    +   Cashflow aus der Investitionstätigkeit
    =   Änderung des Finanzmittelfonds

Der **erfolgswirtschaftliche Cashflow** spiegelt den **Überschuss** der erfolgswirksamen Einzahlungen über die erfolgswirksamen Auszahlungen wider.

Diese Kennzahl soll nach nicht theoretisch fundierter Literaturmeinung dazu dienen, auf die Ertragskraft des Unternehmens zu schließen, wobei hier jene erfolgswirksamen Komponenten des Ergebnisses unbeachtet bleiben, welche nicht zahlungswirksam sind. Insbesondere diese Komponenten, wie z. B. die Rückstellungsbildung und -auflösung sowie die Abschreibungen, gelten als bilanzpolitisch stark beeinflussbar bzw. durch das Rechnungslegungssystem stark determiniert. Diese Erfolgskomponenten sind jedoch – unabhängig von den Manipulationsgefahren – betriebsbedingt und sollten deshalb bei der **Erfolgsanalyse** nicht unberücksichtigt bleiben. Ein zwar rechnungslegungssystemübergreifend und im Hinblick auf bestimmte bilanzpolitische Instrumente manipulationsfrei ermittelbarer erfolgswirtschaftlicher Cashflow ist somit zur Bestimmung der Ertragskraft weitgehend **ungeeignet**. Auch zur **Liquiditätsanalyse** ist dieser **nur eingeschränkt geeignet**, weil er nicht alle wesentlichen liquiditätsbeeinflussenden Aspekte beachtet, weshalb diesbezüglich eher der finanzwirtschaftliche Cashflow ermittelt und zu Rate gezogen werden sollte.

> Vorteilhaft an der Kennzahl „Cashflow" ist, dass bei ihrer Berechnung **ein großer Teil der Manipulationsmöglichkeiten des Jahresabschlusses eliminiert** wird. Insbesondere bei der Bemessung der Abschreibungen wird in größerem Umfang Bilanzpolitik betrieben und somit die Höhe des Jahresergebnisses beeinflusst.

Der **finanzwirtschaftliche Cashflow** beinhaltet neben den liquiditätswirksamen erfolgswirtschaftlichen Erträgen und Aufwendungen (i. S. d. erfolgswirtschaftlichen Cashflows) die liquiditäts-, aber nicht erfolgswirksame Bestandsveränderungen aus der laufenden Geschäftstätigkeit (z. B. die Erhöhung der Warenbestände und die Veränderungen der Rechnungsabgrenzungsposten). Somit offenbart er, welche liquiden Mittel das Unternehmen in einer Periode aus der Innenfinanzierung erwirtschaftet hat und welche somit für Finanzierungsvorgänge (z. B. Tilgungen, Gewinnausschüttungen), für Investitionsvorgänge (z. B. Investitionen in Sachanlagen) und für den Erhalt bzw. die Veränderung des Zahlungsmittelfonds zur Verfügung stehen. Der finanzwirtschaftliche Cashflow gilt somit als ein geeignetes Maß der **Innenfinanzierungskraft**.

> Selbstverständlich kann ein Cashflow **auch negativ** sein. Ein negativer Wert bedeutet, dass im abgelaufenen Jahr die betrieblichen Auszahlungen höher als die betrieblichen Einzahlungen waren. Dies **kann langfristig zur Illiquidität führen**.

Im Rahmen der indirekten (**retrograden**) Ermittlung eines Cashflows wird das **Ergebnis** (Überschuss oder Fehlbetrag) **der Erfolgsrechnung** (Gewinn- und Verlustrechnung) **um** die (wesentlichen) **zahlungsunwirksamen** Teile der **Aufwendungen und Erträge korrigiert**. Dieser (indirekte) Weg wird gewöhnlich nicht nur in der Praxis eingeschlagen, sondern vom überwiegenden Teil der Literatur empfohlen.[43] Demgegenüber wird die direkte (**progressive**) Ermittlung des Cashflows i. S. d. **Überschusses aller ausschließlich liquiditätswirksamen Erträge über sämtliche ausschließlich liquiditätswirksame Aufwendungen** bei der (externen) Bilanzanalyse häufig als zu aufwendig (oder z. T. – in Anbetracht der mangelhaften Informationsbasis – sogar als unmöglich) erachtet. Fraglich ist in diesem Zusammenhang jedoch, **warum** der Cashflow – wie vielleicht zu erwarten wäre – nicht **hilfsweise** insofern **direkt** berechnet wird, als lediglich die zahlungswirksamen Teile der Erfolgsgrößen der Gewinn- und Verlustrechnung berücksichtigt werden.

Der Cashflow stellt – regelmäßig indirekt und unter Wesentlichkeitsaspekten ermittelt – den Überschuss betrieblicher Einzahlungen über die betrieblichen Auszahlungen dar. Er weist also nicht die in einem Geschäftsjahr zu verzeichnenden betrieblichen Einzahlungen brutto, sondern nur den Saldo eines nach Abzug der laufenden betrieblichen Auszahlungen verfügbaren Teils, also den Einzahlungsüberschuss als **Nettobetrag**, aus.

Im Rahmen der Bilanzanalyse lassen sich bei der direkten Berechnung die zahlungswirksamen Teile lediglich schätzen;[44] diese **Probleme treten allerdings bei der indirekten Methode in gleicher Weise auf**. Die Angabe zahlreicher (und ggf. umfangreicher) indirekter Berechnungsschemata in der Literatur täuscht nur eine Vollständigkeit der Korrekturmöglichkeit der zahlungsunwirksamen Teile vor. Tatsächlich sind regelmäßig nur die eindeutig und leicht zu ermittelnden Abweichungen in den Berechnungsschemata aufgeführt. Deutlich erkennbar ist dies beim sehr einfachen Schema: Erfolgswirtschaftlicher Cashflow = Jahresergebnis + Abschreibungen. Bevor nachfolgend (etwas) anspruchsvollere Berechnungsschemata der direkten und indirekten Ermittlung des Cashflows vorgestellt werden, sei betont: Jedes Schema zur Cashflow-Ermittlung – egal ob im Rahmen der direkten oder der indirekten Vorgehensweise – unterliegt einem Dilemma: **Entweder ist es „kompliziert, aber vollständig" oder „einfach, aber unzureichend".**

Der indirekte Weg der Cashflow-Ermittlung ist möglicherweise einfacher und somit ggf. anwendungsfreundlicher. Dieser hat aber zumindest den **Nachteil**, dass die **Berechnung schwer(er) nachzuvollziehen** ist.[45]

---

[43] So z. B. *Kommission für Methodik der Finanzanalyse der Deutschen Vereinigung für Finanzanalyse und Anlageberatung (DVFA)/Arbeitskreis „Externe Unternehmensrechnung" der Schmalenbach-Gesellschaft – Deutsche Gesellschaft für Betriebswirtschaft (SG)* (1993). *Bieg/Hossfeld* (1996), S. 1429, führen hingegen aus: „Die Ablehnung der direkten Ermittlungsmethode des Cash-flow mit der Begründung des hohen ‚Aufwands' ist nicht einsichtig." Siehe auch die Vorschläge von *Stahn* (1996) hinsichtlich der Kapitalflussrechnung von Konzernen.

[44] Siehe zu einem Beispiel der derivativen Ableitung des direkten Cashflows *Kirsch* (2002a).

[45] Vgl. hierzu bereits die ausführliche Darstellung bei *Lachnit* (1973), S. 65–72.

1.2.3.2.2   Indirekte Ermittlungsmethode

Besonders in der Analysepraxis wird der Cashflow gewöhnlich anhand der indirekten (retrograden) Methode ermittelt. Dabei wird das **Jahresergebnis**, welches sich aus zahlungswirksamen und zahlungsunwirksamen Bestandteilen zusammensetzt, **um alle nicht zahlungswirksamen Aufwendungen und Erträge korrigiert.** Es verbleiben somit nur noch die zahlungswirksamen Bestandteile des Jahresergebnisses.

Mit Hilfe der **indirekten** (retrograden) **Ermittlungsmethode** wird der finanzwirtschaftliche Cashflow, bei Vorliegen aller Informationen, wie folgt berechnet:[46]

(23)	zahlungswirksame Erträge
+	zahlungsunwirksame Erträge
−	zahlungswirksame Aufwendungen
−	zahlungsunwirksame Aufwendungen
=	**Jahresüberschuss/-fehlbetrag**
−	zahlungsunwirksame Erträge
+	zahlungsunwirksame Aufwendungen
=	**erfolgswirtschaftlicher Cashflow**
+	einzahlungswirksame erfolgsneutrale Bestandsveränderungen aus der laufenden Geschäftstätigkeit (Abnahme von bestimmten Positionen der Aktivseite und Zunahme von bestimmten Positionen der Passivseite)
−	auszahlungswirksame erfolgsneutrale Bestandsveränderungen aus der laufenden Geschäftstätigkeit (Zunahme von bestimmten Positionen der Aktivseite und Abnahme von bestimmten Positionen der Passivseite)
=	**finanzwirtschaftlicher Cashflow**

Da jedoch einerseits im Rahmen der Bilanzanalyse nicht alle zahlungsunwirksamen Erträge und Aufwendungen identifiziert werden können sowie andererseits die einzahlungs- und auszahlungswirksamen erfolgsneutralen Bestandsveränderungen – genauso wie die zahlungswirksamen Ergebniskomponenten – nicht permanenter Natur sind, wird im Rahmen der Analysepraxis die Ermittlung eines Cashflows auf Basis einer simplen **Praktikerformel** präferiert. Eine solche Ermittlung ist insofern typisiert, als sich lediglich auf die Eliminierung bestimmter (gewöhnlich bedeutender) zahlungsunwirksamer das Anlagevermögen betreffender Aufwendungen und Erträge sowie der Bestandsveränderungen bei den Rückstellungen, welche – bis auf den Verbrauch – zahlungsunwirksame Ergebniskorrekturen betreffen, konzentriert wird. Insofern ist dieser ebenfalls indirekt ermittelte Cashflow eher als erfolgswirtschaftlich zu bezeichnen:[47]

---

[46]   In Anlehnung an MATSCHKE/HERING/KLINGELHÖFER (2002), S. 64.

[47]   Siehe MATSCHKE/HERING/KLINGELHÖFER (2002), S. 64.

(24)   Jahresüberschuss/-fehlbetrag

  + Abschreibungen

  – Zuschreibungen

  ± Veränderungen der Rückstellungen

  = **typisierter Cashflow nach der „Praktikerformel"**

Zwar ist es sinnvoll, sich bei der **Ermittlung** des Cashflows – i. S. d. Grundsätze der Wesentlichkeit und Wirtschaftlichkeit – im Hinblick auf die zu korrigierenden **zahlungsunwirksamen** Aufwendungen und Erträge sowie hinsichtlich der zahlungs-, aber nicht erfolgswirksamen Bestandveränderungen auf **wesentliche Positionen** zu beschränken, dies sollte jedoch nicht allzu vereinfacht erfolgen. Vor diesem Hintergrund wird nun für die indirekte Ermittlung des Cashflows das nachfolgende (**detailliertere**) **Schema** vorgestellt, das auf einem gemeinsamen Vorschlag der Kommission für Methodik der Finanzanalyse der DEUTSCHEN VEREINIGUNG FÜR FINANZANALYSE UND ANLAGEBERATUNG (DVFA) und des ARBEITSKREISES „EXTERNE UNTERNEHMENSRECHNUNG" DER SCHMALENBACH-GESELLSCHAFT – DEUTSCHE GESELLSCHAFT FÜR BETRIEBSWIRTSCHAFT (SG) zurückgeht. Bei diesem werden nicht nur die nicht zahlungswirksamen Erfolgsbestandteile „von wesentlicher Bedeutung", sondern auch „ungewöhnliche" zahlungswirksame Aufwendungen und Erträge eliminiert:[48]

(25)   Jahresüberschuss/-fehlbetrag

  + Abschreibungen auf Gegenstände des Anlagevermögens

  – Zuschreibungen zu Gegenständen des Anlagevermögens

  ± Veränderung der Rückstellungen für Pensionen bzw. anderer langfristiger Rückstellungen

  ± andere nicht zahlungswirksame Aufwendungen/Erträge von wesentlicher Bedeutung

  = **Jahres-Cashflow**

  ± Bereinigung ungewöhnlicher zahlungswirksamer Aufwendungen/Erträge von wesentlicher Bedeutung

  = **Cashflow nach DVFA/SG**

---

[48] In Anlehnung an KOMMISSION FÜR METHODIK DER FINANZANALYSE DER DEUTSCHEN VEREINIGUNG FÜR FINANZANALYSE UND ANLAGEBERATUNG (DVFA)/ARBEITSKREIS „EXTERNE UNTERNEHMENSRECHNUNG" DER SCHMALENBACH-GESELLSCHAFT – DEUTSCHE GESELLSCHAFT FÜR BETRIEBSWIRTSCHAFT (SG) (1993). Im Hinblick auf **IFRS**-Jahresabschlüsse sollten bei den **„anderen nicht zahlungswirksamen Aufwendungen/Erträge[n] von wesentlicher Bedeutung"** beispielsweise auch zahlungsunwirksame „Umsatzerlöse", wie sie sich durch die „Percentage-of-Completion-Methode" bei langfristigen Fertigungsaufträgen ergeben, und erfolgswirksame Zuschreibungen auf den „Fair Value" von Wertpapieren korrigiert werden.

Im Hinblick auf das Aktivierungswahlrecht gemäß § 248 Abs. 2 HGB können hierbei Korrekturen erforderlich sein, sofern ein Unternehmen sich für eine Aktivierung der selbst erstellen Vermögensgegenstände entschieden hat. Da bei einer Aktivierung das Jahresergebnis um den entsprechenden Betrag entlastet wird, sind die aktivierten Beträge letztlich auch als Korrekturposten zu berücksichtigen, weil sonst die Ausnutzung des Ansatzwahlrechts zu einem höheren Cashflow und zu einer mangelnden Vergleichbarkeit dieser Kennzahl mit den zahlreichen Unternehmen, die keine Aktivierung vornehmen, führen würde.

Beispiel: Der „DVFA/SG-Cashflow" der MUSTER AG berechnet sich für das Geschäftsjahr 05 auf indirektem Wege wie folgt:[49]

(B25)	Jahresüberschuss/-fehlbetrag	85.340
+	Abschreibungen auf Gegenstände des Anlagevermögens	+ 93.456
±	Veränderung der Rückstellungen für Pensionen bzw. anderer langfristiger Rückstellungen	+ 48.448
±	andere nicht zahlungswirksame Aufwendungen/Erträge von wesentlicher Bedeutung	+ 1.117 − 2.460
=	**Jahres-Cashflow**	**225.901**
±	Bereinigung ungewöhnlicher zahlungswirksamer Aufwendungen/Erträge von wesentlicher Bedeutung	+ 5.703 − 4.360
=	**Cashflow nach DVFA/SG**	**227.244**

Auch dieser Cashflow nach DVFA/SG ist **eher erfolgswirtschaftlich orientiert**. Problematisch ist in diesem Zusammenhang vor allem die Unschärfe, welche sich durch die Begriffe „wesentlich" und „ungewöhnlich" ergibt. Schließlich ist hinsichtlich der Korrekturen der **Grundsatz der Wesentlichkeit** zu beachten, denn die Eliminierung um „andere nicht zahlungswirksame Aufwendungen/Erträge"[50] und die „Bereinigung ungewöhnlicher zahlungswirksamer Aufwendungen/Erträge" soll lediglich dann erfolgen, wenn diese „von wesentlicher Bedeutung" sind. Als **Wesentlichkeitsgrenzen** werden in der Literatur verschiedene Prozentsätze vorgeschlagen (so z. B. schlägt die DVFA/SG als Richtwert **5 % des durchschnittlichen Cashflows** der letzten drei Geschäftsjahre vor). Diesbezüglich ist jedoch anzumerken, dass jegliche Prozentsätze als willkürlich anzusehen sind.[51]

---

[49] Die Veränderung der Rückstellungen wird auf Basis der Strukturbilanz ermittelt. Die anderen nicht zahlungswirksamen Aufwendungen ergeben sich aus der Auflösung des im aktiven Rechnungsabgrenzungsposten enthaltenen Disagios (T€ 1.117). Die Höhe der anderen nicht zahlungswirksamen Erträge (T€ 2.460) basiert auf der nicht weiter spezifizierten Anhangangabe zu den sonstigen betrieblichen Erträgen. Als ungewöhnliche zahlungswirksame Aufwendungen und Erträge von wesentlicher Bedeutung wurden die in den „Übrigen Kosten" enthaltenen periodenfremden Aufwendungen (T€ 5.703) und die in den „Übrigen Erträgen" enthaltenen periodenfremden Erträge (T€ 4.360) klassifiziert.

[50] An dieser Stelle müssen beispielsweise Aufwendungen aus der Auflösung eines aktivierten Disagios hinzugerechnet sowie Erträge aus der Auflösung passivierter Investitionszuschüsse abgesetzt werden.

[51] Siehe auch MATSCHKE/HERING/KLINGELHÖFER (2002), S. 65.

„Ungewöhnlich" sollte dabei möglichst eng ausgelegt werden; allerdings werden selbst die nach HGB separat auszuweisenden außergewöhnlichen Ergebnisbestandteile[52], wie nachfolgendes Zitat belegt, nicht zwingend von allen als „ungewöhnlich" charakterisiert. Dem Bilanzanalysten bleibt insofern ein erheblicher Ermessensspielraum.

Beispiel: „So sind z. B. durch Kapazitätsabbau verursachte Aufwendungen (Sozialplanaufwendungen, Verdienstsicherung der Arbeiter, Teilwertabschreibungen etc.) nicht grundsätzlich als ungewöhnlich einzustufen, weil Kapazitätsanpassungen – wenn nicht tiefergreifend die Unternehmensstruktur verändernd – zum normalen Unternehmensgeschehen gehören"[53] können.

Die angegebene Definition des Cashflows nach DVFA/SG ist umstritten. Vor allem die **„Bereinigung der ungewöhnlichen zahlungswirksamen Aufwendungen/Erträge"** **wird diskutiert.**[54]

- Diese **Kritik ist berechtigt,** wenn der Cashflow lediglich aus den Erfolgsgrößen die **historischen zahlungswirksamen Größen herausfiltern** soll. In diesem Fall wären alle identifizierbaren zahlungs**un**wirksamen Aufwendungen und Erträge zu eliminieren, ganz gleich ob diese gewöhnlich oder ungewöhnlich sind.

- Die Kritik ist **unberechtigt,** sofern das Analyseziel der Cashflow-Berechnung ist, einen **zukünftigen regelmäßig** (also gewöhnlich) **erreichbaren Zahlungsmittelüberschuss aus der laufenden Geschäftstätigkeit zu prognostizieren.** In diesem Fall sollte der Jahresüberschuss – gemäß dem Grundsatz einer vorsichtigen Analyse – möglichst auch um **sämtliche** (identifizierbaren) **ungewöhnlichen zahlungswirksamen Erträge und Aufwendungen bereinigt** werden, denn es kann nicht damit gerechnet werden, dass diese in Zukunft in gleicher Höhe anfallen. Schließlich sind „ungewöhnliche" Erträge und Aufwendungen grundsätzlich nicht nachhaltig.

> Ein für die Liquiditätsanalyse sinnvoller(er) Cashflow ist der Überschuss der regelmäßigen betrieblichen Einzahlungen über die regelmäßigen/laufenden betrieblichen Auszahlungen. Ungewöhnliche Erträge und Aufwendungen sollten deshalb aus dem Periodenerfolg eliminiert werden.
>
> Der Cashflow gibt damit das mit der Betriebstätigkeit nachhaltig zu erwirtschaftende Zahlungsmittelreservoir zur Deckung besonderer betrieblicher Auszahlungen (z. B. Investitionen, Darlehenstilgung, Dividendenzahlung) an.

---

52   Nach IFRS werden außerordentliche Erträge und Aufwendungen nicht separat ausgewiesen.

53   *ARBEITSKREIS „EXTERNE UNTERNEHMENSRECHNUNG"* (1988), S. 141.

54   Siehe zur Diskussion um den Cashflow bereits *LACHNIT* (1973).

1.2.3.2.3 Direkte Ermittlungsmethode

Da Fragen der Abgrenzung – z. B. im Hinblick auf „zahlungswirksam" und „nicht zahlungswirksam" sowie „regelmäßig" und „nicht regelmäßig" – bei der direkten Ermittlungsmethode ebenso bestehen, diese aber als „besser verständlich" gilt, ist im Rahmen der Bilanzanalyse **zu empfehlen**, die Cashflow-Ermittlung nach dieser Methode vorzunehmen, soweit die hierfür erforderlichen Informationen verfügbar sind. Neben den zahlungswirksamen regelmäßigen Ertrags- und Aufwandsbestandteilen, die den erfolgswirtschaftlichen Cashflow bilden, sollten hierbei bestenfalls auch die zahlungs-, aber nicht erfolgswirksamen regelmäßigen Bestandsveränderungen berücksichtigt werden. Als Ergebnis resultiert ein finanzwirtschaftlicher Cashflow, der aufgrund der zielorientierten Aufbereitung als **„bilanzanalytischer Cashflow"** bezeichnet werden kann.

Der erfolgswirtschaftliche Cashflow lässt sich auf direktem Wege für Prognosezwecke wie folgt berechnen:[55]

(26)		zahlungswirksame regelmäßige Ertragsbestandteile
	–	zahlungswirksame regelmäßige Aufwandsbestandteile
	=	**direkt ermittelter regelmäßiger erfolgswirtschaftlicher Cashflow**
	+	erfolgsunwirksame regelmäßige Einzahlungen
	–	erfolgsunwirksame regelmäßige Auszahlungen
	=	**direkt ermittelter finanzwirtschaftlicher** bzw. „bilanzanalytischer" **Cashflow**

Im Allgemeinen sollte zur **Ermittlung des Cashflows nach der direkten Methode** wie folgt vorgegangen werden:

- Sämtliche **Posten der Gewinn- und Verlustrechnung** sind daraufhin zu untersuchen, ob sie ganz oder teilweise mit „regelmäßigen betrieblichen Einzahlungen" oder „regelmäßigen/laufenden betrieblichen Auszahlungen" verbunden sind. Die Einteilung ist anhand der bekannten Verfahren des Zustandekommens der einzelnen Posten vorzunehmen. Entsprechend ist bei der Analyse die „Buchungslogik" zu beachten (z. B. „Kasse an Umsatzerlöse und Umsatzsteuer" bei zahlungswirksamen Barverkäufen versus „Forderungen aus Lieferungen und Leistungen an Umsatzerlöse und Umsatzsteuer" bei vorerst zahlungsunwirksamen Zielverkäufen). Insofern sind regelmäßig Abgrenzungen mit Hilfe der Bilanz vorzunehmen. Diese enthält die korrespondierenden Posten, die aus der Abgrenzung des Periodenerfolges entstanden sind.

- Außerdem sind Zahlungsvorgänge aus dem operativen Geschäft zu ermitteln, die, wie die Auffüllung der Vorratsbestände, nicht erfolgswirksam sind. Dies ist schätzungsweise anhand der **Bestandsveränderungen der Bilanz** möglich.

Nachfolgend wird die Vorgehensweise zur Ermittlung ausgewählter Faktoren im Rahmen der direkten Ermittlungsmethode skizziert.

---

[55] Im Rahmen einer reinen Vergangenheitsanalyse entfällt jeweils das Wort „regelmäßig".

Zahlungswirksame regelmäßige Ertragsbestandteile:

Die zahlungswirksamen (regelmäßigen) Ertragsbestandteile können beispielsweise wie folgt ermittelt werden:

(27) Einzahlungen aus
      Umsätzen   =   Umsatzerlöse

                           –/+   Erhöhungen/Verminderungen der
                                 Forderungen aus Lieferungen und Leistungen

                           +/–   Erhöhungen/Verminderungen der erhaltenen
                                 Anzahlungen, die sich auf Umsatzerlöse beziehen

                           –/+   (nach IFRS:) Erhöhungen/Verminderungen der
                                 „Künftigen Forderungen aus Fertigungsaufträgen"
                                 („Gross amount due from customers for contract work")

(28) Einzahlungen aus
      Anlageabgängen   =   Abgänge von Anlagevermögen (Restbuchwerte)

                           +/–   Gewinne/Verluste aus dem Abgang von
                                 Gegenständen des Anlagevermögens[56]

Sofern die Beträge als nachhaltig bzw. regelmäßig eingeschätzt werden, sollten

• Erträge aus Beteiligungen,

• Erträge aus anderen Wertpapieren und Ausleihungen des Finanzanlagevermögens sowie

• „Sonstige Zinsen und ähnliche Erträge"

in voller Höhe als zahlungswirksam angenommen werden, weil die entsprechenden Forderungen als Korrekturposten nicht detailliert in der Bilanz ausgewiesen werden. Nicht zahlungswirksam sind hingegen die identifizierbaren erfolgswirksamen Zuschreibungen von Wertpapieren nach IFRS auf den „Fair Value".

Erfolgsunwirksame regelmäßige Einzahlungen:

Zu den erfolgs**un**wirksamen regelmäßigen Einzahlungen aus **Bestandsveränderungen** im Rahmen der gewöhnlichen Geschäftstätigkeit können bspw. Erhöhungen der passiven latenten Steuern sowie Einzahlungen aus der Veräußerung eigener Anteile oder junger Anteile im Zusammenhang mit einer Kapitalerhöhung gehören. Im Hinblick auf Prognosen ist hier vor allem die Regelmäßigkeit (des Eintretens solcher Einzahlungen) zu beachten.

---

[56] Sofern diese aus dem Anhang des Unternehmens ersichtlich sind.

Zahlungswirksame regelmäßige/laufende Aufwandsbestandteile:
Als zahlungswirksam können folgende Aufwendungen unterstellt werden:

(29)	zahlungswirksame Aufwandsteile	=	Materialaufwand
		+	Personalaufwand [abzüglich darin enthaltene Zuführungen zu Pensionsrückstellungen (soweit bekannt)]
		+	Zinsen und ähnliche Aufwendungen
		+	Steuern vom Einkommen und vom Ertrag
		+	sonstige Steuern

Hinsichtlich der dargestellten Berechnung sei zudem darauf hingewiesen, dass

- aufgrund von Jahresabgrenzungen oder zu geringer Differenzierung einzelner Bilanzpositionen die Abweichungen zwischen Auszahlung und Aufwand im Einzelfall erheblich sein können sowie
- die Korrektur der Materialaufwendungen im Rahmen der nachfolgend zu betrachtenden erfolgsunwirksamen Auszahlungen durchzuführen ist, sofern es nicht in diesem Schritt erfolgt.

Beispiel: Häufig wird ein großer Teil des Steueraufwandes (nicht zahlungswirksam) in die Rückstellungen (für Gewerbesteuer und Körperschaftsteuer) gebucht (Rückstellungsbildung), während Abschlusszahlungen für frühere Jahre erfolgsunwirksam die Steuerrückstellungen belasten (Verbrauch der Rückstellungen). Da die Steuerrückstellungen grundsätzlich gesondert ausgewiesen werden, sollte bei wesentlichen Rückstellungsbeträgen der Versuch unternommen werden, **den zahlungsunwirksamen Teil der Steueraufwendungen zu eliminieren**.

Erfolgsunwirksame regelmäßige und laufende Auszahlungen:
Die Ermittlung von erfolgsunwirksamen regelmäßigen und laufenden Auszahlungen ist unter Rückgriff auf die entsprechenden **Bestandsveränderungen** z. B. wie folgt möglich:

(30)	Auszahlungen für Roh-, Hilfs- und Betriebsstoffe	=	Erhöhung (+)/Minderung (−) der Roh-, Hilfs- und Betriebsstoffe
		−/+	Erhöhungen/Verminderungen der Verbindlichkeiten aus Lieferungen und Leistungen

Hierbei muss der Analyst beachten, dass die Verbindlichkeiten aus Lieferungen und Leistungen auch die Anschaffung von Teilen des Anlagevermögens sowie nicht aktivierbare (Dienst-)Leistungen betreffen können. Eine Aufspaltung ist i. d. R. nicht möglich, so dass die gesamte Position einbezogen werden sollte. Dadurch werden zumindest auch jene Aufwendungen abgegrenzt, die, wie z. B. für Dienstleistungen, noch nicht zu einer Auszahlung geführt haben.

Neben den genannten Ein- und Auszahlungen können noch andere Zahlungsvorgänge ermittelt werden. **Bei** einer **Prognose des Cashflows** ist allerdings zu **überlegen, ob diese auch in** der **Zukunft anfallen** werden. Anderenfalls – und das wird der Normalfall sein – sollten diese nicht in die Berechnung einbezogen werden.

1.2.3.2.4   Bedeutung im Rahmen der Analyse

Wird von den allgemeinen Grenzen abgesehen, die bei jeder Analyse und bei jeder Prognose zu beachten sind, kommt der Kennzahl „Cashflow" unter den Liquiditätskennzahlen eine **verhältnismäßig große Bedeutung** zu.[57] Bei sorgfältiger Berechnung kann die finanzwirtschaftliche Ausprägung dieser Kennzahl einen regelmäßig erreichbaren Überschuss der laufenden Einzahlungen über die laufenden Auszahlungen eines Geschäftsjahres widerspiegeln („Innenfinanzierungskraft"). Gelegentlich wird die Aussagekraft in der Analysepraxis jedoch überschätzt, vor allem weil zum einen die allgemeinen Probleme, welche Analysen und insbesondere Prognosen innewohnen, nicht beachtet oder gar ignoriert werden und zum anderen auf zu stark vereinfachte (Praktiker-)Formeln zurückgegriffen wird.

> Je höher der finanzwirtschaftliche Cashflow ist, desto weniger Fremdkapital muss tendenziell zur Finanzierung unregelmäßiger Mittelverwendung (z. B. Investitionen, Dividendenzahlungen) aufgenommen werden. Er ist somit ein **Indikator für finanzielle Unabhängigkeit und Stabilität** eines Unternehmens.

Diese Eigenschaften sind insbesondere in Zeiten liquiditätsmäßiger Anspannung oder bei ungünstigen wirtschaftlichen Gesamtentwicklungen (z. B. bei nachlassender Konjunktur, Arbeitskämpfen und Finanzkrisen[58]) für die Existenz eines Unternehmens enorm wichtig.

Ein Beurteilungskriterium für die Selbstfinanzierungsmöglichkeiten des Unternehmens stellt zudem der aus dem (finanzwirtschaftlichen) Cashflow ableitbare **Innenfinanzierungsgrad** dar:[59]

$$(31) \quad \text{Innenfinanzierungsgrad} = \frac{\text{(finanzwirtschaftlicher) Cashflow}}{\text{Nettoinvestitionen}} \; (\cdot \; 100\,\%)$$

$$= \frac{\text{(finanzwirtschaftlicher) Cashflow}}{[\text{(Brutto-)Zugänge zum originären AV} - \text{Abgänge (Restbuchwerte)}]\,\text{p. a.}} \; (\cdot \; 100\,\%)$$

---

[57] Eher ablehnend äußerst sich *LEFFSON* (1970) gegenüber der Kennzahl „Cashflow". Anderer Ansicht als *LEFFSON* sind etwa *SCHIECKE* (1965) und *BISCHOFF* (1972).

[58] Zur Auswirkung der sog. Finanz(markt)krise auf die Umsatz- und Ergebnisgrößen deutscher Konzerne siehe *KÜTING* (2009).

[59] Siehe auch *MATSCHKE/HERING/KLINGELHÖFER* (2002), S. 67.

Diese Kennzahl[60] gibt an, welcher Anteil der Nettoinvestitionen im betrachteten Zeitraum allein durch den Cashflow – also ohne Zuführung von Außenfinanzierungsmitteln – finanziert werden konnte. Sie wird deshalb auch als **Nettoinvestitionsdeckung** bezeichnet. Da z. B. auch Schuldentilgungen und Dividendenzahlungen finanziert werden müssen, handelt es sich hierbei um eine hypothetische Betrachtung. Wenn die Innenfinanzierungskraft – wie oftmals bei Kommunen – dauerhaft den Wert 1 unterschreitet bzw. unter 100 % liegt, sollte dies als **Hinweis auf steigende Liquiditäts- bzw. Ergebnisbelastungen durch Tilgungs- bzw. Zinszahlungen** (Kapitaldienst) verstanden werden, weil das Unternehmen verstärkt auf die Außenfinanzierung – und somit gewöhnlich auf Fremdkapital – zurückgreifen muss.

Beispiel: Für die MUSTER AG ergibt sich unter Rückgriff auf den „DVFA/SG-Cashflow" (Formel B25) für das Geschäftsjahr 05 folgender Innenfinanzierungsgrad:[61]

$$\text{(B31)} \quad \text{Innenfinanzierungsgrad} = \frac{227.244}{498.668 - 14.301} \cdot 100 \, \% \approx 46{,}92 \, \%$$

Eine weitere Kennzahl, die in der Praxis auf Basis des Cashflows ermittelt und dort insbesondere bei sog. jungen Wachstumsunternehmen zur Insolvenzprognose eingesetzt wird, ist die **Geldverbrennungsrate** („Cash-burn Rate").[62] Diese Kennzahl soll jene Zeitspanne bemessen, in der mit dem Verbrauch der (zum Bilanzstichtag) vorhandenen liquiden Mittel (und liquiditätsnahen Titel) zu rechnen wäre, wenn ein negativer Cashflow dauerhaft auftreten würde. Die Geldverbrennungsrate berechnet sich wie folgt:

$$\text{(32)} \quad \text{Geldverbrennungsrate} = \frac{\text{liquide Mittel (+ liquide Wertpapiere)}}{\text{negativer Cashflow}}$$

Je kleiner diese bei Analysten und der populären Wirtschaftspresse beliebte Kennzahl ist, umso schneller gerät das analysierte Unternehmen voraussichtlich in Zahlungsschwierigkeiten, weil der negative Cashflow zu einem Zahlungsmittelabfluss führen sowie entsprechend den Bestand an liquiden Mitteln und liquiditätsnahen Titeln aufbrauchen wird/kann.

---

60 Siehe auch *MATSCHKE/HERING/KLINGELHÖFER* (2002), S. 67.

61 Zur Ermittlung der **Nettoinvestitionen**: Die Zugänge zum Anlagevermögen (T€ 498.668) ergeben sich aus dem Anlagespiegel. Hierbei wurden die originären Zugänge (T€ 498.637) sowie die Restbuchwerte (T€ 31) der Zugänge aus der Verschmelzung (Zugänge zu historischen Anschaffungs- und Herstellungskosten: T€ 11.889 abzüglich der Zugänge zu den kumulierten Abschreibungen: T€ 11.858) berücksichtigt. Die Abgänge vom Anlagevermögen (T€ 14.301) entsprechen dem Restbuchwert der Anlagenabgänge des Geschäftsjahres (Abgänge der historischen Anschaffungs- und Herstellungskosten: T€ 75.494 abzüglich Abgänge der kumulierten Abschreibungen: T€ 61.193).

62 Siehe hierzu *KÜTING/WEBER* (2012b), S. 169 f. Die liquiditätsorientierte Geldverbrennungsrate ist von der erfolgsorientierten **Verbrennungsrate** („Burnrate", „Burn Rate", Verbrennrate) abzugrenzen, denn diese beschreibt das Verhältnis von anfallendem Verlust und Umsatz und soll somit – ebenfalls hauptsächlich bei jungen wachstumsorientierten Unternehmen eingesetzt – Aufschluss über den pro Einheit „Umsatz" erwirtschafteten Verlust geben.

Im Hinblick auf diese Kennzahl ist jedoch **zu bedenken,**[63]

- dass ein Cashflow unterschiedlich definiert sein kann und nicht zwingend lediglich Veränderungen des Fonds „Liquide Mittel" umfasst bzw. nicht die gesamte Veränderung widerspiegelt,
- dass die Berechnung der Kennzahl unter der Annahme erfolgt, dass dem Unternehmen keine „neuen" liquiden Mittel zugeführt werden,
- dass die in der Bilanz ausgewiesenen liquiden Mittel und liquiditätsnahen Wertpapiere keine Auskunft über die liquiditätsorientierten Potentiale des Unternehmens vermitteln sowie
- dass – insbesondere bei jungen Unternehmen – eine Prognose zukünftiger Zahlungsströme auf Basis der vergangenheitsorientierten Informationen des Jahresabschlusses nur wenig sinnvoll ist.

1.2.3.3   Kapitalflussrechnungen

1.2.3.3.1   Grundlagen

Da im Rahmen der Bilanzanalyse keine Informationen über einzelne Kontenbewegungen zur Verfügung stehen, können bei dieser Kapitalflussrechnungen – **soweit diese nicht Bestandteil des Jahresabschlusses sind** – lediglich aus den jeweiligen Daten zweier (Stichtags-)Bilanzen und (in ihrer „qualifizierten Form") unter Rückgriff auf Informationen aus der Gewinn- und Verlustrechnung erstellt werden.

> Kapitalflussrechnungen[64] sind zeitraumbezogene Rechnungen, welche allgemein die Veränderungen sämtlicher oder bestimmter Bilanzpositionen gegenüberstellen. Mit Kapitalflussrechnungen wird versucht, auf den Umfang und insbesondere auf die Fristigkeit einzelner Mittelherkünfte und -verwendungen zu schließen.

Kapitalflussrechnungen sind vor allem aufgrund der Möglichkeit, bei Mittelherkunft und -verwendung die Fristigkeiten explizit zu berücksichtigen, i. d. R. **aussagekräftiger als eine einzige Kennzahl** (z. B. der Cashflow). Die nachfolgend erläuterte Vorgehensweise zur Ermittlung unterschiedlicher Ausprägungen von Kapitalflussrechnungen als Analyseinstrumente ist in der Abbildung 23 zusammengefasst.

Die **einfachste Form** der Kapitalflussrechnung stellt die **Bewegungsbilanz** dar. Bei dieser werden die einzelnen (oder auch zusammengefassten) Positionen von zwei aufeinander folgenden Bilanzen saldiert und die Salden – eventuell nach Fristigkeit geordnet – als Mittelherkunft und als Mittelverwendung gegenübergestellt.

---

63   Siehe *KÜTING/WEBER* (2012b), S. 168.

64   Vgl. hierzu etwa m. w. N. *BUSSE VON COLBE* (1966), *STAHN* (1997), *GEBHARDT* (1999), *SCHEFFLER* (2002), *KÜTING/WEBER* (2012b), S. 175–212.

Eine Erweiterung stellt die Einbeziehung von Kontenbewegungen bzw. Kontenumsätzen dar. Dadurch werden nicht nur die saldierten Veränderungen als „Mittelherkunft" und „Mittelverwendung" kontenförmig gegenübergestellt, sondern die Brutto-Zahlungsmittelströme ermittelt. Im Ergebnis wird deshalb von einer **Brutto-Bewegungsbilanz** gesprochen. Für die (unternehmensexterne) Bilanzanalyse ist dieses Verfahren jedoch nicht geeignet, weil die Kontenbewegungen – mit Ausnahme des Anlagevermögens (aus dem Anlagespiegel) – nicht bekannt sind.

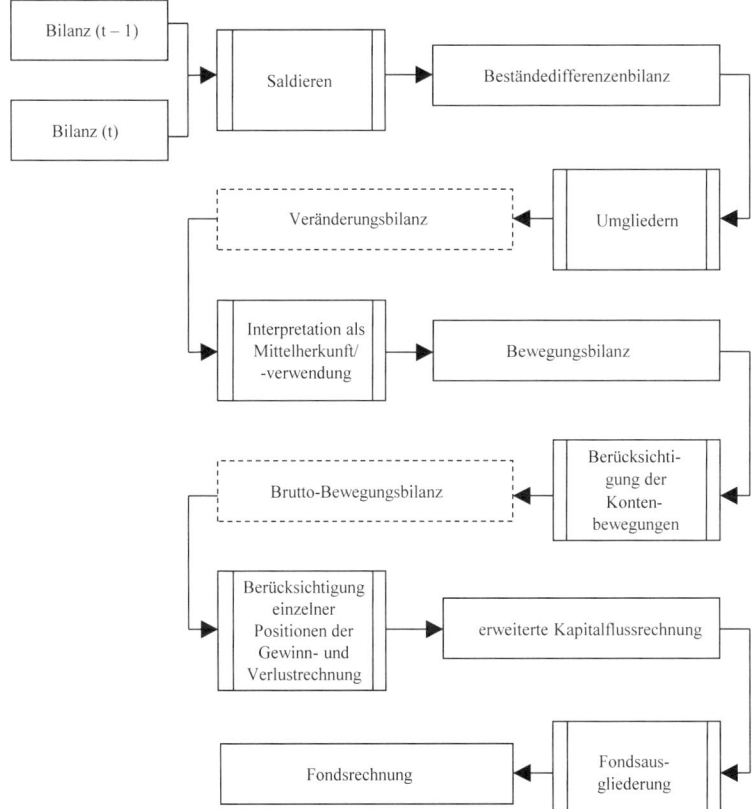

Abbildung 23:   *Erstellung unterschiedlicher Ausprägungen von Kapitalflussrechnungen im Überblick* [65]

---

[65]   In enger Anlehnung an KEUPER (2004), S. 658.

Eine Erweiterung der Bewegungsbilanz, die auch bei der Durchführung einer Bilanzanalyse möglich wird, ist die Einbeziehung von Einzahlungen und Auszahlungen, die aus der Gewinn- und Verlustrechnung abgeleitet werden. Dieses Vorgehen ist der direkten Berechnung des Cashflows sehr ähnlich. Das Ergebnis wird allerdings nicht in einer Zahl, sondern in einem T-Konto dargestellt. Diese Art der Kapitalflussrechnung wird schließlich als **erweiterte Kapitalflussrechnung** bezeichnet.

Während die bisher skizzierten Kapitalflussrechnungen die finanzwirksamen Veränderungen in ihrer Gesamtheit erfassen, können Kapitalflussrechnungen auch nur für bestimmte Einzahlungs-/Auszahlungs-Gruppen aufgestellt werden. Da die zu solchen Gruppen zusammengefassten Bilanzpositionen als Fonds charakterisiert werden können, wird bei einer derartigen Teilkapitalflussrechnung von der **Fondsrechnung** gesprochen.

1.2.3.3.2   *Bewegungsbilanz*

Der erste Schritt zur Bewegungsbilanz[66] ist die Erstellung einer **Beständedifferenzenbilanz**, welche durch Saldierung der einzelnen Positionen (Bestände) von zwei aufeinander folgenden (Struktur-)Bilanzen gebildet wird. Bei der Beständedifferenzenbilanz wird sich bezüglich des Gliederungsschemas an den zugrunde liegenden Stichtagsbilanzen orientiert. Die Veränderungen der einzelnen Bilanzposten werden durch die entsprechenden Vorzeichen verdeutlicht.

Beständedifferenzenbilanz	
Aktivmehrung A$^+$	Passivmehrung P$^+$
Aktivminderung A$^-$	Passivminderung P$^-$
Veränderung der Bilanzsumme	Veränderung der Bilanzsumme

Abbildung 24:   *Beständedifferenzenbilanz*

Mit Umgliederung der Bilanzpostenveränderungen ergibt sich aus der Beständedifferenzenbilanz die Veränderungsbilanz. Eine Umgliederung ist möglich, weil die Summe von Aktivmehrungen und Passivminderungen der Summe von Passivmehrungen und Aktivminderungen entspricht: $A^+ + P^- = P^+ + A^-$.

Veränderungsbilanz	
Aktivmehrung A$^+$	Passivmehrung P$^+$
Passivminderung P$^-$	Aktivminderung A$^-$
Summe der Beständedifferenzen	Summe der Beständedifferenzen

Abbildung 25:   *Veränderungsbilanz*

---

[66]   Vorgehensbeschreibung und Abbildungen dieses Abschnitts basieren auf *KEUPER* (2004), S. 658 f.

Werden Aktivmehrungen und Passivminderungen als Mittelverwendung sowie Passivmehrungen und Aktivminderungen als Mittelherkunft interpretiert, kann die Veränderungsbilanz als Bewegungsbilanz interpretiert werden.[67]

Mittelverwendung	**Bewegungsbilanz**	Mittelherkunft
Aktivmehrung A$^+$		Passivmehrung P$^+$
Passivminderung P$^-$		Aktivminderung A$^-$
Summe der Beständedifferenzen		Summe der Beständedifferenzen

Abbildung 26:   *Bewegungsbilanz*

Darüber hinaus ist eine Differenzierung von Mittelherkunft und -verwendung in eine lang-, eine mittel- und eine kurzfristige Ausprägung möglich. In der Praxis wird sich meist auf eine Unterscheidung in lang- und kurzfristige Mittelherkunft und -verwendung beschränkt.

Beispiel: In Abbildung 27 ist die Bewegungsbilanz der MUSTER AG für das Geschäftsjahr 05 beispielhaft dargestellt. Diese wurde vereinfacht aus der im zweiten Kapitel erstellten Strukturbilanz (siehe Abbildung 20) abgeleitet. Die Veränderungen des mittelfristigen bilanzanalytischen Fremdkapitals wurden den langfristigen Veränderungen der Passiva zugeordnet, weil in Ermangelung an konkreten Informationen eine mittelfristige Betrachtung auf der Aktivseite nicht möglich ist und dort „mittelfristiges Vermögen" ebenfalls im langfristigen Vermögen zu finden ist. Auf der Passivseite der Bewegungsbilanz wurde der im Rahmen der Strukturbilanz z. T. dem Eigenkapital (in Höhe des geplanten Gewinnvortrages) und teilweise dem kurzfristigen Fremdkapital (in Höhe der geplanten Ausschüttung) zugeordnete Bilanzgewinn separat ausgewiesen.

Diese Bewegungsbilanz könnte in der Praxis etwa wie folgt **interpretiert** werden: Obwohl die Herkunft der Mittel nur zu 11,5 % (T€ 56.635) langfristig erfolgte, wurden diese vollständig langfristig verwendet. Dies deutet auf eine Verschlechterung der Liquiditätslage im abgelaufenen Geschäftsjahr. Insbesondere hat sich das kurzfristige Vermögen stark vermindert, was für die nähere Zukunft eine Anspannung der Liquidität vermuten lässt.

Unabhängig davon, dass eine detailliertere Ableitung der Bewegungsbilanz (z. B. wenn die Veränderung jedes einzelnen Bilanzpostens erfasst werden würde) zu genaueren Ergebnissen führt, sind solche pauschalen Aussagen im Hinblick auf die Liquiditätslage auf Basis einer Bewegungsbilanz jedoch **ausgesprochen vorsichtig zu beurteilen**.

---

[67]   Die Darstellung des Schrittes der Erstellung der Veränderungsbilanz dient lediglich der didaktischen Unterstützung. Dieser Schritt wird in der Praxis meist übersprungen.

	Bestand zum 31.12.04 in T€	Bestand zum 31.12.05 in T€	Veränderungen (01.01.05 bis 31.12.05)			
			Mittelverwendung		Mittelherkunft	
			kurz-fristig in T€	lang-fristig in T€	kurz-fristig in T€	lang-fristig in T€
Strukturbilanz Aktiva						
langfristiges Vermögen	1.191.112	1.611.496		420.384		
kurzfristiges Vermögen	1.197.197	910.326			286.871	
	2.388.309	**2.521.822**				
Strukturbilanz Passiva						
bilanzanalytisches EK (ohne Bilanzgewinn)	523.072	452.348		70.724		
geplante Ausschüttung	25.772	53.534			27.762	
übriger Bilanzgewinn	26.025	31.831				5.806
lang- und mittelfristiges FK	849.294	900.123				50.829
kurzfristiges bilanzanal. FK (ohne Ausschüttung)	964.146	1.083.986			119.840	
	2.388.309	**2.521.822**	**0**	**491.108**	**434.473**	**56.635**
			= **491.108**		= **491.108**	
			0 %	**100 %**	**88,5 %**	**11,5 %**

Abbildung 27:   *Bewegungsbilanz 05 der* MUSTER *AG*

Interpretationsprobleme können sich im Rahmen der **Mittelherkunft** z. B. daraus ergeben, dass Beträge ausgewiesen werden, denen tatsächlich keine Einzahlungen gegenüberstehen. So ergibt sich die Erhöhung des langfristigen Fremdkapitals (T€ 50.829) im konkreten Fall vor allem aus der Erhöhung der Pensionsrückstellungen (T€ 48.448), also aus nicht zahlungswirksamen Aufwendungen. Zudem könnte die „Herkunft" langfristiger Mittel z. B. aus einer Verminderung des Anlagevermögens resultieren. Soweit es sich dabei um Verkäufe handelt, stehen den Abgängen Einzahlungen gegenüber, deren konkrete Höhe sich allerdings nicht aus dem Jahresabschluss entnehmen lässt. Handelt es sich jedoch um Abschreibungen – und dies dürfte überwiegend der Fall sein –, umfasst die Mittelherkunft langfristiger Art keine Einzahlungen. Insoweit ist eine **liquiditätsmäßige Interpretation der Mittelherkunft oftmals nicht sachgerecht.** Im Hinblick auf die Liquidität kann allenfalls von einer indirekten Verhinderung eventueller Auszahlungen gesprochen werden. Beispielsweise verhindert der Ausweis von Abschreibungen in gleicher Höhe den Gewinn und damit – zumindest in dem zur Ausschüttungsbemessung relevanten Jahresabschluss nach HGB – dessen mögliche Ausschüttung. Das heißt jedoch nicht, dass höhere Aufwendungen generell als positiv für die Liquiditätslage beurteilt werden dürfen.

Aber auch hinsichtlich der **Mittelverwendung** können **Interpretations-probleme** bestehen. Diese treten z. B. auf, wenn durch einen Jahresverlust das Bilanzergebnis vermindert wird. Eine solche Passivminderung wird als (langfristige) Mittelverwendung interpretiert. Dieser Verlust ist jedoch nicht (zwingend) zahlungswirksam. Im Beispiel können sich zudem Missverständnisse hinsichtlich der Veränderungen geplanter Ausschüttungen ergeben. Die (geplante) Ausschüttung, in der Strukturbilanz bereits als kurzfristiges (bilanzanalytisches) Fremdkapital ausgewiesen, erhöht das kurzfristige Fremdkapital um T€ 27.762. Diese Passivmehrung wird als kurzfristige Mittelherkunft dargestellt. Wenn dem Vorschlag für die Verwendung des Bilanzgewinns allerdings gefolgt wird, ist mit dem Beschluss ein entsprechender Zahlungsmittelabfluss im Geschäftsjahr 06 zu erwarten.

> Die Bewegungsbilanz basiert teilweise auf nicht zahlungswirksamen Größen. Vor diesem Hintergrund ist insbesondere die **Prognose der Liquidität mit Hilfe dieses Instrumentes problematisch**.

Es ist – zumindest, wenn keine qualifizierte(re) Kapitalflussrechnung erstellt werden soll und auch keine Kapitalflussrechnung im Rahmen des publizierten Jahresabschlusses vorliegt – vor dem Hintergrund der identifizierten Interpretationsprobleme zu empfehlen, im Rahmen der Liquiditätsanalyse auf den bereits dargestellten Cashflow zurückzugreifen. Im Übrigen ist die Aufstellung von lediglich einer einzigen Bewegungsbilanz ohne besondere Aussagekraft, weil eine Fristenkongruenz nur in ihrer zeitlichen Entwicklung beurteilt werden kann. Auch bei der Analyse der Bewegungsbilanz ist ein Zeitvergleich erforderlich.

1.2.3.3.3 Erweiterte Kapitalflussrechnung

Durch sog. erweiterte Kapitalflussrechnungen wird versucht, die Mängel der Bewegungsbilanz – insbesondere des Ausweises von saldierten Größen – zu beheben. Zu diesem Zweck wird auf Informationen aus der Gewinn- und Verlustrechnung sowie – soweit vorhanden – auf Kontenbewegungen zurückgegriffen. Eine Bewegungsbilanz kann durch **folgende Schritte** erweitert werden:

- Die **aus dem Jahresabschluss ersichtlichen Kontenumsätze** werden in die Kapitalflussrechnung übernommen. Es handelt sich hauptsächlich um die Zu- und Abgänge im Anlagevermögen. Dabei wird unterstellt, dass diese Kontenumsätze in vollem Umfang zahlungswirksam sind. Wie bereits gezeigt wurde, ist die Zahlungswirksamkeit jedoch nicht immer oder zumindest nicht in vollem Umfang gegeben.

- Weiterhin werden die **Aufwendungen und Erträge aus der Gewinn- und Verlustrechnung** explizit einbezogen. Abschreibungen – als bedeutender zahlungsunwirksamer Posten – werden ebenso wie Zuschreibungen eliminiert. Es wird vereinfacht unterstellt, dass die übrigen Aufwendungen und Erträge zahlungswirksam sind.

- Schließlich muss die **Verwendung des Vorjahresergebnisses** (z. B. Dividendenzahlung, Zuführung zu den Gewinnrücklagen) in die erweiterte Kapitalflussrechnung aufgenommen werden. Beträge, die mittels Gewinn- oder Verlustvortrag fortgeführt werden, stellen **in gleicher Höhe Mittelverwendung und Mittelherkunft** dar.

Die entsprechend erweiterte Kapitalflussrechnung stellt sich wie folgt dar:

Mittelverwendung	**Erweiterte Kapitalflussrechnung**	Mittelherkunft
Zugänge im Anlagevermögen		Abgänge im Anlagevermögen
sonstige Aktivmehrungen (ohne Anlagevermögen)		sonstige Aktivminderungen (ohne Anlagevermögen)
Passivminderungen (ohne Ergebnis)		Passivmehrungen (ohne Ergebnis)
Aufwendungen (ohne Abschreibungen)		Erträge (ohne Zuschreibungen)
Verwendung des Bilanzerfolges des Vorjahres (z. B. Dividendenzahlungen, Zuführungen zu den Rücklagen)		
Summe		Summe

Abbildung 28:   *Erweiterte Kapitalflussrechnung*

Die erweiterte Kapitalflussrechnung kann hinsichtlich verschiedener Aspekte differenziert werden. So können Mittelherkunft und -verwendung – wie bei der Bewegungsbilanz – weiter nach der Fristigkeit unterteilt werden.

Beispiel: Die in Abbildung 27 entwickelte Bewegungsbilanz der MUSTER AG kann – unter Berücksichtigung der Fristigkeit – in die in der Abbildung 29 dargestellte erweiterte Kapitalflussrechnung überführt werden.[68]

---

68   Auf die Ermittlung der **Zugänge** (T€ 498.668) **zum sowie** der **Abgänge** (T€ 14.301) **vom Anlagevermögen** wurde bereits im Rahmen der Ermittlung des „cashflow-bezogenen" Innenfinanzierungsgrades hingewiesen (siehe hierzu die Fußnote zur Formel B31).
  Die **Erträge und Aufwendungen** lassen sich – ebenso wie die von den übrigen Aufwendungen abzusetzenden Abschreibungen – aus der Gewinn- und Verlustrechnung ablesen.
  Im Hinblick auf das **Vorjahresergebnis** (T€ 51.797) muss berücksichtigt werden, dass von diesem bereits im Geschäftsjahr 04 (also unterjährig) T€ 25.000 den Gewinnrücklagen zugeführt wurden. Weitere T€ 1.000 von diesem Ergebnis wurden im Geschäftsjahr 05 in die Gewinnrücklagen eingestellt. Es erfolgte zudem eine Ausschüttung von T€ 25.772. Die T€ 25, die schließlich auf neue Rechnung vorgetragen (Gewinnvortrag aus dem Vorjahr) wurden, sind im Berichtsjahr gleichzeitig als Mittelverwendung und -herkunft zu berücksichtigen.
  Die **Veränderung des langfristigen Umlaufvermögens** (T€ 29.473) resultiert aus der Differenz der langfristigen Forderungen, die in der Strukturbilanz im bilanzanalytischen Anlagevermögen ausgewiesen sind.
  Die **Passivminderungen** (ohne Bilanzgewinn), welche sich auf das übrige bilanzanalytische Eigenkapital (T€ 70.724) beziehen, den **sonstigen Aktivminderungen**, welche das kurzfristige Vermögen (T€ 286.871) betreffen, **sowie** die **Passivmehrungen** (ohne Bilanzgewinn), welche sich aus dem lang- (T€ 50.829) und dem kurzfristigen (T€ 119.840) bilanzanalytischen Fremdkapital ergeben, finden sich bereits in der Bewegungsbilanz.

Mittelverwendung				Mittelherkunft
	kurz-fristig in T€	lang-fristig in T€	kurz-fristig in T€	lang-fristig in T€	
Zugänge AV		498.668		14.301	Abgänge AV
sonst. Aktivmehrungen ⇨ langfristiges UV		29.473	286.871		sonst. Aktivminderungen kurzfristiges Vermögen ⇦
Passivminderungen (ohne Bilanzgewinn) ⇨ bilanzanal. EK		70.724	119.840	50.829	Passivmehrungen (ohne Bilanzgewinn) lfr. bilanzanal. FK ⇦ kfr. bilanzanal. FK ⇦
Aufwendungen (ohne Abschreibungen T€ 93.456)	1.916.052		2.094.848		Erträge (ohne Zuschreibungen)
Verwendung des Vorjahresergebnisses ⇨ Dividendenzahlung ⇨ Zuführung zur Gewinnrücklage ⇨ Gewinnvortrag	25.772	26.000 25	25		Verwendung des Vorjahresergebnisses Gewinnvortrag ⇦
	1.941.824	624.890	2.501.559	65.155	
	= 2.566.714		= 2.566.714		
	75,7 %	24,3 %	97,5 %	2,5 %	

Abbildung 29:   Erweiterte Kapitalflussrechnung 05 der MUSTER AG

Das Ergebnis der Analyse der erweiterten Kapitalflussrechnung zeigt **wesentliche Unterschiede** zur Bewegungsbilanz: Die Mittelherkunft ist nicht nur zu 88,5 %, sondern fast vollständig (konkret zu 97,5 %) als kurzfristig zu charakterisieren. Der überwiegende Teil der für kurze Zeit zur Verfügung stehenden Mittel wurde auch kurzfristig und zwar zum Ausgleich der laufenden Aufwendungen eingesetzt. Knapp ein Viertel der freigesetzten Mittel findet sich jedoch in der langfristigen Mittelverwendung wieder.

Wird im Rahmen der Prognose der Mittelabfluss durch Dividendenzahlung außer Acht gelassen, weil dieser weitgehend von der Geschäftsleitung gestaltet werden kann, und wird zudem berücksichtigt, dass die Zuordnung der „Erträge" zur kurzfristigen Mittelherkunft nicht eindeutig ist, ergibt sich im Beispiel für die Liquidität des Unternehmens ein **etwas günstigeres Bild** als bei der Analyse der Bewegungsbilanz.

Die laufenden Aufwendungen (welche die Auszahlungen indizieren sollen) sind durch laufende Erträge (welche die Einzahlungen approximieren sollen) überdeckt. Lediglich hinsichtlich der Bilanzpositionen ist eine negative Verschiebung zu „ungünstigeren" Fristigkeiten zu erkennen. Das Vermögen wurde liquiditätsferner (also langfristiger) gebunden, die Schulden sind indes kurzfristiger fällig. Daraus lässt sich für die Zukunft auf eine möglicherweise zu erwartende Liquiditätsanspannung schließen.

Die erweiterte Kapitalflussrechnung zeigt jedoch, dass das Finanzierungs-potential des Unternehmens viel höher ausfällt, als aus der Bewegungsbilanz erkennbar ist. Entsprechend der Bewegungsbilanz wurden T€ 491.108 finan-ziert und investiert, gemäß der erweiterten Kapitalflussrechnung hingegen T€ 2.566.714.

Der **Vorteil des Bruttoausweises** der erweiterten Kapitalflussrechnung lässt sich am deutlichsten an folgendem **Extremfall** aufzeigen: Sind zwei aufeinander folgende Bilan-zen identisch, lässt die Bewegungsbilanz darauf schließen, dass keinerlei Finanzmittel geflossen sind. Das würde aber unterstellen, dass das Unternehmen im Analysejahr keine externen geschäftlichen Tätigkeiten durchgeführt hat. Tatsächlich können die Bilanzposi-tionen trotz umfangreicher betrieblicher Geschäftstätigkeiten in der Höhe unverändert sein. Die Zusammensetzung der einzelnen Positionen hat sich aber verändert, was weder aus der Bilanz noch aus der Bewegungsbilanz ersichtlich wäre. Die Bewegungsbilanz signalisiert in diesem Fall eine unveränderte Liquiditätslage, obwohl in großem Umfang liquiditätsanspannende und/oder liquiditätsverbessernde Geschäftsvorfälle stattgefunden haben (können). Ein solcher Analyseschluss erscheint wenig sachgerecht.

> Die erweiterte Kapitalflussrechnung offenbart durch die Einbeziehung von Informationen aus der Gewinn- und Verlustrechnung (sowie von Kontenbewegungen) **liquiditätsbeeinflussende Geschäftsvorfälle, die in der Bewegungsbilanz nicht erkennbar sind**.

1.2.3.3.4   Fondsrechnung

Die bisher diskutierten Kapitalflussrechnungen sollen die betrieblichen zahlungs-wirksamen Veränderungen in ihrer Gesamtheit erfassen. Kapitalflussrechnungen kön-nen jedoch auch für bestimmte Einzahlungs-/Auszahlungs-Gruppen aufgestellt werden. Diese Gruppen werden aus den Differenzen jeweils zusammengefasster Bilanzpositio-nen (sog. Fonds) ermittelt.

> Die in der Praxis der Liquiditätsanalyse gebräuchlichsten Fondstypen sind der Fonds „Nettoumlaufvermögen" („Net Working Capital") und der Fonds „Nettogeldvermögen" („Net Cash Fund").

Im Hinblick auf die einzelnen Fonds sind verschiedene Interpretationen möglich. Der **Fonds „Nettoumlaufvermögen"** kann anhand der bereits dargestellten Formel 13 (= bilanzanalytisches Umlaufvermögen – kurzfristiges bilanzanalytisches Fremdkapital) ermittelt werden. Allerdings ist auch folgende, einige sonstige Vermögensgegenstände und die Wertpapiere des Umlaufvermögens vernachlässigende Vorgehensweise üblich:[69]

---

[69]   Gelegentlich werden die sonstigen Wertpapiere in diesen Fonds einbezogen.

(33) Fonds „Nettoumlaufvermögen"   = Vorräte
                                     + Forderungen mit einer Restlaufzeit bis zu einem Jahr
                                     + flüssige Mittel
                                     − kurzfristiges FK

Der **Fonds „Nettogeldvermögen"** unterscheidet sich dadurch, dass die Vorräte nicht im Fonds enthalten sind:[70]

(34) Fonds „Nettogeldvermögen"   = Nettoumlaufvermögen − (darin enthaltene) Vorräte
                                     = Forderungen mit einer Restlaufzeit bis zu einem Jahr
                                     + flüssige Mittel
                                     − kurzfristiges FK

Im Gegensatz zu den bereits betrachteten bestandsorientierten Untersuchungsmethoden, die den Bestand an einem oder mehreren Stichtagen analysieren, gehen die Fondsrechnungen von den **Differenzen einzelner Bestände in den Bilanzen aufeinander folgender Jahre** aus. Diese Perspektive entspricht der Betrachtungsweise der Bewegungsbilanz. So wie die Bewegungsbilanz durch die Einbeziehung von Kontenumsätzen oder von Erfolgsgrößen erweitert werden kann, können auch die Fondsrechnungen durch eine entsprechende Erweiterung aufschlussreicher gemacht werden.

Von einer solchen Erweiterung der Kapitalflussrechnung, die sich auf den Fonds des Nettoumlaufvermögens oder den Fonds des Nettogeldvermögens bezieht, **wird** im Rahmen der Bilanzanalyse **allerdings regelmäßig abgesehen**, weil einerseits dem Bilanzanalysten die Kontenbewegungen bei den hier angegebenen Fonds nicht bekannt sind und andererseits die Zuordnung der einzelnen Erfolgsgrößen zu den einzelnen Bestandsgrößen schwierig ist. Im Hinblick auf den letzten Aspekt besteht die **Gefahr einer nicht sachgerechten Zuordnung**, die zu erheblichen Fehlinterpretationen bei der Fondsrechnung führen kann. Bei den **Totalkapitalflussrechnungen**, also bei Kapitalflussrechnungen, die sich nicht auf einen Fonds beziehen, sondern auf die Veränderung aller Bilanzpositionen, ist eine „falsche" Zuordnung nicht so erheblich, weil zwischen den einzelnen darin enthaltenen Fonds ein Ausgleich stattfindet; nicht sachgerechte Aussagen bezüglich der Fristigkeit sind allerdings auch dort möglich.

Vorteile der stromgrößenorientierten Analyse der Fondsveränderungen gegenüber der bestandsorientierten Analyse der Fonds **sind nicht ersichtlich**. Bereits bei der bestandsorientierten Analyse kann die Höhe eines Fonds schließlich nicht ohne jeden Vergleichsmaßstab interpretiert werden. Solche Vergleichsmaßstäbe können die Fondshöhe anderer Unternehmen und der Branche sowie – beim überwiegend durchgeführten Zeitvergleich – die jeweilige Höhe der Fonds anderer Geschäftsjahre sein.

---

[70] Vgl. auch die (progressive) Definition dieses Fonds in Abbildung 21 (Abschnitt 1.1 des III. Kapitels), die zudem (und somit abweichend von dieser Definition) langfristige Forderungen und Verbindlichkeiten beinhaltet.

Bei den bestandsorientierten Analysen werden jedoch schon **implizit die Veränderungen im Zeitablauf interpretiert,** weil nur diese die Fondsentwicklung deutlich machen. Ob diese Veränderungen als Differenz (wie bei der Fondsrechnung), als Relation oder als Indexzahl (wie häufig bei der Bestandsrechnung) dargestellt werden, führt zu keinem qualitativen Unterschied. Der Fondsrechnung kann deshalb **zur Analyse der Liquidität keine besondere Bedeutung** beigemessen werden.

Das gilt jedoch nicht für die **Totalkapitalflussrechnung,** die schon in der bloßen Beständevergleichsrechnung (Bewegungsbilanz) erheblich **aufschlussreicher als viele andere Darstellungsformen** der vorab betrachteten bestands- und stromgrößenorientierten Analysemethoden ist. In der erweiterten Form vermittelt sie darüber hinaus Einblicke in die Liquiditätslage des Unternehmens (Fristigkeiten, Bruttoveränderungen), die mit Hilfe anderer Methoden kaum möglich sind.

1.2.3.3.5 *Kapitalflussrechnungen als Abschlussbestandteil*

Nach IAS 1.10(d) i. V. m. IAS 1.11 und IAS 7.1 sowie nach § 297 Abs. 1 HGB für handelsrechtliche Konzernabschlüsse (bzw. nach § 264 Abs. 1 Satz 2 HGB i. V. m. DRS 2) ist eine Kapitalflussrechnung zu erstellen und als Bestandteil des Abschlusses zu veröffentlichen.[71] **Gesetzliche Regelungen,** wie eine Kapitalflussrechnung zu gestalten ist, finden sich in Deutschland nicht. Das DRSC hat vor diesem Hintergrund den **DRS 2** „Kapitalflussrechnung" veröffentlicht. Dieser Standard umschreibt die Grundregeln für die Aufstellung von Kapitalflussrechnungen und besitzt – im Sinne einer GoB-Vermutung – sowohl Gültigkeit für die Kapitalflussrechnung des einzelnen rechtlich und wirtschaftlich selbständigen Unternehmens als auch für die Kapitalflussrechnung der wirtschaftlichen Einheit „Konzern". DRS 2 soll zu einer **einheitlichen Ausgestaltung von freiwillig und pflichtgemäß erstellten Kapitalflussrechnungen** beitragen sowie – i. S. d. Aufgaben des DRSC – die Bedingungen und Voraussetzungen aufzeigen, unter denen eine Kapitalflussrechnung mit den nach internationalen Rechnungslegungsgrundsätzen (insbesondere nach IAS 7) aufgestellten Kapitalflussrechnungen vergleichbar (bzw. gleichwertig) ist.

Die Kapitalflussrechnung soll dazu dienen, den **Einblick in die Finanzlage des Unternehmens bzw. des Konzerns** zu verbessern. Deshalb besteht der Zweck einer Kapitalflussrechnung vor allem darin, die Zahlungsströme eines Unternehmens bzw. Konzerns im Hinblick auf das vergangene Geschäftsjahr offenzulegen und zu kategorisieren, um somit die Herkunft, die Entwicklung und die Verwendung der Finanzmittel zu verdeutlichen.[72] Eine Kapitalflussrechnung kann zudem als Grundlage dienen, die Fähigkeiten eines Unternehmens bzw. Konzerns zur Erwirtschaftung von Zahlungsmitteln und Zah-

---

71 Nachfolgende Ausführungen erfolgen in Anlehnung an *VON WYSOCKI/WOHLGEMUTH/BRÖSEL* (2014), S. 423–438. Siehe hierzu auch *AMEN* (1998), *MATSCHKE/HERING/KLINGELHÖFER* (2002), S. 89–92.

72 Vgl. *PAWELZIK* (2006), S. 344, *KÜTING/WEBER* (2012a), S. 649.

lungsmitteläquivalenten zu beurteilen sowie schließlich den Bedarf der Gesellschaft bzw. des Konzerns an diesen Mitteln abzuschätzen.

> Die Kapitalflussrechnung soll neben der Bilanz sowie der Gewinn- und Verlustrechnung **zusätzliche Informationen** vermitteln. Eine bloße Bewegungs- oder Veränderungsbilanz kann diesem Anspruch nicht genügen, weil die entsprechenden Informationen bereits aus dem Vergleich zweier aufeinanderfolgender Abschlüsse gewonnen werden können.

Wesentlich für den Aussagegehalt der Kapitalflussrechnung und für ihre Interpretierbarkeit ist die Abgrenzung des sog. **Finanzmittelfonds**. In DRS 2 wurde diesbezüglich eine enge Abgrenzung ohne explizite Wahlrechte festgelegt. Außer Zahlungsmitteln sollen gemäß DRS 2.16 im Finanzmittelfonds nur solche Posten enthalten sein, die als Zahlungsmitteläquivalente betrachtet werden. Nach DRS 2.6 gehören zu den Zahlungsmitteln die Barmittel und die täglich fälligen Sichtguthaben. Im Sinne von § 266 Abs. 2 B. IV. HGB sind diesen also der Kassenbestand, Bundesbankguthaben, Guthaben bei Kreditinstituten sowie Schecks zuzurechnen. Als **Zahlungsmitteläquivalente** gelten gemäß DRS 2.6 alle als „Liquiditätsreserve gehaltene, kurzfristige, äußerst liquide Finanzmittel, die jederzeit in Zahlungsmittel umgewandelt werden können und nur unwesentlichen Wertschwankungen unterliegen." Dies schließt also nicht aus, dass unter Beachtung des Stetigkeitsgrundsatzes – neben dem Bilanzposten nach § 266 Abs. 2 B. IV. HGB – auch weitere Posten (z. B. sonstige Wertpapiere) in den Finanzmittelfonds aufgenommen werden. Die in den Finanzmittelfonds aufzunehmenden Bestände müssen dabei zumindest als Liquiditätsreserve dienen. Dies bedingt, dass sie keinen Einlöserisiken unterliegen und kurzfristig veräußerbar sind; d. h. sie dürfen lediglich Restlaufzeiten aufweisen, die drei Monate nicht übersteigen (DRS 2.18). Informationen über die Zusammensetzung des Finanzmittelfonds sowie eine ggf. vorgenommene Änderung finden sich im Anhang. Dies gilt ebenso für eine rechnerische Überleitung, sofern der Finanzmittelfonds nicht der Bilanzposition „Kassenbestand, Bundesbankguthaben, Guthaben bei Kreditinstituten und Schecks" entspricht (DRS 2.52). Bewegungen innerhalb des Finanzmittelfonds stellen keine Mittelzu- und -abflüsse dar.

Obwohl sich die in Rede stehenden Kapitalflussrechnungen auf den sog. **Finanzmittelfonds** (Zahlungsmittel und Zahlungsmitteläquivalente) beziehen, handelt es sich hierbei nicht um Fondsrechnungen. Vielmehr sollen – unter Rückgriff auf die liquiditätswirksamen Veränderungen der Bereiche „laufende Geschäftstätigkeit", „Investitionstätigkeit" und „Finanzierungstätigkeit" – die Änderungen des Fonds der Finanzmittel erläutert werden. Dabei werden die finanzwirksamen Vorgänge des Unternehmens (oder Konzerns) im Unterschied zu einer „klassischen" Fondsrechnung in ihrer Gesamtheit erfasst, welche bereits in Formel 21 dargestellt wurden. DRS 2 folgt somit der international üblichen Gliederung der zu zeigenden Mittelzu- und -abflüsse in drei Teilbereiche. Die Summe der Zahlungsmittelbewegungen aus den drei Teilbereichen (laufende Geschäftstätigkeit, Investitionstätigkeit und Finanzierungstätigkeit) entspricht grundsätzlich – d. h. abgesehen von aus Bewertungsvorgängen und Wechselkursänderungen resultierenden sowie auf Währungsumrechnungen und Änderungen im Konsolidierungskreis basierenden Finanzmittelbestandsänderungen – der Änderung des Finanzmittelfonds in der Berichtsperiode.

DRS 2 stellt zwei **Mindestgliederungsschemata** für die (Konzern-)Kapitalflussrechnung zur Verfügung, die sich lediglich in der Darstellung der Mittelzuflüsse/-abflüsse aus laufender Geschäftstätigkeit unterscheiden. Diese kann entweder direkt oder indirekt ermittelt werden, wobei in der Praxis regelmäßig eine indirekte Ermittlung erfolgt, obwohl vom DRS 2 keine der Vorgehensweisen bevorzugt wird. Bei **direkter Darstellung der Zahlungssalden** der drei Teilbereiche wird nach DRS 2.26, DRS 2.32 und DRS 2.35 die nachfolgend dargestellte Mindestgliederung der Kapitalflussrechnung vorgegeben:

(35)   Einzahlungen von Kunden für den Verkauf von Erzeugnissen, Waren und Dienstleistungen
-   Auszahlungen an Lieferanten und Beschäftigte
+   Sonstige Einzahlungen, die nicht der Investitions- und Finanzierungstätigkeit zuzuordnen sind
-   Sonstige Auszahlungen, die nicht der Investitions- und Finanzierungstätigkeit zuzuordnen sind
±   Ein- und Auszahlungen aus außerordentlichen Posten
=   **Cashflow (Mittelzufluss/-abfluss) aus laufender Geschäftstätigkeit**

     Einzahlungen aus Abgängen von Gegenständen des Sachanlagevermögens
-   Auszahlungen für Investitionen in das Sachanlagevermögen
+   Einzahlungen aus Abgängen von Gegenständen des immateriellen Anlagevermögens
-   Auszahlungen für Investitionen in das immaterielle Anlagevermögen
+   Einzahlungen aus Abgängen von Gegenständen des Finanzanlagevermögens
-   Auszahlungen für Investitionen in das Finanzanlagevermögen
+   Einzahlungen aus dem Verkauf von konsolidierten Unternehmen und sonstigen Geschäftseinheiten
-   Auszahlungen aus dem Erwerb von konsolidierten Unternehmen und sonstigen Geschäftseinheiten
+   Einzahlungen aufgrund von Finanzmittelanlagen im Rahmen der kurzfristigen Finanzdisposition
-   Auszahlungen aufgrund von Finanzmittelanlagen im Rahmen der kurzfristigen Finanzdisposition
=   **Cashflow (Mittelzufluss/-abfluss) aus der Investitionstätigkeit**

     Einzahlungen aus Eigenkapitalzuführungen (Kapitalerhöhungen, Verkauf eigener Anteile, etc.)
-   Auszahlungen an Unternehmenseigner und Minderheitsgesellschafter (Dividenden, Erwerb eigener Anteile, Eigenkapitalrückzahlungen, andere Ausschüttungen)
+   Einzahlungen aus der Begebung von Anleihen und aus der Aufnahme von (Finanz-)Krediten
-   Auszahlungen für die Tilgung von Anleihen und (Finanz-)Krediten
=   **Cashflow (Mittelzufluss/-abfluss) aus der Finanzierungstätigkeit**

     Finanzmittelbestand am Anfang der Periode
±   Zahlungswirksame Veränderung des Finanzmittelbestands (**Summe der obigen drei Cashflows**)
±   Wechselkursbedingte und sonstige (z. B. bewertungs- und konsolidierungskreisbedingte) Wertänderungen des Finanzmittelbestands
=   **Finanzmittelbestand am Ende der Periode**

Für den Teilbereich der ,laufenden Geschäftstätigkeit' ist anstelle der direkten Ermittlung auch eine **indirekte Ermittlung des Cashflows** möglich. Die Ermittlung der Zahlungssalden der anderen Teilbereiche ändert sich nicht. Nach DRS 2.27 ergibt sich hierbei folgende Mindestgliederung im Hinblick auf den Cashflow aus der laufenden Geschäftstätigkeit:

(36)   Periodenergebnis vor außerordentlichen Posten
  ± Abschreibungen/Zuschreibungen auf Gegenstände des Anlagevermögens
  ± Zunahme/Abnahme der Rückstellungen
  ± Sonstige zahlungsunwirksame Aufwendungen/Erträge
     (z. B. Abschreibung auf ein aktiviertes Disagio)
  ± Verlust/Gewinn aus dem Abgang von Gegenständen des Anlagevermögens
  ± Abnahme/Zunahme der Vorräte, der Forderungen aus Lieferungen und Leistungen sowie anderer Aktiva, die nicht der Investitions- oder Finanzierungstätigkeit zuzuordnen sind
  ± Zunahme/Abnahme der Verbindlichkeiten aus Lieferungen und Leistungen sowie anderer Passiva, die nicht der Investitions- oder Finanzierungstätigkeit zuzuordnen sind
  ± Ein- und Auszahlungen aus außerordentlichen Posten
  = **Cashflow (Mittelzufluss/-abfluss) aus laufender Geschäftstätigkeit**

Ein wesentlicher Problembereich bei der Erstellung von Kapitalflussrechnungen durch Unternehmen ist – unabhängig von der direkten oder indirekten Darstellung – die **Abgrenzung der Zahlungsströme** aus der ,laufenden Geschäftstätigkeit' von den Zahlungsströmen aus ,Investitionstätigkeit' und der ,Finanzierungstätigkeit':

• Mittelabflüsse aus der **Investitionstätigkeit** betreffen Zahlungsströme aufgrund des Erwerbs von Vermögensgegenständen, die dauernd dem Geschäftsbetrieb dienen sollen. Deren Abgang führt i. d. R. zu Mittelzuflüssen aus der Investitionstätigkeit. Zudem zählen zur Investitionstätigkeit auch Transaktionen, welche „Finanzmittelanlagen im Rahmen der kurzfristigen Finanzdisposition [betreffen], sofern diese nicht zum Finanzmittelfonds gehören oder zu Handelszwecken gehalten werden."[73]

• Den Mittelzu- und -abflüssen aus der **Finanzierungstätigkeit** sind gemäß DRS 2 vor allem jene zu subsumieren, die aus der Kreditaufnahme und Tilgung resultieren.

• Die Mittelzu- und -abflüsse aus der **laufenden Geschäftstätigkeit** können nach DRS 2 bestenfalls im Sinne einer **Negativabgrenzung** zu den Mittelzu- und -abflüssen, die sich aus der Investitions- bzw. Finanzierungstätigkeit ergeben, bestimmt werden.

Den **Nachteilen** einer gewöhnlich indirekten Ermittlung des Cashflows aus der laufenden Geschäftstätigkeit steht aus Sicht des Bilanzanalysten der **Vorteil** gegenüber, dass dieser die Ermittlung der (verschiedenen) Cashflows nicht mehr eigenständig durchführen muss. Unabhängig davon sind – im Hinblick auf die Prognosefunktion[74] – die in die entsprechend veröffentlichte Kapitalflussrechnung eingehenden Zahlungen um die unregelmäßig auftretenden Komponenten zu bereinigen.

---

[73] DRS 2.31.
[74] Hinsichtlich der geringen Aussagekraft der Kapitalflussrechnung zur Krisenprognose vgl. *WEHRHEIM* (1997).

Auch hierbei ergeben sich **Auswirkungen aus der unterschiedlichen Ausübung des Aktivierungswahlrechts** für selbst erstellte immaterielle Vermögensgegenstände des Anlagevermögens. Der Cashflow aus der laufenden Geschäftstätigkeit wird bei Nichtaktivierung der entsprechenden Position belastet. Der Cashflow aus Investitionstätigkeit bleibt unberührt. Im Falle der Aktivierung der Entwicklungskosten der in Rede stehenden Vermögensgegenstände erhöhen sich hingegen die Investitionsauszahlungen und der Cashflow aus der laufenden Geschäftstätigkeit. Hierdurch wird die intertemporale und überbetriebliche Vergleichbarkeit erschwert. Aus diesem Grund sollte der Analyst diese Beträge im Falle der Aktivierung aus dem Cashflow aus Investitionstätigkeit eliminieren und in den Cashflow aus der laufenden Geschäftstätigkeit umgruppieren.[75]

1.2.4   Kombinierte Analyse

Mit Hilfe der Verbindung von bestands- und stromgrößenorientierter Betrachtung wird schließlich versucht, weitere Möglichkeiten der Analyse vor allem im Hinblick auf die Prognose der Liquidität zu eröffnen. Hierbei sollen die dispositive Liquidität (Liquidität i. S. d. Zahlungsfähigkeit) und die strukturelle Liquidität (Liquidität i. S. d. Liquidierbarkeit) simultan in die Untersuchung einbezogen werden. Vor diesem Hintergrund wurde ein **Kennzahlensystem** entwickelt,[76] das in der Lage sein soll, die **Struktur und die Ursachen für die Entwicklung der Kennzahl „Gesamtkapitalliquidität"** aufzuzeigen. Die Gesamtkapitalliquidität soll dabei als **formalisiertes Partialziel** (Kennzahl) – durch die Aufspaltung in hierarchische, ursachenbezogene Einflussfaktoren – möglichst alle wichtigen Aspekte der Liquiditätsbeeinflussung berücksichtigen.

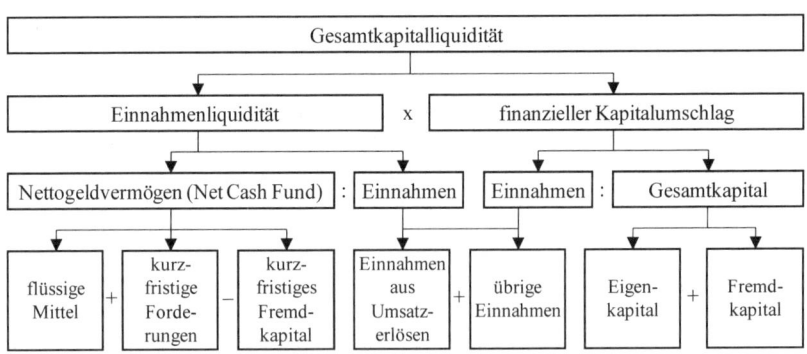

Abbildung 30:   *Gesamtkapitalliquidität auf Basis des Nettogeldvermögens*[77]

---

75   Vgl. GÖLLERT (2009), S. 1778.
76   Siehe hierzu bereits BERTHEL (1973), S. 37–39.
77   In Anlehnung an BERTHEL (1973), S. 39.

In der Abbildung 30 ist das Kennzahlensystem der Gesamtkapitalliquidität dargestellt, welches auf dem Nettogeldvermögen basiert, weshalb hier die Einnahmen und nicht die Einzahlungen zu berücksichtigen sind. Die Wahl anderer Fonds, mit gegebenenfalls erforderlicher Anpassung der Stromgrößen, ist ebenfalls möglich.

Die Aufstellung von Kennzahlensystemen dieser Art hat für die Analyse **zwei Zielsetzungen**:

- Die erste Zielsetzung strebt die **Relativierung** – also die Vergleichbarkeit – des **Analyseziels** an. Dieses Ziel berücksichtigen allerdings schon die einfachen Kennzahlen in Form von Verhältniszahlen oder Relationen.

- Wichtiger ist die zweite Zielsetzung: Durch die differenzierte Aufspaltung sollen die **Ursachen für die Entwicklung des Analyseziels** erkennbar gemacht werden. Abbildung 30 zeigt, dass die hier als „Spitzenkennzahl" formulierte Gesamtkapitalliquidität keine unabhängige Größe ist. Durch die weitgehende Aufspaltung der sog. Einnahmenliquidität sollen die Quellen und Möglichkeiten der Liquiditätsbeeinflussung aufgedeckt werden. Im Kennzahlensystem sind dies die Einnahmen[78] auf der einen sowie der Bestand des Nettogeldvermögens, also der leicht liquidierbaren Zahlungsmittelressourcen, auf der anderen Seite. Zudem ist z. B. erkennbar, dass die Auswirkungen von Kapitalzuführungen in der Folgezeit unterschiedlich liquiditätswirksam sind, denn es muss in die liquiditätsfördernde Zuführung von Eigen- und die (später) liquiditätsbeanspruchende Zuführung von Fremdkapital unterschieden werden.

Die Analyse auf Basis von Kennzahlensystemen hat **zwei Vorteile**: **Zum einen** kann der Analyst auf deren Basis die Ursachen für eine bestimmte Entwicklung differenziert abschätzen. **Zum anderen** kann kontrolliert werden, ob die Geschäftsleitung in ihren Zielvorstellungen dem jeweiligen Analyseziel genügend Aufmerksamkeit schenkt.[79]

Zur von den Analysten durchzuführenden Ermittlung von Ursachen für eine bestimmte Entwicklung sowie zur Kontrolle, ob die Geschäftsleitung in ihren Zielvorstellungen dem jeweiligen Analyseziel ausreichend Aufmerksamkeit schenkt, eignet sich im Hinblick auf die Liquidität vor allem der Zeitvergleich auf Basis von Kennzahlensystemen. Der benannte Kontrollaspekt ist im Rahmen der Liquiditätsanalyse besonders wichtig, weil die zukünftige Liquiditätslage eines Unternehmens in hohem Maße von den Entscheidungen der Geschäftsleitung abhängt. Wird anhand der Analyse der Vergangenheit festgestellt, dass die Quellen bedrohlicher Liquiditätsentwicklungen immer erkannt und

---

[78] Anstatt der (Brutto-)Einnahmen sollte gemäß dem Grundsatz der Äquivalenz auf die Nettoeinnahmen abgestellt werden.

[79] Problematisch ist, dass hierbei Können bzw. Wollen der Geschäftsleitung sowie das Glück (oder Pech) bei wirtschaftlichen Entwicklungen und Entscheidungen nicht voneinander trennbar sind.

eventuelle Engpässe ausgeglichen wurden, ist dies noch die sicherste **Basis für eine positive Liquiditätsprognose**.

Berechtigterweise stellt sich der versierte Leser an dieser Stelle die Frage, inwiefern diese Aussage hilfreich ist. Dass die Geschäftsleitung des Unternehmens der Liquidität in der Vergangenheit genügend Aufmerksamkeit gewidmet (oder „einfach Glück gehabt") hat, wird bereits daraus erkenntlich, dass das Unternehmen zum Analysezeitpunkt (noch) existiert. Zudem muss darauf hingewiesen werden, dass auch durch die systematische Darstellung der Einflussfaktoren auf bestimmte Kennzahlen die generellen Probleme einer Kennzahlenanalyse nicht gelöst werden können. Hierzu gehören vor allem das **Problem der vollständigen Erfassung und der wirklichkeitsnahen Abbildung der Einflussfaktoren** sowie das **Problem der Unsicherheit zukünftiger Entwicklungen**. Dennoch ist die Kennzahlenanalyse durch die Erstellung und Analyse von Kennzahlensystemen einen wesentlichen Schritt weitergekommen, wobei auch das pädagogische Moment der systematischen Darstellung von Abhängigkeiten nicht unterschätzt werden darf.

1.3   Methoden-Informationsvergleich

Der Methoden-Informationsvergleich dient dazu, Kompatibilität zwischen der Güte der vorliegenden Informationen und den Analysemethoden herzustellen.

> Die **Güte der Informationen**, die der Jahresabschluss für die Analyse der Liquidität bereitstellt, ist aus verschiedenen Gründen **gering**.

Diese **Informationsgüte lässt sich durch die Wahl einer anspruchsvollen Analysemethode nicht verbessern**, weil grundsätzliche Mängel hinsichtlich der Informationsbasis bestehen. Ein wesentlicher Mangel liegt darin, dass die liquiditätswirksamen Zahlungsströme der Vergangenheit nur approximativ ermittelbar sind und die liquiditätswirksamen Zahlungsströme der Zukunft den publizierten Jahresabschlüssen nicht zu entnehmen sind. Unter dem Aspekt, dass die Bilanzanalyse regelmäßig die Zielsetzung einer Prognose verfolgt, sind **komplexe Methoden** – wie etwa umfangreiche (selbst hergeleitete) Kapitalflussrechnungen auf der Basis von Bilanz und Erfolgsrechnung – **nicht** als **informationskompatibel** (informationsadäquat) zu bezeichnen. Die **anderen, einfachen** bestands- und stromgrößenorientierten Methoden sind **zwar informationskompatibel** (informationsadäquat), allerdings ist deren **Aussagekraft** schon durch die simple Methodik und die Berücksichtigung nur einzelner Größen **beschränkt**.

1.4 Methodenvergleich

Sämtliche der dargestellten Methoden **erheben den Anspruch, zielkompatibel zu sein**. Es soll also mit ihrer Hilfe möglich sein, die Liquiditätslage der Vergangenheit zu beurteilen und die zukünftige Liquidität zu prognostizieren. Dabei werden einzelne oder auch mehrere Einflussfaktoren berücksichtigt. Die **Vergangenheitsanalyse** ist dabei jedoch nur insoweit relevant, als sie einen Hilfsmaßstab für die Prognose darstellt. Das **Prognoseziel** ist bei der Analyse von zentraler Bedeutung, aber aufgrund der Vergangenheitsorientierung der Informationsquellen nicht erreichbar.

> Das Ziel der Liquiditätsanalyse kann allenfalls sein, aufgrund einer sinnvollen Analyse der Vergangenheit **zukünftige Tendenzen zu vermuten.**

Den nachfolgenden Ausführungen zur Analyse der Erfolgslage soll vorangestellt werden, dass Erfolgs- und Liquiditätslage „interdependent sind, weil die finanzielle Stabilität des Unternehmens notwendige Voraussetzung für eine nachhaltige Gewinnerzielung ist und das finanzielle Gleichgewicht wiederum ohne ausreichende Ertragskraft zumindest langfristig gefährdet ist."[80]

---

[80] *LACHNIT* (2004), S. 5 (im Original mit Hervorhebungen).

2   Analyse der Erfolgslage

2.1   Definition

Die **erfolgswirtschaftliche Bilanzanalyse**[81] zielt auf die Beurteilung der Ertragskraft eines Unternehmens. Regelmäßig werden hierbei einerseits die Ermittlung einer „betriebswirtschaftlich sinnvollen" (d. h. zweckadäquaten) Erfolgsgröße (und deren Verwendung bei der Berechnung von Rentabilitätsgrößen) im Sinne einer **betragsmäßigen Erfolgsanalyse** und andererseits die Beurteilung der Erfolgsquellen sowie der Aufwands- und Ertragsstruktur im Sinne einer **strukturellen Erfolgsanalyse** durchgeführt. Im Hinblick auf die Erfolgslage interessieren sich die Adressaten vor allem für die nachhaltigen Ergebnisbestandteile, um auf deren Basis gegebenenfalls eine Prognose der zukünftigen Erfolge vorzunehmen.

> Unter der **Ertragskraft** wird die Fähigkeit eines Unternehmens verstanden, in der Zukunft nachhaltig Gewinne zu erzielen (nachhaltige Gewinnerzielungsfähigkeit), welche Basis von Entnahmen bzw. Ausschüttungen sind.[82]

Im Rahmen der **betragsmäßigen Erfolgsanalyse** stellt sich vor allem die Frage nach der Höhe des Gewinns und somit nach der relevanten **Gewinndefinition**. Im Hinblick auf den Gewinn gibt es mehrere Interpretationsmöglichkeiten.[83]

Der **Gewinn im „betriebswirtschaftlichen" Sinne** sei jener Geldbetrag, der dem Unternehmen in einem Geschäftsjahr höchstens entzogen werden darf, ohne dass hiermit die Ertragskraft – auch als Leistungsfähigkeit bezeichnet – vermindert und ein zukünftiges Einkommen (Entnahmen oder Ausschüttungen) in dieser Höhe gefährdet wird. Nach Ausschüttung des Gewinns muss dem Unternehmen ein Geldbetrag verbleiben, der zumindest den Ersatz der verbrauchten Produktionsfaktoren sichert (**substantielle Kapitalerhaltung**, Substanzerhaltung).[84]

Eine entsprechende Gewinngröße wird in der Literatur[85] unter dem Begriff **„ökonomischer Gewinn"** als Veränderung der sog. Ertragswerte (unter Berücksichtigung der

---

[81]   Siehe *HEIDEN/BRÖSEL* (2004), S. 343.

[82]   Siehe ausführlich bereits *SIEBEN* (1964).

[83]   Siehe hierzu ausführlich *BREITHECKER/SCHMIEL* (2003), S. 25–48. Vgl. bereits *TER VEHN* (1924).

[84]   Die Auffassung, dass bei der Bewertung des Produktivvermögens erst dann von einer Erhaltung der Ertragskraft gesprochen werden kann, wenn sich der Ertragswert des Unternehmens in gleichem Maße wie das volkswirtschaftliche Wachstum entwickelt hat, wird als **relative oder qualifizierte Substanzerhaltung** bezeichnet. „Bei einem gesamtwirtschaftlichen Wachstum mit zunehmender Konzentration muß auch der einzelne Betrieb zur Erhaltung der Konkurrenzfähigkeit für die Sicherung der betrieblichen Leistungsfähigkeit am Wachstum partizipieren", so *HUCH* (1972), S. 238 f.

[85]   Vgl. hierzu etwa *SCHNEIDER* (1971), *SCHILDBACH* (1972), *DRUKARCZYK* (1973). Siehe auch *KÜTING* (2006a).

Ausschüttung) diskutiert. Hierbei handelt es sich um jenen Geldbetrag, der einem Unternehmen bei gleichbleibendem Ertragswert entzogen werden kann. Die Höhe des ökonomischen Gewinns hängt also wiederum von der **Definition des Ertragswertes** ab. Der im Rahmen dieser Konzeption des ökonomischen Gewinns[86] relevante Ertragswert wird gewöhnlich als objektiver Unternehmenswert verstanden, der lediglich bei Existenz eines vollkommenen und vollständigen Kapitalmarktes vorliegt. Ein solcher Markt ist in der Realität allerdings nicht gegeben.[87]

Wird dieser Ertragswert hingegen **im Sinne eines subjektiven Unternehmenswertes,**[88] z. B. als Zukunftserfolgswert, interpretiert,[89] muss dieser auf Basis subjektiver Erwartungen im Hinblick auf Zähler und Nenner der Zukunftserfolgswertformel ermittelt werden. Im Zähler der Formel wären die zukünftig erwarteten Einzahlungsüberschüsse, also die zu schätzenden Zahlungsflüsse zwischen dem Unternehmen und den Eignern, zu berücksichtigen. Im Nenner ist ein periodenindividueller Kalkulationszinssatz, der sich aus dem individuellen Investitions- und Finanzierungsprogramm des Bewertungssubjekts – also des jeweiligen Eigners – ergibt, relevant. Zur Ermittlung des „betriebswirtschaftlichen" Gewinns der aktuellen Periode wären für den Analysten somit nicht nur die Schätzungen der „betriebswirtschaftlichen" Gewinne zukünftiger Perioden, sondern auch Kenntnisse über die subjektiven, periodenindividuellen Kalkulationszinsfüße der (einzelnen) Eigner erforderlich. Demnach besteht aus Sicht des Bilanzanalysten nicht nur ein **Zirkelschluss** (denn die Ermittlung des „betriebswirtschaftlichen" Gewinns der aktuellen Periode setzt bereits die Ermittlung der „betriebswirtschaftlichen" Gewinne oder zumindest der Ausschüttungen aller zukünftigen Perioden voraus), sondern es liegen auch erhebliche **Informationsasymmetrien und Prognoseprobleme** vor.

Im Hinblick auf die Analyse der Ertragskraft kann ein „betriebswirtschaftlicher" Gewinn lediglich pragmatisch und somit näherungsweise aus den bei der Bilanzanalyse zur Verfügung stehenden Informationen abgeleitet werden. Die Ertragskraft eines Unternehmens ist das Ergebnis der mehr oder weniger günstigen **Kombination der Produktionsfaktoren**. Um einen „betriebswirtschaftlichen" Gewinn eines Geschäftsjahres auf Basis des Jahresabschlusses zu schätzen, müsste der Wert der Produktionsfaktorenkombination möglichst unter Berücksichtigung aller Einflussfaktoren am Beginn und am Ende des Geschäftsjahres ermittelt werden. Ist der Wert am Jahresende höher, bemisst die Differenz zwischen den beiden Werten den Gewinn, anderenfalls wurde ein Verlust erwirtschaftet. Die Produktionsfaktoren eines Unternehmens finden sich jedoch nur teilweise auf der Aktivseite der Bilanz wieder, weil sie auch Teil des originären Goodwill sein können.

---

[86] Siehe hierzu m. w. N. *BREITHECKER/SCHMIEL* (2003), S. 40–42.

[87] Siehe hierzu m. w. N. *MATSCHKE/BRÖSEL* (2013), S. 26–51.

[88] Eine subjektive Interpretation des „ökonomischen Gewinns" findet sich bereits bei *LAUX* (1974), S. 509–520.

[89] Siehe ausführlich *HERING* (2006), *MATSCHKE/BRÖSEL* (2013), S. 244–276.

Die in der Bilanz ausgewiesene Summe des Vermögens vernachlässigt beispielsweise (nicht bilanzierungsfähige) **immaterielle Komponenten** (Humanvermögen, selbst geschaffene Organisationsstruktur, selbst erstellte Markennamen, Kundenbeziehungen, Standortvorteile usw.), die einen wesentlichen Teil der Ertragskraft eines Unternehmens ausmachen. Außerdem wird das Vermögen (vor allem in der handelsrechtlichen Bilanz) mit den **fortgeführten Anschaffungs- oder Herstellungskosten**, die es verursacht hat, bewertet und nicht mit dem Wert angesetzt, der dessen hypothetischen Beitrag zur Gewinnerzielung entspräche. Zudem bleiben Verbundeffekte unberücksichtigt. Diese (in der Bilanz unberücksichtigten) Faktoren können unter dem Begriff des **originären Geschäfts- oder Firmenwertes** zusammengefasst werden. Dieser bleibt bilanziell – trotz seines großen Einflusses auf die Ertragskraft eines Unternehmens – mangels Objektivierung nach HGB und – zumindest weitgehend – auch nach IFRS außer Ansatz.

Prinzipiell wird – ohne Berücksichtigung von Geldwertänderungen und nicht bilanzierungsfähigen Vermögenspositionen (z. B. des originären Geschäfts- oder Firmenwertes) – der Gewinn[90] im Rahmen des Handels- und Steuerrechts als Nominalgröße definiert. Dies gilt weitgehend auch nach IFRS, wenn von der (erfolgswirksamen) „Fair-Value-Bilanzierung" und dem Neubewertungsmodell abgesehen wird.[91] Der **Gewinn i. S. d. nominellen Kapitalerhaltung**[92] ist die **Differenz des jeweiligen Reinvermögens**[93] (Eigenkapitals) **zu Beginn und am Ende des Geschäftsjahres**, wobei nicht erfolgswirksame Zuführungen (Einlagen, Kapitalerhöhungen sowie – nach IFRS – Erhöhungen der Neubewertungs- und der „Fair-Value-Rücklage") und nicht erfolgswirksame Abgänge (Entnahmen, Ausschüttungen sowie Verminderungen der Neubewertungs- und der „Fair-Value-Rücklage" nach IFRS) zu eliminieren sind.

Aus dem Gewinn i. S. d. nominellen Kapitalerhaltung kann der **Gewinn i. S. d. realen oder materiellen Kapitalerhaltung** abgeleitet werden:[94] Erfolgt also ausgehend von dem festgestellten nominellen Gewinn die Berücksichtigung von Geldwertänderungen, ergibt sich der Gewinn als **Differenz der mit einem Kaufkraftindex modifizierten Eigenkapitalpositionen.**

---

90   Vgl. zur Aussagekraft des Bilanzgewinns bereits *HAX* (1964).

91   Siehe kritisch zu diesen „Als-ob-Gewinnen" z. B. *WAGENHOFER* (2006), S. 37, *BIEG ET AL.* (2008), S. 2544. *WAGENHOFER* (2006), S. 37, führt konsequenterweise aus: „Es erhebt sich grundsätzlich die Frage, ob Adressaten der Finanzberichterstattung eher daran interessiert sind, was das Unternehmen tatsächlich gemacht hat, oder an dem, was es hätte machen können, aber bewusst nicht gemacht hat (,als ob'-Bilanzierung)."

92   Die handelsrechtliche und grundsätzlich auch die internationale Gewinnermittlung basieren auf dem **Nominalwertprinzip**. Demgemäß gilt: € = €. Geldwertänderungen und andere Einflüsse bleiben regelmäßig unberücksichtigt, was bedeutet, dass es grundsätzlich nicht zum Ausweis von Gewinnteilen kommen kann, die ausschließlich auf Preissteigerungen basieren (**Scheingewinne**).

93   Das Reinvermögen entspricht der Residualgröße „Eigenkapital", die sich wiederum aus der Differenz zwischen dem (bilanzierungsfähigen) Gesamtvermögen sowie den (bilanzierungsfähigen) Rückstellungen und Verbindlichkeiten ergibt.

94   Vgl. hierzu *PIEPER* (1972) und frühzeitig bereits *SCHMIDT* (1921).

Trotz der jeweiligen „Generalnormen" des HGB und der IFRS stellen Abschlüsse – z. B. aufgrund der problematisierten Nichtberücksichtigung diverser Vermögenspositionen auf der Aktivseite – nicht primär auf betriebswirtschaftlich definierte Erfolgsgrößen ab. Neben der **Diskrepanz zwischen betriebswirtschaftlicher Auffassung einerseits sowie bilanzrechtlicher Auffassung andererseits** existiert noch eine ganze Reihe anderer Einflussfaktoren, welche die Erfolgsanalyse auf der Basis von Jahresabschlüssen erschweren. Als wichtiger Einflussfaktor gilt die **Bilanzpolitik**. Somit entstehen Jahresergebnisse nicht nur aus betrieblichen Wertströmen, sondern beispielsweise auch durch die bewusste bilanzpolitische Ausnutzung expliziter und impliziter Wahlrechte. Zwar lässt sich der Totalgewinn eines Unternehmens dadurch nicht beeinflussen, wohl aber die Verteilung dieses Totalgewinns auf die einzelnen Geschäftsjahre (Perioden). Mit diesem Instrumentarium des Bilanzerstellers können z. B. stille Reserven (und auch stille Lasten) zur (stillen) Erfolgsglättung genutzt werden.

Ein weiterer wesentlicher Einfluss auf das Jahresergebnis geht von **Konzernverflechtungen** aus. Aus einer Einzelbilanz ist nur begrenzt ersichtlich, in welchem Umfang das Ergebnis auf konzerninterne Geschäfte zurückgeht. Diese Bestandteile basieren auf konzerninternen Verrechnungspreisen, deren Gestaltung weitgehend im Aktionsbereich der Konzernleitung liegt. Die Manipulationsmöglichkeiten durch die Variation der Verrechnungspreise sind erheblich. Im Gegensatz zu den oben genannten Möglichkeiten der interperiodischen Gewinnverschiebung kann so bei einzelnen Unternehmen ein durch konzerninternen Umsatz realisierter Gewinn gänzlich vermieden werden, während andere Konzernunternehmen – vor allem ausländische Tochterunternehmen – Gewinne ausweisen, die weitgehend oder allein durch Gestaltung der Verrechnungspreise entstanden sind.

> Die Problematik der erfolgsorientierten Bilanzanalyse liegt
> in der **Diskrepanz zwischen betriebswirtschaftlichen**
> **Erfordernissen und publizierten Informationen**.

In Anbetracht der geschilderten Einschränkungen ist **im Rahmen der (betragsmäßigen) Erfolgsanalyse** – ausgehend vom in der Gewinn- und Verlustrechnung ausgewiesenen Periodenergebnis – ein Erfolg zu ermitteln, der diese Manipulationsmöglichkeiten weitgehend berücksichtigt und somit einem „tatsächlichen" oder besser einem **sachgerecht periodisierten und „bilanzpolitikfreien" Unternehmenserfolg** nahekommt. Auf Basis der zur Verfügung stehenden Informationen muss das in der Gewinn- und Verlustrechnung ausgewiesene Ergebnis hierzu vor allem um identifizierbare bilanzpolitische Manipulationseinflüsse bereinigt werden. Dieser angestrebte „richtige" Jahreserfolg sollte dadurch charakterisiert sein, „dass die in der GuV erfassten Aufwendungen auch dem tatsächlich eingetretenen Werteverzehr entsprechen und die Erträge [..] zutreffend"[95] periodisiert sind.

---

[95] *KÜTING/WEBER* (2012b), S. 217.

Die **Möglichkeiten zur Eliminierung bilanzpolitischer Manipulationseinflüsse** sind jedoch gering. Grundsätzlich kann auf die Erkenntnisse der bereits im zweiten Kapitel betrachteten Analyse der Bilanzpolitik zurückgegriffen werden. Im Hinblick auf nicht identifizierte kurzfristige Ergebnisverschiebungen kann bei der Bilanzanalyse in gewissem Umfang versucht werden, diese durch **normalisierende Durchschnittsbildung der Kennzahlen** auszugleichen.

Die „Manipulationen", die aus **Konzernverflechtungen** resultieren, können regelmäßig nicht durch die unternehmensexterne Analyse von Einzelabschlüssen und – mit Blick auf das einzelne Unternehmen – gewöhnlich auch nicht durch die entsprechende Analyse von Konzernabschlüssen erkannt und daher auch nicht eliminiert werden. Damit ist die Aussagekraft der Bilanzanalyse einzelner Konzernunternehmen erheblich eingeschränkt.

Die **betragsmäßige Erfolgsanalyse** zielt primär auf die **Ermittlung eines vergleichbaren „bilanzpolitikfreien" Periodenerfolges in seiner absoluten Höhe**. Eine Beurteilung dieser absoluten Größe ist jedoch ohne besondere Aussagekraft. Die Bedeutung der Ermittlung des Erfolges liegt deshalb im Rahmen der Bilanzanalyse vor allem in dessen Verwendung als Bestandteil von relativen Kennzahlen – insbesondere bei der **Ermittlung verschiedener Rentabilitätsgrößen**.

Hinsichtlich der Analyse der Erfolgslage ist die **strukturelle Erfolgsanalyse** von besonderer Bedeutung. Hierbei geht es sowohl um die Betrachtung der verschiedenen Quellen des Erfolges und gegebenenfalls um die Identifikation von Ursachen für bestimmte Entwicklungen der Ertragskraft des Unternehmens (**Erfolgsquellenanalyse**) als auch um die **Analyse der Ertrags- und Aufwandsstruktur**. Die Zielrichtung dieser Analyseschritte sollte vor allem bezüglich der Prognose zukünftiger Erfolge[96] darauf ausgerichtet sein, die nachhaltigen Erfolgsbestandteile von den vorübergehenden zu separieren.

> Als **nachhaltiger Erfolg** sollte jener Betrag gelten, der voraussichtlich auch in den nachfolgenden Geschäftsjahren erzielt werden kann.

Für eine möglichst umfassende Erfolgsanalyse und somit für eine ebensolche Fundierung der Abschätzung der künftigen Ertragskraft stehen im Rahmen der Bilanzanalyse die nachfolgend dargestellten Analysemethoden zur Verfügung. Während im Hinblick auf die Eingangsdaten für Kennzahlen bei Bestandsgrößen grundsätzlich auf die Daten der Strukturbilanz zurückgegriffen wird, sollte für **Erfolgsgrößen** der Rückgriff auf die bei der Erstellung der Strukturbilanz gegebenenfalls parallel erzeugte, im Hinblick auf betriebswirtschaftliche Aspekte **bereinigte Gewinn- und Verlustrechnung** erfolgen.

---

[96]   Eine strukturierte Einführung zur Prognose zukünftiger Erfolge geben *BALLWIESER/HACHMEISTER* (2013), S. 24–63.

2.2   Analysemethoden

2.2.1   Überblick

Die erfolgsorientierten Methoden der Bilanzanalyse lassen sich hinsichtlich der Analyse-zielsetzung – wie in Abbildung 31 dargestellt – in drei Bereiche einteilen[97]. Die Zielset-zung des ersten Bereiches umfasst die Ermittlung der Höhe eines „tatsächlichen" Erfolges. Im Mittelpunkt steht dabei die Berechnung des zahlenmäßigen Umfangs eines aus „be-triebswirtschaftlicher Sicht" erzielten Jahreserfolges. Die hierauf ausgerichteten Instru-mente werden als **Methoden zur betragsmäßigen Erfolgsanalyse** (bzw. Ergebnis-analyse) bezeichnet. Daneben ist insbesondere zur Beurteilung der Nachhaltigkeit der (zukünftigen) Ergebnisse die Analyse der Erfolgsquellen hinsichtlich ihrer Betriebszu-gehörigkeit und ihrer Regelmäßigkeit relevant. Hierzu erfolgt eine Analyse der Ertrags- und Aufwandsstruktur. Die Instrumente dieses (zweiten) Bereiches werden **Methoden zur strukturellen Erfolgsanalyse** (bzw. Ergebnisanalyse) genannt. Darüber hinaus lässt sich als dritter Bereich schließlich die **kombinierte Analysemethode** identifizie-ren.

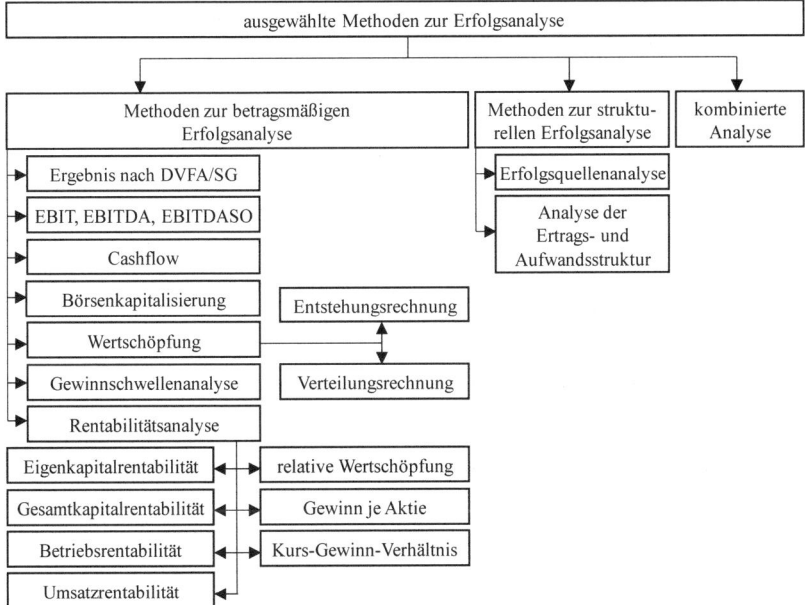

Abbildung 31:   Ausgewählte Methoden zur Erfolgsanalyse im Überblick

---

97   Vgl. hierzu kritisch *KÜTING* (1998a), *KÜTING* (1998b).

2.2.2   Methoden zur betragsmäßigen Erfolgsanalyse

2.2.2.1   Ergebnis nach DVFA/SG

Das sog. Ergebnis nach DVFA/SG[98] wird typischerweise aus dem handelsrechtlichen Jahresergebnis abgeleitet. „Letzteres vermittelt zwar [im „Idealfall"] ein den tatsächlichen Verhältnissen entsprechendes Bild der Ertragslage des einzelnen Unternehmens; damit erfüllt es jedoch noch nicht die Anforderungen, die vor allem zur Information von Kapitalmarktteilnehmern hinsichtlich der Vergleichbarkeit gestellt werden."[99] Der **Jahresüberschuss/-fehlbetrag wird** mit dem wesentlichen Ziel, Zeit- und Betriebsvergleiche zu ermöglichen, um zahlreiche – nachfolgend zusammengefasste – Korrekturpositionen **modifiziert:**

(37)   Jahresüberschuss/-fehlbetrag

    ±   Bereinigungspositionen im Anlage- und im Umlaufvermögen

    ±   Bereinigungspositionen der Passiva

    ±   Erfassung von Fremdwährungs- und sonstigen Einflüssen

    =   **Ergebnis nach DVFA/SG**

Sämtliche Positionen sollen **hinsichtlich ihres außerordentlichen, ungewöhnlichen und dispositionsbedingten Einflusses** bereinigt werden, sofern sie **wesentlich** sind. Der externe Bilanzanalyst wird diese Bereinigung jedoch nur mit großer Mühe und lediglich näherungsweise vornehmen können. Das Ermittlungsschema kann auch auf die **IFRS** übertragen werden.

Das **Ermittlungsziel** ist ein Erfolg, der auf Basis der (begrenzten) Informationen des Jahresabschlusses als „normalisiert" gelten kann. Die Ermittlung eines betriebswirtschaftlich „richtigen" Erfolges wird im Rahmen dieser **neutralisierenden Korrekturen** jedoch – u. a. wohl auch in Ermangelung einer eindeutigen Definition des „richtigen" Erfolges – nicht angestrebt.

Bei der externen Analyse sind **umfangreiche Zusatzinformationen zur Bereinigung erforderlich.** „Die gesetzlich geforderten Mindestangaben im Einzel- und Konzernabschluß müssen daher durch freiwillige Zusatzangaben in der offiziellen Berichterstattung und/oder durch freiwillige Auskünfte [und andere externe Informationsquellen] ergänzt werden. Folglich steht und fällt die Aussagefähigkeit der hier zu diskutierenden Kennzahl im Rahmen der externen Analyse mit der Informationspolitik der Unternehmen."[100]

---

[98]   Die Vorbereitungen zur „Entwicklung" des „Ergebnisses nach DVFA/SG" wurden vom *ARBEITSKREIS „EXTERNE UNTERNEHMENSRECHNUNG"* (1988) durchgeführt. Zur Weiterentwicklung siehe *GEMEINSAME ARBEITSGRUPPE DER DVFA UND DER SCHMALENBACH-GESELLSCHAFT* (1998) und *BUSSE VON COLBE ET AL.* (2000).

[99]   *ARBEITSKREIS „EXTERNE UNTERNEHMENSRECHNUNG"* (1988), S. 138 f.

[100] *KÜTING/BENDER* (1992), S. 16*.

> Aus grundsätzlichen Erwägungen sowie aufgrund der generell anzunehmenden Zielkonkurrenz zwischen Geschäftsleitung und Bilanzanalysten kann dieser Kennzahl im Rahmen der Erfolgsbetragsanalyse nur eine Bedeutung zukommen, wenn es auf Basis der zur Verfügung stehenden Unterlagen möglich ist, die außerordentlichen, die ungewöhnlichen und die dispositionsbedingten Komponenten des Erfolges weitgehend zu identifizieren und zu eliminieren.

2.2.2.2 EBIT, EBITDA und EBITDASO

Trotz der Skepsis gegenüber sämtlichen Kennzahlen und deren eher geringer Aussagekraft finden sich seit einiger Zeit vor allem in der wirtschaftsorientierten Tagespresse **Kennzahlen aus dem angloamerikanischen Sprachgebrauch**,[101] welche die Ertragskraft eines Unternehmens „einigermaßen richtig" oder „einigermaßen frei von bilanzpolitischen Manipulationen" wiedergeben sollen. Es handelt sich – exemplarisch – um die Kennzahlen „EBIT", „EBITDA" und „EBITDASO".[102] Dabei ist zu berücksichtigen, dass weder in der Wirtschaftspraxis noch in der Theorie eine einheitliche (normierte) Berechnungsweise für „EBIT-Kennzahlen" existiert.

> Die theoretische Auseinandersetzung und die praktische Anwendung mit den „EBIT-Kennzahlen" werden gleichermaßen erschwert, weil neben den nachfolgend aufgezeigten Berechnungsansätzen **zahlreiche weitere Berechnungsmöglichkeiten** in der Literatur vorgestellt werden und in der Praxis zur Anwendung kommen.[103]

Hinter der Kennzahl „**EBIT**" verbergen sich die „**Earnings before Interest and Taxes**". Es handelt sich bei diesem **Ergebnis vor Zinsen und Steuern** um das unversteuerte „Entgelt für die Kapitalbereitstellung durch Eigen- und Fremdkapitalgeber"[104]. Grundlegend ist bei der EBIT-Berechnung zwischen der direkten (progressiven) Methode – beginnend mit den Umsatzerlösen – und der indirekten (retrograden) Methode – ausgehend vom Jahresüberschuss – zu unterscheiden. Unabhängig von der jeweiligen Methode kann es sein, dass verschiedene Korrekturen vorgenommen werden, was deren Vergleichbarkeit erschwert.

---

[101] Entsprechende Kennzahlen finden sich in „Hülle und Fülle" etwa auch bei *WEHRHEIM/SCHMITZ* (2009), S. 178–185.

[102] *LORSON/SCHEDLER* (2002), S. 274, sprechen in diesem Zusammenhang von der „EBITanei".

[103] Siehe entsprechend *HEIDEN/BRÖSEL* (2004), S. 346.

[104] *WÖHE/DÖRING* (2013), S. 756.

Nachfolgend werden beide Methoden anhand der von WÖHE/DÖRING[105] (direkte Methode) und von COENENBERG/HALLER/SCHULTZE[106] (indirekte Methode) vorgestellten Berechnungsmöglichkeiten vergleichend gegenübergestellt.[107] Die Kennzahl „EBIT" berechnet sich auf **direktem (progressivem) Wege nach WÖHE/DÖRING** wie folgt:

(38) EBIT   =   Umsatzerlöse
                     +   sonstiger betrieblicher Ertrag
                     –   Materialaufwand
                     –   Personalaufwand
                     –   Abschreibungen auf Sachanlagen und immaterielles Anlagevermögen
                     –   sonstiger betrieblicher Aufwand
                     +   Erträge aus Finanzanlagen

Unter Berücksichtigung der zumindest nach HGB separat ausgewiesenen außerordentlichen Aufwendungen und Erträge sowie der Ertragsteuern und der Zinsaufwendungen kann die Kennzahl „EBIT" gemäß der **indirekten (retrograden) Methode nach COENENBERG ET AL.** folgendermaßen aus dem Jahresergebnis abgeleitet werden:

(39) EBIT   =   Jahresüberschuss/-fehlbetrag
                     ±   außerordentlicher Aufwand (+)/außerordentlicher Ertrag (–)
                     ±   Ertragsteuern [Steueraufwand (+)/Steuerertrag (–)]
                     +   Zinsen und ähnliche Aufwendungen

Beispiel: Nunmehr soll die Kennzahl „EBIT" für die MUSTER AG auf Basis der beiden vorgestellten Berechnungsformeln – direkt und indirekt – ermittelt werden. Dabei wird deutlich, dass die unterschiedlichen Definitionen des Inhalts (bei diesen verschiedenen Ermittlungswegen) zu signifikanten Unterschieden bei der EBIT-Kennzahl führen (können). Hieraus können in der Unternehmenspraxis erhebliche Auswirkungen, z. B. auf die variable Entlohnung der Unternehmensführung, resultieren.

Ein Vergleich der Berechnungsformeln verdeutlicht die Problematik uneinheitlicher Bereinigungsschritte. Die Differenz ist u. a. aufgrund der unterschiedlichen Behandlung der neben den Umsatzerlösen zur Gesamtleistung zählenden Komponenten „Bestandsveränderungen" und „andere aktivierte Eigenleistungen", der sonstigen Steuern, der sich auf die Finanzanlagen beziehenden negativen Erfolgskomponente sowie der Zinserträge zurückzuführen.

---

[105] In Anlehnung an *WÖHE/DÖRING* (2013), S. 756.

[106] In Anlehnung an *COENENBERG/HALLER/SCHULTZE* (2012), S. 1045.

[107] Nachfolgende Ausführungen erfolgen in Anlehnung an *HEIDEN/BRÖSEL* (2004), S. 345–349.

(B38)		Umsatzerlöse	1.776.588
	+	sonstiger betrieblicher Ertrag	+ 140.906
	–	Materialaufwand	– 779.869
	–	Personalaufwand	– 675.209
	–	Abschreibungen auf Sachanlagen und immaterielles Anlagevermögen	– 71.480
	–	sonstiger betrieblicher Aufwand (ohne sonstige Steuern T€ 1.291)	– 385.565
	+	Erträge aus Finanzanlagen[108]	+ 103.413
	=	**EBIT (direkte Methode) nach WÖHE/DÖRING**	**108.784**

(B39)		Jahresüberschuss/-fehlbetrag	85.340
	±	außerordentlicher Aufwand (+)/außerordentlicher Ertrag (–)	+/– 0
	±	Ertragsteuern [Steueraufwand (+)/Steuerertrag (–)]	+ 28.983
	+	Zinsen und ähnliche Aufwendungen	+ 45.135
	=	**EBIT (indirekte Methode) nach COENENBERG ET AL.**	**159.458**

Während WÖHE/DÖRING die Kennzahl „EBIT" in Anlehnung an das noch zu erläuternde Betriebsergebnis interpretieren und somit ihre EBIT-Größen vor (dem gesamten) Zinsergebnis und vor Unternehmenssteuern ausgehend von den Umsatzerlösen berechnen, unterlassen COENENBERG/HALLER/SCHULTZE eine Korrektur der sonstigen Steuern, womit sie deren Betriebskostencharakter berücksichtigen. Zudem eliminieren COENENBERG/HALLER/SCHULTZE lediglich die Zinsaufwendungen (nicht jedoch die Zinserträge). Die Überleitung kann folgendermaßen durchgeführt werden:

(B38/39)		**EBIT (direkte Methode) nach WÖHE/DÖRING**	**108.784**
	+	Bestandsveränderungen der Erzeugnisse	+ 26.865
	+	andere aktivierte Eigenleistungen	+ 24.463
	–	sonstige Steuern	– 1.291
	+	sonstige Zinsen und ähnliche Erträge	+ 36.062
	–	Aufwendungen aus Finanzanlagen[109]	– 13.449
	–	Abschreibungen auf Finanzanlagen[110]	– 21.976
	=	**EBIT (indirekte Methode) nach COENENBERG ET AL.**	**159.458**

Die Vorgehensweise von WÖHE/DÖRING entspricht mit ihrer paritätischen Behandlung des Zinsergebnisses nicht der gängigen Analysepraxis, weil regelmäßig eine imparitätische Behandlung des Zinsergebnisses – wie bei COENENBERG/HALLER/SCHULTZE erfolgt – bevorzugt wird.

---

[108] Die Erträge aus Finanzanlagen können dem Anhang Nr. 9 (Anlage dieses Buches) entnommen werden.

[109] Soweit nicht als außerordentlich klassifiziert.

[110] Soweit wiederum nicht als außerordentlich klassifiziert.

> Allerdings kann eine solche „Gängigkeit" kein Maßstab im Hinblick auf die **Eignung zur Analyse der Ertragskraft** sein. Vielmehr sollten grundsätzliche Aspekte, vor allem bezüglich der Korrektur von Fremdkapitalzinsen sowie der Berücksichtigung von Ertragsteuern, diskutiert werden.

„Die Finanzierung einer Unternehmung auch mittels Fremdkapital ist eine ganz natürliche und übliche unternehmerische Entscheidung. Insofern gibt es keinerlei sinnvolle Begründung, die Aufwandsposition Zinsen aus der Ergebnisrechnung herauszurechnen"[111]. Eine Kennzahl wäre grundsätzlich eher als Maßstab für den (betriebswirtschaftlichen) Erfolg geeignet, wenn nicht nur die **Fremdkapitalzinsen** zum Abzug kommen würden, sondern auch eine kalkulatorische **Eigenkapitalverzinsung** als Opportunitätskosten subtrahiert werden würde.

Darüber hinaus ignoriert die Nichtberücksichtigung von Ertragsteuern und sonstigen **Steuern** bei der direkten Methode sowie die Neutralisation durch Addition von Ertragsteuern bei der indirekten Methode der Kennzahl „EBIT" deren betriebswirtschaftlichen Einfluss – es ergibt sich ein Bruttogewinn. Begründet wird dies hauptsächlich damit, dass bei internationalen Unternehmen verzerrende Einflüsse differierender nationaler Steuern neutralisiert werden müssen. Allerdings belasten Steuern aus betriebswirtschaftlicher Sicht den Erfolg und schließlich das Vermögen, so dass deren Nichtberücksichtigung ebenfalls nicht zweckmäßig ist.[112]

Die Kritik an der Kennzahl „EBIT" im Hinblick auf die Nichtberücksichtigung von Zinsen und von Ertragsteuern betrifft schließlich auch die auf dieser Kennzahl aufbauenden Kennzahlen, wie z. B. „EBITDA" und „EBITDASO". Zusätzliche Problemfelder, welche insbesondere bei der Analyse von nach IFRS bilanzierenden Unternehmen und Konzernen im Rahmen der Definition der „Earning(s)"-Größen auftreten, sind beispielsweise[113]

*   die Behandlung der nach IFRS nicht ausgewiesenen außerordentlichen Ergebniskomponenten sowie
*   die (zu eliminierenden) Ergebnisauswirkungen durch nicht fortgeführte Unternehmensbereiche.

Die Kennzahl „**EBITDA**" betrifft die „**Earnings before Interest, Taxes, Depreciation and Amortization**" und kann aus der (Basis-)Kennzahl „EBIT" berechnet werden:

(40) EBITDA = EBIT
              + Abschreibungen auf das Sachanlagevermögen und das immaterielle Vermögen (inklusive Abschreibungen auf den Geschäfts- oder Firmenwert)

---

[111] *VOLK* (2002), S. 523.
[112] Siehe hierzu auch *VOLK* (2002), S. 523.
[113] Siehe hierzu m. w. N. *HEIDEN/BRÖSEL* (2004), S. 348 f.

Die Addition der Abschreibungen – die mit ggf. vorgenommenen Zuschreibungen zu saldieren sind – kann nur mit der Reduktion des damit verbundenen Manipulationspotentials erklärt werden. So nähert sich diese Kennzahl dem Cashflow in dessen einfachster Form und stellt eher eine Kennzahl für die Liquidität als für den Gewinn dar. Allerdings sollten Abschreibungen bei der Erfolgsanalyse als jener betriebswirtschaftlich notwendiger Werteverzehr berücksichtigt werden, welcher aus der auf den Erfolg ausgerichteten Nutzung der bilanzierten Potentialfaktoren des Unternehmens resultiert.[114]

Beispiel: Ausgehend von der nach der indirekten Methode ermittelten Kennzahl „EBIT" kann die Kennzahl „EBITDA" für die MUSTER AG wie folgt ermittelt werden.

(B40)	EBIT (indirekte Methode)	159.458
+	Abschreibungen auf Sachanlagen und immaterielle VG	+ 71.480
=	**EBITDA**	**230.938**

Im Hinblick auf die Manipulationsfreiheit ist jedoch zu konstatieren, dass auch bezüglich der Kennzahlen „EBIT" und „EBITDA" Einfluss durch Sachverhaltsgestaltung genommen werden kann, was von Bedeutung ist, soweit z. B. eine **variable Vergütung** der Führungskräfte eines Unternehmens **auf Basis dieser Kennzahlen** erfolgt. Besteht beispielsweise die Möglichkeit zu „Sale-and-lease-back-Geschäften" oder sollen betriebswirtschaftliche Entscheidungen bezüglich der Frage, ob eine Vermögenskomponente gekauft oder geleast werden soll, getroffen werden, führt **die Entscheidung für den fremdfinanzierten Kauf bzw. gegen das „Sale-and-lease-back-Geschäft"** i. d. R. bei konstantem Jahresüberschuss[115] und der Annahme, dass der Leasinggegenstand beim Leasinggeber bilanziert wird, *ceteris paribus* zu vergleichsweise[116] höheren „Earning(s)"-Kennzahlen, was in nachfolgendem Beispiel belegt werden soll.

Beispiel: Das Unternehmen Holthausen AG berechnet seinen EBIT indirekt. Die Unternehmensleitung ermittelt unter Rückgriff auf die Planungen und unter Berücksichtigung einer Steuerquote von 25 % die (Plan-)Kennzahlen „EBIT" und „EBITDA" für das folgende Geschäftsjahr (alle Daten in €):

Ausgangssituation

	Jahresüberschuss/-fehlbetrag	300.000
±	Ertragsteuern [Steueraufwand (+)/Steuerertrag (–)]	+ 100.000
+	Zinsen und ähnliche Aufwendungen	+ 150.000
=	**EBIT (indirekte Methode)**	**550.000**
+	Abschreibungen auf Sachanlagen und immaterielle Werte	+ 150.000
=	**EBITDA**	**700.000**

---

114   Vgl. auch *VOLK* (2002), S. 523 f., *RUHNKE/SIMONS* (2012), S. 827 f.

115   Sofern unterstellt wird, dass die Höhe der Leasingraten (weitgehend) mit der Summe der Fremdkapitalzinsen und der Abschreibungen korrespondiert.

116   Als jeweilige Alternative gilt hier das Leasen einer Maschine (statt Kauf) bzw. das Nichtdurchführen des „Sale-and-lease-back-Geschäftes".

Nun wird angenommen, dass die Unternehmensleitung für das bevorstehende Geschäftsjahr vor der Entscheidung steht, als **Erhaltungsinvestition** eine Maschine zum Kaufpreis i. H. v. € 1.500.000 fremdfinanziert zu erwerben oder (alternativ) zu leasen. Im Hinblick auf die **1. Alternative „Kauf"** wird eine Nutzungsdauer von zehn Jahren prognostiziert, womit eine lineare Abschreibung i. H. v. € 150.000 p. a. erforderlich wäre. Zudem würden jährlich € 50.000 als (zusätzliche) Zinsaufwendungen anfallen. Bei der **2. Alternative „Leasing"** wird bezüglich eines vierjährigen Leasingzeitraumes (mit entsprechender Verlängerungsmöglichkeit) von einer Leasingrate i. H. v. € 200.000 p. a. (verbucht im sonstigen betrieblichen Aufwand) ausgegangen. Die jeweiligen Gewinn- und Verlustrechnungen der Ausgangssituation sowie der beiden Alternativen stellen sich in Kurzform wie folgt dar:

	Ausgangs-situation	1. Alternative „Kauf"	2. Alternative „Leasing"
Umsatzerlöse	800.000	800.000	800.000
− Abschreibungen	− 150.000	− 300.000	− 150.000
− Sonstiger betrieblicher Aufwand (u. a. Leasingraten)	− 100.000	− 100.000	− 300.000
− Zinsaufwendungen	− 150.000	− 200.000	− 150.000
= **Gewinn vor Steuern**	**400.000**	**200.000**	**200.000**
− Ertragsteuern [Steueraufwand (−)]	− 100.000	− 50.000	− 50.000
= **Gewinn nach Steuern (Jahresüberschuss)**	**300.000**	**150.000**	**150.000**

Die „Earning(s)"-Plankennzahlen würden sich bei der **1. Alternative „Kauf"** *ceteris paribus* im Vergleich zur Ausgangslage verändern. Insgesamt lassen diese sich nunmehr wie folgt berechnen:

1. Alternative „Kauf"	Delta[117]	Kumuliert
Jahresüberschuss/-fehlbetrag	− 150.000	150.000
± Ertragsteuern [Steueraufwand (+)/Steuerertrag (−)]	− 50.000	+ 50.000
+ Zinsen und ähnliche Aufwendungen	+ 50.000	+ 200.000
= **EBIT (indirekte Methode)**	**− 150.000**	**400.000**
+ Abschreibungen auf Sachanlagen und immaterielle Werte	+ 150.000	+ 300.000
= **EBITDA**	**± 0**	**700.000**

Die EBIT-Kennzahlen der **2. Alternative „Leasing"** würden demgegenüber *ceteris paribus* wie folgt aussehen:

---

[117] Als „Delta" wird (jeweils) der Unterschied zur obigen Ausgangssituation (ohne Erhaltungsinvestition) dargestellt.

2. Alternative „Leasing"	Delta	kumuliert
Jahresüberschuss/-fehlbetrag	– 150.000	150.000
± Ertragsteuern [Steueraufwand (+)/Steuerertrag (–)]	– 50.000	+ 50.000
+ Zinsen und ähnliche Aufwendungen	± 0	+ 150.000
= **EBIT (indirekte Methode)**	– 200.000	350.000
+ Abschreibungen auf Sachanlagen und immaterielle Werte	± 0	+ 150.000
= **EBITDA**	– 200.000	500.000

Die Kennzahl „EBIT" übersteigt im Falle des fremdfinanzierten Kaufes die korrespondierende Kennzahl für die Leasingvariante um die Fremdkapital-zinsen (€ 50.000). Bei der Kennzahl „EBITDA" erhöht sich diese Differenz um die Abschreibungen (€ 150.000), so dass diese (Differenz) insgesamt € 200.000 beträgt. Werden beide Alternativen zudem mit der Ausgangssituation verglichen, könnte die Unternehmensleitung bei einer variablen Vergütung auf Basis der Kennzahl „EBIT" bedenklicherweise sogar in Versuchung geraten, auf die betrachtete (Erhaltungsinvestitions-)Maßnahme ganz zu verzichten.[118]

Im Rahmen der Kennzahl „**EBITDASO**" – welche die „**Earnings before Interest, Taxes, Depreciation, Amortization and Stock Options**" umfasst – werden schließlich zur Kennzahl „EBITDA" die Aufwendungen für Mitarbeiterbeteiligungen addiert. Die Aussagekraft verbessert sich dadurch jedoch nicht – ganz im Gegenteil, denn es „ist nicht einsichtig, warum Aktien-Optionsprogramme nicht regulär ein betriebliches Ergebnis schmälern sollen, sondern in einer ‚Nebenrechnung' dem Ergebnis wieder zuge-schlagen werden"[119]:

(41) EBITDASO = EBITDA
+ Aufwendungen für Mitarbeiterbeteiligungen

Insgesamt sind diese Kennzahlen eher als ungeeignet zu beurteilen.[120] Sie enthalten z. B. auf Finanzierungsformneutralität oder Manipulationsfreiheit ausgerichtete Korrekturen, die bereits in herkömmlichen Kennzahlen berücksichtigt werden. Zusätzliche Informationen ergeben sich nicht. Eher ist eine **zusätzliche Verwirrung**[121] im Bereich der sog. traditionellen Kennzahlenanalyse zu befürchten.

---

[118] Somit bestünde je nach Art und Bedeutung der Investition sogar die Gefahr, dass auf Umsätze ganz „verzichtet" wird oder diese kurz- bis mittelfristig „wegbrechen", wenn es sich – wie im Beispiel – um eine erforderliche, aber verschobene Erhaltungsinvestition handelt.

[119] *VOLK* (2002), S. 525.

[120] „In den USA hat der EBITDA auf Grund der von den Wirtschaftsprüfern nicht bemerkten Ergebnis-manipulation bei WorldCom die Interpretation ‚earning before I tricked (the) dumb auditor' erfah-ren", so *TANSKI* (2002), S. 2004.

[121] „Den Adressaten dieser neuen Ergebnisgrößen (Earnings Before ...) soll suggeriert werden, dass diese Ergebniskorrekturen die zwischenbetriebliche Vergleichbarkeit aufgrund einer ‚Zurückdre-

2.2.2.3   Cashflow

Auch bei der Erfolgsanalyse kommt der – bereits im Rahmen der Liquiditätsanalyse betrachtete – erfolgswirtschaftliche Cashflow zum Einsatz. An dieser Stelle sei auf die (primär verwendete) verkürzte **indirekte Ermittlungsweise** hingewiesen, welche in der Formel 24 als **typisierter Cashflow nach der Praktikerformel** dargestellt wurde. Der Rückgriff auf den erfolgswirtschaftlichen Cashflow wird insbesondere damit begründet, dass dieser **Manipulationen der Geschäftsleitung**, die sich vor allem durch bewusste Ausnutzung von Bewertungswahlrechten (vor allem hinsichtlich der Bemessung von Abschreibungen und Rückstellungen) ergeben, **weitgehend ausschaltet**.[122]

Bei der **Beurteilung des Cashflows** als Ertragsmaßstab wird meist nach **drei Kriterien** vorgegangen. Es wird untersucht,

- ob der Cashflow die Ertragskraft vergangener Geschäftsjahre repräsentiert,
- ob mit ihm die zukünftigen Geschäftsjahre prognostiziert werden können sowie
- ob anhand des Cashflows festgestellt werden kann, inwieweit die Geschäftsleitung in der Vergangenheit die Zielsetzungen erreicht hat und in Zukunft erreichen wird.

Im Hinblick auf das **erste Kriterium** ist zu konstatieren, dass der Cashflow die Ertragskraft des Unternehmens nicht widerspiegelt. Grund ist vor allem der – bereits bei der Betrachtung der Größe „EBITDA" benannte – Aspekt, dass die Abschreibungen des Unternehmens, welche aus betriebswirtschaftlicher Sicht den Werteverzehr aufgrund der notwendigen Nutzung der bilanzierten Vermögenskomponenten bzw. durchschnittlicher Investitionsausgaben darstellen, unberücksichtigt bleiben. Zudem handelt es sich beim Cashflow *ex definitione* um eine liquiditätsorientierte Kennzahl.[123]

Als Beurteilungsmaßstab für die zukünftige Ertragskraft (**zweites Kriterium**) ist der Cashflow allenfalls indirekt geeignet. Aus der Existenz eines hohen Cashflows – bei „relativ" **niedrigen Abschreibungen** – kann hergeleitet werden, dass das Unternehmen eher in der Lage ist, in den folgenden Geschäftsjahren in größerem Umfang **Rationalisierungs- oder Erweiterungsinvestitionen** zu finanzieren. Dies stärkt tendenziell die zukünftige Ertragskraft. Sind die **Abschreibungen dagegen „relativ hoch"**, signalisiert dies – sofern es sich nicht um bilanzpolitisch motivierte erhöhte Abschreibungen handelt – die Notwendigkeit, in größerem Umfang **Erhaltungsinvestitionen** durchführen zu müssen, die für sich betrachtet die Ertragskraft nicht erhöhen. Wann allerdings die Abschreibungen „relativ" hoch oder niedrig sind, lässt sich allgemein nicht sagen. Hilfreich können Vergleiche mit dem Branchendurchschnitt oder Zeitvergleiche sein.

---

hung' von Aufwandsgrößen erleichtert. Dabei wird aber verschwiegen, dass diesen neuen Kennzahlen keine allgemein akzeptierten Inhaltsdefinitionen zugrunde liegen, sondern einzig dem Ziel dienen, ein schlecht ‚verkaufbares' Ergebnis zu verbessern", so *VOLK* (2002), S. 525. Siehe m. w. N. auch *RUHNKE/SIMONS* (2012), S. 827 f.

[122]   So bereits *MÜNCH* (1969) und *LACHNIT* (1973), S. 75 f.

[123]   Zur Kritik am Einsatz des Cashflows zur Erfolgsanalyse siehe bereits *LEFFSON* (1984), S. 164–166.

Die allgemeine **Beurteilung der Aufgabenerfüllung durch die Geschäftsleitung mit Hilfe des Cashflows (drittes Kriterium)** soll lediglich angedeutet werden, weil dabei nicht nur das Partialziel „Erfolg" betrachtet wird. Der Cashflow zeigt z. B., inwieweit das Unternehmen fähig ist, aus eigener Kraft Schulden zu tilgen, Investitionen vorzunehmen oder Ausschüttungen zu finanzieren. **Tendenziell dürften diese Aufgaben in einem Unternehmen umso besser zu erfüllen sein, je höher der Cashflow ist.** Allerdings dürfte ein finanzwirtschaftlicher Cashflow diesbezüglich der geeignetere Maßstab sein.

Im Sinne einer wichtigen Einschränkung der Aussagekraft ist zudem darauf hinzuweisen, dass der erfolgswirtschaftliche Cashflow die **Einflüsse der Geldwertänderungen und des technischen Fortschritts vernachlässigt.** Werden hingegen die Investitionsausgaben einbezogen und wird für Cashflow-Prognosen berücksichtigt, dass die Investitionsausgaben zur Erhaltung der Ertragskraft unter Einbeziehung der Geldwertänderungen und des technischen Fortschritts angesetzt werden müssen, lässt sich dieser Nachteil begrenzen.

2.2.2.4   Börsenkapitalisierung

Die sog. Börsenkapitalisierung (fälschlicherweise *in praxi* auch als „Börsenwert" bezeichnet), die in Theorie und Praxis zur betragsmäßigen Erfolgsanalyse herangezogen wird, ergibt sich als Produkt von Börsenkurs und Anzahl der Aktien:

(42)   Börsenkapitalisierung = Börsenkurs · Anzahl der Aktien [in €]   oder auch:

(43) $\text{Börsenkapitalisierung} = \dfrac{\text{Börsenkurs} \cdot \text{gezeichnetes Kapital}}{\text{Nennwert je Aktie}}$ [in €]

Hierbei wird vereinfacht unterstellt, dass die Börsenkapitalisierung die Werteinschätzung der Ertragskraft des Unternehmens durch die Kapitalanleger widerspiegelt.[124] Diese vor allem im angelsächsischen Sprachraum vorzufindende Auffassung vernachlässigt jedoch die ökonomisch bedeutsame **Unterscheidung von Wert und Preis.**[125]

> In der Realität kommt es aus Sicht eines rational handelnden Wirtschaftssubjekts schließlich **nur zu Transaktionen, wenn Wert und Preis differieren.**
> Der Börsenkurs gibt lediglich einen Hinweis auf die subjektiven Werte von Grenzanbieter und -nachfrager für eine Aktie zu einem bestimmten Zeitpunkt.

---

[124] So etwa *GRÄFER/SCHNEIDER/GERENKAMP* (2012), S. 139, die sich hieraus „wertvolle Hinweise" versprechen.

[125] Vgl. hierzu beispielsweise m. w. N. *MÜNSTERMANN* (1966), S. 11–13, *OLBRICH* (2000), *HERING* (2006), S. 3, *MATSCHKE/BRÖSEL* (2013), S. 13, sowie die Ausführungen im Abschnitt 1 des I. Kapitels.

Unabhängig davon soll hier die Vorgehensweise bei der betragsmäßigen Erfolgsanalyse auf Basis der Börsenkapitalisierung skizziert werden.[126] Die Börsenkapitalisierung reflektiert annahmegemäß also die „Werteinschätzung" der Ertragskraft durch die Kapitalanleger. **Zudem wird unterstellt, dass der Kapitalmarkt das Unternehmen ausschließlich nach seiner Ertragskraft beurteilt.** Zumindest kurzfristig ist jedoch zu berücksichtigen, dass nicht nur Gewinnerwartungen den Kurs einer Aktie beeinflussen, sondern eine ganze Reihe weiterer Einflussmomente diesen teilweise erheblich verändert. Aus theoretischer Sicht müssten die Einflussfaktoren differenziert werden in jene, welche eine Wirkung auf die zukünftige Ertragslage eines Unternehmens haben können (aber nicht unbedingt müssen), und jene, die rein spekulativer Natur sind. Dies ist jedoch *in praxi* nicht möglich. Eine längerfristige Betrachtung von durchschnittlichen Börsenkursen oder eines Trends ist entsprechend von größerer Aussagekraft als die kurzfristige Analyse.

Beispiel: Zu den Einflussfaktoren, die eine Wirkung auf die zukünftige Ertragslage eines Unternehmens haben können, gehören der Beginn oder die Beendigung von überregionalen oder regionalen Kriegen, die langfristige Entwicklung neuer Technologien, überraschende Rohstoffpreisänderungen größeren Umfangs, die Veränderung von Exportmöglichkeiten und drohende „Staatspleiten". Eliminiert werden müsste hingegen eine einmalige Kursänderung, die an den Aktienmärkten durch Großspekulanten mittels bewusster Ausnutzung von Angebot und Nachfrage verursacht wird.

Trotz der genannten Probleme wird der Börsenkapitalisierung im Rahmen der Bilanzanalyse – zumindest in **langfristiger Betrachtung** – ein hoher Stellenwert eingeräumt. Dabei wird von der Annahme ausgegangen, dass „Fachleute", die an der Börse Angebot und Nachfrage „bestimmen", mit Hilfe ihres Sachverstandes eine Abschätzung der Erfolgskraft des Unternehmens vorgenommen haben. Die in der Praxis sehr wichtigen Faktoren **„Spekulation"** und **„Herdentrieb"** werden hierbei allerdings – ebenso wie der Unterschied zwischen Wert und Preis – vernachlässigt. Ein objektiver Maßstab zur Beurteilung der bei dieser Analyse auftretenden Fehler existiert nicht.

Beispiel: Für die MUSTER AG ergibt sich zum letzten Börsenhandelstag des Jahres 05 – unter Berücksichtigung einer Aktienanzahl von 83.050.703 Stück – eine Börsenkapitalisierung i. H. v. T€ 3.023.046:

$$(B42) \text{ Börsenkapitalisierung} = 36,40 \ \frac{€}{\text{Aktie}} \cdot 83.050.703 \text{ Aktien}$$

$$= 3.023.045.589,20 \ €$$

Eine Prognose des Börsenkurses wird in der Praxis zudem mit Hilfe der **technischen Analyse von Kurs-Graphiken** („Charts") durchgeführt. Bei dieser Analyse wird der Verlauf der Aktienkurse mit den gleitenden Durchschnitten dieser Kurse (häufig auf 90,

---

[126] Hierbei wird von der sog. **Fundamentalanalyse** gesprochen. Siehe *KUβMAUL* (1999).

200 oder 360 Tage berechnet) verglichen. Eine grundsätzliche Zielsetzung dieser technischen Analyse ist, „günstige" Zeitpunkte für den An- und den Verkauf von Aktien zu erhalten. Als „günstiger Ankaufszeitpunkt" wird jener angesehen, an dem die Aktienkurse die Linie der gleitenden Durchschnitte überschreiten („nach oben durchbrechen"). Fallen zu einem bestimmten Zeitpunkt die effektiven Aktienkurse unter die Linie der gleitenden Durchschnitte, wird dies als „günstiger Zeitpunkt" für einen Verkauf angesehen. Damit nicht kurzfristige Schwankungen irrtümlich als Änderungen mittel- oder langfristiger Trends gedeutet werden, sollte die Tageskurve die Durchschnittskurve nachhaltig durchstoßen, wobei als Kriterium für die Nachhaltigkeit gewöhnlich eine Abweichung von 3 % angesetzt wird.[127]

> Eine wirtschaftliche Begründung für die relativ große Eintrittswahrscheinlichkeit der Prognosen, die mit der technischen Analyse gemacht werden, lässt sich allenfalls in der **Hypothese der sich selbsterfüllenden Prophezeiung** finden.

Die Börsenkurse sind direkt abhängig von Angebot und Nachfrage an der Börse. Werden Angebot und Nachfrage aber durch die weit verbreitete Anwendung der „Chart-Analyse" beeinflusst, treten die erwarteten Kursentwicklungen durch das Verhalten der sog. Chart-Analysten selbst ein. Erhöht sich etwa bei einem Verkaufssignal (siehe die Abbildung 32) das Angebot, sinkt der Kurs der Aktie weiter. Die „Chart-Analysten" sehen ihre Prognose bestätigt, obwohl sie die Kursentwicklung – zumindest teilweise – durch ihr Verhalten herbeigeführt haben. In diesem Fall wird der Börsenkurs allerdings nicht mehr (allein) durch die Ertragskraft des Unternehmens bestimmt.

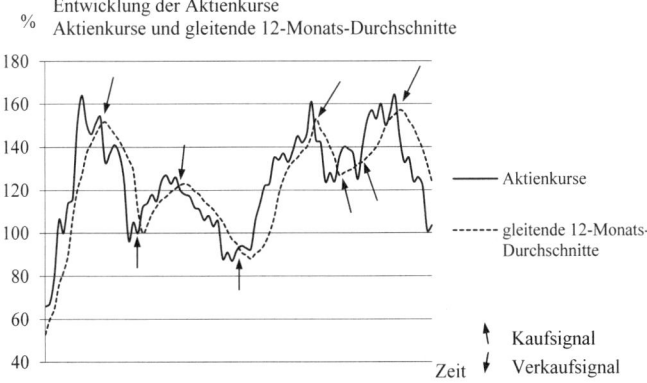

Abbildung 32:   *An- und Verkaufszeitpunkte im Rahmen einer „Chart-Analyse"*

---

[127] Siehe hierzu bereits SAVELSBERG (1974), S. 27–29, dessen Grafik auch die Grundlage der Abbildung 32 darstellt.

2.2.2.5   Wertschöpfungsrechnung

2.2.2.5.1   *Grundlagen*

Die bisher dargestellten Methoden zur Analyse des Erfolges basieren auf einer am Produktionsfaktor „Kapital" ausgerichteten Erfolgsdefinition. Es wird der Erfolg bestimmt und analysiert, der den Kapitalgebern zufließt oder voraussichtlich zufließen wird. Andere Entwicklungen in der betriebswirtschaftlichen Literatur wenden sich dagegen – angeregt durch die **volkswirtschaftliche Betrachtungsweise** – von dieser einseitigen Auslegung ab und dehnen den Erfolgsbegriff auf die durch die anderen Produktionsfaktoren erwirtschafteten Teile aus.[128] Als eine solche erfolgswirtschaftliche Verteilungsrechnung kann die Wertschöpfungsrechnung aufgefasst werden. Die **Verteilung** wird dabei primär **auf die Produktionsfaktoren „Arbeit" und „Kapital"** vorgenommen.

Die betriebliche Wertschöpfung kann **nach ihrer Entstehung** (Entstehungsrechnung) oder **nach ihrer Verteilung** (Verteilungsrechnung) ermittelt werden. Sollen sowohl die **Quellen** der betrieblichen Wertschöpfung als auch deren **Verwendung** ermittelt werden, sind beide Berechnungen[129] vorzunehmen.[130]

2.2.2.5.2   *Entstehungsrechnung*

Unter der **Wertschöpfung eines Unternehmens** wird – von der Entstehungsseite her definiert – die „Gesamtleistung" verstanden, die vom zu analysierenden Unternehmen in einem Geschäftsjahr unter Berücksichtigung (Abzug) der dafür erforderlichen Vorleistungen erwirtschaftet wird:

(44)   Wertschöpfung des Unternehmens = Gesamtleistung – Vorleistungen

Die Wertschöpfung eines Unternehmens kann dabei im Hinblick auf die Quellen in folgende **Komponenten** zerlegt werden:[131]

(45)   ordentliche betriebliche Wertschöpfung
      +   (ordentliche) betriebsfremde Wertschöpfung
      +   außerordentliche Wertschöpfung
      =   **Wertschöpfung des Unternehmens**

Als **ordentliche betriebliche Wertschöpfung** gilt der um außerordentliche und periodenfremde Aspekte korrigierte „Produktionswert", der vom Unternehmen unter Berücksichtigung der Vorleistungen anderer Unternehmen im Geschäftsjahr erwirtschaftet wird:

(46)   ordentliche Wertschöpfung = Produktionswert – Vorleistungen

---

128   Siehe bereits *HILD* (1973), *KELLER* (1973).

129   Vgl. hierzu auch *COENENBERG/HALLER/SCHULTZE* (2012), S. 1169–1179.

130   Siehe *KIRSCH* (1997a) und (1997b) zu Wertschöpfungsrechnungen in Geschäftsberichten.

131   Siehe zu Details *KÜTING/WEBER* (2012b), S. 326.

Diese Größen lassen sich aus der Gewinn- und Verlustrechnung jedoch nur annähernd ableiten, weil die nationale HGB- und auch die internationale Rechnungslegung **andere Zielsetzungen** verfolgen. Deshalb ist die Gliederung der veröffentlichten Abschlüsse nicht an den Quellen der Wertschöpfung, sondern an denen des (kapitalorientierten) Erfolges ausgerichtet.

Der **Produktionswert** kann im Allgemeinen mit der Summe der Positionen der Gewinn- und Verlustrechnung nach dem Gesamtkostenverfahren „Umsatzerlöse", „Erhöhung oder Verminderung des Bestandes an fertigen und unfertigen Erzeugnissen", „andere aktivierte Eigenleistungen" und „sonstige betriebliche Erträge" gleichgesetzt werden. In den anderen Ertragsposten können aber ebenfalls Bestandteile enthalten sein, die aus der betrieblichen Produktions- und Absatztätigkeit resultieren. Diese Bestandteile sind für den externen Bilanzanalysten jedoch nicht erkennbar. Eine Korrektur ist deshalb bestenfalls für identifizierbare außerordentliche und periodenfremde Bestandteile möglich, welche nicht zum Produktionswert zählen.

Die korrespondierenden **Vorleistungen** umfassen die durch andere Unternehmen erbrachten bzw. zur Verfügung gestellten Sach- und Dienstleistungen. Hierzu ist vor allem der „Materialaufwand" und der planmäßige Teil der „Abschreibungen auf immaterielle Vermögensgegenstände des Anlagevermögens und Sachanlagen"[132] zu zählen. Der außerplanmäßige Teil der Abschreibungen kann aus dem Anhang entnommen und entsprechend eliminiert werden. Auch die „sonstigen betrieblichen Aufwendungen" umfassen weitgehend Vorleistungen. Darin eventuell enthaltene Personalaufwendungen und sonstige Vergütungen sind nicht zu berücksichtigen. Sie sind allerdings lediglich in Höhe der im Anhang ausgewiesenen Aufsichtsratsbezüge bekannt und können nur insoweit eliminiert werden. Zudem sind wiederum identifizierbare außerordentliche und periodenfremde Komponenten herauszurechnen.

Steuern oder Teile davon werden nicht als Vorleistung abgesetzt. Diese gehören in die Verteilungsrechnung. Anderes gilt für **Gebühren**, die in den „sonstigen betrieblichen Aufwendungen" enthalten sind, weil diesen eine Gegenleistung gegenübersteht.

Der (ordentlichen) **betriebsfremden Wertschöpfung** werden die periodenbezogenen und nicht außerordentlichen Erträge aus Beteiligungen und anderen Wertpapieren sowie Zinserträge subsumiert.

Die bei der Bestimmung der ordentlichen betrieblichen und betriebsfremden Wertschöpfung eliminierten außerordentlichen und periodenfremden Komponenten ergeben schließlich – unter Berücksichtigung der gegebenenfalls nach HGB ohnehin ausgewiesenen außerordentlichen Erfolgskomponenten – die **außerordentliche Wertschöpfung.**

---

[132] Abschreibungen nach IFRS sollten hierbei um jenen Betrag gekürzt werden, der sich aus der erhöhten Abschreibung bei Anwendung der Neubewertungsmethode ergibt. Vgl. *KIRSCH* (2004b), S. 264.

Beispiel: Die Entstehungsrechnung der ordentlichen betrieblichen Wertschöpfung kann für die MUSTER AG wie folgt dargestellt werden:

(B46a)	Umsatzerlöse	1.776.588
+	Bestandsveränderungen der Erzeugnisse	+ 26.865
+	andere aktivierte Eigenleistungen	+ 24.463
+	sonstige betriebliche Erträge (außer Erträge aus der Auflösung von Rückstellungen i. H. v. T€ 55.056 und explizit benannte periodenfremde Erträge i. H. v. T€ 4.360)	+ 81.490
=	**Produktionswert**	**1.909.406**
	Materialaufwand	779.869
+	planmäßige Abschreibungen auf immaterielle Vermögensgegenstände und Sachanlagen	+ 71.480
+	sonstige betriebliche Aufwendungen (außer Abschreibungen auf das UV i. H. v. T€ 17.914, sonstige Steuern i. H. v. T€ 1.291, Aufsichtsratsbezüge i. H. v. T€ 451 sowie explizit benannte periodenfremde Aufwendungen i. H. v. T€ 5.703)	+ 361.497
=	**Vorleistungen**	**1.212.846**
	Produktionswert	1.909.406
–	Vorleistungen	– 1.212.846
=	**ordentliche betriebliche Wertschöpfung**	**696.560**

Die (ordentliche) betriebsfremde Wertschöpfung und die außerordentliche Wertschöpfung setzen sich aus folgenden Positionen zusammen:

(B46b)	Ergebnis aus Finanzanlagen	89.964
+	sonstige Zinsen und ähnliche Erträge	+ 36.062
=	(ordentliche) **betriebsfremde Wertschöpfung**	**126.026**
(B46c)	Erträge aus der Auflösung von Rückstellungen	55.056
+	periodenfremde Erträge	+ 4.360
–	Abschreibungen auf Finanzanlagen	– 21.976
–	Abschreibungen auf das UV	– 17.914
–	periodenfremde Aufwendungen	– 5.703
=	**außerordentliche Wertschöpfung**	**13.823**

Insgesamt ergibt sich schließlich im Rahmen der Entstehungsrechnung folgende Wertschöpfung der MUSTER AG für das Geschäftsjahr 05:

(B45)	ordentliche betriebliche Wertschöpfung	696.560
+	(ordentliche) betriebsfremde Wertschöpfung	+ 126.026
+	außerordentliche Wertschöpfung	+ 13.823
=	**Wertschöpfung des Unternehmens**	**836.409**

2.2.2.5.3   Verteilungsrechnung

Bei der Verteilungsrechnung entspricht die Wertschöpfung der Summe der **an die Produktionsfaktoren „Arbeit" und „Kapital" ausschüttungsfähigen Erträge**. Diesen sind auch jene Erträge zuzurechnen, die **an den Staat** (die Gesellschaft) abgeführt werden müssen, also die Steuern. Entsprechend wird die Wertschöpfung auf Basis der Positionen der Gewinn- und Verlustrechnung wie folgt ermittelt:

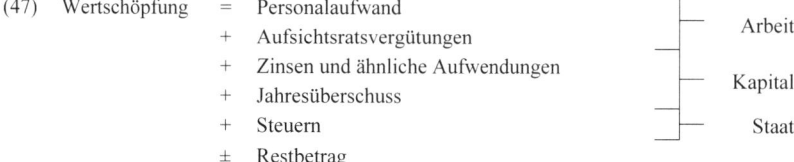

(47)   Wertschöpfung   =   Personalaufwand
                          +   Aufsichtsratsvergütungen   ⎤— Arbeit
                          +   Zinsen und ähnliche Aufwendungen
                          +   Jahresüberschuss   ⎤— Kapital
                          +   Steuern   ⎤— Staat
                          ±   Restbetrag

Prinzipiell müssen beide Rechnungen **zum selben Ergebnis** führen, weil einerseits nur das, was erwirtschaftet wurde, verteilt werden kann und andererseits alles das, was erwirtschaftet wurde, (irgendwann) verteilt werden muss. Gewöhnlich ergeben sich bei beiden Rechnungen unterschiedliche Wertschöpfungsbeträge. Die Übereinstimmung wird durch den „**Restbetrag**" hergestellt, weil zum einen Beträge anfallen, die im Unternehmen verbleiben, und zum anderen Einnahmen verteilt werden, die nicht durch die aktuelle Produktion erwirtschaftet wurden. Darüber hinaus ergeben sich Unterschiede durch die überschlägige Berechnung.

Beispiel: Die Verteilungsrechnung der Wertschöpfung stellt sich für die MUSTER AG wie folgt dar:

(B47)	Personalaufwand	675.209
+	Aufsichtsratsvergütungen	+ 451
=	**Verteilung auf Produktionsfaktor „Arbeit"**	**675.660**
	Zinsen und ähnliche Aufwendungen	45.135
+	Jahresergebnis	+ 85.340
=	**Verteilung auf Produktionsfaktor „Kapital"**	**130.475**
	Steuern vom Einkommen und vom Ertrag	28.983
+	sonstige Steuern	+ 1.291
=	**Verteilung an den Staat**	**30.274**
	Verteilung auf Produktionsfaktor „Arbeit"	675.660
+	Verteilung auf Produktionsfaktor „Kapital"	+ 130.475
+	Verteilung an den Staat	+ 30.274
=	**Wertschöpfung**	**836.409**

Als Vorteil der Wertschöpfungsrechnung[133] im Rahmen der Bilanzanalyse wird die **Ausdehnung des Erfolgsbegriffes** – über die Perspektive der Eigenkapitalgeber hinaus – auf (a) die Eigen- und Fremdkapitalgebererfolge, (b) die „Arbeitserfolge" sowie (c) die i. S. v. „Gemeinschaftserfolgen" betrachteten Steuern gesehen.

Zudem wird in diesem Zusammenhang positiv gewürdigt, dass bei Unternehmensvergleichen durch den Rückgriff auf die Wertschöpfungsrechnung die Art der Finanzierung des Unternehmens (Finanzierung mit Eigenkapital versus Finanzierung mit Fremdkapital) vernachlässigt werden kann, obgleich diese nicht unbedeutend ist.

2.2.2.6   Gewinnschwellenanalyse

Die Gewinnschwellenanalyse – auch „Break-Even-Analyse" bezeichnet – gehört in die Gruppe der Methoden zur **Ermittlung und Analyse „kritischer" Werte**. Als „kritischer" Wert wird bei dieser Ausprägung der Methoden die Gewinnschwelle gesucht. Hierbei handelt es sich um jenen **Beschäftigungs- bzw. Absatzgrad, bei dem der Gewinn gerade gleich null** ist. In der Praxis wird diese Analyse häufig unternehmensintern für einzelne Produkte durchgeführt, um die Mindestabsatzmenge durch die Gegenüberstellung von Umsatz(-leistung) und Kosten zu ermitteln.

Für die Zwecke der Bilanzanalyse wird in der Literatur eine **modifizierte Gewinnschwellenanalyse** empfohlen.[134] Nach diesem Vorschlag sollen die fixen und die variablen Bestandteile der Aufwendungen der Gewinn- und Verlustrechnung entnommen und dem Umsatz gegenübergestellt werden. Als variabel soll dabei gewöhnlich lediglich der Materialaufwand angesehen werden, während sämtliche anderen Aufwendungen als fix angenommen werden. Der „kritische" Umsatz berechnet sich dann folgendermaßen:

(48)   kritischer Gewinn = null

(49)   Gewinn = Umsatz – fixer Aufwand – variabler Aufwand; woraus schließlich folgt:

(50)   kritischer Umsatz = fixer Aufwand + variabler Aufwand = Aufwand

Beispiel: Für die MUSTER AG ergibt sich für das Geschäftsjahr 05 folgender „kritischer" Umsatz:[135]

(B50) kritischer Umsatz = 1.133.545 + 779.869 = 1.913.414

---

[133]   Vgl. KÜTING/WEBER (2012b), S. 323 f., m. w. N., zu den nachfolgenden Vorteilen.

[134]   Siehe LORSON (1992), S. 304–307.

[135]   Aus Vereinfachungsgründen werden die Aufwendungen unkorrigiert in der Berechnung wie folgt berücksichtigt: der Materialaufwand (T€ 779.869) gilt als **variabler Aufwand**; der **fixe Aufwand** setzt sich aus dem Personalaufwand (T€ 675.209), den Abschreibungen auf immaterielle Werte und Sachanlagen (T€ 71.480) sowie den sonstigen betrieblichen Aufwendungen (T€ 386.856) zusammen.

Die **Aussagekraft** einer solchen Gewinnschwellenanalyse ist allerdings **gering**.[136] Die Betrachtung sagt nicht mehr aus, als dass der **Gewinn gerade dann gleich null ist, wenn der Umsatz eben die Aufwendungen deckt.** Eine Aufteilung in fixe und variable Bestandteile ist also überflüssig.

Als Schlussfolgerung daraus wird gewöhnlich gezogen, dass die Wahrscheinlichkeit der Gewinnerzielung umso größer sei, je weiter der erwirtschaftete Umsatz den „kritischen" Umsatz übersteigt. Dieser Zusammenhang besteht eindeutig jedoch nur, wenn der Einfluss sämtlicher anderer Einflussfaktoren unverändert bleibt – was *in praxi* nicht erfüllt ist. Bei der hier dargestellten Vorgehensweise erhalten schließlich auch die variablen Kosten einen fixen Charakter. Letztlich bleibt bei der Bilanzanalyse mit diesem Instrument gerade jene Größe unberücksichtigt, für deren Ermittlung die Gewinnschwellenanalyse ursprünglich entwickelt wurde: die **„kritische" Absatzmenge** des Produkts.

Zur ergänzenden Analyse kann – trotz dieser Einschränkungen – die Kennzahl „Umsatzabweichung" herangezogen werden:

$$(51) \quad \text{Umsatzabweichung} = \frac{\text{tatsächlicher Umsatz} - \text{kritischer Umsatz}}{\text{kritischer Umsatz}} \ (\cdot \ 100 \ \%)$$

Insbesondere der Zeit- und der Branchenvergleich dieser Kennzahl können einen Anhaltspunkt geben, ob und inwieweit ein Unternehmen auf der „sicheren Seite" der Gewinnerzielung steht. Die Ergebnisse sind jedoch sehr vorsichtig, tendenziell und nur im Zusammenhang mit der Durchführung weiterer Analysen zur Erfolgslage zu interpretieren.

Beispiel: Dies ist auch am Beispiel der Muster AG zu erkennen, bei der sich eine negative Umsatzabweichung ergibt. Diese ist vor allem dadurch begründet, dass zum einen Ertragskomponenten, wie sonstige betriebliche Erträge, unberücksichtigt bleiben und zum anderen – wie bereits kritisch gewürdigt – der variable Aufwand als fixer Aufwand behandelt wird.

$$(B51) \quad \text{Umsatzabweichung} = \frac{1.776.588 - 1.913.414}{1.913.414} \cdot 100 \ \% \approx -7,15 \ \%$$

---

[136] Siehe zur Kritik auch *Wöhe/Döring* (2013), S. 865.

2.2.2.7   Rentabilitätsanalysen

2.2.2.7.1   *Grundlagen*

> Unter **Rentabilität i. w. S.** wird eine **relative Kennzahl** verstanden, die eine den Erfolg darstellende Größe zu einer anderen Größe in Beziehung setzt, weshalb auch von einer **Beziehungszahl** gesprochen wird. Dabei wird vermutet, dass jene Größe, zu welcher der Erfolg in Beziehung gesetzt wird, wesentlich zur Erfolgserzielung beiträgt oder dass zumindest ein enger und vor allem sinnvoller Zusammenhang zwischen beiden Größen besteht.

Es ist jedoch zu beachten, dass die Relativierung in Form der Beziehungszahl keine funktionale Beziehung darstellt, sondern nur eine vermutete Ursache-Wirkungs-Beziehung widerspiegeln kann. Inwieweit dies gelingt, ist vor allem von der Wahl der Bezugsgröße abhängig.

Die Rentabilitätsanalyse ist grundsätzlich aus zwei Gründen der Analyse des absoluten Umfangs von Erfolgsgrößen vorzuziehen.

- Einerseits wird das **Kriterium für die Interpretation** errechneter Analysewerte vor allem bei der Erfolgsanalyse **meist prozentual ausgedrückt**. Als Beispiel kann auf die landläufige Ausdrucksform „Die Kapitalanlage muss eine Rendite von x % bringen!" verwiesen werden. Bei solchen Vorgaben ermöglicht erst die Relativierung des Erfolges einen Soll-Ist-Vergleich.

- Andererseits ist auch ein **Unternehmens- bzw.** ein **Branchenvergleich** nur aufgrund relativer Kennzahlen sinnvoll.[137]

2.2.2.7.2   *Eigenkapitalrentabilität*

Die Eigenkapitalrentabilität wird allgemein wie folgt definiert:

$$(52)\quad \text{Eigenkapitalrentabilität} = \frac{\text{Gewinn bzw. Jahresüberschuss}}{\text{durchschnittliches EK} + \dfrac{\text{geplante Ausschüttung}}{2}} \ (\cdot\ 100\ \%)$$

Im Rahmen der praktischen Bilanzanalyse wird die Eigenkapitalrentabilität regelmäßig unter Rückgriff auf den unkorrigierten Jahresüberschuss und das Eigenkapital zu Jahresanfang ermittelt. Im Hinblick auf eine sachgerechte Analyse ist dies jedoch zu hinterfragen:

---

[137] *MATSCHKE/HERING/KLINGELHÖFER* (2002), S. 5 f., weisen mit einem transparenten Beispiel darauf hin, dass Rentabilitätsmaximierung als unternehmenspolitische Zielsetzung nicht zur Gewinnmaximierung führt und somit zu unsinnigen betriebswirtschaftlichen Entscheidungen führen kann. Dieses Problem ist für die Bilanzanalyse insoweit von Bedeutung, als zwischen (absolutem) Gewinn und (relativer) Rentabilität keine gleichlaufende Entwicklung bestehen muss. Vgl. dazu bereits *WILTS* (1974).

- Als **Gewinn** sollte auf eine weitgehend unter betriebswirtschaftlichen Aspekten ermittelte Größe zurückgegriffen werden. Bei nomineller Betrachtungsweise kann z. B. das Ergebnis nach DVFA/SG (oder ein unter Berücksichtigung ähnlicher Korrekturen aus dem Jahreserfolg abgeleitetes Ergebnis) angesetzt werden. Die Wertschöpfung kann grundsätzlich nicht als „Gewinn" eingesetzt werden, weil die Bezugsgröße der Eigenkapitalrentabilität das Eigenkapital ist, welches nur einen der Produktionsfaktoren („Kapital") und darüber hinaus nur einen Teil dieses Faktors betrifft.
- Für die Definition des **Eigenkapitals** gelten ähnliche Unterscheidungen. Hier sollte – bei nomineller Betrachtungsweise – das bereinigte Eigenkapital der Strukturbilanz oder eine nach Maßstäben realer, substantieller oder qualifizierter Kapitalerhaltung korrigierte Größe als Basis herangezogen werden. Grundsätzlich ist für das Eigenkapital eine Durchschnittsgröße[138] anzusetzen, die sich aus den entsprechenden Beständen (z. B. der Strukturbilanz) zu Beginn und zum Ende des Geschäftsjahres ergibt. Bei der Ermittlung der Durchschnittsgröße ist (lediglich) im Hinblick auf den Endbestand auch die geplante Ausschüttung zu berücksichtigen, welche nicht im bilanzanalytischen Eigenkapital enthalten ist.

Beispiel: Im Geschäftsjahr 05 ergibt sich für die MUSTER AG folgende Eigenkapitalrentabilität:

$$(B52) \quad \frac{\text{Eigenkapital-}}{\text{rentabilität}} = \frac{85.340}{\left(\dfrac{549.097 + 484.179 + 53.534}{2}\right)} \cdot 100\,\%$$

$$= \frac{85.340}{543.405} \cdot 100\,\% \approx 15,7\,\%$$

2.2.2.7.3 Gesamtkapitalrentabilität

Bei der Gesamtkapitalrentabilität wird das Kapital nicht nach seiner Herkunft in Eigen- und Fremdkapital aufgespalten, sondern es geht in seiner Gesamtheit als Bezugsgröße in die Kennzahlberechnung ein. Das **Gesamtkapital** ist wiederum als Durchschnittsgröße zu berücksichtigen, wobei auf die bilanzanalytischen Beträge der Strukturbilanz zurückgegriffen werden sollte. Als **„Erfolgsgröße"** werden neben dem Jahresüber-

---

[138] Vereinzelt wird behauptet, dass allein die Bestandsgröße zu Beginn des Geschäftsjahres zur Berechnung von Rentabilitätskennzahlen im Nenner herangezogen werden soll. Dieser Meinung kann entgegengehalten werden, dass die im Zähler berücksichtigten Überschüsse nicht lediglich erwirtschaftet werden, weil zum Jahresanfang die entsprechende Basisgröße vorhanden war. Vielmehr entwickelt sich im Laufe des Jahres die im Nenner berücksichtigte Bestandsgröße und trägt – wie die Beziehung in der jeweiligen Berechnungsformel grundsätzlich unterstellt – zur Überschusserzielung bei. Mit anderen Worten: Die im ersten Quartal erwirtschafteten Überschüsse tragen in den drei folgenden Quartalen ebenso zur Überschusserzielung bei, wie der Kapitalbestand am Jahresanfang usw. Vor diesem Hintergrund ist im Nenner auf die Durchschnittswerte abzustellen. Siehe zu dieser Diskussion bereits SEIDEL (1933), S. 794 f., der im Ergebnis jedoch auf den anfänglichen Kapitalbestand als Größe im Nenner abstellt.

schuss die Fremdkapitalzinsen angesetzt, um Kongruenz zum Nenner der Relation herzustellen.[139]

Damit ergibt sich die Gesamtkapitalrentabilität wie folgt:[140]

$$(53) \quad \frac{\text{Gesamtkapital-}}{\text{rentabilität}} = \frac{\text{Jahresüberschuss} + \text{Zinsen und ähnliche Aufwendungen}}{\text{durchschnittliches EK} + \text{durchschnittliches FK} = \text{GK}} \ (\cdot \ 100 \ \%)$$

Beispiel: Für das Geschäftsjahr 05 berechnet sich die Gesamtkapitalrentabilität der MUSTER AG wie folgt:

$$(B53) \quad \frac{\text{Gesamtkapital-}}{\text{rentabilität}} = \frac{85.340 + 45.135}{\left(\dfrac{2.388.309 + 2.521.822}{2}\right)} \cdot 100 \ \%$$

$$= \frac{130.475}{2.455.065,5} \cdot 100 \ \% \approx 5,3 \ \%$$

Wenn sich Zinsen und ähnliche Aufwendungen hauptsächlich auf die mittel- und langfristigen Verbindlichkeiten beziehen (und dies feststellbar ist), sollte die Gesamtkapitalrentabilität im Hinblick auf eine sachliche Entsprechung möglichst in der wie folgt korrigierten Form ermittelt werden:[141]

$$(54) \quad \frac{\text{Gesamtkapital-}}{\text{rentabilität}_{korr}} = \frac{\text{Jahresüberschuss} + \text{Zinsen und ähnliche Aufwendungen}}{\substack{\text{durchschnittliches EK} + \\ \text{durchschnittliches mittel- und langfristiges FK}}} \ (\cdot \ 100 \ \%)$$

Da der Nenner der Formel 54 kleiner als bei der Formel 53 ist, wird die korrigierte Gesamtkapitalrentabilität regelmäßig größer als die (klassische) Gesamtkapitalrentabilität sein. Dies wird auch durch das nachfolgende Beispiel deutlich.

---

[139] Dem Vorschlag von *EISENHOFER* (1972), die Gesamtkapitalrentabilität – analog zur im Abschnitt 3.1 des II. Kapitels dargestellten ROI-Ermittlung – ohne Berücksichtigung der Fremdkapitalzinsen zu ermitteln, kann nicht gefolgt werden. Dieser begründet seinen Vorschlag vor allem damit, dass die Zinsen keinen Gewinn darstellen und somit nicht in eine Gewinnkennzahl eingehen dürfen. Dieser Argumentation ist jedoch auch entgegenzuhalten, dass die Berechnung der Gesamtkapitalrentabilität bei einer Vernachlässigung der Fremdkapitalzinsen nicht zu tieferen Erkenntnissen als die Berechnung der Eigenkapitalrentabilität führen würde. Die Gesamtkapitalrentabilität stellt hingegen – wenn diese mit Hilfe der Wertschöpfung definiert wird – die Gegenüberstellung des Produktionsfaktors „Kapital" einerseits (im Nenner) und des Teils der Wertschöpfung, der an den Produktionsfaktor „Kapital" verteilt wird, andererseits (im Zähler) dar. Ob die Fremdkapitalzinsen zum Erfolg der unternehmerischen Tätigkeit gehören, ist ausschließlich eine **Definitionsfrage**. Definitionen sind vor allem sinnvoll vorzunehmen und haben nicht den Zweck, möglichst lange und starr beibehalten zu werden.

[140] Wenn unterstellt wird, dass das Gesamtvermögen so groß wie das Gesamtkapital ist, dann entspricht die Gesamtkapitalrentabilität der **Gesamtvermögensrentabilität** („Return on Assets"; ROA). Vgl. hierzu z. B. *WAGENHOFER* (2010), S. 223.

[141] Die hier dargestellte korrigierte Gesamtkapitalrentabilität entspricht dem im angloamerikanischen Sprachraum gebräuchlichen „**Return on Net Assets**" (RONA). Vgl. auch *WAGENHOFER* (2010), S. 224 f.

Beispiel: Für das Geschäftsjahr 05 berechnet sich die (korrigierte) Gesamtkapital-rentabilität der MUSTER AG wie folgt:

$$(\text{B54}) \quad \frac{\text{Gesamtkapital-}}{\text{rentabilität}_{\text{korr}}} = \frac{85.340 + 45.135}{\left(\dfrac{1.398.391 + 1.384.302}{2}\right)} \cdot 100\,\%$$

$$= \frac{130.475}{1.391.346,5} \cdot 100\,\% \approx 9,4\,\%$$

Eine Analyse der Gesamtkapitalrentabilität auf Basis eines Kennzahlensystems soll ermöglichen, anhand einer Kennzahlenhierarchie die Ursachen für eine bestimmte Entwicklung der Ertragskraft des Unternehmens zu erkennen.

Beispielhaft ist in verkürzter Form ein Kennzahlensystem in Abbildung 33 dargestellt, welches eine entsprechende Analyse der Gesamtkapitalrentabilität ermöglicht. Bei diesem wurde auf die Idee des **DuPont-Systems**[142] zurückgegriffen. Im Unterschied zum DuPont-System, bei dem der „Return on Investment" analysiert wird, welcher sich auf den **Erfolg nach Zinsaufwand** bezieht, wird hier – i. S. d. Definition der Gesamt-kapitalrentabilität – der „Erfolg vor Zinsaufwand" berücksichtigt, was eine „korrigierte Umsatzrentabilität" nach sich zieht.

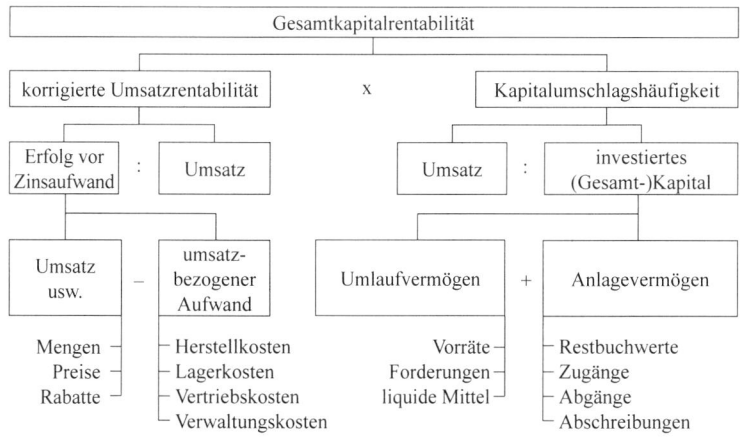

Abbildung 33:   *Gesamtkapitalrentabilitätsanalyse nach dem Vorbild des DuPont-Systems*[143]

---

[142] Zur zahlenlogischen Beziehung in diesem System siehe bereits Abschnitt 3.1 des II. Kapitels.

[143] Vgl. hierzu beispielsweise HORVÁTH (2011), S. 502 f. Ein (Zahlen-)Beispiel für ein Kennzahlen-system, welches die Gesamtkapitalrentabilität im Rahmen der Bilanzanalyse in den Mittelpunkt der Betrachtung rückt, liefert LACHNIT (1975).

Auf einem solchen zahlenlogischen Wege kann nicht nur die Gesamtkapitalrentabilität analysiert werden; auch die Erstellung weiterer Kennzahlensysteme ist im Hinblick auf die bereits betrachteten und die noch zu betrachtenden Rentabilitätskennzahlen denkbar. Durch den Einsatz derartiger Kennzahlensysteme bei der Bilanzanalyse können – wie schon hinsichtlich der Gesamtkapitalliquidität ausgeführt – insbesondere **zwei Zielsetzungen** verfolgt werden:

• Einerseits ist es möglich, die **Ursachen für eine bestimmte Entwicklung** der Ertragskraft differenziert zu ermitteln.

• Andererseits kann versucht werden, zu kontrollieren, ob die Geschäftsleitung in ihrem Zielsystem **dem Ziel** „Erhaltung der Ertragskraft" **genügend Aufmerksamkeit** schenkt.

Größere Bedeutung kommt derartigen Kennzahlensystemen allerdings **im Rahmen des Controllings** zu.[144] Bei der Bilanzanalyse ist es selten möglich, die hierfür erforderlichen Informationen zu erhalten, so dass die Informationsgüte nicht in einem angemessenen Verhältnis zur Komplexität der Methode steht.

2.2.2.7.4   Betriebsrentabilität

Die Betriebsrentabilität berücksichtigt als Gewinngröße im Zähler das Betriebsergebnis, um zufällige Schwankungen auszuschließen.

> Die Betriebsrentabilität gibt Hinweise auf die – durch Verfolgung des Betriebszwecks – **nachhaltig erzielbare relative Ertragskraft des Unternehmens**.

Als Bezugsgröße ist entsprechend im Nenner das durchschnittliche betriebsnotwendige Vermögen heranzuziehen. Die Berechnung dieses Teils des Gesamtvermögens ist bei der externen Bilanzanalyse allerdings nur näherungsweise möglich, weil die Bilanz nichts über die jeweilige Nutzung der einzelnen Vermögensteile aussagt:

$$(55) \quad \text{Betriebsrentabilität} = \frac{\text{Betriebsergebnis}}{\text{betriebsnotwendiges Vermögen}} \ (\cdot \ 100 \ \%)$$

Das **Betriebsergebnis** setzt sich aus folgenden Positionen der Gewinn- und Verlustrechnung **nach dem Gesamtkostenverfahren** zusammen, wobei (vor allem im Hinblick auf die sonstigen betrieblichen Erträge und Aufwendungen) die (identifizierbaren) periodenfremden, die betriebsuntypischen und die unregelmäßigen Komponenten zu eliminieren sind:

---

[144] Siehe zur Bedeutung der Kennzahlensysteme im Rahmen der Planung und Kontrolle bereits KERN (1971). Vgl. dazu auch die Methodik der Abweichungsrechnung. Diese wird beispielsweise bei GROLL (1969) dargestellt.

(56) Betriebsergebnis = Umsatzerlöse
  ± Erhöhung oder Verminderung des Bestandes an
     fertigen und unfertigen Erzeugnissen
  + andere aktivierte Eigenleistungen
  + Teile der sonstigen betrieblichen Erträge
  − Materialaufwand
  − Personalaufwand
  − Abschreibungen (ohne außerplanmäßige)[145]
  − Teile der sonstigen betrieblichen Aufwendungen
  − (anteilige) Ertragsteuern
  − sonstige Steuern (soweit nicht in den sonstigen betrieblichen
     Aufwendungen enthalten)

Nach dem Umsatzkostenverfahren[146] kann das **Betriebsergebnis** folgendermaßen ermittelt werden:

(57) Betriebsergebnis = Bruttoergebnis vom Umsatz (Umsatzerlöse − Herstellungskosten
     der zur Erzielung der Umsatzerlöse erbrachten Leistungen)
  − Vertriebskosten
  − allgemeine Verwaltungskosten
  + Teile der sonstigen betrieblichen Erträge
  − Teile der sonstigen betrieblichen Aufwendungen
  + außerplanmäßige Abschreibungen[147]
  − (anteilige) Ertragsteuern
  − sonstige Steuern (soweit nicht in den sonstigen betrieblichen
     Aufwendungen enthalten)

Zu den zu eliminierenden **periodenfremden Erfolgsbestandteilen** gehören die nicht regelmäßig anfallenden Liquidations- und Bewertungserfolge sowie übrige aperiodische Komponenten, die sich auf Basis der Jahresabschlussangaben identifizieren lassen. Als

---

[145] Abschreibungen nach IFRS sollten um jenen Betrag gekürzt werden, der sich aus der erhöhten Abschreibung bei Anwendung der Neubewertungsmethode ergibt. Vgl. *Kirsch* (2004b), S. 264. Zudem sind bei den Abschreibungen – wie bereits im Rahmen der Darstellung zur Erstellung der Strukturbilanz ausgeführt – auch jene Beträge außer Acht zu lassen, welche sich auf den derivativen Geschäfts- oder Firmenwert sowie auf aktivierte selbst erstellte immaterielle Vermögenswerte des Anlagevermögens beziehen. Auch wenn es sich hierbei um Aufwendungen handelt, die ein betriebswirtschaftlich notwendiges Ressourcenbündel betreffen, ist diese Eliminierung notwendig, denn hiermit wird einerseits die Vergleichbarkeit hergestellt und andererseits wird für eine wertmäßige Entsprechung „gesorgt", denn innerhalb des betriebsnotwendigen Vermögens sollten die in Rede stehenden Aktiva ebenfalls unberücksichtigt bleiben.

[146] Zu möglichen Nachteilen, die beim Umsatzkostenverfahren (im Vergleich zum Gesamtkostenverfahren) im Hinblick auf den Einblick in die Ertragslage bestehen, siehe *Rogler* (1992).

[147] Soweit bekannt sollten hier zudem die erhöhte Abschreibung aus der Anwendung der Neubewertungsmethode sowie die Abschreibungen auf den derivativen Geschäfts- oder Firmenwert und auf aktivierte selbst erstellte immaterielle Vermögenswerte des Anlagevermögens hinzugerechnet (und somit eliminiert) werden.

betriebsuntypische sowie unregelmäßige Erfolgsbestandteile müssen verzerrende Vorgänge betrachtet werden, die im Hinblick auf die Geschäftstätigkeit des Unternehmens ungewöhnlich, selten oder zumindest nicht regelmäßig sind. Hierzu zählen z. B. außerplanmäßige Abschreibungen. In diesem Zusammenhang sind insbesondere die davon-Ausweise sowie die Anhangangaben zu den Positionen „Abschreibungen", „sonstige betriebliche Erträge" und „sonstige betriebliche Aufwendungen" zu analysieren.[148]

Das **betriebsnotwendige Vermögen**[149] kann wie folgt geschätzt werden:

(58) betriebsnotwendiges Vermögen = Anlagevermögen ohne Finanzanlagen
(und ohne Deckungsvermögen)
+ Umlaufvermögen ohne sonstige Vermögensgegenstände/-werte und ohne Wertpapiere

Die so ermittelten Werte für das Betriebsergebnis und vor allem für das betriebsnotwendige Vermögen enthalten eine Reihe von erheblichen **Ungenauigkeiten**, die mangels besserer Information aber nicht oder kaum beseitigt werden können. Da bei der Betriebsrentabilität gegenüber der Eigen- und Gesamtkapitalrentabilität ein zusätzlicher Abgrenzungsfreiraum auftritt, muss diese Rentabilität *in praxi* sehr vorsichtig interpretiert werden.

Beispiel: Das Betriebsergebnis der MUSTER AG ergibt sich für das Jahr 05 wie folgt:

(B56)		Umsatzerlöse	1.776.588
	+	Bestandsveränderungen der Erzeugnisse	+ 26.865
	+	andere aktivierte Eigenleistungen	+ 24.463
	+	sonstige betriebliche Erträge (außer Erträge aus der Auflösung von Rückstellungen i. H. v. T€ 55.056 und explizit benannte periodenfremde Erträge i. H. v. T€ 4.360)	+ 81.490
	−	Materialaufwand	− 779.869
	−	Personalaufwand	− 675.209
	−	planmäßige Abschreibungen auf das AV	− 71.480
	−	sonstige betriebliche Aufwendungen (außer Abschreibungen auf das UV i. H. v. T€ 17.914 und explizit benannte periodenfremde Aufwendungen i. H. v. T€ 5.703)	− 363.239
	=	Zwischenergebnis	19.609
	−	(anteilige) Ertragsteuern[150]	− 4.971
	=	**Betriebsergebnis**	**14.638**

---

[148] Siehe zur Erläuterung der periodenfremden sowie der betriebsuntypischen und unregelmäßigen Erfolgsbestandteile *KÜTING/WEBER* (2012b), S. 253 f.

[149] Zur Ermittlung des betriebsnotwendigen Vermögens im Rahmen der Kostenrechnung siehe beispielsweise *FREIDANK* (2012), S. 125–129.

[150] Die anteiligen Ertragsteuern können gemäß dem aus der Gewinn- und Verlustrechnung abzulesenden Verhältnis (25,352 %) zwischen den (gesamten) Ertragsteuern (T€ 28.983) und dem Ergebnis der gewöhnlichen Geschäftstätigkeit (T€ 114.323) ermittelt werden.

Hierbei wird erkennbar, welche Bedeutung vor allem die hier nicht berücksichtigten Aspekte „Ergebnis aus Finanzanlagen" (T€ 89.964), „Sonstige Zinsen und ähnliche Erträge" (T€ 36.062) sowie periodenfremde „Erträge aus der Auflösung von Rückstellungen" (T€ 55.056) für den erzielten Jahresüberschuss (T€ 85.340) der MUSTER AG im Geschäftsjahr haben.

Das betriebsnotwendige Vermögen lässt sich z. B. folgendermaßen berechnen:

(B58)		01.01.05	31.12.05
	bilanzanalytisches Anlagevermögen ohne Finanzanlagen (A.III. und A.IV.) und ohne langfristige Forderungen (A.V.)	390.713	391.797
+	bilanzanalytisches Umlaufvermögen ohne sonstige Vermögensgegenstände (B.IV.) und (hier) ohne kurzfristige Forderungen gegen verbundene Unternehmen (B.III.)	357.187	355.326
=	**betriebsnotwendiges Vermögen**	**747.900**	**747.123**

Entsprechend ergibt sich folgende Betriebsrentabilität:

$$(B55)\ \text{Betriebsrentabilität} = \frac{14.638}{\left(\frac{747.900 + 747.123}{2}\right)} \cdot 100\ \%$$

$$= \frac{14.638}{747.511,5} \cdot 100\ \% \approx 1,96\ \%$$

Der Hinweis auf eine kritische Interpretation bezieht sich auch auf die in der Analysepraxis als „beliebt und modern" geltende angloamerikanisch orientierte Rentabilitätskennzahl „**Return on Capital Employed**" (ROCE)[151]. Schließlich ergibt sich diese als angepasster Quotient der Betriebsrentabilität und der korrigierten Gesamtkapitalrentabilität, ohne dass hierdurch eine erhöhte Aussagekraft resultiert:

$$(59)\quad \text{ROCE} = \frac{\text{Betriebsergebnis}}{\text{Eigenkapital} + \text{verzinsliches Fremdkapital}} \ (\cdot\ 100\ \%)$$
$$- \text{verzinsliches Vermögen}$$

2.2.2.7.5 Umsatzrentabilität

Die Umsatzrentabilität („Return on Sales"; ROS) gibt an, wie groß der **betriebliche Gewinnanteil**[152] bezogen auf die Umsatzerlöse ist:

---

[151] Vgl. hierzu WAGENHOFER (2010), S. 224 f.

[152] Bei der Umsatzrentabilität wird vermutet, dass die **Umsatzaktivitäten** – repräsentiert durch die Umsatzerlöse – die entscheidende **Ursache für die Überschuss- bzw. Erfolgserzielung** sind. „Die Umsatz-Rentabilität soll zur Kennzeichnung der Erfolgsträchtigkeit des eigentlichen Betriebszwecks dienen. Sie kann mit diesem Ziel nur verwendet werden, wenn bei ihrer Berechnung den Umsatzerlösen [...] das ordentliche Betriebsergebnis" gegenübergestellt wird, so BARTRAM (1996), S. 403.

(60)   Umsatzrentabilität $= \dfrac{\text{Betriebsergebnis}}{\text{Umsatzerlöse}} \; (\cdot \, 100\,\%)$

Bei dieser Rentabilitätskennzahl wird als Basis der Umsatz als wichtigster gewinnfördernder Faktor herangezogen.[153] Diese Rentabilität ist entsprechend **entstehungsbezogen** und nicht – wie die bisher betrachteten Rentabilitätskennzahlen – verteilungsbezogen. Anstelle der Umsatzerlöse können der **Produktionswert**, der innerhalb der Entstehungsrechnung der betrieblichen Wertschöpfung ermittelt wurde, oder – beim Gesamtkostenverfahren – die **Gesamtleistung** (Posten 1 bis 3 der Gewinn- und Verlustrechnung) i. S. d. sachlichen Entsprechung berücksichtigt werden.

Beispiel: Für das Jahr 05 ergibt sich folgende Umsatzrentabilität der MUSTER AG:

(B60a)   Umsatzrentabilität$_{\text{Basis: Gesamtleistung}} = \dfrac{14.638}{1.827.916} \cdot 100\,\% \approx 0{,}80\,\%$

Beim Rückgriff auf den Produktionswert ergibt sich schließlich folgende „Produktionswertrentabilität":

(B60b)   Produktionswertrentabilität $= \dfrac{14.638}{1.909.406} \cdot 100\,\% \approx 0{,}77\,\%$

2.2.2.7.6   *Relative Wertschöpfung*

Wenn als Erfolgsmaßstab schließlich die Wertschöpfung im Zähler eingesetzt wird, ergibt sich eine relative Wertschöpfung. Der Ansatz einzelner ausgewählter Produktionsfaktoren im Nenner – besonders oft wird als Basis die durchschnittliche Beschäftigtenzahl herangezogen – ist jedoch problematisch. Schließlich wird hierbei unterstellt, dass die relative Wertschöpfung der anderen – nicht explizit berücksichtigten – Produktionsfaktoren unverändert bleibt. Das trifft aber meist nicht zu. Kennzahlen dieser Art werden oft zur Durchsetzung von Gruppeninteressen (z. B. bei Tarifverhandlungen) herangezogen, weil sie in Anbetracht dieser Problematik den Wertschöpfungsbeitrag des jeweils angesetzten Produktionsfaktors tendenziell zu positiv darstellen.

> Relative Wertschöpfungen führen oft zu falschen Ergebnissen, weil zwischen Zähler und Nenner eine **Ursache-Wirkungs-Beziehung** unterstellt wird, die **nicht existiert**.

Als Überschussgröße muss deshalb im Zähler das Betriebsergebnis eingesetzt werden, weil das außerordentliche Ergebnis und das betriebsfremde Ergebnis nicht durch Umsatzerlöse verursacht werden.

[153]   Im Rahmen der Analyse der Gesamtkapitalrentabilität (siehe Abbildung 33 im Abschnitt 2.2.2.7.3 dieses Kapitels) wird die Umsatzrentabilität in korrigierter Version vereinfacht mit dem Quotienten aus Zähler „Erfolg vor Zinsaufwand" (auch: „Gewinn bzw. Jahresüberschuss zuzüglich Zinsaufwand" oder „Umsatz abzüglich umsatzbezogener Aufwand") und Nenner „Umsatz" definiert.

Eine relative Wertschöpfung, deren Basis die Umsatzerlöse (oder der Produktions-
wert) sind (bzw. ist), ist in dieser Hinsicht unproblematisch, weil hier – wie bei der
Umsatzrentabilität – die wichtigste Entstehungsquelle als Grundlage herangezogen wird.
Ideologisch eingefärbte Interessen lassen sich mit diesem Vorgehen kaum verfolgen:

(61) $\text{relative Wertschöpfung} = \dfrac{\text{ordentliche betriebliche Wertschöpfung}}{\text{Umsatzerlöse (oder Produktionswert)}} \; (\cdot \, 100\,\%)$

$= \dfrac{\text{Produktionswert} - \text{Vorleistungen}}{\text{Umsatzerlöse (oder Produktionswert)}} \; (\cdot \, 100\,\%)$

Beispiel: Die MUSTER AG erzielte im Geschäftsjahr 05 folgende relative Wertschöpfung **auf Basis der Umsatzerlöse:**

(B61a) $\text{relative Wertschöpfung}_{\text{U}} = \dfrac{696.560}{1.776.588} \cdot 100\,\% \approx 39{,}2\,\%$

Unter Rückgriff auf den **Produktionswert im Nenner** ergibt sich hingegen:

(B61b) $\text{relative Wertschöpfung}_{\text{PW}} = \dfrac{696.560}{1.909.406} \cdot 100\,\% \approx 36{,}5\,\%$

2.2.2.7.7 *Gewinn je Aktie*

Als Rentabilitätskennzahl wird bei der **Aktienanalyse** zudem der sog. Gewinn je Aktie
verwendet. Sollte ein sog. **Ergebnis je Aktie** („Earnings per Share"; EPS) nicht – wie
nach IFRS gefordert – im Jahresabschluss des zu analysierenden Unternehmens ausgewiesen sein, kann der Gewinn je Aktie vereinfacht wie folgt berechnet werden:

(62) $\text{Gewinn je Aktie} = \dfrac{\text{Gewinn} \cdot \text{Nennbetrag je Aktie}}{\text{durchschnittliches gezeichnetes Kapital}} \; [\text{in } \euro]$

(63) $\text{Gewinn je Aktie} = \dfrac{\text{Gewinn}}{\text{durchschnittlich im Umlauf befindliche Aktien}} \; [\text{in } \euro]$

Als Gewinn wird gewöhnlich der Jahresüberschuss[154] eingesetzt. Da der Nenner – zumindest bezüglich der Formel 62 – nur einen Teil des Eigenkapitals umfasst (die Rücklagen bleiben grundsätzlich unberücksichtigt), führt die alleinige Anwendung dieser
Kennzahl selten zum Ziel, die Ertragskraft eines Unternehmens zu erkennen.

> Wenn ein Unternehmen nominelle Kapitalerhöhungen, also aus Gesellschafts-
> mitteln,[155] durchführt, sinkt der Gewinn je Aktie, obwohl sich das gesamte
> Eigenkapital **nicht** geändert hat. Dadurch wird ein Zeitvergleich erschwert.

---

[154] Auch ein bereinigter Jahresüberschuss (z. B. das Ergebnis nach DVFA/SG) kann hierzu verwendet
werden. Vgl. dazu *BUSSE VON COLBE ET AL.* (2000), S. 3 und 27.

[155] Siehe hierzu *WÖHE/DÖRING* (2013), S. 587 f.

Beispiel: Die MUSTER AG erzielte im Geschäftsjahr 05 folgenden Gewinn je Aktie:[156]

$$(B63)\ \text{Gewinn je Aktie} = \frac{85.340\ T\text{€}}{\left(\frac{85.908.480 + 83.050.703}{2}\right)} = \frac{85.340\ T\text{€}}{84.479.592} \approx 1,01\ \text{€}$$

Zur Darstellung der Ertragskraft ist es möglich, anstelle des Gewinns auch andere Werte einzusetzen (z. B. den Cashflow). Da aber der grundsätzliche Einwand der zu engen Abgrenzung des Nenners bestehen bleibt, ist dies bei einer externen Analyse wenig sinnvoll.

Mit dem expliziten Ziel, „die Ertragskraft unterschiedlicher Unternehmen in einer Berichtsperiode und ein- und desselben Unternehmens in unterschiedlichen Berichtsperioden besser miteinander vergleichen zu können" (IAS 33.1), finden sich in den IFRS konkrete Vorgaben zur Ermittlung und Darstellung des sog. **Ergebnisses je Aktie**. Nach IAS 33 sind Unternehmen, deren Stammaktien öffentlich gehandelt werden, und jene Unternehmen, welche die Ausgabe von Stammaktien beantragt haben (IAS 33.2), dazu verpflichtet, ein sog. unverwässertes Ergebnis je Aktie („Basic Earnings per Share") und ein sog. verwässertes Ergebnis je Aktie („Diluted Earnings per Share") zu ermitteln sowie im Rahmen der Gesamtergebnisrechnung auszuweisen (IAS 33.66).

Das **unverwässerte Ergebnis je Aktie** wird gemäß IAS 33.9–29 grundsätzlich auf Basis folgender Formel ermittelt:[157]

$$(64)\quad \frac{\text{unverwässertes}}{\text{Ergebnis je Aktie}} = \frac{\text{den Stammaktien zustehendes Periodenergebnis}}{\left(\begin{array}{c}\text{gewichtete durchschnittliche Anzahl}\\ \text{der im Umlauf befindlichen Stammaktien}\end{array}\right)}\ [\text{in €}]$$

Zur Ermittlung des **den Stammaktien zustehenden Periodenergebnisses** ist hierbei das Periodengesamtergebnis um jene Anteile zu vermindern, welche den im Nenner ausgewiesenen Stammaktien nicht zuzurechnen sind. Hierzu gehören die Ergebnisanteile, die sich auf die Vorzugsaktien beziehen.

Bei der Ermittlung der **gewichteten durchschnittlichen Zahl der im Umlauf befindlichen Stammaktien** ist jeweils die Anzahl jener Stammaktien zu berücksichtigen, die zu Beginn des Geschäftsjahres ausgegeben waren sowie im Geschäftsjahr neu ausgegeben bzw. im entsprechenden Zeitraum zurückgekauft wurden. Die jeweilige Anzahl ist mit einem Zeitgewichtungsfaktor zu multiplizieren, welcher sich jeweils aus dem Verhältnis zwischen der Zahl der Tage, während der sich die entsprechenden Aktien im Umlauf befanden, und der Gesamtzahl der Tage der Periode (Geschäftsjahr = 365 Tage) berechnet.

---

[156] Es wird wiederum unterstellt, dass zu Jahresbeginn 05 insgesamt 85.908.480 Aktien im Umlauf waren.

[157] Siehe zu nachfolgenden Ausführungen *BAETGE/KIRSCH/THIELE* (2012), S. 654–656.

Im Hinblick auf das **verwässerte Ergebnis je Aktie** (IAS 33.30–63) sind weitere Korrekturen im Zähler und im Nenner erforderlich, die sich auf gegebenenfalls noch ausstehende Stammaktien beziehen. „Diese Einflüsse möglicher ausstehender Aktien können daraus resultieren, dass andere Finanzierungstitel, wie Wandel- und Optionsschuldverschreibungen, künftig in Aktien umgewandelt werden sollen."[158] Während im Zähler beispielsweise Korrekturen um Zinsaufwendungen aus Wandelschuldverschreibungen und korrespondierende Steuereffekte erforderlich sind, muss die Zahl der Stammaktien im Nenner um die gewichtete durchschnittliche Anzahl von Stammaktien erhöht werden, „die bei Umwandlung aller verwässernden potenziellen Stammaktien in Stammaktien ausgegeben würden" (IAS 33.36). Ausschlaggebend für die Gewichtung ist jeweils der Tag, an dem die potentiellen Stammaktien emittiert wurden oder, wenn das Emissionsdatum nicht in die betrachtete Periode fällt, der Periodenbeginn.

Die so ermittelten und schließlich ausgewiesenen unverwässerten und verwässerten Ergebnisse je Aktie (aber auch der vorab dargestellte und beispielhaft berechnete „Gewinn je Aktie") werden jedoch auf Basis des Gesamtergebnisses ermittelt und **enthalten somit Komponenten, die außerordentlich, ungewöhnlich und dispositionsbedingt** sind. Sinnvoller wäre es deshalb, das Ergebnis je Aktie nicht nur im Hinblick auf das Gesamtergebnis auszuweisen, sondern dieses zusätzlich bezogen auf ein nachhaltiges Ergebnis zu ermitteln. Entsprechende Bereinigungen bleiben Aufgabe der Bilanzanalysten.

2.2.2.7.8   Kurs-Gewinn-Verhältnis

Bei der **Aktienanalyse** wird primär das Kurs-Gewinn-Verhältnis (KGV) – auch „Price Earnings Ratio" (PER) bezeichnet – eingesetzt. Dieses stellt den Börsenpreis einer Aktie ihrem anteiligen Jahresüberschuss (Gewinn) gegenüber, wobei folgende Berechnungsmöglichkeit besteht:

$$(65) \quad \text{Kurs-Gewinn-Verhältnis} = \frac{\text{Börsenkurs} \cdot \text{gezeichnetes Kapital}}{\text{Jahresüberschuss} \cdot \text{Nennwert je Aktie}}$$

$$= \frac{\text{Börsenkurs} = \text{Preis der Aktie}}{\text{Jahresüberschuss je Aktie}}$$

$$= \frac{\text{Börsenkurs} \cdot \text{Anzahl der Aktien}}{\text{Jahresüberschuss}}$$

Diese (reziproke) Rentabilitätskennzahl ist vor allem aus der **Sicht des Kapitalanlegers** von Interesse: Je höher das Kurs-Gewinn-Verhältnis, umso „teurer" wird die jeweilige Aktie eingeschätzt und umso niedriger ist *ceteris paribus* die auf den Jahresüberschuss bezogene Rendite.

---

[158]   *BAETGE/KIRSCH/THIELE* (2012), S. 655.

Beispiel: Das KGV der MUSTER AG berechnet sich zum Bilanzstichtag wie folgt:

$$\text{(B65) Kurs-Gewinn-Verhältnis} = \frac{36{,}40\ € \cdot 83.050.703}{85.340.000\ €} \approx 35{,}42$$

Allerdings kann aus einem „guten" (also einem niedrigen) Kurs-Gewinn-Verhältnis der Vergangenheit nicht notwendigerweise auf eine ähnliche Entwicklung in der Zukunft geschlossen[159] werden, weil einerseits gewöhnlich **nicht nur Gewinnerwartungen den Kurs einer Aktie beeinflussen** und andererseits der Börsenkurs lediglich gewisse Hinweise auf die jeweils subjektiven Werte des Grenzanbieters und des Grenznachfragers für eine Aktie zu einem bestimmten Zeitpunkt gibt.

Das Kurs-Gewinn-Verhältnis kann **allenfalls im Rahmen eines Branchenvergleiches** tendenzielle Aussagen über die relative Beurteilung des zu analysierenden Unternehmens durch bestimmte (jedoch nicht unbedingt repräsentative) Börsenteilnehmer aufzeigen.[160]

Gleiche Einschränkungen gelten für die Kennzahl „**Dividendenrendite**", welche als Verhältnis zwischen (geplanter) Dividende je Aktie und dem Börsenpreis einer Aktie ermittelt werden kann:

$$\text{(66) \quad Dividendenrendite} = \frac{\text{(geplante) Dividende je Aktie}}{\text{Börsenkurs = Preis der Aktie}}\ (\cdot\ 100\ \%)$$

Beispiel: Die Dividendenrendite der MUSTER AG ermittelt sich – bezogen auf den Bilanzstichtag – folgendermaßen:

$$\text{(B66) Dividendenrendite} = \frac{0{,}65\ €}{36{,}40\ €} \cdot 100\ \% \approx 1{,}79\ \%$$

2.2.3 Methoden zur strukturellen Erfolgsanalyse

2.2.3.1 Erfolgsquellenanalyse

Im Rahmen der strukturellen Erfolgsanalyse sollen die **einzelnen Quellen der Ertragskraft** und die Ursachen für deren Entwicklung aufgedeckt (Erfolgsquellenanalyse) sowie die **Aufwands- und Ertragsstruktur** analysiert werden, (vor allem) um hieraus **Hinweise für die zukünftige Entwicklung der Ertragskraft** abzuleiten.

---

[159] Siehe äußerst kritisch zum Kurs-Gewinn-Verhältnis *FLEISCHER* (1999).
[160] Siehe hierzu bereits *RITTERSHAUSEN* (1964).

Die Erfolgskomponenten sind bei der Erfolgsquellenanalyse hinsichtlich der **Betriebszugehörigkeit,** der **Nachhaltigkeit** und der **Volatilität** zu analysieren. Diese Zielsetzungen beinhalten teilweise einige der bereits erörterten Erfolgsbetragsanalysemethoden. Diesbezüglich sei z. B. auf die Wertschöpfung als Entstehungsrechnung und auf die Gesamtkapitalrentabilitätsanalyse verwiesen.

> Die Erfolgsquellenanalyse versucht, die einzelnen Ertrags- und Aufwandsposten der Gewinn- und Verlustrechnung nach den Kriterien der sog. **Betriebszugehörigkeit und** der **Regelmäßigkeit** zu systematisieren.

Das gesamte Jahresergebnis ist – nach der **Regelmäßigkeit** – in ein „ordentliches"[161] und in ein „außerordentliches" Ergebnis aufzuteilen. Das „ordentliche" Ergebnis ist wiederum – nach der „**Betriebszugehörigkeit**" – in ein „ordentliches betriebliches" Ergebnis – welches Betriebsergebnis oder auch operatives Ergebnis bezeichnet wird – und in ein „ordentliches betriebsfremdes" Ergebnis – im Sinne eines „ordentlichen" Finanzergebnisses – zu differenzieren. Das gesamte Jahresergebnis wird somit in drei Gruppen zerlegt:

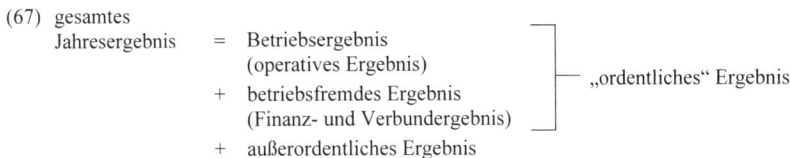

(67) gesamtes
 Jahresergebnis = Betriebsergebnis
    (operatives Ergebnis)
   + betriebsfremdes Ergebnis   „ordentliches" Ergebnis
    (Finanz- und Verbundergebnis)
   + außerordentliches Ergebnis

Das dabei verfolgte **Konzept der betriebswirtschaftlichen Erfolgsspaltung** weist zum Erfolgsspaltungskonzept nach HGB[162] nur **wenige Unterschiede** auf. Diese bestehen vor allem im außerordentlichen Ergebnis, denn in diesem sollen bei der betriebswirtschaftlichen Erfolgsspaltung neben den zumindest in der handelsrechtlichen Gewinn- und Verlustrechnung separat ausgewiesenen außerordentlichen Erfolgskomponenten die periodenfremden sowie die betriebsuntypischen und die unregelmäßigen Erfolgsbestandteile Berücksichtigung finden.[163]

Eine **exakte** (widerspruchsfreie) **Zuordnung** von einzelnen Positionen der Gewinn- und Verlustrechnung – bzw. von Teilen dieser Positionen – **in eine der drei Kategorien ist grundsätzlich nicht möglich.** Die folgende Aufteilung stellt dementsprechend nur eine mögliche Typisierung dar, die auf die individuellen Gegebenheiten anzupassen ist.

---

161 Die Bezeichnung „ordentliches Ergebnis" dient der Abgrenzung vom „außerordentlichen Ergebnis".

162 Siehe hierzu *KÜTING* (1997).

163 Siehe *KÜTING/WEBER* (2012b), S. 252–270.

Die Zusammensetzung des **Betriebsergebnisses** wurde bei der Betriebsrentabilität dargestellt (siehe Formel 56). Hierbei ist unterschieden worden, ob die jeweilige Gewinn- und Verlustrechnung – wie vor allem im kontinentaleuropäischen Bereich bisher weit verbreitet – nach dem Gesamtkostenverfahren oder – wie vor allem im angelsächsischen Raum üblich – nach dem Umsatzkostenverfahren aufgestellt wurde.

Die **Ertragsteuern** sind nach der gegebenenfalls im Anhang zu findenden Aufteilung näherungsweise dem betrieblichen, dem betriebsfremden und dem außerordentlichen Ergebnis zuzuordnen. Eine Aufteilung ist auch im relativen Verhältnis der drei Ergebnisteile möglich (durchschnittliche Ertragsteuerbelastung der Gesellschaft). Dies lässt sich etwa damit rechtfertigen, dass die Körperschaft- und die Gewerbesteuer nach einer am Überschuss orientierten Bemessungsgrundlage berechnet werden. Sind einzelne Ergebnisbestandteile jedoch negativ, wäre bei einer solchen Vorgehensweise den negativen Ertragsteilen ein Steuerertrag hinzuzurechnen. Das kann lediglich damit gerechtfertigt werden, dass die Existenz der negativen Ergebnisbestandteile eine höhere Besteuerung der positiven Bestandteile verhindert. Dieser Vorteil würde so jenen Ergebnisteilen zukommen, die ihn „verursacht" haben (**Verursachungsprinzip**).

Ist jedoch das **gesamte Jahresergebnis negativ**, führt die **Verteilung eines eventuell vorhandenen Ertragsteueraufwandes** nach diesem Schema zu keinem sinnvollen Resultat, denn dann würde der Ergebnisbestandteil, der den größten Verlust repräsentiert, am höchsten mit Steuern belastet werden. In diesem Fall sollten die Ertragsteuern nicht aufgeteilt, sondern – neben dem Betriebsergebnis, dem betriebsfremden Ergebnis und dem außerordentlichen Ergebnis – als selbständige Komponente betrachtet werden.

Das **betriebsfremde Ergebnis** zeigt vor allem die **finanzwirtschaftlichen Aktivitäten des Unternehmens**. Es setzt sich – soweit die einzelnen Komponenten als nachhaltig und periodengerecht einzuschätzen sind – wie folgt zusammen:[164]

(68) betriebsfremdes Ergebnis	=	Erträge aus Beteiligungen
	+	Erträge aus anderen Wertpapieren und Ausleihungen des Finanzanlagevermögens
	+	sonstige Zinsen und ähnliche Erträge
	–	Abschreibungen auf Finanzanlagen und auf Wertpapiere des Umlaufvermögens
	–	Zinsen und ähnliche Aufwendungen
	–	anteilige Ertragsteuern

---

[164] Siehe im Detail für die IFRS z. B. *ANTONAKOPOULOS* (2010), S. 126.

Problematisch ist die **Zuordnung der „Abschreibungen auf Finanzanlagen und auf Wertpapiere des Umlaufvermögens"**, weil sich diese nicht aus einer betrieblichen „Abnutzung" ergeben, sondern häufig aus Kursminderungen am Kapitalmarkt. Damit können sie auch als außerordentlich klassifiziert werden, selbst wenn Abschreibungen auf Wertpapiere des Umlaufvermögens mittlerweile zum „Tagesgeschäft" gehören. Zinsen und ähnliche Aufwendungen sind hingegen nicht nur durch betriebsfremde Aktivitäten verursacht, sondern resultieren – häufig in nicht geringem Umfang – aus der Finanzierung der betrieblichen Investitionstätigkeit.

Beispiel: Das bereits im Abschnitt 2.2.2.7.4 dieses Kapitels berechnete Betriebsergebnis der MUSTER AG beträgt T€ 14.638. Das betriebsfremde Ergebnis kann hingegen wie folgt berechnet werden:

(B68)	Erträge aus Beteiligungen	89.964
+	sonstige Zinsen und ähnliche Erträge	+ 36.062
–	Zinsen und ähnliche Aufwendungen	– 45.135
=	Zwischenergebnis	80.891
–	anteilige Ertragsteuern[165]	– 20.508
=	**betriebsfremdes Ergebnis**	**60.383**

Das **außerordentliche Ergebnis** setzt sich aus dem gegebenenfalls nach HGB bereits separat ausgewiesenen **außerordentlichen Ergebnis** sowie den übrigen **periodenfremden, betriebsuntypischen**[166] **und unregelmäßigen** Komponenten des gesamten Jahresergebnisses zusammen:[167]

(69)	außerordentliches Ergebnis	=	außerordentliche Erträge (nur nach HGB)
		–	außerordentliche Aufwendungen (nur nach HGB)
		–	außerplanmäßige Abschreibungen
		±	übrige ungewöhnliche (periodenfremde, betriebsuntypische und unregelmäßige) Erträge und Aufwendungen, die dann entsprechend in den ordentlichen Ergebnissen zu eliminieren wären
		–	anteilige Ertragsteuern

---

[165] Den anteiligen Ertragsteuern wurde wiederum die bereits im Beispiel B56 ermittelte durchschnittliche Ertragsteuerbelastung der Gesellschaft i. H. v. 25,352 % zugrunde gelegt.

[166] Die Bedeutung der Begriffe „betriebsuntypisch" und „betriebsfremd" weichen voneinander ab und sind nicht gleichzusetzen. **„Betriebsfremde"** Komponenten resultieren aus finanzwirtschaftlichen Aktivitäten, die nicht der betrieblichen Leistungserstellung dienen (z. B. Wertpapiergeschäfte, Vermietung), wohingegen **„betriebsuntypisch"** umfassender ist. Diese ergeben sich beispielsweise aus dem Verkauf von Produkten oder Leistungen, welche nicht dem Sachziel des Unternehmens zuzurechnen sind, sowie aus der Veräußerung von Betriebsteilen.

[167] Siehe im Detail für die IFRS z. B. *ANTONAKOPOULOS* (2010), S. 124.

Die **sonstigen Steuern** könnten im Rahmen des außerordentlichen Ergebnisses berücksichtigt werden. Diese Zuordnung ist willkürlich. Besser wäre – wie bereits bezüglich der Ertragsteuern ausgeführt – eine Zuordnung im Verhältnis der einzelnen Ergebnisteile. Da zu den sonstigen Steuern z. B. die Grundsteuern bzw. die Kraftfahrzeugsteuern für betrieblich genutzte Grundstücke bzw. Fahrzeuge zu zählen sind, erscheint hingegen auch ein Ausweis im Betriebsergebnis, wie in Formel 56 vollzogen, sachlogisch richtig.

Wie ersichtlich ist, setzt sich das außerordentliche Ergebnis teilweise aus **Erträgen und Aufwendungen zusammen, die aus Bewertungsentscheidungen resultieren**. Bei einem Rückgang des ordentlichen Ergebnisses wird von der Geschäftsleitung oft versucht, das Gesamtergebnis durch Bewertungsmaßnahmen positiv zu beeinflussen. Dies zeigt sich dann bei der Erfolgsquellenanalyse im Einzelfall deutlich in einer Erhöhung des außerordentlichen Ergebnisses.

Beispiel: Wenn die sonstigen Steuern im Betriebsergebnis berücksichtigt werden, ergibt sich folgendes außerordentliches Ergebnis für die MUSTER AG:

(B69)		Erträge aus der Auflösung von Rückstellungen	55.056
	+	explizit ausgewiesene periodenfremde Erträge	+ 4.360
	–	Abschreibungen auf das UV	– 17.914
	–	Abschreibungen auf Finanzanlagen	– 21.976
	–	explizit ausgewiesene periodenfremde Aufwendungen	– 5.703
	=	Zwischenergebnis	13.823
	–	anteilige Ertragsteuern[168]	– 3.504
	=	**außerordentliches Ergebnis**	**10.319**

Letztlich muss die Summe der einzelnen Bestandteile dem gesamten Jahresergebnis entsprechen:

(B67)		Betriebsergebnis	14.638
	+	betriebsfremdes Ergebnis	+ 60.383
	+	außerordentliches Ergebnis	+ 10.319
	=	**gesamtes Jahresergebnis**	**85.340**

Im Rahmen der Erfolgsquellenanalyse kommt **dem Betriebsergebnis** die **größte Bedeutung** zu. Diese Zahl spiegelt das (hoffentlich) regelmäßig durch die Verfolgung des Betriebszwecks erreichbare Ergebnis wider. Je höher dieses Ergebnis im Verhältnis zum betriebsfremden und zum außerordentlichen Ergebnis ist und je gleichmäßiger die zeitliche Entwicklung dieser Zahl ist, desto besser wird die Ertragskraft des analysierten Unternehmens sein.

---

[168] Die Steuerquote i. H. v. 25,352 % ist wieder Basis der Berechnung der anteiligen Ertragsteuern.

Allerdings muss berücksichtigt werden, dass diese Kennzahlen und die damit verbundenen Erkenntnisse aus einer vergleichenden Analyse aufgrund möglicher Ungenauigkeiten bei der Erfolgsspaltung auf der Grundlage lediglich unternehmensexterner Informationen sehr vorsichtig zu interpretieren sind.

Die bestehende Zuordnungsproblematik wird weiter verschärft, wenn die einzelnen Erträge und Aufwendungen im Rahmen der Erfolgsspaltung nicht nur den drei benannten Komponenten, sondern – mit dem „**Bewertungsergebnis**" – einer weiteren, vierten Komponente zugeordnet werden sollen.[169] Da die gemäß dem Vorschlag in der Literatur dem Bewertungsergebnis zuzuordnenden Positionen[170] jedoch einerseits zukünftig an Bedeutung verlieren (z. B. in Anbetracht der HGB-Neuregelungen durch das BilMoG die Einstellungen in den und die Auflösungen der Sonderposten) sowie andererseits sinnvollerweise eher dem außerordentlichen Ergebnis (z. B. Abschreibungen auf das Finanzanlagevermögen und Erträge aus der Auflösung von Rückstellungen) zuzuordnen sind, ist eine solche Unterteilung nur eine künstliche Maßnahme, die zum einen der Wirtschaftlichkeit der Bilanzanalyse entgegensteht und zum anderen selten zu einer höheren Aussagekraft führen wird.

Eine **vierte Komponente** ergibt sich jedoch regelmäßig, soweit diese nicht dem außerordentlichen Erfolg zugeordnet wird, bei der Analyse von IFRS-Abschlüssen,[171] weil der Erfolgsbegriff dort umfassender als nach HGB ist. Neben den Erfolgsbestandteilen, die vom Grunde her mit denen der nationalen handelsrechtlichen Gewinn- und Verlustrechnung vergleichbar sind, müssen nach IFRS im Rahmen der Gesamtergebnisrechnung bestimmte unrealisierte Ergebnisbestandteile im „Other Comprehensive Income" ausgewiesen werden. Dieser Komponente sollte lediglich eine buchungstechnische Bedeutung beigemessen werden, denn aufgrund der kaum willkürfreien Ermittelbarkeit der darin enthaltenen Bestandteile bereits auf Ebene des bilanzierenden Unternehmens, können hieraus nur begrenzt nützliche Informationen gezogen werden. Ein entsprechendes Teilergebnis spiegelt **lediglich unsichere Gewinnhoffnungen** wider.

2.2.3.2   Analyse der Ertrags- und Aufwandsstruktur

Bei der Analyse der Ertrags- und Aufwandsstruktur werden relative Kennzahlen berechnet, die Ergebnisbestandteile – insbesondere das Betriebsergebnis – weiter zerlegt sowie die Intensität des Einsatzes einzelner Produktionsfaktoren zur Erwirtschaftung des Betriebsergebnisses abgeschätzt.

---

[169] Siehe zu diesem Vorschlag z. B. *LANGENBECK* (2007), S. 79. Siehe auch *GRÄFER/SCHNEIDER/ GERENKAMP* (2012), S. 42–44, die vom Bewertungserfolg sprechen.

[170] Vgl. hierzu *LANGENBECK* (2007), S. 82 f.

[171] Vgl. zu den Besonderheiten nach IFRS *KIRSCH* (2003a) und vor allem *ANTONAKOPOULOS* (2010).

Relative Kennzahlen können hierzu etwa als **Verhältnis der einzelnen Ergebnis-bestandteile zum gesamten Jahresergebnis** gebildet werden. Hieraus kann auf die Be-deutung der jeweiligen Komponente für die Erzielung des Gesamtergebnisses geschlos-sen werden. Eine große Bedeutung sollte vor allem dem Betriebsergebnis und dem hieraus ermittelbaren Anteil des Betriebsergebnisses am Gesamtergebnis zukommen:

$$(70) \quad \text{Betriebsergebnisanteil} = \frac{\text{Betriebsergebnis}}{\text{Gesamtergebnis}} \ (\cdot \ 100 \ \%)$$

Beispiel: Der Anteil des Betriebsergebnisses der MUSTER AG an deren Gesamtergeb-nis lässt sich folgendermaßen berechnen:

$$(\text{B70}) \ \text{Betriebsergebnisanteil} = \frac{14.638}{85.340} \cdot 100 \ \% \approx 17,15 \ \%$$

Darüber hinaus sollte insbesondere das **Betriebsergebnis weiter aufgegliedert wer-den**, um dessen Herkunft und damit dessen Nachhaltigkeit besser beurteilen zu können. Da die Herkunft des gesamten Betriebsergebnisses zahlenmäßig weder aus dem Anhang noch aus dem Lagebericht erkennbar ist, muss hilfsweise auf eine **Aufspaltung des Umsatzes** zurückgegriffen werden. Dessen Herkunft ist im Anhang (im Einzelabschluss z. B. gemäß § 285 Nr. 4 HGB) oder auch im Lagebericht erläutert.[172] So werden etwa Angaben über Inlands- und Auslandsumsatz oder Angaben über die Umsatzanteile ein-zelner Produktgruppen oder vergleichbarer Bereiche gemacht. Nach diesen Anteilen am Gesamtumsatz lässt sich die Herkunft des Betriebsergebnisses (i. S. v. Regionen oder Produktgruppen) schätzen.

Die **Schätzung anhand der Umsatzerlösaufspaltung** impliziert allerdings, dass die Rentabilität auf allen Märkten bzw. bei allen Produktgruppen vergleichbar ist. Diese Unterstellung ist häufig unzutreffend. Die Gewinnchancen sind weder auf allen Märk-ten gleich noch sind die Gewinnspannen bei sämtlichen Produktgruppen einheitlich. So ist es durchaus möglich, dass sich auf einzelnen Märkten der Produktpreis an der lang-fristigen Preisuntergrenze orientiert und kein Gewinn entsteht. Wenn beispielsweise die Fertigungskapazitäten vorhanden sind und die Beschäftigung zumindest durch kosten-deckende Preise gesichert ist, kann langfristig auf Gewinn verzichtet werden, soweit ein positiver Deckungsbeitrag erzielt wird. Dies gilt besonders, wenn auf anderen Märkten

---

[172] HUSMANN (1997), S. 354 f., hat bereits 1997 darauf hingewiesen, dass die „Praxis der Segment-berichterstattung in Deutschland [...] über die handelsrechtlichen Anforderungen hinausgehende Informationen" aufweist. Die **aktuelle Rechtslage zur Segmentberichterstattung** gestaltet sich wie folgt: Stellen nicht kapitalmarktorientierte deutsche Konzerne einen Konzernabschluss nach HGB auf, **kann** dieser um eine Segmentberichterstattung erweitert werden. Aus einer solchen Segmentberichterstattung können gemäß DRS 3.31 z. B. die jeweiligen externen und interseg-mentären Umsatzerlöse eines Segments, das Segmentergebnis sowie explizit die Abschreibungen, übrige nicht zahlungswirksame Komponenten und das Beteiligungsergebnis des Segments ent-nommen werden. Ähnliche Angaben finden sich auch in einer Segmentberichterstattung, welche im Rahmen eines IFRS-Abschlusses zu veröffentlichen ist. Diesbezüglich sind die Regelungen des IFRS 8 („Segment Reporting") zu beachten. Siehe weiterführend FINK/ULBRICH (2007).

Gewinne erwirtschaftet werden. Ähnliche Vorgänge sind bei der Preiskalkulation der Produkte eines bestimmten Absatzprogramms ebenfalls zu beobachten.

Zudem kann die **Intensität des Einsatzes einzelner Produktionsfaktoren zur Erwirtschaftung des Betriebsergebnisses** durch eine Gegenüberstellung von verursachten Aufwendungen einerseits und Betriebsergebnis andererseits abgeschätzt werden:[173]

(71) $\quad$ Personalintensität$_{BE} = \dfrac{\text{Personalaufwand}}{\text{Betriebsergebnis}}$ $(\cdot\ 100\ \%)$

(72) $\quad$ Kapitalintensität$_{BE} = \dfrac{\text{Abschreibungen}}{\text{Betriebsergebnis}}$ $(\cdot\ 100\ \%)$

Auf diesem Wege wäre auch die Berechnung einer **Materialintensität** denkbar.

Da diese Kennzahlen bei der Berechnung auf Basis des Betriebsergebnisses oft größer als 100 % sind, kann als Bezugsgröße auch der Produktionswert (oder etwa die Gesamtleistung, welche sich wiederum aus den Posten 1 bis 3 der nach dem Gesamtkostenverfahren erstellten Gewinn- und Verlustrechnung ergibt,) herangezogen werden:

(73) $\quad$ Personalintensität$_{PW} = \dfrac{\text{Personalaufwand}}{\text{Produktionswert}}$ $(\cdot\ 100\ \%)$

(74) $\quad$ Kapitalintensität$_{PW} = \dfrac{\text{Abschreibungen}}{\text{Produktionswert}}$ $(\cdot\ 100\ \%)$

Diese Kennzahlen geben die **Empfindlichkeit (Sensitivität) des Unternehmens gegenüber Veränderungen bei den Aufwendungen der Produktionsfaktoren** „Arbeit" und – zumindest tendenziell – „Kapital" wieder. So wird bei personalintensiven Unternehmen das Ergebnis durch Lohn- und Gehaltserhöhungen stark beeinflusst, während sich auf kapitalintensive Unternehmen der technische Fortschritt sowie Nachfrageund/oder Zinsänderungen besonders stark auswirken können.

Beispiel: Für das Geschäftsjahr 05 lassen sich die Personal- und die Kapitalintensität der MUSTER AG – jeweils auf Basis des Produktionswertes – wie folgt berechnen:

(B73) Personalintensität$_{PW} = \dfrac{675.209}{1.909.406} \cdot 100\ \% \approx 35,36\ \%$

(B74) Kapitalintensität$_{PW} = \dfrac{71.480}{1.909.406} \cdot 100\ \% \approx 3,74\ \%$

---

[173] Anstelle bzw. neben den Abschreibungen können bei der Kapitalintensität auch die Zinsaufwendungen berücksichtigt werden.

2.2.4   Kombinierte Analyse

Bei der Analyse der Ertragskraft eines Unternehmens sind insbesondere zwei Punkte von Bedeutung:

- Zum einen ist die **Höhe der jährlichen Erfolge** möglichst „richtig", d. h. nach betriebswirtschaftlichen Kriterien, zu ermitteln.
- Zum anderen ist die **Nachhaltigkeit der Gewinnerzielung** (im Hinblick auf einzelne Komponenten) zu analysieren.

Die Analyseziele „Feststellung der Höhe der jährlichen Erfolge" und „Feststellung der Nachhaltigkeit der Gewinnerzielung" lassen sich bestenfalls durch eine sinnvolle **Kombination einzelner Kennzahlen und durch die simultane Auswertung der daraus resultierenden Analyseergebnisse** verfolgen.

Exemplarisch soll nunmehr die in Abbildung 34 dargestellte Kombinationsmöglichkeit von Analysemethoden zur Beurteilung der Ertragskraft näher betrachtet werden.

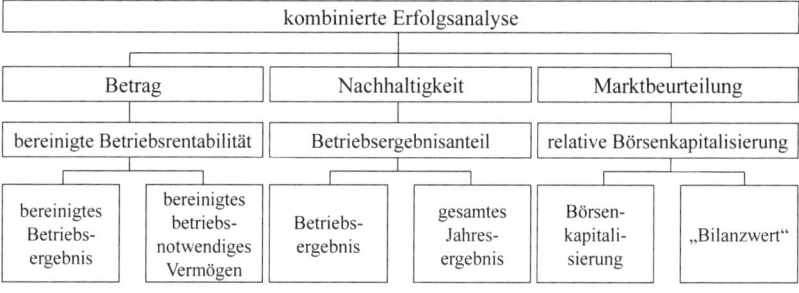

Abbildung 34:   Kombinierte Erfolgsanalyse

Zur Analyse der Höhe des im Rahmen des Betriebszwecks regelmäßig zu erwirtschaftenden Erfolges soll eine **nach Maßstäben der qualifizierten Substanzerhaltung ermittelte Betriebsrentabilität** dienen. Bei der Ermittlung dieser Rentabilitätskennzahl sind die Einflüsse der Preisänderungen und des Wachstums der Volkswirtschaft zu eliminieren. Hierfür ist ein Rückgriff auf die – aus der volkswirtschaftlichen bzw. der finanzwirtschaftlichen Lehre bekannten – Größen **„Wachstum" w** und **„Inflation" g** erforderlich. Unter Berücksichtigung des Betriebsergebnisses sowie des betriebsnotwendigen Vermögens ($V^t_{betriebsnotw}$) – mit Zeitpunkt t für den Periodenbeginn a (Anfang des Analysejahres = Ende des Vorjahres) und für das Periodenende e (Ende des Analysejahres) – berechnet sich die (bereinigte) Betriebsrentabilität schließlich wie folgt (unter Berücksichtigung der dargestellten Umformungen):

$$(75) \quad \text{Betriebsrentabilität}_{ber} = \frac{\text{Betriebsergebnis} - V^a_{betriebsnotw} \cdot (w + g)}{\dfrac{V^a_{betriebsnotw} + (V^a_{betriebsnotw} + V^e_{betriebsnotw} - V^a_{betriebsnotw} \cdot [1 + w + g])}{2}} \, (\cdot \, 100\,\%)$$

$$= \frac{\text{Betriebsergebnis} - V^a_{betriebsnotw} \cdot (w + g)}{\dfrac{2 \cdot V^a_{betriebsnotw} + V^e_{betriebsnotw} - V^a_{betriebsnotw} - V^a_{betriebsnotw} \cdot w - V^a_{betriebsnotw} \cdot g}{2}}$$
$$(\cdot \, 100\,\%)$$

$$= \frac{\text{Betriebsergebnis} - V^a_{betriebsnotw} \cdot (w + g)}{\dfrac{V^a_{betriebsnotw} + V^e_{betriebsnotw} - V^a_{betriebsnotw} \cdot w - V^a_{betriebsnotw} \cdot g}{2}} \, (\cdot \, 100\,\%)$$

$$= \frac{\text{Betriebsergebnis} - V^a_{betriebsnotw} \cdot (w + g)}{\dfrac{V^a_{betriebsnotw} + V^e_{betriebsnotw} - V^a_{betriebsnotw} \cdot (w + g)}{2}} \, (\cdot \, 100\,\%)$$

Die Ermittlung des Betriebsergebnisses und die Bestimmung des betriebsnotwendigen Vermögens wurden bereits im Rahmen der (unbereinigten) Betriebsrentabilität dargelegt. Im Hinblick auf Wachstum und Inflation sind die relativen Zuwachsraten gegenüber dem Vorjahr anzusetzen, die z. B. den Informationen des statistischen Bundesamts entnommen werden können. Mit Hilfe dieser Indizes erfolgt die **Bereinigung** der Eingangsdaten der Formel **um** die **Preisänderungen und** das **volkswirtschaftliche Wachstum**:

- Im **Zähler** wird das nominelle, auf Basis der Gewinn- und Verlustrechnung ermittelte **Betriebsergebnis um wachstums- und inflationsbedingte Scheingewinne**[174] **vermindert.** Das Betriebsergebnis wird dabei um jenen Anteil reduziert, welcher hinsichtlich des betriebsnotwendigen Vermögens zum Ausgleich von Inflation und volkswirtschaftlichem Wachstum erforderlich ist.

- Im **Nenner** muss schließlich das durchschnittliche aus der Strukturbilanz abgeleitete betriebsnotwendige Vermögen stehen, welches sich aus dem gemittelten Anfangs- und Endbestand ergibt, wobei wiederum Preisänderungen und volkswirtschaftliches Wachstum zu korrigieren sind. Die Korrektur ist allerdings nur bezüglich des Endbestandes erforderlich, weil der Anfangsbestand nicht durch die Preisänderungen und das volkswirtschaftliche Wachstum der aktuellen Periode beeinflusst ist. Das bereinigte Endvermögen wird dabei mit Hilfe des folgenden Terms ($V^a_{betriebsnotw} + V^e_{betriebsnotw} - V^a_{betriebsnotw} \cdot [1 + w + g]$) berechnet, welcher sich aus dem betriebsnotwendigen Vermögen zu Periodenbeginn $V^a_{betriebsnotw}$ und dem realen Unternehmenswachstum zusammensetzt. Letzteres wird durch den Term ($V^e_{betriebsnotw} - V^a_{betriebsnotw} \cdot [1 + w + g]$) ermittelt, wobei vom nominellen Endvermögen $V^e_{betriebsnotw}$ jenes Endvermögen abgezogen wird, welches sich fiktiv ergeben hätte, wenn sich das Anfangsvermögen $V^a_{betriebsnotw}$ lediglich durch die Preisänderungen g und das volkswirtschaftliche Wachstum w verändern würde. Der komplette Nenner drückt somit **das durchschnittliche bereinigte betriebsnotwendige Vermögen** aus.

---

[174] Vgl. ausführlich zu Scheinerfolgen und deren Schätzung auf Basis des Jahresabschlusses MATSCHKE (1975), m. w. N. Siehe auch LEFFSON (1984), S. 145–150.

Hinsichtlich der bereinigten Betriebsrentabilität sei darauf hingewiesen, dass der „tatsächliche" Wert des betriebsnotwenigen Vermögens regelmäßig höher als der nominell ausgewiesene Betrag ausfällt. Dies ist z. B. auf Unterbewertungen zurückzuführen, die etwa durch das Niederstwertprinzip oder durch Ausnutzung von Bewertungsfreiheiten entstanden sind. Diese werden durch die dargestellten Korrekturen nicht bereinigt. Auch der originäre Geschäfts- oder Firmenwert, der sich durch die Kombination der Produktionsfaktoren oder das Vorhandensein nicht bilanzierungsfähiger immaterieller Vermögenskomponenten ergibt, kann bei einer externen Analyse nicht ermittelt und somit nicht berücksichtigt werden. Daher und in Anbetracht der bei der Bereinigung berücksichtigten Fiktionen bleibt zu betonen, dass es sich bei Formel 75 lediglich um eine **näherungsweise Berechnung** handelt.

Beispiel: Für die MUSTER AG kann – unter Berücksichtigung eines im Jahre 05 relevanten Wachstums von w = 0,9 % sowie einer entsprechenden Inflation von g = 2,0 % – die bereinigte Betriebsrentabilität des Geschäftsjahres 05 wie nachfolgend dargestellt ermittelt werden. Während die unbereinigte Betriebsrentabilität noch leicht positiv ist (1,85 %), ergibt sich eine negative bereinigte Betriebsrentabilität:

$$(B75) \quad \frac{\text{Betriebs-}}{\text{rentabilität}_{ber}} = \frac{14.638 \; - 747.900 \cdot (0,009 + 0,02)}{\left(\dfrac{747.900 + 747.123 - 747.900 \cdot (0,009 + 0,02)}{2}\right)} \cdot 100 \, \%$$

$$= \frac{14.638 - 747.900 \cdot 0,029}{\left(\dfrac{1.495.023 - 747.900 \cdot 0,029}{2}\right)} \cdot 100 \, \%$$

$$\approx \frac{-7.051,1}{736.667} \cdot 100 \, \% \approx \, - 0,96 \, \%$$

Um einen Anhaltspunkt für die Herkunft und damit für die Nachhaltigkeit des Erfolges zu erhalten, ist der **Betriebsergebnisanteil am gesamten Jahresergebnis** zu ermitteln:

$$(76) \quad \text{Betriebsergebnisanteil} = \frac{\text{Betriebsergebnis}_{\text{nicht ber}}}{\text{Gesamtergebnis}} \; (\cdot \, 100 \, \%)$$

Bei der Ermittlung des Betriebsergebnisanteils kann auf **Korrekturfaktoren** für Preisänderungen und das Wachstum der Volkswirtschaft **verzichtet** werden, weil diese in nahezu vergleichbarer Stärke auf Zähler und Nenner wirken. Der Betriebsergebnisanteil würde sich dadurch kaum verändern. Sofern das Betriebsergebnis den regelmäßig durch die Verfolgung des Betriebszwecks zu erreichenden Erfolg repräsentiert, kann die Nachhaltigkeit als umso besser beurteilt werden, je höher der Betriebsergebnisanteil ist.

Beispiel: Der Betriebsergebnisanteil der MUSTER AG wurde bereits berechnet (Abschnitt 2.2.3.2 des III. Kapitels) und beträgt (nur) 17,15 %.

Wird (sehr vereinfacht) unterstellt, dass die langfristige Börsenbeurteilung eines Unternehmens primär von der Ertragskraft geprägt wird, sollte die Beobachtung des Börsenkurses gewisse Hinweise darauf geben, wie die Teilnehmer des Marktes für Unternehmensanteile – der Börse – die Ertragskraft des zu analysierenden Unternehmens beurteilen. Als Kennzahl lässt sich eine **relative Börsenkapitalisierung** berechnen:

$$(77) \quad \text{relative Börsenkapitalisierung} = \frac{\text{Börsenkapitalisierung}}{\text{bilanzanalytisches EK}} \ (\cdot \ 100 \ \%)$$

Diese relative Börsenkapitalisierung sollte – sofern keine gravierenden Änderungen, wie z. B. der Atomausstieg für die Energieversorgung, zu berücksichtigen sind – auf Basis **längerfristiger Durchschnittswerte** ermittelt werden, weil vor allem kurzfristig in größerem Umfang auch nicht ertragskraftabhängige Faktoren den Börsenkurs beeinflussen. Dabei ist zu beachten, dass sich die Durchschnittswerte von Börsenkapitalisierung und bilanzanalytischem Eigenkapital **zeitlich entsprechen** müssen.

Beispiel: Zur Ermittlung der relativen Börsenkapitalisierung soll (in Zähler und Nenner) auf Durchschnittswerte zurückgegriffen werden. Während sich die diesbezüglich erforderlichen Daten zum Eigenkapital aus der Strukturbilanz entnehmen lassen, soll die (absolute) Börsenkapitalisierung auf Basis der folgenden Daten der relevanten Bilanzstichtage ermittelt werden: Ende 04: annahmegemäß T€ 2.117.644; Ende 05: Ergebnis gemäß Berechnung aus Formel B42: T€ 3.023.046. Hieraus resultiert schließlich folgende relative Börsenkapitalisierung:

$$(B77) \ \text{relative Börsenkapitalisierung} = \frac{\left(\dfrac{2.117.644 + 3.023.046}{2}\right)}{\left(\dfrac{549.097 + 484.179}{2}\right)} \cdot 100 \ \%$$

$$= \frac{2.570.345}{516.638} \cdot 100 \ \% \approx 497{,}51 \ \%$$

Für jede der genannten Kennzahlen sollte sowohl ein **Zeitvergleich** als auch ein **Branchenvergleich** durchgeführt werden. Dabei sind allerdings Branchenabweichungen in vielen Fällen unbedeutender als Zeitabweichungen, weil Branchendurchschnitte nicht etwa ein ideales Unternehmen charakterisieren, sondern lediglich rechnerische Größen darstellen. Die zeitliche Entwicklung lässt – insbesondere wenn diese negativ ist – aufgrund der besseren Vergleichbarkeit eher Rückschlüsse auf zukünftige Tendenzen zu.

> Eine **allgemeine Angabe von „Normbeurteilungen"** für die einzelnen der genannten Kennzahlen ist **nicht möglich**. Es kann nur gesagt werden, dass die Ertragskraft eines Unternehmens als umso besser beurteilt werden kann, je höher die Betriebsrentabilität, der Betriebsergebnisanteil und – unter Vorbehalt – die relative Börsenkapitalisierung sind.

2.3   Methoden-Informationsvergleich

> Die Informationen, die der publizierte Jahresabschluss zur Erfolgslage
> und zur zukünftigen Entwicklung dieser Lage bietet,
> haben eine sehr **eingeschränkte Aussagekraft**.

Dies liegt einerseits an der **Diskrepanz zwischen der betriebswirtschaftlichen Erfolgsdefinition und der Erfolgsdefinition der Rechnungslegung** nach HGB oder nach
IFRS. Andererseits liegt die Ursache in den **Manipulationsmöglichkeiten**, die HGB
sowie IFRS durch explizite und implizite Wahlrechte – vor allem durch Bewertungswahlrechte – zulassen. Dadurch leidet insbesondere die periodengerechte Abgrenzung der Jahresergebnisse. Aufgrund von Konzernverflechtungen können darüber hinaus Gewinne oder Verluste nicht nur zeitlich, sondern auch örtlich – vor allem zu
ausländischen Tochterunternehmen – verschoben werden.

Durch die Ermittlung des **Ergebnisses nach DVFA/SG** sollen wesentliche ungewöhnliche und manipulative Einflüsse neutralisiert werden. Das Ziel ist ein Gewinn, der
einen Zeit- und Betriebsvergleich ermöglicht. Diese Kennzahl stellt zwar nicht auf den
ökonomisch „richtigen" Gewinn ab, zeigt jedoch immerhin einen auf Basis der Informationen des Jahresabschlusses ermittelten „normalisierten" Erfolg. Wegen fehlender
Informationen kommt dieser Kennzahl bei der externen Analyse nur eine untergeordnete
Bedeutung zu. „Das Ergebnis nach DVFA/SG hatte, als börsennotierte Gesellschaften
noch nach HGB bilanzierten, relativ starke Verbreitung gefunden"[175] und stand bisher
als zusätzlicher Indikator zur Verfügung. Hierbei ist jedoch zu berücksichtigen, dass
dieses von der Geschäftsleitung ermittelt wurde. Die Entscheidung, welche Komponenten
des handelsrechtlichen Ergebnisses zu neutralisieren waren, lag somit in den Händen der
Unternehmensführung. Das Ergebnis nach DVFA/SG war – wie der gesamte Jahresabschluss – von deren Interessenlage geprägt. „Mit Einzug der internationalen Rechnungslegung in die deutsche Bilanzierungspraxis hat die lediglich freiwillige Berichterstattung über das DVFA/SG-Ergebnis jedoch stark nachgelassen."[176]

EBIT, EBITDA und EBITDASO sind zwar relativ einfach aus den Angaben des Jahresabschlusses zu ermitteln, allerdings ist grundsätzlich die bestehende Problematik im
Hinblick auf die uneinheitlichen Bereinigungsschritte zu berücksichtigen. In diesem
Zusammenhang ist darauf zu verweisen, dass sog. **Pro-forma-Ergebnisse** bei der Unter-
nehmensberichterstattung weltweit eine wachsende Bedeutung erlangt haben. Hierbei
handelt es sich um Ergebniskennzahlen, die – wie z. B. auch EBIT, EBITDA und
EBITDASO (sowie bisher das Ergebnis nach DVFA/SG) – durch das Unternehmen aus
den standard- oder gesetzeskonformen Unternehmensergebnissen selbst entwickelt und
veröffentlicht werden.

---

[175]   *COENENBERG/HALLER/SCHULTZE* (2012), S. 1112.
[176]   *COENENBERG/HALLER/SCHULTZE* (2012), S. 1112.

> Es ist in Mode gekommen, die unter Berücksichtigung der anzuwen-
> denden Rechnungslegungsstandards ermittelten Unternehmensergebnisse
> um vermeintliche (meist ergebnisbelastende) Sondereffekte zu korrigieren
> und als **Pro-forma-Kennzahlen** zu veröffentlichen. Somit wird der
> Ergebnisausweis möglichst „prognosekonform" (i. S. d. Erwartungen
> „des Kapitalmarktes" oder anderer Zielsetzungen) gestaltet.

Das Phänomen dieser **Pro-forma-Berichterstattung** gewinnt zudem insofern an Bri-
sanz, als einerseits eine immense Dynamik in der Entwicklung neuer und der Änderung
bestehender Rechnungslegungsstandards und -gesetze sowie andererseits das Bestreben
nationaler Gesetzgeber zur Erhöhung der Haftung der Unternehmensleitungen zu verzeichnen sind. Es stellt sich dabei vor allem die Frage, ob die Pro-forma-Kennzahlen
lediglich i. S. v. unglaubwürdigen, kaum nachprüfbaren Phantasiekennzahlen skeptisch
betrachtet werden müssen oder ob diese beispielsweise Unstetigkeiten beseitigen und so
vielmehr wertvolle Informationen mit „echtem" Nutzen darstellen.[177]

Mit Hilfe des (erfolgswirtschaftlichen) **Cashflows** sollen insbesondere die Bewertungs-
einflüsse auf den Erfolg ausgeschaltet werden. Der Cashflow ist *ex definitione* jedoch
eine liquiditätsorientierte Stromgröße. Diese Größe kann – aufgrund des langfristigen
Ausgleiches der Periodendifferenzen zwischen Erfolgs- und Zahlungsströmen – allenfalls **bei einer sehr langfristigen Betrachtungsweise** Kriterium für den Erfolg sein.
Die Informationen über Ein- und Auszahlungen als Basis des Cashflows können auf
Grundlage des Jahresabschlusses jedoch nur geschätzt werden. Vor dem Hintergrund
der Mangelhaftigkeit der Informationen lässt diese Kennzahl lediglich sehr vorsichtige
Interpretationen zu.

Die für die Ermittlung der **Börsenkapitalisierung** erforderlichen Informationen stehen
nur bei börsennotierten Unternehmen zur Verfügung. Dabei ist jedoch zu berücksichtigen,
dass Börsenkurse bestenfalls Hinweise auf die subjektiven Werte von Grenzanbietern
und -nachfragern zu einem bestimmten Zeitpunkt geben können. Der ökonomisch bedeutsame Unterschied zwischen Wert und Preis wird bei der Betrachtung der Börsenkapitalisierung gewöhnlich missachtet. Auch Spekulationsaspekte und Auswirkungen
von sog. technischen Chartanalysen im Sinne einer **sich selbsterfüllenden Prophezeiung** haben Auswirkungen auf die Börsenkurse.

---

[177] Siehe grundsätzlich *HEIDEN* (2006) zu dieser „Gratwanderung [der Unternehmen] zwischen wirtschaftlich begründeter Verschleierung und einem strafwürdigen Delikt" (S. 8). Vgl. auch *HEIDEN/
BRÖSEL* (2004), *HAAKER* (2011).

Bewertungsabhängige Einschränkungen gelten auch für die Berechnung der **Wertschöpfung**. Da aber in großem Umfang Aufwendungen in diese Rechnung eingehen, die weitgehend nicht manipulierbar sind, ist diese Kennzahl als **relativ informationskompatibel** zu bezeichnen. Die Fehler, die durch die Ausübung von (Bewertungs-) Wahlrechten seitens der Geschäftsleitung und durch konzerninterne Gewinnverschiebungen auftreten, wirken sich hauptsächlich auf den kapitalorientierten Teil der Wertschöpfung aus, so dass deren Einfluss geringer ist als bei den vorher genannten, aus dem Jahresabschluss abgeleiteten Kennzahlen.

Die Aussagekraft der **Gewinnschwellenanalyse** ist vor allem deshalb sehr eingeschränkt, weil eine Information über die „kritische" Größe – die Menge der abgesetzten Produkte und die Zusammensetzung des Produktionsprogramms – im Jahresabschluss regelmäßig nicht enthalten ist. Als Gegenbeispiel sei die Automobilindustrie genannt, bei der die Absatzzahlen der einzelnen Produkte oder Produktgruppen häufig veröffentlicht werden.

Da es sich bei allen **Rentabilitätsanalyseverfahren** nur um Relativierungen absoluter Erfolgsgrößen handelt, leidet deren Aussagekraft unter denselben informatorischen Einschränkungen, denen bereits die (absoluten) Eingangsgrößen unterliegen. Darüber hinaus ergeben sich Informationsprobleme bei der Ermittlung des Nenners. Wenn als Zähler und Nenner unkorrigierte (verzerrte) Größen, wie sie z. B. der Jahresabschluss oder Börsenkursblätter liefern, angesetzt werden, treten zwar keine Informationsschwierigkeiten auf, die Aussagekraft ist dann jedoch im Hinblick auf eine weniger „richtige" (zielorientierte) Ermittlung der Eingangsgrößen noch geringer.

Schließlich unterliegen auch die **Verfahren der strukturellen Erfolgsanalyse** den genannten Informationsbeschränkungen. Dennoch muss diesen Verfahren eine höhere Informationskompatibilität zugebilligt werden, weil durch das betriebswirtschaftliche Konzept der Erfolgsspaltung die Ergebnisse vergleichbarer gemacht werden (sollen). Dabei hat jedoch der Analyst die Manipulationsgefahr bei der Berechnung des Anteils des Betriebsergebnisses zu berücksichtigen.

Die **kombinierte Analyse** versucht schließlich durch die simultane Anwendung verschiedener, relativ einfacher Auswertungsmethoden, das beschränkte Informationsangebot des Jahresabschlusses möglichst angemessen zu interpretieren. Hierbei werden die wichtigsten Einflussfaktoren annähernd berücksichtigt, ohne dass das Informationsmaterial mit komplizierten Auswertungsmethoden „informativer" gemacht werden soll. Die Aussagekraft der kombinierten Analyse entspricht weitgehend dem Informationsgehalt des Jahresabschlusses im Hinblick auf die Erfolgslage. Dies schließt nicht aus, dass Spezialanalysen besser mit Hilfe anderer Methoden durchgeführt werden. Bei der kombinierten Analyse ist jedoch nur die globale Analyse der Ertragskraft angestrebt, wie sie etwa Kleinkapitalanleger und -kreditgeber mangels weiterer Informationsquellen bestenfalls durchführen können.

2.4   Methodenvergleich

Wenn bei der Durchführung der Bilanzanalyse das Ziel verfolgt wird, die Höhe und die Herkunft des Gewinns nach betriebswirtschaftlichen Maßstäben zu ermitteln, sind sämtliche Methoden als nicht zielkonform anzusehen. Dies liegt an den genannten Informationsmängeln und am fehlenden unbestrittenen betriebswirtschaftlichen Gewinnkonzept.

Bezüglich der Analyse der **Höhe des betrieblichen Erfolges** bietet die Methode des nach Maßstäben der qualifizierten Substanzerhaltung und vor allem um identifizierbare bilanzpolitische Manipulationseinflüsse bereinigten Jahresergebnisses einen annähernd vertretbaren Kompromiss zwischen Praktikabilität und theoretischen Anforderungen. Dieses Vorgehen wurde im Rahmen der kombinierten Analyse bei der Betriebsrentabilität dargestellt. Auch der Analyse der langfristigen Börsentrends kommt hierbei eine relativ hohe Bedeutung zu, weil diese Ausdruck der Ertragskraftbeurteilung durch die Kapitalanleger sein können.

Zur Beurteilung der **Nachhaltigkeit des Erfolges** ist vor allem die Ermittlung des Betriebsergebnisses im Rahmen der Erfolgsspaltung und z. B. dessen Relation zum Gesamterfolg zweckmäßig, weil mit wachsendem Betriebsergebnisanteil die Wahrscheinlichkeit gleichmäßiger Erfolgserzielung tendenziell steigt. Unter Berücksichtigung der Ergebnisse des Methoden-Informationsvergleiches kann zum Zweck einer Erfolgsanalyse auf Basis publizierter Jahresabschlüsse grundsätzlich empfohlen werden, die oben beschriebene kombinierte Analyse durchzuführen.

3 Analyse der Vermögenslage

3.1 Definition

Der Begriff des Vermögens wird unterschiedlich definiert und abgegrenzt. Regelmäßig wird in der betrieblichen Praxis – wie auch im HGB und in den IFRS – eine **substanzbezogene Definition** bevorzugt.

> Gemäß der substanzorientierten Definition wird unter dem (bilanziellen) (Roh-) **Vermögen** die Summe aller im wirtschaftlichen Eigentum des Unternehmens (des Unternehmers) stehenden Gegenstände und einzeln identifizierbaren immateriellen Ressourcen verstanden, die je nach Rechnungslegungssystem unterschiedliche Anforderungen erfüllen (müssen).

Wenn das (Roh-)Vermögen um die Schulden gemindert wird, ergibt sich das **Reinvermögen**. Dieses entspricht sowohl in der nationalen als auch in der internationalen Bilanz dem Eigenkapital. In analoger Weise zur Vermögensdefinition – als Ausdruck der Summe der investierten Geldmittel – wird das **Kapital** als Summe der dem Unternehmen überlassenen Geldmittel verstanden. Dabei handelt es sich regelmäßig um die Finanzierung durch von Eigen- und Fremdkapitalgebern überlassene Geldmittel; in Ausnahmefällen werden auch Sachmittel in das Unternehmen eingebracht.

Im Rahmen der Bilanzanalyse ist zumeist eine nach HGB oder eine nach den IFRS erstellte Bilanz die Informationsquelle. Diese hat dabei gemäß § 264 Abs. 2 HGB bzw. IAS 1.9 die Aufgabe, einen Einblick in die Vermögenslage zu ermöglichen. Damit ist eine **vollständige und übersichtliche** (nach IAS 1.9: „strukturierte") **Darstellung der Vermögens- und auch der Schuldenzusammensetzung** des Unternehmens gemeint.

Nationale und internationale Bilanzen weisen allerdings aus verschiedenen Gründen das Vermögen eines Unternehmens nicht vollständig aus:

- Bilanzen enthalten **nur bilanzierungsfähige Vermögenskomponenten**. So besteht hinsichtlich der selbst geschaffenen (= originären) immateriellen Vermögensteile des Anlagevermögens in nationalen Bilanzen gemäß § 248 Abs. 2 HGB „lediglich" ein Aktivierungswahlrecht. Nach nationalen und internationalen Normen sind bestimmte, schwer vom originären Geschäfts- oder Firmenwert abzugrenzende Potentiale, wie z. B. der Kundenstamm, die Standortbedingungen oder die Organisationsstruktur, „sogar" von der Aktivierung ausgeschlossen.
- Bilanzen stellen nur die Summe einzelner Vermögensteile dar. Verbundvor- und -nachteile (also positive und negative **Synergien**), die durch die Kombination einzelner Vermögenskomponenten entstanden sind, **bleiben** (generell) **unberücksichtigt**.
- Bilanzen weisen **lediglich Sachwerte** sowie bestimmte immaterielle Werte aus. Personalwerte sind nur schätzungsweise oder überhaupt nicht zu ermitteln.

- Die **Bewertung** der Vermögensteile erfolgt in nationalen Bilanzen **nicht nach betriebswirtschaftlichen Maßstäben** (beispielsweise i. S. d. Gesamtbewertungs- und Zukunftsprinzips), sondern nach dem handelsrechtlichen Niederst- sowie dem Nominalwertprinzip. Auch in internationalen Bilanzen kann dieser Mangel durch die teilweise mögliche (und zugleich theoretisch äußerst fragwürdige) Bewertung zu beizulegenden Zeitwerten („Fair Value") nicht geheilt werden.[178]
- Vor allem in nationalen Bilanzen wirken sich die Bewertungsprinzipien auf **Aktivund Passivseite unterschiedlich** aus. Das nach HGB dominierende Vorsichtsprinzip bewirkt eine eher pessimistische Darstellung der Vermögenslage. Die vorhandenen Vermögensgegenstände (Aktiva) werden tendenziell unterbewertet[179], während die Schulden (Teil der Passiva) tendenziell überbewertet sind.

Aufgrund der dargestellten Einschränkungen ist das substanzorientierte Vermögen eines Unternehmens aus der publizierten Bilanz nur näherungsweise zu entnehmen. Da die **Bilanz** jedoch die **primäre Informationsquelle zur Vermögensanalyse** darstellt, muss dennoch auf diese Informationsbasis zurückgegriffen werden, wenn nicht völlig auf eine Vermögensanalyse verzichtet werden soll.

Die **substanzorientierte Vermögensinterpretation** ist in Anbetracht der dargestellten Probleme **zugunsten einer erfolgsorientierten Definition** aufzugeben. Demnach ist das Vermögen eines Unternehmens als die Basis zu definieren, die das Unternehmen in die Lage versetzen soll, in Zukunft nachhaltig Erfolge zu erwirtschaften. Hierbei kann vom **Erfolgserzielungsvermögen** gesprochen werden.[180]

Bei der Bilanzanalyse kommt der Vermögensanalyse aber nicht nur insofern Bedeutung zu, als das Vermögen unter dem Aspekt der Erfolgserzielung beurteilt wird. Es wurde bereits darauf hingewiesen, dass die **Erfolgserzielung lediglich unter Beachtung des Liquiditätsziels** erreicht werden kann. Eine Beurteilung des Vermögens muss deshalb auch insofern erfolgen, als zu eruieren ist, inwieweit zukünftig das Ziel der Liquiditätssicherung eingehalten werden kann. Es sei auf den genannten Begriff der Liquidierbarkeit verwiesen, der definitionsgemäß die Einzelliquidation des Vermögens unterstellt. Vor diesem Hintergrund wird vom **Liquiditätssicherungsvermögen** gesprochen.

Die Vermögensanalyse dient ausschließlich dazu, die genannten Oberziele „Liquidität" und/oder „Erfolg" besser zu erreichen.[181] Im Rahmen der praktischen Bilanzanalyse wird der Vermögensanalyse jedoch regelmäßig eine gleichrangige Stellung eingeräumt.

---

[178] Siehe hierzu kritisch z. B. *WAGENHOFER* (2006), *OLBRICH/BRÖSEL* (2007), *BIEG ET AL.* (2008).

[179] Vgl. zum Problem der Kenntnis der stillen Reserven im Interessenkonflikt der beteiligten Gruppen *SIEGEL ET AL.* (1999).

[180] Anderer Ansicht sind *COENENBERG/ALVAREZ* (2002), S. 394 f., welche die Analyse der Vermögenslage vielmehr (und allein) mit der Analyse der Finanzlage verknüpft sehen.

[181] Ähnlich auch *BALLWIESER* (1987), S. 60.

Die **Analyse der Vermögenslage** hat in der Hierarchie der Analyseziele
einen **niedrigeren Rang als die Analyse der Liquiditäts- und der Erfolgslage**.
Der Vermögensanalyse wird in Bezug auf die Liquiditäts-
und die Erfolgsanalyse lediglich ein „Mittelcharakter" zugesprochen.

3.2   Analysemethoden

3.2.1   Überblick

Mit Hilfe der Vermögensanalyse sollen folgende (Unter-)Zielsetzungen verfolgt werden:

- das Treffen von Aussagen über die **Vermögensstruktur**, wie sie auf der Aktivseite
  der Bilanz dargestellt ist,
- das Treffen von Aussagen über die **Finanzierungsstruktur** (Passivseite) sowie
- das Treffen von Aussagen über die Finanzierung (Mittelherkunft) und die Investition
  (Mittelverwendung) durch eine **horizontale Vermögens-/Finanzierungsstruktur-
  analyse**.

Die einzelnen Analyseziele und -methoden, die entsprechend auf die Liquiditätssicherung
und die Erfolgserzielung gerichtet sind, werden in Abbildung 35 zusammenfassend dargestellt.

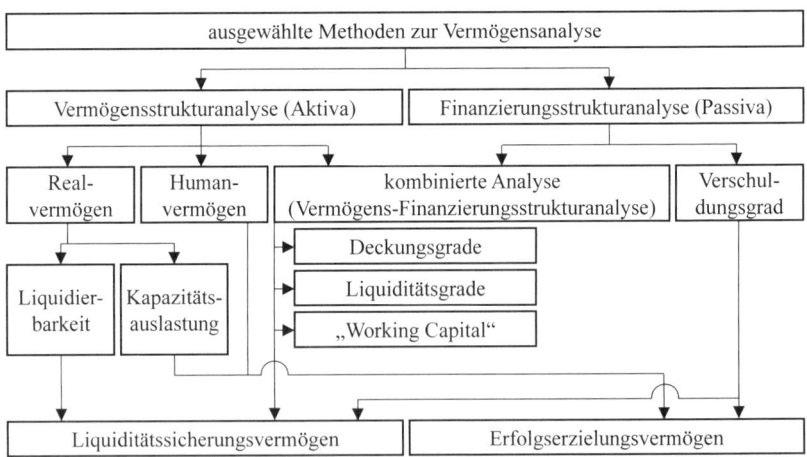

Abbildung 35:   Ausgewählte Methoden zur Vermögensanalyse im Überblick

3.2.2 Methoden zur Vermögensstrukturanalyse

3.2.2.1 Realvermögen

3.2.2.1.1 Liquidierbarkeit

> Die **Analyse der Struktur** – also der relativen Zusammensetzung – des in der Bilanz ausgewiesenen Vermögens soll Aussagen im Hinblick auf die Fähigkeit des Vermögens ermöglichen, zukünftig **sowohl liquiditätssichernd als auch erfolgserzielend** eingesetzt werden zu können.

Unter dem Begriff der **Liquidierbarkeit (strukturelle Liquidität)** wird die Eigenschaft von Vermögenspositionen verstanden, als Zahlungsmittel zu dienen oder in diese transformiert werden zu können. Demnach resultieren hieraus die Möglichkeiten eines Unternehmens, im Rahmen des normalen Geschäftsverkehrs („Going Concern") Vermögensteile mehr oder weniger schnell verflüssigen zu können, um schließlich fällige Zahlungsverpflichtungen zu erfüllen.

Die Analyse der Vermögensstruktur kann darüber insoweit Auskunft geben, als mit steigender Geldnähe der aktivierten Vermögensteile die Liquidierbarkeit im Geschäftsprozess tendenziell positiv beurteilt werden kann. Zu diesem Zweck werden sog. **Intensitätskennzahlen** gebildet, die ausgewählte Vermögensteile in Relation zueinander setzen:[182]

$$(78) \quad \text{Anlagenintensität} = \frac{\text{bilanzanalytisches AV}}{\text{bilanzanalytisches Gesamtvermögen}} \; (\cdot \, 100 \, \%)$$

$$(79) \quad \text{Umlaufintensität} = \frac{\text{bilanzanalytisches UV}}{\text{bilanzanalytisches Gesamtvermögen}} \; (\cdot \, 100 \, \%)$$

$$(80) \quad \text{Geldvermögensintensität} = \frac{\text{(Netto-)Geldvermögen}}{\text{bilanzanalytisches Gesamtvermögen}} \; (\cdot \, 100 \, \%)$$

Allerdings ergeben sich aus den Ergebnissen der ersten beiden Kennzahlen (Anlagen- und Umlaufintensität) materiell keine unterschiedlichen Informationen, weil diese ineinander überführbar sind, denn grundsätzlich gilt: Anlagenintensität + Umlaufintensität = 1. Es handelt sich hierbei um sog. **Komplementärkennzahlen**. Aus einem **Zeit- oder** einem **Branchenvergleich** wird bei der Bilanzanalyse die Liquidierbarkeit als umso besser beurteilt, je niedriger etwa die erste (78) und je höher die beiden letzten Intensitätskennzahlen (79 und 80) sind. Begründet wird dies meist damit, dass ein Unternehmen mit geringer Anlagenintensität flexibler ist, weil es besser bzw. schneller Beschäftigungsrückgänge kompensieren kann. Schließlich ist zum einen das Umlaufvermögen schneller liquidierbar; zum anderen ist die Fixkostenbelastung aus den Positionen des Anlagevermögens (vor allem bezüglich der Abschreibungen) geringer. Dabei muss je-

---

[182] (Netto-)Geldvermögen = bilanzanalytisches Umlaufvermögen – (darin enthaltene) Vorräte – kurzfristiges bilanzanalytisches Fremdkapital (siehe Formel 34).

doch berücksichtigt werden, dass fixe Kosten nicht ausschließlich aus dem Anlagevermögen resultieren, sondern (je nach Branche und Unternehmen unterschiedlich) auch oder vor allem aus Anstellungsverträgen mit den Mitarbeitern sowie z. B. aus Miet-, Pacht-, Leasing- und anderen Verträgen resultieren, wobei die diesbezüglichen Vermögenskomponenten (sofern die Leasinggegenstände beim Leasinggeber bilanziert werden) nicht aus der Bilanz ersichtlich sind.[183] Zudem kann ein Rückgang der Anlageintensität auch darauf zurückzuführen sein, dass Investitionsmaßnahmen in das Anlagevermögen zur Aufrechterhaltung der Wettbewerbsfähigkeit versäumt wurden, eine niedrigere Bewertung des Anlagevermögens aufgrund fehlender Einsatzmöglichkeiten erforderlich war oder „Sale-and-Lease-back-Aktivitäten" vorgenommen wurden. Eine geringere Umlaufintensität kann ferner auf eine effizientere Lagerhaltung zurückgehen („Just in Time").

Beispiel: Zum Bilanzstichtag 31.12.05 ergeben sich für die MUSTER AG folgende Intensitätskennzahlen:

$$(B78) \text{ Anlagenintensität} = \frac{1.611.496}{2.521.822} \cdot 100\ \% \approx 63,90\ \%$$

$$(B79) \text{ Umlaufintensität} = \frac{910.326}{2.521.822} \cdot 100\ \% \approx 36,10\ \%$$

$$(B80) \text{ Geldvermögensintensität} = \frac{910.326 - 284.728 - 1.137.520}{2.521.822} \cdot 100\ \%$$

$$= \frac{-511.922}{2.521.822} \cdot 100\ \% \approx -20,3\ \%$$

Weiterhin dienen auch die **Umschlagskoeffizienten**[184] dazu, Aussagen über die Liquidierbarkeit zu ermöglichen. Diese Kennzahlen sollen – als **Umschlagsdauer** definiert – durch die Gegenüberstellung von korrespondierenden Bestands- und Stromgrößen jene Zeit angeben, in der die jeweiligen Vermögensteile durch Erlöse gedeckt werden. Je kürzer diese Zeitspanne ist, desto höher wird tendenziell die Fähigkeit zur Liquiditätssicherung sein. Beliebte Umschlagskoeffizienten sind die Umschlagsdauer (auch Verweildauer) des Anlagevermögens, die Umschlagsdauer der Roh-, Hilfs- und Betriebsstoffe sowie die Umschlagsdauer der Forderungen (aus Lieferungen und Leistungen):[185]

$$(81) \quad \frac{\text{Umschlagsdauer}}{\text{des Anlagevermögens}} = \frac{\left(\begin{array}{c}\text{durchschnittlicher Bestand} \\ \text{des originären Anlagevermögens}\end{array}\right) \cdot 365}{[\text{Abschreibungen} + \text{Abgänge (Restbuchwert)}]\ \text{p. a.}} \quad [\text{in Tagen}]$$

---

[183]   Vgl. hierzu *BITZ/SCHNEELOCH/WITTSTOCK* (2011), S. 517 f.

[184]   Siehe hierzu bereits die Ausführungen in Abschnitt 1.2.2.5 dieses Kapitels, in welchem vor allem auf die verschiedenen Varianten der reziproken Kennzahl „Umschlagshäufigkeit" abgestellt wurde.

[185]   Wie im Abschnitt 1.2.2.5 dieses Kapitels bereits dargestellt, wird die Umschlagsdauer der Forderungen aus Lieferungen und Leistungen auch als durchschnittliches **Debitorenziel** bezeichnet. Ebenda wurde auch auf die tendenziell geringe Aussagekraft der **Umschlagdauer des Anlagevermögens** hingewiesen.

(82)
$$\begin{array}{l}\text{Umschlagsdauer}\\ \text{der Roh-, Hilfs- und}\\ \text{Betriebsstoffe}\end{array} = \dfrac{\left(\begin{array}{l}\text{durchschnittlicher Bestand der}\\ \text{Roh-, Hilfs- und Betriebsstoffe}\end{array}\right) \cdot 365}{\begin{array}{c}\text{Aufwendungen für Roh-, Hilfs-}\\ \text{und Betriebsstoffe p. a.}\end{array}} \quad \text{[in Tagen]}$$

(83)
$$\begin{array}{l}\text{Umschlagsdauer}\\ \text{der Forderungen}\end{array} = \dfrac{\left[\begin{array}{l}\text{durchschnittlicher Bestand an (originären)}\\ \text{Forderungen aus Lieferungen und Leistungen}\end{array}\right] \cdot 365}{\text{Umsatzerlöse p. a. zuzüglich Umsatzsteuer}} \quad \text{[in Tagen]}$$

Beispiel: Nachfolgend werden ausgewählte Umschlagskoeffizienten der MUSTER AG für das Geschäftsjahr 05 berechnet:[186]

(B81)
$$\begin{array}{l}\text{Umschlagsdauer}\\ \text{des Anlagevermögens}\end{array} = \dfrac{\left(\dfrac{1.581.360 + 1.190.449}{2}\right) \cdot 365}{93.456 + (75.494 - 61.193)} \approx 4.694,41 \text{ Tage}$$

(B82)
$$\begin{array}{l}\text{Umschlagsdauer}\\ \text{der Roh-, Hilfs- und}\\ \text{Betriebsstoffe}\end{array} = \dfrac{\left(\dfrac{54.785 + 58.334}{2}\right) \cdot 365}{592.331} \approx 34,85 \text{ Tage}$$

(B83)
$$\begin{array}{l}\text{Umschlagsdauer}\\ \text{der Forderungen}\end{array} = \dfrac{\left(\dfrac{46.811 + 64.274}{2}\right) \cdot 365}{1.776.588 \cdot 1,19} \approx 9,59 \text{ Tage}$$

Die Umschlagsdauer der Forderungen aus Lieferungen und Leistungen gibt Hinweise auf das „durchschnittliche" Zahlungsverhalten der Kunden.[187] Entsprechend kann auch die **Umschlagshäufigkeit der Verbindlichkeiten** aus Lieferungen und Leistungen ermittelt werden, wobei dem durchschnittlichen Bestand an Verbindlichkeiten aus Lieferungen und Leistungen theoretisch nicht nur der Materialaufwand und der Aufwand für bezogene Leistungen, sondern auch die Investitionen des laufenden Jahres in das Anlagevermögen gegenüberzustellen sind. Daraus lassen sich Rückschlüsse auf das Zahlungsverhalten des betrachteten Unternehmens ziehen.

Die Umschlagsdauer der Roh-, Hilfs- und Betriebsstoffe kann als **Lagerreichweite** des Bestandes interpretiert werden. Eine Lagerreichweite wird häufig zwar auch für die fertigen Erzeugnisse ermittelt, allerdings wird dabei regelmäßig der Grundsatz der wertmäßigen Entsprechung verletzt, weil den Verkaufspreisen (bei den Umsatzerlösen) die Herstellungskosten (bei fertigen Erzeugnissen) gegenübergestellt werden:[188]

(84)
$$\begin{array}{l}\text{Lagerreichweite der}\\ \text{fertigen Erzeugnisse (FE)}\end{array} = \dfrac{\text{durchschnittlicher Bestand der FE}}{\text{Umsatzerlöse p. a.}} \cdot 365 \text{ Tage} \quad \text{[in Tagen]}$$

---

[186] Siehe zu den entsprechenden unternehmensspezifischen Kehrwerten, die als Umschlagshäufigkeit definiert sind, die Berechnungen in Abschnitt 1.2.2.5 dieses Kapitels.

[187] Vgl. hierzu auch die Ausführungen zur reziproken Kennzahl „Umschlagshäufigkeit der Forderungen" im Abschnitt 1.2.2.5 dieses Kapitels.

[188] Vor diesem Hintergrund ist es denkbar, den Bestand an fertigen Erzeugnissen zur Berechnung der Lagerreichweite um einen angemessenen fiktiven Gewinnzuschlag zu erhöhen **oder** alternativ die Umsatzerlöse um einen entsprechenden Gewinnabschlag zu reduzieren.

Im Hinblick auf die Interpretation der Umschlagsdauer als Lagerreichweite ist jedoch darüber hinaus zu berücksichtigen, dass diese Kennzahlen für die Zukunft einen **konstanten Abgang** der Roh-, Hilfs- und Betriebsstoffe bzw. der fertigen Erzeugnisse **unterstellen**, welcher sich aus den durchschnittlichen Beträgen des vergangenen Geschäftsjahres ergibt. Auch die Heterogenität der Roh-, Hilfs- und Betriebsstoffe bleibt hierbei unberücksichtigt.

Auf die **Problematik der Liquiditätsanalyse** mit Hilfe von Bilanzkennzahlen wurde bereits ausführlich eingegangen. Deshalb sei an dieser Stelle lediglich wiederholt, dass die Liquidität durch Ein- und Auszahlungen determiniert wird, während die Bilanz mit der Gewinn- und Verlustrechnung korrespondiert, die eine Ertrags-Aufwands-Rechnung ist. Zudem besteht kein notwendiger Zusammenhang zwischen historisch oder gegenwärtig günstigen Liquiditätsverhältnissen und der Sicherung der zukünftigen Liquiditätslage. Bezüglich des Unterziels „Liquidierbarkeit" kann nur bei kurzfristigen und zeitnahen Analysen – die praktisch wegen der oft großen Zeitdifferenzen zwischen Bilanzstichtag, Publikationstag und Bilanzanalysetag nicht möglich sind – eine Aussage über die Liquiditätslage der nahen Zukunft gemacht werden.

3.2.2.1.2 Kapazitätsauslastung

Die Höhe der Kapazitätsauslastung bzw. des **Beschäftigungsgrades** wirkt sich unmittelbar auf die Ertragskraft des Unternehmens aus.[189] Je „günstiger" (nicht unbedingt je höher) der Beschäftigungsgrad ist, umso besser soll die Ertragskraft sein.[190] Jedoch können z. B. bei einem hohen Beschäftigungsgrad nicht alle Aufträge angenommen werden.

Bei der Analyse der Vermögensstruktur wird in der Praxis häufig **Parallelität zwischen der Entwicklung des Umlaufvermögens** (insbesondere der Roh-, Hilfs- und Betriebsstoffe) **und der Entwicklung des Beschäftigungsgrades** unterstellt. Dies trifft jedoch **nicht notwendigerweise** zu. Steigende Beträge bei den Vorräten können zwar bedeuten, dass wegen erhöhter Beschäftigung der Einkauf größerer Mengen notwendig war. Diese Entwicklung kann allerdings auch darauf zurückzuführen sein, dass entweder die gleiche Menge zu höheren Preisen angeschafft werden musste oder größere Mengen erworben wurden, um gewisse Mengenrabatte in Anspruch zu nehmen. Vor diesem Hintergrund sollte besser der Materialaufwand als entsprechender Indikator dienen. Auch steigende Debitorenbeträge (Forderungen aus Lieferungen und Leistungen) können ein Ausdruck erhöhter Betriebsaktivität sein; diese können allerdings ebenso eine schlechtere Zahlungsmoral der Kunden oder deren verschlechterte Bonität anzeigen oder auf verlängerten

---

[189]   Zur Ermittlung der Kapazitätsauslastung empfiehlt BURGER (1995), S. 74, als Hilfsmaßstab auf den Quotienten aus Betriebs- und Gesamtleistung bzw. Umsatz als **Zähler** und Sachanlagevermögen zu historischen Anschaffungs- oder Herstellungskosten (welche aus dem Anlagespiegel zu entnehmen sind) als **Nenner** zurückzugreifen.

[190]   Vgl. hierzu auch die Ausführungen zur Gewinnschwellenanalyse („Break-Even-Analyse").

Zahlungsfristen beruhen. Eine sorgfältigere Untersuchung, welcher der verschiedenen Einflussfaktoren die Veränderung einer Kennzahl hauptsächlich bewirkt hat, ist bei der Bilanzanalyse schwierig, meist sogar unmöglich.

> Aufgrund des weder in der Richtung noch im Ausmaß bekannten Zusammenhangs zwischen den Vermögensänderungen und dem Beschäftigungsgrad ist es einfacher, den **preisbereinigten Produktionswert als Indiz für die Beschäftigung** heranzuziehen.

Erhöht sich der preisbereinigte Produktionswert, ist eine Zunahme des Beschäftigungsgrades wahrscheinlich. Zudem kann der **preisbereinigte Produktionswert** z. B. **in Relation zur Belegschaftsstärke oder in Relation zum Anlagevermögen** analysiert werden. Ein Nachteil dieser Vorgehensweise ist, dass jeweils nur ein Produktionsfaktor als Bezugsgröße angesetzt werden kann. Dadurch wird leicht eine Ursache-Wirkungs-Beziehung hergestellt, die tatsächlich nicht existiert. Produktionsfaktoren erwirtschaften Leistungen ausschließlich in Kombination mit anderen Produktionsfaktoren. Wie groß der Anteil des einzelnen Faktors ist, kann im Rahmen der Bilanzanalyse nicht festgestellt werden. Ein weiterer Nachteil ist, dass bei dieser Betrachtung lineare Kostenfunktionen unterstellt werden, welche *in praxi* ebenfalls selten vorliegen.

3.2.2.2   Humanvermögen

In publizierten nationalen und internationalen Bilanzen werden lediglich das **Sachvermögen und bestimmte immaterielle Vermögenspositionen** ausgewiesen. Diese repräsentieren den **Produktionsfaktor „Kapital".** Es ist jedoch unbestritten, dass betriebliche Ergebnisse nicht allein durch den Kapitaleinsatz, sondern nur durch Kombination von Kapital- und Arbeitseinsatz zustande kommen.[191] Neben dem Sachvermögen verfügt deshalb jedes Unternehmen auch über Humanvermögen (**menschliches Leistungsvermögen**, auch Humankapital genannt). Wenn vereinfachend davon abgesehen wird, dass die Art und Güte der Kombination der Produktionsfaktoren selbst einen Werteinfluss hat, besteht immer noch das Problem, das Humanvermögen für sich zu bewerten sowie im Rahmen des gesamten Vermögens darzustellen.[192] „Humankapitalbezogene Aufwendungen werden [schließlich] sofort als Ergebnis mindernd in der Gewinn- und Verlustrechnung erfaßt. Dadurch geht der potentielle Investitionsgutcharakter humankapitalspezifischer Ausgaben sowohl in der deutschen als auch in der angelsächsischen Rechnungslegung verloren."[193]

---

[191]   Siehe *Kittner* (1997).
[192]   Siehe zu diesem Problem bereits *Conrads* (1974).
[193]   *Schmeisser* (2007), S. 17.

Zur Bewertung des Humanvermögens wurden **mehrere Ansätze** entwickelt. Bei allen handelt es sich um **Näherungslösungen**, die darüber hinaus Informationen voraussetzen, die selbst das interne Rechnungswesen kaum zu geben in der Lage ist. Einige dieser Bewertungsversuche für das Humanvermögen werden nachfolgend skizziert:[194]

- **Firmenwertmethode**: Diese Methode unterstellt, dass die gegenüber der Branche überdurchschnittlichen Gewinnteile die Existenz bzw. den Wert des Humanvermögens verkörpern. Der Wert des Humanvermögens entspricht nach diesem Vorschlag dem Barwert aller zukünftigen Differenzen zwischen dem branchenüblichen Gewinn und dem vom Unternehmen erwirtschafteten („Über-")Gewinn. Diese Methode vernachlässigt, dass Gewinnerhöhungen nicht nur durch das Humanvermögen, sondern auch durch günstige Kombination von Produktionsfaktoren (Verbundvorteile, Synergieeffekte) verursacht sein können, die freilich durch menschliche Disposition entstehen. Wird das Humanvermögen also als Fähigkeit der Unternehmensführung interpretiert, die Produktionsfaktoren günstig zu kombinieren, dann wird (ohne Beleg) behauptet, dass der größte Teil der oben berechneten Differenz auf dem Faktor „Humanvermögen" basiert und dieses weitgehend repräsentiert.[195]

- **Opportunitätskostenmethode**: Nach dieser Methode umfasst das Humanvermögen die Summe der Opportunitätskosten, die für jeden Mitarbeiter anfallen. Die Opportunitätskosten sollen auf Basis eines Quasi-Marktmechanismus durch betriebsinterne Angebotsabgabe bestimmt werden. Diese Methode ist jedoch bereits intern nicht praktikabel, weil die benötigten Werte nicht ermittelt werden können.[196]

- **Methode der zukünftigen Einkünfte**: Das Humanvermögen beinhaltet die Summe der Barwerte der zukünftigen Einkünfte der Mitarbeiter. Diese Methode ist zumindest insoweit angreifbar, als sie einen Zusammenhang zwischen den Einkünften der einzelnen Mitarbeiter und ihrem jeweiligen Beitrag zum Erfolg des Unternehmens unterstellt. Außerdem stellt auch bei der Ermittlung des Humanvermögens die Summe der einzelnen Werte nicht den Wert der Gesamtheit dar, weil der Effekt der Faktorenkombination vernachlässigt wird.

- **Methode der zukünftigen Leistungsbeiträge**: Bei diesem Vorschlag soll das Humanvermögen durch die Summe der Beiträge, welche die einzelnen Mitarbeiter zum Erfolg erbringen, bestimmt werden. Abgesehen von der praktischen Unmöglichkeit, diesen Beitrag zu ermitteln, versucht auch diese Methode, den Gesamtwert durch Addition von Einzelwerten zu berechnen.

---

[194] Siehe hierzu – bis auf den letzten Ansatz – m. w. N. *SCHOENFELD* (1974). Eine sowohl unvollständige als auch unkritische Skizze aktueller Ansätze findet sich bei *BREUER/KAMPKÖTTER* (2009). Zu einem weiteren, investitionstheoretisch fundierten Ansatz siehe *HERING* (2005).

[195] Diese und weitere Probleme bestehen auch bei der Methode **„Markt-/Buchwert-Differenz"**. Hier soll der Wert des Humanvermögens aus der Differenz zwischen der Marktkapitalisierung und dem bilanziellen Reinvermögen abgeleitet werden. Siehe m. w. N. *SCHOLZ* (2007b), S. 26 f.

[196] Durch den Einsatz von Fachkräften auf einem bestimmten Arbeitsplatz entgehen dem Unternehmen Erträge, die durch dessen Einsatz auf einem anderen Arbeitsplatz, der nicht „ohne besondere Mühe von außerhalb des Betriebs ersetzt werden könnte" [so *SCHOENFELD* (1974), S. 12], realisierbar wären.

- **Kostenwertmethode**: Mit Hilfe dieser Methode wird – unter Verzicht auf den Anspruch der theoretischen Richtigkeit – versucht, analog zur bilanziellen Bewertung
des Sachvermögens eine Bewertung des Humanvermögens durchzuführen. Das Humanvermögen wird mit der Summe der (historischen) Ausgaben, die zur „Anschaffung oder Herstellung" des einzelnen Humanvermögenteils – dem Mitarbeiter – eingesetzt werden mussten, bewertet. Bei der Kostenwertmethode sollen auch die
Ausgaben erfasst und verteilt werden, welche die Gesamtheit der Mitarbeiter betreffen – analog zur allgemeinen Einteilung in (direkt zurechenbare) Einzelkosten und
(über Schlüssel zurechenbare) Gemeinkosten. Das Humanvermögen besteht also aus
der Summe der direkten und indirekten Kosten. Zu den direkten (individuellen) Kosten zählen beispielsweise die Akquisitions-, Auswahl- und Einstellungskosten, die
Kosten der Ausbildung am Arbeitsplatz (z. B. Einarbeitung) sowie die Kosten der
Weiterbildung. Den indirekten Kosten werden vor allem die Kosten der Gestaltung
und Erhaltung des Interaktionssystems (Systemkosten), die in Systemanlauf- und
Systementwicklungskosten unterschieden werden, subsumiert. Diese Methode ist
zwar weitgehend praktikabel, aber theoretisch nicht haltbar.

- **„Saarbrücker Formel"**:[197] Diese Idee basiert auf einem sog. mentalen Modell, das
die wesentlichen Komponenten des Humankapitals zu identifizieren sucht. Hierzu ge-
hören als **erste Komponente** die „Wertbasis", die sich aus der Mitarbeiterzahl FTE_i
und dem „Marktgehalt" l_i zusammensetzt. Als **zweite Komponente** ist der Verlust an
Wissenssubstanz („Wissenserosion") im Unternehmen zu berücksichtigen, der als
Relation von Wissensrelevanzzeit w_i und Betriebszugehörigkeit b_i zu bestimmen ist.
Dieser Verlust soll durch die **dritte Komponente** kompensiert werden, welche die
Neueinstellungen und die Personalentwicklungskosten PE_i betrifft. Als **vierte Komponente** gilt die Mitarbeitermotivation M_i, in welcher die Bereitschaft zur Leistungs-
erbringung („Commitment"), die Angemessenheit des Arbeitsumfeldes („Context")
sowie die Abwanderungsneigung bzw. die Neigung, im Unternehmen zu verbleiben
(„Retention"), zu berücksichtigen sind. Das Humankapital HC berechnet sich demgemäß – bezogen auf alle Beschäftigungsgruppen i eines Unternehmens – wie folgt:

$$(85) \quad HC = \sum_i \left[\left(FTE_i \cdot l_i \cdot \frac{w_i}{b_i} \cdot PE_i \right) \cdot M_i \right]$$

Auch diese Vorgehensweise ist – unabhängig von der inhaltlichen Kritik[198] – zumindest nicht im Rahmen einer Bilanzanalyse zur Bewertung des Humanvermögens geeignet.

---

[197] Siehe ausführlich *SCHOLZ/STEIN/BECHTEL* (2006), S. 221–251, *SCHOLZ* (2007a), *SCHOLZ* (2007b).
[198] Zur Kritik siehe *BECKER/LABUCAY/RIEGER* (2007).

Die skizzenhafte Darstellung der Ansätze sollte anschaulich machen, in welche Richtung die Überlegungen gehen, um den Wert des Humanvermögens, dessen Existenz unbestritten ist, zu ermitteln. Die Schwierigkeiten treten sowohl bei der theoretischen Definition als auch bei der praktischen Durchführung auf.[199]

> **Die Ermittlung des Humanvermögens durch eine** (externe) **Bilanzanalyse ist kaum möglich.** Basis hierfür wäre, dass unternehmensintern eine sinnvolle Bewertung des Humanvermögens durchgeführt und dieser Vermögensteil auch in die Publizitätspflicht einbezogen wird. Eine unternehmensinterne Bewertung und eine freiwillige Publikation werden selten praktiziert. Dies wäre ohnehin mit zahlreichen Unwägbarkeiten verbunden.[200]

3.2.3   Methoden zur Finanzierungsstrukturanalyse

Als Methoden zur Analyse der Finanzierungsstruktur gelten vor allem die Verschuldungsgrade. Diese geben das Verhältnis der Finanzierungsquellen zueinander wieder. Üblich ist diesbezüglich der Rückgriff auf die Kennzahlen „Verschuldungskoeffizient" und „Anspannungskoeffizient" bzw. „Fremdkapitalquote":[201]

$$(86) \quad \text{Verschuldungskoeffizient} = \frac{\text{bilanzanalytisches FK}}{\text{bilanzanalytisches EK}} \ (\cdot\ 100\ \%)$$

$$(87) \quad \text{Anspannungskoeffizient} = \text{Fremdkapitalquote} = \frac{\text{bilanzanalytisches FK}}{\text{bilanzanalytisches GK}} \ (\cdot\ 100\ \%)$$

Tendenziell lässt ein Zeit- oder Branchenvergleich dieser Kennzahlen die **Interpretation** zu, dass mit steigenden Beträgen der angegebenen **Koeffizienten** das Liquiditätssicherungsvermögen bzw. Schuldendeckungspotential abnimmt und das Erfolgserzielungsvermögen zunimmt. Letztere Aussage unterstellt, dass die Fremdkapitalzinsen immer niedriger sind als die Gesamtkapitalrentabilität, womit bei Erhöhung der Verschuldung die Eigenkapitalrentabilität steigt, bis die Erhöhung des damit verbundenen Risikos diesen **Leverage-Effekt**[202] („Hebelkraft-Effekt") umdreht.

---

[199]   Siehe hierzu bereits schon aus interner (Unternehmens-)Sicht *DILGER* (2008).

[200]   Zum Stand und zur zukünftigen Entwicklung des „Human Ressource Reporting" siehe weiterführend z. B. *FISCHER/KLÖPFER* (2005), *SCHMEISSER* (2007), m. w. N.

[201]   Auch bezüglich des Verschuldungskoeffizienten, der durchaus auch mit dem Verhältnis von EK zu FK abgebildet wird, existiert eine „goldene Regel", welche auch als „2:1-Regel" bzw. „1:2-Regel", je nachdem, ob das Fremd- oder das Eigenkapital im Zähler abgebildet ist, bezeichnet wird. Demnach soll das Fremdkapital nicht mehr als das Doppelte des Eigenkapitals (bzw. als zwei Drittel des Gesamtkapitals) eines Unternehmens ausmachen. Diese (aufgeweichte) Regel ist aus der ursprünglichen „1:1-Regel" entstanden, wonach das Fremdkapital das Eigenkapital nicht übersteigen sollte. Siehe hierzu *ROLLBERG* (2012), S. 26. Diese Kapitalstrukturregeln sind jedoch weder theoretisch fundiert noch sanktionierbar.

[202]   Siehe hierzu etwa *MATSCHKE/HERING/KLINGELHÖFER* (2002), S. 57 f.

Der **Leverage-Effekt** besagt, dass mit zunehmender Verschuldung die Eigenkapitalrentabilität steigt, solange nur die Gesamtkapitalrentabilität des Unternehmens höher als der (konstante) Fremdkapitalzins ist. An dieser Stelle ist im Zusammenhang mit den Eigenkapitalvorschriften der Banken auf die Regelungen unter dem Pseudonym „**Basel III**" hinzuweisen. Hierbei wird die sog. **Leverage Ratio** diskutiert, wobei es sich um das Verhältnis zwischen der Bilanzsumme und dem Eigenkapital handelt. Mit einer entsprechenden (bisher noch nicht finalisierten) Kodifizierung sollen die Banken vor einer zu hohen Verschuldung bewahrt werden. Hierbei ist eine Begrenzung der Bilanzsumme (und somit der Kreditvergabe) auf das x-Fache des Eigenkapitals vorgesehen, wobei z. B. noch offen ist, welche Bestandteile des Eigenkapitals gegebenenfalls mit welcher Gewichtung zu berücksichtigen sind. Unabhängig von der konkreten Ausgestaltung haben dabei jene Kreditinstitute Vorteile, die solche Rechnungslegungsstandards anwenden, welche – wie beispielsweise die US-GAAP – vergleichsweise großzügige (bilanzsummenreduzierende) Saldierungen von Aktiva und Passiva zulassen.

Die o. g. **Aussagen** über die Koeffizienten sind aber insofern zu **relativieren**, als einerseits keine allgemeingültigen Vorstellungen existieren, wie eine „optimale" Finanzierung zu formulieren sei, und andererseits die Aussagekraft der Passivseite der Bilanz zumindest hinsichtlich der Fristigkeiten des Fremdkapitals ziemlich gering ist. So ist dem Bilanzanalysten regelmäßig nicht bekannt, wann genau die Verbindlichkeiten fällig werden. Immerhin lässt die nach HGB erforderliche Untergliederung der Verbindlichkeiten nach Restlaufzeiten von bis zu einem Jahr und von mehr als fünf Jahren eine gewisse – wenn auch nur grobe – Liquiditätsbeurteilung zu.

Beispiel: Die entsprechenden Koeffizienten der MUSTER AG berechnen sich zum 31.12.05 wie folgt:

$$(B86) \quad \text{Verschuldungskoeffizient} = \frac{2.037.643}{484.179} \cdot 100\,\% \approx 420,84\,\%$$

$$(B87) \quad \text{Anspannungskoeffizient} = \frac{2.037.643}{2.521.822} \cdot 100\,\% \approx 80,80\,\%$$

Eine **Komplementärkennzahl** zum Anspannungskoeffizienten (Fremdkapitalquote) stellt die **Eigenkapitalquote** dar:

$$(88) \quad \text{Eigenkapitalquote} = \frac{\text{bilanzanalytisches EK}}{\text{bilanzanalytisches GK}} \, (\cdot\ 100\,\%)$$

Beispiel: Die Eigenkapitalquote der MUSTER AG beträgt zum 31.12.05:

$$(B88) \quad \text{Eigenkapitalquote} = \frac{484.179}{2.521.822} \cdot 100\,\% \approx 19,20\,\%$$

Die Ergebnisse der beiden Kennzahlen vermitteln – vergleichbar mit den Kennzahlen „Anlagenintensität" und „Umlaufintensität" – also materiell keine unterschiedlichen Informationen, weil diese ineinander überführbar sind. Auch hier gilt: Fremdkapitalquote + Eigenkapitalquote = 1. Die **Eigenkapitalquote** wird jedoch **häufig bevorzugt**, zumal damit ein Stabilitätssignal gegeben wird. Das Liquiditätssicherungsvermögen wird als umso besser eingeschätzt, je höher die Eigenkapitalquote ist. „Zudem wirkt das Eigenkapital als Verlustpuffer und beugt der Gefahr einer Überschuldung vor."[203]

Teilweise wird diesbezüglich sogar die Ansicht vertreten, dass die Unterschreitung einer (Mindest-)Eigenkapitalquote (Eigenmittelquote) in Höhe eines konkreten Prozentsatzes (z. B. 8 %[204]) auf eine Unternehmenskrise hinweist. Auch hier handelt es sich um eine theoretisch nicht fundierte Daumenregel. SCHNEIDER äußert hierzu pointiert: „Eine solche Aussage ist wissenschaftlich genau so wenig schlüssig wie die Behauptung: Regelmäßiges Zähneputzen habe sich gegen Fußpilz ‚bewährt'; denn sie bietet keine Erklärung, die Ursache und Wirkung verknüpft. Eine begründete Vorgabe einer Eigenmittelquote hätte nachzuweisen, dass ein solches Verhältnis das Ergebnis einer rationalen Entscheidung durch Abwägen sämtlicher Unsicherheitsursachen ist, von denen eine Unternehmung heimgesucht werden kann."[205]

3.2.4   Kombinierte Analyse

Während die Methoden der Vermögensstrukturanalyse sich vor allem auf die Aktivseite einer Bilanz beziehen, richten sich die Methoden der Finanzierungsstrukturanalyse primär auf die Passivseite der Bilanz. Durch die kombinierte Analyse sollen schließlich Aussagen getroffen werden, die gleichzeitig die Mittelherkunft (Finanzierung) und die Mittelverwendung (Investition) betreffen. Bei dieser Vorgehensweise werden ausgewählte Aktivpositionen bestimmten Passivpositionen gegenübergestellt. Hierbei wird i. d. R. versucht, Aktiv- und Passivpositionen insofern zu verknüpfen, als die Bindungsdauer (für die Aktiva) und die Überlassungsdauer (für die Passiva) korrespondieren.[206] Es handelt sich um **horizontale Kennzahlenbildungen**.

Die Möglichkeiten, horizontale Kennzahlen zu bilden, sowie die Schwierigkeiten, diese auszuwerten, wurden **bereits im Rahmen der Liquiditätsanalyse erörtert**. Es handelt sich vor allem um die dort beschriebenen bestandsorientierten Methoden: **Deckungs-**

---

[203] ARBEITSKREIS „EXTERNE UNTERNEHMENSRECHNUNG" DER SCHMALENBACH-GESELLSCHAFT (1996), S. 1991. „Die Eigenkapitalquote […] ist die zentrale Kennzahl für eine erste Aussage zum Verschuldungsstatus", führt der ARBEITSKREIS „EXTERNE UNTERNEHMENSRECHNUNG" DER SCHMALENBACH-GESELLSCHAFT (1996), S. 1991, ferner aus. HEESEN (2009), S. 109, geht sogar so weit, hier (weitgehend allgemeingültige) „Schulnoten" in Abhängigkeit von der Eigenkapitalquote zu verteilen.

[204] Siehe etwa § 22 i. V. m. § 23 Unternehmensreorganisationsgesetz (URG). Hierbei handelt es um österreichisches Recht.

[205] SCHNEIDER (2007), S. 11.

[206] Vgl. WÖHE (1997), S. 807.

grade, Liquiditätsgrade und „(Net) Working Capital". Da diese ausführlich erörtert wurden und dabei auf die sehr eingeschränkte Aussagekraft eingegangen wurde, erübrigt sich an dieser Stelle eine Wiederholung. Die Methoden sollen hier nur genannt sein, weil diese sich in der Literatur z. T. unter dem Begriff der Vermögens- und Kapitalanalyse sowie teilweise unter dem Begriff der Liquiditätsanalyse finden lassen.

> Die Analyse mittels „horizontaler" Kennzahlen hat im Wesentlichen das Ziel, Kapitalverwendung (Investition) und Kapitalherkunft (Finanzierung) der Fristigkeit nach gegenüberzustellen und daraus **Rückschlüsse auf das Liquiditätssicherungsvermögen** des Unternehmens zu ziehen.

3.3 Methoden-Informationsvergleich

Der Jahresabschluss gibt im Wesentlichen nur Auskünfte über die mehr oder weniger historischen (Einzel-)Werte der bilanzierungsfähigen (und somit nicht aller) Vermögenspositionen und Schulden sowie über deren gruppierte Zusammensetzung. Die vorgestellten Methoden der Vermögensanalyse sind daraufhin zu untersuchen, **ob diese der Informationsgüte der Bilanz entsprechen.** Diese sollen also einerseits nicht durch eine zu große Vereinfachung Informationen unterschlagen und andererseits nicht durch eine zu große Komplexität eine nicht vorhandene Exaktheit der Ergebnisse vortäuschen.

Im Hinblick auf die Methoden der **Vermögensstrukturanalyse** ist zu konstatieren, dass die Methoden zur Ermittlung der Liquidierbarkeit des Unternehmens – hier die Intensitätskennzahlen und die Umschlagskoeffizienten – auf einigermaßen leicht zu ermittelnden Größen basieren. Die Analyse des Beschäftigungsgrades (also die Analyse der Kapazitätsauslastung) ist hingegen aufgrund fehlender Jahresabschlussinformationen kaum möglich. Es können anhand der angegebenen Näherungsverfahren nur tendenzielle Entwicklungen prognostiziert werden. Die Analyse des Humanvermögens ist aufgrund der publizierten Informationen eventuell mit Hilfe der Firmenwertmethode möglich. Für die Anwendung der anderen Methoden ist die Informationsbasis jeweils zu beschränkt.

Die **Finanzierungsstrukturanalyse** – also die Analyse der Passivseite der Bilanz – ist primär eine **Fristigkeitenanalyse.** Die Ermittlung von Verschuldungsgraden, die sich an der Fristigkeit der Verbindlichkeiten orientieren, ist jedoch wegen der mangelhaften Aussagefähigkeit der Bilanz – insbesondere im Hinblick auf die Restlaufzeiten langfristiger Verbindlichkeiten (vor allem im IFRS-Abschluss) – nur näherungsweise möglich.

Grundsätzlich gelten für die Methoden der **Vermögens-Finanzierungsstrukturanalyse** die gleichen informatorischen Probleme. Darüber hinaus ist bei dieser Analyse, die primär auf die Analyse des Liquiditätssicherungsvermögens des Unternehmens ausgerichtet ist, das im Rahmen der Bilanzanalyse grundsätzlich unlösbare Problem zu beachten, dass die Liquidität mit Zahlungsströmen zusammenhängt, während die Bilanz auf Einnahmen und Ausgaben bzw. Erträgen und Aufwendungen basiert.

3.4   Methodenvergleich

3.4.1   Liquiditätssicherungsvermögen

Sämtliche der genannten (bestandsorientierten) Analysemethoden sind kaum geeignet, die vergangene Liquiditätslage besser beurteilen zu können als die Feststellung: „Die derzeitige Existenz des Unternehmens zeigt (empirisch), dass es in der Vergangenheit liquide war." Eine **Prognose der zukünftigen Liquiditätslage** – und das ist der wichtigere Teil der Liquiditätsanalyse – **ist nur kurzfristig und tendenziell anhand der Liquidierbarkeit des Vermögens** möglich. Im Hinblick auf die Kurzfristigkeit ergeben sich aber regelmäßig wesentliche Probleme bei der Analyse des publizierten Jahresabschlusses, weil zwischen dem Bilanzstichtag, dem Zeitpunkt der Publikation und der sich anschließenden Analyse z. T. mehrere Monate liegen.

3.4.2   Erfolgserzielungsvermögen

Das in der HGB- und auch in der IFRS-Bilanz ausgewiesene Vermögen ist aufgrund seiner Definition[207] und seiner Bewertung[208] **kaum geeignet, die Höhe und die Nachhaltigkeit zukünftiger Erfolge erkennen zu lassen.** Für einzelne der beschriebenen Hilfsmaßstäbe im Hinblick auf den Erfolg, etwa für den Beschäftigungsgrad (Kapazitätsauslastung), fehlen darüber hinaus im Rahmen einer (externen) Bilanzanalyse die Informationen für einigermaßen aussagekräftige Analyseergebnisse.

Wirksamer als die angegebenen vermögensbezogenen Methoden sind die in Abschnitt 2.2.4 dieses Kapitels dargestellten **kombinierten Analysemethoden der Erfolgslage**. In dieser kombinierten Analyse wird allerdings überhaupt nicht auf die Vermögens- und die Kapitalstruktur eingegangen. Lediglich das bilanzanalytische Eigenkapital wird in Relation zur Börsenkapitalisierung gesetzt.

> Die kombinierte Analyse bezüglich der Erfolgslage trägt der eher geringen Aussagekraft der Vermögensanalyse insofern Rechnung, als auf diese konsequent verzichtet wird.

---

[207] Siehe hierzu die eher restriktiven Definitionen der Vermögensgegenstände (HGB) bzw. der Vermögenswerte (IFRS).

[208] So erfolgt überwiegend – hauptsächlich zu fortgeführten historischen Anschaffungs- oder Herstellungskosten – eine Einzelbewertung der Vermögenspositionen. Darüber hinaus bestehen zahlreiche Bewertungswahlrechte.

IV. Kapitel:

Weitere ausgewählte Analyseziele

„Ein Unternehmen ist nicht nur eine betriebswirtschaftliche Einrichtung,
sondern auch eine soziale."
JOSEF SCHLARMANN

Überblick

Eine Bilanzanalyse sollte sich durch die Zielorientierung auszeichnen. Im dritten Kapitel wurden diesbezüglich die Analyseziele „Liquiditätslage", „Erfolgslage" und „Vermögenslage" ausführlich betrachtet. Im vierten Kapitel werden weitere Analyseziele erörtert. Bevor die wesentlichen Analysemethoden dargestellt werden, erfolgt jeweils eine konkrete Definition des Analyseziels. Innerhalb der Ausführungen zu den Methoden werden die damit verbundenen Probleme und Lösungsmöglichkeiten transparent aufgezeigt.

Abschnitt 1 beschäftig sich mit der „Analyse der Kreditwürdigkeit". Hierbei soll die Kapitaldienstfähigkeit des zu analysierenden Unternehmens prognostiziert werden. Im **Abschnitt 2** wird das Vorgehen bei der „Analyse der Personalpolitik" aufgezeigt. Diese Analyse konzentriert sich auf das personalwirtschaftliche Verhalten eines Unternehmens. Innerhalb der „Analyse der Umfeldpolitik" (**Abschnitt 3**) steht der Beitrag des zu analysierenden Unternehmens zur Verbesserung der Lebensqualität der Analyseadressaten im Mittelpunkt der Ausführungen. Besondere Aufmerksamkeit erfährt im **Abschnitt 4** die „Analyse der Investitions- und der Innovationspolitik" eines Unternehmens. **Abschnitt 5** befasst sich mit der „Analyse der Abhängigkeit(en)" des Unternehmens von anderen Unternehmen und Personen, denn die Bedeutung solcher Verflechtungen nimmt in Anbetracht der fortschreitenden Globalisierung stetig zu. Letztlich wird im **Abschnitt 6** das Totalziel „Unternehmenszielerreichung" näher betrachtet.

Lernziele

Nach der Lektüre dieses Kapitels sollten Sie vor allem

- erläutern können, welche quantitativen und welche qualitativen Aspekte bei der Analyse der Kreditwürdigkeit zu berücksichtigen sind,
- wissen, welche Unterkriterien bei der Analyse der Personal- und der Umweltpolitik betrachtet werden, und erläutern können, wie eine entsprechende Analyse auf Basis der zur Verfügung stehenden Informationen durchgeführt werden kann,
- verstehen, welche Möglichkeiten der Bilanzanalyst im Hinblick auf die Analyseziele „Investitionspolitik" und „Innovationspolitik" hat,
- darstellen können, warum eine Analyse der Abhängigkeit erforderlich ist und ob diesbezüglich aussagekräftige Analyseergebnisse generierbar sind, sowie
- wissen, wie die Analyse der Unternehmenszielerreichung erfolgen kann.

1 Analyse der Kreditwürdigkeit

1.1 Definition

Die Bezeichnung „**Kredit**" ist auf das lateinische Wort „credere" zurückzuführen, welches für „glauben" bzw. „vertrauen" steht.[1] „Vertrauen gewinnt man schwer und verspielt man leicht. Das Vertrauen von Kapitalgebern ist kein freies, sondern ein äußerst knappes ökonomisches Gut, um das die Unternehmung mit anderen konkurriert. Kapital ist wie ein scheues Reh schnell zu verschrecken."[2] In der Finanz(markt)- und der Staatsschuldenkrise war (und ist) zu erkennen, dass Vertrauen – entgegen den Hoffnungen der Bundesregierung – eben nicht käuflich ist. „Der Kreditgeber ist in der Tat ein Glaubender (daher auch Gläubiger genannt) und ein Vertrauender (daher auch Kreditor genannt). Er **glaubt**, daß der Kreditnehmer **objektiv** fähig (i. S. v. in der Lage sein) sein wird, seinen Verpflichtungen vertragsgemäß nachkommen zu können, und er **vertraut** darauf, daß dieser auch **subjektiv** bereit und willig sein wird, seinen Verpflichtungen vertragsgemäß nachkommen zu wollen."[3]

> Bei der sog. **Kreditwürdigkeitsprüfung** (Prüfung der Kreditwürdigkeit i. w. S.) der Banken wird deshalb auf die Kreditfähigkeit und auf die Kreditwürdigkeit (i. e. S.) abgestellt. Diese beiden Attribute gelten als **primäre Kreditsicherheiten**. Als **sekundäre Kreditsicherheiten** werden die Kreditsicherungsinstrumente[4] bezeichnet. Hierzu zählen verschiedene Personalsicherheiten (z. B. Bürgschaft, Garantie, Negativklausel und Patronatserklärung) sowie diverse Sachsicherheiten (z. B. Sicherungsübereignung, Eigentumsvorbehalt, Hypothek und Grundschuld).

Der **Kreditwürdigkeit i. e. S.** werden vor allem die persönlichen charakterlichen Eigenschaften des Kreditnehmers (z. B. Vertrauenswürdigkeit der Geschäftsleitung) sowie die persönlichen Fähigkeiten der Geschäftsleitung, ein Unternehmen zu leiten (z. B. fachliche und betriebswirtschaftliche Qualifikation), subsumiert. Aufgrund geringer Nachprüfbarkeitsmöglichkeiten erfahren diese Aspekte im Rahmen einer (externen) Bilanzanalyse zumeist lediglich eine nachrangige Bedeutung.

Mit dem Begriff „**Kreditfähigkeit**" wird der Bereich der wirtschaftlich bedeutsamen Faktoren des potentiellen Kreditnehmers umschrieben. Hierzu zählen etwa die Kapitalausstattung eines Unternehmens, die allgemeine gesamtwirtschaftliche Entwicklung sowie die Branchenentwicklung in konjunktureller und in struktureller Hinsicht. Gewöhnlich werden in diese Betrachtung auch die sekundären Kreditsicherheiten – also die

---

1 Siehe zu den Ausführungen dieses Abschnitts weitgehend MATSCHKE (1991), S. 176–179.

2 MATSCHKE (1991), S. 24.

3 MATSCHKE (1991), S. 176 (Hervorhebungen im Original).

4 Siehe hierzu weiterführend MATSCHKE (1991), S. 180–220.

Kreditsicherungsinstrumente – einbezogen. Bei potentiellen Kreditnehmern sind diesbezüglich auch die Geschäftsfähigkeit und die Vertretungsbefugnis zu überprüfen.

> Sämtliche **Kreditwürdigkeitsprüfungen** verfolgen ein grundlegendes Ziel:
> Es soll festgestellt werden, wie groß die Gefahr ist,
> dass ein (möglicherweise) hingegebener Kredit „verloren" ist.

Da Kreditgeber i. d. R. nicht die Inanspruchnahme der ihnen zur Verfügung stehenden Kreditsicherungsinstrumente anstreben, steht die Prognose der **Kapitaldienstfähigkeit**[5] eines Unternehmens – also die Überprüfung der Fähigkeit zur planmäßigen Kreditrückzahlung (Tilgung) und Zinszahlung – im Mittelpunkt einer Kreditwürdigkeitsprüfung. Je nach Interessenlage können bei der praktischen Kreditwürdigkeitsanalyse die **Blickwinkel von zwei grundsätzlich unterschiedlichen Gruppen** eingenommen werden:

- Die **erste** (primäre) **Interessentengruppe** ist die **Gruppe der Kreditgeber.** Eine Kreditwürdigkeitsanalyse durch diese Interessenten verfolgt das Ziel, die Kreditwürdigkeit des Unternehmens möglichst sicher zu analysieren und zu prognostizieren. Vom Ergebnis dieser **Primäranalyse** hängt die Entscheidung über die Kreditvergabe ab, wie es z. B. bei der Kreditprüfung seitens einer Bank der Fall ist. Primäranalysen werden jedoch nicht nur auf Basis von publizierten oder sonstigen Jahresabschlüssen durchgeführt. Da deren Mängel und Beeinflussungsmöglichkeiten bekannt sind, werden auch zahlreiche unternehmensinterne Informationen herangezogen.

- Die **zweite** (sekundäre) **Interessentengruppe** – sämtliche an dem Unternehmen interessierte Personen und Institutionen mit Ausnahme aktueller und potentieller Kreditgeber – verfolgt bei einer solchen Analyse das Ziel, festzustellen, **ob sich für das Unternehmen eventuell ein** (anderer) **Kreditgeber finden ließe.**

Beispiel: **Eigenkapitalgeber** könnten daran interessiert sein, die Kreditwürdigkeit zu prognostizieren, weil mit zunehmender Fremdkapitalaufnahme durch den sog. Leverage-Effekt die Eigenkapitalrentabilität gesteigert werden kann. Zudem ist die Gefahr des Kapitalverlustes durch Illiquidität regelmäßig umso geringer, je besser die Kreditwürdigkeit des Unternehmens ist. Ein solcher Blickwinkel wird z. B. auch von **Lieferanten** und **Obligationären** im Hinblick auf die Kreditwürdigkeitsprüfung eines Unternehmens vorrangig eingenommen. Ferner ist für die Sicherung von Ausschüttungen eine gewisse Kreditwürdigkeit notwendig, weil die hierzu erforderlichen Mittel oft im Unternehmen nicht in liquider Form vorhanden sind. Schließlich werden die erwirtschafteten Einzahlungsüberschüsse laufend (also unterjährig) und teilweise langfristig durch das Unternehmen reinvestiert.

---

[5]   Siehe z. B. *BANTLEON/SCHORR* (2004) und (2010).

Eine Bilanzanalyse, die das Ziel der zweiten Interessengruppe verfolgt, muss mit den (vermuteten) Maßstäben der tatsächlichen und präsumtiven Kreditgeber – der primären Interessengruppe – durchgeführt werden. Dabei ist es bis zu einem gewissen Grad unerheblich, ob diese Maßstäbe sinnvoll sind oder nicht. Regelmäßig sind diese möglichen Kreditgeber Banken. Es ist also erforderlich, die Kriterien der (relevanten) Banken bei der Kreditvergabe anzuwenden, um die von der Bank getätigte **Kreditwürdigkeitsprüfung** zu **simulieren**. Dieses Vorgehen, das eine von anderen Interessenten durchgeführte Analyse antizipieren soll, wird **Sekundäranalyse** genannt. Eine Sekundäranalyse erfolgt unter Rückgriff auf die (vermuteten) einzelnen Methoden der Primäranalyse. Um Entscheidungskriterien über eine eventuelle Kreditvergabe zu erhalten, erfolgt eine Simulation der Primäranalyse durch interessierte Dritte. **Die Sekundäranalyse ist also methodisch an die Primäranalyse gebunden.**

> Eine Diskussion über die Eignung einzelner Methoden zur Feststellung der Kreditwürdigkeit ist dementsprechend nur im Rahmen einer **Primäranalyse** sinnvoll. Die bei der Bilanzanalyse bezüglich der Kreditwürdigkeitsprüfung im Mittelpunkt stehende **Sekundäranalyse** muss sich lediglich um eine möglichst genaue „Kopie" der Primärmethoden und -kriterien bemühen.

Bei der Kreditwürdigkeitsprüfung ist die **Liquiditätsprognose der wichtigste Untersuchungsaspekt**. Falliert das Unternehmen – wird es also zahlungsunfähig –, solange der Kredit nicht zurückgezahlt ist, gehen zumindest ein Teil des Kredites sowie die zukünftigen Zinszahlungen verloren. Die liquiditätsmäßige Kreditsicherheit ist umso größer, je mehr Kredite das Unternehmen aufnehmen könnte, ohne dass die Liquidität gefährdet ist. Auf die besonderen Probleme der Liquiditätsprognose wurde bereits im dritten Kapitel eingegangen. Unter diesem Aspekt ist auch die **Vermögensanalyse** zu betrachten. Je höher das Liquiditätssicherungsvermögen ist und je besser die Erfolgsaussichten einzuordnen sind, desto höher wird im Allgemeinen auch die Kreditwürdigkeit sein. Die zukünftige **Erfolgslage** ist deshalb ein wichtiges Kriterium, weil hier die Quelle der Zinszahlungs- und Tilgungsmittel liegt.

> Die Kreditwürdigkeitsprüfung als **Prognose der Kapitaldienstfähigkeit** umfasst sämtliche bisher angesprochene Partialzielsetzungen („Liquidität", „Erfolg" und „Vermögen") der Bilanzanalyse.

Die der Kreditwürdigkeitsprüfung zugrunde liegenden Teilanalysen werden auch in der bankwirtschaftlichen Literatur behandelt.[6] Darüber hinaus wird beispielsweise verlangt, das **Vorliegen und den Inhalt eines ordentlichen Finanzplans, eines sog. Businessplans und/oder einer Rentabilitätsvorschau zu prüfen.** Dies ist bei der (externen) Bilanzanalyse allerdings nicht möglich.

---

[6] Siehe hierzu z. B. *ADRIAN/HEIDORN* (2000), S. 405.

Gemäß der Eigenkapitalanforderungen für Kreditinstitute soll deren Eigenkapitalunterlegung risikoabhängig erfolgen.[7] Kreditvergaben unterliegen aufgrund dieser Regelungen (z. B. **„Basel II"**) einem **Rating**. Die Kreditkonditionen und die Kredithöhe der Kreditnehmer sollen sich vornehmlich am Ergebnis eines (bank-)internen oder (bank-) externen Rating orientieren. Die Rahmenanforderungen für Ratingverfahren ergeben sich aus der SolvV.[8]

Auf Basis dieser Anforderungen wurden **institutsspezifische oder -übergreifende** (sog. Poollösungen) **Vorgehensweisen** entwickelt.[9] Die Methoden unterscheiden sich dabei im Hinblick auf die Art, Anzahl und Gewichtung der in die Analyse einbezogenen quantitativen (sog. Hard Facts) und qualitativen (sog. Soft Facts) Faktoren sowie hinsichtlich weiterer Warnindikatoren (z. B. das Kontoführungsverhalten, Verstöße gegen Absprachen und kreditvertragliche Vereinbarungen). Als Gründe für die unterschiedliche Ausgestaltung der Ratingverfahren werden vor allem der Zuschnitt auf das institutsspezifische Klientel und die den jeweiligen Instituten zur Verfügung stehenden Daten genannt.[10]

Ausfallwahr-scheinlichkeit	IFD-Ratingstufe	Commerzbank	Deutsche Bank	Sparkassen-Finanzgruppe	HypoVereins-bank
bis 0,3 %	I	1,0 bis 2,4	iAAA bis iBBB	1 bis 4	1+ bis 2
0,3 bis 0,7 %	II	2,4 bis 3,0	iBBB bis iBB+	4 bis 6	2 bis 3
0,7 bis 1,5 %	III	3,0 bis 3,4	iBB+ bis iBB–	6 bis 8	3 bis 4
1,5 bis 3 %	IV	3,4 bis 4,0	iBB– bis iB+	8 bis 10	4 bis 5
3 bis 8 %	V	4,0 bis 4,8	iB+ bis iB–	10 bis 12	5 bis 6
ab 8 %	VI	ab 4,8	ab iB–	ab 12	ab 6

Abbildung 36:   *Vergleich der Masterskalen ausgewählter Bankinstitute mit den IFD-Ratingstufen und den Ein-Jahres-Ausfallwahrscheinlichkeiten*

Im Ergebnis des Ratingprozesses werden die Kreditnehmer – vor allem in Abhängigkeit von der sog. Ein-Jahres-Ausfallwahrscheinlichkeit[11] – in **Ratingstufen** eingeordnet, die wiederum einer ordinalen Rangordnung entsprechen. Die ehemals in der (seit 2011 nicht mehr aktiven) „Initiative Finanzstandort Deutschland" (IFD) zusammengeschlossenen Banken (hierzu gehörten u. a. die Commerzbank, die Deutsche Bank, der DSGV, die Postbank, die HypoVereinsbank) hatten sich diesbezüglich z. B. auf eine Skala mit sechs Ratingstufen geeinigt. Innerhalb dieser Ratingstufen legte jedes Institut individuel-

---

7   Zu „Basel III" und „Solvency II" siehe weiterführend z. B. THELEN-PISCHKE/EIBL (2011).

8   Siehe zur sog. **Ratingvalidierung**, der „Überprüfung dieser Prüfungsverfahren", REICHLING/KRYVKO (2010).

9   Bezüglich des Bestrebens der Entwicklung einheitlicher Ratingstandards siehe bereits frühzeitig DVFA-KOMMISSION RATING STANDARD (2001). Zu „modernen" Ratingmethoden siehe ROMMELFANGER (2009).

10   Siehe INITIATIVE FINANZSTANDORT DEUTSCHLAND (2010), S. 17.

11   Hierunter wird die Wahrscheinlichkeit verstanden, dass ein Kreditnehmer innerhalb des auf das Rating folgenden Jahres ausfällt. Siehe auch ECKES/WALTER (2004), S. 519.

le Ratingklassen fest, die eine weitere Differenzierung der Kreditnehmer ermöglichte. In Abbildung 36[12] wird diese Zuordnung beispielhaft dargestellt.

Hinsichtlich der von Unternehmen zum Kreditantrag eingereichten Jahresabschlüsse unterliegen die Banken – zumindest werden entsprechende Aussagen in der Außendarstellung getätigt – jedoch (noch) der **Fehlannahme, dass die den Abschlüssen zugrunde liegenden Rechnungslegungsstandards keinen Einfluss auf das Ratingergebnis haben**.[13] Bankenvertreter behaupten also, dass sie unabhängig davon, ob ein Unternehmen einen Abschluss nach HGB oder IFRS vorlegt, immer zum selben Ratingergebnis kommen. Da, wie im zweiten Kapitel dieses Buches erläutert, es einem (externen) Bilanzanalysten nur in Ausnahmefällen möglich sein sollte, eine entsprechende Vereinheitlichung bzw. Überleitung der Jahresabschlüsse vorzunehmen, sind solche „hellseherischen" Fähigkeiten – nicht nur im Hinblick auf die Banken – jedoch stark zu bezweifeln.

Im Rahmen der Bilanzanalyse rückt aufgrund der zur Verfügung stehenden Daten die Sekundäranalyse der **Kreditwürdigkeit** in den Mittelpunkt der Betrachtung. Da diese methodisch an die Primäranalyse gebunden ist, werden **nachfolgend ausgewählte Methoden der Primäranalyse** dargestellt. Hierbei wird üblicherweise in die Analyse quantitativer Kriterien („Hard Facts") und die Analyse qualitativer Kriterien („Soft Facts") unterschieden.[14] Bei den **„Hard Facts"** erfahren in der Bankenpraxis vor allem die bereits betrachteten Kennzahlen „Cashflow", „Eigenkapitalquote", „Liquiditätsgrade", und „Verschuldungsgrade" sowie diverse Rentabilitäten eine besondere Bedeutung.[15] **„Soft Facts"** sind beispielsweise Informationen über die Organisationsstruktur und die Qualitäten der Unternehmensführung des (potentiellen) Kreditnehmers sowie über die Markt- und Wettbewerbssituation. Solche Faktoren sind regelmäßig Bestandteile des originären Geschäfts- oder Firmenwertes und somit nicht (direkt) aus dem Jahresabschluss ersichtlich.

Die nachfolgenden Analysemöglichkeiten verfolgen das Ziel, die Kreditwürdigkeit zum Zweck einer möglichen Kreditgewährung zu bestimmen. Da die Diskussion über die Eignung der einzelnen Methoden nur im Rahmen der Primäranalyse sinnvoll ist, konzentrieren sich die Ausführungen vor allem darauf, **ob den Bilanzanalysten die erforderlichen Informationen zur Durchführung der Methode vorliegen**. Lediglich im Rahmen der qualitativ-quantitativen Ranganalyse soll in Primär- und Sekundäranalyse differenziert werden, um noch einmal den Unterschied zu verdeutlichen.

---

12 In Anlehnung an *INITIATIVE FINANZSTANDORT DEUTSCHLAND* (2010), S. 18 f.

13 Vgl. hierzu z. B. *KÜTING/RANKER/WOHLGEMUTH* (2004).

14 Vgl. *INITIATIVE FINANZSTANDORT DEUTSCHLAND* (2010), S. 13 f. Ähnlich *FISCHER/WIEBEN* (2009).

15 Diesbezüglich sei auch auf Klauseln verwiesen, die in Kreditverträgen vereinbart werden, um das Risiko auf Seiten der Kreditgeber zu reduzieren. Diese können sich beispielsweise auf die Einhaltung spezieller Kennzahlen beziehen (sog. **Financial Covenants**). Vgl. *ZWIRNER* (2010), S. 278 f.

1.2   Analysemethoden

1.2.1   Quantitative Analyse

1.2.1.1   Fragebogenanalyse

Vor allem in der Praxis der Kreditwürdigkeitsprüfung durch Banken wird im Hinblick auf Kleinkredite – soweit nicht allein auf die Erfahrung und Intuition des jeweiligen Sachbearbeiters vertraut wird – der sog. Fragebogenanalyse eine große Bedeutung beigemessen. Diese Analyse enthält eine mehr oder weniger große Zahl von Fragen, die mit der Qualität der Kreditwürdigkeit zusammenhängen.[16] Die i. d. R. EDV-basierte Aufnahme des Fragebogens befasst sich **mindestens** mit den folgenden **drei Teilbereichen**, welche zahlreiche Unterausprägungen beinhalten können:

- Rechtsform,
- wirtschaftliche Verhältnisse sowie
- Kreditsicherungsmöglichkeiten.

Die **Rechtsform** ist deshalb ein wichtiges Kriterium für die Kreditwürdigkeit, weil der Gesetzgeber den Umfang der Haftung bei den einzelnen rechtlichen Unternehmensformen unterschiedlich geregelt hat. Die wesentlichen Aspekte der Haftung und deren Beschränkung der einzelnen (deutschen) Rechtsformen werden nachfolgend skizziert.

Ganz allgemein könnte die **Rechtsform des Einzelunternehmens** als weniger kreditwürdig angesehen werden als die der offenen Handelsgesellschaft (**OHG**), denn bei der OHG haften neben dem Unternehmen mit dem Vermögen des Unternehmens grundsätzlich mehrere Gesellschafter – und nicht nur eine Person – mit ihrem Privatvermögen. Demgegenüber ist die Haftung bei der Kommanditgesellschaft (**KG**) insofern beschränkt, als die Kommanditisten nur mit ihrer Einlage haften. Die Komplementäre der KG haften hingegen – wie die Gesellschafter einer OHG – vollumfänglich mit ihrem Privatvermögen, soweit es sich bei diesen um natürliche Personen handelt. Während bei der KG also in die begrenzt haftenden Kommanditisten und die vollumfänglich haftenden Komplementäre unterschieden werden muss, existieren bei der OHG nur vollumfänglich haftende Gesellschafter – faktisch nur Komplementäre.

> Bei allen drei Rechtsformen kommt es dabei wesentlich auf die **Höhe des Privatvermögens** des Unternehmers bzw. der vollumfänglich haftenden Gesellschafter an.

Beliebte Sonderformen der KG sind jedoch Konstruktionen, bei denen die unbeschränkt haftenden Gesellschafter (Komplementäre) keine natürlichen Personen, sondern „lediglich" juristische Personen – regelmäßig in der Rechtsform einer (haftungsbeschränkten) Kapitalgesellschaft – sind. Damit ergibt sich faktisch wiederum eine Haftungsbeschrän-

---

[16]   So bereits *BALLMANN* (1971), S. 13–32.

kung, weil in dieser Rechtskonstruktion keine natürliche Person vollumfänglich haftet, sondern der voll haftende Komplementär „Kapitalgesellschaft" lediglich mit dem Gesellschaftsvermögen einsteht. Auf eine solche Haftungsbeschränkung muss durch einen entsprechenden Hinweis in der Firma (also im Namen) der Personenhandelsgesellschaft hingewiesen werden („GmbH & Co. KG"). Diese **haftungsbeschränkten Personenhandelsgesellschaften** unterliegen im Hinblick auf die Rechnungslegung i. S. d. § 264a HGB – abgesehen von den Befreiungsvorschriften des § 264b HGB – den für Kapitalgesellschaften relevanten handelsrechtlichen Vorschriften (§§ 264–289a HGB).[17]

Die Gesellschaft mit beschränkter Haftung (**GmbH**) zeichnet sich durch die beschränkte Haftung der Gesellschafter aus. Eine Haftung des Privatvermögens scheidet regelmäßig aus.[18] Die Gesellschaft selbst haftet trotz ihres Namens nicht beschränkt, sondern unbeschränkt mit ihrem Gesellschaftsvermögen.[19] Dies gilt auch für die Rechtsform der Aktiengesellschaft (**AG**). Bei dieser soll durch den gesetzlichen Zwang zur Bildung von Rücklagen und somit zur Verhinderung von „übermäßigen" Gewinnausschüttungen für eine ausreichende Eigenkapitalausstattung gesorgt werden.

Zur Analyse der **wirtschaftlichen Verhältnisse** gehört bei der externen Kreditwürdigkeitsprüfung hauptsächlich die Auswertung des **publizierten Jahresabschlusses**. Diese erfolgt beispielsweise hinsichtlich der Eigenkapitalausstattung sowie der Liquiditäts- und der Erfolgsaussichten. Aus **anderen Publikationen** – insbesondere aus der Wirtschaftspresse – sind vom (externen) Bilanzanalysten gegebenenfalls Informationen über die Güte der Geschäftsbeziehungen zu erhalten. Dies betrifft sowohl die Beziehungen zu Kunden (Sicherheit des Zahlungseingangs) und zu Lieferanten (Möglichkeit der Erlangung von Lieferantenkrediten) als auch die Bankbeziehungen (Existenz einer Hausbank, Erlangung von Bürgschaften und Krediten). Diese Beziehungen lassen sich meist aber nur dann aus der Presse entnehmen, wenn entweder Großaufträge erteilt bzw. Großkredite gegeben werden oder ein „negativer Vorfall" zu verzeichnen ist.

Schließlich beeinflussen die **faktischen und rechtlichen Abhängigkeiten** die wirtschaftliche Lage erheblich. Einerseits kann ein Zwang bzw. die Möglichkeit zur Gewinnverschiebung die Kreditwürdigkeit **negativ** beeinflussen (z. B. bei „geplanten" Insolvenzen oder bei der geplanten Schaffung von Sanierungsvoraussetzungen). Andererseits können sich solche Abhängigkeitsbeziehungen auch **positiv** auf die Kreditwürdigkeit auswirken. Dies ist z. B. dann der Fall, wenn die Insolvenz einer Tochtergesellschaft das Ansehen der Muttergesellschaft oder des gesamten Konzerns schädigen würde. Ein potentieller Kreditgeber kann dann erwarten, dass andere Unternehmen, z. B. die Muttergesellschaft, des betroffenen Konzerns die Verpflichtungen übernehmen.

---

17 Siehe hierzu bereits die Ausführungen in Abschnitt 2.1 des II. Kapitels.

18 Kreditinstitute stellen allerdings bei der Kreditvergabe an eine GmbH mitunter sicher, dass die Gesellschafter z. B. durch Bürgschaften mit ihrem Privatvermögen haften.

19 Sachgerechter wäre deshalb die Bezeichnung „Gesellschaft mit Gesellschafter mit beschränkter Haftung".

Die Möglichkeiten der (weiteren) **Kredit(be)sicherung** sind im Rahmen der externen Analyse grundsätzlich schwer nachvollziehbar. Am ehesten lassen sich noch die Möglichkeiten der Sicherung durch Grundpfandrechte feststellen, weil die durch Grundpfandrechte gesicherten Verbindlichkeiten im Anhang gemäß § 285 Nr. 1b HGB sowie IFRS 7.14 zu erläutern sind. Die entsprechende Hilfskennzahl **„Besicherungsquote"** kann folgendermaßen aufgestellt werden:

$$(89) \quad \text{Besicherungsquote} = \frac{\text{grundpfandrechtlich gesicherte Verbindlichkeiten}}{\text{Grundstücke gemäß Bilanz}} \quad (\cdot\ 100\ \%)$$

Die so berechnete Besicherungsquote kann aufgrund stiller Reserven auch höher als 100 % sein. Durch einen Vergleich des langjährigen Durchschnitts der Besicherungsquote in der Vergangenheit mit der Besicherungsquote des Analysejahres kann tendenziell – aus der Differenz zwischen diesen beiden Kennzahlen – auf **nicht ausgenutzte Sicherungsmöglichkeiten** durch Grundpfandrechte geschlossen werden. Dabei wird allerdings eine gleich bleibende relative Bewertung der Aktiva in der Bilanz unterstellt, die gewöhnlich wegen der unterschiedlichen Zugangszeitpunkte nicht gegeben ist. Die Feststellung des Ausnutzungsgrades anderer Sicherungsmöglichkeiten ist bei der Bilanzanalyse i. d. R. schwierig.

1.2.1.2 Analyse der „fünf Cs"

Vergleichbar mit der dargestellten Fragebogenanalyse ist die Vorgehensweise der Kreditprüfungspraxis im angloamerikanischen Raum, die sich vor allem auf die sog. **fünf Cs** konzentriert:[20]

- „Character",
- „Capacity",
- „Capital",
- „Collateral" sowie
- „Conditions".

Dabei werden unter **„Character"** die persönliche Zuverlässigkeit und Integrität des Kreditsuchenden, unter **„Capacity"** die Qualitäten der Geschäftsleitung, unter **„Capital"** die Eigenkapitalausstattung, unter **„Collateral"** die Möglichkeiten, Sicherheiten zu erhalten, sowie unter **„Conditions"** die allgemeine konjunkturelle und technologische Entwicklung des Unternehmens, der Branche und/oder der Volkswirtschaft verstanden. Die Ausprägungen der Merkmale „Capacity", „Capital" und „Conditions" sind im Rahmen der Bilanzanalyse gewöhnlich leichter zu beurteilen als die der Merkmale „Character" und „Collateral".

---

[20] Diese finden sich bereits frühzeitig bei *BAUGHN/WALKER* (1968), S. 280 f.

Die **Qualitäten der Geschäftsleitung** („Capacity") werden in der Wirtschaftspresse anlässlich besonderer Ereignisse (wie z. B. Vorstandswechsel, besonders gute oder schlechte Umsatzentwicklungen oder Zusammenbrüche) ausführlich behandelt. Allerdings gibt es keine allgemeingültigen Maßstäbe für die Beurteilung dieser Qualitäten, so dass diese Publikationen häufig auf den einfachen Zusammenhang zu reduzieren sind: „Entwicklung des Unternehmens gut = Qualität der Geschäftsleitung gut". Glück und Können lassen sich dabei schwerlich auseinanderhalten.

Im Hinblick auf die **(Eigen-)Kapitalausstattung** („Capital") sind die Berechnung der Eigenkapitalquote sowie ein Branchen- oder Zeitvergleich dieser Kennzahl relativ einfach durchzuführen. Die Interpretation der Ergebnisse ist aber im Rahmen der Sekundäranalyse lediglich dann sinnvoll möglich, wenn entweder ein Normvergleich (anhand banküblicher Relationen) durchgeführt wird oder der einfache Zusammenhang unterstellt wird: „Je höher die Eigenkapitalausstattung, desto besser die Kreditwürdigkeit."[21] Unter gleichbleibenden Bedingungen wäre dieser Zusammenhang meist gegeben, weil für das Eigenkapital regelmäßig keine liquiditätsvermindernde Kapitalrückzahlung vorgesehen ist. Die Kreditwürdigkeit eines Unternehmens ist aber grundsätzlich im Hinblick auf das Vermögen des Unternehmens zu beurteilen, nämlich **einerseits** danach, inwieweit das Vermögen durch ein entsprechendes Erfolgserzielungspotential dazu in der Lage ist, seinen Kapitaldienst zukünftig zu leisten, **sowie andererseits** danach, ob und zu welchen Preisen im Anspannungsfall Teile des Vermögens liquidierbar sind.

> Eine **hohe Eigenkapitalquote** indiziert, dass im Insolvenzfall die Höhe der nicht erfüllten Insolvenzforderungen relativ niedriger als bei geringer Eigenkapitalausstattung ist. Die Insolvenzquote ist dementsprechend höher, weil die Eigenkapitalgeber in der Befriedigungsrangfolge an letzter Stelle stehen und somit (gegenüber den Gläubigern) nachrangig zu berücksichtigen sind.

Die **allgemeine wirtschaftliche Entwicklung** („Conditions") lässt sich ebenfalls aus Wirtschaftsmeldungen (z. B. aus Publikationen der Bundesbank und der Wirtschaftsministerien sowie aus Voraussagen wirtschaftswissenschaftlicher Institute einschließlich der Kommentierungen von Wirtschaftsjournalisten) entnehmen. Die aktuelle wirtschaftliche Lage, deren Entwicklung in der Vergangenheit sowie ein Ausblick auf die Zukunft sollten zudem regelmäßig im Lagebericht des zu analysierenden Unternehmens dargestellt sein, wobei im Rahmen der Analyse bilanzpolitische Verfärbungen und Interpretationen zu berücksichtigen sind. Verzerrungen können freilich auch bei den Wirtschaftsmeldungen auftreten.

Die **Methode**, sich bei der Bilanzanalyse zur Kreditwürdigkeitsprüfung an die Rahmenvorstellungen **der fünf „Cs"** zu halten, **ist wenig zielführend**. Zwei der „Cs", nämlich

---

[21] Siehe kritisch zu diesem Zusammenhang bereits die Ausführungen in Abschnitt 3.2.3 des III. Kapitels mit Verweis auf das **Zahnhygiene-Fußpilz-Paradoxon** von *SCHNEIDER* (2007), S. 11.

„Character" (die persönliche Zuverlässigkeit und Integrität des Kreditsuchenden) sowie „Collateral" (die Möglichkeiten, Sicherheiten zu erhalten), können schließlich nicht oder nur beschränkt anhand des Jahresabschlusses analysiert werden, obwohl diese in der praktischen Kreditwürdigkeitsanalyse von entscheidender Bedeutung sind. Die anderen drei „Cs" beschreiben entweder zu allgemeine Sachverhalte oder basieren auf Informationen, die zu wenig fundiert sind, als dass sie aussagekräftig sein könnten (z. B. die Eigenkapitalquote und subjektiv gefärbte Informationen über die Qualität der Geschäftsleitung). Deshalb sollte den fünf „Cs" bei der externen Kreditwürdigkeitsanalyse **bestenfalls eine Bedeutung als „Checkliste"** zukommen.

1.2.1.3   Cashflow

Der Cashflow wird sowohl als Liquiditätsindikator als auch im Sinne einer Erfolgskennzahl interpretiert. Aus diesem Grund liegt es nahe, diesen auch bei der Analyse der Kreditwürdigkeit einzusetzen. Der Cashflow ist ein **Maß für die Schuldentilgungskraft** des Unternehmens. Er kann i. S. d. **finanzwirtschaftlichen Interpretation** – zumindest weitgehend – zur Tilgung von Fremdkapital verwendet werden.

Weiterhin kann ein nachhaltig erzielbarer Cashflow[22] – in Relation zum Fremdkapital gesetzt – einen Hinweis geben, ob in Zukunft tendenziell mit gleicher, höherer oder niedrigerer **Schuldentilgungsdauer** zu rechnen ist. Die Schuldentilgungsdauer – auch **dynamischer Verschuldungsgrad** oder lediglich **Tilgungsdauer** genannt – bietet im Zeit- und im Branchenvergleich einen wichtigen Hinweis auf die Kreditwürdigkeit eines Unternehmens.[23] Diese zeigt an, wie lange es tendenziell dauern würde, bis die an einem Bilanzstichtag bestehenden Schulden durch die betrieblichen Einzahlungsüberschüsse getilgt werden (soweit der Cashflow auch zukünftig in dieser Höhe zu erwarten ist und – regelmäßig unrealistisch – keine Investitionen getätigt werden). Je kürzer die Schuldentilgungsdauer ist, desto kreditwürdiger wird das Unternehmen beurteilt. Die Kennzahl kann wie folgt berechnet werden:[24]

$$(90)\quad \text{Schuldentilgungsdauer} = \frac{\text{Netto-FK zum Bilanzstichtag}}{\text{Cashflow}} \quad [\text{in Jahren}]$$

---

[22] Wenn dieser Cashflow um die eventuell jährlich notwendigen Beträge für Reinvestitionen sowie um angemessene Gewinnausschüttungen (bzw. -entnahmen) gekürzt wird, dann wird von der **Kapitaldienstgrenze** gesprochen, welche dem jährlichen Kapitaldienst zur pauschalen Prüfung, ob die Kapitaldienstfähigkeit gewährleistet ist, gegenübergestellt werden kann. Siehe hierzu *BANTLEON/ SCHORR* (2010), S. 1491.

[23] Vgl. z. B. *LACHNIT* (1973), S. 74.

[24] In der Literatur finden sich vor allem im Hinblick auf das hier zu berücksichtigende Nettofremdkapital, das auch als **Effektivverschuldung** bezeichnet wird, unterschiedliche Ansätze. *LANGENBECK* (2007), S. 119 f., greift hierfür im Zähler auf das Fremdkapital abzüglich der Summe langfristiger Rückstellungen (i. d. R. nur die Pensionsrückstellungen) und der liquiden Mittel zurück. Ähnlich sehen es *GRÄFER/SCHNEIDER/GERENKAMP* (2012), S. 97, die zudem die Wertpapiere des Umlaufvermögens vom Fremdkapital abziehen. Der Kehrwert dieser Formel wird auch **Entschuldungsgrad** bezeichnet. Siehe *KÜTING/WEBER* (2012b), S. 168.

Empirische Untersuchungen[25] haben ergeben, dass dieser Kennzahl eine **recht hohe Prognosezuverlässigkeit** zukommt. Allerdings ist einzuwenden, dass – abgesehen vom Alter der Studien – den durchgeführten empirischen Untersuchungen Mängel anhaften, welche die Aussage der statistischen Tests beeinträchtigen. So bergen die (mangelhaften) statistischen Auswahlverfahren systematische Fehler. Beispielsweise wurde nicht berücksichtigt, dass die Fehlklassifikation eines schlechten Unternehmens als gutes Unternehmen bei der Kreditwürdigkeitsprüfung höhere Kosten – z. B. durch den eventuellen Verlust des Kredites – verursacht als umgekehrt. Zudem wurde unterstellt, dass die Zahl der „guten" Kreditanträge gleich hoch sei wie die der „schlechten" Kreditanträge. Tatsächlich sollte die Zahl der guten Kreditanträge jedoch höher sein. Schließlich ist wiederholt darauf hinzuweisen, dass der Schluss von statistischen Gesamtheiten auf den einzelnen Analysefall grundsätzlich problematisch ist.[26]

Beispiel: Die Schuldentilgungsdauer der MUSTER AG ermittelt sich zum 31.12.05 – unter Berücksichtigung des bilanzanalytischen Fremdkapitals abzüglich der flüssigen Mittel sowie des im III. Kapitel (Formel B25) ermittelten Cashflow nach DVFA/SG – wie folgt:

$$\text{(B90) Schuldentilgungsdauer} = \frac{2.037.643 - 934}{227.244} = \frac{2.036.709}{227.244} \approx 8,96 \text{ Jahre}$$

1.2.1.4   Reingewinn

Als weiteres Maß zur Beurteilung der Kreditwürdigkeit wird die Kennzahl „relativer Reingewinn" genutzt, die sich wie folgt berechnen lässt:

$$\text{(91)} \quad \text{relativer Reingewinn} = \frac{\text{Jahresüberschuss}}{\text{durchschnittliches Gesamtkapital}} \; (\cdot \, 100 \, \%)$$

Im Gegensatz zur Gesamtkapitalrentabilität werden die **Fremdkapitalzinsen im Zähler nicht berücksichtigt**, weil anderenfalls Zinslasten den relativen Reingewinn erhöhen würden, was eine erhöhte Kreditwürdigkeit vorspiegeln würde. Steigende Zinsen führen demgegenüber *ceteris paribus* schließlich zu einer Erhöhung des zu erfüllenden Kapitaldienstes und somit tendenziell zur Abnahme der Kreditwürdigkeit. Die Kennzahl „relativer Reingewinn" entspricht somit dem ROI.[27]

In analoger Form zum relativen Cashflow (Schuldentilgungsdauer) wurde empirisch[28] festgestellt, dass auch der relative Reingewinn als **Tendenzindikator für die Kredit-**

---

25   Siehe BEAVER (1966).

26   Vgl. in diesem Zusammenhang z. B. die umfangreiche Darstellung empirischer Untersuchungen bei COENENBERG (1974).

27   Siehe hierzu die Ausführungen in Abschnitt 3.1 des II. Kapitels sowie in Abschnitt 2.2.2.7.3 des III. Kapitels.

28   Siehe wiederum BEAVER (1966).

würdigkeit eine besondere Bedeutung hat. Gegen die statistische Aussagekraft können jedoch die gleichen Einwände wie bei der Schuldentilgungsdauer vorgebracht werden. Es ist aber durchaus plausibel, dass einerseits mit steigendem Jahresüberschuss die Schuldentilgungskraft wächst und andererseits steigende Fremdkapitalanteile den relativen Reingewinn mindern.

Beispiel: Der relative Reingewinn der MUSTER AG ermittelt sich zum 31.12.05 wie folgt:

$$(B91)\ \text{relativer Reingewinn} = \frac{85.340}{\left(\dfrac{2.521.822 + 2.388.309}{2}\right)} \cdot 100\ \% \approx 3,48\ \%$$

1.2.1.5   „Current Ratio"

Vor allem in der angloamerikanischen Praxis werden für die Kreditwürdigkeitsprüfung oft bestandsorientierte Kennzahlen verwendet. Dabei wird insbesondere die „Current Ratio" – auf die schon im Rahmen der Ausführungen zum Nettoumlaufvermögen („Working Capital") hingewiesen wurde[29] – häufig verwendet. Diese Kennzahl wird deshalb auch als **„Banker's Rule"** bezeichnet.[30]

> Hinsichtlich der „Current Ratio" wird verlangt, dass das **Verhältnis von (kurzfristigem) Umlaufvermögen zu den kurzfristigen Schulden (Verbindlichkeiten und Rückstellungen) mindestens 2:1** betragen soll.

Die eventuell kurzfristige Geldmittelbeanspruchung sollte demnach zumindest durch ein kurzfristig liquidierbares Vermögen in doppelter Höhe gedeckt sein, was nichts anderes bedeutet, als dass die Liquidität 3. Grades nicht weniger als 200 % betragen und somit ein Teil des kurzfristig zur Verfügung stehenden Vermögens langfristig finanziert sein soll:[31]

(92)   Current Ratio ⇒ Liquidität 3. Grades = Working Capital Ratio $\geq$ 200 %

$$\curvearrowright \frac{\text{(kurzfristiges) UV}}{\text{kurzfristiges FK}} \ (\cdot\ 100\ \%) \ \geq\ 200\ \%$$

Der „Current Ratio" kommt jedoch nur eine **sehr begrenzte Aussagekraft** bezüglich der Kreditwürdigkeit (bzw. der Liquiditätsanalyse) zu. Dies bestätigen auch empirische Untersuchungen.[32] Die „Current Ratio" kann zum Bilanzstichtag durch bilanzpolitische Aktionen problemlos in günstigerem Verhältnis ausgewiesen werden.

---

[29]   Siehe die Ausführungen in Abschnitt 1.2.2.4 des III. Kapitels.

[30]   Vgl. *BITZ/SCHNEELOCH/WITTSTOCK* (2011), S. 535.

[31]   Siehe zu dieser „Daumenregel" wiederum *TRACY* (1994), S. 149.

[32]   Siehe bereits *WEIBEL* (1971), S. 107.

1.2.1.6 Profilanalysen

Profilanalysen zeigen den typischen Verlauf von Kennzahlen in einem Untersuchungszeitraum. Dabei werden die Kennzahlen mehrerer Unternehmen so zusammengefasst, dass in einer Kennzahlengruppe nur **Unternehmen mit derselben Ausprägung hinsichtlich eines kreditrelevanten Merkmals** sind. Im Rahmen von Kreditwürdigkeitsprüfungen werden z. B. hinsichtlich des Merkmals „Unternehmensfortbestand" die Ausprägungen „Zusammengebrochensein" oder „Überleben" bis zu einem bestimmten Stichtag herangezogen.

Der **ersten Gruppe** („zusammengebrochene Unternehmen") werden **alle Unternehmen** zugeordnet, **die** bis zu einem bestimmten Zeitpunkt (meist bis zum Ende des Untersuchungszeitraumes) **zusammengebrochen sind** – also nicht mehr existieren. In der **zweiten Gruppe** werden die **Unternehmen** zusammengefasst, **die** zu diesem Zeitpunkt **noch existieren** („nicht zusammengebrochene Unternehmen").[33] Für jede Gruppe werden für aufeinander folgende Zeitpunkte bestimmte Kennzahlen (z. B. die Schuldentilgungsdauer) berechnet. Anschließend sind die zeitlichen Verläufe der Durchschnittswerte dieser Kennzahl für jede Gruppe in einem Diagramm abzutragen. Letztlich wird in diesem Diagramm das Kennzahlenprofil des zu analysierenden Unternehmens aufgenommen und im Vergleich zu den „typischen" Profilen der (beiden) Referenzgruppen beurteilt.

> Um die Kreditwürdigkeit eines Unternehmens festzustellen, ist für dieses das entsprechende Profil zu erstellen und mit „typischen" Profilen zu vergleichen. Die Kreditwürdigkeit wird danach beurteilt, inwieweit das Analyseprofil **– in seiner absoluten Höhe und vor allem in seiner relativen Entwicklung –** mehr in Richtung des einen oder anderen typischen Profils tendiert.

Beispiel: In der Abbildung 37 ist das Beispiel einer Profilanalyse hinsichtlich der Kennzahl „Schuldentilgungsdauer" dargestellt. Der **Verlauf I** stellt das Profil der Schuldentilgungsdauer der Gruppe jener Unternehmen dar, die in der Zeit vom 01.01.06 bis zum 31.12.11 **nicht zusammengebrochen** sind. Der **Verlauf II** zeigt das entsprechende Profil jener Unternehmen, die im betreffenden Zeitraum **zusammengebrochen** sind. Der **Verlauf III** ist schließlich das Profil der Schuldentilgungsdauer des **zu analysierenden Unternehmens**, das auf Basis der jeweiligen Jahresabschlüsse ermittelt wurde.

---

[33] Die Anwendung der Profilanalyse ist auch bei anderen Analysezielen denkbar, wobei die Gruppen gegebenenfalls nach anderen Aspekten gebildet werden müssen.

Es wurde bereits darauf hingewiesen, dass bestimmte Kennzahlen, z. B. die Schuldentilgungsdauer, eine recht enge Beziehung zur Kreditwürdigkeit aufweisen. Im Beispiel weist das Profil bei den nicht zusammengebrochenen Unternehmen (Verlauf I) ein recht stabiles Bild der Kennzahlen im Zeitablauf auf. Das entsprechende Profil für die Gruppe der im Untersuchungszeitraum fallierten Unternehmen (Verlauf II) zeigt hingegen eine Tendenz zunehmender Schuldentilgungsdauer. Diese Verläufe gelten jeweils als **„typisch" für kreditwürdige sowie für nicht kreditwürdige Unternehmen.**

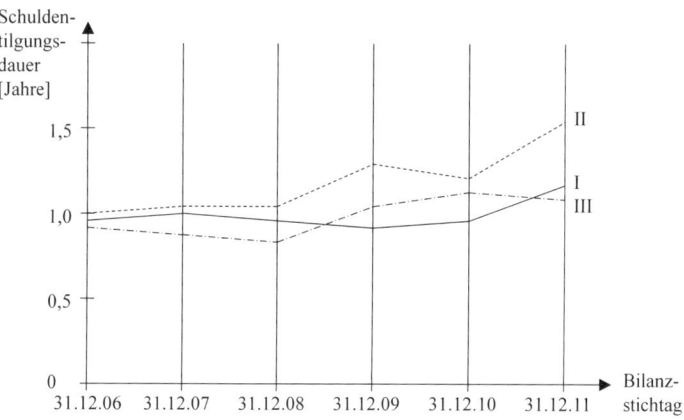

Abbildung 37:   Beispiel einer Profilanalyse

Problematisch ist bei der Profilanalyse, dass ein vergangenheitsorientiertes Profil **für die Zukunft wenig Aussagekraft** hat. Es wird lediglich eine tendenziell gleichlaufende Entwicklung für die Zukunft unterstellt. Schwierig ist weiterhin, festzustellen, **welchem der typischen Verläufe das Analyseprofil des betreffenden Unternehmens am nächsten kommt.** Dabei ist einerseits die absolute Höhe der Kennzahl, andererseits aber auch die relative Entwicklung zu beachten. Letzteres Kriterium ist wichtiger, weil Unterschiede in der absoluten Höhe branchen- oder sogar unternehmensspezifisch sein können. Vor diesem Hintergrund bietet sich zur Abwägung des Entsprechungsmaßes die statistische Korrelationsanalyse an.

Darüber hinaus besteht einerseits das Problem, dass ein Unternehmen fälschlicherweise als „insolvenzgefährdet" eingestuft wird, obwohl es gesund ist und dies hoffentlich – trotz dieser Einstufung und der damit verbundenen Gefahr einer „sich selbsterfüllenden Prophezeiung" – auch bleibt. Andererseits könnte ein insolvenzgefährdetes Unternehmen aufgrund einer fehlerhaften Zuordnung als „gesund" (und somit „kreditwürdig") betrachtet werden.[34] Dies verursacht gewöhnlich bei einem Kreditinstitut in Anbetracht des eventuell zu erwartenden Kreditausfalls höhere Kosten als die erstgenannte Fehleinschätzung.

1.2.2 Qualitative Analyse

Die qualitative Analyse umfasst Einflussfaktoren, die sich nicht zahlenmäßig ausdrücken lassen: sog. **Soft Facts.** Insoweit gehört die Prüfung der Kreditwürdigkeit i. e. S. (also beispielsweise die Beurteilung der persönlichen Integrität und der unternehmerischen Fähigkeiten) in den Bereich der (subjektiven) qualitativen Analyse. Auch die in der Praxis häufig zu beobachtende **Kreditwürdigkeitsprüfung auf der Grundlage von Intuition und Erfahrung** des jeweiligen Kreditsachbearbeiters ist weitgehend – weil nicht von dritten Personen nachprüfbar – der qualitativen Analyse zuzurechnen. Eine Abgrenzung zwischen der qualitativen und der quantitativen Analyse ist nicht immer eindeutig möglich. Da allerdings im konkreten Fall ohnehin beide Analysen durchgeführt werden (sollten), kommt dieser Abgrenzung nur eine systematische Bedeutung zu.

	Kreditwürdigkeit tendenziell positiv	Kreditwürdigkeit tendenziell negativ
– Konjunkturlage	gut	schlecht
– Häufigkeit der Zusammenbrüche in der Branche des Unternehmens	niedrig	hoch
– Größe des Unternehmens	groß	klein
– Alter des Unternehmens	alt	jung
– Erfahrung der Geschäftsleitung	viel	wenig
– Ausbildung der Geschäftsleitung	gut	schlecht
– einzelne oder alle Mitglieder der Geschäftsleitung hatten in einem anderen Unternehmen bereits eine entsprechende Stellung (erfolgreich) inne	ja	nein
– Geschäftsleitung besteht aus mehreren Personen, die kooperativ zusammenarbeiten	ja	nein

Abbildung 38:   *Beispiele für empirisch nachgewiesene Zusammenhänge zwischen verschiedenen qualitativen Faktoren und der Kreditwürdigkeit*

Auch auf dem Gebiet der qualitativen Analyse wurden empirische Beobachtungen und Untersuchungen vorgenommen.[35] Dabei wurden u. a. die in Abbildung 38 dargestellten

---

34   Siehe auch (im Hinblick auf die multivariate Diskriminanzanalyse) *WAGENHOFER* (2010), S. 249, sowie die Ausführungen in Abschnitt 2.1 des I. Kapitels.

35   So etwa zitiert bei *WEIBEL* (1971).

Zusammenhänge zwischen der Kreditwürdigkeit und verschiedenen qualitativen Merkmalen festgestellt. Da entsprechende Zusammenhänge jedoch nicht im Sinne ökonomischer Gesetzmäßigkeiten bestehen, sind allgemeingültige Aussagen hierzu nicht möglich. Allenfalls ist zu konstatieren, dass die angegebenen Merkmale plausibel sind. So wird ein länger bestehendes Unternehmen mit einer etablierten Geschäftsleitung eher eine tendenziell konservative Finanzpolitik betreiben, was deren Kreditwürdigkeit aufgrund des geringeren Risikos erhöhen sollte. Im Gegensatz dazu wird jedoch auch unterstellt, dass die Bedeutung der Planung zumindest mit dem Alter eines Unternehmens[36] bzw. der Erfahrung des Unternehmers wiederum abnimmt.

Allerdings gilt auch hier die Einschränkung, dass die Beurteilung der Kreditwürdigkeit anhand dieser Merkmale in vielen Fällen vielleicht sachgerecht ausfallen wird. Im Einzelfall jedoch – und genau dieser interessiert zumindest im Rahmen der Bilanzanalyse und bei der Kreditwürdigkeitsprüfung der Banken – sind die angegebenen Zusammenhänge nicht zwingend. So könnte selbst eine erfahrene Geschäftsleitung eine progressive und risikoreiche Unternehmenspolitik betreiben und die junge Geschäftsleitung eines anderen Unternehmens hingegen konservativ eingestellt sein. In diesen Fällen **führt die qualitative Analyse zu Fehlurteilen, wenn** sie **schematisch vorgenommen** wird.

Deshalb ist im Einzelfall zu empfehlen, die Kriterien, die hinter den dargestellten Merkmalen verborgen sind, der Bilanzanalyse in angepasster, individueller Form zugrunde zu legen:

* Bei „guter"/„schlechter" **Konjunkturlage** ist die Kreditwürdigkeitsanalyse eher mit „optimistischer"/„pessimistischer" Grundeinstellung durchzuführen, wobei Konjunkturschwankungen bei langfristiger Kreditvergabe zu berücksichtigen sind.

* Eine hohe **Branchenhäufigkeit der Zusammenbrüche** sollte zu einer intensiven Suche nach Kreditsicherheiten anregen.

* Die **Größe des Unternehmens** ist branchenbezogen zu sehen – besser wäre hier, die Eigenkapitalausstattung als Kriterium heranzuziehen und diese mit dem Branchendurchschnitt zu vergleichen. Für die „Größe" des Unternehmens fehlen außerdem allgemeingültige (branchenübergreifende) Maßstäbe; hieran können auch die handelsrechtlichen Größenkriterien (§ 267 HGB) nichts ändern.

* An die Stelle des **Alters** ist das Maß an „konservativer"/„progressiver" Unternehmenspolitik zu setzen; dies ist aus Publikationen oft bekannt bzw. mittels Bilanzpolitikanalyse[37] (tendenziell) feststellbar.

* Die **letzten drei Geschäftsleitungsbeurteilungsmaßstäbe** können meist entfallen, weil diese entweder bei der Bilanzanalyse überhaupt nicht oder nur aufgrund von (subjektiven) Kommentierungen in der Wirtschaftspresse beurteilt werden können.

---

[36]   Vgl. *KREHL/STROBEL* (2009), S. 199, die vom „Alter des Unternehmens" bzw. vom „Alter des Firmenkunden" sprechen.

[37]   Siehe hierzu Abschnitt 3.2.3 des II. Kapitels.

1.2.3 Qualitativ-quantitative Ranganalyse

1.2.3.1 Primäranalyse

Die Kreditwürdigkeitsprüfung verfolgt in ihrer primären Ausprägung das Ziel, festzustellen, wie hoch die **Wahrscheinlichkeit ist, dass ein hingegebener Kredit einschließlich vereinbarter Zinsen zurückbezahlt wird**. Diese Wahrscheinlichkeit ist nicht nur von einem einzigen Einflussfaktor, sondern von einer Vielzahl von Faktoren und deren Zusammenwirken abhängig.

Die **wichtigsten dieser Einflussgrößen** sind jene, die mit Hilfe der bereits dargestellten Partialanalysen untersucht werden sollen: die **Liquidität**, der **Erfolg** und das **Vermögen**. Diese Partialziele sind nicht unabhängig voneinander, vielmehr sind diese z. T. kurz- oder langfristige Bedingung sowie nur eine andere Ausprägung eines anderen Ziels. So ist die Liquidität langfristig nur gesichert, wenn die Erfolgslage zufriedenstellend ist – schließlich ist die Erfolgslage gegebenenfalls wieder abhängig von einer Beibehaltung des Marktanteils und einer permanent gesicherten Liquidität. Das Vermögen ist z. B. eine andere Ausprägung für die Liquiditätssicherung und die Erfolgserzielung des Unternehmens.

> Da die Kreditwürdigkeit als Ergebnis einer zufriedenstellenden Liquiditäts-, Erfolgs- und Vermögenslage interpretiert werden kann, besteht die Kreditwürdigkeitsanalyse in analoger Weise aus einer **Liquiditäts-, Erfolgs- und Vermögensanalyse**. Diese Reihenfolge kann als **Rangfolge mit abnehmender Bedeutung** aufgefasst werden.

Neben diesen quantitativen Kriterien sind bei der Kreditwürdigkeitsanalyse auch wichtige **qualitative Faktoren** zu berücksichtigen. Diese **beeinflussen** allerdings nicht unmittelbar die Kreditwürdigkeit, sondern **die genannten quantitativen Faktoren** und somit mittelbar die Kreditwürdigkeit. Rechtsform, persönliche Integrität oder Haftungsmöglichkeiten des privaten Vermögens wirken sich ebenfalls auf die Liquiditäts- und/oder die Vermögenslage aus – um nur zwei quantitative Faktoren zu nennen.

Bei der Kreditwürdigkeitsanalyse anhand publizierter Jahresabschlüsse, also im Rahmen einer (externen) Bilanzanalyse, ist die **Untersuchung der qualitativen Faktoren allenfalls eingeschränkt möglich**. Die qualitativen Faktoren sind deshalb in der Verwendbarkeit hinter den quantitativen Kriterien einzuordnen, soweit diese nicht ohnehin schon bei der Analyse der entsprechenden Partialziele berücksichtigt worden sind. Bei nicht eindeutigen Ergebnissen der quantitativen Analyse können qualitative Aspekte **als weitere Entscheidungskriterien herangezogen werden**.

Es ist mitunter vorteilhafter, **bei nicht eindeutigen Analyseergebnissen** eher zu pessimistisch als zu optimistisch zu urteilen. Die **Folgen einer optimistischen Fehlprognose** sind im Allgemeinen tiefgreifender als die **Folgen einer pessimistischen Fehlprognose.** Dies gilt in besonderem Maß für die Kreditwürdigkeitsprüfung, wobei sich ein Kreditinstitut auch eine zu pessimistische Kreditvergabepolitik auf Dauer nicht „leisten" kann.

1.2.3.2   Sekundäranalyse

Die Sekundäranalyse **simuliert eine von potentiellen Kreditgebern durchzuführende Primäranalyse**, wie sie durch den Analyseadressaten erwartet wird. Dabei ist allerdings die Informationsmenge gegenüber der Primäranalyse eingeschränkt. Die Sekundäranalyse basiert auf publizierten Jahresabschlüssen und Lageberichten sowie den Publikationen der Wirtschaftspresse. Aus diesem Grund entfällt weitgehend die qualitative Analyse. Soweit diese dennoch möglich ist, sollte sie auch durchgeführt werden.

Da die Sekundäranalyse die Analysepraxis der Kreditgeber – das sind regelmäßig Banken – möglichst exakt widerspiegeln soll, sind die **„banküblichen" Kriterien** anzulegen und diesen die „übliche" Priorität/Gewichtung zuzuweisen. Dies zeigt exemplarisch die Abbildung 39.[38] Da die Kreditvergabekriterien – auch in Zeiten von „Basel II" (bzw. zukünftig „Basel III"[39]) – nicht einheitlich gehandhabt werden, ist das dargestellte Entscheidungsschema lediglich als ein mögliches **Beispiel** aufzufassen. Die benannten Kriterien decken sich allerdings tendenziell mit den in der Praxis genutzten.

Bezüglich des Analyseschemas bestehen **unterschiedliche Auswertungsmöglichkeiten:**

- Im Rahmen einer **ersten Möglichkeit** können **Erfahrung und Intuition** als Entscheidungskriterien gewählt werden. Dabei werden entweder die einzelnen Antworten ganzheitlich betrachtet und implizit mit den Ergebnissen früherer Untersuchungen verglichen oder es wird intuitiv entschieden.

- Als **zweite Möglichkeit** können **sämtliche Antworten gleichgewichtet** werden. Entscheidungskriterium wäre dann, ob die Summe (in Abbildung 39 als Summe a dargestellt) positiv oder negativ ist und wie weit diese von der „Kreditwürdigkeitsschwelle" null entfernt ist. Die höchste Kreditwürdigkeit wird im Beispiel der Abbildung 39 durch +12, die niedrigste Kreditwürdigkeit durch −12 wiedergegeben.

- Schließlich können – als **dritte Möglichkeit** – die **einzelnen Kriterien unterschiedlich gewichtet** und summiert werden.[40] In diesem Fall ist die Summe (in Abbildung 39 als Summe b dargestellt) das Gesamtkriterium, welches in der Abbildung 39

---

[38]   Zu den angegebenen Referenzzahlen vgl. z. B. *RIETMANN* (1973), S. 12.

[39]   Siehe z. B. *BECKER ET AL.* (2011), *SCHMITT* (2011).

[40]   Diese Methodik hat eine gewisse Ähnlichkeit mit den sog. Scoring- oder Ratingverfahren. Siehe hierzu bereits die entsprechenden Ausführungen in Abschnitt 2.2 des I. Kapitels.

im besten Fall bei +18 und im schlechtesten Fall bei –18 liegt. Allerdings werden auch im Falle der einheitlichen Gewichtung einzelner Ausprägungen – also bei der zweiten Auswertungsmethode – die qualitativen Faktoren auf der einen Seite und die quantitativen Faktoren auf der anderen Seite unterschiedlich gewichtet. So geht die quantitative Analyse mit acht Einzelkriterien in die Auswertung ein, während die qualitative Analyse nur durch fünf Einzelkriterien repräsentiert wird. Selbst innerhalb der quantitativen Analysegruppe liegen unterschiedliche Gewichtungen bezüglich der einzelnen Teilziele vor.

Kriterium	ja = +1 nein = –1	x Gewich- tungsfaktor (1, 2, 3)	= Wert (+3 … –3)
1. Quantitative Analyse (Bilanzauswertung)			
a) Liquidität			
Liquidität 2. Grades („Quick Ratio") ≥ 100 %?	...	1	...
Liquidität 3. Grades („Current Ratio") ≥ 200 %?	...	1	...
b) Sicherung der Finanzstruktur			
Schuldentilgungsdauer ≤ drei Jahre?	...	3	...
Deckungsgrad A ≥ 30 %?	...	1	...
Deckungsgrad B ≥ 100 %?	...	1	...
c) Gewinn			
Eigenkapital- rentabilität ≥ Verzinsung festverzins- licher Wertpapiere?	...	2	...
Eigen- finanzierungs- = quote[41] $\dfrac{\text{Cashflow}}{\text{Anlagenzugänge}}$ ≥ 100 %?	...	3	...
2. Qualitative Analyse			
Konjunktur positiv?	...	1	...
Branchenentwicklung positiv?	...	2	...
Besicherungsquote abnehmend?	...	1	...
Konzernunternehmen?	...	1	...
Aktiengesellschaft?	...	1	...
Summe	**(a)**		**(b)**

Abbildung 39:   *Entscheidungsschema einer qualitativ-quantitativen Ranganalyse (Sekundäranalyse)*

Im Rahmen der Primäranalyse lässt sich nach wie vor ein **unterschiedliches instituts-spezifisches Vorgehen** beobachten. Im Rahmen der Ausführungen zur Sekundäranalyse soll **nur eine der möglichen Vorgehensweisen** aufgezeigt werden. Es sei wiederholt, dass im Rahmen der Sekundäranalyse über die wirtschaftliche Begründbarkeit der Methoden- und Kriterienauswahl sowie deren Berechnung bzw. Gewichtung keine wertende Aussage getroffen werden muss.

---

41 Die sog. Eigenfinanzierungsquote entspricht bei Konkretisierung der Berechnungsformel der Netto-investitionsdeckung (siehe hierzu Formel 100 in Abschnitt 4.2.1 des IV. Kapitels).

2   Analyse der Personalpolitik

2.1   Definition

Dem Begriff der Personalpolitik soll das **personalwirtschaftliche Verhalten** des zu analysierenden Unternehmens subsumiert werden. Dieses Verhalten bestimmt den Rahmen, der die Entfaltung des einzelnen Arbeitnehmers, einzelner Beschäftigtengruppen und/ oder der gesamten Belegschaft einschränkt bzw. diesbezügliche Freiheiten gewährt. Dieser institutionelle Rahmen wird durch organisatorische Regelungen fixiert sowie in starkem Maße durch soziale Bindungen, Abhängigkeiten und die Unternehmenskultur beeinflusst.

Als **primäre Adressaten** einer personalwirtschaftlich orientierten Analyse gelten die Arbeitnehmerinteressenverbände (Gewerkschaften) sowie die einzelnen derzeitigen und auch potentiellen Arbeitnehmer. Im Unterschied zum einzelnen Arbeitnehmer sind die **Gewerkschaften** regelmäßig nicht auf die Analyse publizierter Informationen beschränkt. Sie haben – wenn auch nicht so unbeschränkt wie etwa die Geschäftsleitung – über diverse Organe (Betriebsrat, Wirtschaftsausschuss oder Vertrauensleute) Zugriff auf diverse unternehmensinterne Informationen. Diesen Organen stehen gemäß dem Betriebsverfassungsgesetz (BetrVG) z. B. Informationen über den Krankenstand, die Überstunden sowie weitere detaillierte Personalbestands- und auch -plandaten zu.[42]

Der **einzelne Arbeitnehmer** hat hingegen – von informellen Informationen abgesehen – meist wenige Möglichkeiten, unternehmensinterne Informationen zu erhalten. Dies gilt vor allem dann, wenn er (noch) nicht im zu analysierenden Unternehmen beschäftigt ist. Im **Fall der potentiellen Arbeitsaufnahme** ist jedoch das Informationsbedürfnis besonders groß. Das **Analyseziel** ist in diesem Zusammenhang wie folgt **einzugrenzen**: Es muss versucht werden, Beurteilungskriterien zu entwickeln, welche das personalwirtschaftliche Verhalten eines Unternehmens – von der Interessenlage des einzelnen Arbeitnehmers ausgehend – auf Basis sämtlicher erreichbarer externer Informationen interpretieren lassen.

Weitere Adressaten der personalwirtschaftlich orientierten Analyse sind die **Geschäftsleitung und die übrigen Personalverantwortlichen**. Diese sind jedoch nicht zwingend auf eine externe Analyse angewiesen, weil ihnen sämtliche internen Informationen unbeschränkt zur Verfügung stehen. Analyseschwierigkeiten können hier nur hinsichtlich der Identifikation der häufig qualitativen personalwirtschaftlichen Daten sowie hinsichtlich deren Messung und Normierung auftreten. Allerdings ist es auch denkbar, dass sich die Geschäftsleitung im Zusammenhang mit der Personalpolitik auf eine Sekundäranalyse konzentriert, um beispielsweise zu eruieren, wie die Wahrnehmung der Personalpolitik des Unternehmens aus Sicht der potentiellen Arbeitnehmer, welche die Primäranalyse vornehmen würden, ist.

---

[42]   Vgl. hierzu und zu Sozialkennzahlen *ENGEL-BOCK* (2007), S. 169–173.

2.2   Analysemethodik

Eine zufriedenstellende Analyse des personalwirtschaftlichen Verhaltens wäre möglich, wenn sich eine Methode finden ließe, mit deren Hilfe die positiven oder negativen Ausprägungen der jeweiligen Analysesituation in **quantitative Nutzengrößen** transformiert werden können. Erst dann könnte eine allgemeingültige Rangfolge hinsichtlich der Güte des personalwirtschaftlichen Verhaltens begründet werden, in die sich ein Unternehmen nach eindeutigen und nachprüfbaren Kriterien einordnen ließe. Die Bemühungen der betriebs- und der sozialwissenschaftlichen Forschung sind zwar groß, diese Quantifizierung des Nutzens zu erreichen; **bisher ist** jedoch **weder ein praktikabler noch ein wissenschaftlich haltbarer Maßstab gefunden worden.**[43] Es ist abzusehen, dass dies wegen der Subjektivität der Nutzenvorstellungen auch in der Zukunft nicht der Fall sein wird.

Deshalb muss sich die **Analyse der Personalpolitik auf qualitative Aspekte beschränken.** Das gilt auch, wenn quantitative Größen (wie z. B. Löhne und Gehälter sowie Aufwendungen zur Altersversorgung) untersucht werden, denn es kann nicht allgemeingültig festgestellt werden, welche konkrete Nutzenveränderung auf Arbeitnehmerseite z. B. durch eine Lohnsteigerung erreicht wird, zumal zu berücksichtigen ist, dass diese einen Inflationsausgleich beinhaltet. Es kann deshalb nicht sicher gesagt werden, dass der Nutzen des Arbeitnehmers mit steigenden Bezügen zu- und mit fallenden Einkünften abnimmt.

> Eine **allgemeine Analysemethodik** kann nur Kriterien aufzählen, die der Nutzenvorstellung eines Arbeitnehmers entsprechen könnten, und Hinweise geben, auf Basis welcher Informationsquellen welche Schlüsse im Hinblick auf das personalwirtschaftliche Verhalten des Unternehmens gezogen werden könnten.

Die **wichtigsten Kriterien** der Analyse der Personalpolitik sind – wie in Abbildung 40 dargestellt – der Grad der sozialen Sicherheit, die Güte der Aus- und Fortbildungsmöglichkeiten, das Betriebsklima sowie die Beförderungsprinzipien. Dabei soll diese Aufzählung **keine Rangfolge** verkörpern. Es existieren zwar Untersuchungen, welche Rangfolge den Präferenzen der meisten Arbeitnehmer entspricht, diese Rangfolge ändert sich jedoch – z. B. in Abhängigkeit von der Konjunktur- und Beschäftigungslage – und sagt zudem wenig über die individuelle Rangfolge des einzelnen Analyseadressaten aus.

Der erste Schritt im **Analyseablauf** ist die **Festlegung einer individuellen Rangfolge** des Analyseadressaten bezüglich der (benannten) Kriterien. Anschließend werden die **einzelnen Kriterien beurteilt und** (gegebenenfalls) mit ihrem Rangfolgeplatz **gewichtet.** Das **Ergebnis** ist schließlich ein subjektives Gütemaß für das personalwirtschaftliche Verhalten des analysierten Unternehmens.

---

[43]   Einzelne Ansätze werden bereits bei *DIERKES/KOPMANN* (1974) beschrieben.

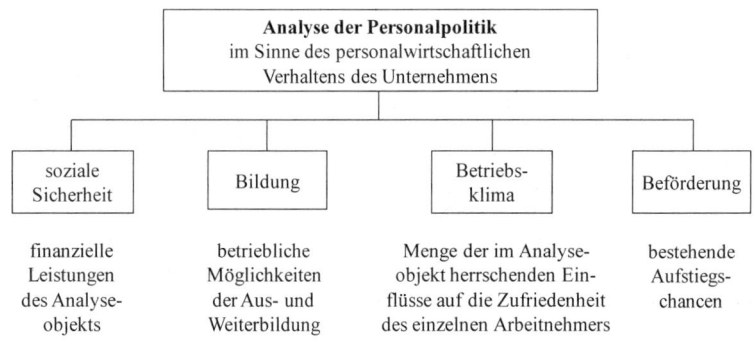

Abbildung 40:   *Wesentliche Kriterien der Analyse der Personalpolitik*

2.3   Unterziele

2.3.1   Soziale Sicherheit

Mit dem Begriff der sozialen Sicherheit kann der Bereich der **finanziellen Leistungen des Unternehmens an den Produktionsfaktor „Arbeit"** bezeichnet werden. Zuerst ist zu prüfen, ob die **Nachhaltigkeit** dieser Leistungen gegeben ist. Es ist also die Frage zu klären, inwieweit das Unternehmen auch in Zukunft die Entlohnung des Personaleinsatzes sichern kann. Grundsätzliche Voraussetzung ist, dass das Unternehmen weiterhin überhaupt existiert und wie sich dessen wirtschaftliche Leistungsfähigkeit entwickelt. Dies kann z. B. anhand der entwickelten Teilanalysen (Liquiditäts-, Erfolgs- und Vermögensanalyse) untersucht werden.

Soweit die Existenzwahrscheinlichkeit (weiterhin) als hoch eingeschätzt wird, sind die Möglichkeiten und der Wille der Geschäftsleitung zu analysieren, Personalleistungen in gewisser Höhe zu erbringen. Die **Möglichkeiten einer angemessenen Entlohnung** sind eng mit dem Erfolgspotential (Erfolg, Wertschöpfung) des Unternehmens verknüpft.

Der **Wille der Geschäftsleitung, dem Faktor Personal einen möglichst hohen Anteil an der Wertschöpfung zukommen zu lassen,** drückt sich in den jeweiligen Richtlinien der Personalpolitik aus. Ein Vergleich des Lohnniveaus des Analyseunternehmens mit dem Niveau anderer Unternehmen, mit dem Branchendurchschnitt oder mit den entsprechenden Tariflöhnen kann Aufschluss darüber geben, ob die Entlohnung unterdurchschnittlich, durchschnittlich oder überdurchschnittlich ist.

Das **Lohnniveau** (Gehaltsniveau) ist meist – zumindest wenn es relativ hoch ist – im Lagebericht (teilweise auch im Anhang) wiedergegeben. Ansonsten ist es relativ leicht zu berechnen, weil die gesamten Personalaufwendungen in der Gewinn- und Verlustrechnung sowie die Entwicklung der Belegschaftszahl (Arbeitnehmerzahl) und die Bezüge der Unternehmensleitung grundsätzlich im Anhang (§ 285 Nr. 7, Nr. 9 HGB und § 314 Abs. 1 Nr. 4, Nr. 6 HGB i. V. m. § 315a HGB) publiziert werden. Das (bereinigte) Lohnniveau kann dann wie folgt ermittelt werden:[44]

$$(93) \quad \text{Lohnniveau} = \frac{\text{Personalaufwand} - \text{Bezüge der Unternehmensleitung}}{\text{durchschnittliche Arbeitnehmerzahl}} \quad \left[\frac{\text{je Person}}{\text{und Jahr}}\right]$$

Interessant könnte im Einzelfall die Annahme von **Gehaltstrends** bei der Berechnung von Pensionsrückstellungen sein, die gegebenenfalls dem Anhang zu entnehmen ist.

Zudem kann die (unternehmensspezifische) **Lohnquote** (Gehaltsquote) einen Hinweis auf das (Miss-)Verhältnis der Aufwendungen des nicht zur Unternehmensleitung gehörenden Personals zum gesamten Personalaufwand geben:

$$(94) \quad \text{Lohnquote} = \frac{\text{Personalaufwand} - \text{Bezüge der Unternehmensleitung}}{\text{Personalaufwand}} \quad (\cdot\ 100\ \%)$$

Die soziale Sicherheit umfasst auch den **Zeitraum der vorübergehenden Arbeitsunfähigkeit sowie der endgültigen Arbeitsbeendigung (Pensionierung)**. Je höher die freiwilligen oder vertraglichen Zahlungen des Unternehmens für die Unterstützung und die Altersversorgung sind, desto größer ist die soziale Sicherheit in diesen Zeiten. Die gesetzliche soziale Sicherung muss dabei außer Betracht bleiben, weil das Unternehmen auf diese Zahlungen keinen direkten Einfluss hat.

Als ein mittlerweile wichtiger Bestandteil der finanziellen Leistungen von Unternehmen gelten die **Aktien-Optionsprogramme für leitende Angestellte**, über die im Anhang eines Unternehmens berichtet werden muss, weil es sich bei der Auflage von entsprechenden Programmen um **bedingte Kapitalerhöhungen** handelt. Im Rahmen dieser Programme, die auf die Gewinnung und Entlohnung von entsprechenden Arbeitnehmern sowie auch auf deren Bindung an das Unternehmen gerichtet sind, werden die Mitglieder des Vorstandes oder des Aufsichtsrates ermächtigt, Bezugsrechte – zu aus dem Anhang ermittelbaren Konditionen – i. d. R. an kaufmännische und technische Experten zu gewähren.

Als **Kennzahl für die freiwilligen Sozialleistungen**, die zu Branchenvergleichen herangezogen werden kann, gilt das Ergebnis der folgenden Formel:

$$(95) \quad \frac{\text{Kennzahl für die}}{\text{freiwilligen Sozialleistungen}} = \frac{\text{Aufwendungen für die Altersversorgung}}{\text{durchschnittliche Arbeitnehmerzahl}} \quad \left[\frac{\text{je Person}}{\text{und Jahr}}\right]$$

Beispiel: Für das Geschäftsjahr 05 ergeben sich für die MUSTER AG folgende Kennzahlen der sozialen Sicherheit:[45]

---

[44] Siehe *ENGEL-BOCK* (2007), S. 173.

[45] Während nachfolgend zur Berechnung des **Lohnniveaus** als Arbeitnehmer alle Mitarbeiter (die gewerblichen Arbeitnehmer, die Angestellten sowie die Gruppe der Auszubildenden und Praktikan-

$$\text{(B93) Lohnniveau} = \frac{675.209\ T\text{€} - 2.409\ T\text{€}}{10.822 - 3\ \text{Personen}} \approx 62,19\ \frac{T\text{€}}{\text{Person}}\ \text{p. a.}$$

$$\text{(B95)}\ \frac{\text{Kennzahl für die}}{\text{freiwilligen Sozialleistungen}} = \frac{63.075\ T\text{€}}{5.900 + 4.183\ \text{Personen}} \approx 6,26\ \frac{T\text{€}}{\text{Person}}\ \text{p. a.}$$

Hinweise auf diese Aufwendungen für die Altersversorgung sowie eine differenzierte Darstellung finden sich häufig in den entsprechenden Abschnitten (sog. **Sozialbericht**) des Lageberichts. In einigen Fällen wird auch eine sog. **Sozialbilanz** publiziert, die diese Zahlungen in aufgeschlüsselter Form enthält.[46] Werbepublikationen oder Stellenanzeigen sind zur Analyse kaum geeignet, weil diese – dem Veröffentlichungszweck entsprechend – die finanziellen und sozialen Leistungen (z. B. Kinderbetreuung, Versicherungsschutz, Zuschüsse zu sportlichen Aktivitäten der Arbeitnehmer) zu positiv darstellen.

Neben der allgemeinen Wahrscheinlichkeit, dass das Unternehmen auch weiterhin die gegenwärtigen Zahlungen im Hinblick auf die soziale Sicherheit überhaupt erbringen kann/will, ist **zu prüfen, inwieweit die Höhe der gesetzlichen und vertraglichen sowie der freiwilligen Zahlungen gesichert ist**. Dabei kann unterstellt werden, dass diese Sicherheit mit dem Grad der Freiwilligkeit abnimmt. Zahlungen aufgrund gesetzlicher oder tarifvertraglicher Zwänge sind wahrscheinlicher als freiwillige Zahlungen. Zur Analyse dieser Sicherheit kann der Vergleich zwischen dem Lohnniveau des Unternehmens und dem tarifvertraglichen Mindestlohnniveau herangezogen werden. Je geringer dieser Unterschied ist, desto wahrscheinlicher ist die zukünftige Einhaltung des derzeitigen Lohnniveaus. Auf den Zielkonflikt zwischen der Erreichung möglichst hoher und möglichst sicherer Einkünfte sei an dieser Stelle hingewiesen.

2.3.2   Bildung

Betriebliche Möglichkeiten der **Aus- und Fortbildung** sind nicht nur ein wichtiger Beitrag zur wirtschaftlichen Zukunft des Unternehmens, sondern helfen zugleich dem einzelnen Arbeitnehmer, seine Einkünfte zu sichern und zu erhöhen. Dies gilt auch insoweit, als die Arbeitnehmer mit steigendem Bildungsgrad die Vorteile besserer Arbeitsplatzmobilität ausnutzen können. Dabei kann es jedoch sein, dass sich die Arbeitnehmer einerseits in Abhängigkeit vom „unternehmensspezifischen" Spezialisierungsgrad einer Fortbildung an das Unternehmen „binden" oder andererseits die Finanzierung von Fortbildungen durch ein Unternehmen an Bleibeverpflichtungen des Arbeitnehmers gekoppelt ist.

---

ten) – bis auf die drei Mitglieder der Unternehmensleitung (Vorstand) – berücksichtigt wurden, erfolgte zur Berechnung der **Kennzahl für die freiwilligen Sozialleistungen** eine Korrektur der Mitarbeiterzahl um die Gruppe der Auszubildenden und Praktikanten, weil für diese i. d. R. keine freiwillige Leistungen zur Altersversorgung erbracht werden.

46   Hiermit befasste sich beispielsweise schon *SCHULTE* (1974).

Hinweise auf das **generelle Angebot** der betriebsinternen und -externen Aus- und Fortbildung lassen sich aus Stellenanzeigen, Werbepublikationen, Werkszeitungen sowie z. T. aus dem Lagebericht und – soweit vorhanden – aus der Sozialbilanz entnehmen. Eine Zugehörigkeit zu multinationalen Konzernen lässt zumindest vermuten, dass die Möglichkeit einer ausländischen Aus- und Fortbildung besteht. Darüber hinaus können Unternehmen eine Fremdausbildung, beispielsweise durch Stipendien, finanzieren.

Inwieweit die eventuell identifizierten Bildungsmöglichkeiten im Einzelfall durch den Analyseadressaten tatsächlich genutzt werden können, ist im Rahmen einer externen Analyse nicht feststellbar. Es kann lediglich vermutet werden, dass die **individuellen Bildungschancen** umso größer sind, je höher die generellen Bildungsmöglichkeiten im Hinblick auf das betrachtete Unternehmen sind.

2.3.3 Betriebsklima

Der Begriff des Betriebsklimas ist umfassend und unbestimmt. Das Betriebsklima kann als die **Menge der in einem Unternehmen** (oder in einer Abteilung) **herrschenden Einflüsse auf die Zufriedenheit des einzelnen Arbeitnehmers**[47] beschrieben werden. Im Einzelnen ist meist nicht feststellbar, welche Einflüsse das Betriebsklima in welchem Umfang bestimmen. Es kann lediglich aufgezählt werden, wodurch das Betriebsklima überhaupt beeinflusst werden kann. Einflüsse auf das Betriebsklima ergeben sich z. B. durch Arbeitsbedingungen, informelle Beziehungen zu Kollegen, formelle Beziehungen zu Vorgesetzten und Weisungsgebundenen, durch die Position im Organisationsgefüge sowie durch die Existenz von Freizeitanlagen und geselligen Veranstaltungen (z. B. Betriebssport, Betriebsfeste).[48]

Ein Maßstab für die Beurteilung des Betriebsklimas – das haben empirische Untersuchungen[49] ergeben – ist die **Fluktuationsquote** des Unternehmens. Auch der **Krankenstand** kann Ausdruck für die Güte des Betriebsklimas oder für die arbeitsmäßigen Belastungen der Belegschaft sein.[50] Hinweise auf die Fluktuationsquote eines Unternehmens sind z. B. starke Schwankungen bei der im Anhang anzugebenden Zahl der Arbeitnehmer. Ansonsten bestehen kaum Möglichkeiten, diese beiden Kennzahlen zu berechnen. Darüber hinaus werden beide Kennzahlen durch eine große Anzahl anderer Faktoren beeinflusst, so dass der Zusammenhang: „hohe Fluktuationsquote" oder „hoher Krankenstand" = „schlechtes Betriebsklima" nicht sicher herstellbar ist. Tendenziell ist dieser Zusammenhang jedoch vorhanden, insbesondere was die Fluktuationsquote betrifft.

---

[47] In der Literatur wird dieser Begriff auch mit „Arbeits(platz)zufriedenheit" („Job Satisfaction") bezeichnet. Siehe etwa *KAUFMANN* (1974), S. 33 f.

[48] Siehe auch *OLBRICH* (1999).

[49] Siehe bereits *KAUFMANN* (1974), S. 45 f.

[50] Vgl. *ENGEL-BOCK* (2007), S. 170. Dies könnte auch aus stetig steigenden Umsätzen bei stagnierender Beschäftigtenzahl vermutet werden.

Nachteilig bei der Analyse dieses Unterziels ist, dass – insbesondere in großen Unternehmen und in Konzernen – das **Betriebsklima nicht** im gesamten Unternehmen **als einheitlich zu beurteilen** ist. Vielmehr gibt es zahlreiche kleine oder organisatorisch eng verbundene Abteilungen, bezüglich derer das jeweilige Betriebsklima sehr unterschiedlich ist. Dies ist im Rahmen der Bilanzanalyse nicht festzustellen. Hierfür wäre beispielsweise die Kenntnis abteilungsspezifischer Fluktuationsquoten erforderlich. Dem externen Analysten steht meist aber nicht einmal die allgemeine Fluktuationsquote des Unternehmens zur Verfügung.

Andere Hinweise, z. B. auf die Flexibilität der Arbeitszeit, sind eventuell aus **Mitarbeiterwerbeprospekten** zu erhalten. Da in diesen jedoch Äußerungen zum Betriebsklima wie: „Der Mitarbeiter ist in erster Linie Mensch. Der glückliche, zufriedene und sorgenfreie Mensch ist der bessere Mitarbeiter. Also schaffen wir die Voraussetzungen dafür, daß unsere Mitarbeiter glücklich, zufrieden und sorgenfrei ihrer Tätigkeit nachgehen können"[51] zu finden sind, ist bei der Auswertung solcher Informationsquellen größte Vorsicht geboten, weil sie z. T. Leerfloskeln beinhalten oder Propaganda verkörpern.

Es kann festgehalten werden, dass dem Faktor „Betriebsklima" bei der Analyse des personalwirtschaftlichen Verhaltens eines Unternehmens in der Rangfolge der Kriterien eine sehr hohe – wenn nicht sogar die höchste – Rangstufe zukommt. Es ist aber auch zu konstatieren, dass eine externe Analyse dieses Faktors praktisch am **Informationsmangel** scheitert.

2.3.4   Beförderung

Die **Aufstiegschancen** sind eine wichtige Voraussetzung für die positive Beurteilung der personalwirtschaftlichen Situation eines Unternehmens. Diesbezügliche Informationen lassen sich bei der externen Analyse ebenfalls nur in geringem Umfang gewinnen.

Ein Hinweis auf eine – aus Sicht des Arbeitnehmers – positive Beförderungspolitik ist der in Presseveröffentlichungen oder Unternehmensprospekten bekanntgemachte Grundsatz, dass Stellenbesetzungen möglichst aus den eigenen Reihen vorgenommen werden. Ein gewisser Hinweis darauf, dass dies (nicht) der Fall ist, lässt sich aus der **Zahl der (externen) Stellenanzeigen** eines Unternehmens für höhere Positionen entnehmen. Allerdings ist der Bezug zum jeweiligen Einzelfall – und dieser interessiert bei der Analyse des personalwirtschaftlichen Verhaltens besonders – lediglich vage. Schließlich kann zuvor eine (erfolglose) interne Ausschreibung durchgeführt worden sein.

---

[51] *DRÖLL* (1973), S. 247.

3   Analyse der Umweltpolitik

3.1   Definition

„Die Gesellschaft" beurteilt Unternehmen mit zunehmender Industrialisierung und vor allem mit wachsendem Lebensbewusstsein in immer stärkerem Maß nach deren **Beitrag zur Verbesserung der Lebensqualität**.[52] Die Berücksichtigung der Ansprüche der Gesellschaft an das Umwelt- bzw. Umfeldverhalten des Unternehmens wird damit oft zu einem Unternehmensziel, das sich zu den klassischen Unternehmenszielen gesellt.[53]

Der **Begriff „Umweltpolitik"** umfasst alle Maßnahmen, welche sich auf die bewusste oder unbewusste Befriedigung der Ansprüche der Gesellschaft beziehen, einen gewissen oder sogar möglichst hohen Grad an Lebensqualität zu erreichen. Da die Lebensqualität als solche nicht messbar ist, weil diese sich aus sehr vielen und unterschiedlichen, z. T. entgegengesetzt wirkenden und individuellen Faktoren zusammensetzt, werden diese Faktoren selbst zum Maßstab für den Anspruch an das Umweltverhalten und damit zum Maßstab für die Analyse des Umweltverhaltens der Geschäftsleitung.

Einfache **Modelle**[54] **zur Messung der Lebensqualität** enthalten z. B. folgende **Faktoren**:
- den Zuwachs an Pro-Kopf-Investitionen,
- den Bevölkerungszuwachs,
- den Nahrungsmittelzuwachs pro Kopf sowie
- den Zuwachs des (Umwelt-)Verschmutzungsgrades.

Andere Modelle enthalten z. B. 19 Faktoren aus fünf verschiedenen Bereichen des menschlichen Lebens und Zusammenlebens.[55]

Sämtliche der bisher entwickelten Ansätze konnten jedoch die drei **grundsätzlichen Probleme einer quantitativen Analyse der Lebensqualität** nicht befriedigend lösen:
- Das **erste** Problem ist die Frage nach repräsentativen Indikatoren für die Messung und Erfassung der Lebensqualität. Dieses Problem hängt eng mit der Schwierigkeit zusammen, den Begriff „Lebensqualität" überhaupt sinnvoll zu definieren.

---

[52]   Der Begriff der **Lebensqualität** (Lebensstandard, Wohlfahrt) ist nicht eindeutig definiert. Er kann allgemein als Menge der Faktoren, die das Leben des einzelnen Gesellschaftsmitglieds beeinflussen, erklärt werden. Welche Faktoren das sind und wie diese zu erfassen sind, ist umstritten. Siehe hierzu bereits *HARTMANN* (1974), S. 336.

[53]   Schon frühzeitig wurde z. B. von der BAYER AG „gleichrangig [..] die Verantwortung gegenüber Gesellschaft und Umwelt genannt", so *ROHE* (1990), S. 99, der auf die 1979 in den Führungsgrundsätzen festgelegten Unternehmensziele der Gesellschaft abstellt (neudeutsch: „Stakeholderorientierung"). Zur Kritik siehe u. a. *REINER* (2011).

[54]   Vgl. zu den Ursprüngen *MEADOWS ET AL.* (1972), *FORRESTER* (1973). Siehe auch *MEADOWS ET AL.* (2001).

[55]   Eine Darstellung solcher Modelle findet sich etwa bei *MAIER* (1974).

- Das **zweite** Problem ist das der Modellbildung, also der Festlegung einer Untersuchungsmethode, welche die Interdependenzen der einzelnen Faktoren berücksichtigt.
- Schließlich besteht das **dritte** Problem darin, die Einflussfaktoren zu quantifizieren.

Zur Analyse der Umweltpolitik eines Unternehmens ist aus verschiedenen Gründen eine **Einschränkung der Zahl möglicher Analysefaktoren erforderlich.** So besteht vor allem das Informationsproblem, denn anhand der publizierten Informationen lassen sich nicht sämtliche Faktoren (z. B. der Einfluss des Unternehmens auf die Lebenserwartung der Belegschaft oder anderer abhängiger Bevölkerungsgruppen) befriedigend analysieren. Auf andere Faktoren ist der Einfluss des Unternehmens darüber hinaus entweder nicht direkt messbar oder überhaupt nur indirekt vorhanden (z. B. die Anforderungen an eine gute Infrastruktur oder eine ausreichende Gesundheitsvorsorge bzw. der Beitrag zur Verbesserung des Bildungssystems).

Im Rahmen der praktischen Analyse können deshalb z. B. die folgenden **sechs Unterziele zur Beurteilung der unternehmerischen Umweltpolitik** herangezogen werden:

- **Informationspolitik:** Diese ist grundsätzlich Voraussetzung zur Beurteilung des umweltpolitischen Verhaltens des Unternehmens. Dabei kann vermutet werden, dass mit zunehmender Informationsfreudigkeit des Unternehmens das Umweltverhalten als umso besser zu beurteilen ist, weil das entsprechende Unternehmen seine „Verdienste" auf diesem Sektor i. S. v. „Tue Gutes und rede darüber" nicht zu verheimlichen pflegt.
- **Aktionärspolitik:** Die Betrachtung dieses Aspekts ist umso wichtiger, je breiter das Kapital gestreut ist. Es kann (pauschal) unterstellt werden, dass sich die „Lebensqualität" der Kapitaleigner mit einer höheren und regelmäßig gezahlten Dividende verbessert.
- **Personalpolitik:** Es ist unbestritten, dass ein Unternehmen auf die Lebensqualität der Arbeitnehmer einen sehr großen Einfluss nimmt.
- **Steuerliches Verhalten:** Unter diesem Begriff soll das Verhalten des Unternehmens gegenüber der Finanzverwaltung verstanden werden. Die Beiträge des Unternehmens für die Gesellschaft (z. B. durch Steuerzahlungen) beeinflussen den finanziellen Rahmen des Staates bezüglich der Erreichung von Wohlfahrtszielen.
- **Umweltschutz:** Unter dem Umweltschutz sind die Verminderung und die Vermeidung chemischer, akustischer und physikalischer Einflüsse des Unternehmens auf die nähere oder weitere Umwelt zu verstehen. Zu diesem zählen – neben den ökologischen Aspekten – z. B. auch die Einflüsse auf die Gesundheit der Mitarbeiter.
- **Konjunkturbeitrag:** Als Konjunkturbeitrag sei der Einfluss des Unternehmens z. B. auf die Stabilität der Preise, die Arbeitslosenquote, den Export und das volkswirtschaftliche Wachstum verstanden. Hierbei handelt es sich also um den Einfluss des einzelnen Unternehmens auf das sog. **magische Viereck der** (Volks-)**Wirtschaftspolitik.** Dieser Konjunkturbeitrag beeinflusst primär den materiellen Teil der Wohlfahrt: den Wohlstand.

3.2 Analysemethodik

Eine **Totalbetrachtung** der Umweltpolitik müsste den gesamten Beitrag des Unternehmens zur Verbesserung oder Verschlechterung der Umweltbedingungen berücksichtigen. Da dies nicht nur im Rahmen einer Bilanzanalyse nicht möglich ist, muss hilfsweise auf die benannten **Unterziele** zurückgegriffen und versucht werden, eine **auf qualitative Aspekte orientierte Analyse** durchzuführen.

> Ziel der qualitativ ausgerichteten Analyse der Umweltpolitik kann nur sein, festzustellen, ob das umweltpolitische Verhalten eines Unternehmens als „gut", „durchschnittlich" oder „schlecht" zu qualifizieren ist.

Eine entsprechende Reihung (Hierarchisierung) und eine ggf. vorzunehmende Gewichtung obliegen bestenfalls dem jeweiligen Analyseadressaten.

3.3 Unterziele

3.3.1 Informationspolitik

Die Informationspolitik ist in zweifacher Hinsicht bedeutsam für die externe Analyse. Einerseits ist die Publikation von Informationen **notwendige Voraussetzung zur Durchführung einer Bilanzanalyse.** Diese stellt sich i. d. R. als umso einfacher dar, je umfangreicher und detaillierter das publizierte Informationsmaterial ist. Da der Geschäftsleitung eines Unternehmens dieser Zusammenhang bekannt sein sollte, kann andererseits ein **positiver Zusammenhang zwischen dem Grad der Informationsbereitschaft und dem Grad des sozialen Verhaltens** eines Unternehmens unterstellt werden.

> Eine Geschäftsleitung versucht gewöhnlich, die Informationen so zu publizieren, dass für sie positive Rückschlüsse durch die Öffentlichkeit gezogen werden.

Informationen, die sich negativ auf das von der Öffentlichkeit wahrgenommene Bild über das Unternehmen bzw. die Unternehmensleitung auswirken, werden möglichst vermieden. Das gilt auch für Unternehmen, die (bisher) als grundsätzlich **publikationsfreudig** klassifiziert werden konnten. Diese Unternehmen haben es jedoch schwerer, negative Informationen zurückzuhalten, weil ein plötzliches Weglassen gewisser Zahlen oder qualitativer Angaben nachteilig auffallen und hinterfragt werden würde. Die aus den genannten Bestrebungen einer Geschäftsleitung resultierenden Auswirkungen auf Analyseergebnisse sind entsprechend umso geringer, je größer die Informationsfreudigkeit eines Unternehmens ist. Mit steigender Informationsfreudigkeit vermindert sich zudem die Gefahr, dass eine Geschäftsleitung sozial negativ zu beurteilende Schritte unternimmt, die durch eine gezielte Informationspolitik zu verschleiern wären.

Die gesetzlich vorgeschriebenen Mindestpublikationspflichten sind kein Kriterium für das Informationsverhalten, obgleich diese nicht zwingend eingehalten werden. Als **Maß für die Informationspolitik** kann lediglich der Teil der öffentlichen Rechenschaftslegung angesehen werden, der freiwillig[56] durch das Unternehmen vorgelegt wird. Hierzu zählen auch jene **freiwilligen Angaben**, die in den Pflichtbestandteilen des Jahresabschlusses und im Lagebericht veröffentlicht werden.

Beispiel: Beispielsweise werden in Industriezweigen, die – wie etwa die Chemie-, die Energie- und die Automobilindustrie[57] – besonders im Blickpunkt der Umweltschutzdiskussion stehen, im Lagebericht vor allem die **Aktivitäten zum Umweltschutz** hervorgehoben. Werden solche Aktivitäten in diesen Branchen nicht publiziert, ist davon auszugehen, dass diese nicht im üblichen Maße durchgeführt werden.

Neben dem freiwilligen (also dem erweiterten) Inhalt von Pflichtbestandteilen des Jahresabschlusses lassen vor allem **die Zahl und die Detailliertheit weiterer Veröffentlichungen** auf die Informationspolitik schließen. So werden z. T. schon während des laufenden Geschäftsjahres Berichte über die wirtschaftliche Lage und die prognostizierte Entwicklung – z. B. im Rahmen von Hauptversammlungsansprachen, in Publikationen dieser Ansprachen und in Interviews mit der Wirtschaftspresse – abgegeben. Auch die Existenz und der Inhalt von Werkszeitungen, Aktionärsberichten und Werbekampagnen kann als Maßstab für die Güte der Informationspolitik herangezogen werden, sofern es sich nicht um inhaltsleere Propaganda handelt.

Besonders positiv wird die Publikation von sog. **Sozialbilanzen** beurteilt. Diese stellen – im Widerspruch zu deren Bezeichnung – keine Bestände, sondern die finanziellen Leistungen (also Bewegungsgrößen) eines Unternehmens dar, die dieses für den sozialen Bereich erbracht hat. Hierbei kann zwischen dem inneren Beziehungsfeld (Belegschaft) und dem äußeren Beziehungsfeld (z. B. Erholungsanlagen, Kultursponsoring, Forschung und Entwicklung, Umweltschutz) differenziert werden.[58]

---

[56] Zur Bereitstellung von Informationen, die über die Pflichtberichterstattung hinausgehen, vgl. z. B. *Arbeitskreis Externe Unternehmensrechnung der Schmalenbach-Gesellschaft* (2002).

[57] „Untersuchungsgegenstand sind die Geschäftsberichte [...] großer deutscher Aktiengesellschaften aus den Industriezweigen Chemie, Automobilbau und Versorgung, da diese Branchen eine hohe Umweltrelevanz aufweisen," so *Peemöller/Zwingel* (1996), S. 51.

[58] Siehe etwa *Ziehm* (1974).

Auch die Publikation sog. **Ökobilanzen**[59] wird trotz berechtigter Vorbehalte grundsätzlich positiv beurteilt. In unterschiedlichen Basisbilanzen (z. B. der Betriebs-, der Prozess-, der Produkt- sowie der Standort- und Anlagenbilanz) einer „Ökobilanz" werden „Inputs" und „Outputs" nach speziellen Kriterien erfasst. So weist die sog. **Betriebsbilanz** etwa die energetischen Folgen von Wareneinsatz und Produktabsatz aus. Die sog. **Prozessbilanz** zeigt die Emissionsbelastungen durch die Produktion. Die sog. **Produktbilanz** soll Hinweise auf die ökologische Belastung innerhalb eines Produktlebenszyklus von der Rohstoffgewinnung bis zur Entsorgung geben. Schließlich soll eine **Standort- und Anlagenbilanz** Hinweise auf die Umweltverträglichkeit des Anlagevermögens geben. Da auch diese Instrumente jedoch interessengefärbt sind, kann deren Aussagekraft nicht als objektiv eingestuft werden.

3.3.2 Aktionärspolitik

Bei Aktiengesellschaften, deren Eigenkapital weit gestreut ist, kommt der Aktionärspolitik eine hohe Bedeutung zu. In diesen Fällen stellt die Gruppe der Aktionäre einen relativ großen Teil der Adressaten dar, der durch die Unternehmenspolitik besonders tangiert wird. Demgegenüber haben diese Aktionäre lediglich einen geringen Einfluss auf das Schicksal des Unternehmens. Der Vorstand einer **Aktiengesellschaft im** (teilweisen) **Streubesitz** fühlt sich selten als Vertreter der „lästigen" Kapitaleigner, sondern vertritt regelmäßig (eigene) Zielsetzungen, die mit denen der Kapitaleigner konkurrieren können.

Aus diesem Grund ist eine aktionärsfreundliche Unternehmenspolitik als weitgehend freiwillig zu betrachten. Die Aktionärspolitik kann dann als **„positiv"** beurteilt werden, wenn regelmäßig eine **ausreichende Dividende** ausgeschüttet wird **und** wenn **umfassende Aktionärsinformationen** zu konstatieren sind. Letztere sind vor allem dann notwendig, wenn die Gründe für eine reduzierte Dividende dargelegt werden. Dabei ist allerdings zu beachten, dass eine progressive Dividendenpolitik z. B. auch das Ziel haben kann, eine beabsichtigte Außenfinanzierung durch eine Kapitalerhöhung mit der Ausgabe junger Aktien zu fördern oder von einer schlechten wirtschaftlichen Lage abzulenken.[60]

---

[59] Vgl. etwa K*NOPP* (1999).

[60] „Die Qualität der Geschäftsberichterstattung hat sich in den vergangenen Jahren kontinuierlich verbessert. [...] Gleichwohl zeigen neue empirische Untersuchungen, daß die Geschäftsberichterstattung in vielen Bereichen noch stärker am Shareholder-Value-Gedanken orientiert werden sollte", so B*AETGE*/A*RMELOH*/S*CHULZE* (1997a), S. 177. Die Ergebnisse einer der in diesem Zitat angesprochenen empirischen Untersuchungen finden sich schließlich in B*AETGE*/A*RMELOH*/S*CHULZE* (1997a) und B*AETGE*/A*RMELOH*/S*CHULZE* (1997b).

3.3.3   Steuerliches Verhalten

Notwendige Voraussetzung für die Existenz eines jeden Unternehmens ist ein **Gemeinwesen**. Die öffentliche Verwaltung, als Organisationsgehilfin dieses Gemeinwesens, sollte diesbezüglich jene Zielsetzungen verfolgen, die einzelne Mitglieder der Gesellschaft nicht erreichen können oder wollen. Die Verfolgung dieser Zielsetzungen verursacht Ausgaben, zu deren Deckung nach bestimmten Prinzipien öffentliche Abgaben (insbesondere Steuern) von den Mitgliedern des Gemeinwesens erhoben werden (müssen). Es könnte davon ausgegangen werden, dass der Nutzen der öffentlichen Aktivitäten umso größer ist, je besser diese finanziert werden.

In der Realität werden hierbei aber oftmals bestimmte Interessengruppen begünstigt, weshalb zu berücksichtigen ist, dass „gesamtwirtschaftlich optimal" im Hinblick auf das steuerliche Verhalten nicht **primär** heißen muss, viele Steuern zu bezahlen, sondern vor allem keinen Missbrauch steuerlicher Normen zu betreiben oder diese zu missachten. Höhe und Zeitnähe der Steuerzahlungen sollen lediglich **sekundäre Kriterien** darstellen. Das steuerliche Verhalten von Unternehmen lässt sich aufgrund externer Informationsquellen nur näherungsweise abschätzen. Da vor allem hinsichtlich des primären Kriteriums „steuerlicher Missbrauch" selten Informationen vorliegen, stehen im Rahmen der Bilanzanalyse die sekundären Kriterien im Mittelpunkt.

> Das **steuerliche Verhalten** eines Unternehmens ist
> – als Ausdruck für den Finanzierungsbeitrag am Gemeinwesen –
> ein **Indikator seines umweltpolitischen Verhaltens**.

Das steuerliche Verhalten wird umso negativer beurteilt, je mehr die Geschäftsleitung versucht, notwendige Steuerzahlungen gering zu halten und/oder in die (ferne) Zukunft zu verschieben. Der **Zielkonflikt zwischen gesellschaftspolitischem Anspruch und unternehmenspolitischen Absichten** wird somit deutlich, denn das Ziel der betrieblichen Steuerpolitik ist regelmäßig, den Umfang der Steuerzahlungen möglichst klein zu halten und/oder den Zahlungszeitpunkt möglichst weit in die Zukunft (oder – z. B. aufgrund sich verändernder Steuersätze – in Jahre mit geringer Steuerbelastung) zu verschieben. Schließlich wird jedes Unternehmen – soweit entsprechende Optionen bestehen – versuchen, die zeitliche und örtliche Verteilung der Zahlungsströme und somit auch die **zeitliche und örtliche Verteilung der Steuerzahlungen** im Hinblick auf die unternehmenspolitischen Zielsetzungen möglichst vorteilhaft zu steuern. Diese Zielsetzung ist aus einzelwirtschaftlicher Sicht sinnvoll. An dieser Stelle soll jedoch der gesellschaftspolitische Effekt dieser Unternehmenspolitik analysiert werden.

So deutet die **Existenz von Korrekturposten aufgrund steuerlicher Außenprüfungen** in der Bilanz darauf hin, dass in früheren Jahren versucht worden ist, die notwendigen Steuerzahlungen durch die Gestaltung steuerlicher Bemessungsgrundlagen (insbesondere des Steuerbilanzgewinns) zu mindern. Da dieses Vorgehen durch die steuerliche Außenprüfung **nicht als rechtskonform** akzeptiert worden ist, hat sich die Bemessungsgrundlage einzelner Steuern nachträglich geändert. Dies wird meist in dem Geschäftsjahr, in dem die Außenprüfung beendet wurde, durch die Bildung eines entsprechenden Korrekturpostens in der Bilanz berücksichtigt. In seltenen Fällen können solche Korrekturposten, wenn diese etwa als Forderung im Umlaufvermögen zu finden sind, auch darauf hindeuten, dass die Bemessungsgrundlage früherer Jahre zu hoch angesetzt worden ist. Dieser Effekt ist jedoch meist nicht geplant, sondern ist z. B. das Ergebnis einer Fehlinterpretation oder der **Unkenntnis steuerrechtlicher Vorschriften**.

Ein weiterer Hinweis auf ein gesamtwirtschaftlich als negativ zu beurteilendes steuerliches Verhalten könnte aus der **Höhe der Steuerrückstellungen** gewonnen werden. Soweit zu entrichtende Steuern (z. B. Gewerbesteuer, Körperschaftsteuer) – für bis zum Bilanzstichtag eingetretene Tatbestände – durch bis zum Bilanzstichtag erbrachte Vorauszahlungen nicht gedeckt sind, wird für die zu erwartende Abschlusszahlung eine Rückstellung gebildet. In publizierten Bilanzen sollten solche Rückstellungen gesondert ausgewiesen sein.

> **Steuerrückstellungen** werden dadurch verursacht, dass die Steuervorauszahlungen nicht der veranlagten (festgesetzten bzw. voraussichtlichen) Steuerlast entsprechen.

Da Steuerzahlungen durch **Gewinnverschiebungen in andere Volkswirtschaften** nicht nur zeitlich verschoben werden, sondern aus Sicht der einzelnen (inländischen) Volkswirtschaft sogar ausfallen, sind diese besonders kritisch zu beurteilen. Derartige Gewinnverschiebungen lassen sich nicht aus dem Jahresabschluss entnehmen, weil sich die **wirtschaftliche Angemessenheit von Verrechnungspreisen** – deren Gestaltung oft das Mittel zur Gewinnverschiebung ist – im Rahmen der Bilanzanalyse nicht prüfen lässt. Bei der Analyse des Faktors „Gewinnverschiebung" kann gewöhnlich nur auf Medienberichte über entsprechende Fälle zurückgegriffen werden. Die Beurteilung der Gewinnverschiebung selbst obliegt grundsätzlich Institutionen, die sich mit solchen Vorgängen – unter Rückgriff auf unternehmensinterne Informationen – von Amts wegen befassen. Hierzu zählt vor allem die Finanzverwaltung. Bekanntlich gelingt es mitunter nicht einmal dieser, Gewinnverschiebungen nachzuweisen, die sich außerhalb des „legalen Grenzbereichs" abspielen. Immerhin ist schon der bei einer Bilanzanalyse aufkommende Verdacht auf eine Gewinnverschiebung als „negativ" zu beurteilen.

> Während die Existenz von Korrekturposten aufgrund steuerlicher
> Außenprüfungen und von Steuerrückstellungen in der Bilanz meist nur auf
> eine **zeitliche Steuerverschiebung** hinweisen, kann eine internationale
> Gewinnverschiebung den **endgültigen Ausfall von Steuern** zur Folge haben.

Als weiteres Kriterium für das steuerliche Verhalten kann der **Grad der Ausnutzung steuerrechtlicher Vergünstigungen** (z. B. Sonderabschreibungen oder erhöhte Absetzungen) angesehen werden. Dieses Kriterium ist allerdings nur sehr vorsichtig zu interpretieren, weil die steuerlichen Nachteile durch andere Vorteile für die Volkswirtschaft ausgeglichen werden können. Viele steuerliche Vergünstigungen sind schließlich konjunktur- und strukturpolitisch begründet (z. B. im Sinne sog. Lenkungssteuern). Wenn etwa in weniger entwickelten Gebieten Industriebetriebe errichtet werden, weil steuerliche Vorteile andere Standortnachteile ausgleichen, dann ist die Ausnutzung dieser steuerlichen Vorteile durch das Unternehmen nicht als gesellschaftspolitisch negativ zu interpretieren. Zumindest muss der gesellschaftspolitische Vorteil der Industrieansiedlung bei der Beurteilung des steuerlichen Verhaltens des Unternehmens berücksichtigt werden.

Diesbezügliche Rückschlüsse auf das steuerliche Verhalten können in **HGB**-Jahresabschlüssen aus den **aktivierten und passivierten latenten Steuern**[61] gezogen werden. Allerdings sind die Unterschiede zwischen der HGB- und der steuerlichen Bilanzierung mittlerweile so groß, dass der Ausweis latenter Steuern bestenfalls Vermutungen zulässt. Aus aktivierten und/oder passivierten latenten Steuern im **IFRS-Abschluss** sollten keine Rückschlüsse auf das steuerliche Verhalten eines Unternehmens gezogen werden. Schließlich sind Unterschiede zwischen dem IFRS-Gewinn und dem Steuerbilanzgewinn sowie daraus resultierende latente Steuern **systemimmanent und wesentlich**.

3.3.4   Umweltschutz

Informationen über die Aktivitäten eines Unternehmens auf dem Gebiet des Umweltschutzes – also beispielsweise die Minderung oder Verhinderung von Schäden durch Luftverschmutzung, Wasserverunreinigung, Müll, radioaktive Strahlungen, Lärmbelästigung oder durch die Verwendung von Giftstoffen – finden sich gegebenenfalls im Lagebericht und werden auch in anderer Art publiziert (z. B. in Anzeigen).[62]

---

[61]   Vgl. ausführlich *SCHILDBACH/STOBBE/BRÖSEL* (2013), S. 212–218, S. 240–245 und S. 398–414.

[62]   Vgl. etwa *KLAUS* (1994) und *DALDRUP* (1999). Siehe zudem im Hinblick auf die Informationen im Jahresabschluss z. B. *SIEGEL* (1993), *STUHR/BOCK* (1995), S. 294–298.

> Regelmäßig überwiegen bei der Beurteilung der umweltschützenden
> Maßnahmen **die optimistisch gefärbten Informationen**.

Problematisch ist die **Feststellung eines Vergleichsmaßstabs**,[63] anhand dessen die durchgeführten Umweltschutzaktivitäten beurteilt werden können. Es kann nicht einmal annähernd geschätzt werden, in welchem Umfang und in welcher Art Maßnahmen zum Schutz der Umwelt von dem zu analysierenden Unternehmen gefordert werden müssen, weil nicht ausreichend bekannt ist, wie groß der schädigende Einfluss des Unternehmens auf die Umwelt ist. Es existieren zwar branchenabhängige Schätzungen über die Umweltbeanspruchung einzelner Industriezweige. Exakte und vor allem nachprüfbare Informationen liegen jedoch sehr selten vor.

Als **Anhaltspunkte für die Beurteilung** des Umweltschutzes sollten – soweit detailliert im Jahresabschluss beschrieben – z. B. der Investitionsumfang in diesem Sektor, die Höhe der Forschungs- und Entwicklungsaufwendungen mit dem Ziel des Umweltschutzes sowie positive oder negative Pressenachrichten über das zu analysierende Unternehmen herangezogen werden. Dabei kann ein positiver Zusammenhang zwischen der Höhe der Aufwendungen und der Effektivität der finanzierten Maßnahmen lediglich vermutet werden.

3.3.5   Konjunkturbeitrag

Wie alle anderen Wirtschaftssubjekte bestimmen Unternehmen die wirtschaftliche Lage und die Entwicklung einer Volkswirtschaft mit. Ihr diesbezüglicher Einfluss kann grundsätzlich als umso größer eingeschätzt werden, je größer das **wirtschaftliche Potential** des Unternehmens ist, dessen Einsatz durch die Geschäftsleitung zielorientiert gesteuert werden sollte. Es sei darauf hingewiesen, dass der **Einflussgrad auf eine Volkswirtschaft** jedoch nicht nur von der Größe eines Unternehmens, sondern auch von der jeweils vorliegenden **Marktform auf der Nachfrage- und der Angebotsseite** (z. B. Monopol, Preisführerschaft) abhängt. In diesem Zusammenhang ist schließlich die prinzipiell gegen diesen Einflussgrad wirkende öffentliche und gewerkschaftliche „Macht" zu beachten.

---

[63] „Allerdings besteht [..] das Problem genau darin, daß glaubwürdige und zutreffende Informationen über eine von Unternehmensseite wahrzunehmende sozial-ökologische Verantwortung kaum vorliegen und sich auch im Falle des Vorhandenseins durch eine mangelnde Vergleichbarkeit auszeichnen", so KELLER (1996), S. 1663.

Aus den publizierten Jahresabschlüssen lassen sich Informationen über den Konjunkturbeitrag eines bestimmten Unternehmens jedoch meist nicht entnehmen. Der Analyst ist diesbezüglich vor allem auf **Publikationen der Wirtschaftspresse** angewiesen. Wenn etwa einzelnen Meldungen zu entnehmen ist, dass das betreffende Unternehmen sämtliche Preiserhöhungen, die der Markt zulässt, realisiert oder dass eventuelle starke Rohstoffpreisminderungen nicht an den Absatzmarkt weitergegeben werden, ist der vom Unternehmen ausgehende **Beitrag zur Preisstabilität** als negativ zu beurteilen, wobei diese Schlussfolgerung eine gewisse Marktmacht des Unternehmens voraussetzt.

Informationen über die Ankündigung von Massenentlassungen, eine reduzierte Investitionstätigkeit oder häufige Kurzarbeit bei schlechten wirtschaftlichen Entwicklungen einerseits sowie über die Neugründung von Produktionsstätten oder die Überbeanspruchung vorhandener Produktionskapazitäten bei guten wirtschaftlichen Entwicklungen andererseits lassen auf eine **stark einzelwirtschaftlich ausgerichtete Personalpolitik** schließen. Der Einfluss von derart prozyklisch wirkenden Personaleinstellungen und -freisetzungen ist ungünstig hinsichtlich der Entwicklung und Stabilität der gesamtwirtschaftlichen Arbeitslosenquote, wobei diese Schlussfolgerung bei strukturellen Problemen eines Unternehmens bzw. einer Volkswirtschaft zu kurz greift.

Weiterhin kann der außenwirtschaftliche Beitrag des Unternehmens an seiner **Exportpolitik** gemessen werden. Informationen hierüber enthält regelmäßig der Lagebericht. Aber auch der Anhang sollte hierüber innerhalb der Aufschlüsselung der Umsatzerlöse berichten. Der entgegengesetzt wirkende Beitrag des Unternehmens zur **Import**quote lässt sich meist nicht feststellen, weil es selten entsprechende Informationen über die Beschaffungsseite eines Unternehmens gibt. Anzeichen hierauf können sich lediglich aus im Lagebericht zu findenden Hinweisen auf Währungsrisiken ergeben, soweit erkennbar ist, dass sich diese auf Verbindlichkeiten aus Lieferungen und Leistungen beziehen.

Für eine sachgerechte **Beurteilung des relativen Wachstums** bezogen auf das gesamtwirtschaftliche Wachstum müsste ein Wachstumsindikator herangezogen werden, der das um Geldwertänderungen, Produktivitätsänderungen und gesamtwirtschaftliche Wachstumsquoten modifizierte betriebsnotwendige Vermögen abbildet. Schließlich dient nur dieses Vermögen *ex definitione* der Erfolgserwirtschaftung. *In praxi* ist diese Berechnung jedoch problematisch. Vor allem die Abgrenzung zwischen betriebsnotwendigem und nicht betriebsnotwendigem Vermögen ist schwierig, weil die Zuordnung den – sich ständig ändernden – Unternehmens- und -umfeldbedingungen entsprechen muss. Zur Berechnung einer als qualifiziert definierten **Wachstumsquote** sollte daher nicht auf das betriebsnotwenige Vermögen, sondern vereinfachend auf die **Entwicklung des (bilanzanalytischen) Gesamtkapitals** abgestellt werden.

Ein als qualifiziert definiertes relatives Wachstum kann für Branchen- sowie Zeitvergleiche – unter Berücksichtigung des jeweiligen bilanzanalytischen Gesamtkapitals zu Periodenbeginn a (Anfang des Analysejahres = Ende des Vorjahres) und zu Periodenende e (Ende des Analysejahres) – wie in Formel 96 dargestellt berechnet werden. Im Zähler steht dabei das **„Mehrwachstum" des betrachteten Unternehmens** gegenüber der Volkswirtschaft, also das inflationsbereinigte $Gesamtkapital_e$ abzüglich dem $Gesamtkapital_a$, wenn dieses einzig durch das volkswirtschaftliche Wachstum gestiegen wäre. Für eine relative Aussage ist dieser Differenzbetrag mit jenem Betrag (bezogen auf das $Gesamtkapital_a$), der nur durch **volkswirtschaftliches Wachstum** erzielt worden wäre, **ins Verhältnis zu** setzen. Hinsichtlich der Berechnung müssen somit zusätzlich die volkswirtschaftlichen Angaben zum Wachstum w sowie zur Inflation g vorliegen:

$$(96) \quad \text{Wachstumsquote (relativ)} = \frac{\dfrac{Gesamtkapital_e}{1+g} - Gesamtkapital_a \cdot (1+w)}{Gesamtkapital_a \cdot (1+w) - Gesamtkapital_a} \cdot (100\,\%)$$

$$= \frac{\dfrac{Gesamtkapital_e}{1+g} - Gesamtkapital_a \cdot (1+w)}{Gesamtkapital_a \cdot w} \cdot (100\,\%)$$

Die **Wachstumsquote** sagt aus, um wie viel Prozent die um Einflüsse der Inflation bereinigte Produktionsfähigkeit des analysierten Unternehmens im Betrachtungszeitraum **stärker** gewachsen ist als die der Volkswirtschaft.

> Es sei abschließend noch einmal darauf hingewiesen, dass die in diesem Abschnitt genannten **Beurteilungskriterien aus volkswirtschaftlicher Sicht („magisches Viereck")** interpretiert und ausgewertet werden müssen.

Die gleichen Kriterien können auch als unternehmensinterner Maßstab für einzelne Zielerreichungsgrade verwendet werden. Mitunter wird eine sich nach gesamtwirtschaftlichen Kriterien ergebende positive Beurteilung zu einer negativen Interpretation nach einzelwirtschaftlichen Kriterien führen. Besonders deutlich wird dies bei dem Kriterium „steuerliches Verhalten". Hier besteht zwischen den einzelwirtschaftlichen und den gesamtwirtschaftlichen Zielsetzungen eine **Zielantinomie**.[64] Dies kann aber auch für andere Kriterien, wie etwa das genannte Preisverhalten und die pro- oder antizyklische Exportpolitik, gelten.

---

[64]   Zielantinomie bedeutet, dass sich Ziele gegenseitig völlig ausschließen. Hierbei handelt es sich um die Extremform der Zielkonkurrenz, bei der allgemein die Erhöhung der Zielerfüllung des einen Ziels eine Minderung der Zielerfüllung eines anderen Ziels nach sich zieht. Siehe etwa MATSCHKE (2006), S. 65 f.

4   Analyse der Investitions- und der Innovationspolitik

4.1   Definition

„Für eine existente Sache ist der historisch und gegenwärtig damit erzielte Nutzen unerheblich, denn für das Gewesene gibt nicht nur der Kaufmann nichts."[65] Im Hinblick
auf eine solche **Zukunftsorientierung** sind vor allem die Investitions- und die Innovationspolitik von existenzieller Bedeutung für ein Unternehmen. Hiermit soll die Wettbewerbsfähigkeit auch zukünftig gewährleistet bzw. ausgebaut werden.

Die **Investitionspolitik** soll als langfristige (strategische) Ausrichtung des Unterneh-
mens auf die Erhaltung und gegebenenfalls die Erweiterung der Potentialfaktoren ver-
standen werden. Hierzu werden nicht nur die **Investitionen i. e. S.**, worunter primär die
Auszahlungen in die Anschaffung und Herstellung des Anlagevermögens fallen (z. B.
Ersatz-, Rationalisierungs- und Erweiterungsinvestitionen), gezählt, sondern auch die
Maßnahmen zur Erhaltung des Anlagevermögens. Nicht zuletzt die Fehlanreize und
Nachlässigkeiten bei der Deutschen Bahn haben gezeigt, welche Bedeutung Erhaltungsaufwendungen vor allem für die zukünftige Ertragslage eines Unternehmens haben. Zu den **Investitionen i. w. S.** zählen somit auch die Erhaltungsaufwendungen
i. S. v. Auszahlungen in das vorhandene Anlagevermögen (z. B. im Rahmen von Instandhaltungen). Die Investitionspolitik ist eng verknüpft mit dem Unternehmenswachstum, wobei das **Erfolgserzielungsvermögen im Mittelpunkt** stehen sollte.

In diesem Zusammenhang ist zu beachten, dass es zwar mit dem Kapitalwertkriterium
einen theoretisch **sinnvollen Maßstab für die Investitionspolitik** eines Unternehmens
gibt, dieses Instrument in der Praxis jedoch oftmals nicht oder nicht sachgerecht eingesetzt wird, denn statt mit investitionstheoretisch ermittelten Daten, wird das Modell
häufig mit kapitalmarkttheoretischen Informationen „gespeist". Für den Bilanzleser ist
dieses Kriterium in Ermangelung konkreter Informationen über zukünftige Einzahlungsüberschüsse einzelner Vermögenspositionen ohnehin nicht anwendbar.

Ähnliche Messprobleme ergeben sich für den Bilanzanalysten auch im Hinblick auf die
sog. **Innovationspolitik**. Hierunter soll die strategische Ausrichtung des Unternehmens
auf zukünftige Entwicklungen verstanden werden. Insofern ist die **Innovationspolitik
eng mit der Investitionspolitik verknüpft**, weil als wesentlicher Aspekt der Investitionspolitik regelmäßig die Investitionen in zukunftsgerichtete Technologien gelten sollten.
Darüber hinaus ist der Innovationspolitik die Ausrichtung des Produktprogramms auf
zukünftige Entwicklungen zu subsumieren, welche zu Wettbewerbsvorteilen gegenüber
den Mitbewerbern führen sollen.[66]

---

[65]   *MATSCHKE/BRÖSEL* (2013), S. 19, in enger Anlehnung an *SCHMALENBACH* (1917/18), S. 11, und
        MÜNSTERMANN (1966), S. 21.

[66]   Siehe auch *PEEMÖLLER* (2003), S. 165, der ausführt: „Auswirkungen mangelnder Innovationsbe-
        reitschaft sind schrumpfende Marktanteile durch veraltete Produkte oder durch zu hohe Produkt-

> Von besonderer Bedeutung sind hinsichtlich der Innovationspolitik die Aktivitäten des Unternehmens in den Bereichen **„Forschung"** und **„Entwicklung"**.

Angesichts des unmöglichen Rückgriffs auf allgemeingültige Zielkriterien, sei es, weil diese nicht bekannt sind oder nicht existieren, ist im Hinblick auf die Analyse der Investitionspolitik und die Analyse der Innovationspolitik der **Einsatz relativer Zielkriterien** erforderlich. Von erheblicher Bedeutung können dabei Betriebs- sowie vor allem Zeit- und Branchenvergleiche sein.

Bezüglich der in die Ermittlung der nachfolgend dargestellten Kennzahlen einbezogenen Daten ist jedoch **kritisch** zu berücksichtigen,[67]

- dass die Anschaffungs- und Herstellungskosten erheblich durch die **Preisschwankungen** des betrachteten Geschäftsjahres beeinflusst sein können, während Abschreibungen und entsprechend auch Restbuchwerte auf einer Durchschnittsbetrachtung der vergangenen Berichtsjahre beruhen,[68]
- dass vor allem im Hinblick auf die Abschreibungen erhebliche **bilanzpolitische Spielräume** bestehen, die sich entsprechend auch auf die Restbuchwerte auswirken,[69]
- dass ein Zusammenhang zwischen Abschreibungen und **tatsächlichen Wertminderungen** unterstellt wird, der in der Praxis gewöhnlich nicht existiert,[70]
- dass es üblich ist, die „unwesentlichen" Vermögenspositionen gemäß der steuerlichen Regelungen auch handelsrechtlich als sog. **geringwertige Wirtschaftsgüter** (GWG) zu behandeln und diese (direkt) als Aufwand zu verbuchen,[71]

---

preise, die aus zu kostenintensiven, weil veralteten, Produktionsprozessen resultieren. Technisches Wissen muss dann entweder über Patente und Lizenzen zugekauft werden oder das Unternehmen muss sich als Nachahmer von Produktentwicklungen anderer Unternehmen betätigen."

[67]   Siehe teilweise auch *MATSCHKE/BRÖSEL* (2013), S. 318.

[68]   Letzteres gilt auch für die Abgänge. In IFRS-Abschlüssen kann es, wenn das Neubewertungsmodell bei (einigen) Sachanlagen zur Anwendung kommt, darüber hinaus im Hinblick auf Abschreibungen und Abgänge zu einer Vermengung von Beträgen, die auf den historischen Anschaffungs- oder Herstellungskosten basieren, und von Beträgen, die sich auf beizulegende Zeitwerte („Fair Value") beziehen, kommen.

[69]   Die Investitionshöhe ist hingegen schwieriger zu manipulieren. Hier kommen bestenfalls temporäre Verschiebungen z. B. aus Sachverhaltsgestaltungen in Betracht.

[70]   Aufgrund diesbezüglicher Messprobleme verzichten aber selbst die Rechnungslegungsnormen von HGB und IFRS darauf, Abschreibungen direkt nach der (realen) Abnutzung zu bemessen. Gemäß § 253 Abs. 3 HGB und IAS 16.50 haben Abschreibungen primär planmäßig auf Basis eines zu Nutzungsbeginn zu erstellenden Abschreibungsplans zu erfolgen (Abschreibungen gemäß dem **Prinzip der zeitlichen Verteilung**). Darüber hinaus sind auch außerplanmäßige Abschreibungen denkbar, die allerdings im Rahmen der Analyse eliminiert werden können.

[71]   Zur sog. steuerlichen **Poolabschreibung** und zur Unzulässigkeit dieser Vorgehensweise nach HGB und IFRS siehe *BRÖSEL* (2009b).

- dass die **Abgrenzung zwischen** dem aktivierungsfähigen **Erweiterungs- sowie** dem nicht aktivierungsfähigen **Erhaltungsaufwand** nicht trennscharf ist, was bilanzpolitisch ausgenutzt werden kann,

- dass nicht zu erkennen ist, ob und inwieweit die neuen Investitionen dem **Stand der** (modernen) **Technik** entsprechen,

- dass Investitionen **nicht** zwingend **in gleichmäßigen Jahresraten**, sondern vielmehr in „mehrjährigen Schüben"[72] erfolgen,

- dass i. d. R. **Grundstücke und Gebäude** zusammen ausgewiesen werden, obwohl grundsätzlich nur bei den Gebäuden Abschreibungen vorzunehmen sind,

- dass nicht die Investitionshöhe als solche im **Zielsystem** des Unternehmens eine Rolle spielen sollte, sondern die Durchführung von Investitionen unter **wirtschaftlichen Entscheidungskriterien** (positiver Kapitalwert)[73] sowie

- dass es durch Neuinvestitionen zu einer **Veränderung der Aufwandsstrukturen** kommen kann, weil bei der Investition in neue Technologien gewöhnlich variable Aufwendungen (bzw. Kosten) durch fixe Aufwendungen (bzw. Kosten) substituiert und Arbeitskräfte „freigesetzt" werden.[74]

4.2   Analysemethodik

4.2.1   Analyse der Investitionspolitik

Ein erstes Indiz für die Investitionspolitik sind die **Investitionen in das Anlagevermögen** des jeweiligen Geschäftsjahres. Informationen hierzu ergeben sich aus dem im Anhang zu findenden Anlagespiegel bzw. Anlagegitter und gegebenenfalls aus der Kapitalflussrechnung im Hinblick auf den Cashflow aus der Investitionstätigkeit. Allerdings sind diese Zahlen beschränkt aussagekräftig, weil beispielsweise nicht deutlich wird, welche Kapazitäten die neu erworbenen Anlagen haben, ob hiermit alte Anlagen ersetzt wurden und ob es sich um Anlagen handelt, welche eher einer neuen oder einer bereits dauerhaft erprobten Technologie zuzurechnen sind. Zudem müssen die erworbenen Anlagen nicht unbedingt neuwertig sein.

Um diese absoluten Zahlen zu relativieren, bestehen mehrere Möglichkeiten, die sich meist durch eine relativ große Praktikabilität auszeichnen. Zum einen sei auf die Kennzahl für die **Wachstumsrate** hingewiesen, die ein Verhältnis zwischen den Nettoinvestitionen (i. S. d. zugeführten Produktionsvermögens) und den Abschreibungen (i. S. d. Vermögensabnutzung) herstellt:

---

[72]   *KERTH/WOLF* (1993), S. 118.

[73]   Siehe hierzu u. a. *MATSCHKE* (1993), *HERING* (2008).

[74]   Siehe zu dem daraus resultierenden Investitionsrisiko und der verringerten Flexibilität der Unternehmen *GRÄFER/SCHNEIDER/GERENKAMP* (2012), S. 106 f.

(97)   Wachstumsrate $= \left(\dfrac{\text{Nettoinvestitionen}}{\text{Abschreibungen}} - 1 \right) (\cdot\, 100\,\%)$

Dabei repräsentieren die Nettoinvestitionen den Wert der in einem Geschäftsjahr neu hinzugekommenen Potentialfaktoren (Produktionsvermögen), während die Abschreibungen die Vermögensabnutzung widerspiegeln sollen. Eine Wachstumsrate sollte im Hinblick auf die Investitionspolitik des Unternehmens vor allem für das immaterielle Vermögen und das Sachanlagevermögen ermittelt werden.

Beispiel: Für das Anlagevermögen der MUSTER AG lässt sich für das Geschäftsjahr 05 folgende Wachstumsrate berechnen:[75]

$$\text{(B97a)} \quad \frac{\text{Wachstums-}}{\text{rate}} = \left(\frac{498.668 - 14.301}{93.456} - 1 \right) \cdot 100\,\% \approx 418,28\,\%$$

Werden jedoch nur die immateriellen Vermögensgegenstände und die Sachanlagen berücksichtigt, ergibt sich folgende konkretisierte Wachstumsrate:

$$\text{(B97b)} \quad \frac{\text{Wachstums-}}{\text{rate}_{\text{konkretisiert}}} = \left(\frac{86.214 - 13.650}{71.480} - 1 \right) \cdot 100\,\% \approx 1,52\,\%$$

Gemäß *LEFFSON*[76] eignet sich für den Zeitvergleich auch das folgende **vereinfachte Verhältnis**, mit dem aufgezeigt werden kann, inwieweit im Berichtsjahr die Investitionen (in die Sachanlage) den korrespondierenden Abschreibungsbetrag übersteigen:[77]

$$\text{(98)} \quad \begin{array}{l} \text{Verhältnis zwischen} \\ \text{Investitionen und} \\ \text{Abschreibungen} \end{array} = \frac{\text{Investitionen des Berichtsjahres in Sachanlagen}}{\text{Abschreibungen des Berichtsjahres auf Sachanlagen}}$$

Beispiel: Für die MUSTER AG ergibt sich im Geschäftsjahr 05 folgendes Verhältnis:

$$\text{(B98)} \quad \begin{array}{l} \text{Verhältnis zwischen} \\ \text{Investitionen und} \\ \text{Abschreibungen} \end{array} = \frac{76.631}{64.324} \approx 1,19$$

Als weitere Kennzahl kann die **Investitionsquote** i. S. d. Verhältnisses zwischen den Nettoinvestitionen (Zugänge – Abgänge zu Restbuchwerten) abzüglich der Abschreibun-

---

75   Zur Ermittlung der Nettoinvestitionen wird auf die Fußnote zur Formel B31 im III. Kapitel verwiesen.

76   Siehe *LEFFSON* (1984), S. 143 f.

77   Der Kehrwert dieses Verhältnisses wird auch als **Investitionsdeckung** bezeichnet und soll angeben, inwieweit die Investitionen des Berichtsjahres aus Abschreibungen finanziert werden konnten. Vgl. *LANGENBECK* (2007), S. 123. Siehe hingegen die nachfolgende Formel 100 als sog. **Nettoinvestitionsdeckung**.

gen und dem Restbuchwert des Sachanlagevermögens zu Periodenbeginn herangezogen werden:[78]

$$(99) \quad \text{Investitionsquote} = \frac{(\text{Nettoinvestitionen} - \text{Abschreibungen})_{\text{Sachanlagen}}}{\text{originäres Sachanlagevermögen}} \quad (\cdot \, 100 \, \%)$$
$$\text{zu Beginn des Berichtsjahres}$$

Diese Kennzahl wird negativ, wenn die Abgänge und Abschreibungen im Berichtsjahr nicht durch Neuinvestitionen ausgeglichen werden. Hieraus können jedoch keine eindeutigen Schlüsse gezogen werden, denn denkbar ist beispielsweise, dass das Unternehmen entweder die Investitionen (in technologische Neuerungen) vernachlässigt oder der Bestand an Sachanlagen bereits durch Investitionen der Vorjahre modernisiert wurde.

Auf Basis des **finanzwirtschaftlichen Cashflows** können Rückschlüsse dahingehend gezogen werden, inwieweit die durchgeführten Investitionen vorgenommen werden konnten, ohne auf eine Außenfinanzierung zurückgreifen zu müssen.

> Mit Hilfe des (finanzwirtschaftlichen) Cashflows lässt sich beurteilen, ob das Unternehmen mit den Einzahlungsüberschüssen aus der laufenden Geschäftstätigkeit die Ersatzinvestitionen finanzieren könnte (**Erhaltung des Produktionsvermögens**) und ob **zudem** eventuell Mittel zur Verfügung stehen, um Rationalisierungs- und insbesondere Erweiterungsinvestitionen zu ermöglichen (**Hinweis auf die Wachstumskraft**[79]).

Diesbezüglich wird die „**Investitionskraft**" eines Unternehmens als **Nettoinvestitionsdeckung** wie folgt berechnet:[80]

$$(100) \quad \text{Nettoinvestitionsdeckung} = \frac{(\text{finanzwirtschaftlicher}) \, \text{Cashflow}}{\text{Nettoinvestitionen (in das Anlagevermögen)}}$$

---

[78] Vgl. diesbezüglich und nachfolgend *WÖHE* (1997), S. 819. Hinsichtlich der Investitionsquote gibt es jedoch wiederum zahlreiche unterschiedliche Definitionen. Siehe etwa die Definition bei *LANGENBECK* (2007), S. 122.

[79] Vgl. z. B. bereits *PEUPELMANN* (1971), S. 57, *LACHNIT* (1973), S. 74. Da auf Dauer nur selbst erwirtschaftete Überschüsse (Innenfinanzierung) ein Wachstum sichern können und der Cashflow eine Kennzahl ist, die diese Überschüsse verkörpert, wird zwischen **Cashflow und Wachstum** eine **gleichgerichtete Entwicklung** vermutet. **Problematisch** ist allerdings, dass der Cashflow eine **nominell definierte Größe** ist. So wird der Cashflow bei Geldentwertung steigen, ohne dass dies Wachstum bedeutet. Insbesondere aus diesem Grund ist der Cashflow als Wachstumsindikator nur insoweit geeignet, als er i. V. m. anderen Kennzahlen Tendenzen für den Innenfinanzierungsspielraum (siehe bereits die Ausführungen in Abschnitt 1.2.3.2.4 des III. Kapitels) aufzeigen kann.

[80] Vgl. *KÜTING/WEBER* (2012b), S. 168. Diese Kennzahl wird auch **Innenfinanzierungsgrad** genannt, siehe *GRÄFER/SCHNEIDER/GERENKAMP* (2012), S. 110, und bereits die Ausführungen zur Formel 31 in Abschnitt 1.2.3.2.4 des III. Kapitels dieses Buches. Vgl. zudem bereits *STÜDEMANN* (1970), S. 386 f., zur kritischen Würdigung des Cashflows als Maßstab der Investitionskraft eines Unternehmens.

Im Hinblick auf die Investitionspolitik i. w. S. sollte überprüft werden, inwieweit Erhaltungsaufwendungen vorzunehmen sind und vorgenommen wurden. Wenn der kritische Leser z. B. Pressemeldungen über die Investitionspolitik der Deutschen Bahn betrachtet, dann stellt sich grundsätzlich die Frage, ob die Konzernleitung bzw. die entsprechenden Entscheidungsträger (und Kontrollorgane) dieses Konzerns – aus welchen Gründen auch immer – überhaupt selbst in der Lage waren/sind, den „**Reparaturstau**" zu erkennen. Ungleich schwieriger sind solche Analysen schließlich aus Sicht des externen Bilanzlesers.

> Ein erstes Anzeichen für erforderliche Erhaltungsaufwendungen
> ist das **Alter des Sachanlagevermögens.**

Als Hilfskriterium kann diesbezüglich etwa das **relative Anlagenalter** ermittelt werden, das sich als Verhältnis zwischen den historischen Anschaffungs- und Herstellungskosten sowie den aktuellen Restbuchwerten ergibt, wobei ein solches Verhältnis für jede Position des Anlagespiegels separat berechnet werden sollte:[81]

$$(101) \quad \frac{\text{relatives Alter}}{\text{der Sachanlagen}} = \frac{\begin{array}{c}\text{Restbuchwert der jeweiligen}\\ \text{Sachanlage zum Jahresende}\end{array}}{\begin{array}{c}\text{historische Anschaffungs- und Herstellungskosten}\\ \text{der jeweiligen Sachanlage zum Jahresende}\end{array}} (\cdot \, 100\,\%)$$

Beispiel: Für die MUSTER AG lassen sich zum 31.12.04 und zum 31.12.05 folgende Beträge für das Durchschnittsalter der „Technischen Anlagen und Maschinen" ermitteln:

$$(B101a) \quad \frac{\text{relatives Alter}}{\text{der Sachanlagen}}_{31.12.04} = \frac{58.813}{529.060} \cdot 100\,\% \approx 11,12\,\%$$

$$(B101b) \quad \frac{\text{relatives Alter}}{\text{der Sachanlagen}}_{31.12.05} = \frac{60.041}{529.026} \cdot 100\,\% \approx 11,35\,\%$$

Je kleiner die ermittelte Kennzahl ist, umso höher erscheint das Durchschnittsalter der jeweiligen Unterkategorie der Sachanlagen und der Bedarf an Erhaltungsaufwendungen und Neuinvestitionen.

---

[81] Vgl. *REHKUGLER/PODDIG* (1998), S. 174. *PEEMÖLLER* (2003), S. 337, schlägt alternativ als Kennzahl den **Anlagenabnutzungsgrad** vor, den er als Verhältnis der kumulierten Abschreibungen auf das Sachanlagevermögen sowie der historischen Anschaffungs- und Herstellungskosten des Sachanlagevermögens ermittelt. Je höher diese Kennzahl ist, umso höher ist schließlich das durchschnittliche Alter des (jeweiligen) Sachanlagevermögens. Die Aussagekraft dieser Kennzahl entspricht der Aussagekraft des relativen Alters.

Erhaltungs-, Instandhaltungs- bzw. Reparaturaufwendungen werden gewöhnlich innerhalb des Postens „Sonstige betriebliche Aufwendungen" ausgewiesen. Ein expliziter Ausweis der jeweiligen Beträge ist zwar nicht gefordert, allerdings ist anzunehmen, dass diese Position bei einem anlagenintensiven Unternehmen innerhalb dieses Postens einen so wesentlichen Betrag ausmachen dürfte, dass der absolute Betrag in den Erläuterungen der sonstigen betrieblichen Aufwendungen im Anhang aufgeführt sein sollte, wenn dies nicht dem Konkurrenzschutz zuwiderläuft.

Beispiel: Im Anhang der MUSTER AG finden sich unter Randziffer 8 die Erläuterungen zu den sonstigen betrieblichen Aufwendungen. Als wesentlicher Bestandteil dieses Postens der Gewinn- und Verlustrechnung erweisen sich die Aufwendungen für Instandhaltung, welche im Geschäftsjahr 04 T€ 35.511 sowie im Geschäftsjahr 05 T€ 41.870 betrugen.

Zudem können diesbezüglich in handelsrechtlichen Abschlüssen die **Aufwandsrückstellungen** analysiert werden, welche gemäß § 249 Abs. 1 HGB für unterlassene Instandhaltungen gebildet wurden.

Es ist tendenziell anzunehmen, dass ein mit der Kennzahl „relatives Alter der Sachanlagen" ermitteltes **gestiegenes Durchschnittsalter der Sachanlagen** auch zu **erhöhten Instandhaltungsaufwendungen** führt. Hierbei ist allerdings zu berücksichtigen, dass die Instandhaltungsaufwendungen – wenn überhaupt – als Gesamtbetrag vorliegen und die o. g. Kennzahl, wenn sie für das gesamte Sachanlagevermögen (und nicht ausschließlich für seine einzelnen Teilkomponenten) berechnet wird, sehr heterogene Bereiche vereint.

4.2.2   Analyse der Innovationspolitik

Bezüglich der **Innovationspolitik** sind vor allem die Bereiche „Forschung" und „Entwicklung" von Bedeutung, wobei deren Ergebnisse immateriellen Charakter haben. Im Hinblick auf die Abgrenzung von Forschung und Entwicklung ähneln die Regelungen im HGB denen nach IFRS. Gemäß § 255 Abs. 2a HGB ist **Forschung** „die eigenständige und planmäßige Suche nach neuen wissenschaftlichen Erkenntnissen oder Erfahrungen allgemeiner Art, über deren technische Verwertbarkeit und wirtschaftliche Erfolgsaussichten grundsätzlich keine Angaben gemacht werden können." Anderes gilt für die stärker konkretisierte **Entwicklung**, die nach § 255 Abs. 2a HGB als „Anwendung von Forschungsergebnissen oder von anderem Wissen für die **Neuentwicklung** von Gütern oder Verfahren oder die **Weiterentwicklung** von Gütern oder Verfahren mittels wesentlicher Änderungen"[82] definiert wird.

---

[82]   Im Original ohne Hervorhebungen.

Wie schwierig die Abgrenzung von Forschung und Entwicklung ist, wird deutlich, wenn berücksichtigt wird, dass innerhalb der Forschung noch in Grundlagenforschung und Zweckforschung (bzw. auch angewandte Forschung) unterschieden werden kann.[83] Während die **Grundlagenforschung** keinen direkten Zusammenhang zu einem bestimmten Produkt oder einem konkreten Fertigungsverfahren aufweist bzw. dieser Zusammenhang zu Beginn der Forschungstätigkeit noch nicht bestand, ist zu Beginn der **Zweckforschung** „das Einsatzgebiet und der damit erwartete technische und wirtschaftliche Nutzen formuliert."[84] Damit fällt die Zweckforschung eher unter die Definition der Entwicklung.

Die Abgrenzung zwischen Forschung und Entwicklung ist insoweit erforderlich, als gemäß § 248 Abs. 2 **HGB** – und trotz des sich hieraus ergebenden Widerspruchs zum Vorsichtsprinzip[85] – für selbst geschaffene immaterielle Vermögensgegenstände des Anlagevermögens ein **Aktivierungswahlrecht**[86] besteht, wobei es gemäß § 255 Abs. 2a HGB erforderlich ist, dass eine verlässliche Unterscheidung von Forschung und Entwicklung möglich ist. Während Aufwendungen der Entwicklung dann aktiviert werden können, besteht für Forschungsaufwendungen ein Aktivierungsverbot. Im Falle der Aktivierung nach § 248 Abs. 2 HGB ist im Anhang gemäß § 285 Nr. 22 HGB der Gesamtbetrag der Forschungs- und Entwicklungskosten auszuweisen. Die Jahresabschlussadressaten bekommen (somit lediglich) im Falle der Aktivierung einen Einblick in das Verhältnis der jährlichen Forschungs- und der Entwicklungsaufwendungen. Entscheidet sich der Bilanzierende gegen eine Aktivierung, entfallen auch die Anhangangaben zu Forschung und Entwicklung.

Nach **IFRS** besteht eine Aktivierungspflicht für Entwicklungsaufwendungen, soweit die folgenden in IAS 38.57 genannten speziellen **Ansatzkriterien erfüllt und belegt** sind: (1) technische Realisierbarkeit, (2) die Absicht, den Vermögenswert fertig zu stellen, (3) die Fähigkeit des Unternehmens, den Vermögenswert zu nutzen oder zu verkaufen, (4) ein daraus resultierender künftiger wirtschaftlicher Nutzen, (5) ausreichend technische, finanzielle und sonstige Ressourcen zur Fertigstellung und Verwertung sowie (6) die Möglichkeit der verlässlichen Bewertung. Angesichts dieser Kriterien wird deutlich, dass – je nachdem, ob das Unternehmen diese Nachweise erbringt (bzw. erbringen möchte) – die Ansatzpflicht faktisch zu einem Ansatzwahlrecht wird. Darüber hinaus werden auch innerhalb eines IFRS-Abschlusses gemäß IAS 38.126 Angaben über die Summe der jährlichen Forschungs- und Entwicklungsausgaben gefordert.[87]

---

[83] Siehe hierzu *PEEMÖLLER* (2003), S. 165.

[84] *PEEMÖLLER* (2003), S. 165.

[85] Siehe hierzu u. a. *MOXTER* (2008).

[86] Vgl. *MINDERMANN/BRÖSEL* (2009).

[87] Wenn schon eine Aktivierungspflicht besteht, sind spezielle (konkrete) Aktivierungskriterien insofern sinnvoll, als bei Forschungs- und Entwicklungstätigkeiten zahlreiche Risiken bestehen. Beispielsweise besteht die Gefahr, dass aus den benannten Tätigkeiten keine Ergebnisse resultieren oder die Ergebnisse nicht verwertet werden können, weil diesen fremde Schutzrechte, technische

Zudem ist darauf zu verweisen, dass durch **Sachverhaltsgestaltung** auch **auf Einzel-abschlussebene** eine Aktivierung von Forschungsaufwendungen möglich ist. Werden die Forschungs- oder die gesamten F&E-Aktivitäten in ein selbständiges Tochterunternehmen ausgegliedert und die (mehr oder weniger werthaltigen) Ergebnisse aus der Forschung und der Entwicklung entgeltlich durch das Mutterunternehmen erworben, dann besteht hierfür kein Ansatzverbot aus Sicht des erwerbenden Unternehmens, sondern eine Ansatzpflicht.[88] Für das forschende Tochterunternehmen ergibt sich dabei durch den Charakter einer Auftragsforschung und der damit verbundenen Absatzorientierung, dass die (immateriellen) Forschungsergebnisse dem Umlaufvermögen zuzuordnen und ebenfalls zu aktivieren sind. Im Hinblick auf den Konzernabschluss sind diese Aspekte schließlich wieder zu eliminieren.

Wird der Gläubigerschutz vernachlässigt, gewinnen die Jahresabschlüsse, in denen Entwicklungsaufwendungen aktiviert werden, im Hinblick auf die Informationsfunktion insofern an Bedeutung, als der Bilanzleser hier zumindest eine **Information über die Höhe** der (aktivierten) Entwicklungsaufwendungen erhält. Dabei sind diese jedoch in Anbetracht der nach HGB bzw. IFRS bestehenden expliziten bzw. impliziten Aktivierungswahlrechte vorsichtig zu interpretieren. Auch ist es zunächst verwunderlich, warum nach HGB keine Angabepflicht im Anhang über das Verhältnis der jährlichen Forschungs- und Entwicklungsaufwendungen besteht, wenn das Aktivierungswahlrecht nicht ausgeübt wurde. Dies lässt sich jedoch aus der Notwendigkeit des Konkurrenzschutzes sowie der hierfür erforderlichen aufwendigen Projektkostenrechnung erklären. Vor allem, wenn das nach HGB bestehende Aktivierungswahlrecht nicht ausgeübt wird, könnte eine solche Information, die allerdings auch der Konkurrent erhalten würde, für den an der Innovationspolitik interessierten Adressaten schließlich von Bedeutung sein. Inwieweit aus den entsprechenden Ausgaben erfolgreiche Ideen resultieren, bleibt jedoch offen.

Eine mögliche Kennzahl zur Analyse der Innovationspolitik kann zudem das Verhältnis der F&E-Aufwendungen zum Umsatz sein. Dieses Verhältnis wird als **Forschungs- und Entwicklungsintensität** bezeichnet. Diese lässt sich, die entsprechenden Anhangangaben vorausgesetzt, wie folgt berechnen,:[89]

$$(102) \quad \text{F\&E-Intensität} = \frac{\text{Aufwendungen im F\&E-Bereich}}{\text{Umsatzerlöse}} \quad (\cdot\ 100\ \%)$$

Probleme oder Kundenwünsche entgegenstehen. Zudem kann es möglich sein, dass Ergebnisse nicht ausreichend gegenüber Nachahmern geschützt werden können. Siehe hierzu *PEEMÖLLER* (2003), S. 166. Diesbezüglich sollten jedoch bestenfalls solche Kriterien hergeleitet und von Gesetzgebern bzw. Standardsetzern kodifiziert werden, die keine manipulative Ausnutzung im Sinne eines impliziten Ansatzwahlrechtes ermöglichen.

[88]   Die Frage der Werthaltigkeit ist schließlich im Rahmen der bilanziellen Bewertung zu beantworten.

[89]   Vgl. hierzu *BURGER* (1995), S. 73.

Diese Intensität kann dann im Rahmen eines Zeit- und/oder Branchenvergleiches erste Hinweise auf die dem F&E-Bereich i. S. d. Zukunftsorientierung des Unternehmens beigemessene Bedeutung geben. Zudem können hieraus Informationen über den Grad der Konjunkturabhängigkeit (i. S. d. pro- oder antizyklischen Ausrichtung) der Forschungs- und Entwicklungsaktivitäten gewonnen werden. Dabei ist jedoch zu berücksichtigen, dass sich Erhöhungen oder Verminderungen der Umsatzerlöse entsprechend auch auf die betrachtete Intensität auswirken und ein Anstieg dieser Kennzahl nicht zwingend mit Wettbewerbsvorteilen verbunden sein muss. Schließlich ergeben sich aus der Höhe der Forschungs- und Entwicklungsaufwendungen keine (direkten) Hinweise auf die Wahrscheinlichkeit des Erfolges der Forschungs- und Entwicklungsbemühungen, sondern allenfalls auf das Innovationspotential des Unternehmens. Demgegenüber wäre jedoch bei vergleichbaren Forschungs- und Entwicklungsleistungen das Unternehmen als „erfolgreicher" zu beurteilen, das (bei vergleichbaren Umsatzerlösen) in der Vergangenheit weniger Aufwendungen im Forschungs- und Entwicklungsbereich zu verzeichnen hatte.[90]

Verpflichtend sind auch die Angaben zum Bereich „Forschung und Entwicklung" innerhalb des Lageberichts, wobei vom **Forschungs- und Entwicklungsbericht** (sog. F&E-Bericht) gesprochen wird. Neben qualitativen Aspekten finden sich hierin bei einigen Unternehmen auch quantitative Hinweise, z. B. die Kennzahlen „Anzahl der Mitarbeiter des F&E-Bereiches" sowie der „Anteil der Lizenzeinnahmen am Gesamtumsatz". Zudem können freiwillig veröffentlichte **Sozialbilanzen** herangezogen werden, in denen teilweise über Forschungs- und Entwicklungsaktivitäten berichtet wird. Darüber hinaus ist gelegentlich der Rückgriff auf Pressemeldungen über Forschungsleistungen und -ergebnisse möglich.

Liegen Hinweise über die Zahl der Mitarbeiter des F&E-Bereiches vor, kann beispielsweise das zahlenmäßige **Verhältnis zur gesamten Belegschaft** berechnet werden:

$$(103) \quad \frac{\text{Anteil der Mitarbeiter des Unternehmens im F\&E-Bereich}} = \frac{\text{Zahl der Mitarbeiter im F\&E-Bereich}}{\text{Zahl der Mitarbeiter des Unternehmens}} (\cdot 100\,\%)$$

Alle qualitativen Informationen, die diesen Publikationen entnommen werden können, sind jedoch aufgrund ihrer auf die Unternehmensreputation gerichteten Zielorientierung vorsichtig zu interpretieren. Hinsichtlich der quantitativen Informationen kann gewöhnlich nur der finale (Mittel-Zweck-)Zusammenhang, dass hohe Forschungs- und Entwicklungsaufwendungen den Grundstein für zukünftige Erfolge legen und diese Unternehmen zukunftsorientierter sind als Unternehmen, die geringere Beträge in diese Bereiche investieren, unterstellt, aber nicht nachgewiesen werden. Über die Effektivität und Effizienz des F&E-Bereiches kann hingegen keine verlässliche Aussage getroffen werden; eine **Kausalität zwischen Aufwandshöhe und zukünftigem Erfolg besteht schließlich nicht.**

---

[90] Siehe hierzu auch *BAETGE/SCHMIDT* (2010), S. 176 f.

5 Analyse der Abhängigkeit

5.1 Definition

Insbesondere das Wirtschaftsleben hoch industrialisierter Volkswirtschaften zeichnet sich durch **umfangreiche wechselseitige Abhängigkeiten** von Unternehmen aus. Solche Abhängigkeiten ergeben sich u. a. aus den Marktbeziehungen, aus vertraglichen, gesetzlichen und persönlichen Bindungen sowie auch (und vor allem) aus finanziellen Beteiligungen. Von besonderer Bedeutung sind dabei die umfangreichen und ständig zunehmenden **Konzernbeziehungen**.[91] In derartigen Unternehmensverbänden gibt es regelmäßig herrschende Unternehmen einerseits und abhängige Unternehmen andererseits.

Die **Abhängigkeitsgrade** reichen dabei von faktischer Unabhängigkeit bis zur völligen Eingliederung als wirtschaftlich unselbständiger Unternehmensteil. Ein gemeinsames Merkmal aller Abhängigkeitsgrade ist in jedem Fall, dass die einzelnen Unternehmen rechtlich selbständig sind und dementsprechend formell „unabhängig" im Wirtschaftsleben auftreten können. Die Diskrepanz zwischen dem Anschein der Eigenständigkeit und dem Faktum einer ökonomischen Abhängigkeit erfordert eine **Analyse der Unternehmensbeziehungen**. Mit zunehmendem Abhängigkeitsgrad fallen z. B. Größen wie die Liquidität und/oder der Erfolg aus der Kontrolle des Einzelunternehmens in den Bereich des herrschenden Unternehmens. Dabei nimmt die Aussagekraft des Einzelabschlusses durch zunehmende (konzernweite) Manipulationsmöglichkeiten ab.

> Je abhängiger ein Unternehmen von einem anderen ist, desto weniger Aussagekraft hat die alleinige Analyse des Einzelabschlusses des abhängigen Unternehmens.

Die steigende Bedeutung von Unternehmensverbindungen und die damit einhergehende sinkende Aussagekraft der Einzelabschlüsse wirken sich auf die (deutschen) Gesetze aus. Das wesentliche **Ziel** entsprechender **gesetzlicher Regelungen** ist die Absicherung der abhängigen Gesellschaft sowie ihrer Minderheitsgesellschafter und Gläubiger gegen Benachteiligungen durch den Einfluss des herrschenden Unternehmens.

Diese **Schutzfunktion** spiegelt sich besonders deutlich in der Verpflichtung wider, dass ein herrschendes Unternehmen seinen Einfluss nicht dazu benutzen darf, eine abhängige Gesellschaft zu veranlassen, ein für dieses Unternehmen nachteiliges Rechtsgeschäft vorzunehmen oder Maßnahmen zu dessen Nachteil zu treffen (§ 311 AktG), ohne einen **Nachteilsausgleich** vorzunehmen. Wenn dieser Ausgleich nicht bis zum Ende des je-

---

[91] Als Abhängigkeiten sollen hier alle Verflechtungen gelten, die Auswirkungen auf die Ergebnisse der Analyse des Einzelabschlusses nach sich ziehen. Konzernbeziehungen sind hingegen lediglich jene Verflechtungen, die dazu führen, dass gemäß Gesetz (z. B. HGB) oder anderer Regelungen (z. B. IFRS) auf die Existenz eines Konzerns geschlossen wird.

weiligen Geschäftsjahres vorgenommen wird, hat die abhängige Gesellschaft einen Schadenersatzanspruch (§ 317 AktG).

Damit die Einhaltung dieser Verpflichtungen und die Struktur der konzerninternen Beziehungen nachprüfbar sind, sieht das HGB i. V. m. dem AktG für diese Fälle eine **erhöhte Publizitätspflicht** vor. Diese bezieht sich auf drei Tatbestände:

- Wenn an einem Unternehmen mit Sitz im Inland ein anderes Unternehmen zu mehr als 25 % bzw. zu mehr als 50 % beteiligt ist, muss das Unternehmen, welches die entsprechenden Anteile hält, dies dem Unternehmen, an dem die Beteiligung besteht, unverzüglich schriftlich mitteilen (§ 20 Abs. 1 bzw. Abs. 4 AktG). Die Gesellschaft, die benachrichtigt wird, hat dies und den Namen des Unternehmens, dem die Beteiligung gehört, unverzüglich „**in den Geschäftsblättern**" zu publizieren (§ 20 Abs. 6 AktG).[92] Weitere **Beteiligungsmitteilungen und ähnliche Informationen** können sich im Anhang des Einzelabschlusses finden lassen.

- Unter bestimmten Voraussetzungen ist vom Vorstand einer abhängigen Gesellschaft ein sog. **Abhängigkeitsbericht** („Bericht des Vorstandes über Beziehungen zu verbundenen Unternehmen") zu erstellen (§ 312 AktG). Publiziert wird – im **Lagebericht**[93] des Unternehmens – jedoch nur das Ergebnis dieses Berichts.[94]

- Schließlich ist bei Vorliegen der gesetzlichen Bedingungen ein **Konzernabschluss** aufzustellen und zu publizieren (§§ 290–315a HGB).

Trotz des hohen Informationsstandes, den die gesetzlichen Vorschriften[95] erzwingen, besteht bei der Analyse der Abhängigkeitsverhältnisse ein gewichtiges Problem, denn die Regelungen stellen lediglich auf die **Möglichkeit einer Abhängigkeit** ab. „Abhängige Unternehmen sind rechtlich selbständige Unternehmen, auf die ein anderes Unternehmen (herrschendes Unternehmen) unmittelbar oder mittelbar einen beherrschenden Einfluss ausüben kann" (§ 17 Abs. 1 AktG). Ob diese Möglichkeit der Einflussnahme *in praxi* ausgeübt wird, ist (gesetzlich) nicht relevant. Im Rahmen der Bilanzanalyse – also im Einzelfall – ist jedoch der tatsächliche Abhängigkeitsgrad relevant. Mit der Legaldefinition wollte der Gesetzgeber vermutlich den **Schwierigkeiten** aus dem Weg gehen, die mit **der Feststellung der tatsächlichen Abhängigkeit** bzw. der Feststellung hinsichtlich der Ausnutzung der Beherrschungsmöglichkeit (Grad der Ausnutzung der Möglichkeiten) verbunden sind.

---

[92] Dies gilt entsprechend auch, wenn die Beteiligung in der entsprechenden Höhe nicht mehr besteht.

[93] Darüber hinaus müssen Aktiengesellschaften und Kommanditgesellschaften auf Aktien, die einen organisierten Markt in Anspruch nehmen, gemäß § 289 Abs. 4 Satz 1 Nr. 3 HGB im **Lagebericht** (im Rahmen eines sog. Übernahmeberichts) über direkte oder indirekte Beteiligungen „am Kapital" informieren, soweit diese 10 % der Stimmrechte übersteigen.

[94] Wenn im Hinblick auf den Jahresabschluss des betroffenen Unternehmens eine Prüfungspflicht besteht, ist auch der Abhängigkeitsbericht einer Prüfung durch den Abschlussprüfer zu unterziehen (§ 313 AktG).

[95] Kritisch hierzu schon *VEIT/TÖNNIES* (1997), S. 228.

Diese Schwierigkeiten treten bei der Abhängigkeitsanalyse im Rahmen der sich auf unternehmensexterne Daten stützenden Bilanzanalyse ebenfalls auf. Eine Lösung dieses Problems ist nicht möglich, weil **kein allgemeingültiges Kriterium existiert**, anhand dessen die Beurteilung der tatsächlichen Abhängigkeit durchzuführen ist. Ein solches Kriterium wäre die Abweichung zwischen der wirtschaftlichen Lage, die ohne die Abhängigkeit bestehen würde, und der tatsächlich vorliegenden wirtschaftlichen Lage. Zumindest erstere ist nicht bekannt. Da letztere analysiert werden soll, **fallen** darüber hinaus **Ziel und Beurteilungskriterium der Analyse zusammen**.

> Die praktische Analyse der Abhängigkeit muss sich darauf beschränken, die potentielle Abhängigkeit festzustellen. Letztlich muss unterstellt werden, dass eine potentielle Abhängigkeit die tatsächliche Abhängigkeit bzw. deren Ausnutzung nach sich zieht.

Je größer die **potentielle Abhängigkeit** ist, desto geringer ist tendenziell die Aussagekraft der zu analysierenden Einzel- und umso wichtiger ist eine Analyse der Konzernabschlüsse.

5.2   Analysemethodik

5.2.1   Auswertung von Beteiligungs- und anderen Abhängigkeitsmitteilungen

Hat ein Unternehmen eine Beteiligung von mehr als 25 % (**Sperrminorität**[96]) oder eine **Mehrheitsbeteiligung** (mehr als 50 %) an einer inländischen AG, dann hat das Unternehmen, welches die Beteiligung besitzt, dies der AG mitzuteilen (§ 20 Abs. 1 bzw. Abs. 4 AktG). Die benachrichtigte AG hat ein Bestehen der Sperrminorität und entsprechend auch ein Bestehen der Mehrheitsbeteiligung unverzüglich zu publizieren (§ 20 Abs. 6 AktG). Der Wegfall einer Sperrminorität ist ebenso mitteilungspflichtig, wie der Wegfall einer Mehrheitsbeteiligung. Solange die Beteiligung an der AG über den entsprechenden Grenzwerten liegt, ist innerhalb des Anhangs der AG darauf hinzuweisen (§ 160 Abs. 1 Nr. 8 AktG). Wenn die Beteiligung nicht mehr besteht bzw. falls diese nicht mehr als 25 % beträgt, entfällt eine entsprechende Publikation im Anhang.

---

[96]   Als **Sperrminorität** wird der Tatbestand bezeichnet, dass eine Minderheit bei Abstimmungen jene Beschlüsse verhindern kann, für die **qualifizierte** (3/4-)**Mehrheiten** erforderlich sind.

Die **Abhängigkeitswirkung einer Beteiligung ab 25 bis 50 %** kann nicht allgemein festgestellt werden. Vielmehr kommt es auf die Verteilung der übrigen Anteile an. Je weiter diese gestreut sind, desto höher wird der Abhängigkeitsgrad sein. Je geringer die Streuung der restlichen Anteile ist, umso geringer wird die Abhängigkeit vom beteiligten Unternehmen tendenziell sein. Zudem ist in diesem Fall zu prüfen, ob nicht zu einem anderen Unternehmen eine Abhängigkeit besteht.

Auch die gesellschaftsrechtlichen und/oder faktischen **Beziehungen zwischen mehreren Großaktionären** müssen im Einzelfall untersucht werden. So kann es sein, dass mehrere Unternehmen an einer AG beteiligt sind, die Anteile jedoch jeweils unter 25 % liegen. Dennoch können diese Unternehmen unter einer – z. B. ausländischen – einheitlichen Konzernleitung stehen, so dass die Abhängigkeit der AG trotz Fehlens publikationspflichtiger Beteiligungsverhältnisse als sehr groß eingestuft werden muss.

Ist die **Beteiligung höher als 50 %**, wird schon vom Gesetzgeber vermutet, dass eine **Abhängigkeitsbeziehung** besteht (§ 17 Abs. 2 AktG). Ob diese Vermutung widerlegt werden konnte, ergibt sich aus der Existenz eines Konzernabschlusses, eines Abhängigkeitsberichts und/oder eines Gewinnabführungsvertrages. In diesen Fällen konnte die gesetzliche Vermutung einer Abhängigkeitsbeziehung nicht widerlegt werden. Wird diese **Vermutung** jedoch **widerlegt**, ist im Rahmen der Bilanzanalyse nicht nachprüfbar, wie dies begründet wurde. Allerdings ist diese Kenntnis auch nicht notwendig, weil es hier lediglich darauf ankommt, den Abhängigkeitsgrad als Kriterium für die wirtschaftliche Aussagekraft der Einzelabschlüsse zu ermitteln.

Der tatsächliche Abhängigkeitsgrad lässt sich jedoch nicht allein aufgrund publizitätspflichtiger gesellschaftsrechtlicher Beziehungen beurteilen. Abhängigkeit ist meist in größerem Umfang das **Ergebnis des Gesamtbildes sämtlicher Beziehungen**. Dazu gehören etwa vertragliche Beziehungen, wie z. B. ein Beherrschungs- und Gewinnabführungsvertrag bzw. ein Darlehensvertrag über bedeutende Beträge, oder Produktionsabsprachen. Darüber hinaus können eine Personalunion in der Geschäftsleitung mehrerer Unternehmen oder persönliche Beziehungen (unterschiedlicher Art) zwischen den Mitgliedern der Geschäftsleitung verschiedener Unternehmen faktisch zu Abhängigkeitsbeziehungen führen, die unter Umständen erheblich stärker als finanzielle oder vertragliche Bindungen sind. Da die Zusammensetzung von Vorstand und Aufsichtsrat aus dem Anhang (§ 285 Nr. 10 HGB) bekannt ist, können zumindest personelle Verbindungen überprüft werden, die sich aufgrund einer Personalunion ergeben.

Gemäß § 285 Nr. 11 HGB besteht darüber hinaus eine **Publizitätspflicht hinsichtlich der Unternehmen**, an denen die bilanzierende Kapitalgesellschaft (oder haftungsbeschränkte Personenhandelsgesellschaft) oder eine für Rechnung dieser Gesellschaft handelnde Person **mindestens 20 % der Anteile besitzt**. In diesem Zusammenhang sind die Höhe des Anteils, das Eigenkapital und das Ergebnis des letzten Geschäftsjahres dieser Unternehmen anzugeben.

Weiterhin ist nach § 285 Nr. 14 HGB die „nächste" und die „entfernteste" Muttergesellschaft anzugeben und – falls diese einen Konzernabschluss publizieren – jeweils der Ort, an dem dieser Abschluss erhältlich ist. Für die Beurteilung des Abhängigkeitsgrades des zu analysierenden Unternehmens ist insbesondere die zweite Information von Bedeutung, weil diese eine weitere Nachprüfung hinsichtlich des Vorliegens einer Konzernabhängigkeit ermöglicht.

Darüber hinaus sind gemäß § 285 Nr. 21 HGB im Anhang einer mittelgroßen AG und einer großen Kapitalgesellschaft bzw. einer entsprechenden haftungsbeschränkten Personenhandelsgesellschaft wesentliche Geschäfte anzugeben, die zu marktunüblichen Bedingungen mit nahestehenden Unternehmen und nahestehenden Personen getätigt wurden. Dabei soll vor allem zur Art der Beziehung sowie zum Wert und zum Einfluss dieser Geschäfte auf die Beurteilung der Finanzlage berichtet werden, soweit diese Geschäfte nicht mit einem Unternehmen getätigt wurden, von dem das bilanzierende Unternehmen unmittelbar oder mittelbar 100 % der Anteile hält bzw. das über alle Anteile des bilanzierenden Unternehmens verfügt und mit dem bilanzierenden Unternehmen in einen Konzernabschluss einbezogen wird. Als nahestehende Personen gelten beispielsweise die Mitglieder der Leitungs- und Aufsichtsorgane einer Gesellschaft und die diesen (nahestehenden) Familienangehörigen.[97] Sofern eine solche Angabe erfolgt, wurde also die wirtschaftliche Lage des Unternehmens durch entsprechende Geschäfte (positiv oder negativ) beeinflusst. Problematisch dabei ist jedoch, dass nicht über Maßnahmen berichtet werden muss,[98] die aufgrund einer solchen Konstellation unterlassen wurden – also Geschäfte, die aufgrund des Ansinnens von nahestehenden Unternehmen und Personen eben nicht durchgeführt wurden, obwohl sie womöglich unter anderen (unabhängigen) Bedingungen eingegangen worden wären.

Entsprechende Informationen ergeben sich auch aus Abschlüssen nach IFRS, in denen gemäß IAS 24 über die Beziehungen zu nahestehenden Unternehmen und Personen berichtet werden muss.

5.2.2   Auswertung der Abhängigkeitserklärung

Um rechtliche und tatsächliche Abhängigkeitsverhältnisse transparent zu machen und um Benachteiligungen abhängiger Unternehmen auszuschließen, ist das abhängige Unternehmen grundsätzlich verpflichtet, einen Abhängigkeitsbericht aufzustellen (§ 312 AktG), prüfen zu lassen (§§ 313 f. AktG) und das Ergebnis dieses Berichts zu publizieren (§ 312 Abs. 3 AktG). Dabei ist vor allem über den Nachteilsausgleich durch das herrschende Unternehmen zu berichten.

---

97   Siehe etwa *ROTH/PRECHTL* (2014), Rz. 201–204.

98   Vgl. *ROTH/PRECHTL* (2014), Rz. 210.

Eine **Befreiung zur Aufstellung des Abhängigkeitsberichts** besteht, wenn der Schutz außenstehender Aktionäre bereits auf andere Art gewährleistet ist. Dies ist z. B. gegeben, wenn ein Beherrschungsvertrag, eine Eingliederung oder ein Gewinnabführungsvertrag vorliegen. In diesen Fällen sind die außenstehenden Aktionäre – nach Meinung des Gesetzgebers – durch Ausgleichszahlungen und Abfindungen sowie über den Konzernabschluss ausreichend geschützt.

Der **Inhalt des Abhängigkeitsberichts** (§ 312 Abs. 1 AktG) soll die Frage beantworten, **zu welchen Unternehmen Abhängigkeitsbeziehungen** bestehen. Einmal sind dies die herrschenden Unternehmen selbst, aber auch die mit den herrschenden Unternehmen verbundenen Unternehmen sowie wiederum die vom abhängigen Unternehmen selbst abhängigen Unternehmen. Der Abhängigkeitsbericht muss **alle Rechtsgeschäfte und alle sonstigen Maßnahmen zwischen den genannten Unternehmen** enthalten. Hierunter fallen auch Rechtsgeschäfte mit Dritten, die auf Veranlassung eines der genannten Unternehmen getätigt oder auf entsprechende Anordnung unterlassen wurden.

Für den außenstehenden Bilanzanalysten hat der Abhängigkeitsbericht selbst keine Informationskraft, weil er **nicht veröffentlicht** wird. Stattdessen ist das Ergebnis des Abhängigkeitsberichts – die sog. Abhängigkeitserklärung als Teil des Lageberichts – zu publizieren.

> Die ausschließliche Publikation des Ergebnisses der Abhängigkeitsprüfung ist jedoch nur wenig aussagekräftig.

Die folgenden Gründe unterstreichen die **geringe Aussagekraft der Abhängigkeitserklärung**: Einerseits beurteilt der Vorstand des abhängigen Unternehmens selbst die Abhängigkeit und stellt den Abhängigkeitsbericht auf. Ein subjektiver Einfluss ist deshalb – trotz erforderlichen Abschlussprüfertestates – nicht auszuschließen, denn **schließlich ist der erstellende Vorstand abhängig**. Andererseits ist die Beurteilung der wirtschaftlichen Abhängigkeit auch für den involvierten Vorstand schwierig, weil es an allgemeingültigen Kriterien zur Prüfung des Abhängigkeitsgrades mangelt. Die Abhängigkeitserklärung kann dem Bilanzanalysten die Abhängigkeitsbeurteilung somit nicht wesentlich erleichtern.

5.2.3   Auswertung des Konzernabschlusses

An dieser Stelle betrifft die Analyse des Konzernabschlusses ausschließlich die Ermittlung der Abhängigkeit. Insbesondere der **Konzernanhang**[99] kann für die Beurteilung der Abhängigkeit herangezogen werden. Im Konzernanhang muss über den Konsolidierungskreis berichtet werden (§ 313 Abs. 2 HGB für Konzernabschlüsse nach HGB so-

---

99   Siehe *VON WYSOCKI/WOHLGEMUTH/BRÖSEL* (2014), S. 387–410.

wie – zumindest für deutsche Unternehmen – § 313 Abs. 2 HGB i. V. m. § 315a HGB
für Konzernabschlüsse nach IFRS). Wird ein Unternehmen innerhalb des Konzernanhangs im **Bericht über den Konsolidierungskreis** (i. w. S.) genannt, ist es Bestandteil des Konzerns. Allein dieser Hinweis lässt eine hohe Abhängigkeit vermuten, wobei
der Grad der Abhängigkeit tendenziell damit korrespondiert, ob es sich um ein Tochterunternehmen (§ 313 Abs. 2 Nr. 1 HGB), ein assoziiertes Unternehmen (§ 313 Abs. 2
Nr. 2 HGB), ein quotal konsolidiertes Unternehmen (§ 313 Abs. 2 Nr. 3 HGB) oder ein
Unternehmen handelt, an denen eine Beteiligung von mindestens 20 % besteht (§ 313
Abs. 2 Nr. 3 HGB).

Auskunft soll der Konzernanhang nach HGB auch über wichtige Beziehungen zu Unternehmen geben, die nicht mit einem Konzernunternehmen verbunden sind. So muss
gemäß § 314 Abs. 1 Nr. 13 HGB über jene **wesentlichen Geschäfte** berichtet werden,
welche die Konzernunternehmen **zu marktunüblichen Bedingungen mit nahestehenden Unternehmen und Personen** vorgenommen haben. Aus IAS 24 ergeben sich
diesbezüglich in IFRS-Abschlüssen vergleichbare Informationen. Diese Informationen
lassen sich bezogen auf das einzelne Unternehmen bereits und detaillierter aus den Anhangangaben des Einzelabschlusses gemäß § 285 Nr. 21 HGB entnehmen.

Insgesamt ist die **Aussagekraft des Konzernanhangs** bezüglich der Abhängigkeitsanalyse jedoch nicht besonders aufschlussreich, weil die (tatsächlichen) Einflüsse, die das einzelne Unternehmen betreffen, aufgrund der im Konzernabschluss vorgenommenen Ag-
gregation kaum zu „dekodieren" sind.

> Aufgrund des Informationsgehaltes der Anhangangaben ist regelmäßig nur
> die Aussage möglich, dass mit zunehmender (direkter oder indirekter)
> Beteiligungsquote eine zunehmende Abhängigkeit vermutet werden kann.

Im **Lagebericht**[100] des Konzerns lassen sich meist weitere Indizien für die Beurteilung
der Abhängigkeit eines Unternehmens finden. Insbesondere der Berichtsteil über den
Verlauf des abgelaufenen Geschäftsjahres sowie der Berichtsteil über wichtige Vorgänge nach dem Bilanzstichtag sollten genau analysiert werden. Hier müssen bedeutsame
Rechtsgeschäfte oder andere Vorgänge – wie z. B. der Erwerb wesentlicher Beteiligungen und der Abschluss langfristiger Lieferverträge – genannt werden. Diese Informationen sollten sich jedoch regelmäßig bereits aus dem Lagebericht des zu analysierenden
Unternehmens und aus dem Lagebericht der Obergesellschaft entnehmen lassen.

---

[100] Siehe *VON WYSOCKI/WOHLGEMUTH/BRÖSEL* (2014), S. 411–421.

6 Analyse der Unternehmenszielerreichung

Die Geschäftsleitung eines Unternehmens sollte vor Beginn eines Planungszeitraumes die **Struktur des Unternehmenszielsystems und die angestrebten Zielerreichungsgrade fixieren.** Dies erfolgt – je nach Größe oder nach „Planmäßigkeit" des Unternehmens und nach Planhorizont – in mehr oder weniger bewusster und bisweilen in quantitativer Form. Während des Planungszeitraumes ist somit z. B. die Durchführung von **Fortschrittskontrollen** möglich. Nach Ablauf einer Periode sollte eine (unternehmensinterne) Kontrolle der einzelnen Zielerreichungsgrade (z. B. durch **Ergebniskontrolle**) sowie auch eine Kontrolle der Struktur des Zielsystems (z. B. durch **Prämissenkontrolle**) vorgenommen werden. Diese Kontrollen haben weniger disziplinarische Wirkung, sondern sollen – nach einer vorzunehmenden Analyse der Abweichungsursachen – vor allem der Verbesserung des zukünftigen Planens und schließlich der Verbesserung der zukünftigen Realisation dienen. Zudem ist möglichst der Leistungseffekt von Zufälligkeiten zu trennen.

Auch für den (unternehmensexternen) Bilanzanalysten sind die **Zielsystemfestlegung und** die **Zielerreichung** von Interesse. Dies gilt insbesondere im Hinblick auf die Kleinaktionäre, die ihre (Eigentümer-)Interessen durch den Vorstand vertreten sehen wollen. Diese haben aber weder genügend Macht, das Zielsystem des Unternehmens zu beeinflussen, noch besitzen sie die Möglichkeit, interne Informationsquellen auszuwerten.

Hinsichtlich der Analyse der Unternehmenszielerreichung sind mit der Analyse der Soll-Zielerreichung und der Analyse der Ist-Zielerreichung zwei unterschiedliche Vorgehensweisen denkbar:

* **Analyse der Soll-Zielerreichung**: Der Analyst legt nach seinen eigenen Vorstellungen ein Zielsystem für das Unternehmen und diesbezügliche Zielerreichungsgrade fest. Die von ihm vorgegebenen Sollgrößen werden mit den tatsächlich erreichten Größen verglichen.

* **Analyse der Ist-Zielerreichung**: Der Analyst versucht, das Zielsystem der Geschäftsleitung und die von der Geschäftsleitung geplanten Zielerreichungsgrade zu ermitteln. So soll festgestellt werden, inwieweit der Plan bzw. die Erwartungen der Geschäftsleitung erfüllt worden sind. Das Zielsystem selbst und die Definition der Zielerreichungsgrade der Geschäftsleitung sind jedoch – im Sinne einer kritischen Würdigung des- bzw. derselben – gewöhnlich **nicht** Gegenstand der Analyse.

Die Analyse der **Soll-Zielerreichung** deckt sich gänzlich mit dem Begriff der klassischen zielorientierten Bilanzanalyse. Der Analyst beurteilt anhand seines eigenen Zielsystems (**Primäranalyse**) die Erreichung einzelner Partialziele oder die Erreichung des Totalziels. Dagegen stellt die Analyse der **Ist-Zielerreichung** – ähnlich wie bei der Analyse der Kreditwürdigkeit – den Versuch dar, die wirtschaftliche Lage des Unternehmens aus der Sicht eines Dritten, hier der Geschäftsleitung, zu beurteilen (**Sekundäranalyse**).

Liegen dem Analysten das **Zielsystem der Geschäftsleitung sowie die von der Geschäftsleitung angestrebten Zielerreichungsgrade** vor, ist die Sekundäranalyse (Analyse der Ist-Zielerreichung) einfacher durchzuführen als die Primäranalyse (Analyse der Soll-Zielerreichung). In diesem Fall müssten schließlich weder das Zielsystem noch die Zielerreichungsgrade durch den Analysten festgelegt werden. In der Praxis der Bilanzanalyse sind die Möglichkeiten, sich über die erforderlichen Kriterien zu informieren, allerdings sehr gering.[101]

> Im Rahmen der **Analyse der Ist-Zielerreichung** besteht das Problem, dass die Zielsysteme und Zielerreichungsgrade durch die Unternehmen bisweilen nicht eindeutig definiert sind. Darüber hinaus liegen dem Analysten nur begrenzt Informationen über die realen Zielsysteme und Zielerreichungsgrade vor.

Hat die Geschäftsleitung sogar ihr **Zielsystem nicht eindeutig definiert**, können die Zielvorgaben schließlich nicht festgestellt werden. In diesen Fällen ist es schon mangels Existenz des Beurteilungskriteriums unmöglich, eine Analyse der Unternehmenszielerreichung im Rahmen einer Sekundäranalyse durchzuführen. Deshalb muss eine Primäranalyse unter Rückgriff auf die Vorstellungen der (externen) Analyseadressaten erfolgen.

Regelmäßig wird das Unternehmenszielsystem aber nicht völlig undefiniert sein, sondern sich in einzelnen Zielsetzungen ausdrücken.[102] So sind in der Praxis z. B. die **Zielsystemelemente** „Umsatzerhöhung" oder „Arbeitsplatzerhaltung" anzutreffen. In diesen Fällen existieren augenscheinlich Teilzielsysteme, die Gegenstand der Analyse sein können. Erforderlich ist in diesem Zusammenhang allerdings weiterhin, dass nicht nur Ziele festgelegt, sondern auch **Zielerreichungsgrade** formuliert sind. Sind etwa die Zielerreichungsgrade „Umsatzerhöhung um 10 %" oder „Freisetzung von Arbeitskräften lediglich durch altersbedingtes Ausscheiden" festgelegt, können diese – soweit bekannt – als Analysebasis und -kriterium herangezogen werden. Oftmals fehlt *in praxi* jedoch ein vollständiges Zielsystem, oder es ist nicht explizit formuliert. Auch Zielerreichungsgrade sind vielfach nur unvollständig fixiert. Eine Beurteilung dieser Situation ist allerdings nicht Gegenstand der Bilanzanalyse.

---

[101] KÜTING/HEIDEN/LORSON (2000), S. 7 f., weisen darauf hin, dass gegebenenfalls veröffentlichte Informationen über eine Anwendung der **„Balanced Scorecard"** (BSC) hierzu Anhaltspunkte für den Bilanzanalysten geben können.

Im Hinblick auf die Regelungen zum **„Management Commentary"** bleibt abzuwarten, ob dieser künftig freiwillig als Rechnungslegungsbestandteil neben den internationalen Abschlüssen erstellt und veröffentlicht und wie darin über die diesbezüglich „geforderten" Informationen zu den Zielen und den Strategien („Objectives and Strategies") berichtet wird.

[102] Zur externen Feststellung von Unternehmenszielen anhand des Lageberichts siehe WERNER (1990a). Dort werden am Beispiel deutscher Rückversicherungsunternehmen „Gewinn", „Wachstum" und „Sicherheit" als Ziele erkannt. Es wird versucht, kritische Situationen mit Hilfe von **Profilanalysen** zu prognostizieren.

Häufig erschwert aber nicht die unzureichende Definition der Zielsysteme durch die Geschäftsleitungen die Analyse, sondern die **fehlende Kenntnis existierender Zielsysteme**. Publizitätspflicht besteht schließlich diesbezüglich nicht. Die freiwillige Informationspraxis ist auf diesem Gebiet entweder nicht ausreichend oder subjektiv gefärbt (z. B. in Hauptversammlungsansprachen, in denen *ex post* gewöhnlich die erreichten Ziele hervorgehoben werden und *ex ante* hauptsächlich jene Ziele als bedeutend dargestellt werden, welche mit hoher Wahrscheinlichkeit erreicht werden können).

> Aufgrund des Mangels an Informationen fehlen dem Analysten
> die Analysekriterien, so dass eine Sekundäranalyse der
> Unternehmenszielerreichung häufig unmöglich und entsprechend eine
> **Primäranalyse** (Analyse der Soll-Zielerreichung) durchzuführen ist.

Liegt ein quantitativ formuliertes Geschäftsleitungszielsystem jedoch vor und besteht auf Seiten des Analysten hierüber **Kenntnis**, kann die Feststellung der Unternehmenszielerreichung durch **Soll-Ist-Vergleiche** im Rahmen einer **Sekundäranalyse** (Analyse der Ist-Zielerreichung) erfolgen. Die quantitativ vorgegebene Soll-Entwicklung wird nach Ablauf des Geschäftsjahres mit der Ist-Entwicklung verglichen. Ergibt sich eine positive Abweichung, ist das betreffende Unternehmensziel (über-)erfüllt. Werden jedoch negative Abweichungen festgestellt, dann wurde das jeweilige Unternehmensziel nicht oder nicht vollständig erreicht. Darauf aufbauend sollten weitere Analysen – etwa hinsichtlich der Gründe dieser Entwicklung – vorgenommen werden, denn die (Sekundär-)Analyse der Unternehmenszielerreichung wird meist durchgeführt, um die Qualitäten der Geschäftsleitung beurteilen zu können. Deshalb ist es notwendig, die **Gründe für eine negative und** auch **für eine positive Abweichung** festzustellen. Von Bedeutung für die Beurteilung von Führungsqualitäten sind vor allem getroffene Fehlentscheidungen und auch „gute", fundierte Entscheidungen in Zeiten gesamtwirtschaftlich außergewöhnlicher Entwicklungen[103], weil sich die Qualitäten einer Geschäftsleitung in diesen Situationen besonders deutlich zeigen.

> Die Geschäftsleitung kann nur für solche Entwicklungen **verantwortlich**
> gemacht werden, die durch deren Entscheidungen verursacht wurden.
> In der Praxis ist es allerdings meist schwer, nach dem **Verursachungsprinzip**
> vorzugehen, weil eindeutige Abhängigkeiten fehlen. Auch hier besteht das
> Problem der Abgrenzung zwischen (Nicht-)Können und Glück bzw. Pech.

---

[103] Vgl. hierzu bereits *FRIEDRICH* (1975). Siehe ähnlich *KITHIER* (1975), S. 416, wobei dieser sich dabei mit der Unternehmensbewertung befasst: „Der Gutachter sollte auf jeden Fall die Situation im Unternehmen soweit untersuchen, ob die Führungsorganisation mit ihren Stelleninhabern, mit ihrer Führungskonzeption und ihren Kräfteverhältnissen auftretende Probleme in Lernprozessen zu lösen imstande ist. Der Weg, wie die Führungsorganisation bisher ihre Probleme löst, läßt diese Beurteilung zu." Allerdings ist die Informationsbasis bei der „klassischen" Unternehmensbewertung eine andere als bei der Bilanzanalyse.

V. Kapitel:

Besondere Aspekte der Bilanzanalyse

„Als ich Auto fahren lernte, sagte einmal der Fahrer zu mir:
‚Sie werden nie wirklich Auto fahren können.'
‚Warum?' fragte ich erschrocken.
‚Weil Sie immer nur auf die Motorhaube schauen.
Heben Sie den Kopf und schauen Sie dreihundert Meter voraus auf die Straße.'
So ist es auch an der Börse.
Vorstellen muß man sich nicht,
was morgen oder übermorgen sein kann,
sondern man muß die Zukunft erforschen, auf Jahre vorausdenken."
ANDRÉ KOSTOLANY

Überblick

Das abschließende fünfte Kapitel befasst sich mit besonderen Aspekten der Bilanzanalyse. Im **Abschnitt 1** wird das Analysepotential der qualitativen Bilanzanalyse untersucht. **Abschnitt 2** untersucht die Möglichkeit, sich von vergangenheitsorientierten Informationsquellen zu lösen und mittels der sog. strategischen Bilanzanalyse ein Bild der zukünftigen Erfolgsaussichten des Analyseobjekts zu zeichnen. Aufgrund der zunehmenden und verstärkten internationalen Verflechtungen der einzelnen Unternehmen werden anschließend die Besonderheiten der Analyse von Konzernabschlüssen (**Abschnitt 3**) und bei internationalen Vergleichen (**Abschnitt 4**) betrachtet. **Abschnitt 5** gibt schließlich einen Einblick in die Analysen im Rahmen einer steuerlichen Außenprüfung. Beim Brückenschlag zwischen Bilanzanalyse und steuerlicher Außenprüfung wird deutlich, dass der Zweck der Bilanzanalyse, angemessene Aussagen über die wirtschaftliche Lage eines Unternehmens zu erhalten, nicht mit den einfachen Methoden der Außenprüfung erreicht werden kann.

Lernziele

Nach dem Studium des fünften Kapitels sollten Sie vor allem

- die qualitative Bilanzanalyse kritisch hinterfragen und diese von der quantitativen Bilanzanalyse abgrenzen können,
- die wesentlichen Unterschiede von qualitativen Analysemöglichkeiten zwischen HGB- und IFRS-Abschlüssen beurteilen können,
- die Methodik, die Instrumente und die Ergebnisse der strategischen Bilanzanalyse kritisch reflektieren können,
- die konzernspezifischen Einschränkungen der Bilanzanalyse erläutern können,
- begründen können, warum Unterschiedsbeträge aus der Kapitalkonsolidierung sowohl im Rahmen der Analyse von HGB-Konzernabschlüssen als auch bei der Analyse von IFRS-Konzernabschlüssen mit dem Eigenkapital verrechnet werden sollten,
- erläutern können, warum z. B. auch bei einem Betriebsvergleich von nach IFRS bilanzierenden Unternehmen Umwertungen und Umrechnungen erforderlich sein können,
- darlegen können, ob bei der Umrechnung ausländischer Währungen innerhalb der Bilanzanalyse eher der Wechselkurs oder der Kaufkraftkurs berücksichtigt werden sollte und ob dabei mit einem oder mit mehreren Kursen umzurechnen ist, sowie
- die Ziele und wesentlichen Verprobungsrechnungen der steuerlichen Außenprüfung skizzieren können.

1   Qualitative Bilanzanalyse

1.1   Definition

In der bisherigen Betrachtung lag der Fokus vor allem auf der quantitativen (insbesondere der kennzahlenorientierten) Bilanzanalyse, die auch als **traditionelle Bilanzanalyse** bezeichnet werden kann.[1] Bei dieser konzentriert sich der Analyst vorwiegend auf die Auswertung des zahlenmäßigen Datenmaterials. Auch wenn die traditionelle Kennzahlenrechnung in der Praxis ein wichtiges Instrument zur Unternehmensbeurteilung darstellt, sind dieser signifikante Schwächen immanent. Schließlich kann mit Hilfe der Kennzahlen und der Kennzahlensysteme nur ein abstraktes Bild der Unternehmenslage abgebildet werden, welches stark durch die Ausübung von bilanzpolitischen Spielräumen geprägt ist. Die Auswirkungen des bilanzpolitischen Agierens kann der Bilanzanalyst im Rahmen der traditionellen Bilanzanalyse lediglich sehr eingeschränkt beurteilen. Der ausschließliche Rückgriff auf quantitative Daten vermittelt zudem einen unvollkommenen Einblick in die Lage des Unternehmens. Auch ist die Prognosefähigkeit der so ermittelten Daten erheblich eingeschränkt.

Um die Defizite der quantitativen Bilanzanalyse zu überwinden, müssen die verbalen, oft zukunftsorientierten Informationen, welche z. B. in Anhang und Lagebericht gegeben sind, (verstärkt) in die Analyse einbezogen werden. Die Ursachen für die bei der Bilanzanalyse (noch) zu beobachtende „stiefmütterliche" und oftmals lediglich intuitive Beachtung verbaler Informationen sind z. B. in den rechtlichen Vorschriften zu suchen: Während für die Bilanz sowie die Erfolgsrechnung (zumindest nach HGB) eine (Mindest-)Gliederung sowie die Bezeichnungen und somit in gewisser Weise auch die Inhalte einzelner Positionen vorgegeben sind, gibt es für die verbale Berichterstattung **keine** vergleichbare **konkrete normative Basis hinsichtlich Umfang, Aufbau bzw. Gliederung der Berichtsbestandteile sowie** auch nicht **zur Ausformulierung der Sachverhalte**.[2] Zudem ist es problematisch, verbale Ausführungen miteinander zu vergleichen. Auch die manipulative Wirkung der verbalen Aussagen hinsichtlich der Abschlussadressaten sollte nicht vernachlässigt werden. Schließlich kann „der Inhalt des Geschäftsberichts ohne das Medium der Sprache nicht transportiert werden"[3].

Fraglich ist jedoch, inwieweit die Analyse der verbalen Berichterstattung einen Ansatz zur Überwindung der Informationsdefizite der kennzahlenorientierten Bilanzanalyse liefern kann. Da die Erkenntnisse aus der Untersuchung der verbalen Daten aufgrund der fehlenden Quantifizierbarkeit bzw. der schwierigen Operationalisierung nur schwer aufzubereiten und zu vergleichen sind, wird diese Art der Bilanzanalyse in der wissenschaftlichen Betrachtung bislang weitgehend vernachlässigt. Gleichwohl oder vor allem

---

[1]   Nachfolgende Ausführungen erfolgen in enger Anlehnung an *BRÖSEL/NEULAND* (2013a), S. 22 f.

[2]   Vgl. *WERNER* (1990b), S. 370, *KÜTING* (1992b), S. 692.

[3]   *OLBRICH/FUHRMANN* (2011), S. 327.

deshalb wird nachfolgend das **Analysepotential**[4] **der qualitativen Informationen kritisch beleuchtet.**

Bei der qualitativen Analyse konzentriert sich der Analyst auf die Auswertung der verbalen Daten der Berichterstattung. Es wird angestrebt, den eingeschränkten Einblick in die wirtschaftliche Lages eines Unternehmens einer rein kennzahlenorientierten Analyse der Berichterstattung zu verbessern, um zuverlässige(re) Prognosen aufstellen zu können. Somit soll das dem Geschäftsbericht gegebenenfalls innewohnende zusätzliche Informationspotential identifiziert und nutzbar gemacht werden. Die qualitative Bilanzanalyse darf dabei allenfalls als **Ergänzung der quantitativen Bilanzanalyse** gesehen werden.

Die qualitativen Informationen sind vorwiegend im Anhang und ggf. im Lagebericht zu finden. Schließlich ist es eine Aufgabe[5] dieser Rechenwerke, die „Lücke zwischen den mathematisch abstrakten Angaben in der Bilanz und der Erfolgsrechnung einerseits und der Forderung nach einem möglichst sicheren Einblick in die Vermögens-, Finanz- und Ertragslage andererseits zu schließen"[6]. Bei der (qualitativen) Analyse dieser Bestandteile kann u. a. hinterfragt werden, ob das bilanzierende Unternehmen mittels verbaler Informationsbereitstellung die Unternehmenslage tendenziell **konservativer oder progressiver** darstellt. Auch soll versucht werden, die Verschleierung von Informationen im Jahresabschluss aufzudecken. Problematisch ist die Durchführung der qualitativen Bilanzanalyse vor allem bei kleineren und mittleren Unternehmen, weil hier aufgrund geringerer Publizitätspflichten gewöhnlich kaum aussagekräftige verbale Informationen zur Verfügung stehen. Das Schutzbedürfnis dieser Unternehmen wiegt schwerer als das Informationsbedürfnis der externen Adressaten.

> **Die qualitative Bilanzanalyse verfolgt das Ziel**, das dem Jahresabschluss und dem Lagebericht (bzw. das dem „Management Commentary") innewohnende **Analysepotential** durch Rückgriff auf verbale **Informationen der Berichterstattung** besser auszunutzen und somit die **Analyselücke** der traditionellen (quantitativen) Bilanzanalyse zu reduzieren. Durch **Fokussierung auf die verbale Berichterstattung** wird angestrebt, einen **verlässlicheren Einblick** in die **aktuelle** und vor allem in die **zukünftige wirtschaftliche Lage** des Unternehmens zu erhalten als allein auf Basis des Zahlenmaterials.

Grundsätzlich ist zunächst festzustellen, dass die Informationsvermittlung, z. B. durch verbale Angaben in Anhang und Lagebericht (bzw. im „Management Commentary"), im Rahmen eines **indirekten Kommunikationsprozesses**[7] zwischen dem Rechnungs-

---

4   Vgl. *KÜTING/LAM/MOJADADR* (2010), S. 2290.

5   Die Aufgaben von Anhang und Lagebericht sind ausführlich z. B. in *SCHILDBACH/STOBBE/BRÖSEL* (2013), S. 458–507, dargestellt.

6   *KÜTING/WEBER* (2012b), S. 403.

7   Ein indirekter Kommunikationsprozess ist dadurch gekennzeichnet, dass die Informationen bei räumlicher und/oder zeitlicher Distanz (öffentlich) durch ein technisches Medium, hier Anhang

legenden als Sender und den Adressaten bzw. Analysten als Empfänger erfolgt. Dieser in Abbildung 41 dargestellte Prozess kann vereinfacht in drei Phasen unterteilt werden.[8]

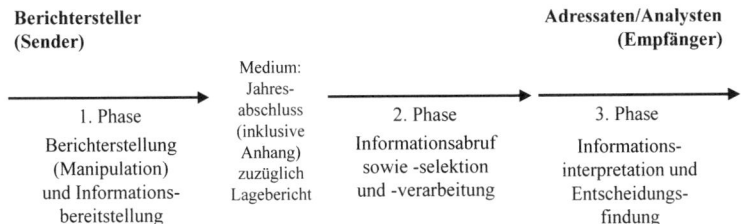

Abbildung 41:   *Prozess der Informationsvermittlung und -analyse in der verbalen Berichterstattung*[9]

In der **ersten Phase** erfolgt die **Informationserstellung** (Berichterstellung) **und** die **Informationsbereitstellung** bzw. -übermittlung. In diesem Bericht soll, z. B. gemäß § 264 Abs. 2 HGB, ein unter Berücksichtigung der GoB den tatsächlichen Verhältnissen entsprechendes Bild der Vermögens-, Finanz- und Ertragslage dargestellt werden. Durch **sprachliche und bilanzpolitische Gestaltungsmöglichkeiten** (Manipulation) kann das rechnungslegende Unternehmen das Bild der Unternehmenslage jedoch optimistischer oder pessimistischer aussehen lassen, ohne dass eine solche Beeinflussung aus der Berichterstattung unmittelbar erkennbar wird. Ob die **beabsichtigte Wirkung** auf die Adressaten bzw. die Analysten erreicht wird, ist abhängig von den beiden sich anschließenden Phasen des Kommunikationsprozesses.

Die Adressaten und die Analysten filtern (**selektieren**) schließlich in einer **zweiten Phase** die vermeintlich für sie **relevanten Informationen** aus der Berichterstattung und weisen diesen eine individuelle Bedeutung zu.

Damit geht die zweite Prozessphase unmittelbar in die **dritte Phase** über, in welcher die **Informationen interpretiert** werden **und** die **Entscheidungsfindung** vollzogen wird. Die Entscheidung wird beeinflusst durch die Intensität der „manipulativen" Wirkung der Berichterstattung und durch das Interpretationsergebnis. Letzteres ist wiederum auf Empfängerseite abhängig vom Erfahrungswissen und den Vorkenntnissen über das Unternehmen sowie von der individuellen Situation des jeweiligen Adressaten (also von dessen Zielsystem und Entscheidungsfeld), so dass jeder Adressat zu einem individuellen Analyseergebnis im Hinblick auf die Unternehmenslage kommen kann.

---

bzw. Lagebericht/„Management Commentary", zwischen den voneinander getrennten Kommunikationspartnern vermittelt werden.

8   Nachfolgende Ausführungen erfolgen in enger Anlehnung an BRÖSEL/NEULAND (2013b), S. 335 f.

9   In Anlehnung an SCHÖNBACH/FRÜH (1987), S. 323.

Vor der detaillierten Darstellung und der kritischen Würdigung des Vorgehens bei der qualitativen Analyse wird im nachfolgenden Abschnitt[10] auf die (qualitativen) Informationspflichten und -erwartungen eingegangen, weil diese die Rahmenbedingungen für den skizzierten Kommunikationsprozess bilden.

1.2   Informationspflichten und Informationserwartungen

1.2.1   Informationspflichten

1.2.1.1   Grundlage der Informationspflichten

Umfang und Anforderungen von Informationspflichten in der (verbalen) Berichterstattung der Unternehmen sind abhängig von den (berechtigten) **Informationsinteressen der Adressaten** sowie von der **Schutzwürdigkeit der Unternehmen**.[11] Grundsätzlich wird sowohl nach HGB als auch nach IFRS mit den Informationspflichten das Ziel verfolgt, den Adressaten eine fundierte Basis für **sachgerechte Entscheidungen** zu ermöglichen. Die Informationsbereitstellung durch verbale Berichterstattung ist jedoch je nach Ausrichtung der Rechnungslegung unterschiedlich gestaltet. Nachfolgend werden die Informationspflichten bezogen auf die verbale Berichterstattung nach HGB und IFRS kurz dargestellt und begründet.

> Die Informationspflichten stellen aus **Adressatensicht** den rechtlich durchsetzbaren Teil der Informationsinteressen dar.[12]

1.2.1.2   Verbale Informationspflichten nach HGB

Die **Anforderungen an die Informationsvermittlung** nach HGB orientieren sich nicht an einem einzigen Adressatenkreis. Wenngleich der **Gläubigerschutz** als vorrangiger Zweck dieser Rechnungslegung anzusehen ist und dieser auch die primären Zielsetzungen prägt, sind die Informationen nicht nur und auch nicht primär auf die Gläubiger, sondern auf zahlreiche Adressaten ausgerichtet. Schließlich soll der Gläubigerschutz nicht durch Informationsvermittlung, sondern durch Ausschüttungsbemessung erreicht werden. Das bedeutet auch, dass die Informationen keinen bestimmten Interessentenkreis bevorzugen. Die verbale Berichterstattung mittels Anhang und Lagebericht zielt i. S. d. Generalnorm darauf ab, **im Zusammenspiel** mit Bilanz sowie Erfolgsrechnung unter Beachtung der GoB ein den tatsächlichen Verhältnissen entsprechendes Bild der wirtschaftlichen Lage aufzuzeigen.

---

[10]   Diese Ausführungen erfolgen in enger Anlehnung an BRÖSEL/NEULAND (2013a), S. 23–25.
[11]   Vgl. MOXTER (2003a), S. 223.
[12]   Vgl. MOXTER (2003a), S. 229.

Obgleich der **Anhang** als integraler Bestandteil des handelsrechtlichen Jahresabschlusses gilt, kommt ihm im Rahmen des HGB eine tendenziell nachgelagerte Bedeutung zu,[13] auch wenn die Anforderungen an den Anhang im Hinblick auf den Informationsumfang in den letzten Jahren erheblich erweitert wurden. Der Anhang dient weiterhin vor allem der Erläuterung der in Bilanz sowie Gewinn- und Verlustrechnung präsentierten Zahlen, der Entlastung dieser Jahresabschlussbestandteile durch Auslagerung von Daten sowie deren Ergänzung durch solche Informationen, welche in diesen Bestandteilen nicht integrierbar sind.[14] Die inhaltlichen Anforderungen an den Anhang sind im HGB in einem eigenen Abschnitt (§§ 284–288 HGB) kodifiziert. In diesem finden sich zwar zahlreiche konkrete Einzelvorschriften, welche Sachverhalte anzugeben sind, es ist jedoch festzustellen, dass der Gesetzgeber **keine Vorschriften zur Gliederung und zur sprachlichen Ausgestaltung** des Anhangs kodifiziert hat. Bezüglich der verbalen Ausführungen besteht somit weitgehend Gestaltungsfreiheit. Lediglich die allgemeingültigen Anforderungen i. S. d. GoB sind zu beachten. Hierunter fallen vor allem der **Grundsatz der Vollständigkeit,** der **Grundsatz der Wesentlichkeit** sowie der **Grundsatz der Klarheit und Übersichtlichkeit.**[15]

> Im Rahmen der Berichterstattung nach HGB ist entscheidend, dass alle Angaben, sowohl qualitativer als auch quantitativer Natur, den **GoB** entsprechen müssen. Somit sollten die Bilanzierenden eine möglichst willkürfreie und (soweit möglich) objektive Darstellung der Informationen vornehmen.

Die Inhalte des **Lageberichts** sind in § 289 HGB kodifiziert. Auch hier bestehen keine konkreten Anforderungen an die Gliederung und die sprachliche Ausgestaltung, was erhebliche Gestaltungsspielräume verursacht. Die Beachtung der benannten allgemeinen GoB gilt allerdings auch für den Lagebericht. Gleichwohl resultieren für die Ersteller aus der Zukunftsorientierung, welche insbesondere dem Lagebericht innewohnt, weitere Freiheitsgrade.[16]

Die fehlenden Regelungen zur Gliederung von Anhang und Lagebericht sowie zu deren konkreter sprachlicher Ausgestaltung erhöhen nicht nur die **bilanzpolitischen Möglichkeiten** der Bilanzierenden, sondern auch die (Fehl-)**Interpretationsgefahren** für die Analysten.[17] Zudem ist zu beachten, dass keine konkreten Regelungen existieren, welche die Ausführlichkeit der Pflichtangaben und den Umfang der freiwilligen Angaben begrenzen. Dies ermöglicht eine unternehmensspezifische Ausgestaltung und -weitung.

---

13 Anderer Ansicht ist *RUSS* (1986), S. 1.
14 Vgl. *SCHILDBACH/STOBBE/BRÖSEL* (2013), S. 461.
15 Vgl. *SCHULTE* (1986), S. 1472, *MÜLLER/VARMAZ* (2012), S. 1220 (Rz. 14).
16 Zur Frage der Länge des Prognosehorizonts siehe *HAAKER* (2012b), S. 290.
17 Vgl. *PAETZMANN* (2012), S. 1311 (Rz. 14).

1.2.1.3   Verbale Informationspflichten nach IFRS

Gemäß IFRS-Rahmenkonzept wendet sich ein entsprechend erstellter Abschluss zunächst mit dem Ziel der **Vermittlung entscheidungsnützlicher Informationen** an eine Vielzahl von Adressaten. Zur Ausrichtung der Rechnungslegung sowie zur Ausgestaltung entsprechender Normen werden jedoch die sog. **Investoren als vorrangige Adressatengruppe** definiert. Begründet wird dies vom Standardsetzer damit, dass die von dieser Adressatengruppe benötigten Informationen für alle anderen Adressaten als hinreichend anzusehen seien.[18] Unter dieser Maßgabe wird die Bereitstellung entscheidungsnützlicher Informationen auf Basis einer marktnahen und zukunftsorientierten Bewertung angestrebt, womit die Gefahr der Verminderung der Verlässlichkeit und damit wiederum der Entscheidungsnützlichkeit einhergeht – ein „Teufelskreis".

Da die Rechnungslegung nach IFRS auf die Vermittlung entscheidungsnützlicher Informationen abzielen soll, muss der **Anhang** nach IFRS vor allem (entscheidungs-)relevante Informationen bereitstellen, die nicht an anderer Stelle des Jahresabschlusses präsentiert werden (IAS 1.112).[19] Mit Blick auf die Erfüllung des Zwecks der Informationsvermittlung werden die spezifischen Anhangangaben direkt in den einzelnen Standards, die sich den konkreten Bilanzierungsfragen widmen, neben den Vorschriften zu Ansatz und Bewertung dargelegt. Der Zusammenhang zwischen Bilanz, Erfolgsrechnung sowie Anhang ist im Vergleich zur HGB-Rechnungslegung enger ausgestaltet. Die Informationen in den verschiedenen Teilen des Abschlusses werden grundsätzlich als **gleichwertig** betrachtet.[20]

Jedoch auch nach IFRS existieren **keine konkreten Vorschriften** zur Gliederung und zur sprachlichen Ausgestaltung des Anhangs. Die Anforderungen, die diesbezüglich an den Anhang gestellt werden, ergeben sich primär aus den im Rahmenkonzept dargestellten (allgemeinen) Grundsätzen (F.QC4–QC39), von welchen vor allem die Grundsätze der Relevanz (F.QC6–QC11), der Vergleichbarkeit (F.QC20–QC25) und der Nachprüfbarkeit (F.QC26–QC28) von Bedeutung sind. Die Ausgestaltung ist somit weitgehend durch Ermessensspielräume hinsichtlich der Auslegung unbestimmter Rechtsbegriffe sowie aufgrund sich überschneidender, nicht immer widerspruchsfreier Normen geprägt.[21]

Der „**Management Commentary**" stellt das Pendant zum Lagebericht dar. Dieser soll den Adressaten als Zusatzbericht relevante Informationen bereitstellen. Die Aufstellung eines solchen Berichts ist – ebenso wie dessen Ausgestaltung – durch den Bilanzierenden freiwillig und frei bestimmbar.[22]

---

[18]   Vgl. *KÜTING/LAUER* (2011), S. 1987.

[19]   Vgl. *KÜTING/PFITZER/WEBER* (2011), S. 187.

[20]   Vgl. *HEERING/HEERING* (2004), S. 150.

[21]   Weiterführend zur allgemeinen Problemstellung der Entobjektivierung der IFRS-Abschlüsse siehe z. B. *KÜTING* (2011a), S. 1406 f.

[22]   Vgl. *KIRSCH* (2011), S. 587, *UNREIN* (2011), S. 67.

Insgesamt kommt der **verbalen Berichterstattung** nach IFRS innerhalb des Jahres-abschlusses – zumindest vom Umfang her – eine **bedeutendere Rolle**[23] als nach HGB zu.[24] Fragwürdig erscheint allerdings, ob die zahlreichen und ausführlichen Angaben in der Berichterstattung nach IFRS einen adressatenorientierten Nutzen haben (**Informationsüberfrachtung**). Es besteht die Gefahr, dass die Mehrheit der Adressaten diese Informationen nicht in angemessenem Umfang beurteilen kann.[25] Auch in den IFRS existieren keine Regelungen, welche die Ausführlichkeit der ohnehin zahlreichen Pflichtangaben und den Umfang der freiwilligen Angaben einschränken.

1.2.2   Informationserwartungen

Die bilanzierenden und publizierenden Unternehmen verfolgen Zielsetzungen, die nicht zwangsläufig direkt aus der Berichterstattung erkennbar sind. Ein Unternehmen wird im Rahmen der Bilanzpolitik – mittels Ausgestaltung und Umfang der Berichterstattung – das Verhalten der Adressaten bewusst und zweckorientiert beeinflussen wollen. Die Botschaften und Signale, die mit der interessengetriebenen Gestaltung des Jahres-abschlusses vermittelt werden sollen, müssen allerdings auch entsprechend von den Ad-ressaten „verstanden" werden, um deren Verhalten tatsächlich beeinflussen zu können. Dies wurde bereits im Abschnitt 3.2.1.3 des II. Kapitels mit dem Kriterium „**Wirksam-keit**" im Hinblick auf das bilanzpolitische Instrumentarium verdeutlicht.

> Die Informationsgewährung ist von den zu beeinflussenden
> Entscheidungen der Adressaten und den diesbezüglichen Zielsetzungen
> des bilanzierenden Unternehmens abhängig.

Das Informationsinteresse seitens der Adressaten ist heterogen ausgestaltet, so dass die unterschiedlichen Adressaten auch unterschiedliche Erwartungen an die Berichterstat-tung knüpfen. Eine bedeutende Rolle in der Entscheidungsfindung spielt dabei das **Er-fahrungswissen**[26] und die generelle Einstellung des Adressaten zum Unternehmen. Das Erfahrungswissen ist als implizites Wissen des Adressaten zu verstehen, welches zu intuitiven Erkenntnissen[27] im Entscheidungsprozess führt. Diese informellen, kaum greifbaren und unbewusst angeeigneten Kompetenzen generieren sich aus (langjähri-gen) Erfahrungen und beeinflussen die Erwartungen sowie schließlich die Handlungen des Adressaten.[28]

---

23   Vgl. *KÜTING/PFITZER/WEBER* (2011), S. 187.

24   Außerhalb des Jahresabschlusses („Management Commentary" *versus* Lagebericht) ist die verbale Berichterstattung in Deutschland weiter ausgeprägt, zumindest was die Kodifizierung betrifft.

25   Vgl. *KRAWITZ* (2005), S. 225.

26   Vgl. *MATSCHKE* (1981), S. 2289, m. w. N., *RÜCKLE* (1984), S. 57.

27   Vgl. *RÜCKLE* (1984), S. 57.

28   Vgl. *JANTZEN* (2009), S. 23 f., m. w. N.

Ähnlich verhält es sich mit der **generellen Einstellung des Adressaten zum Unternehmen**. Ist diese eher positiv, wird der Adressat die daraus resultierenden Erwartungen ebenso in die Interpretation der Berichterstattung einfließen lassen wie negative Erwartungshaltungen.

> Das bilanzierende Unternehmen hat keinen Einblick in das vorhandene Erfahrungswissen und die Einstellung des Adressaten und kann diesbezüglich auch keinen verlässlichen Einfluss auf die Entscheidung nehmen.

Die Informationen der Berichterstattung haben für Adressaten nur dann einen Wert, wenn diese als glaubwürdig erachtet werden.[29] Es ist dem bilanzierenden Unternehmen somit anzuraten, dass – sofern möglich – **objektive Informationen** geliefert werden, die einen **möglichst geringen bis hin zu keinem Interpretationsspielraum** aufzeigen,[30] oder die vermittelten Informationen zumindest einen entsprechenden Eindruck erwecken. Welche Informationen für die Darstellung der Unternehmenslage – abgesehen von den gesetzlichen Pflichtinformationen – allerdings im Detail erforderlich sind, kann aufgrund der Vielfalt der individuellen Erwartungen seitens der Adressaten nur schwer konkretisiert werden. Allgemein ist aber zu beachten, dass:

- zu viele Informationen zur **Überinformation** und damit zur Unverständlichkeit der Berichterstattung führen,[31]

- sehr knappe Informationen einerseits erweiterte **Interpretationsspielräume** seitens der Informationsempfänger einräumen und andererseits gegebenenfalls suggerieren, dass das Unternehmen (andere) für den Adressaten relevante **Informationen unterschlagen** will,[32] sowie

- für eine sachgerechte Interpretation der Informationen, die zu (erwünschten) Analogieschlüssen führt bzw. führen soll, möglichst nachprüfbare (bzw. vermeintlich objektive) und bestenfalls quantifizierbare Daten erforderlich sind.

> Tendenziell wird davon ausgegangen, dass die **Adressaten an exakten und transparenten quantitativen Aussagen und Prognosen interessiert** sind,[33] wobei der versierte Bilanzleser im Hinblick auf die Prognosen hierin eine Scheingenauigkeit erkennen sollte.[34]

---

[29] Vgl. *FRANKE/LAUX* (1970), S. 4, *KÜTING* (2011a), S. 1404.

[30] Vgl. *BECHTEL/KÖSTER/STEENKEN* (1976), S. 212 f., *SCHULTE* (1986), S. 1472, *KÜTING* (2011a), S. 1406.

[31] Vgl. *LÜDENBACH* (2013), S. 222 f. (Rz. 13).

[32] Insofern wird von *BEXTERMÖLLER* (2001), S. 13 und S. 210, unterstellt, dass eine zu detaillierte Berichterstattung die bilanzpolitischen Spielräume der Unternehmensleitung einschränkt, jedoch die Glaubwürdigkeit der Aussagen mit der Höhe des Detaillierungsgrades positiv korreliert.

[33] Vgl. *BECHTEL/KÖSTER/STEENKEN* (1976), S. 209, *RÜCKLE* (1984), S. 59, *SCHRUFF* (2011), S. 857.

[34] Siehe auch *HAAKER* (2012b), S. 290.

Aufgrund der Unsicherheit wird die Einschätzung der **zukünftigen Unternehmensentwicklung** immer mit **subjektiven Beurteilungen** verbunden sein. Dabei besitzen sowohl Ersteller als auch Rezipienten der verbalen Berichterstattung unterschiedliche Erwartungshaltungen. Dies gilt bezüglich des Unternehmensgeschehens und auch bezogen auf die Reaktion(en) der jeweils anderen in den Kommunikationsprozess eingebundenen Partei(en). Den verbalen Ausführungen sind subjektive Interpretations- und Entscheidungsspielräume immanent, die allein aufgrund der potentiell stark differenzierenden Erwartungen der Adressaten und des Rechnungslegenden nie vollständig aufgedeckt werden können. Eine lückenlose und (ein-)eindeutige Berichterstattung, die allen Adressaten gerecht wird, wird *per se* nie realisierbar sein.[35] Auch deshalb werden sowohl nach HGB als auch nach IFRS nur pauschale Vorgaben hinsichtlich der Ausgestaltung und des Umfangs der verbalen Berichterstattung vorgenommen.[36] Die Art und Weise der Ausgestaltung wird nicht konkret geregelt und ist grundsätzlich so vorzunehmen, dass keine irreführenden oder falschen Schlussfolgerungen aus den Informationen gezogen werden können.[37]

1.3 Semiotische Bilanzanalyse

1.3.1 Grundlagen

Die **semiotische Bilanzanalyse**,[38] welche faktisch mit der qualitativen Bilanzanalyse gleichzusetzen ist, wird auch als strukturelle Textanalyse bezeichnet. Diese beinhaltet die Untersuchung der formellen Gestaltung des Inhalts des Jahresabschlusses und des Lageberichts bzw. des „Management Commentary" sowie die Analyse der sprachlichen Ausgestaltung mit dem Ziel, Rückschlüsse und zusätzliche Informationen zur Unternehmenslage und den eingesetzten bilanzpolitischen Instrumenten zu erhalten, die nicht direkt aus dem Zahlenwerk erkennbar sind. Hierbei sollen auch Schlussfolgerungen zur Verlässlichkeit und zur Aussagekraft des Datenmaterials gezogen werden, wobei der Prozess dieser Analysemethoden über das „einfache Durchlesen" hinausgeht.

---

35 Vgl. *PAETZMANN* (2012), S. 1312 (Rz. 18). *SCHILDBACH/STOBBE/BRÖSEL* (2013), S. 37 f., hierzu: „Die Widrigkeiten der realen Welt und speziell unsere Unfähigkeit, in die Zukunft zu schauen, zwingen uns [..], mit unvollkommenen Lösungen zu leben. [...] Ideale Lösungen gibt es [schließlich] in dieser Welt nicht – allenfalls brauchbare."

36 Ähnlich *MOXTER* (2003a), S. 224.

37 Vgl. *BUDDE/FÖRSCHLE* (1988), S. 1463. Konkreter dazu *MATSCHKE* (1981), S. 2289, m. w. N.

38 Nachfolgende Ausführungen erfolgen in enger Anlehnung an *BRÖSEL/NEULAND* (2013b), S. 336–341.

Die semiotische Analyse erfolgt auf drei Ebenen (vgl. Abbildung 42):[39]

- Auf der **pragmatischen Ebene** wird hinterfragt, wie detailliert ein Unternehmen die verbale Berichterstattung vornimmt sowie den Einsatz der bilanzpolitischen Instrumente darstellt.

- Hinsichtlich der **syntaktischen Ebene** wird das Augenmerk auf die sog. Beziehungsstruktur der Informationen untereinander und den Grad der Bestimmtheit (Präzisionsgrad) von Aussagen (eindeutige *versus* vage Informationen) gelegt.

- Schließlich sollen auf der **semantischen Ebene** zusätzliche Erkenntnisse generiert werden, die sich aus der Sprachanalyse bezüglich der Wortwahl ergeben.

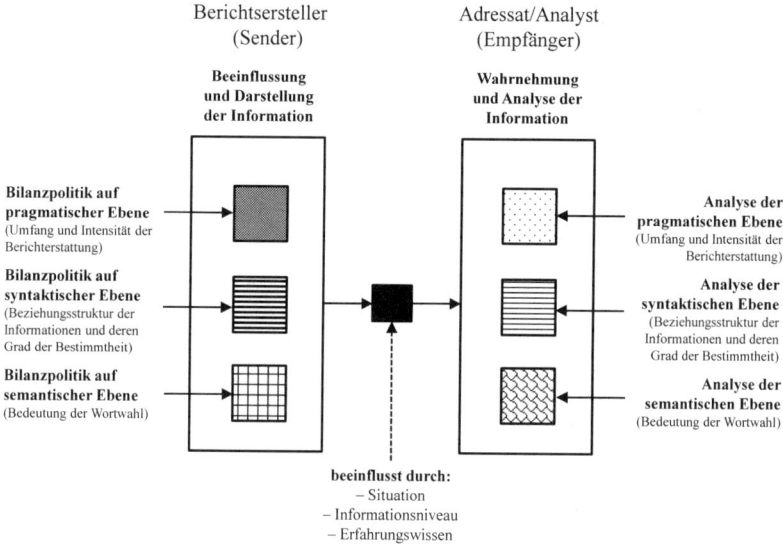

Abbildung 42:   *Ebenen der strukturellen Textanalyse*[40]

Die im Rahmen der Analyse vorzunehmenden Untersuchungen sind nicht zu verwechseln mit dem Vorgehen hinsichtlich des **Wettbewerbs „Der beste Geschäftsbericht"**, welcher jährlich durch ein Organ der Wirtschaftspresse in verschiedenen Börsensegmenten durchgeführt wird. Allerdings kann auf einige Kriterien aus der betreffenden „Checkliste" zu diesem Wettbewerb durchaus im Rahmen der semiotischen Bilanzanalyse zurückgegriffen werden.[41] Dies gilt beispielsweise für die Kriterien zum Textaufbau, zur Textgestaltung und zur Textgliederung.

---

[39]   Vgl. *KÜTING/WEBER* (2012b), S. 405.
[40]   In Anlehnung an *SEISING* (2004), S. 808.
[41]   Vgl. hierzu *KELLER* (2007). Siehe auch *KELLER* (2006).

1.3.2   Pragmatische Ebene

Auf der **pragmatischen Ebene** wird untersucht, wie umfangreich und mit welcher Intensität das Unternehmen seine verbale Berichterstattung ausgestaltet und inwieweit der Einsatz bilanzpolitischer Instrumente dokumentiert und begründet wird.[42] Die pragmatische Ebene sollte bei der qualitativen Analyse zuerst beschritten werden, weil die auf dieser Ebene vom Unternehmen gewählten Berichtstrategien regelmäßig einen wesentlichen Eindruck im Hinblick auf die Möglichkeiten der qualitativen Analyse auf syntaktischer und semantischer Ebene vermitteln.

Auf dieser Ebene der Analyse sollte sich nicht nur auf die freiwillige Berichterstattung konzentriert werden, die Analyse sollte auch der Ausführlichkeit der Pflichtinformationen Aufmerksamkeit schenken. Aus den Feststellungen zum Umfang und zur Intensität der Berichterstattung können vom Analysten Annahmen über die vermeintlichen Gründe der vom Unternehmen gewählten Vorgehensweise abgeleitet werden. Bezüglich der **Ausnutzung der freiwilligen Berichterstattung und der Ausführlichkeit der Pflichtinformationen,** insbesondere auch im Hinblick auf die Darstellung bilanzpolitischer Instrumente, werden gewöhnlich folgende allgemeine **Annahmen** getroffen:[43]

- Unternehmen, die sich **lediglich** auf die **Pflichtangaben** in der Berichterstattung beschränken und diese zudem knapp darstellen, streben keine informationsorientierte Darstellung der Unternehmenslage an, denn es wird unterstellt, dass diese Unternehmen bestrebt sind, die Adressaten weitgehend im Unklaren zu lassen.[44] Der Einblick in die wirtschaftliche Lage (und in die bilanzpolitische Ausrichtung) wird somit eingeschränkt.

- Wird die Möglichkeit zur **ausführlichen Darstellung der Pflichtangaben sowie** vor allem zur **freiwilligen Angabe** von Informationen in der Berichterstattung **bevorzugt eingesetzt,** kann angenommen werden, dass das Unternehmen wohl eine informative Außendarstellung der Unternehmenslage anstrebt bzw. diese nötig hat. Die Auswertung der Berichterstattung sollte dann tendenziell einfacher durchführbar sein.

In der Praxis können die Gründe für den Grad der Ausnutzung der freiwilligen Angaben vielfältig sein, weshalb die Annahmen nicht zwangsläufig zutreffen.[45] Es ist auch möglich, dass vermehrt freiwillige Informationen eingesetzt werden, um von kritischen Sachverhalten abzulenken. **Wesentliche Informationen** können schließlich durch eine große Menge unwesentlicher Informationen[46] **verwässert** werden. Eine Ausweitung der verbalen Berichterstattung mit dem Ziel der Abdeckung aller Informationsbedürfnisse führt zwangsläufig zu einem Informationsüberangebot.

---

[42] Siehe hierzu *KÜTING/WEBER* (2012b), S. 417 f.

[43] Vgl. *KÜTING/WEBER* (2012b), S. 418.

[44] Dies kann aber auch insofern positiv interpretiert werden, als diese Unternehmen mehr Wert auf gute Produkte (und weniger auf „Bürokratie") legen.

[45] Siehe hierzu bereits die Ausführungen in Abschnitt 3.3.1 des IV. Kapitels.

[46] Vgl. *GROTTKE* (2009), S. 468.

> **Informationsüberlastung**[47] entsteht, wenn die Angaben in der verbalen Bericht-erstattung so „aufgebläht" sind, dass weder Bilanzadressaten noch Bilanzanalysten aufgrund des Informationsvolumens in der Lage sind, die relevanten Informationen für eine Entscheidungsfindung bzw. die Unternehmensbeurteilung zu filtern.

Allerdings ist fraglich, ob eine Verwässerung von Informationen nachweisbar ist, denn die Aufnahmen von weiteren Informationen kann der Bilanzierende sowohl mit der besonderen Bedeutung des Sachverhaltes für das Unternehmen als auch im Hinblick auf das Befriedigen der besonderen Informationsinteressen bestimmter Adressaten begründen. Schließlich möchte der Bilanzierende nicht, dass der Eindruck entsteht, „dass er kein besonderes Interesse an einer möglichst informativen Darstellung verfolgt."[48] Demgegenüber kann eine weniger umfangreiche **Publikationsfreudigkeit** auch darin begründet sein, dass Unternehmen Auswirkungen befürchten, welche sich aufgrund noch nicht absehbarer negativer Entwicklungen zukünftig ergeben könnten. Schließlich haben es Unternehmen, die als grundsätzlich publikationsfreudig klassifiziert werden, schwerer, negative Informationen zurückzuhalten. Ein plötzliches Weglassen gewisser Angaben würde dann unmittelbar und nachteilig auffallen sowie hinterfragt werden.

Mit dem Einsatz bilanzpolitischer Instrumente können die für den Bilanzleser entscheidungsrelevanten Informationen erheblich beeinflusst werden, so dass die (im HGB ohnehin durch das Vorsichtsprinzip und nach IFRS durch zahlreiche theoretisch nicht fundierte Regelungen verzerrte) Unternehmenslage stark beeinflusst werden kann und für den externen Bilanzleser kaum noch erkennbar ist.[49] Deshalb sollte im Rahmen der pragmatischen Ebene **eine qualitativ ausgerichtete Analyse der Bilanzpolitik** vorgenommen werden, welche die tendenzielle Beeinflussungsrichtung der Abschlussdaten aufdecken soll und die **Erkenntnisse der quantitativ ausgerichteten Analyse der Bilanzpolitik ergänzt**. In diesem Zusammenhang ist die verbale Darstellung des Einsatzes bilanzpolitischer Instrumente zu analysieren,[50] was in einem Bilanzpolitikprofil münden kann. Dabei sollte bestenfalls mit einem Zeitvergleich analysiert werden, in welchem Umfang und welcher mit Intensität bilanzpolitische Maßnahmen aus verbalen Ausführungen erkennbar sind.

> Im Rahmen der qualitativen Analyse der bilanzpolitischen Instrumente werden die **Ansatz- und Bewertungsentscheidungen** von Unternehmen im Zeitablauf (**Zeitvergleich**) betrachtet. Zeichnet sich ein verändertes **Verhalten** im Vergleich zu den Vorjahren ab, sind die betroffenen Bereiche intensiver zu beleuchten und auf Gründe zu untersuchen.

[47]   Vgl. *Hirsch/Volnhals* (2012), S. 25, *Lüdenbach* (2013), S. 230–243 (Rz. 66–70).
[48]   *Küting/Weber* (2012b), S. 418.
[49]   Vgl. *Küting/Lam/Mojadadr* (2010), S. 2290.
[50]   Siehe auch *Küting/Weber* (2012b), S. 406 f.

Das **HGB** gibt ein Mindestmaß an Pflichtangaben in Anhang und Lagebericht vor, welche durch freiwillige zusätzliche Informationen ergänzt werden können. Nutzt das Unternehmen diese Möglichkeit, ist das Prinzip der Klarheit und Übersichtlichkeit gemäß § 243 Abs. 2 HGB zu beachten. Mittels fakultativer Zusatzinformationen darf das Gesamtbild der Unternehmenslage nicht verfälscht werden. Eine Beurteilung, ob es sich bei den publizierten Informationen um Pflichtangaben oder um freiwillige Angaben handelt, sollte für den Analysten beim Anhang einfacher sein als beim Lagebericht.

Auch nach **IFRS** sind über die in den Einzelstandards geforderten Pflichtangaben zur verbalen Berichterstattung hinausgehende freiwillige Zusatzinformationen im Anhang möglich. Schließlich wird unter Verweis auf den Wesentlichkeitsgedanken eine qualitative Darstellung entscheidungsrelevanter Sachverhalte gefordert, was einzelfallbezogen zu subjektiven Interpretationsmöglichkeiten der Anforderungen führt.[51] Idealtypisch sind also Angaben, die einen verbesserten Einblick in die Unternehmenslage gewähren und/oder durch das Unternehmen als entscheidungsrelevant eingeschätzt werden, verpflichtend in den Anhang aufzunehmen. Da diese Grenze jedoch äußerst schwer zu ziehen ist, sind Pflichtangaben nicht eindeutig von freiwilligen Informationen abgrenzbar. Die Untersuchung der pragmatischen Ebene kann sich hier – allein schon aufgrund des Umfangs der Informationen – aufwendiger gestalten als die entsprechende Analyse eines HGB-Anhangs.

Da der „**Management Commentary**" nach IFRS generell **auf freiwilliger Basis** erstellt wird, kann die Tatsache, dass ein solcher Bericht veröffentlicht wird und in welchem Umfang die verbalen Informationen in diesem bereitgestellt werden, dem Bilanzanalysten zusätzliche Informationen über die Informationsfreudigkeit einerseits und die Lage des Unternehmens andererseits liefern.

Hinsichtlich der Analyse der Ausnutzung des bilanzpolitischen Instrumentariums nach **IFRS** ist anzumerken, dass vor allem die impliziten Wahlrechte zu Ansatz und Bewertung so umfangreich ausgestaltet sind, dass im Gegensatz zur HGB-Bilanzierung die Probleme bei der Beurteilung der Abschlussdaten bereits für die Abschlussprüfer enorm steigen. Vor allem die Objektivierungsdefizite bei der sog. Fair-Value-Bewertung schränken den Einblick in die Unternehmenslage ein. Nicht zuletzt erschwert auch die Dynamik bei der Standardsetzung[52] die Möglichkeit zur Interpretation der Abschlussdaten, so dass ein **Zeitvergleich** im Hinblick auf den Einsatz bilanzpolitischer Instrumente nicht immer zu verlässlichen Ergebnissen führt. Die Entobjektivierung der Informationen und die damit verbundenen bilanzpolitischen Spielräume bei der Erstellung und Interpretation der Abschlussdaten nach IFRS rufen darüber hinaus erhebliche Schwierigkeiten für den Abschlussadressaten im Hinblick auf die von diesem zu treffenden Entscheidungen hervor.

---

[51] Vgl. *LÜDENBACH* (2013), S. 222 (Rz. 11).

[52] Vgl. *HÜTTCHE* (2005), S. 320.

> Der Einsatz bilanzpolitischer Instrumente bedeutet nicht (zwangsläufig), dass ein „unrichtiges Bild" der Unternehmenslage vom Unternehmen dargestellt wird, weil Bilanzpolitik voraussetzt, dass die **normativen Grenzen** beachtet wurden. Dem Adressaten muss vielmehr bewusst sein, dass die (Aus-)Nutzung bilanzpolitischer Spielräume für die Abbildung der individuellen unternehmensspezifischen Ziele notwendig und üblich ist.

Der „schwarze Peter" wird den Abschlussprüfern zugeschoben. Diesen soll es obliegen, „‚weiche' Informationen mittels seines Testats – als Ergebnis der Abschlussprüfung – zu ‚härten'."[53] Mit Blick auf die IFRS ist jedoch zu konstatieren, dass zukunftsorientierte Werte selten verlässlich ermittelbar sind. Bestehen – abgesehen von der Unsicherheit der Zukunft – zudem zahlreiche bilanzpolitische Spielräume im Hinblick auf das Bewertungsvorgehen, ist eine sachgerechte Prüfung des ermittelten Betrages durch den Abschlussprüfer kaum noch möglich. Insofern kann es zu einer Verschärfung des **Interessenkonfliktes**[54] **zwischen Unternehmensleitung und Abschlussprüfer** kommen. Auch die umfangreicheren Informationsverpflichtungen nach IFRS können solche Defizite der erhöhten Subjektivität bzw. der eingeschränkten Objektivität gewöhnlich nicht ausgleichen. KÜTING verweist darauf, dass die Angaben in der Berichterstattung das Ermessen des bilanzierenden Unternehmens nicht transparent machen können, weil Ermessensspielräume zwangsläufig nicht objektivierbar sind.[55]

> Für den Bilanzanalysten ist die Ausnutzung von impliziten bilanzpolitischen Wahlrechten sowie von sachverhaltsgestaltenden Maßnahmen schwerer oder gar nicht zu erkennen, weil diesbezügliche (verbale) Hinweise im Anhang nicht erfolgen müssen.

1.3.3 Syntaktische Ebene

Für die verbale Berichterstattung existieren – abgesehen von allgemeinen Grundsätzen – sowohl nach HGB als auch nach IFRS nicht nur im Hinblick auf den Umfang, sondern auch hinsichtlich des **Präzisionsgrades der Informationen** keine belastbaren konkreten Vorschriften. Der Bilanzierende verfügt somit über einen enormen Gestaltungsspielraum im Rahmen der Erläuterungen im Anhang und Lagebericht bzw. „Management Commentary".

---

53 *HITZ/KUHNER* (2002), S. 285.

54 Hierzu und zu den nachfolgenden Lösungsmöglichkeiten *BRÖSEL/ZWIRNER* (2009), S. 202–204.

55 Vgl. *KÜTING* (2006b), S. 2756.

Der **Präzisionsgrad von Aussagen**, den es auf der syntaktischen Ebene zu analysieren gilt, kann sehr unterschiedlich sein. Möglich sind:[56]

- Punktaussagen,
- Intervallaussagen,
- komparative Aussagen,
- beurteilende Aussagen und
- nicht zu klassifizierende Aussagen.

Punktaussagen zeichnen sich durch exakte Formulierungen, Zahlenangaben oder auch durch die Angabe eines Veränderungsmaßstabes aus. Durch diese Art und Weise der Formulierung werden konkrete Informationen vermittelt. In der Prognoseberichterstattung des Lageberichts wären Punktaussagen **allerdings** kritisch zu betrachten, weil hier eine Prognosegenauigkeit suggeriert wird,[57] die *de facto* nicht besteht (**Scheingenauigkeit**). Hier würde eine mit Wahrscheinlichkeiten hinterlegte Bandbreite der prognostizierten Ereignisse in der Berichterstattung unter Umständen eine informativere Darstellung der Unternehmenslage liefern. Bestenfalls sollte zudem erkennbar sein, auf welchen **Daten** (z. B. i. S. v. Informationen der Vergangenheit und der Gegenwart als Basis der Prognose) und **Annahmen** (z. B. i. S. v. gesetzten Prämissen und sachlogischen Begründungen) solche Prognosen erstellt wurden.[58]

Beispiel: Im Anhang der SIEMENS AG für das Geschäftsjahr 2011 findet sich z. B. eine Punktaussage in den Erläuterungen zu den Forschungs- und Entwicklungsaufwendungen. Hier heißt es: „Der Aufwand für Forschung und Entwicklung in der Siemens AG hat sich im Geschäftsjahr 2011 **auf 2.759** (im Vj. 2.351) **Mio. € erhöht.**"[59]

Intervallaussagen stellen dem Bilanzleser eine zahlenmäßige Bereichsangabe zur Verfügung. Sprachlich werden hierzu Wörter wie „zwischen" und „von … bis" eingesetzt, um die Abstände zu verdeutlichen.

Beispiel: Im Lagebericht der INFINEON AG für das Geschäftsjahr 2011 wird z. B. eine Intervallaussage zur Erläuterung des Umsatzwachstumspotentials gemacht: „Um das Umsatzwachstumspotenzial realisieren zu können, muss das Unternehmen seine Kapazitäten stetig erweitern. Hierzu wurden im letzten Geschäftsjahr zahlreiche Projekte initiiert, die in den **nächsten 12 bis 24 Monaten** abgeschlossen werden. Während dieser Zeit wird der Anteil der Investitionen am Umsatz **zwischen 15 und 25 Prozent** liegen"[60].

---

56 Siehe hierzu *KÜTING/WEBER* (2012b), S. 416 f.
57 Vgl. *RÜCKLE* (1984), S. 64, m. w. N. Siehe auch *HAAKER* (2012b), S. 290.
58 Siehe hierzu *BRÖSEL/ZWIRNER* (2009), S. 200.
59 *SIEMENS AG*, Anhang 2011, S. 10 (im Original ohne Hervorhebungen).
60 *INFINEON AG*, Lagebericht 2011, S. 164 (im Original ohne Hervorhebungen).

Der Präzisionsgrad nimmt bei sog. **komparativen Aussagen** im Vergleich zu den vorhergehenden Beispielen ab. Im Fokus stehen hier Formulierungen, die eine Vergleichsgrundlage gegenüber einem Sachverhalt widerspiegeln. Typisch sind Formulierungen wie „größer/kleiner" oder auch „steigt/sinkt". Bei komparativen Aussagen werden also Veränderungstendenzen deutlich gemacht. Hieraus können unter Umständen zusätzliche Informationen und Begründungen für andere Analysebereiche generiert werden.

Beispiel: So kann der Bilanzleser den Aussagen, wie z. B. „Ein Risiko stellen **stark steigende** Rohstoffpreise dar."[61] aus dem Lagebericht der ROBERT BOSCH GMBH des Geschäftsjahres 2010, lediglich eine Annahme über die tendenzielle Veränderung bezüglich der prognostizierten Entwicklung zum genannten Sachverhalt entnehmen. Der Bilanzanalyst kann aus diesem Sachverhalt allerdings auch Zusatzinformationen gewinnen, die für die Analyse anderer Bereiche eine Rolle spielen. Es könnte z. B. hinterfragt werden, ob und inwiefern das berichtende Unternehmen bezüglich der Risikoposition Gegenmaßnahmen eingeleitet hat oder einleiten wird.

Bei **beurteilenden Aussagen** werden Wertungen vorgenommen. Der Sachverhalt ist demnach „gut/schlecht" oder auch „klein/groß". Der Präzisionsgrad ist hierbei gering.

Beispiel: Die INFINEON AG zeigt eine beurteilende Formulierung im Lagebericht für das Geschäftsjahr 2011 auf: „Mit der gegenwärtigen Finanzposition sehen wir uns für die Zukunft **gut** gerüstet, um unseren organisatorischen Wachstumspfad fortzusetzen, **gegebenenfalls** sich bietende Akquisitionsmöglichkeiten zu nutzen sowie **sicher** durch einen **möglichen** Abschwung zu gelangen."[62] Durch die unkonkreten Formulierungen wird der Informationsgehalt der Aussage stark reduziert.

Nicht zu klassifizierende Aussagen beinhalten i. d. R. sehr vage, „weiche" Formulierungen, die keine konkreten Informationen liefern und gewöhnlich keine sinnvollen Interpretationen zulassen.

Beispiel: Im Lagebericht der SIEMENS AG für das Geschäftsjahr 2011 findet sich z. B.: „Wir werden uns auch weiterhin darum **bemühen**, innerhalb des gesamten Siemens-Konzerns die Flexibilität unserer Mitarbeiter zu erhöhen und die Vereinbarkeit von Familie und Beruf zu verbessern"[63]. Mit dem sehr geringen Präzisionsgrad wird die Informationsvermittlung so stark beeinträchtigt, dass sich hier sehr große Interpretationsspielräume ergeben. Es kann weder festgestellt werden, wie diese Zielsetzung operationalisiert wird, noch mit welchen Konsequenzen bzw. Maßnahmen diese verbunden ist.

---

[61] *BOSCH GMBH*, Lagebericht 2010, S. 34 (im Original ohne Hervorhebungen).

[62] *INFINEON AG*, Lagebericht 2011, S. 59 (im Original ohne Hervorhebungen).

[63] *SIEMENS AG*, Lagebericht 2011, S. 70 (im Original ohne Hervorhebungen).

Für eine **aussagekräftige Informationsvermittlung** ist es erforderlich, dass **keine unscharfen Formulierungen** verwendet werden. Beispielsweise können Leser und Analysten kaum direkte Rückschlüsse aus „wesentlich", „extrem" oder „leicht (steigend)" ziehen. Die hieraus resultierenden vagen Aussagen sind dadurch gekennzeichnet, dass der Inhalt zwar sprachlich verständlich, die tatsächliche Situation aber nur sehr schwer nachvollziehbar ist. Demgegenüber können nicht zu klassifizierende Aussagen aber auch aus einer **syntaktischen Intransparenz** resultieren. Das bedeutet, dass (einzelne) Sätze tatsächlich – bewusst oder unbewusst – unverständlich sind, weil diese sehr lang sind und/oder eine zu stark verschachtelte Satzkonstruktion genutzt wurde.[64]

Nimmt der Präzisionsgrad der Aussage ab, verstärken sich die Interpretationsspielräume. Demgegenüber sinkt die **Glaubwürdigkeit** der Informationsvermittlung bei einer Scheingenauigkeit, weil Punktwerte im Hinblick auf zukunftsorientierte Informationen lediglich eine Scheingenauigkeit vortäuschen. Schließlich kann einerseits die Unsicherheit der Zukunft auch durch die Bilanzierenden nicht „überlistet" werden; andererseits verkörpern Bandbreiten oder bestenfalls Verteilungen vielmehr die Unsicherheit und stellen für den Adressaten eine fundierte Entscheidungsgrundlage dar.[65]

Es kann dabei i. S. v. Grundannahmen davon ausgegangen werden,

- dass Unternehmen, die überwiegend sehr **konkrete Informationen** in der Berichterstattung liefern, weniger verschleiern möchten als andere Unternehmen oder ihre hellseherischen Fähigkeiten überschätzen. Die informative Darstellung mit möglichst eindeutigen Formulierungen erleichtert zudem die Analyse.
- Je **ungenauer und unkonkreter** ein Unternehmen in der Berichterstattung hingegen Stellung zur (vergangenen) Unternehmensentwicklung nimmt, desto wahrscheinlicher ist es, dass es die Absicht verfolgt, bestimmte Sachverhalte zu verbergen.[66]

Letzteres kann sich jedoch sowohl auf die progressive als auch auf die konservative Bilanzpolitik beziehen. Allein auf Basis der qualitativen Analyse auf syntaktischer Ebene kann ein Analyst also kein Urteil über die Bilanzpolitik fällen. Durch die syntaktische Analyse kann jedoch tendenziell festgestellt werden, ob das Unternehmen sich nach außen schwer durchschaubar und somit eventuell anders als der „tatsächlichen" wirtschaftlichen Lage entsprechend präsentiert oder ob es diese durch transparente Informationen „untermauert".

---

[64]   *KELLER* bezeichnet dies sogar als „[d]ie am häufigsten vorkommende syntaktische Schwäche" in deutschen Geschäftsberichten, *KELLER* (2006), S. 97.

[65]   Siehe m. w. N. *MATSCHKE/BRÖSEL* (2013), S. 178.

[66]   Vgl. *SORG* (1988), S. 384.

> Der **Präzisionsgrad** der Informationen beeinflusst die **Aussagekraft** der Berichterstattung. Mit abnehmendem Präzisionsgrad wird zwischen **Punkt-, Intervall-, komparativen, beurteilenden** und **nicht zu klassifizierenden Aussagen** differenziert. Es wird vermutet: Je konkreter die Angabe, desto informativer die Aussage. Mit Blick auf Prognosedaten ist diese Vermutung allerdings nicht gerechtfertigt.

1.3.4   Semantische Ebene

Auf semantischer Ebene, dem wohl schwierigsten Teilbereich der semiotischen Bilanzanalyse, wird die Analyse der sprachlichen Ausgestaltung der Berichterstattung vorgenommen.[67] Die Botschaften in der Berichterstattung sollen auf Basis einer **Klassifizierung der Textelemente** näher untersucht werden.[68] Auch bezüglich der sprachlichen Ausgestaltung der verbalen Berichterstattung in Anhang und Lagebericht bzw. „Management Commentary" gibt es weder nach HGB noch nach IFRS normative Vorgaben. Dabei sind – dies sei vorweggenommen – *in praxi* im Hinblick auf die Formulierungen in Anhang und Lagebericht folgende **Tendenzen zu beobachten**:

- die Wortwahl ist branchenabhängig,
- die Wortwahl wird stark durch die jeweiligen Abschlussprüfer beeinflusst,
- der Schutz des geistigen Eigentums wird teilweise vernachlässigt,[69]
- im Hinblick auf deutschsprachige Geschäftsberichte ist häufig der Rückgriff auf unpräzise bzw. nicht erläuterte englische Begriffe zu beobachten;[70]
- darüber hinaus identifiziert KELLER den „unreflektierte[n] Gebrauch von Fachterminologie"[71] als größtes Problem der Wortwahl in deutschen Geschäftsberichten.

Ein Sachverhalt kann vom Bilanzersteller im Rahmen der verbalen Berichterstattung **je nach Absicht unterschiedlich präsentiert** werden.

Beispiel: Dies ist vergleichbar mit politischen Wahlen, bei denen die ersten Stellungnahmen der Spitzenkandidaten nach den Hochrechnungen fast ausschließlich den Anschein erwecken, als habe die Wahl nur Sieger hervorgebracht. So kann die eher sachliche Darstellung: „Die Umsatzerlöse reduzierten sich um über 10 %. Dies entspricht etwa dem Branchentrend. [...] Die sonstigen betrieblichen

---

[67] Vgl. hierzu *KÜTING/WEBER* (2012b), S. 418 ff. Siehe ausführlich *GROTTKE* (2012), S. 177–222.

[68] Vgl. *KÜTING* (1992b), S. 732. Siehe so auch schon *WERNER* (1991) am Beispiel der Jahresabschlüsse von 16 Rückversicherungsunternehmen aus den Jahren 1974 bis 1985.

[69] So sind in den Abschlüssen unterschiedlicher Unternehmen durchaus wortwörtliche Übernahmen verschiedener Textpassagen (unter Anpassung der quantitativen Elemente) aus Abschlüssen anderer Unternehmen zu beobachten. Oftmals liegen diesen auch dieselben Musteranhänge zugrunde. Siehe *JÄCKEL/POPPE* (2000), S. 90 f.

[70] Vgl. ausführlich *OLBRICH/FUHRMANN* (2011).

[71] *KELLER* (2006), S. 108 (Hervorhebungen im Original).

Aufwendungen erhöhten sich um 20 %, was vor allem auf Werbemaßnahmen zurückzuführen ist." z. B. positiv: „Im Geschäftsjahr war eine schwache Binnennachfrage zu verzeichnen, welche sowohl branchenspezifisch als auch durch die globale Krise induziert war. Nichtsdestotrotz war bei den Umsatzerlösen – z. B. aufgrund gezielter Werbemaßnahmen – lediglich eine verhältnismäßig leichte Verminderung zu verzeichnen, welche den negativen Branchentrend nicht vollständig nachzeichnete" – oder auch negativ – mit positiver Tendenz – dargestellt werden: „Unter anderem aufgrund von Versäumnissen in der Vergangenheit reduzierten sich die Umsatzerlöse um über 10 %: Die strategische Umorientierung des Unternehmens durch die neue Geschäftsleitung wirkte diesem Trend bereits im letzten Quartal nachhaltig entgegen."

Zudem ist es möglich, die Worte bewusst so zu wählen, dass **verschiedene Interpretationsmöglichkeiten** bestehen, ohne dass der Sachverhalt falsch dargestellt wird. Die semantische Ebene zeichnet sich also durch ein breites Spektrum an unwesentlichen Bedeutungsverzerrungen bis hin zur bewussten Manipulation mittels sprachlicher Gestaltung aus. Durch die **Verwendung von stilistischen und rhetorischen Mitteln** (z. B. durch Wiederholungen von Sachverhalten) können gezielte Signale gesendet werden. In der Untersuchung auf semantischer Ebene ist es sinnvoll, eine **Analyse bestimmter einzelner Begriffe und Begriffszusammenhänge** durchzuführen, um die gezielte sprachliche Ausgestaltung hinsichtlich des Einsatzes rhetorischer Mittel möglichst aufzudecken.

Beispiel: Im Lagebericht der INFINEON AG (nachfolgend IF AG) des Geschäftsjahres 2011 werden beispielsweise zu „außergerichtlich geltend gemachten Ansprüchen" folgende Aussagen zur „Beeinflussung der Vermögens-, Finanz- und Ertragslage" gemacht: „Gegen die IF AG laufen verschiedene andere Rechtsstreitigkeiten und Verfahren im Zusammenhang mit ihrer Geschäftstätigkeit. […] Die IF AG ist nach derzeitigem Kenntnisstand der Auffassung, dass aus dem Ausgang dieser Rechtsstreitigkeiten und Verfahren kein **wesentlicher negativer Einfluss auf die Vermögens-, Finanz- und Ertragslage** zu erwarten ist. Allerdings kann nicht ausgeschlossen werden, dass dies in Zukunft anders bewertet werden muss und sich aus der Neubewertung der anderen Rechtsstreitigkeiten und Verfahren eine **wesentliche negative Beeinflussung der Vermögens-, Finanz- und Ertragslage**, insbesondere zum Zeitpunkt der Neubewertung, ergeben können."[72] Das Unternehmen lässt durch die Wiederholung der Sachverhalte, mit dem Hinweis auf negative Auswirkungen, den Ausgang der Rechtsstreitigkeiten offen. Eine damit verbundene mögliche Fehleinschätzung der Situation (aus Unternehmenssicht) wird im aktuellen Bericht durch **Unverbindlichkeit** und den Verweis auf zukünftige Erkenntnisse abgeschwächt. Die Interpretationsmöglichkeiten sind zahlreich; Fehldeutungen werden bewusst in Kauf genommen.

---

[72] INFINEON AG, Lagebericht 2011, S. 41 (im Original ohne Hervorhebungen).

Die Möglichkeit der einfachen Gewichtung in der verbalen Berichterstattung mittels Auszählen der Buchstaben und Wörter[73] ist im Rahmen der Analyse nicht sinnvoll, weil sich aus diesen pauschalen Informationen kaum Zusatznutzen im Hinblick auf die wirtschaftliche Lage eines Unternehmens ergibt.[74] Allerdings kann die **Selektion von positiven** (z. B. „ausbauen", „erfolgreich", „günstiger", „steigern") **und negativen Wertungen** (z. B. „abnehmen", „rückläufig", „verringert", „schwierig") im Gesamtkontext aufschlussreiche Informationen liefern.[75] Eine tendenzielle **Häufung von Wertungen** zu bestimmten Sachverhalten kann einen Hinweis auf die Notwendigkeit einer diesbezüglichen intensiveren Analyse geben. Unternehmen, die zu bestimmten Sachverhalten bewusst eine Wertung aussparen oder einseitig über diese berichten, verbergen oftmals eine „bessere" oder „schlechtere" Unternehmensentwicklung.

Beispiel: Eine **Häufung positiver Begriffe und Begriffsgruppen** ist im bereits betrachteten Lagebericht der INFINEON AG des Geschäftsjahres 2011 zum Thema „Umsatzerlöse **deutlich erhöht**" aufgeführt: „Im Geschäftsjahr 2011 konnten wir im Vergleich zum Geschäftsjahr 2010 die Umsatzerlöse um 21 Prozent **steigern**. Damit war der **Umsatzzuwachs erheblich stärker** als das **Wachstum** der Weltwirtschaft […]. Wir haben nicht nur vorhandene, im Krisengeschäftsjahr 2009 stillgelegte Kapazitäten wieder reaktiviert, sondern durch massive Investitionen **zusätzliche Kapazitäten aufgebaut** und diese **zügig hochgefahren**. Durch die dadurch **erreichte Ausweitung** der Produktionskapazitäten haben wir die **gestiegene Nachfrage** bedienen können und haben es unseren Kunden ermöglicht, ihrerseits entsprechendes **Wachstum zu realisieren**."[76]

Insbesondere **bei schlechter Geschäftslage** und in Unternehmenskrisen ist anzunehmen, dass **negative Wertungen** vermieden werden bzw. diese **tendenziell in geringerem Umfang** in den verbalen Ausführungen zu finden sind.[77]

In diesem Zusammenhang sollte auch die **vom Unternehmen vorgenommene Beurteilung der eigenen Kennzahlen** analysiert werden. Sofern z. B. Kennzahlen tendenziell „in ein schlechteres Licht gerückt werden"[78], kann eine konservative bilanzpolitische Ausrichtung unterstellt werden. Wenn hingegen die Ergebnisse „überzogen positiv" beurteilt werden bzw. eine „bewusste Schönfärberei" zu beobachten ist, wird vermutlich eine progressive Ausrichtung der Bilanzpolitik verfolgt.

---

[73] Vgl. bereits (mit beispielhafter Anwendung) *SCHMIDT* (1981), S. 368–372.

[74] Anderer Ansicht ist *KÜTING* (1992b), S. 732.

[75] Vgl. *KÜTING/WEBER* (2012b), S. 419.

[76] *INFINEON AG*, Lagebericht 2011, S. 130 (im Original ohne Hervorhebungen).

[77] Siehe bereits *WERNER* (1990b), S. 375.

[78] *KÜTING/WEBER* (2012b), S. 420, wie auch die weiteren Zitate dieses Absatzes.

Eine **verstärkte Fokussierung** des bilanzierenden Unternehmens auf bestimmte (unwesentlichere) Sachverhalte kann auch mit der Häufung von vor allem **negativen Begriffen oder Begriffsgruppen** erreicht werden, z. B. um von anderen bedeutenderen Missverhältnissen abzulenken und/oder das Verschulden abzuwälzen.

Beispiel: Wiederum im Lagebericht der INFINEON AG des Geschäftsjahres 2011 findet sich bei den globalen Wachstumsaussichten folgendes Beispiel: „Seit Sommer 2011 haben sich wirtschaftliche **Erwartungen** gegenüber dem ersten Halbjahr **deutlich eingetrübt**. [...] Nach wie vor **schwach** ist auch die konjunkturelle Erholung in den USA. [...] Die **Risiken** für die Weltwirtschaft haben sich im Laufe des Jahres 2011 **deutlich erhöht**. Im Herbst 2011 geht die IWF allerdings nach wie vor davon aus, dass es zu keinem **Rückfall** in eine **Rezension** kommt. Diese Prognose basiert auf der Annahme, dass sich **Turbulenzen** an den Finanzmärkten nicht noch weiter verstärken. Insbesondere die USA und Europa sind **anfällig für negative Schocks**."[79]

Zudem können mit dem Einsatz der **Ich-/Wir-Perspektive**[80] gewisse Intentionen vermittelt werden. Solche subjektiv ausgerichteten Botschaften, aus denen direkt ersichtlich wird, dass die Informationen die Ansicht des Bilanzierenden widerspiegeln, sollen z. B. Vertrauen zum Unternehmen und Sicherheit suggerieren. Sie können in starkem Maße manipulative Wirkung besitzen, weil der Berichtersteller hierbei oftmals eine neutrale und objektive Einschätzung der Lage vorgibt, welche aber tatsächlich stark von der Wertung der Institution bzw. Person geprägt ist.

Beispiel: Hierzu findet sich im Lagebericht der INFINEON AG des Geschäftsjahres 2011 ein Beispiel innerhalb der Analyse des Free-Cashflows aus fortgeführten Aktivitäten und Tätigkeiten: „Mit der gegenwärtigen Finanzposition sehen **wir uns** für die Zukunft gut gerüstet, um **unseren** organisatorischen Wachstumspfad fortzusetzen, gegebenenfalls sich bietende Akquisitionsmöglichkeiten zu nutzen sowie sicher durch einen möglichen Abschwung zu gelangen"[81]

Auch der **Einsatz englischer Begriffe** ist trotz der normativen Forderung in § 244 HGB, dass der Jahresabschluss in deutscher Sprache aufzustellen ist, ein beliebtes Instrument der Verschleierung von Informationen. Eine Analyse der DAX-30-Geschäftsberichte 2009 von OLBRICH/FUHRMANN zeigt, dass diese Berichte jeweils insgesamt zwischen 1.306 und 8.724 englische Wörter umfassen. Im Hinblick auf die Anzahl unterschiedlicher Wörter lagen die Zahlen zwischen 111 und 407, was einen entsprechend hohen Wortschatz beim Analysten erfordert.[82] Dies ist – abgesehen von der **Nicht-**

---

79 *INFINEON AG*, Lagebericht 2011, S. 157 f. (im Original ohne Hervorhebungen).

80 Vgl. hierzu und nachfolgend *GROTTKE* (2009), S. 471.

81 *INFINEON AG*, Lagebericht 2011, S. 59 (im Original ohne Hervorhebungen).

82 Vgl. zu diesen Zahlen *OLBRICH/FUHRMANN* (2011), S. 328.

beachtung des § 244 HGB – bedenklich, weil für zahlreiche englische Fachbegriffe präzisere deutsche Bezeichnungen vorliegen.[83] Viele englische Begriffe haben zudem verschiedenartige Bedeutungen und entsprechend zahlreiche Übersetzungsmöglichkeiten in die deutsche Sprache, wodurch der **Interpretationsspielraum** der getroffenen Aussage **erheblich erweitert** wird.[84] Der Einsatz englischer Termini, für die keine vergleichbaren deutschen Begriffe existieren, führt entsprechend zur **Verschleierung** der zu vermittelnden Inhalte, weil das bilanzierende Unternehmen hiermit „die tatsächliche Sachlage nur undeutlich wiedergibt oder unkenntlich macht und die Erkennbarkeit der wirklichen Gegebenheiten dadurch erschwert oder einschränkt."[85]

> Mittels der **sprachlichen Ausgestaltung** der (verbalen) Berichterstattung können vom Bilanzierenden manipulativ **Wertungen und Interpretationsspielräume** geschaffen werden, um eine beabsichtigte, tendenzielle Unternehmenslage darzustellen. Die Analyse der **Wortwahl und des Einsatzes stilistischer Mittel** im Gesamtkontext zeigt dem Bilanzanalysten kritische Themenfelder auf, die – wenn möglich – intensiver betrachtet werden sollten.

Die Analyse der verbalen Berichterstattung auf semantischer Ebene sollte, um schlüssige Ergebnisse zu erzielen, im Rahmen eines **Zeitvergleiches** erfolgen. Werden in diesem Bereich – über mehrere Jahre hinweg betrachtet – Veränderungen deutlich, können hierdurch unter Umständen Rückschlüsse auf die Unternehmenslage und die voraussichtliche Unternehmensentwicklung gezogen werden.[86] Hat sich die Beurteilung einzelner vergleichbarer Sachverhalte durch das Unternehmen im Zeitablauf erkennbar verändert, ist dies kritisch zu hinterfragen. Dabei ist zu berücksichtigen, dass solche Veränderungen auf verschiedenen Faktoren basieren können:

- Es kann sich die Unternehmenslage entsprechend verändert haben, was auch im allgemeinen Kontext ersichtlich sein sollte.
- Wenn sich die Umfeld- bzw. Umweltbedingungen geändert haben und daraus die Anpassung der Bewertung erfolgt ist, sollte dies durch das Unternehmen verbal kenntlich gemacht werden.
- Zudem besteht die Möglichkeit, dass das Unternehmen den Fokus auf einen bestimmten Sachverhalt legt, um von einer anderen (bedeutenderen) Veränderung abzulenken. Dies führt dann wiederum zur Informationsverschleierung.
- Es kann eine veränderte bilanzpolitische Ausrichtung angestrebt sein.
- Die Gründe einer veränderten Berichterstattung können oftmals trivialer sein als angenommen, denn die Änderung der zugrunde liegenden Sachlage bzw. der Wechsel

---

[83]   Vgl. *OLBRICH/FUHRMANN* (2011), S. 329, *KÜTING* (2011b).
[84]   Dies wurde bereits im II. Kapitel (Abschnitt 3.2.2.3.2, Abbildung 17) veranschaulicht.
[85]   *OLBRICH/FUHRMANN* (2011), S. 330.
[86]   Vgl. *GROTTKE* (2012), S. 195.

der verantwortlichen Mitarbeiter, der ausführenden (und oftmals die Berichtsbestandteile auch formulierenden) Prüfungsassistenten oder des Abschlussprüfers
bzw. der Prüfungsgesellschaft können veränderte Formulierungen in den verbalen
Berichtsbestandteilen nach sich ziehen. Zumindest der letztgenannte Aspekt kann dem
publizierten Testat entnommen werden. Jedoch bleibt offen, ob dies wirklich der
Grund der Veränderung ist oder mit dieser eine bestimmte Intension verfolgt wird.

Für den Bilanzanalysten bedeutet dies aber auch, dass **keine allgemeingültigen Erkenntnisse** aus der Bilanzanalyse im Bereich der semantischen Analyse erzielt werden
können. Nur bei einzelnen, eindeutigen Fällen, denen bereits quantifizierbare Ergebnisse aus der Kennzahlenanalyse zugrunde liegen, können mit Hilfe der semiotischen Analyse die Erkenntnisse zur „tatsächlichen" Unternehmenslage untermauert werden. Für
eine valide Untersuchung der Geschäftsberichte erscheinen allerdings die (individuellen) Ergebnisse der Analyse stilistischer Mittel nicht geeignet, denn diese sind auch von
der Erwartungshaltung, Vorbildung usw. des Analysten abhängig.

1.4   Kritische Würdigung

Der Berichtersteller hat immer einen **Informationsvorsprung** gegenüber dem Adressaten. Die Bedeutung der qualitativen Bilanzanalyse erhöht sich mit der Größe des unter-
nehmensseitigen Informationsvorsprungs.[87] Ein Unternehmer wird stets bestrebt sein,
seine unternehmerische Informationspolitik verbal so darzustellen, dass er seine (bilanzpolitischen und die diesen übergeordneten) Ziele erreicht. Aus ökonomischer Sicht
wird eine wahrheitsgemäße verbale Berichterstattung vom Unternehmer nur vorgenommen, wenn dies seinen Zielsetzungen entspricht.[88] Es erfolgt eine **ökonomische
Abwägung** zwischen den (negativen) Auswirkungen [im Hinblick auf die Entscheidungen der Adressaten und auf die jahresabschlussbezogenen (Zahlungs-)Konsequenzen]
einer regelkonformen Berichterstattung und den drohenden Sanktionen für das Unternehmen bzw. vor allem für die verantwortlichen Personenkreise bei der Entdeckung
einer nicht regelkonformen Berichterstattung.

Dem Bilanzierenden sind zudem die **Erwartungen der Adressaten** und der Bilanzanalysten an den Umfang und die Ausgestaltung der verbalen Berichterstattung aufgrund
der Heterogenität der Informationsbedürfnisse nie vollständig bekannt. Die Erreichung
einer vollständigen Befriedigung aller Informationsbedürfnisse ist daher ohnehin nicht
möglich. Darüber hinaus ist zu berücksichtigen, dass ein einzelner Adressat bestimmte
Begriffe und Begriffsgruppen anders als das Unternehmen oder als andere Adressaten
interpretiert. Schlussendlich trifft jeder Adressat seine Entscheidung auf Basis seiner
individuellen Interpretation.

---

[87]   Vgl. *KÜTING* (2006b), S. 2754.
[88]   Vgl. *KÜTING* (2006b), S. 2757.

Subjektive Einflüsse sind sowohl hinsichtlich der Erstellung als auch bezüglich der Interpretation der Berichterstattung unvermeidbar und beschränken damit die Aussagekraft der qualitativen Analyse. Auch erscheint die Nutzung der qualitativen Bilanzanalyse im Rahmen eines (branchenübergreifenden) **Unternehmensvergleichs** – im Gegensatz zum Vorgehen bei der quantitativen Analyse – nur **wenig sinnvoll**, weil branbranchenspezifische[89] und unternehmensspezifische/-kulturelle Aspekte Einfluss auf die verbale Gestaltung der Berichterstattung haben.[90] Zudem erhöhen die fehlenden Anforderungen an den Umfang, die Gliederung und die Formulierungen von/im Anhang sowie Lagebericht bzw. „Management Commentary" die Schwierigkeiten der Analyse. Dies gilt selbst dann, wenn „lediglich" angestrebt wird, die qualitativ ausgeprägten Berichtsbestandteile eines Unternehmens im Zeitablauf miteinander zu vergleichen.

Die **Ermessensspielräume** des Bilanzierenden, deren Ausnutzung für den Bilanzleser nicht oder nicht eindeutig erkennbar sind, schränken – wie bei der quantitativen Bilanzanalyse – die Möglichkeiten des Analysten bei der qualitativen Analyse erheblich ein. Hinsichtlich der Ausgestaltungsmöglichkeiten der verbalen Berichterstattung haben die Unternehmen sogar einen breiteren Spielraum als beim „Zahlenwerk". Letztlich kommt im Bereich der qualitativen Analyse erschwerend hinzu, dass die „Wahrheit" in der Schriftform viele Facetten aufweist.[91] Quantitative Angaben in der Berichterstattung sind schließlich (durch den Abschlussprüfer) eher nachprüfbar.

> Die qualitative Analyse kann bestenfalls als **Ergänzung der quantitativen Analyse** gesehen werden, obwohl bzw. gerade weil die verbalen Berichtsbestandteile in den vergangenen Jahren an Bedeutung gewonnen haben.

Die qualitative Analyse der Berichterstattung sollte **parallel zur** im Rahmen der traditionellen Analyse erforderlichen **Informationsaufbereitung** vorgenommen werden.[92] Die Aussagen der qualitativen Analyse sind dabei im Hinblick auf deren fehlende Allgemeingültigkeit kritisch zu betrachten. Die Hinweise auf eine tendenzielle Darstellung der Unternehmenslage hinsichtlich einer konservativen oder progressiven Bilanzpolitik sind bei der Analyse der verbalen Daten bestenfalls in Ansätzen erkennbar und könnten die innerhalb der quantitativen Analyse gemachten Erkenntnisse bestärken. Ob den verbalen Daten der Berichterstattung ein „wichtiges Analysepotenzial"[93] innewohnt, ist mehr als fraglich, denn die Ergebnisse können lediglich zur Unterstützung der traditionellen Bilanzanalyse und der anschließenden individuellen Entscheidungsfindung dienen. Die bestehende Informationslücke kann somit hoffentlich etwas reduziert werden.

---

89   Vgl. *WERNER* (1990b), S. 372.
90   Vgl. *KÜTING/BOECKER* (2003), S. 97.
91   Vgl. *HOFFMANN* (2010), S. 762, m. w. N.
92   Vgl. *JÄCKEL/POPPE* (2000), S. 113 und S. 117.
93   *KÜTING* (1992b), S. 691.

2 Strategische Bilanzanalyse

2.1 Definition

Die „traditionelle" kennzahlenorientierte Bilanzanalyse basiert primär auf vergangenheits- und gegenwartsorientierten Daten. Die Adressaten der Rechnungslegung und somit auch die Adressaten der Analyse haben jedoch vornehmlich ein Interesse daran, herauszufinden, wie sich das Unternehmen **zukünftig** entwickeln wird. Die Informationsbedürfnisse setzen somit die Prognose zukünftiger Entwicklungen voraus. Im Hinblick auf die „traditionelle" Bilanzanalyse handelt es sich dabei regelmäßig lediglich um einen vom Analysten vermuteten Analogieschluss von der Vergangenheitsentwicklung auf die Zukunft, weshalb die **Prognoseproblematik** auch als ein Hauptgegenstand der Bilanzanalyseforschung gilt. Die „traditionelle" Bilanzanalyse wird somit seit geraumer Zeit um „modernere" Ansätze, wie beispielsweise die strategische Bilanzanalyse, die prospektiv ausgerichtet ist, ergänzt.

> **Ziel der strategischen Bilanzanalyse** ist, mittels zielgerichteter Beschaffung und Analyse prospektiv orientierter Informationen, **Prognosen über die Schaffung und Aufrechterhaltung von Erfolgspotentialen** eines Unternehmens anzustreben, welche den **Grad zukünftiger Zielerreichung** des Unternehmens determinieren.[94]

Die Hoffnung, dass die strategische Bilanzanalyse, im speziellen die Analyse des Lageberichts, dieses Ziel erfüllen kann, wird von vielen Fachvertretern geteilt.[95] Ob als „strategische Bilanzanalyse" oder „strategische Analyse"[96] bezeichnet, immer besteht die **hohe Erwartung**, dass durch diese das Informationsdefizit bezüglich zukunftsorientierter Informationen (weitgehend) vermindert werden kann.

In diesem Abschnitt wird hinterfragt, inwiefern es möglich ist, aus vom Unternehmen pflichtgemäß und freiwillig veröffentlichten Informationen sowie aus Publikationen Dritter, ein prospektives Gesamtbild des Unternehmens – eingebettet in seine Unter-

---

[94] *WAGENHOFER* (1990), S. 307, zählt spezielle Aspekte der Informationspolitik (freiwillige Publizität sowie ergänzende/weiterführende Informationen zu pflichtgemäß zu publizierenden Informationen) zur Bilanzpolitik. Die Analyse dieses Publikationsverhaltens (also des „strategischen Verhaltens") bezeichnet er als „strategische Bilanzanalyse". Diesem Begriffsverständnis soll hier **nicht** gefolgt werden; diese Analyse ist vielmehr der pragmatischen Ebene der qualitativen Bilanzanalyse zu subsumieren.

[95] Vgl. *COENENBERG* (2003), S. 165, *FINK* (2007), S. 127, *UNREIN* (2011), S. 66, *WEIßENBERGER/ SIEBER/KRAFT* (2011), S. 254, *COENENBERG/HALLER/SCHULTZE* (2012), S. 1187, *KÜTING/WEBER* (2012b), S. 484.

[96] *KÜTING/WEBER* (2012b) verwenden zwar den Begriff der „strategischen Analyse", dieser ist jedoch aufgrund der gewählten Perspektive des externen Analysten deckungsgleich mit dem hier verwendeten Begriff der „strategischen Bilanzanalyse".

nehmensumwelt – zu zeichnen und daraus Rückschlüsse auf die Schaffung und Auf-rechterhaltung von Erfolgspotentialen zu ziehen. An dieser Stelle muss erneut darauf hingewiesen werden, dass der externe Analyst im Rahmen der (strategischen) Bi-lanzanalyse – im Unterschied zur Betriebsanalyse – nicht über interne, meist sensible und damit „hochwertige" Informationen des Unternehmens verfügt, sondern nur die ihm vorliegenden publizierten Informationen verarbeiten kann.

Hierbei ist eine **Beschränkung** der strategischen Bilanzanalyse auf **mittelgroße und große haftungsbeschränkte Unternehmen** (Kapitalgesellschaften und Personenhan-delsgesellschaften) als Analyseobjekte faktisch notwendig, weil

- lediglich diese Unternehmen auf Grund der höheren Anforderungen hinsichtlich der pflichtgemäßen oder freiwilligen Publizität die notwendige **Mindestinformations-basis** für die strategische Bilanzanalyse zur Verfügung stellen sowie

- sich die Beschaffung und Auswertung strategisch relevanter Informationen als sehr zeit- und kostenintensiv herausstellt; die strategische Bilanzanalyse ist jedoch nur dann ökonomisch sinnvoll, wenn deren Ergebnisse einen mindestens gleich großen **(finanziellen) Vorteil** im Sinne entsprechender zielorientierter Erkenntnisse generie-ren.

2.2   Analysemethoden

2.2.1   Überblick

Im Rahmen der strategischen Bilanzanalyse wird auf die klassischen betriebswirtschaft-lichen Methoden zur Analyse der derzeitigen und der zukünftigen strategischen Positio-nierung des Unternehmens im Marktumfeld zurückgegriffen.[97] Da die Wettbewerbs-fähigkeit eines Unternehmens maßgeblich durch die Fähigkeit zur Generierung und Aufrechterhaltung von Erfolgspotentialen (Wettbewerbsvorteilen) determiniert wird, müssen einerseits die derzeitigen Rahmenbedingungen des wirtschaftlichen Handelns eruiert und für die Zukunft prognostiziert werden. Dies erfolgt auf Basis von sog. **Um-weltanalysen.** Andererseits sind die vorhandenen unternehmenseigenen Ressourcen und Potentiale sowie deren (beabsichtigte) Entwicklung zu analysieren. Hierzu werden sog. **Unternehmensanalysen** durchgeführt.

Schließlich sollen bei der strategischen Bilanzanalyse die Erkenntnisse aus der Umwelt- und der Unternehmensanalyse verknüpft, zu einem (prognostizierten) Gesamtbild zu-sammengefügt sowie eine Einschätzung zur zukünftigen Zielerreichung gegeben wer-den. Die dabei eingesetzten Instrumente werden als **integrierte Analysen** bezeichnet.[98] Die notwendige Differenzierung der verschiedenen Analysen illustriert Abbildung 43.

---

[97]   Siehe zu diesen Methoden z. B. *KEUPER* (2001), S. 256.

[98]   Zu dieser grundsätzlichen Vorgehensweise vgl. stellvertretend *KEUPER* (2001), S. 256–264.

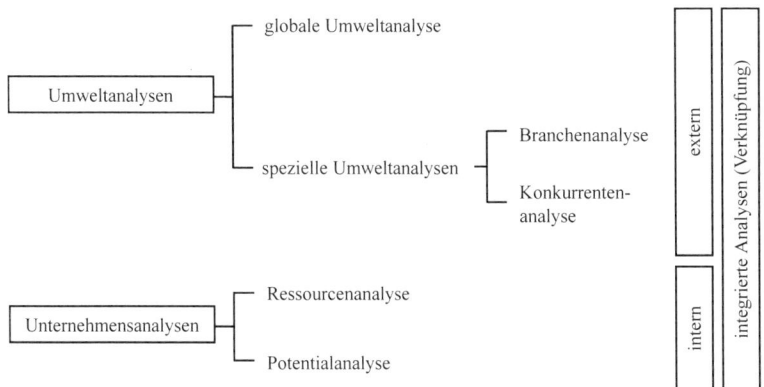

Abbildung 43:   *Strukturierung der strategischen Analysemethoden*

2.2.2 Umweltanalysen

2.2.2.1 Überblick

Mittels der Analysen der Unternehmensumwelt sollen zunächst möglichst vollständige, sichere und genaue Informationen über die **externen Rahmenbedingungen und Einflussfaktoren** erhoben werden. Um der Zukunftsorientierung der strategischen Bilanzanalyse Rechnung zu tragen, sind daran anknüpfend Trends abzuleiten und Prognosen zu erstellen, die anschließend zu einem (prognostizierten) Gesamtbild der Unternehmensumwelt[99] zusammengesetzt werden müssen. Im Mittelpunkt der Analysen stehen die zukünftigen **Chancen und Risiken** des Unternehmens.

Um die unüberschaubare Fülle an Informationen im Unternehmensumfeld zu beschränken, ist eine **Identifikation der Haupteinflussfaktoren** auf die Unternehmenstätigkeit notwendig. Hierbei ist es praktikabel, die verschiedenen „**Umweltschichten**" (z. B. die globale Umwelt und die unternehmensspezifische Umwelt) **voneinander abzugrenzen** und anschließend getrennt zu untersuchen.[100] Eine mögliche Systematisierung ist in Abbildung 44 dargestellt.

---

[99] *BAUM/COENENBERG/GÜNTHER* (2007), S. 62, sprechen in diesem Zusammenhang auch von einem **Chancen-Risiko-Katalog**.

[100] Vgl. *PEEMÖLLER* (2005), S. 127.

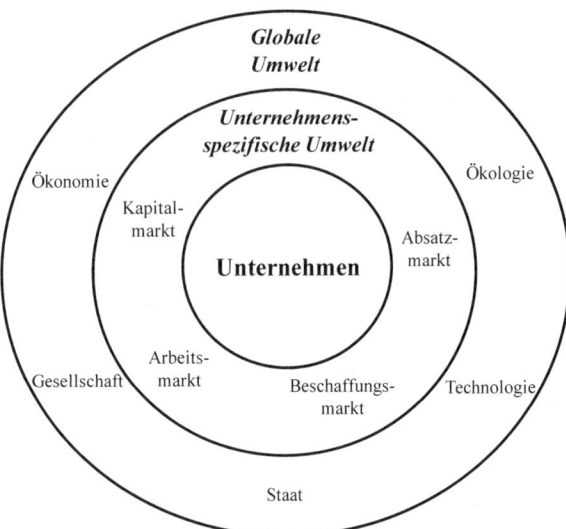

Abbildung 44:   *Einbettung des Unternehmens in die Umwelt*[101]

Um die Umweltanalysen praktikabel zu gestalten, ist zu berücksichtigen, dass lediglich jene Umweltzustände bzw. Ereignisse in die Umweltanalysen und die damit verbundene Prognose einfließen sollten, die Relevanz für das Unternehmen in strategischer Hinsicht besitzen. Problematisch an dieser notwendigen Beschränkung ist, dass sich durchaus erst im Laufe der Zeit herausstellen kann, ob bestimmte (un-)berücksichtigte Zustände und Ereignisse tatsächlich eine Bedeutung für das Unternehmen haben oder nicht. Daher muss der Analyst, um die Analysen durchführen zu können, notwendigerweise eine **Reduktion** der zu analysierenden und prognostizierenden Umweltzustände vornehmen, ohne sicher sein zu können, wie sich die angenommene Relevanz im Zeitverlauf entwickeln wird.

Allerdings ist die Unternehmensumwelt **nicht** absolut **unbeeinflussbar** durch das Unternehmen. Es kann dem Unternehmen z. B. durch seine Produkte, Technologien oder Dienstleistungen durchaus gelingen, Markttrends zu begründen und das Kundenverhalten oder gar das gesellschaftliche Bewusstsein zu verändern. Selbst die Legislative zeigt sich z. B. durch gezielte Lobbyarbeit i. S. d. Unternehmens mitunter beeinflussbar.

---

[101] Entnommen aus *PEEMÖLLER* (2005), S. 127.

2.2.2.2   Globale Umweltanalyse

Bei der globalen Umweltanalyse werden die makroökonomischen Segmente „Ökonomie", „Ökologie", „Gesellschaft", „Staat" und „Technologie" weiter in ihre Faktoren aufgespalten.[102] So kann z. B. das Segment „Gesellschaft" in die Faktoren „Werte", „Einstellungen" oder „kulturelle Normen" aufgegliedert werden. Eine weitere Differenzierung dieser drei Faktoren könnte dann Problembereiche wie z. B. die Natur, die Gesundheit oder die Forschung umfassen.[103] Entscheidendes Kriterium für die weiterführende und detailliertere Analyse muss die strategische Bedeutung eines jeweiligen Faktors für die zukünftige Zielerreichung des Unternehmens sein.[104] Eine Fokussierung auf vergangene und gegenwärtige Umweltzustände zum Zwecke der strategischen Bilanzanalyse greift hierbei zu kurz. Vielmehr sind **Informationen über zukünftige Entwicklungen der Umwelt** zu generieren, weil diese unverzichtbar sind für eine spätere Beurteilung der künftigen Zielerreichung des Unternehmens. Hierzu können Prognoseverfahren und Frühaufklärungssysteme, wie z. B. die Delphi-Methode, die Szenario-Technik oder die Orientierung an „schwachen Signalen", einen Beitrag leisten.[105]

2.2.2.3   Spezielle Umweltanalysen

Anknüpfend an die Analyse und Prognose der Entwicklung der globalen Einflussfaktoren und Rahmenbedingungen muss sich der Analyst der derzeitigen und zukünftigen spezifischen Wettbewerbssituation in der Branche einschließlich der Konkurrenten des zu analysierenden Unternehmens widmen. Im Rahmen der **Branchenanalyse** werden die Wettbewerbskräfte einer Branche in der Rivalität unter den bestehenden Wettbewerbern, der Gefahr der Substituierung durch Ersatzprodukte, der Verhandlungsstärke von Kunden und Lieferanten sowie der Gefahr des Eintritts neuer Wettbewerber in die Branche gesehen.[106] Die Kombination dieser **fünf Wettbewerbskräfte** bestimmt annahmegemäß die Intensität des Wettbewerbs in der Branche. Um verwertbare zukunftsorientierte Aussagen über diese Wettbewerbskräfte, deren Zusammenspiel und somit über die Branche als Ganzes treffen zu können, müssten auch hier adäquate Frühaufklärungs- und Prognoseinstrumente eingesetzt werden.

---

[102]   Ausführliche Darstellungen der globalen Umweltanalyse sind z. B. bei *BAUM/COENENBERG/ GÜNTHER* (2007), S. 55–64, und bei *WELGE/AL-LAHAM* (2012) S. 292–299, zu finden.

[103]   Im Hinblick auf die „ethischen Einstellungen" können z. B. die Abkehr von der Atomkraft, der Widerspruch zwischen „grünem Windstrom" und der „Verspargelung der Landschaft" oder die sich wandelnde Einstellung zur Genforschung genannt werden.

[104]   Vgl. *BAUM/COENENBERG/GÜNTHER* (2007), S. 58.

[105]   Siehe stellvertretend *HORVÁTH* (2011), S. 339–354, sowie *WELGE/AL-LAHAM* (2012), S. 414–446.

[106]   Vgl. *PORTER* (2008), S. 35–70 und S. 178–248.

Im Rahmen der **Konkurrentenanalyse** werden bedeutsame (existierende und potentielle) Konkurrenten des Unternehmens hinsichtlich ihrer Marktposition untersucht.[107] „Ziel dieses Analyseschrittes ist es, das Verhalten oder mögliche (Re-)Aktionen eines einzelnen Wettbewerbers möglichst verlässlich zu antizipieren."[108] Im Ergebnis steht ein Reaktionsprofil der Konkurrenten für die weitere (strategische Bilanz-)Analyse zur Verfügung. Durch diese Erkenntnisse ist eine differenziertere Darstellung der i. d. R. allgemeineren Aussagen zur Konkurrenzsituation aus der Branchenanalyse möglich. Allgemein soll abgeschätzt werden,[109]

- welche **Ziele** durch die Konkurrenten in Zukunft verfolgt werden,

- auf welchen **Prämissen**, Selbsteinschätzungen und Beurteilungen des Industriezweiges die voraussichtlichen Strategien des Konkurrenten beruhen,

- über welche **Stärken und Schwächen** die Konkurrenten verfügen bzw. zukünftig verfügen werden sowie

- welche **Strategien** die Konkurrenten verfolgen und wie erfolgreich sie dabei sind bzw. sein werden.[110]

Bezüglich eines Konkurrenten, also eines sekundären Analyseobjekts, bietet sich grundsätzlich das gleiche Vorgehen wie bei den nachfolgend beschriebenen Unternehmensanalysen des primären Analyseobjekts an. Hinsichtlich der Verfügbarkeit von Informationen ergibt sich keine strukturelle Differenz, weil dem externen Analysten in diesem Fall gewöhnlich weder mehr noch weniger Informationskanäle als beim primären Analyseobjekt offen stehen. Allerdings offenbart sich insofern ein Dominoeffekt, als zur strategischen Bilanzanalyse des primären Analyseobjekts quasi die strategische Bilanzanalyse eines sekundären Analyseobjekts und hierfür wiederum die Analyse weiterer Objekte erforderlich ist.

2.2.3   Unternehmensanalysen

Die Unternehmensanalysen sollen eine Einschätzung der gegenwärtigen und zukünftigen **Stärken und Schwächen** des Unternehmens ermöglichen. Hierzu werden die **Ressourcen und Potentiale**[111] des Unternehmens analysiert. Es gilt, alle quantitativen und qualitativen Informationen zunächst systematisch zu erfassen und anschließend zur bes-

---

107   Vgl. *PORTER* (2008), S. 89, sowie zur Konkurrentenanalyse auf Basis des Jahresabschlusses vor allem *HOFFJAN* (2003), *HOFFJAN* (2004).

108   *FINK* (2007), S. 40.

109   Siehe hierzu ausführlich *PORTER* (2008), S. 86–117.

110   Eine Übersicht über die hierzu in der Literatur verfügbaren „Checklisten" und/oder Standardkataloge zur Bestandsaufnahme der Ressourcen und Potentiale sowie den daraus resultierenden Stärken und Schwächen findet sich bei *FINK* (2007), S. 40.

111   Der Begriff „Potential" wird im Folgenden als Synonym zu **„Fähigkeit"** angesehen. Zur Abgrenzung des Begriffs „Ressource" i. S. v. materiellen und immateriellen Produktionsfaktoren vom Begriff „Fähigkeiten" (hier gleich „Potential") als Ergebnis der Interaktion und Relation von Ressourcen siehe *MÜLLER-STEWENS/LECHNER* (2005), S. 212–224.

seren Beurteilung übersichtlich darzustellen. Die Ressourcen eines Unternehmens sind tendenziell leichter feststellbar als die weniger offensichtlichen und somit schwer identifizierbaren Potentiale.

Vor diesem Hintergrund sollte zumindest im Rahmen der strategischen Bilanzanalyse von der gebräuchlichen Unterscheidung in Ressourcenanalyse und Potentialanalyse abgesehen und folgende **Vorgehensweise** gewählt werden: Zunächst sind die Funktionsbereiche des Unternehmens (z. B. Beschaffung, Produktion, Kundendienst, Personalwesen usw.) abzugrenzen.[112] Anschließend wird die jeweilige Ausstattung mit finanziellen, sachlichen, personellen, organisatorischen und technologischen Ressourcen geschätzt. Das Ausmaß der Ausstattung gibt dann Aufschluss über das spezifische Potential (i. S. v. genutzten oder ungenutzten Fähigkeiten) des jeweiligen Funktionsbereiches.[113] Funktionen, die eine höhere/geringere Ausstattung mit Ressourcen vorweisen können, besitzen folglich tendenziell ein größeres/geringeres Potential, was noch nichts über dessen Nutzung aussagt.

Aus dieser Bestandsaufnahme ergibt sich nun ein Gesamtbild der derzeitigen Unternehmensressourcen und -potentiale. Ob es sich hierbei um **Stärken oder Schwächen** handelt, kann nur in Relation zu den korrespondierenden umweltbezogenen Daten (globale Umwelt, Branche und Konkurrenten) beurteilt werden.

> Unternehmensinterne Ressourcen und Potentiale können erst unter Berücksichtigung der gegenwärtigen und zukünftigen Umweltzustände als Stärken oder Schwächen gewertet werden. **Stärken und Schwächen** sind somit **relative Größen**.

2.2.4   Integrierte Analysen

Integrierte Analysen verknüpfen die Ergebnisse der Umweltanalysen mit denen der Unternehmensanalysen und generieren ein vereinfachtes Gesamtbild der gegenwärtigen und der voraussichtlich künftigen Position des Unternehmens in der Umwelt. Erst durch das Zusammenspiel der Analysen können – insbesondere vor dem Hintergrund der **Strukturdefekte strategischer Problemstellungen**[114] – plausible und befriedigende Aussagen über die zukünftige Zielerreichung des Unternehmens getroffen werden. Die Informationen über die globale Umwelt, die Branche und die Konkurrenten erhalten somit durch die erneute Verarbeitung besonderes Gewicht. Dieser Zusammenhang ist in Abbildung 45 dargestellt.

---

[112] In Anlehnung an *HOFER/SCHENDEL* (1978), S. 149.

[113] Eine beispielhafte Unternehmensanalyse nach dieser Methodik ist bei *BAUM/COENENBERG/GÜNTHER* (2007), S. 65, zu finden.

[114] Vgl. *ADAM* (1983). Hierzu zählen entsprechend der Zielsetzungs-, der Wirkungs-, der Bewertungs- und der Lösungsdefekt.

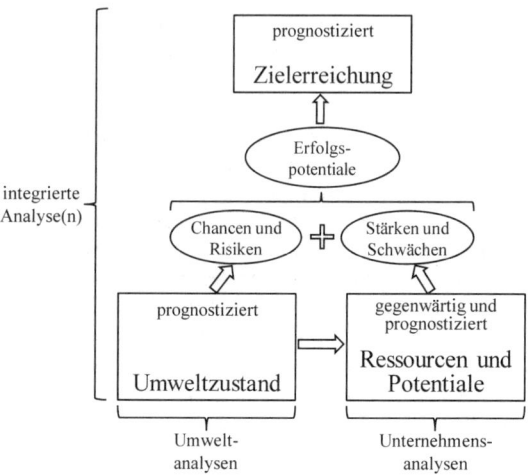

Abbildung 45:   *Zusammenwirken der verschiedenen Analysen*

Um eine **Einschätzung der künftigen Zielerreichung** vornehmen zu können, muss der externe Analyst die vom Unternehmen verfolgten Strategien sowie deren Einfluss auf die Entwicklung der Ressourcen und Potentiale berücksichtigen. An dieser Stelle wird deutlich, ob und wie gut es dem Unternehmen voraussichtlich gelingen könnte, mit den externen Einflussfaktoren zu wirtschaften und sich auf dem Markt bzw. auf den Märkten zu behaupten. Diese Beurteilung setzt natürlich voraus, dass der Analyst nicht nur Kenntnisse über die derzeitigen sowie Erwartungen über die zukünftigen **Unternehmensziele, Ressourcen und Potentiale** besitzt (Informationen über erwartete Umweltzustände sollten bereits im Rahmen der Umweltanalysen eingeholt worden sein), sondern auch über die vom Unternehmen verfolgten **Ziele sowie** die dazugehörigen **Strategien und Unternehmens(teil)pläne** informiert ist.

Ohne die Kenntnisse der Ziele (und der Zielerreichungsgrade) ist eine präzise Einschätzung der künftigen Zielerreichung im Sinne einer **Analyse der künftigen Ist-Zielerreichung** nicht möglich. In einem solchen Fall ist es vielmehr erforderlich, dass der Analyst diese Ziele (und Zielerreichungsgrade) vorab nach eigenen Vorstellungen festlegt und versucht, die mögliche Zielerreichung auf Basis der von ihm mit den durchgeführten Analysen gewonnen Erkenntnisse einzuschätzen (**Analyse der künftigen Soll-Zielerreichung**).[115]

---

[115]   Siehe hierzu bereits Abschnitt 6 im IV. Kapitel.

In der betriebswirtschaftlichen Literatur finden sich zahlreiche Methoden zur Analyse der künftigen Zielerreichung. Bei der **Methodenwahl** ist entscheidend, dass diese ganzheitlich und zukunftsorientiert dem jeweiligen Untersuchungsproblem gerecht wird. Eine Beurteilung der künftigen Zielerreichung des Unternehmens sollte regelmäßig sowohl die Umweltfaktoren, Unternehmensressourcen und -potentiale sowie die verfolgten Strategien einbeziehen. Methoden, die diese Anforderungen bei entsprechender Datenbasis erfüllen, sind z. B. die SWOT-Analyse und die Portfoliotechnik.[116]

Die **SWOT-Analyse** („**S**trengths-**W**eaknesses-**O**pportunities-**T**hreats") verbindet die Ergebnisse der Umweltanalysen (Chancen und Risiken) mit denen der Unternehmensanalysen (Stärken und Schwächen). Die aus der Verknüpfung entstehende Matrix ergänzt der Analyst um die von ihm prognostizierten Strategien, die von der Unternehmensführung (voraussichtlich) verfolgt werden. In Abbildung 46 ist die Grundstruktur der SWOT-Analyse abgebildet. Zum besseren Verständnis sind den vier Verknüpfungsmöglichkeiten jeweils die korrespondierenden grundsätzlichen Strategien in den einzelnen Feldern der Matrix zugeordnet. Diese Methode erleichtert nicht nur eine strukturierte **Verarbeitung der vorhandenen Informationen** durch den Analysten. Vielmehr ist, durch Gegenüberstellung der für jedes Matrizenfeld vorgegebenen grundsätzlichen Strategien mit den von der Unternehmensführung verfolgten Strategien (z. B. auf Unternehmens-, Geschäftsfeld- oder Geschäftseinheitenebene), eine Beurteilung von deren Eignung möglich.

		Ergebnis der Unternehmensanalysen (intern)	
		Stärken (Strengths)	**Schwächen (Weaknesses)**
Ergebnisse der Umweltanalysen (extern)	**Chancen (Opportunities)**	Einsatz der Stärken zur Ausnutzung der Chancen (insbesondere Wachstumsstrategie)	Überwindung der Schwächen durch die Ausnutzung der Chancen
	Risiken (Threats)	Einsatz der Stärken zur Minimierung der Risiken	Minimierung der Schwächen und der Risiken (Defensivstrategie)

Abbildung 46:   *SWOT-Analyse*[117]

[116]   Siehe beispielsweise *WELGE/AL-LAHAM* (2012), S. 447–508.

[117]   In Anlehnung an *BAUM/COENENBERG/GÜNTHER* (2007), S. 74.

Die **Portfoliotechnik** (ursprünglich für finanzwirtschaftliche Effizienzbetrachtungen entwickelt[118]) findet seit den 1970er Jahren zunehmend Anwendung im Bereich der strategischen Unternehmensplanung.[119] Das Unternehmen wird dabei als Portfolio verschiedener strategischer Geschäftseinheiten (SGE) mit dem Ziel betrachtet, eine „möglichst vorteilhafte Mischung [...] zu realisieren, die eine nachhaltige Existenzsicherung ermöglicht."[120] Notwendig sind hierzu die Ergebnisse der Umwelt- und der Unternehmensanalysen. Aus der „lange[n] Liste möglicher Einflussfaktoren von Chancen und Risiken sowie Stärken und Schwächen"[121] werden lediglich **zwei möglichst repräsentative Größen** (strategische Erfolgsfaktoren) gewonnen. Sämtliche Chancen und Risiken werden zu einem **externen Erfolgsfaktor** verdichtet, Stärken und Schwächen zu einem **internen Erfolgsfaktor**. Die einzelnen strategischen Geschäftseinheiten werden anschließend je nach Ausprägung der zwei gewählten Erfolgsfaktoren in einer Matrix dargestellt.[122] Aufgrund der Vielzahl möglicher Erfolgsfaktoren wurden mittlerweile zahlreiche Varianten der Portfolioanalyse entwickelt.[123] Es gibt jedoch eine Grundstruktur, die allen Varianten gemein und die in Abbildung 47 dargestellt ist.

Durch die beratungsgerechte **Komplexitätsreduktion und Visualisierung** ist der Analyst hiermit besser in der Lage, der zentralen Frage nachzugehen, unter welcher Kombination von strategischen Geschäftseinheiten sich die Unternehmensziele zukünftig am besten realisieren lassen, und das Agieren der Unternehmensleitung vor diesem Hintergrund zu reflektieren. Dabei sollte darauf geachtet werden, dass es nicht Ziel des Unternehmens sein kann, für die einzelnen strategischen Geschäftseinheiten isolierte Optima zu erreichen, sondern vielmehr die für das gesamte Unternehmen vorteilhafteste Strategie im Sinne einer **ausgewogenen Steuerung der strategischen Geschäftseinheiten** zu entwickeln. Einseitige (Fehl-)Entwicklungen können mit diesem Analysevorgehen aufgedeckt werden.

> Mittels der Portfoliotechnik kann analysiert werden, inwieweit **Ressourcen und Potentiale zielgerichtet gesteuert** werden, um die Gesamtunternehmensziele zu erreichen. Grundlage der Zielerreichung sollte ein ausgewogenes Unternehmensportfolio sein, welches eine nachhaltige Existenzsicherung unter Beachtung von Rentabilitätskriterien ermöglicht.

[118] Siehe *MARKOWITZ* (1952).
[119] Vgl. *WELGE/AL-LAHAM* (2012), S. 461.
[120] *BAUM/COENENBERG/GÜNTHER* (2007), S. 187.
[121] *WELGE/AL-LAHAM* (2012), S. 471.
[122] Hinsichtlich dieser Einordnung können Informationen aus dem Segmentbericht hilfreich sein. Vgl. hierzu *COENENBERG/FINK* (2008), S. 1158.
[123] Beispielhaft seien hier das Marktwachstum-Marktanteil-Portfolio (4-Felder-Matrix der „Boston Consulting Group"), das Marktattraktivität-Wettbewerbsvorteil-Portfolio (9-Felder-Matrix von „McKinsey") und das Branchenlebenszyklus-Wettbewerbsposition-Portfolio (20-Felder-Matrix von „Arthur D. Little") genannt.

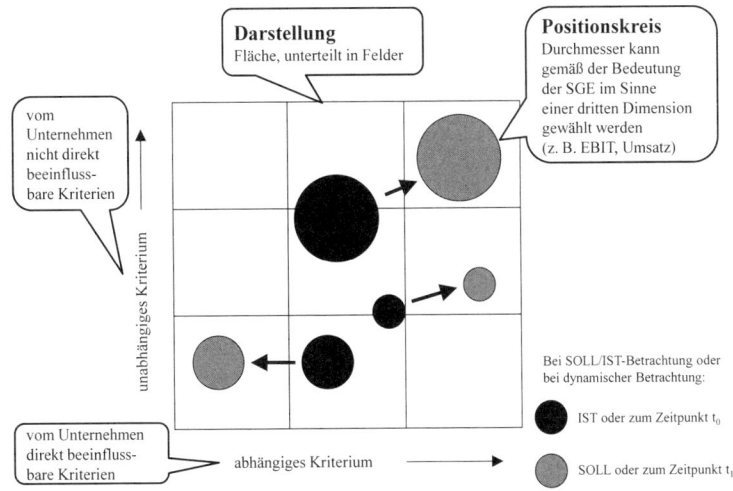

Abbildung 47:   *Portfolio-Technik*[124]

Für externe Analysten bietet dieses Instrument die Möglichkeit, nicht nur die derzeitige Positionierung des Unternehmens mit seinen strategischen Geschäftseinheiten zu analysieren. Vielmehr können auch Aussagen über die **künftige Zielerreichung** abgeleitet werden, indem das IST- mit dem SOLL-Portfolio und den (bekannten oder vom Analysten vermuteten) angestrebten Zielen abgeglichen wird. Falls Informationen zur Erstellung eines SOLL-Portfolios nicht öffentlich gemacht wurden, ist dieses unter Einbettung der vom Unternehmen vermeintlich verfolgten Ziele durch den Analysten selbst zu erstellen.[125]

2.3   Methoden-Informationsvergleich

Zentrale Frage des Methoden-Informationsvergleiches ist, ob der Informationsbedarf der Analysemethode in einem ausgewogenen Verhältnis zur Güte der jeweiligen Informationsquellen steht. Vor diesem Hintergrund soll zunächst zusammenfassend dargestellt werden, **welche Informationen für die Durchführung der diversen Analysen erforderlich sind**. Bei der Darstellung der strategischen Analysen ist deutlich geworden, dass eine umfangreiche und detaillierte Informationsbasis notwendig ist, um daraus Aussagen über die Wettbewerbsfähigkeit des Unternehmens abzuleiten. Die Abbildung 48 lehnt sich an das vorgeschlagene Vorgehen an und zeigt den abgeleiteten Informationsbedarf.

---

[124]   In Anlehnung an *BULLINGER* (1994), S. 144.

[125]   Siehe hierzu wiederum Abschnitt 6 im IV. Kapitel.

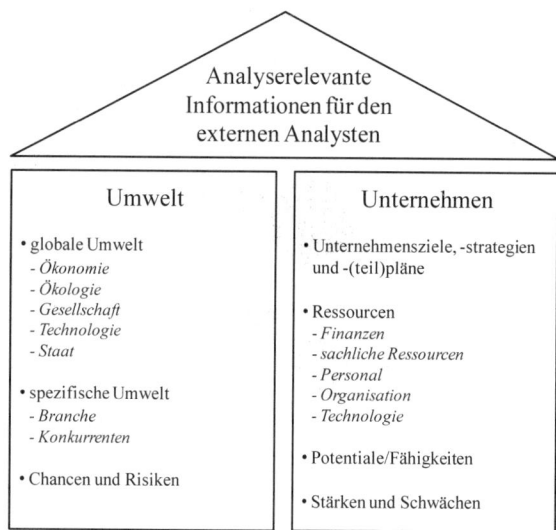

Abbildung 48:   *Systematisierung des Informationsbedarfs*

Nunmehr wird geprüft, ob und in welchem Maße diese Informationen bei der strategischen Bilanzanalyse zur Verfügung stehen. Insbesondere soll dargestellt werden,
welche **Informationen aus den pflichtgemäß zu publizierenden Quellen** entnommen werden können.

Bilanz, Gewinn- und Verlustrechnung, Anhang, Kapitalflussrechnung, Segmentberichterstattung sowie Eigenkapitalspiegel bzw. -veränderungsrechnung zählen zu den weitgehend **retrospektiven Informationsquellen**. Aus ihnen kann der Analyst hauptsächlich
quantitative und qualitative Erkenntnisse über das abgelaufene Geschäftsjahr gewinnen.
Dies ist freilich für eine Analyse der **IST-Situation** hilfreich, mit Blick auf das Ziel der
strategischen Bilanzanalyse sind solche Informationsquellen jedoch als wenig geeignet
zu beurteilen.

Zu den **prospektiven Informationsquellen** zählen hauptsächlich der Lagebericht für
HGB-Abschlüsse sowie der „Management Commentary" als dessen internationales
Pendant. Auch im **Lagebericht** beziehen sich zahlreiche Darstellungen (z. B. Wirtschaftsbericht, Forschungs- und Entwicklungsbericht, Zweigniederlassungsbericht, Vergütungsbericht) grundsätzlich auf das abgelaufene Geschäftsjahr. Der Nachtragsbericht
umfasst Vorgänge von besonderer Bedeutung vom Schluss des Geschäftsjahres bis zum
Tag der Aufstellung des Jahresabschlusses. Eine herausragende Bedeutung für die Gewinnung prospektiver Informationen kommt hierbei dem **Prognose- und** dem **Risikobericht** zu. Mittels dieser „Teilberichte" stehen dem Analysten gewöhnlich für das

laufende – also für das auf das Berichtsjahr folgende Geschäftsjahr – u. a. nachstehende Informationen aus Sicht der Unternehmensleitung zur Verfügung:[126]

- eine detaillierte Beurteilung und Erläuterung der zukünftigen Entwicklung des Unternehmens unter Berücksichtigung wesentlicher Chancen und Risiken sowie
- die der Unternehmensleitung bekannten und für den Berichtsempfänger entscheidungsrelevanten Risiken, strukturiert nach Risikokategorien, und daraus erwachsende Konsequenzen, wobei der Schwerpunkt gewöhnlich auf finanzwirtschaftlichen Risiken, z. B. auf Preisänderungs-, Ausfall- und Liquiditätsrisiken, liegt.

Auch wenn der **Zeithorizont** für die prognostischen Elemente des Lageberichts – ausgehend vom Bilanzstichtag – **lediglich ein Jahr** beträgt[127] und somit der gewünschte strategische Zeithorizont nicht abgedeckt ist, sollten dennoch Entwicklungstendenzen von Umwelt und Unternehmen erkennbar und folglich Aussagen über die zukünftige Wettbewerbsfähigkeit möglich sein. Der Lagebericht kann dem Analysten hiermit für die Anwendung von strategischen Analysen wesentliche Informationen liefern. Auf den „eigenen beabsichtigten Beitrag"[128] der Unternehmensführung zur Entwicklung des Unternehmens im Sinne einer Darstellung von Zielen und Strategien muss der Analyst jedoch regelmäßig verzichten.

Das am 08.12.2010 veröffentlichte **„Practice Statement Management Commentary"** ist als Anleitung zur Erstellung und Darstellung eines den IFRS-Abschluss ergänzenden Berichts der Unternehmensleitung zu verstehen, wobei deutsche „IFRS-Bilanzierer" hierdurch nicht von der Lageberichterstattung nach HGB befreit sind.[129] Die Unternehmensführung wird im Hinblick auf den „Management Commentary" dazu angehalten, Informationen zu folgenden Kerninhalten bereitzustellen:

- Geschäfts- und Rahmenbedingungen,
- Ziele und Strategien,
- Ressourcen, Risiken und Beziehungen des Unternehmens,
- Geschäftsergebnis und -aussichten sowie
- Leistungsmaßstäbe und -indikatoren.

---

[126] Vgl. *SCHILDBACH/STOBBE/BRÖSEL* (2013), S. 498 f.

[127] Diese zeitliche Konkretisierung durch DRS 20.127 gilt lediglich für den Konzernlagebericht nach § 315 HGB. Für Lageberichte nach § 289 HGB gibt es keine solche zeitliche Vorgabe. Da § 315 HGB und § 289 HGB hinsichtlich der geforderten inhaltlichen Angaben vergleichbar sind, wird im weiteren Verlauf auf die Konkretisierung des DRS 20 abgestellt.

[128] *BUCHHEIM/KNORR* (2006), S. 422.

[129] Siehe z. B. *FINK/KAJÜTER* (2011), *UNREIN* (2011).

Jedoch resultiert aus der Form der Verlautbarung des „Management Commentary" als „Practice Statement" eine **unverbindliche Anwendung** der darin enthaltenen Regelungen. Folglich kann das Unternehmen einen IFRS-konformen Abschluss erstellen, auch wenn diese Regelungen keine Beachtung durch die Unternehmensführung finden; zumal gemäß IAS 1.13 der Bericht der Unternehmensleitung ohnehin – vergleichbar mit dem Lagebericht – nicht als Bestandteil des Jahresabschlusses gilt. Ob diese Empfehlungen praktische Relevanz erlangen werden, bleibt abzuwarten.

Sowohl die Regelungen für den Lagebericht als auch die Anwendungsleitlinie für den „Management Commentary" beinhalten **keine konkreten Vorschläge für die inhaltliche Ausgestaltung** der einzelnen Teilberichte bzw. Inhalte.[130] Fehlinterpretationen oder gar unsachgemäße Anwendung können somit trotz Testat nicht ausgeschlossen werden, zumal sich bei einem IFRS-Abschluss das Testat nicht auf den „Management Commentary" bezieht, weil dieser – im Unterschied zum deutschen Lagebericht[131] – keiner Prüfungspflicht unterliegt. Die geringe, wenig konkrete Regulierung der Berichtsinhalte wirkt sich durchaus negativ auf die Vergleichbarkeit unterschiedlicher Unternehmen oder sogar desselben Unternehmens im Zeitverlauf aus. Die Angaben des Lageberichts und des „Management Commentary" sind zudem – unter Beachtung des **Grundsatzes der vorsichtigen Interpretation** – in ihrer Aussagekraft „sorgfältig" zu beurteilen.

In den **freiwillig publizierten Informationen des Unternehmens** können sowohl retrospektiv als auch prospektiv orientierte Informationen enthalten sein. Dieser Informationskanal unterliegt jedoch regelmäßig keiner Regulierung oder Standardisierung; auch kann das Unternehmen nur begrenzt für den verbreiteten Inhalt haftbar gemacht werden. Daher können diese Informationen stark subjektiv eingefärbt sein.

Bei den **Informationen Dritter** ist im Allgemeinen die Einschätzung der Verwertbarkeit noch schwieriger vorzunehmen. Hier ist die subjektive Ausrichtung häufig kaum zu beurteilen. Auch kann auf die Qualität der Information allenfalls bei Kenntnis der Reputation des Absenders bzw. des Publikationsorgans geschlossen werden. Ähnlich gestaltet sich die Beurteilung bei den pflichtgemäß zu publizierenden Informationen (wie Lagebericht oder „Management Commentary") anderer (Konkurrenz-)Unternehmen, die zur **jahresabschlussbasierten Konkurrentenanalyse** herangezogen werden sollten. Auch hier sind bilanzpolitische Einwirkungen zu unterstellen.

---

[130] Siehe hierzu bereits Abschnitt 1 in diesem (V.) Kapitel.

[131] Obwohl sich die Prüfungspflicht des Lageberichts hautsächlich auf die formelle Umsetzung der rechtlichen Normen beschränkt (inhaltsseitig ist lediglich eine Plausibilitätsprüfung möglich), ist davon auszugehen, dass sich diese grundsätzlich positiv auf die Aussagekraft des Berichts auswirkt.

Unter den Informationen Dritter lassen sich jedoch auch **qualitativ höherwertige Informationen** z. B. zum makroökonomischen Umfeld oder zur Branche finden. Beispielhaft sind hier Informationen des Statistischen Bundesamts, Publikationen von Forschungsinstituten oder von Fach- und Wirtschaftsverbänden zu nennen, wobei auch hier lobbyistische Zielrichtungen denkbar sind. Häufig kann so auf jene Informationen (Primärinformationen) zugegriffen werden, die das Unternehmen selbst für die Angaben im Lagebericht bzw. im „Management Commentary" herangezogen hat. Insofern können Informationen Dritter auch **Korrekturgrößen** zu den unternehmensseitig veröffentlichten subjektiven Einschätzungen der (künftigen) Unternehmensumwelt darstellen.

Als Zwischenfazit kann festgehalten werden, dass freiwillig publizierte Informationen und die Informationen Dritter einen **Beitrag zu einer vollständigeren Informationsbasis** der strategischen Bilanzanalyse liefern können. Bei Zweifel an der Qualität der Informationen sind diese nur nach gründlicher Abwägung auf Basis von Plausibilitäts- und Konsistenzüberprüfungen zu verwenden. Der Grundsatz der vorsichtigen Interpretation sollte auch hierbei maßgeblich sein.

> Die Qualität der Ergebnisse der verschiedenen Analysemöglichkeiten steht in direkter Abhängigkeit zur Qualität der Ausgangsinformationen. Eine grundlegende Schwierigkeit im Analyseprozess besteht demzufolge in der Auswahl und der Auswertung geeigneter Informationsquellen.

Die eingeschränkte Eignung von Lagebericht[132] und „Management Commentary" folgt aus den bereits unternehmensseitig geprägten Einschätzungen[133] sowie den erörterten inhaltlichen Schwächen.[134] Zudem ist es nur folgerichtig, wenn Unternehmen nicht alle ihnen zur Verfügung stehenden internen Information zum Zwecke des Aufbaus bzw. der Bewahrung von Wettbewerbsvorteilen publizieren.

> Innerhalb der pflichtgemäß publizierten Informationsquellen eines Unternehmens eignen sich **Lagebericht** und „**Management Commentary**" eingeschränkt zur Gewinnung von strategisch relevanten Informationen. Alle anderen vom Unternehmen pflichtgemäß publizierten Quellen sind für diesen Zweck gewöhnlich selten geeignet.

Ob allerdings der externe Analyst mittels der Publikationen Dritter eher in der Lage ist, ein weniger verzerrtes und vollständigeres Bild von der Unternehmenszukunft zu zeichnen, bleibt fraglich. Allenfalls sind diese Quellen geeignet, die Informationsbasis zu ergänzen, als Korrektivgrößen zu den vom Unternehmen veröffentlichten Informati-

---

132 Vgl. *COENENBERG/FINK* (2008), S. 1158, *COENENBERG/FINK* (2011), S. 164 f.

133 Vgl. *WERNER* (1990a), S. 1014.

134 Vgl. *FINK* (2007), S. 287 f.

onen zu dienen und eine mögliche subjektive Verzerrung aufzudecken.[135] Dabei steht der Analyst vor dem Problem, den freiwillig gewährten Informationen angemessene Bedeutung zuzuschreiben bzw. aus dem Nichtvorhandensein von Informationen die richtigen Schlüsse zu ziehen.

Ein zusätzliches Problem besteht für den externen Analysten in der **Abwägung von Kosten und Nutzen** der strategischen Bilanzanalyse. Gerade die strategische Bilanzanalyse gestaltet sich hinsichtlich der Suche und der Auswahl der Informationen als äußerst ressourcenintensiv. Vielfach (aber nicht notwendigerweise) korreliert die Qualität der Information positiv mit den Kosten des Informationserwerbs. Ob schlussendlich eine effiziente Nutzung der Analyseergebnisse möglich ist, muss abgewogen werden. Dies ist jedoch schwierig, denn die Qualität von Informationen ist vor dem Erwerb selten bekannt (und nach dem Erwerb kaum einschätzbar; **Vertrauensguteigenschaft**).

2.4   Methodenvergleich

Erklärtes Ziel der strategischen Bilanzanalyse ist die zielgerichtete Beschaffung und Analyse prospektiv orientierter Informationen für die Prognose der Schaffung und des Erhalts von Erfolgspotentialen und damit des zukünftigen Grades der Zielerreichung des Unternehmens. Es müssen hierzu prospektiv orientierte Informationsquellen und korrespondierende Instrumente zu deren Auswertung gefunden werden, die eine zukunftserfolgsorientierte Beurteilung des Unternehmens ermöglichen. Derartige Instrumente sowie das prinzipielle Vorgehen bei der strategischen Bilanzanalyse wurden erörtert.

Es ist dabei deutlich geworden, dass die mit den integrierten Analysen vorgenommene Kombination von Erkenntnissen aus den Umwelt- und den Unternehmensanalysen – unter Berücksichtigung der bestehenden Beschränkungen hinsichtlich der Adäquanz der Informationsquellen – zu einem verwertbaren Ergebnis führen kann, soweit der Analyst diese **Instrumente beherrscht**. Durch den hohen Anteil an prognostischen Elementen wird das Ergebnis eher qualitativ als quantitativ ausfallen müssen. Selbst bei Anwendung von (semi-)quantitativen Instrumenten kann der Analyst allenfalls Analyseergebnisse in einer Bandbreite erwarten. Eine Verwendung von scheingenauen (Punkt-) Ergebnissen dieser Analysen ist aus Gründen des Spektrums der zu beachtenden zahlreichen Eingangsvariablen nicht zweckmäßig.

Abschließend ist festzuhalten, dass der externe Analyst mittels der **strategischen Bilanzanalyse** nur **eingeschränkt** in der Lage ist, die geforderten validen zukunftsorientierten Informationen zu erhalten. Der anfangs offenbarte „Traum" von der **Schließung** dieses **Informationsdefizits** kann somit nur **bedingt** in Erfüllung gehen. Die strategische Bilanzanalyse stellt deshalb – wie die vorab betrachtete qualitative Bilanzanalyse – eher ein ergänzendes Instrument zur „klassischen" qualitativ orientierten Bilanzanalyse dar.

---

[135]   Siehe hierzu auch das Ergebnis einer Fallstudie bei *FINK* (2007), S. 356.

3   Analyse von Konzernabschlüssen

3.1   Überblick

Wie bereits innerhalb der Ausführungen zur „Analyse der Abhängigkeit" im vierten Kapitel dargelegt, fallen im Rahmen des Konzernverbundes bestimmte Sachverhalte aus dem Aktionsraum eines (abhängigen) Unternehmens in den Bereich eines anderen (herrschenden) Unternehmens. Entsprechend sind konzerninterne Verlagerungen von Liquidität, Vermögen und/oder Erfolgen möglich. In gleicher Weise nimmt die Aussagekraft des Einzelabschlusses durch zunehmende Manipulationsmöglichkeiten ab; ein sachgerechter Einblick in die wirtschaftliche Lage eines Unternehmens kann deshalb gewöhnlich nur durch die **zusätzliche Analyse des Konzernabschlusses** gewonnen werden. Im Konzernabschluss wird der Unternehmensverbund in seiner Gesamtheit entsprechend dem **Einheitsgrundsatz**[136] so dargestellt, als ob es sich um ein einziges, wirtschaftlich ganzheitliches Unternehmen handelt.[137]

> Ein **Konzern** ist eine wirtschaftlich-organisatorische Einheit, die durch die Verbindung von mehreren rechtlich selbständigen Unternehmen entsteht.
> Ein **Konzernabschluss** ist der Jahresabschluss der wirtschaftlich-organisatorischen Einheit „Konzern". Dieser soll die „Vermögens-, Finanz- und Ertragslage" aller dieser Einheit zugehörigen Unternehmen so darstellen, als ob es sich bei diesen um **ein** Unternehmen handelt.

Da die Bemessung der Ausschüttungen – abgesehen der Orientierung am Konzernergebnis in der Praxis – dem handelsrechtlichen Einzelabschluss obliegt und die Ermittlung der Steuerlast durch den jeweiligen steuerlichen Abschluss eines einzelnen Unternehmens erfolgt, ist das **Ziel eines Konzernabschlusses** die **Informationsvermittlung**. Dieses korrespondiert formal mit dem primären Ziel der IFRS, wobei anders als nach HGB nicht die Rechenschaft, sondern die Entscheidungsunterstützung im Vordergrund steht. Nach HGB erstellte Konzernabschlüsse basieren allerdings auf nach HGB erstellten Einzelabschlüssen, die primär gläubigerschutzorientiert sind und somit – die Informationsfunktion einschränkend – durch das Vorsichtsprinzip stark verzerrt sein können. Konzernabschlüsse nach HGB sind deshalb „allenfalls ,Eier legende Wollmilchsäue', die aus vielen Zwecken heraus – nämlich Gläubigerschutz, Aktionärsschutz, Steuerbemessung, interne und externe Information – geboren sind, aber keinem dieser Zwecke tatsächlich gerecht werden."[138]

---

[136]   Zu den theoretischen Grundlagen der Konzernrechnungslegung nach HGB und IFRS siehe VON WYSOCKI/WOHLGEMUTH/BRÖSEL (2014) sowie auch BAETGE/KIRSCH/THIELE (2011), KÜTING/WEBER (2012a) und – ausschließlich nach HGB – PETERSEN/ZWIRNER (2009).

[137]   Siehe hierzu z. B. LACHNIT (2004), S. 8 f.

[138]   COENENBERG (2005), S. 110.

> Ebenso wie die Beziehungen zwischen einzelnen Abteilungen oder Betriebsstätten eines Einzelunternehmens als **Innenbeziehungen** den „Einzelabschluss" nicht beeinflussen, dürfen konzerninterne Vorgänge den Jahresabschluss der wirtschaftlichen Einheit „Konzern" („Konzernabschluss") grundsätzlich nicht verändern.

Bei der Konzernabschlusserstellung müssen deshalb die „**Konzerninnenbeziehungen**" **eliminiert** werden. Dies führt dazu, dass der Konzernabschluss lediglich die Außenbeziehungen des Konzerns ausweist (bzw. zumindest ausweisen sollte). Somit ergibt sich im Hinblick auf die Bilanzanalyse **prinzipiell kein Unterschied zwischen einer Konzernabschlussanalyse**[139] **und einer Einzelabschlussanalyse.**

Auf die Einschränkungen der Informationsgüte, die bei der Auswertung und Analyse der Einzelabschlüsse zu beachten sind, wurde bereits hingewiesen. Da der Konzernabschluss die modifizierte Zusammenfassung der Einzelabschlüsse darstellt, gelten diese Einschränkungen weitgehend auch bei der Analyse von Konzernabschlüssen. **Zudem** ist zu berücksichtigen, dass die **völlige** Eliminierung der konzerninternen Vorgänge weder gesetzlich vorgesehen ist noch praktisch gelingt. Im Einzelfall existieren somit **Aussagewertbeeinträchtigungen**, die ein Merkmal von Konzernabschlüssen sind. Diese möglichen Einschränkungen lassen sich wie folgt systematisieren:[140]

• die Unvollkommenheit des Konsolidierungskreises,

• die unterschiedliche Bewertung innerhalb der Einzelgesellschaften,

• die „unübersichtliche" Darstellung von Bilanz sowie Gewinn- und Verlustrechnung und

• der unvollständige Ausschluss der Erfolgswirksamkeit konzerninterner Vorgänge.

Im Hinblick auf eine aussagekräftige Bilanzanalyse ist es notwendig, diese Beeinträchtigungen der Informationsgüte des Konzernabschlusses weitgehend zu eliminieren. Tatsächlich ist dies aber **mangels Kenntnis der Existenz und des Umfangs der Beeinträchtigungen** kaum möglich. Deshalb kann lediglich der allgemeine Hinweis gegeben werden, dass die Ergebnisse einer Bilanzanalyse, die ohnehin nur vorsichtig zu interpretieren sind, bei Vorliegen einer Konzernbindung des zu analysierenden Unternehmens sowie die Ergebnisse einer Konzernabschlussanalyse besonders kritisch hinterfragt werden müssen.[141]

---

[139] Siehe zur Konzernabschlussanalyse z. B. *KÜTING* (1992a), *LACHNIT/AMMANN/MÜLLER* (1997), *RIEBELL* (1999), *LACHNIT* (2004), S. 309–325. Zu den bilanzpolitischen Möglichkeiten bei der HGB-Konzernbilanzierung siehe z. B. *KÜTING* (2008), S. 825–827, *FINK/REUTHER* (2010), S. 22–24.

[140] Vgl. hierzu bereits *GIESE* (1974).

[141] *DUDEK* (1974), S. 1354, äußert in diesem Zusammenhang sogar: „Der Konzerngewinn ist eine sinnleere und aussageunfähige Größe." Faktisch handelt es sich hierbei jedoch zumindest um eine **Ausschüttungsrichtgröße.**

Im Anschluss an die nun folgende Darstellung der **Einschränkungen bei der Konzernbilanzanalyse** wird speziell darauf eingegangen, wie im Rahmen der Analyse von Konzernabschlüssen mit dem Unterschiedsbetrag aus der Kapitalkonsolidierung umgegangen werden sollte.[142]

3.2   Unvollkommenheit des Konsolidierungskreises

Die Einbeziehung in den Konzernabschluss richtet sich im Hinblick auf den Konsolidierungskreis i. e. S. (also auf das Mutterunternehmen und deren Tochterunternehmen) sowohl gemäß HGB als auch gemäß IFRS nach dem Aspekt der **Beherrschung**.[143] Als Tochterunternehmen gelten jene Unternehmen, auf die das Mutterunternehmen – unmittelbar oder mittelbar – einen beherrschenden Einfluss ausüben kann (§ 290 Abs. 1 HGB bzw. IFRS 10.7). Unerheblich ist dabei, ob diese Möglichkeit (der Beherrschung) auch in Anspruch genommen wird. Eine solche Möglichkeit kann sich z. B. aus einer Stimmrechtsmehrheit, einem Organbestellungsrecht bzw. durch Satzung oder Vertrag ergeben. Ein beherrschender Einfluss liegt zudem vor (§ 290 Abs. 2 Nr. 4 HGB), wenn ein Unternehmen (das Mutterunternehmen) die Chancen und Risiken eines anderen Unternehmens (des Tochterunternehmens), welches der Erreichung eines eng begrenzten und genau definierten Ziels des Mutterunternehmens dient (sog. Zweckgesellschaft), trägt.

Ein Konsolidierungskreis kann in zweifacher Hinsicht unvollkommen sein:

- Einerseits kommt es vor, dass Unternehmen in den Konzernabschluss einbezogen sind, welche wirtschaftlich nicht als Konzernunternehmen zu betrachten sind.

- Andererseits ist es möglich, dass Unternehmen nicht in den konsolidierten Abschluss einbezogen werden, obwohl diese wirtschaftlich als Konzernunternehmen betrachtet werden sollten.

Zur **ersten Gruppe** gehören jene Unternehmen, bei denen zwar die Möglichkeit der Beherrschung besteht, diese allerdings nicht ausgeübt wird. Die Vorschriften zur Bestimmung des Konsolidierungskreises gehen schließlich nicht von der tatsächlichen Beherrschung, sondern von der **Möglichkeit der Beherrschung** aus. Wenn diese Möglichkeit tatsächlich nicht genutzt wird, liegt aus rechtlicher Sicht ein Konzernverhältnis vor – allerdings nicht aus wirtschaftlicher Sicht. Die Einbeziehung eines solchen Unternehmens in den Konzernabschluss ist somit zumindest wirtschaftlich nicht sachgerecht. Mit deren Einbeziehung in den Konzernabschluss werden z. B. Gewinne eliminiert, die aus wirtschaftlicher Sicht im Rahmen eines Außenumsatzes realisiert worden sind.

---

[142] Ein weiteres, hier nicht thematisiertes Problem der Analyse von Konzernabschlüssen bildet etwa die Behandlung des Ausgleichspostens für Anteile anderer Gesellschafter. Siehe hierzu z. B. *BÖSSER/ PILHOFER/BARTH* (2012), S. 281–384.

[143] Siehe hierzu ausführlich *VON WYSOCKI/WOHLGEMUTH/BRÖSEL* (2014), S. 51–64 und S. 71–83.

In die **zweite Gruppe** gehören Unternehmen, auf deren Einbeziehung aufgrund von **expliziten** (z. B. nach § 296 HGB) **und impliziten Wahlrechten** [z. B. gemäß dem Prinzip der Rechtzeitigkeit (F.QC29) sowie dem Kosten-Nutzen-Postulat (F.QC35) und dem Prinzip der Entscheidungsrelevanz (F.QC6–F.QC10)] verzichtet werden kann oder bei expliziten Einbeziehungsverboten (z. B. nach IFRS 5) verzichtet werden muss.[144] So braucht – im Sinne eines Wahlrechts – z. B. ein Konzernunternehmen gemäß § 296 Abs. 1 Nr. 2 HGB nicht in den Konzernabschluss einbezogen zu werden, wenn die zur Konzernabschlusserstellung erforderlichen Informationen nur mit unverhältnismäßig hohen Kosten oder entsprechenden Verzögerungen beschafft werden könnten.

3.3   Uneinheitlichkeit der Bewertung

Nach § 308 Abs. 1 **HGB** bzw. IFRS 10.19 sind die Bewertungsprinzipien, die für die Muttergesellschaft gelten, auf sämtliche Konzernunternehmen zu übertragen.[145] Die Vermögensgegenstände bzw. -werte und Schulden sind – dieser Regelung entsprechend – im Hinblick auf den Konzernabschluss einheitlich zu bewerten. **Bewertungswahlrechte,** die bei der Muttergesellschaft zulässig sind, müssen **in den einbezogenen Abschlüssen der Tochterunternehmen einheitlich ausgeübt** werden – auch wenn diese Wahlrechte in den dortigen Einzelabschlüssen oder im Einzelabschluss der Muttergesellschaft anders ausgeübt worden sind.

Ein im Konzernabschluss vom Einzelabschluss des Mutterunternehmens abweichendes Vorgehen ist möglich (z. B. gemäß § 308 Abs. 2 Satz 3 HGB und dem allgemeinen Wesentlichkeitsgrundsatz nach IFRS), wobei dieses Abweichen – zumindest nach HGB – im Konzernanhang anzugeben und zu begründen ist (§ 308 Abs. 1 Satz 3 HGB). Trotz geforderter Einheitlichkeit der Bewertung kann es also dazu kommen, dass vergleichbare Vermögensgegenstände bzw. -werte im Konzernabschluss unterschiedlichen Bewertungsmethoden unterliegen.[146]

Allerdings ist zu berücksichtigen, dass z. B. durch eine **unterschiedliche Ausnutzung impliziter Wahlrechte** in den einzelnen Konzernunternehmen – dies gilt sowohl für Abschlüsse nach HGB als auch für Abschlüsse nach IFRS – gleichartige Vermögensgegenstände bzw. -werte und Schulden mit verschiedenen Bewertungsausrichtungen in den Summenabschluss eingehen, welche im Rahmen der Konsolidierungsschritte der Konzernabschlusserstellung – bewusst oder unbewusst – nicht vereinheitlicht werden. Dies gilt beispielsweise im Hinblick auf die Frage, was die einzelnen Konzernunternehmen bei der Ermittlung der Herstellungskosten als „angemessenen Anteil" der Gemeinkosten erachten.

---

[144] Siehe hierzu ausführlich VON WYSOCKI/WOHLGEMUTH/BRÖSEL (2014), S. 76–81.

[145] Siehe hierzu ausführlich VON WYSOCKI/WOHLGEMUTH/BRÖSEL (2014), S. 23–27.

[146] Dies gilt i. S. v. § 300 Abs. 2 Satz 2 HGB auch beim Ansatz. Vgl. PETERSEN/ZWIRNER (2009), S. 83. Siehe hingegen VON WYSOCKI/WOHLGEMUTH/BRÖSEL (2014), S. 18–23.

3.4   Uneinheitlichkeit des Ausweises

Auch wenn es im HGB nicht explizit kodifiziert ist, wird vor dem Hintergrund des Einheitsgrundsatzes sowie in Anbetracht des Verweises in § 298 Abs. 1 HGB auf die Gliederungsvorschriften der §§ 266 und 275 HGB vom **Grundsatz des einheitlichen Ausweises** ausgegangen.[147] Allerdings besteht das Problem, dass eine eindeutige Zuordnung von Sachverhalten zu den Positionen der Bilanz sowie der Gewinn- und Verlustrechnung nicht möglich ist. Dadurch können unter Umständen – auch wenn von den Konzernunternehmen dieselben Gliederungsschemata genutzt werden – die **Klarheit und Übersichtlichkeit der Konzernabschlüsse** leiden.

Im Hinblick auf Konzernabschlüsse nach IFRS verschärft sich dieses Problem, weil es nach IFRS keine vergleichbaren konkreten Gliederungsvorschriften für die Bilanz sowie für die Gesamtergebnisrechnung (einschließlich Gewinn- und Verlustrechnung) gibt.

> Ein sachkundiger Bilanzleser wird eine Bilanzanalyse dennoch vornehmen können, weil hierin nur eine eher **geringfügige Beeinträchtigung der Aussagekraft des Konzernabschlusses** zu sehen ist.

3.5   Unvollständigkeit der Erfolgskonsolidierung

Gemäß § 304 Abs. 1 HGB und IFRS 10.B86 müssen konzerninterne Erfolge – also sowohl konzerninterne Gewinne als auch entsprechende Verluste – eliminiert werden, wenn gelieferte Vermögensgegenstände bzw. -werte auf Lieferungen oder Leistungen zwischen in den Konzernabschluss einbezogenen Unternehmen beruhen. Diese Vermögensgegenstände bzw. -werte sind dann im Konzernabschluss mit jenen Beträgen anzusetzen, die sich ergeben würden, wenn die Konzernunternehmen in ihrer Gesamtheit ein einziges Unternehmen bilden würden.[148] Hierbei wird von der **Zwischenergebniseliminierung**[149] gesprochen.

Es brauchen also nur Gewinne und Verluste neutralisiert zu werden, die auf Lieferungen oder Leistungen zwischen solchen Unternehmen beruhen, welche auch in den Konzernabschluss **einbezogen** worden sind. Da es wirtschaftlich auch Konzernmitglieder gibt, die ausschließlich aus rechtlichen Gründen (z. B. aufgrund expliziter oder impliziter Wahlrechte) **nicht in den Konzernabschluss einbezogen** werden, resultiert daraus, dass die diesbezüglichen konzerninternen Erfolge **nicht zu eliminieren** sind.

---

[147] Siehe VON WYSOCKI/WOHLGEMUTH/BRÖSEL (2014), S. 27.

[148] Siehe zu den Ausführungen dieses Abschnitts auch ORDELHEIDE (1973).

[149] Siehe hierzu ausführlich VON WYSOCKI/WOHLGEMUTH/BRÖSEL (2014), S. 209–255.

Zudem braucht nach § 304 Abs. 2 HGB eine Neutralisierung konzerninterner Erfolge nicht vorgenommen werden, wenn die sog. **Zwischenergebnisse nur von untergeordneter Bedeutung** für den Einblick in die „Vermögens-, Finanz- und Ertragslage" sind. Dabei wird jedoch aus dem Gesetzestext nicht deutlich, ob die Wesentlichkeit der Zwischenergebnisse in der Einzelbetrachtung der jeweiligen Zwischenergebnisse oder in der Gesamtbetrachtung aller Zwischenergebnisse des Konzerns überprüft werden soll. Immerhin muss der Verzicht auf die Eliminierung im Konzernanhang angegeben werden. Auch nach IFRS kann auf die Zwischenergebniseliminierung – mit Blick auf das bei der Bilanzierung zu berücksichtigende Kosten-Nutzen-Postulat und hinsichtlich des zu beachtenden Prinzips der Entscheidungsrelevanz – verzichtet werden.

> Da es im Hinblick auf die Bedeutung der Zwischenergebnisse für die wirtschaftliche Lage keine objektiven Maßstäbe gibt, kann – im Falle eines entsprechenden Hinweises auf die Unterlassung der Zwischenergebniseliminierung im Konzernanhang – bei der Analyse davon ausgegangen werden, dass konzerninterne Gewinne und Verluste **kaum bekannten Umfangs** im Konzernabschluss enthalten sind.

Es sei schließlich darauf hingewiesen, dass Erträge eines Konzernunternehmens, die Aufwendungen eines anderen Konzernunternehmens sind, gemäß § 305 Abs. 1 HGB bzw. IFRS 10.B86 mit diesen verrechnet werden müssen. Diese als **Aufwands- und Ertragskonsolidierung**[150] bezeichnete Aufrechnung (z. B. von Mieten und Zinsen) ist weitgehend erfolgsneutral. Sie führt zu einem Nettoausweis und soll eine Aufblähung der Gewinn- und Verlustrechnung vermeiden. Auch hierauf kann gemäß § 305 Abs. 2 HGB und mit Blick auf die genannten IFRS-Prinzipien verzichtet werden, wenn die neutralisierten Beträge für die Vermittlung des den „tatsächlichen" Verhältnissen entsprechenden Bildes der wirtschaftlichen Lage von untergeordneter Bedeutung sind.

---

[150] Siehe hierzu ausführlich wiederum *VON WYSOCKI/WOHLGEMUTH/BRÖSEL* (2014), S. 319–355.

3.6 Berücksichtigung des Unterschiedsbetrages aus der Kapital- konsolidierung

Wie bereits im zweiten Kapitel skizziert, bestehen wesentliche Unterschiede bei der Bilanzierung eines sich im Rahmen der Kapitalkonsolidierung ergebenden Unter- schiedsbetrages nach HGB und IFRS. In Konzernbilanzen kommt dem Unterschieds- betrag eine erhebliche Bedeutung zu, weil die Anschaffungskosten eines Tochterunter- nehmens i. d. R. nicht mit dem anteiligen Reinvermögen übereinstimmen.

Den **Ausweis** des Unterschiedsbetrages regelt für handelsrechtliche Konzernabschlüsse § 301 Abs. 3 **HGB**. Demnach ist ein **positiver Unterschiedsbetrag** als Geschäfts- oder Firmenwert („Goodwill") auf der Aktivseite der Konzernbilanz auszuweisen. Dieser ist aus Sicht des Gesetzgebers (§ 246 Abs. 1 Satz 4 HGB) als fiktiver zeitlich begrenzt nutzbarer Vermögensgegenstand zu betrachten. **Negative Unterschiedsbeträge** finden sich hingegen bei der HGB-Bilanzierung – explizit als „Unterschiedsbetrag aus der Kapi- talkonsolidierung" bezeichnet – auf der Passivseite der Konzernbilanz nach dem Eigen- kapital wieder.

Die Regelungen zur **Folgebehandlung** des Unterschiedsbetrages finden sich in § 309 **HGB**. Hierbei wird auf die allgemeinen Bewertungsregelungen des ersten Abschnitts des dritten Buches des HGB verwiesen. Somit ist der Geschäfts- oder Firmenwert planmäßig über seine voraussichtliche Nutzungsdauer abzuschreiben (§ 246 Abs. 1 Satz 4 HGB i. V. m. § 253 Abs. 3 Satz 1 und 2 HGB), gegebenenfalls muss eine außer- planmäßige Abschreibung vorgenommen werden (§ 253 Abs. 3 Satz 3 HGB), wobei eine spätere Wertaufholung ausgeschlossen ist (§ 253 Abs. 5 Satz 2 HGB). Problema- tisch ist in diesem Zusammenhang die **„Ermittlung" der Nutzungsdauer**, wobei diese nicht länger als fünf Jahre „festgelegt" werden sollte.[151] Ein passiver Unterschiedsbetrag kann hingegen gemäß § 309 Abs. 2 HGB lediglich dann aufgelöst werden, wenn die zum Erwerbszeitpunkt erwartete ungünstige Entwicklung der Ertragslage des betroffe- nen Unternehmens eingetreten ist oder am Bilanzstichtag feststeht, dass der Unter- schiedsbetrag einem realisierten Gewinn entspricht.

> Eine sachgerechte Bestimmung der Nutzungsdauer eines Goodwill ist nicht möglich. Somit eröffnet die gesetzliche Regelung enorme bilanzpolitische Spielräume.

---

[151] Siehe zu dieser Problematik *BRÖSEL/MINDERMANN* (2009), S. 411 f.

Vor allem die Unmöglichkeit der Ermittlung einer Goodwillnutzungsdauer haben die Standardsetzer der **IFRS** – nach dem Vorbild der US-amerikanischen Regelungen – zum Anlass genommen, die Bilanzierung des Unterschiedsbetrages nach internationalen Normen im Jahre 2004 – als Ergebnis der **ersten Phase des „Business-Combinations-Projekts"** – grundlegend zu modifizieren.[152] Ein positiver Geschäfts- oder Firmenwert ist zu aktivieren. Dieser unterliegt jedoch keinen planmäßigen Abschreibungen. Abschreibungen sind lediglich auf Basis eines regelmäßig durchzuführenden Wertminderungstestes („Impairment Test") zugelassen. Da imparitätisch nur die Wertminderungen, aber keine Werterhöhungen bilanziell nachvollzogen werden müssen bzw. dürfen, wird hierbei vom **„Impairment Only Approach"** gesprochen.

Im Jahre 2008 erfolgte – als **Ergebnis der zweiten Phase des „Business-Combinations-Projekts"** – eine weitere Anpassung der relevanten IFRS, welche für Geschäftsjahre gilt, die nach dem 1. Juli 2009 begannen. In diesem Zusammenhang wird den Bilanzierenden im Rahmen des IFRS-Konzernabschlusses ein Wahlrecht zur **„Full-Goodwill-Methode"** eingeräumt (IFRS 3.19 f.). Dieses kommt dann zum Tragen, wenn hinsichtlich eines Tochterunternehmens Minderheitenanteile zu berücksichtigen sind. Die Bilanzierenden können entsprechend entscheiden, ob sie nur den sich auf die **Mehrheiten** beziehenden derivativen Goodwill **oder darüber hinaus** einen – wie auch immer ermittelten – fiktiven, sich auf die **Minderheiten** beziehenden Goodwill ausweisen. Dies erhöht nicht nur die (ohnehin enormen) bilanzpolitischen Spielräume, sondern führt auch nicht zu der angestrebten Konvergenz zwischen IFRS und US-GAAP, denn nach US-GAAP besteht mittlerweile die Pflicht zur „Full-Goodwill-Methode".

Die Bilanzierung des derivativen Goodwill nach IFRS (IFRS 3 und IAS 36) wird nun insofern dargestellt, als davon abgesehen wird, die sich aus dem soeben skizzierten Wahlrecht zur „Full-Goodwill-Methode" resultierenden Probleme aufzuzeigen.[153] An dieser Stelle sei lediglich auf die Probleme eingegangen, die sich selbst bei einer 100%igen Beteiligung an einem Tochterunternehmen im Rahmen des „Impairment Only Approach" ergeben.

Demnach ist ein Unterschiedsbetrag im Rahmen der sog. Kaufpreisallokation zu ermitteln. Ist dieser **negativ**, muss er – nach wiederholter Überprüfung des Sachverhaltes – sofort **erfolgswirksam als Ertrag vereinnahmt** werden. Ist dieser Unterschiedsbetrag hingegen **positiv**, dann liegt ein **derivativer Goodwill** vor, der als Vermögenswert zu **aktivieren** ist, weil es sich um eine Zahlung handelt, die der Erwerber in Erwartung zukünftigen Nutzens über den Betrag des Nettovermögens zu Zeitwerten hinaus geleistet hat. Die Erstbewertung des Goodwill erfolgt zum ermittelten Unterschiedsbetrag.

---

[152] Vgl. ausführlich zu den nachfolgenden Ausführungen – jeweils m. w. N. – *BRÖSEL/KLASSEN* (2006), S. 450–462, *BRÖSEL/MÜLLER* (2007), S. 35–37, *BRÖSEL* (2008). Siehe auch *VON WYSOCKI/WOHLGEMUTH/BRÖSEL* (2014), S. 178–181.

[153] Vgl. hierzu weiterführend *KÜTING/WEBER/WIRTH* (2008), *HAAKER* (2008) und *VON WYSOCKI/WOHLGEMUTH/BRÖSEL* (2014), S. 181–184.

Planmäßige Abschreibungen – über eine eher willkürlich festgelegte oder geschätzte Nutzungsdauer – sind in der Folgezeit **nicht zulässig.** Statt dessen sind, weil von einer unbestimmten bzw. -baren Nutzungsdauer des Goodwill ausgegangen wird, die „Anschaffungskosten" solange fortzuführen, bis sich auf Basis eines planmäßig und mindestens jährlich durchzuführenden Wertminderungstestes ein Abschreibungsbedarf ergibt. Sollten beim Wertminderungstest für den Goodwill Werterhöhungen identifiziert werden, besteht ein Zuschreibungsverbot hinsichtlich des Goodwill. So soll die Aktivierung eines originären Goodwill verhindert werden, die jedoch aufgrund des „Impairment Only Approach" implizit stattfindet, denn es kann nicht unterschieden werden, ob der Wert des aktuellen erzielbaren Betrages, dessen Ermittlung im Folgenden noch dargestellt wird, aus originären oder derivativen Goodwillbestandteilen resultiert.

Eine isolierte Bewertung des derivativen Goodwill ist aufgrund seines Charakters nicht möglich. Deshalb müssen die Bilanzierenden gemäß IFRS auf das **Konstrukt der sog. zahlungsmittelgenerierenden Einheit** (ZGE) zurückgreifen. Eine ZGE ist die kleinste identifizierbare Gruppe von Vermögenswerten, die separierbare und weitgehend unabhängige Mittelzuflüsse eigenständig generieren kann. Das erworbene Unternehmen muss somit fiktiv und unter Zuhilfenahme der Struktur des (bestehenden oder nach dem Erwerb geplanten) internen Berichtssystems in ZGE untergliedert werden. Eine Aufteilung kann dabei auch auf bereits bestehende ZGE (mit vorhandenem originären und/oder derivativen Goodwill) erfolgen. Sowohl im Rahmen der Bildung der ZGE als auch bei der anschließend erforderlichen Verteilung des Goodwill auf diese Einheiten – wobei von der voraussichtlichen Nutzenstiftung auszugehen ist – ergeben sich **erhebliche Ermessensspielräume.**[154]

Der **Werthaltigkeitstest,** dessen Struktur in Abbildung 49 dargestellt ist, muss mindestens jährlich für jede ZGE, der ein derivativer Goodwill zugeordnet wurde, durchgeführt werden. Im Rahmen dieses Werthaltigkeitstestes wird der Buchwert der ZGE mit dem sog. erzielbaren Betrag verglichen, der durch eine Gesamtbewertung der Einheit „ZGE" zu ermitteln ist. Es besteht eine Abschreibungspflicht in Höhe der festgestellten Differenz, wenn der erzielbare Betrag der ZGE kleiner als deren Buchwert ist. Zuerst wird dabei der Buchwert des der ZGE zugeordneten derivativen Goodwill gemindert. Falls dieser den Abschreibungsbedarf nicht kompensieren kann, ist der verbleibende Betrag den der ZGE zugeordneten Vermögenswerten buchwertproportional zu belasten, sofern es sich bei diesen z. B. nicht um liquide Mittel handelt.

---

[154] Siehe hierzu auch *SCHÜRMANN* (2011), S. 96 f., *SCHÜRMANN* (2013), S. 76–80.

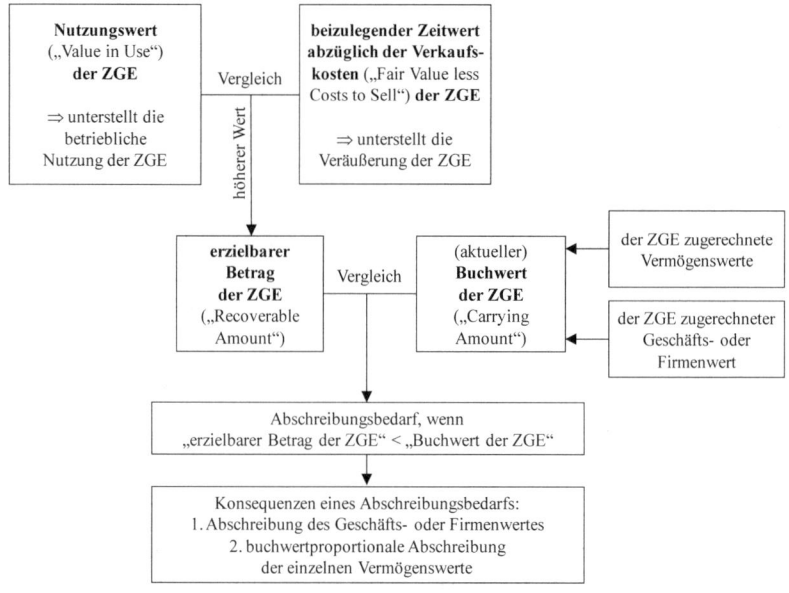

Abbildung 49:   *„Impairment Test" für den Goodwill nach IAS 36*[155]

Die **Bestimmung des Buchwertes** der ZGE muss durch direkte Zuordnung des derivativen Goodwill und durch Berücksichtigung jener Vermögenswerte, die der ZGE direkt oder auf „einer vernünftigen und stetigen Basis" zugeordnet werden, erfolgen. Der **erzielbare Betrag** ist hingegen der höhere Wert aus dem beizulegenden Zeitwert abzüglich der Verkaufskosten und dem Nutzungswert. Die Ermittlung des erzielbaren Betrages basiert somit auf dem Vergleich eines fiktiven Verkaufs mit dem geschätzten Ergebnis der internen Nutzung der ZGE.

Der als objektiv geltende **beizulegende Zeitwert abzüglich der Verkaufskosten** wird in einem dreistufigen Vorgehen ermittelt. Als bestmögliches Ermittlungsverfahren gilt dabei jener Preis, der für die ZGE in einem bindenden Kaufvertrag bereits festgelegt wurde. Hinsichtlich der „zweitbesten" Möglichkeit soll auf aktuelle oder jüngste Preise am „aktiven Markt" zurückgegriffen werden, den es mangels seiner restriktiven Kriterien für die Unikate „ZGE" nur in Ausnahmefällen geben sollte. Schließlich ist der gesuchte Wert auf Basis „der besten verfügbaren Informationen" zu ermitteln. Hierbei sind die jüngsten Transaktionen für ähnliche ZGE derselben Branche zu berücksichtigen.

---

[155] In Anlehnung an BRÖSEL/KLASSEN (2006), S. 455, basierend auf einer Vorauflage von BIEG/ KUßMAUL/WASCHBUSCH (2012), S. 512.

Demgegenüber ergibt sich der **Nutzungswert** als Barwert. Dieser entspricht der Summe der erwarteten und mit einem Kalkulationszinsfuß diskontierten Einzahlungsüberschüsse der ZGE. Die Schätzung der Mittelzuflüsse soll auf Basis von „vernünftigen und vertretbaren Annahmen" (IAS 36.33) erfolgen. Die viele Interpretationsspielräume aufweisenden Regelungen zur Ermittlung der Mittelzuflüsse gleichen dem Konzept des sog. Free Cash Flow (FCF),[156] denn es wird hierbei gemäß IAS 36.50 auf jene Größe abgestellt, bei der die Zu- und Abflüsse von Eigen- und Fremdkapitalgebern nicht einbezogen werden. Zudem sollen die erwarteten Ertragsteuerbelastungen bei der Ermittlung der Zuflüsse unberücksichtigt bleiben. Wohl um die Ermessensspielräume der bilanzierenden Unternehmen zu vermindern, ist dem eher subjektiven Zähler der Barwertformel ein „objektivierter" Nenner gegenüberzustellen. Ein im Rahmen der Diskontierung zu verwendender Zinssatz gilt deshalb als angemessen, wenn dieser die „marktgerechte" und gleichsam „risikoadäquate" Renditeforderung der Eigenkapitalgeber darstellt. Dieser Zinssatz ist gemäß IAS 36.55 f. über den Markt zu ermitteln. Falls der Zinssatz „nicht über den Markt erhältlich" (IAS 36.57) ist, muss dieser geschätzt werden. IAS 36.A17(a) verweist in diesem Zusammenhang explizit auf das kapitalmarkttheoretische „Capital Asset Pricing Model" (CAPM).[157]

Der Standardsetzer unterstellt, dass ein derivativer Goodwill in den Folgejahren verlässlich bewertet werden kann. Wäre dies möglich, dann könnte konsequenterweise auch ein originärer Goodwill verlässlich, also vor allem willkürfrei, bewertet werden.[158] In diesem Fall würde der Aktivierung des originären Goodwill nichts im Wege stehen. Beim ausgewiesenen derivativen Goodwill handelt es sich jedoch nur um eine **Bilanzposition, die Fehldeutungen und Spekulationen geradezu heraufbeschwört**:[159] Der als derivativer Goodwill zu bilanzierende Betrag ist umso geringer, je besser der Bilanzierende um ein Unternehmen verhandelt hat, und umso höher, je geringer die Verhandlungsmacht und/oder das Verhandlungsgeschick des Bilanzierenden war. Ein derivativer Goodwill bildet deshalb nicht die im Rahmen der Transaktion vermeintlich erworbenen „ökonomischen Potentiale" ab. Er ist auch kein adäquater ökonomischer Maßstab, um auf den mit der Unternehmenstransaktion verbundenen ökonomischen Vorteil zu schließen. Es fehlen schließlich die Informationen über den Kapitalwert der Akquisition.

---

[156] Vgl. hierzu und zur kritischen Würdigung der Risikoberücksichtigung im Rahmen der Nutzungswertermittlung *MANDL* (2005), S. 142.

[157] Vgl. kritisch z. B. *MATSCHKE/BRÖSEL* (2013), S. 33–43, sowie *HERING* (2008), S. 289–296, *OLBRICH* (2011).

[158] Zur mangelnden Zuverlässigkeit bei der Bewertung des (derivativen) Goodwill siehe bereits *MOXTER* (1993), S. 855.

[159] Siehe ausführlich *MATSCHKE/BRÖSEL* (2013), S. 503–505. Vgl. auch *KÜTING* (2012).

Darüber hinaus bestehen, z. B. bei der Kaufpreisallokation, bei der Bildung einer ZGE, bei der Zuteilung des Goodwill auf die ZGE sowie – nicht zuletzt – bei der Ermittlung des erzielbaren Betrages (beispielweise durch die Wahl des Planungshorizonts sowie des Zinssatzes), **erhebliche bilanzpolitische Spielräume.**[160] So ermöglichen etwa groß gewählte ZGE einen „horizontalen" Verlustausgleich;[161] erfolgreiche Bereiche werden mit weniger erfolgreichen Bereichen zu einer ZGE zusammengefasst. Auch die **Vergleichbarkeit** von Unternehmen ist beschränkt. Einerseits werden beim Kauf entstehende derivative Good- und Badwill unterschiedlich berücksichtigt. Andererseits sind extern und intern wachsende Unternehmen auf Dauer nicht mehr vergleichbar, weil Letztere ihre Investitionen in den originären Goodwill nicht aktivieren dürfen.[162]

In Anbetracht der dargestellten Probleme ist den in den Konzernbilanzen ausgewiesenen positiven und negativen Unterschiedsbeträgen im Rahmen der Konzernbilanzanalyse mit besonderer Vorsicht zu begegnen. Bei der Erstellung einer Konzernstrukturbilanz sollten die Unterschiedsbeträge unabhängig von ihrer Höhe – wie bereits im zweiten Kapitel für die entsprechenden Bilanzpositionen im Einzelabschluss empfohlen – **mit dem Eigenkapital verrechnet** werden, denn trotz Relevanz des Goodwill sind die „Verlässlichkeitsdefizite" zu hoch.[163]

---

[160] Vgl. auch *BAUSCH/FRITZ* (2005), S. 306, *DOBLER* (2005), S. 29.

[161] Vgl. z. B. *PELLENS/SELLHORN* (2001), S. 719.

[162] Vgl. etwa *PELLENS/SELLHORN* (2001), S. 720, *BAUSCH/FRITZ* (2005), S. 306.

[163] Siehe so z. B. auch *RAMMERT* (2010), S. 2274–2277 (Rz. 61–64), *KÜTING/WEBER* (2012b), S. 99, *KÜTING* (2013). Anderer Ansicht sind *LACHNIT/MÜLLER* (2003), *LACHNIT* (2004), S. 19.

4 Internationale Vergleiche

4.1 Überblick

Es wurde bereits ausdrücklich darauf hingewiesen, dass es sich kaum lohnt, im Rahmen der (externen) Bilanzanalyse zu versuchen, die Jahresabschlüsse von Unternehmen, die nach Normen mit unterschiedlichen Rechnungslegungsphilosophien bilanzieren, vergleichbar zu machen.[164] Der Jahresabschluss eines Unternehmens, welches nach dem gläubigerschutzorientierten HGB bilanziert, ist für einen externen Bilanzleser **nicht** in einen informationsorientierten IFRS-Abschluss **überführbar** – *et vice versa*. Das Problem des „Vergleichbarmachens" der Jahresabschlüsse wurde durch die Einführung von „internationalen" Rechnungslegungsstandards und durch die sog. Modernisierung des HGB nicht gelöst.

Zumindest auf nationaler Ebene hat sich die **Problematik** der Vergleichbarkeit durch die „Internationalisierung" sogar **verschärft**, weil nunmehr ein (kleiner) Teil der deutschen Unternehmen die Abschlüsse nach IFRS veröffentlicht und der andere (größere) Teil weiterhin (Einzel-)Abschlüsse nach HGB publiziert. Auch die Vergleichbarkeit von Unternehmen, die nach HGB bilanzieren sowie veröffentlichen und dabei die diversen Übergangswahlrechte im Hinblick auf Neuregelungen unterschiedlich ausüben, kann – in Abhängigkeit von den jeweiligen Vorschriften – mehrere Jahre lang eingeschränkt sein. Ähnliches gilt für die Vergleichbarkeit von Jahresabschlüssen nach IFRS untereinander; hierbei wird die Vergleichbarkeit u. a. auch durch die unterschiedliche Rechnungslegungsmentalität sowie durch die unterschiedlich starke Durchsetzbarkeit und Kontrolle der Anwendung der Regeln in den einzelnen Staaten verschärft.

Nachfolgend soll verdeutlicht werden, was zu berücksichtigen ist, wenn grenzüberschreitende, also **internationale Betriebsvergleiche**[165] durchgeführt werden. Es wird vorausgesetzt, dass nur Abschlüsse verglichen werden können, denen **dieselbe Rechnungslegungsphilosophie** zugrunde liegt: Es können entweder nur Jahresabschlüsse, die auf einer informationsorientierten Philosophie basieren, miteinander verglichen werden (z. B. die IFRS-Abschlüsse deutscher Unternehmen mit den IFRS-Abschlüssen eines französischen, eines russischen oder selbst eines griechischen Unternehmens oder mit den US-GAAP-Abschlüssen eines US-amerikanischen Unternehmens), oder nur Jahresabschlüsse gegenübergestellt werden, die – wie z. B. i. S. d. deutschen HGB üblich – alle auf einer vorsichts-/gläubigerschutzorientierten Philosophie beruhen.

---

[164] Siehe hierzu sowie zu den damit verbundenen Problemen die Ausführungen in Abschnitt 2.2.4 des II. Kapitels.

[165] Um einen (äußeren) **Betriebsvergleich** – auch Unternehmensvergleich genannt – handelt es sich, wenn ein Analyst als Vergleichsmaßstab zur Beurteilung des zu analysierenden Unternehmens die Daten anderer (konkreter) Unternehmen heranzieht. Hierbei kann es sich um Unternehmen derselben Branche oder auch um Unternehmen anderer Branchen handeln.

Hierbei sind vor allem zwei Probleme zu lösen:

- Auch wenn Rechnungslegungssysteme auf derselben Philosophie beruhen, ist das Vorgehen bei Ansatz, Bewertung und Ausweis nicht einheitlich, z. B. weil explizite Wahlrechte bestehen oder das Vorgehen i. S. v. impliziten Wahlrechten nicht eindeutig konkretisiert ist. Vor diesem Hintergrund ist – soweit möglich – eine Anpassung der einzelnen Abschlüsse notwendig. Dieser Vorgang wird „Umwertung" genannt.
- Nach der Umwertung der einzelnen Jahresabschlüsse müssen diese gegebenenfalls noch in eine einheitliche Währung überführt werden. Dieser Vorgang wird als „Umrechnung" bezeichnet.

Beispiel: Implizite Wahlrechte bestehen z. B. im Hinblick auf den Ausweis nach IFRS, weil keine detaillierten Gliederungsvorschriften für die Bilanz sowie für die Gesamtergebnisrechnung (bzw. die Gewinn- und Verlustrechnung) existieren. Somit sind meist nationale Gliederungsvorschriften Basis der IFRS-Gliederungen. Wenn IFRS-Abschlüsse von Unternehmen verschiedener Länder verglichen werden, wird hierdurch eine Umwertung im Sinne einer Anpassung der Gliederungen der einzelnen Abschlüsse notwendig.

> Bevor ein internationaler Betriebsvergleich im Rahmen einer Bilanzanalyse durchgeführt wird, ist zu prüfen, ob die zu vergleichenden Jahresabschlüsse **umzuwerten und umzurechnen** sind.

4.2   Umwertung

Nachdem festgestellt wurde, dass die zu vergleichenden Jahresabschlüsse auf derselben Rechnungslegungsphilosophie beruhen, sollte eine Umwertung erfolgen. Die **Probleme**, die sich diesbezüglich aufgrund unterschiedlicher Ansatz-, Bewertungs- und Ausweisvorschriften ergeben, sind z. B. im Hinblick auf den Vergleich von IFRS- mit US-GAAP-Abschlüssen sowie beispielsweise hinsichtlich des Vergleiches von HGB-Abschlüssen mit Abschlüssen anderer Rechnungslegungsnormen, die ebenfalls gläubigerschutzorientiert (also grundsätzlich vergleichbar) sind, meist **nicht größer als jene Probleme, die bei nationalen Vergleichen**, z. B. aufgrund der unterschiedlichen Nutzung bilanzpolitischer Spielräume, **bestehen.**[166] Allerdings setzt die Umwertung von Jahresabschlüssen verschiedener Rechnungslegungssysteme deren Kenntnis voraus, um die bestehenden Unterschiede sowie die Ausnutzung der bilanzpolitischen Möglichkeiten zu identifizieren.

---

[166] Siehe zur vergleichenden Analyse von gläubigerschutzorientierten Abschlüssen verschiedener Länder z. B. *OESTREICHER/SPENGEL* (1996).

Beispiel: So kann z. B. bezüglich gläubigerschutzorientierter Systeme konstatiert werden, dass weitgehend auf Basis historischer Anschaffungs- oder Herstellungskosten bewertet wird. Abschreibungen sind in den betreffenden Ländern in größerem Umfang normiert. Sonderabschreibungen und ähnliche struktur- und konjunkturpolitische Maßnahmen, die den Jahresabschluss betreffen, sind ebenfalls denkbar. Wenn in Einzelfällen mit realen Anschaffungs- oder Herstellungskosten bewertet wird, ist die Korrekturmethode regelmäßig im Anhang angegeben. In diesen Fällen ist eine Umwertung relativ leicht möglich.

Vor allem aufgrund der Probleme, die sich bei der **Quantifizierung der Ausnutzung bilanzpolitischer Maßnahmen** ergeben, wird sich die Umwertung – wie bereits schon im zweiten Kapitel im Rahmen der Ausführungen zur Informationsaufbereitung diskutiert – auf die weitgehende Vereinheitlichung von Ansatz und Ausweis konzentrieren.

> In der Praxis der internationalen Bilanzanalyse wird eine „Umwertung"
> auf die weitgehende **Vereinheitlichung von Ansatz und Ausweis**
> reduziert bleiben. **Vereinheitlichungen der Bewertung** werden **meist**
> ebenso **außer Betracht** bleiben wie Wertkorrekturen im nationalen
> zwischenbetrieblichen Vergleich. Dies gilt umso mehr, je geringer die
> Informationsmöglichkeiten sind und je langfristiger die Analyse ist.

4.3　　Umrechnung

Bei der Umrechnung ausländischer Währungen auf eine Vergleichswährung (meist die inländische Währung) treten zwei Probleme auf:

- Einerseits muss entschieden werden, ob ein klassischer **Wechselkurs oder** ob ein **Kaufkraftkurs** zur Umrechnung herangezogen wird.
- Andererseits muss geklärt werden, ob mit **nur einem Kurs** umgerechnet wird **oder** ob – wegen unterschiedlicher Anschaffungs-, Herstellungs- und Realisationszeitpunkte – **mit mehreren Kursen** gerechnet werden muss.

Das **Problem „Wechselkurs** *versus* **Kaufkraftkurs"** besteht darin, dass ein klassischer Wechselkurs aufgrund der weitgehenden Fixierung auf bestimmte Wertgrenzen und der starken Beeinflussung durch das Verhalten von Notenbanken teilweise wenig Bezug zu den tatsächlichen „Wertvorstellungen", also zur tatsächlichen Kaufkraft, in verschiedenen Ländern hat. Nicht zuletzt daraus erklären sich auch vorübergehende oder chronische Ungleichgewichte in den volkswirtschaftlichen Handelsbilanzen. Aus diesem Grund sind **Kaufkraftkurse grundsätzlich sachgerechte(re) Umrechnungsmaßstäbe.**[167]

Praktisch ist es jedoch **unmöglich, mit Kaufkraftkursen umzurechnen,** weil die speziellen Kaufkraftparitäten für die verschiedenen Vermögenspositionen nicht bekannt sind. Außerdem muss die Passivseite mit (klassischen) Wechselkursen umgerechnet werden, denn Schulden haben keine zu ermittelnde „Kaufkraft". Hierdurch können wesentliche Umschichtungen im Vermögen und Veränderungen des Gewinns entstehen, die ausschließlich auf der jeweiligen Umrechnungsmethode basieren. Vor diesem Hintergrund ist es *in praxi* **lediglich möglich, zur Umrechnung klassische Wechselkurse heranzuziehen.**

Oft wird davon ausgegangen,[168] dass mit **mehreren Kursen** zu rechnen ist. Prinzipiell müssten monetäre Werte (wie etwa liquide Mittel, Forderungen oder Verbindlichkeiten) mit dem Stichtagskurs (Kurs am Bilanzstichtag) und nicht-monetäre Werte (wie etwa das Anlagevermögen) mit historischen Kursen (Kurs zum Anschaffungs- oder Herstellungszeitpunkt) umgerechnet werden. **Für die Bilanzanalyse ist es jedoch zweckmäßig, nur mit Stichtagskursen zu rechnen,** weil die genauen Anschaffungs- oder Herstellungszeitpunkte nicht bekannt sind. Die historischen Kurse können somit überhaupt nicht ermittelt werden.

> Bei internationalen Bilanzanalysen müssen die **Wechselkurse zum jeweiligen Bilanzstichtag** (Stichtagskurse) zur Umrechnung herangezogen werden. Eine Anwendung anderer Wechselkurse ist nicht praktikabel.

Grundsätzlich ist jeder ausländische Jahresabschluss nach den Prinzipien aufzubereiten bzw. zu modifizieren, die für die (inländischen) Vergleichsjahresabschlüsse gelten. Werden aufgrund dieser modifizierten Beträge **relative Kennzahlen** berechnet, um einen internationalen Unternehmensvergleich zu ermöglichen, **entfällt das Problem der Wahl des Umrechnungskurses ohnehin.** Sowohl Zähler als auch Nenner sind gewöhnlich in ausländischer Währung ausgedrückt (und „kürzen sich heraus"), weshalb unterschiedliche Währungen keinen Einfluss auf die Kennzahl haben.

---

[167] Siehe *HIRTSIEFER* (1970).
[168] Siehe etwa *KIRCHNER* (1973), S. 796–808, *JONAS* (1974), S. 1350.

5 Steuerliche Außenprüfung

Nach dem **deutschen Steuerrecht** haben die Finanzbehörden umfassende Möglichkeiten, Prüfungen durchzuführen, wenn ihnen dies zur Feststellung und Sicherung der Besteuerungsgrundlagen und der Steuerzahlungspflicht erforderlich erscheint. Dieses **Überwachungsrecht** ergibt sich aus § 85 AO. Demnach sollen die Finanzbehörden vor allem sicherstellen, dass Steuern nicht verkürzt oder zu Unrecht erhoben sowie Steuererstattungen und -vergütungen nicht zu Unrecht gewährt werden.

Die Möglichkeit, eine Außenprüfung durchzuführen, wenn es die Überwachungspflicht gebietet, ist in § 193 AO kodifiziert. Die allgemeinen und speziellen **Vorschriften zur Außenprüfung**[169] ergeben sich schließlich aus dem vierten Abschnitt des vierten Teils der Abgabenordnung (§§ 193–207 AO) sowie aus diversen Verwaltungsregelungen (z. B. aus der Betriebsprüfungsordnung).[170] In welchen Zeitabständen und für welche Zeiträume diese Prüfungen durchgeführt werden, liegt grundsätzlich im Ermessen der Finanzbehörde.

Einige Finanzamtsbezirke sind mittlerweile zur **zeitnahen** oder gar zur **begleitenden Betriebsprüfung** ausgewählter Unternehmen übergegangen (oder es ist ein solcher Übergang geplant).[171] In Anbetracht des technischen Fortschritts und der EDV-basierten Buchführung werden solche Prüfungen teilweise „online" bzw. auf elektronischem Wege vorgenommen. Die Prüfungen sollen dabei möglichst jährlich und teilweise vor Abgabe der endgültigen Steuererklärung erfolgen. „Änderungsvorschläge" des Betriebsprüfers können somit Eingang in die (steuerlichen) Jahresabschlüsse der Unternehmen finden.[172] Da die Steuererklärungen somit als geprüft gelten können, entfällt schließlich auch der Vorbehalt der Nachprüfung.

---

[169] Siehe diesbezüglich ausführlich *SCHAUMBURG* (2013).

[170] Zur Bedeutung der Bilanzpolitik bei der Betriebsprüfung – dargestellt am Beispiel der Herstellungskosten – siehe *KÖHLER* (2012).

[171] Siehe hierzu ausführlich *O. V.* (2009).

[172] Das schließt letztlich nicht aus, dass bei strittigen Sachverhalten Rechtsbehelfs- und finanzgerichtliche Verfahren angestrebt werden können.

Nachhaltige EDV-spezifische Einflüsse auf die Prüfungsmaßnahmen und -möglichkeiten resultieren auch aus der sog. elektronischen Bilanz (**E-Bilanz**) i. S. v. § 5b EStG.[173] Hierbei gibt die Finanzverwaltung allen buchführungspflichtigen Steuerpflichtigen – unabhängig von Größe und Rechtsform – für die steuerliche Gewinnermittlung konkrete Gliederungsvorschriften im Hinblick auf die Bilanz sowie auf die Gewinn- und Verlustrechnung in sog. **Taxonomien** vor.[174] Diese basieren zwar auf den Regelungen des § 266 HGB (für die Bilanz) und des § 275 HGB (für die Gewinn- und Verlustrechnung), bezüglich zahlreicher handelsrechtlicher Positionen sind die steuerrechtlichen Anforderungen jedoch (überzogen) detaillierter.[175] Hiermit verbessern sich die Möglichkeiten der Finanzbehörden, zeitnah umfangreiche elektronische Betriebsprüfungen vorzunehmen, während der administrative Aufwand in den (nunmehr vielleicht „gläsernen") Unternehmen erheblich steigt.

Bei der Außenprüfung wird die **formelle und materielle Richtigkeit der Buchführung** unter besonderer Berücksichtigung der Einhaltung steuerrechtlicher Vorschriften kontrolliert.

Von herausragender Bedeutung ist dabei die **materielle Richtigkeit** und primär die Vollständigkeit der Buchführung – vor allem, wenn bei bestimmten Unternehmen die Vermutung naheliegt, dass – beabsichtigt oder unbeabsichtigt – Steuerverkürzungen durch Nichtbuchung von Einnahmen oder durch Zuvielbuchung von Ausgaben erreicht wurden. Um vor allem diesen Verdacht zu klären bzw. auszuräumen, werden durch die Betriebs- bzw. Außenprüfer – neben der Prüfung typischer kritischer Sachverhalte[176] – sog. **Verprobungsrechnungen** durchgeführt. Diese lassen sich gliedern in:[177]

• den inneren Betriebsvergleich (Zeitvergleich),
• den äußeren Betriebsvergleich (Betriebs- oder Branchenvergleich),
• die wirtschaftlichen Kontrollrechnungen sowie
• die Vermögenszuwachsrechnungen.

---

173   Vgl. BMF-Schreiben vom 28. September 2011 – IV C 6 – S 2133-b/11/10009.
174   Siehe hierzu die entsprechende aktuelle (sog.) Kern-Taxonomie unter www.esteuer.de. Neben der Kern-Taxonomie existieren Spezial-Taxonomien für Kreditinstitute und Versicherungsunternehmen sowie Branchen-Taxonomien, die als Zusätze/Erweiterungen zur Kern-Taxonomie zu sehen sind, für bestimmte Wirtschaftszweige, wie etwa für Krankenhäuser und öffentliche Unternehmen.
175   Siehe u. a. *RICHTER/KRUCZYNSKI/KURZ* (2011), *RICHTER/KRUCZYNSKI* (2012), Rz. 551.
176   Hierunter fallen z. B. die Höhe von Verrechnungspreisen, die Kfz-Privatnutzung, die pauschale Versteuerung von Geschenken an „Geschäftsfreunde" und die steuerliche Behandlung nicht abzugsfähiger Betriebsausgaben, wie sie in Form von Bewirtungen vor allem bei Vertriebsschulungen und auf Messeveranstaltungen gewöhnlich anfallen, sowie – insbesondere in/nach Krisenzeiten – die Nutzung von Verlustvorträgen. Vgl. *O. V.* (2009).
177   Siehe diesbezüglich und weiterführend *SCHAUMBURG* (2013), Rz. 115–129.

Ergeben sich aufgrund dieser Verprobungsrechnungen **Differenzen** zwischen dem Soll-Ergebnis der Verprobung und dem diesbezüglichen Ist-Ergebnis, muss der Außenprüfer nach den Gründen der Abweichung forschen. Lässt sich die Abweichung nicht wirtschaftlich erklären, kann es zur **Schätzung der Besteuerungsgrundlagen** (z. B. des Gewinns aus dem Gewerbebetrieb) kommen.

Für eine Betrachtung der Verprobungsrechnungsarten im Rahmen der Thematik „Bilanzanalyse" kommen der innere und der äußere Betriebsvergleich in Frage. Die beiden anderen Verfahren richten sich entweder nur auf die **Feststellung interner Differenzen** zwischen Soll und Ist (etwa die Verprobung des Wareneingangs) **oder beziehen den Privatbereich des Unternehmers in die Analyse ein** (z. B. die Gewinnverprobung mit Hilfe der „Privat-Vermögenszuwachsrechnung"). Diese Kontrollen sind bei einer Bilanzanalyse nicht möglich und entsprechen zudem nicht den Zielsetzungen der Bilanzanalyse. So wird beispielsweise – vor allem im Gaststättengewerbe – der sog. **Rohgewinnaufschlag** überprüft:

$$(104) \quad \text{Rohgewinnaufschlag} = \left(\frac{\text{Nettoverkaufspreis}}{\text{Nettoeinkaufspreis}} - 1 \right) (\cdot\ 100\ \%)$$

Hier zeigen sich besonders deutlich die **unterschiedlichen Zielsetzungen der** (externen) **Bilanzanalyse und der** (internen) **steuerlichen Außenprüfung.** Während die Außenprüfung ausschließlich Fehler aufdecken soll, kann eine Bilanzanalyse nach diversen Zielsetzungen durchgeführt werden. Eine Analyse steuerlichen oder buchungsmäßigen Fehlverhaltens des Unternehmers ist jedoch keine Zielsetzung der Bilanzanalyse. Ausschließlich ein **wirtschaftliches Fehlverhalten** der Geschäftsleitung kann – als Grund für gewisse negative wirtschaftliche Entwicklungen – Gegenstand der Bilanzanalyse sein.

Der **innere und** der **äußere Betriebsvergleich**[178] stellen sich **regelmäßig als Kennzahlenvergleiche** dar. Zuerst werden für das Prüfungsobjekt jeweils „sinnvolle" Kennzahlen für die zu prüfenden Jahre gebildet, welche anschließend den entsprechenden Kennzahlen früherer Geschäftsjahre des Steuerpflichtigen (Zeitvergleich), anderer „steuerlich zuverlässiger" Unternehmen (Betriebsvergleich) oder der Branche (Branchenvergleich) gegenübergestellt werden. Vor allem aufgrund der zeitlichen Restriktionen des steuerlichen Außenprüfers werden diese Kennzahlen i. d. R. unkorrigiert aus dem Zahlenwerk der Buchhaltung berechnet. Hierzu gehören z. B. die sog. **Wirtschaftlichkeitskennziffer** sowie die sog. **Rentabilitätskennziffer**:

$$(105) \quad \text{Wirtschaftlichkeitskennziffer} = \frac{\text{Erträge}}{\text{Aufwendungen}} (\cdot\ 100\ \%)$$

$$(106) \quad \text{Rentabilitätskennziffer} = \frac{\text{(originärer) Gewinn} + \text{Fremdkapitalzinsen}}{\text{(originäres) Gesamtkapital}} (\cdot\ 100\ \%)$$

---

[178] Vgl. zu diesen Vergleichen kritisch SCHAUMBURG (2013), Rz. 116, 117a und 118.

Beispiel: Entsprechend ergeben sich für die MUSTER AG im Hinblick auf den handelsrechtlichen Jahresabschluss des Jahres 05 die folgenden Kennziffern:[179]

$$(\text{B105}) \text{ Wirtschaftlichkeitskennziffer} = \frac{2.094.848}{1.980.525} \cdot 100\ \% \approx 105,77\ \%$$

$$(\text{B106}) \text{ Rentabilitätskennziffer} = \frac{114.323 + 45.135}{2.529.860} \cdot 100\ \% \approx 6,30\ \%$$

Als Richtsätze (für den äußeren Betriebsvergleich) gelten etwa der sog. **Rohgewinnsatz**, der sog. **Halbreingewinnsatz** und der sog. **Reingewinnsatz**:

$$(107) \quad \text{Rohgewinnsatz} = \frac{\text{Rohgewinn}}{\text{Umsatz}} \ (\cdot\ 100\ \%)$$

$$= \frac{\text{Umsatz} - \text{Materialaufwand} - \text{Fertigungslöhne}}{\text{Umsatz}} \ (\cdot\ 100\ \%)$$

$$(108) \quad \frac{\text{Halbrein-}}{\text{gewinnsatz}} = \frac{\begin{bmatrix}\text{Rohgewinn} - \text{restliche Betriebsausgaben (außer} \\ \text{Nicht-Fertigungslöhne und -gehälter, Mieten und GewSt)}\end{bmatrix}}{\text{Umsatz}} \ (\cdot\ 100\ \%)$$

$$(109) \quad \text{Reingewinnsatz} = \frac{\text{Umsatz} - \text{Betriebsausgaben}}{\text{Umsatz}} \ (\cdot\ 100\ \%)$$

Schon diese Kennzahlen machen deutlich, dass mit ihrer Hilfe nur Abweichungen von anderen Geschäftsjahren, von anderen Unternehmen oder von der Branche festgestellt werden können. Der Zweck der Bilanzanalyse, wirtschaftlich angemessene Aussagen über Erfolg, Liquidität, Wachstum und andere Größen zu ermöglichen, kann mit den einfachen Methoden der Außenprüfung jedoch nicht erreicht werden.

Zur Abweichungsanalyse im Rahmen eines Branchenvergleiches ist die steuerrechtliche Methodik **nicht geeignet**, weil die publizierten Richtsätze normierte Verhältnisse voraussetzen.

Die steuerliche Außenprüfung ist allerdings ein gutes Beispiel, dass auch ein einfacher Kennzahlenvergleich bei bestimmten Zielsetzungen zu (ersten) Erfolgen führen kann.

---

[179] Bei der Berechnung der Wirtschaftlichkeitskennziffern wurden in die Aufwendungen und Erträge jene Komponenten einbezogen, die sich auf das Ergebnis der betrieblichen Tätigkeit und auf das Finanzergebnis beziehen. Die Steuern vom Einkommen und Ertrag blieben unberücksichtigt. Bezüglich der Rentabilitätskennziffer wurden das „Ergebnis der gewöhnlichen Geschäftstätigkeit" als Gewinn sowie die „Zinsen und ähnliche Aufwendungen" als Fremdkapitalzinsen herangezogen.

Aufgabenteil

Aufgaben zum I. Kapitel

Aufgabe 1 (Grundsätzliches Vorgehen bei einer Analyse)

Wie sollte generell bei einer Analyse vorgegangen werden?

Aufgabe 2 (Definition)

Was wird allgemein unter dem Begriff „Bilanzanalyse" verstanden?

Aufgabe 3 (Allgemeine Zielsetzung der Bilanzanalyse)

Wie kann die Zielsetzung der Bilanzanalyse generell formuliert werden? Beachten Sie hierbei die sog. Generalnorm eines Rechnungslegungssystems!

Aufgabe 4 (Abgrenzung)

Was ist der Unterschied zwischen einer Bilanz- und einer Betriebsanalyse?

Aufgabe 5 (Forschungsbereiche)

Was sind die hauptsächlichen Forschungsgebiete im Bereich der Bilanzanalyse?

Aufgabe 6 (Empirische Bilanzanalyse)

Wie wird eine empirische Bilanzanalyse grundsätzlich durchgeführt?

Aufgabe 7 (Absolute versus relative Zieldefinition)

Es ist plausibel, als ersten Schritt der Bilanzanalyse die Ziele des Adressaten zu formulieren. Wie können diese Zielsetzungen generell systematisiert werden?

Aufgabe 8 (Auswahl der Analysemethoden)

Erklären Sie ausführlich, wie geeignete Analysemethoden ausgewählt werden können!

Aufgabe 9 (Abschluss der Bilanzanalyse)

Nachdem unter den Kriterien der Informations- und Zielkompatibilität geeignete Methoden gefunden worden sind, wird die Analyse durch Berechnung der geforderten Ergebnisse durchgeführt. Welche Schritte der Bilanzanalyse sind anschließend noch durchzuführen?

Aufgabe 10 (Informationsbedürfnis versus Informationsqualität)

Stellen Sie systematisch die Gründe für die relativ große Diskrepanz zwischen dem Informationsbedürfnis und der bei der Bilanzanalyse erreichbaren Informationsqualität dar!

Aufgabe 11 (Mangelnde Zukunftsorientierung)

Was kann im Zusammenhang mit der Bilanzanalyse unter einer mangelhaften Zukunftsbezogenheit der Informationsquellen verstanden werden?

Aufgabe 12 (Bilanzpolitik)

Skizzieren Sie die Einschränkungen, die durch die Bilanzpolitik im Hinblick auf die Ergebnisse der Bilanzanalyse resultieren!

Aufgabe 13 (Unvollständigkeit von Informationsquellen)

Aus welchem Grund sind die Informationsquellen der Bilanzanalyse unvollständig? Inwiefern ist eine mangelnde Differenzierung der Informationsbasis zu konstatieren?

Aufgabe 14 (Ungeeignetheit von Informationsquellen)

Nennen und erläutern Sie kurz ein Beispiel dafür, dass die Informationsquellen der Bilanzanalyse für einzelne Analysezwecke ungeeignet sind!

Aufgabe 15 (Begrenzung durch Normierung)

Welche wesentlichen Probleme bestehen beim Kennzahlenvergleich?

Aufgabe 16 (Grenzen im personellen Bereich)

Welche personellen Probleme können bei der Analysedurchführung auftreten?

Aufgaben zum II. Kapitel

Aufgabe 1 (Adressaten der Bilanzanalyse)

Beschreiben Sie den möglichen Adressatenkreis einer Bilanzanalyse!

Aufgabe 2 (Zielformulierung und Zielhierarchisierung)

Das generelle Ziel der Bilanzanalyse, einen möglichst umfassenden Einblick in die wirtschaftliche Lage des Analyseobjekts zu verschaffen, kann und sollte spezifiziert werden. Welche Zielsetzungen können hierbei im Vordergrund stehen, und wie schlägt sich das Vorliegen einer Zielhierarchie in der Bilanzanalyse nieder?

Aufgabe 3 (Informationsbedürfnisse)

Die Informationsbedürfnisse der Adressaten lassen sich in quantifizierbare und nicht quantifizierbare Informationsbedürfnisse aufgliedern. Nennen Sie Beispiele für nicht quantifizierbare Informationsbedürfnisse! Erläutern Sie, wie sich diese durch die Analyse des Jahresabschlusses befriedigen lassen!

Aufgabe 4 (Auswahl der geeigneten Vergleichsmaßstäbe)

Neben der Frage, welche Zielsetzungen bei der Bilanzanalyse überhaupt verfolgt werden sollen (Zielformulierung), ist das Problem der Beurteilung des Zielerreichungsgrades zu lösen. Welche beiden Lösungsmöglichkeiten existieren hierfür, und welches Lösungskonzept sollte im Rahmen einer Bilanzanalyse präferiert werden?

Aufgabe 5 (Probleme bei der Informationsbeschaffung)

Nach Zielformulierung und -definition ist die Informationsbeschaffung vorzunehmen. Welche Probleme sind hierbei zu beachten?

Aufgabe 6 (Publikationspflicht)

Welche Unternehmen sind im Wesentlichen gesetzlich dazu verpflichtet, ihren Jahresabschluss zu publizieren? Nennen Sie auch die betreffenden Rechtsnormen!

Aufgabe 7 (Umfang des Jahresabschlusses)

Welche Bestandteile umfasst der publizierte Jahresabschluss einer großen Kapitalgesellschaft nach HGB?

Aufgabe 8 (Lagebericht)

Neben dem Jahresabschluss ist nach HGB von mittelgroßen und großen Kapitalgesell-schaften sowie von entsprechenden haftungsbeschränkten Personenhandelsgesellschaften der Lagebericht zu erstellen und zu veröffentlichen. Welche Informationen liefert dieser?

Aufgabe 9 (Publikationsumfang)

Zur Bilanzanalyse sollten – neben dem Jahresabschluss und dem Lagebericht – auch alle anderen verfügbaren Publikationen herangezogen werden. Welche könnten dies beispielsweise sein, und was ist bei deren Analyse zu beachten?

Aufgabe 10 (Wirkung von Manipulationsmöglichkeiten)

Ein wesentlicher Grund für die Mängel der primären Informationsquellen liegt in den Manipulationsmöglichkeiten des Jahresabschlusses. So können einzelne Positionen der Bilanz sowie der Gewinn- und Verlustrechnung z. B. durch Ansatz- und Bewertungs-wahlrechte teilweise erheblich beeinflusst werden. Von welchen Faktoren hängt im Einzelfall die Wirkung der Manipulationsmöglichkeiten ab?

Aufgabe 11 (Möglichkeiten der Sachverhaltsgestaltung – Teil 1)[1]

In der nachfolgenden Plan-Bilanz „vor Bilanzpolitik" sind die für das laufende Jahr noch geplanten Investitionen in das Anlagevermögen i. H. v. 50.000 €, die zur Hälfte (lang-fristig) fremdfinanziert und zur anderen Hälfte vom Bankguthaben bezahlt werden würden, schon berücksichtigt. Wie würde die Plan-Bilanz „nach Bilanzpolitik" *ceteris paribus* aussehen, wenn diese Investitionen in die nächste Periode verschoben werden?

Welche Auswirkungen ergeben sich für Gewinn und Bilanzsumme, soweit von Ab-schreibungen und jeglichen Steuern – *wie auch in den nachfolgenden Aufgaben* – abstrahiert wird? Nutzen Sie zur Lösung der Aufgaben jeweils die vorbereiteten Plan-Bilanzen „nach Bilanzpolitik"!

---

[1]   Die Aufgaben 11 bis 16 sowie die dazugehörigen Lösungen basieren auf *BRÖSEL* (2009a), S. 46–51.

Aktiva	Plan-Bilanz „vor Bilanzpolitik" in €		Passiva
Anlagevermögen	100.000	Eigenkapital (zu Periodenbeginn)	60.000
Umlaufvermögen (ohne liquide Mittel)	30.000	Jahresüberschuss	10.000
Umlaufvermögen (liquide Mittel)	20.000	Langfristiges Fremdkapital	50.000
		Kurzfristiges Fremdkapital	30.000
	150.000		**150.000**

Aktiva	Plan-Bilanz „nach Bilanzpolitik" in €	Passiva
Anlagevermögen		Eigenkapital (zu Periodenbeginn)
Umlaufvermögen (ohne liquide Mittel)		Jahresüberschuss
Umlaufvermögen (liquide Mittel)		Langfristiges Fremdkapital
		Kurzfristiges Fremdkapital

Aufgabe 12 (Möglichkeiten der Sachverhaltsgestaltung – Teil 2)

In der nachfolgenden Plan-Bilanz „vor Bilanzpolitik" sind noch Bürogebäude mit einem Restbuchwert von 30.000 € im Anlagevermögen enthalten, die in den nächsten 30 Jahren jeweils linear abgeschrieben werden müssten. Wie würde die Plan-Bilanz „nach Bilanzpolitik" aussehen, wenn die Gebäude noch in diesem Jahr (zum 31. Dezember) an eine Leasinggesellschaft zum Restbuchwert gegen sofortige Banküberweisung verkauft werden würden und zeitgleich ein Leasingvertrag über 30 Jahre abgeschlossen wird („Sale-and-lease-back"; Annahme: Bilanzierung bei Leasinggeber)? Welche Auswirkungen ergeben sich auf den Gewinn und auf die Bilanzsumme? Welche Art eines bilanzpolitischen Instrumentes wird hier genutzt? Können die Bilanzadressaten das bilanzpolitische Vorgehen aus dem Jahresabschluss erkennen?

Aktiva	Plan-Bilanz „vor Bilanzpolitik" in €		Passiva
Anlagevermögen	100.000	Eigenkapital (zu Periodenbeginn)	60.000
Umlaufvermögen (ohne liquide Mittel)	30.000	Jahresüberschuss	10.000
Umlaufvermögen (liquide Mittel)	20.000	Langfristiges Fremdkapital	50.000
		Kurzfristiges Fremdkapital	30.000
	150.000		**150.000**

Aktiva	Plan-Bilanz „nach Bilanzpolitik" in €	Passiva
Anlagevermögen		Eigenkapital (zu Periodenbeginn)
Umlaufvermögen (ohne liquide Mittel)		Jahresüberschuss
Umlaufvermögen (liquide Mittel)		Langfristiges Fremdkapital
		Kurzfristiges Fremdkapital

Aufgabe 13 (Möglichkeiten der Sachverhaltsgestaltung – Teil 3)

Die nachfolgende Plan-Bilanz „vor Bilanzpolitik" betrifft den Tatbestand, dass Forschungsleistungen durch das Unternehmen selbst erbracht werden und hierdurch Aufwendungen im betreffenden Geschäftsjahr i. H. v. 50.000 € anfallen werden. Alternativ besteht die Möglichkeit, die Abteilung – rückwirkend zum Jahresanfang – auszulagern und die Forschungsleistungen am Jahresende von der rechtlich selbständigen ausgelagerten Abteilung entgeltlich zu erwerben (der Kaufpreis sei ebenso – wie obige Aufwendungen – sofort zahlungswirksam). Es sei angenommen, dass die erworbenen Werte die Ansatzkriterien erfüllen und zum Bilanzstichtag eine Bewertung zu Anschaffungskosten erfolgen würde. Welche Auswirkungen ergeben sich auf den Gewinn und auf die Bilanzsumme, wenn keine Abschreibungen und Steuern berücksichtigt werden?

Aktiva	Plan-Bilanz „vor Bilanzpolitik" in €		Passiva
Anlagevermögen	100.000	Eigenkapital (zu Periodenbeginn)	60.000
Umlaufvermögen (ohne liquide Mittel)	30.000	Jahresüberschuss	10.000
Umlaufvermögen (liquide Mittel)	20.000	Langfristiges Fremdkapital	50.000
		Kurzfristiges Fremdkapital	30.000
	150.000		**150.000**

Aktiva	Plan-Bilanz „nach Bilanzpolitik" in €		Passiva
Anlagevermögen		Eigenkapital (zu Periodenbeginn)	
Umlaufvermögen (ohne liquide Mittel)		Jahresüberschuss	
Umlaufvermögen (liquide Mittel)		Langfristiges Fremdkapital	
		Kurzfristiges Fremdkapital	

Aufgabe 14 (Möglichkeiten der Sachverhaltsgestaltung – Teil 4)

In der Plan-Bilanz „vor Bilanzpolitik" ist berücksichtigt, dass die betriebliche Altersvorsorge durch das Unternehmen getragen wird. Die Pensionszusagen sind in den Rückstellungen (im langfristigen Fremdkapital enthalten) i. H. v. 15.000 € ausgewiesen. Alternativ wird überlegt, die Leistungen (in äquivalenter Höhe) in die Pensionskasse einzuzahlen. Welche Auswirkungen resultieren hinsichtlich Gewinn und Bilanzsumme?

Aktiva	Plan-Bilanz „vor Bilanzpolitik" in €		Passiva
Anlagevermögen	100.000	Eigenkapital (zu Periodenbeginn)	60.000
Umlaufvermögen (ohne liquide Mittel)	30.000	Jahresüberschuss	10.000
Umlaufvermögen (liquide Mittel)	20.000	Langfristiges Fremdkapital	50.000
		Kurzfristiges Fremdkapital	30.000
	150.000		**150.000**

Aktiva	Plan-Bilanz „nach Bilanzpolitik" in €		Passiva
Anlagevermögen		Eigenkapital (zu Periodenbeginn)	
Umlaufvermögen (ohne liquide Mittel)		Jahresüberschuss	
Umlaufvermögen (liquide Mittel)		Langfristiges Fremdkapital	
		Kurzfristiges Fremdkapital	

Aufgabe 15 (Möglichkeiten der Sachverhaltsgestaltung – Teil 5)

Im Dezember wurde ein Vertrag über die Lieferung von Druckventilen i. H. v. netto 40.000 € (Verkaufspreis) mit einem Kunden abgeschlossen. Die nachfolgende Plan-Bilanz „vor Bilanzpolitik" berücksichtigt, dass die Lieferung im Januar des nächsten Jahres erfolgt. Zum Bilanzstichtag sind die Ventile als fertige Erzeugnisse (25.000 €) aktiviert. Wie sieht die alternative Plan-Bilanz aus, wenn die Auslieferung in Abstimmung mit dem Empfänger – mit Beilage einer Rechnung, worin ein Zahlungsziel im neuen Jahr angegeben ist – bereits im alten Jahr erfolgen würde? Welche Auswirkungen ergeben sich auf den Gewinn und auf die Bilanzsumme? Wie in den Aufgaben zuvor ist hier von Abschreibungen und jeglichen Steuern zu abstrahieren!

Aktiva	Plan-Bilanz „vor Bilanzpolitik" in €		Passiva
Anlagevermögen	100.000	Eigenkapital (zu Periodenbeginn)	60.000
Umlaufvermögen (ohne liquide Mittel)	30.000	Jahresüberschuss	10.000
Umlaufvermögen (liquide Mittel)	20.000	Langfristiges Fremdkapital	50.000
		Kurzfristiges Fremdkapital	30.000
	150.000		**150.000**

Aktiva	Plan-Bilanz „nach Bilanzpolitik" in €		Passiva
Anlagevermögen		Eigenkapital (zu Periodenbeginn)	
Umlaufvermögen (ohne liquide Mittel)		Jahresüberschuss	
Umlaufvermögen (liquide Mittel)		Langfristiges Fremdkapital	
		Kurzfristiges Fremdkapital	

Aufgabe 16 (Wertaufhellende versus wertbegründende Sachverhalte)

Inwieweit ist die Unterscheidung „wertaufhellende Sachverhalte" versus „wertbegründende Sachverhalte" von Bedeutung für den Jahresabschluss? Durch welche bilanzpolitische Maßnahme kann die „Menge" der „wertaufhellenden Sachverhalte" verändert werden? Erläutern Sie an dem folgenden Beispiel, wie die Abgrenzung von „wertaufhellenden Sachverhalten" und „wertbegründenden Sachverhalten" bilanzpolitisch genutzt werden kann: „Sie erhalten Ende Januar die Information über den Insolvenzantrag eines Kunden. Dieser hat den Antrag am 15. Januar des laufenden Jahres gestellt. Im von Ihnen noch zu erstellenden Abschluss des Vorjahres haben Sie eine wesentliche Forderung gegen diesen Kunden bilanziert."

Aufgabe 17 (Analyse des bilanzpolitischen Instrumentariums)

Erläutern Sie beispielhaft, wie sich im Hinblick auf publizierte Jahresabschlüsse die Möglichkeiten und der Einsatz expliziter Wahlrechte erkennen lassen!

Aufgaben zum III. Kapitel

Aufgabe 1 (Begriff der dispositiven Liquidität)

Was wird unter dem Begriff „dispositive Liquidität" verstanden?

Aufgabe 2 (Dispositive versus strukturelle Liquidität)

Häufig wird zwischen dispositiver und struktureller Liquidität unterschieden. Wie unterscheiden sich diese Begriffe?

Aufgabe 3 (Relative Definition der Liquidität)

Neben einer absoluten Definition existieren relative Liquiditätsmaßstäbe. Was ist unter diesen zu verstehen, und welche Bedeutung kommt diesen Maßstäben im Rahmen einer (externen) Bilanzanalyse zu?

Aufgabe 4 (Bedeutung der Liquidität)

Welchen Rang nimmt die Liquidität im Zielsystem eines Unternehmens ein?

Aufgabe 5 (Systematisierung der Liquiditätsanalysemethoden)

Wie können die Methoden zur Liquiditätsanalyse grundsätzlich systematisiert werden?

Aufgabe 6 (Umschlagshäufigkeiten)

Was sind Umschlagshäufigkeiten?

Aufgabe 7 (Hauptproblem bestandsorientierter Analysemethoden)

Was ist das wesentliche Problem der bestandsorientierten Analysemethoden? Welche Bedingungen müssten erfüllt sein, damit diese Beeinträchtigung neutralisiert werden kann?

Aufgabe 8 (Langfristige Deckungsgrade)

Welche langfristigen Deckungsgrade werden üblicherweise bei der Bilanzanalyse ermittelt? Existieren zu diesen Deckungsgraden Normvorstellungen, und wie sind diese gegebenenfalls zu beurteilen?

Aufgabe 9 (Kurzfristige Deckungsgrade/Liquiditätsgrade)

Bei den Liquiditätsgraden (kurzfristige Deckungsgrade) werden regelmäßig zwei Kennzahlen verwendet. Nennen Sie diese, und beurteilen Sie deren Aussagekraft!

Aufgabe 10 (Nettoumlaufvermögen)

Definieren Sie das Nettoumlaufvermögen [„(Net) Working Capital"] in unterschiedlichen Ausprägungen! Beurteilen Sie die Aussagekraft dieser Kennzahl(en)!

Aufgabe 11 (Normvorgaben kurzfristiger Deckungsgrade)

In der angloamerikanischen Praxis werden oft kurzfristige Liquiditätskennzahlen als standardisierte Normvorgaben eingesetzt. Nennen und beurteilen Sie einige dieser „Vorgaben"!

Aufgabe 12 (Umschlagskoeffizienten)

Was ist unter Umschlagskoeffizienten zu verstehen?

Aufgabe 13 (Stromgrößenorientierte Liquiditätsanalysemethoden)

Systematisieren Sie die stromgrößenorientierten Methoden der externen Liquiditätsanalyse!

Aufgabe 14 (Ermittlung des Cashflow)

Erläutern Sie kurz die direkte und die indirekte Methode der stromgrößenorientierten Kennzahl „Cashflow"!

Aufgabe 15 (Cashflow nach DVFA/SG)

Zeigen Sie, wie der Cashflow nach DVFA/SG definiert ist!

Aufgabe 16 (Cashflow als Liquiditätskennzahl)

Welche Bedeutung hat der Cashflow im Rahmen der Liquiditätskennzahlen?

Aufgabe 17 (Bewegungsbilanz)

Was ist unter einer Bewegungsbilanz zu verstehen?

Aufgabe 18 (Erweiterte Kapitalflussrechnung)

Wie stellt sich bei einer externen Analyse eine erweiterte Kapitalflussrechnung dar?

Aufgabe 19 (Fondsrechnungen)

Nennen und beurteilen Sie mögliche Fondsrechnungen im Hinblick auf die Liquiditätsanalyse!

Aufgabe 20 (Gesamtkapitalliquidität)

Als zusammenfassende (kombinierte) Methode wird in der Literatur insbesondere die Gesamtkapitalliquidität dargestellt. Skizzieren Sie diese Kennzahl im Sinne eines Kennzahlensystems!

Aufgabe 21 (Liquiditätskennzahlen: Methoden-Informationsvergleich)

Nehmen Sie für die Liquiditätskennzahlen einen Methoden-Informationsvergleich vor!

Aufgabe 22 (Liquiditätskennzahlen: Methodenvergleich)

Beurteilen Sie die Liquiditätskennzahlen im Methodenvergleich!

Aufgabe 23 (Erfolg und Erfolgsanalyse)

Was ist das Ziel der Erfolgsanalyse, und wie kann Erfolg definiert werden?

Aufgabe 24 (Bedeutung des originären Geschäfts- oder Firmenwertes)

Die im Rahmen von Jahresabschlüssen ermittelten Gewinne weichen von der betriebswirtschaftlichen Definition des Erfolges ab. Erläutern Sie diese Problematik im Hinblick auf das ökonomische Phänomen „originärer Geschäfts- oder Firmenwert"!

Aufgabe 25 (Einflussfaktoren der Erfolgsanalyse)

Neben dem grundsätzlichen Problem der Diskrepanz zwischen betriebswirtschaftlicher sowie HGB- und IFRS-Gewinndefinition existiert noch eine ganze Reihe anderer Einflüsse, die eine Erfolgsanalyse auf der Basis externer Jahresabschlüsse erschweren. Nennen Sie wesentliche Einflussfaktoren!

Aufgabe 26 (Systematisierung der Erfolgsanalysemethoden)

Nach der verfolgten Zielsetzung der Erfolgsanalyse lassen sich die Analysemethoden in zwei Gruppen einteilen. Nennen Sie diese, und beschreiben Sie die Ziele dieser beiden „Analysegruppen"!

Aufgabe 27 (Erfolgsbetragsanalyse)

Nennen Sie Verfahren der Erfolgsbetragsanalyse!

Aufgabe 28 (Ergebnis nach DVFA/SG)

Wie ist das Ergebnis nach DVFA/SG definiert? Was ist das Hauptziel dieser Kennzahl?

Aufgabe 29 (Cashflow im Rahmen der Erfolgsanalyse)

Aus welchen Gründen wird der Cashflow auch zur Erfolgsanalyse eingesetzt?

Aufgabe 30 (Börsenkapitalisierung)

In der externen Erfolgsanalyse wird auch die Kennzahl der Börsenkapitalisierung genutzt. Was ist darunter zu verstehen, und wie ist diese Kennzahl zu beurteilen?

Aufgabe 31 (Technische Analyse von Kurs-Graphiken)

Eine Prognose des Börsenkurses wird häufig mit Hilfe von technischen Analysen der Kurs-Graphiken (sog. Chart-Analysen) versucht. Was ist hierunter zu verstehen? Wie schätzen Sie die Prognosequalität der „Chart-Analyse" ein?

Aufgabe 32 (Wertschöpfung)

Was wird unter Wertschöpfung verstanden, und was unterscheidet diese vom Gewinnbegriff?

Aufgabe 33 (Ermittlung der Wertschöpfung)

Skizzieren Sie die zwei Verfahren, mit denen die Wertschöpfung ermittelt werden kann!

Aufgabe 34 (Gewinnschwellenanalyse)

Was ist eine Gewinnschwellenanalyse („Break-Even-Analyse")? Wie ist deren Einsatz im Rahmen der (externen) Bilanzanalyse einzuschätzen?

Aufgabe 35 (Rentabilität)

Was wird unter dem Begriff der Rentabilität verstanden, und warum sind Rentabilitätsanalysen gegenüber (absoluten) Gewinnanalysen zu bevorzugen?

Aufgabe 36 (Eigenkapitalrentabilität)

Was wird unter der Eigenkapitalrentabilität verstanden? Welche Probleme ergeben sich bei der Berechnung der Eigenkapitalrentabilität?

Aufgabe 37 (Gesamtkapitalrentabilität)

Was wird unter der Gesamtkapitalrentabilität verstanden, und welchen eventuellen Vorteil hat diese Kennzahl gegenüber der Eigenkapitalrentabilität?

Aufgabe 38 (Gesamtkapitalrentabilitätsanalyse)

Was wird unter der „kennzahlensystemorientierten" Gesamtkapitalrentabilitätsanalyse verstanden?

Aufgabe 39 (Betriebsrentabilität)

Welches Ziel hat die Ermittlung der Betriebsrentabilität, und wie ist diese definiert?

Aufgabe 40 (Umsatzrentabilität)

In praxi wird sehr häufig die Kennzahl „Umsatzrentabilität" eingesetzt. Welchen Grund könnte dies haben, und wie ist die Umsatzrentabilität definiert?

Aufgabe 41 (Relative Wertschöpfungen)

In der Praxis werden oft relative Wertschöpfungen berechnet. Was ist hierunter zu verstehen, und welches besondere Problem besteht in diesem Zusammenhang?

Aufgabe 42 (Gewinn je Aktie)

Erläutern Sie die häufig bei der Aktienanalyse genutzte Kennzahl „Gewinn je Aktie"!

Aufgabe 43 (Kurs-Gewinn-Verhältnis)

Bei der Aktienanalyse wird auch das Kurs-Gewinn-Verhältnis (KGV, auch „Price Earnings Ratio" – PER) eingesetzt. Wie ist diese Kennzahl definiert?

Aufgabe 44 (Erfolgsquellenanalyse)

Die Erfolgsquellenanalyse soll die Quellen der Ertragskraft aufdecken und so z. B. einen Einblick in den Grad der Betriebszugehörigkeit des Gewinns oder in die zu erwartende Nachhaltigkeit gewähren. Wie wird das Jahresergebnis in Erfolgsquellen aufgegliedert?

Aufgabe 45 (Kombinierte Erfolgsanalyse)

Stellen Sie das System einer kombinierten Erfolgsanalyse dar!

Aufgabe 46 (Erfolgsanalyse: Methoden-Informationsvergleich)

Beurteilen Sie die folgenden Verfahren der Erfolgsanalyse bezüglich der Informationsqualität des externen Jahresabschlusses: Cashflow, Wertschöpfung, Gewinnschwellenanalyse, Rentabilitätsanalysen, Erfolgsquellenanalyse und kombinierte Analyse! Gehen Sie vorab auf die allgemeinen Informationsprobleme ein!

Aufgabe 47 (Erfolgsanalyse: Methodenvergleich)

Welche Verfahren der Erfolgsanalyse sind hinsichtlich der Zielbezogenheit zu empfehlen?

Aufgabe 48 (Substanzbezogene Vermögensdefinition)

Was wird unter dem substanzorientierten Vermögen verstanden?

Aufgabe 49 (Einschränkungen beim Vermögensausweis in Bilanzen)

Bilanzen weisen aus verschiedenen Gründen das Vermögen eines Unternehmens nicht „richtig" aus. Nennen und erläutern Sie Gründe hierfür!

Aufgabe 50 (Zielsetzungen der Vermögensanalyse)

Im Rahmen der Bilanzanalyse wird der Vermögensanalyse nicht nur Bedeutung bezüglich der Möglichkeit beigemessen, zukünftig nachhaltig Gewinne zu erwirtschaften, sondern auch hinsichtlich einer anderen Zielsetzung. Um welches Ziel handelt es sich? Erläutern Sie diese kurz!

Aufgabe 51 (Unterziele der substanzorientierten Vermögensanalyse)

Bei der Bilanzanalyse stellt die Vermögensanalyse u. a. ein Subziel der Liquiditätsanalyse dar. Da die Vermögenslage z. B. in der „Generalnorm" des § 264 Abs.
2 HGB enthalten ist, wird auch im Rahmen der Bilanzanalyse gesondert darauf eingegangen.
Welche Unterziele werden mit der substanzorientierten Vermögensanalyse verfolgt?

Aufgabe 52 (Unterziele der Vermögensstrukturanalyse)

Die Vermögensstrukturanalyse umfasst eine Analyse des Sach- und des Humanvermögens. Welche Subziele werden diesbezüglich jeweils verfolgt?

Aufgabe 53 (Intensitätskennzahlen)

Die sog. Intensitätskennzahlen werden eingesetzt, um die Liquidierbarkeit des Vermögens zu beurteilen. Wie sind diese Kennzahlen aufgebaut?

Aufgabe 54 (Anpassungsfähigkeit an Liquiditätsveränderungen)

Wie wird bei der Bilanzanalyse versucht, Aussagen über die Anpassungsfähigkeit des
Unternehmens an liquiditätsverändernde (insbesondere liquiditätsverschlechternde) Situationen zu erhalten?

Aufgabe 55 (Kapazitätsauslastung/Beschäftigungsgrad)

Die Höhe der Kapazitätsauslastung – also der Beschäftigungsgrad – wirkt sich unmittelbar auf die Ertragskraft eines Unternehmens aus. Je günstiger (nicht notwendigerweise
je höher) der Beschäftigungsgrad ist, umso besser wird die Ertragskraft zu prognostizieren
sein. Wie kann bei einer Vermögensanalyse auf die Kapazitätsauslastung geschlossen
werden? Was ist dabei (einschränkend) zu berücksichtigen?

Aufgabe 56 (Ansätze zur Humanvermögensermittlung)

Nennen Sie Vorschläge, das Humanvermögen eines Unternehmens zu ermitteln!

Aufgabe 57 (Firmenwertmethode)

Skizzieren Sie die sog. Firmenwertmethode zur Humanvermögensermittlung kritisch!

Aufgabe 58 (Methode der zukünftigen Einkünfte)

Skizzieren Sie die Methode der zukünftigen Einkünfte im Hinblick auf die Ermittlung des Humanvermögens kritisch!

Aufgabe 59 (Methode der zukünftigen Leistungsbeiträge)

Skizzieren Sie die Methode der zukünftigen Leistungsbeiträge im Hinblick auf die Ermittlung des Humanvermögens kritisch!

Aufgabe 60 (Kostenwertmethode)

Skizzieren Sie die Kostenwertmethode im Hinblick auf die Ermittlung des Humanvermögens kritisch!

Aufgabe 61 (Verschuldungsgrade)

Eine vertikale Analyse der Passivseite der Bilanz soll Aufschlüsse über die Finanzierungsstruktur des Unternehmens geben. Zu diesem Zweck werden Verschuldungsgrade gebildet. Nennen Sie die zwei wichtigsten Kennzahlen im Hinblick auf den Verschuldungsgrad! Beurteilen Sie deren Aussagekraft!

Aufgabe 62 (Horizontale Vermögens-Finanzierungsstrukturanalyse)

Welche Kennzahlen dienen einer horizontalen Vermögens-Finanzierungsstrukturanalyse?

Aufgabe 63 (Vermögensanalyse: Methoden-Informationsvergleich)

Beurteilen Sie die Verfahren der Vermögensanalyse anhand der Informationsmöglichkeiten, die der publizierte Jahresabschluss bietet!

Aufgabe 64 (Vermögensanalyse: Methodenvergleich)

Vergleichen Sie die Methoden der Vermögensanalyse hinsichtlich einer Prognose des Liquiditätssicherungsvermögens und einer Prognose des Erfolgserzielungsvermögens!

Aufgaben zum IV. Kapitel

Aufgabe 1 (Ziele und Arten der Kreditwürdigkeitsanalyse)

Welche Zielsetzungen verfolgt die Kreditwürdigkeitsanalyse? Was ist dabei unter einer Primär- und was unter einer Sekundäranalyse zu verstehen?

Aufgabe 2 (Verknüpfung zwischen Teilanalysen)

Die Teilanalysen im Hinblick auf die Liquidität, den Erfolg und das Vermögen dienen implizit der Analyse der Kreditwürdigkeit. Skizzieren Sie diese Zusammenhänge!

Aufgabe 3 (Fragebogenanalyse)

Was ist unter einer sog. Fragebogenanalyse zu verstehen?

Aufgabe 4 (Analyse der „fünf Cs")

Was ist unter der Analyse der „fünf Cs" zu verstehen?

Aufgabe 5 (Schuldentilgungsdauer)

Als Kennzahl zur Kreditwürdigkeitsanalyse wird die Schuldentilgungsdauer herangezogen. Wie wird diese ermittelt?

Aufgabe 6 (Relativer Reingewinn)

Wie ist der relative Reingewinn als Tendenzindikator für die Kreditwürdigkeit definiert?

Aufgabe 7 („Current Ratio")

Beurteilen Sie die „Current Ratio" als Kreditwürdigkeitsindikator!

Aufgabe 8 (Profilanalyse)

Was ist eine Profilanalyse?

Aufgabe 9 (Qualitative Kreditwürdigkeitsanalyse)

Skizzieren Sie die qualitative Kreditwürdigkeitsanalyse!

Aufgabe 10 (Qualitativ-quantitative Ranganalyse)

Bei der praktischen Kreditwürdigkeitsanalyse stehen je nach Adressatenkreis zwei völlig unterschiedliche Zielsetzungen im Vordergrund. Bei der **Primäranalyse** führt der (potentielle) Kreditgeber selbst die Bilanzanalyse durch. Diese Primäranalysen werden regelmäßig aber nicht nur auf der Basis externer Jahresabschlüsse durchgeführt, weil deren Mängel und die Manipulationsmöglichkeiten bekannt sind.

Bei der **Sekundäranalyse** wird die von den (potentiellen) Kreditgebern erwartete Primäranalyse simuliert. Allerdings ist die Informationsmenge gegenüber der Primäranalyse eingeschränkt. Die Sekundäranalyse basiert fast ausschließlich auf dem publizierten Jahresabschluss. Aus diesem Grund entfällt weitgehend die im Rahmen einer Kreditwürdigkeitsanalyse durch Banken vorgenommene Analyse qualitativer Kriterien. Wie lässt sich – trotz der skizzierten Probleme – bei einer externen Sekundäranalyse eine qualitativ-quantitative Ranganalyse vornehmen?

Aufgabe 11 (Analyse der Personalpolitik im Überblick)

Mit dem Begriff der Personalpolitik wird das personalwirtschaftliche Verhalten des zu analysierenden Unternehmens umschrieben. Dieses stellt den Rahmen dar, der die Entfaltungsmöglichkeiten des einzelnen Arbeitnehmers, einzelner Arbeitnehmergruppen oder auch der gesamten Belegschaft bestimmt. Skizzieren Sie das Vorgehen bei der externen Analyse des personalpolitischen Verhaltens der Geschäftsleitung!

Aufgabe 12 (Soziale Sicherheit)

Was wird dem Unterziel „soziale Sicherheit" subsumiert, und wie lässt sich dieses im Rahmen einer (externen) Bilanzanalyse beurteilen?

Aufgabe 13 (Aus- und Fortbildung)

Die betriebliche Aus- und Fortbildung ist ein wesentlicher Faktor im Bereich der unternehmerischen Personalpolitik. Wie lassen sich die Bildungsaussichten in einem Unternehmen aus externer Sicht analysieren?

Aufgabe 14 (Betriebsklima)

Das Betriebsklima ist der wichtigste Faktor im personellen Bereich eines Unternehmens. Welche Maßstäbe lassen sich für die Beurteilung des Betriebsklimas finden, und wie lassen sich diese im Rahmen einer externen Analyse einsetzen?

Aufgabe 15 (Beförderungsmöglichkeiten)

Als ein Kriterium für die Beurteilung des personalwirtschaftlichen Verhaltens der Geschäftsleitung gelten die Beförderungsmöglichkeiten im Betrieb. Wie lassen sich diese extern analysieren?

Aufgabe 16 (Begriff „Umweltpolitik")

Mit zunehmender Industrialisierung und wachsendem Lebensbewusstsein werden Unternehmen in immer stärkerem Maß nach ihrem Beitrag zur Verbesserung der Lebensqualität beurteilt. Was ist unter dem Begriff der damit verbundenen Umweltpolitik eines Unternehmens zu verstehen?

Aufgabe 17 (Indikatoren zur Analyse der Umweltpolitik)

Im Rahmen der umweltpolitischen Analyse besteht ein Informationsproblem. Anhand der publizierten Informationen lassen sich nicht alle Faktoren, welche die Lebensqualität beeinflussen, befriedigend analysieren (z. B. der Einfluss des Unternehmens auf die Lebenserwartung der Belegschaft oder anderer abhängiger Bevölkerungsgruppen). Auf andere Faktoren ist der Einfluss des Unternehmens zwar feststellbar, jedoch nicht direkt messbar oder überhaupt nur indirekt vorhanden. Für die praktische Analyse werden deshalb sechs Indikatoren zur Beurteilung der unternehmerischen Umweltpolitik herangezogen. Skizzieren Sie diese sechs Faktoren!

Aufgabe 18 (Qualität der Informationspolitik)

Aufgrund welcher Publikationen ist die Qualität der Informationspolitik eines Unternehmens zu beurteilen?

Aufgabe 19 (Aktionärspolitik)

Nach welchen Kriterien kann die Aktionärspolitik eines Unternehmens beurteilt werden?

Aufgabe 20 (Steuerliches Verhalten)

Notwendige Voraussetzung für die Existenz eines Unternehmens ist ein funktionsfähiges Gemeinwesen. Das Gemeinwesen verfolgt Ziele, die einzelne Mitglieder der Gesellschaft (allein) nicht erreichen können oder wollen. Die Verfolgung dieser Ziele erfordert eine Finanzierung über öffentliche Abgaben (z. B. Steuern), die nach bestimmten Prinzipien erhoben werden. Eine Finanzierung über Staatsschulden kann dauerhaft nicht funktionieren. Wie kann das steuerliche Verhalten eines Unternehmens beurteilt werden?

Aufgabe 21 (Umweltschutz)

Wie lassen sich die Aktivitäten eines Unternehmens auf dem Gebiet des Umweltschutzes, also z. B. die Verhinderung oder Minderung von Schäden durch Luftverschmutzung, Wasserverunreinigung, Müll, Verwendung von Giftstoffen, radioaktive Strahlungen oder Lärmbelästigungen, analysieren?

Aufgabe 22 (Konjunkturbeitrag)

Wie sind die Möglichkeiten einer Beurteilung des Konjunkturbeitrages eines Unternehmens auf Basis publizierter Informationen einzuschätzen?

Aufgabe 23 (Wachstumsrate)

Stellen die die Kennzahl „Wachstumsrate" dar! Würdigen Sie dieses Verfahren kritisch im Hinblick auf wesentliche Prämissen!

Aufgabe 24 (Cashflow im Rahmen der Analyse der Investitionspolitik)

Beurteilen Sie die Kennzahl „Cashflow" bezüglich der Analyse der Innovationspolitik vor allem mit Blick auf die Wachstumskraft eines Unternehmens!

Aufgabe 25 (Informationsbasis für die Abhängigkeitsanalyse)

Hochindustrialisierte Volkswirtschaften zeichnen sich durch umfangreiche – teils wechselseitige – Abhängigkeiten aus. Von besonderer Bedeutung sind dabei die ständig zunehmenden nationalen und internationalen Konzernbeziehungen. Innerhalb dieser Gruppen gibt es zahlreiche, unterschiedliche Abhängigkeitsbeziehungen. Durch solche Abhängigkeiten wird es möglich, die Einzelabschlüsse zu manipulieren. Deren Aussagekraft wird damit erheblich reduziert. Welche Informationen stehen gegebenenfalls bei einer (externen) Analyse zur Verfügung, um solche Abhängigkeitsbeziehungen zu beurteilen?

Aufgabe 26 (Auswertung der Beteiligungsmitteilung)

Welche Probleme treten bei der Auswertung einer Beteiligungsmitteilung auf?

Aufgabe 27 (Auswertung der Abhängigkeitserklärung)

Wie ist die Auswertungsmöglichkeit der Abhängigkeitserklärung zu beurteilen?

Aufgabe 28 (Auswertung des Konzernabschlusses)

Inwiefern ist die Auswertung des Konzernabschlusses für die Ermittlung des Abhängigkeitsgrades nützlich?

Aufgabe 29 (Primär- versus Sekundäranalyse)

Für (externe) Bilanzanalysten kann es auch von Bedeutung sein, die Zielsystemfestlegung durch die Geschäftsleitung bzw. die Zielerreichung zu analysieren. Das gilt vor allem im Hinblick auf die Kleinanleger, welche ihre Interessen durch den Vorstand vertreten sehen wollen. Der einzelne Kleinaktionär hat aber weder genügend Einfluss, das Zielsystem des Vorstandes zu bestimmen, noch die Möglichkeit, interne Informationsquellen auszuwerten. Welche zwei Ausrichtungen sind für die Analyse der Unternehmenszielerreichung grundsätzlich denkbar und wie sind diese ausgestaltet?

Aufgabe 30 (Grenzen der Analyse der Unternehmenszielerreichung)

Beurteilen Sie die Informationsmöglichkeiten der (externen) Bilanzanalyse bezüglich der Unternehmenszielerreichung!

Aufgaben zum V. Kapitel

Aufgabe 1 (Spezifische Probleme bei der Konzernabschlussanalyse)

Neben der Analyse von Einzelunternehmen ist oftmals – und mit wachsender Bedeutung – die Analyse von Konzernen erforderlich. Gibt es Unterschiede im Hinblick auf das methodische Vorgehen zwischen der Analyse von Einzelabschlüssen und der Analyse von Konzernabschlüssen? Welche konzernspezifischen Probleme treten bei der Bilanzanalyse grundsätzlich auf?

Aufgabe 2 (Unvollkommenheit des Konsolidierungskreises)

Wie kann eine Unvollkommenheit des Konsolidierungskreises zustande kommen?

Aufgabe 3 (Uneinheitlichkeit der Bewertung)

Skizzieren Sie die Bewertungsvorschriften im Konzern unter Berücksichtigung der Uneinheitlichkeit der Bewertung!

Aufgabe 4 (Uneinheitlichkeit des Ausweises)

Die Uneinheitlichkeit des Ausweises ist ein weiteres Problem im Rahmen der Konzernabschlussanalyse. Mit welchen Beeinträchtigungen der Informationen ist diesbezüglich zu rechnen?

Aufgabe 5 (Unvollständigkeit der Erfolgskonsolidierung)

Inwieweit kann die Erfolgskonsolidierung innerhalb der Zwischenergebniseliminierung unvollständig sein?

Aufgabe 6 (Probleme internationaler Vergleiche im Überblick)

Welche wesentlichen Probleme treten bei internationalen Vergleichen von Abschlüssen auf?

Aufgabe 7 (Probleme bei der Umrechnung)

Welche zwei wesentlichen Probleme können bei der Umrechnung ausländischer Währungen im Rahmen der Bilanzanalyse auftreten?

Aufgabe 8 (Ziele der steuerlichen Außenprüfung)

Nach deutschem Steuerrecht hat die Finanzverwaltung umfassende Möglichkeiten, Prüfungen durchzuführen. Welche Ziele hat die steuerliche Außenprüfung?

Aufgabe 9 (Unterteilung der Verprobungsrechnungen)

Bei einigen Unternehmen liegt die Vermutung nahe, dass – beabsichtigt oder unbeabsichtigt – Steuerverkürzungen durch Nichtbuchung von Einnahmen oder Zuvielbuchung von Ausgaben erreicht werden. Um insbesondere diesem Verdacht nachzugehen, werden sog. Verprobungsrechnungen durchgeführt. Wie können diese gegliedert werden? Welche Konsequenzen ergeben sich bei Abweichungen zwischen Soll- und Ist-Werten?

Aufgabe 10 (Steuerliche Außenprüfung versus Bilanzanalyse)

Lassen sich die Verfahren der steuerlichen Außenprüfung auch im Rahmen der (externen) Bilanzanalyse anwenden? Begründen Sie im Hinblick auf das Vorgehen und hinsichtlich der Zielsetzung!

Lösungsteil

Lösungsvorschläge zu den Aufgaben des I. Kapitels

Lösung zur Aufgabe 1 (Grundsätzliches Vorgehen bei einer Analyse)

Bei jeder Analyse ist die **Zielbezogenheit** zu beachten. Analysen führen nur dann zu sinnvollen Ergebnissen, wenn vorab genau festgelegt wurde, welches Ziel (Zielsystem) mit der Analyse verfolgt werden soll. Diese, sich aus den Interessen der Analyseadressaten ergebende Zielbezogenheit ist dann bei der Durchführung der Analyse zu beachten. So haben die Auswahl der Informationsquellen, die Wahl der Analysemethoden und die Auswertung der Informationsquellen sowie die Interpretation der Analyseergebnisse zielbezogen zu erfolgen.

Lösung zur Aufgabe 2 (Definition)

Unter der Bilanzanalyse wird die **Gewinnung zielorientierter Informationen** über ein Unternehmen oder einen Konzern durch die Aufbereitung, Auswertung und beurteilende Kommentierung ausschließlich allgemein zugänglicher (publizierter) Informationsquellen verstanden.

Lösung zur Aufgabe 3 (Allgemeine Zielsetzung der Bilanzanalyse)

In Anlehnung an § 264 Abs. 2 HGB kann die Zielsetzung der Bilanzanalyse allgemein wie folgt formuliert werden: Es soll ein **möglichst umfassender Einblick in die „tatsächliche" Vermögens-, Finanz- und Ertragslage** – also die wirtschaftliche Lage – des zu analysierenden Unternehmens erlangt werden, um vor allem auf die **zukünftige Entwicklung** des Unternehmens zu schließen.

Lösung zur Aufgabe 4 (Abgrenzung)

Im Rahmen der (internen) Betriebsanalyse stehen dem Analysten **auch interne Informationsquellen**, also Informationen in erheblich größerem Umfang, zur Verfügung als bei der (externen) Bilanzanalyse. Zusätzliche (interne) Informationsquellen sind z. B. die Kostenrechnung, die kurzfristige Erfolgsrechnung und die Finanzplanung. Außerdem können vertrauliche Auskünfte der Geschäftsleitung eingeholt werden. In den Zielsetzungen unterscheiden sich die beiden Analysen gewöhnlich kaum.

Lösung zur Aufgabe 5 (Forschungsbereiche)

Die hauptsächlichen betriebswirtschaftlichen Forschungsgebiete sind die **empirische Bilanzanalyse** und die **Analyse der (qualitativen) Berichterstattung**. Aktuelle Ansätze zur Forschung im Rahmen der Bilanzanalyse ergeben sich hinsichtlich der Auswirkungen der Internationalisierung der Rechnungslegung und aus den Änderungen des HGB.

Lösung zur Aufgabe 6 (Empirische Bilanzanalyse)

Bei der empirischen Bilanzanalyse wird versucht, **Kennzahlen zu finden und zu testen, die** bezüglich bestimmter Ziele der Bilanzanalyse **besonders aussagekräftig sind** (bzw. sein sollen). Einzelne (univariate Diskriminanzanalyse) oder mehrere Kennzahlen (multivariate Diskriminanzanalyse) werden so – meist ohne weitere ökonomische Begründung – auf deren Prognosestärke hin untersucht. Kennzahlen, die sich als „prognosestark" erwiesen haben, werden zur Klassenbildung herangezogen (z. B. bezüglich der Gefahr, in Zukunft insolvent zu werden).

Lösung zur Aufgabe 7 (Absolute versus relative Zieldefinition)

Die Zielformulierung kann zunächst derart erfolgen, dass analysiert werden soll, ob das Unternehmen in der Vergangenheit ein **(Total- oder Partial-)Optimum** erreicht hat bzw. ob es dieses voraussichtlich auch in der Zukunft erreichen wird. Diese anspruchsvolle **(absolute) Zielsetzung** ist mit der Bilanzanalyse aus verschiedenen Gründen nicht zu erreichen. Die **wichtigsten Gründe** sind die Mangelhaftigkeit der Informationsquellen und das Fehlen allgemeingültiger Kriterien zur Messung dieses Totaloptimums.

Vor diesem Hintergrund ist eine weniger anspruchsvolle **(relative) Zielformulierung** zu bevorzugen. Die Analyse soll eine Aussage darüber ermöglichen, ob die Geschäftsleitung eine **vorteilhafte („gute") wirtschaftliche Leistung** in der Vergangenheit hervorgebracht hat bzw. voraussichtlich (auch) in der Zukunft erreichen wird.

Lösung zur Aufgabe 8 (Auswahl der Analysemethoden)

Die Auswahl von Analysemethoden ist einerseits unter besonderer Berücksichtigung der Zielkompatibilität der jeweiligen Methode vorzunehmen. Andererseits ist zu beachten, dass zwischen der gewählten Methode und der Güte der jeweiligen Informationsquelle Ausgewogenheit besteht (Informationskompatibilität). Für die Methodenauswahl gilt somit die allgemeine Forderung, einen **Kompromiss zwischen Informations- und Zielkompatibilität** zu realisieren.

Im Rahmen des sog. **Methodenvergleiches** geht es im Hinblick auf die **Zielkompatibilität** darum, eine dem Informationsbedürfnis des Analyseadressaten entsprechende Methode zu finden. Das setzt die Kenntnis darüber voraus, wie leistungsfähig die einzelnen Methoden sind und wo die Grenzen ihrer Aussagekraft liegen. Ziel des Methodenvergleiches ist, mehrere zielkompatible Methoden möglichst so zu kombinieren, dass die Mängel der einen Methode durch die Vorteile anderer Methoden kompensiert werden.

Ein Kriterium für die Angemessenheit einer Methode im Rahmen des sog. **Methoden-Informationsvergleiches** liegt in der Verfügbarkeit der beim Einsatz der Methode benötigten Informationen. Sind die erforderlichen Informationen nicht verfügbar und auch nicht mit einiger Sicherheit zu schätzen, kann auf die jeweilige Methode nicht zurückgegriffen werden.

Im Hinblick auf die **Informationskompatibilität** ist eine allgemeine Aussage darüber, welche Methoden bei welchen alternativen Informationsmöglichkeiten eingesetzt werden sollen, kaum möglich. Es gibt keine generellen Anwendungskriterien. Allenfalls kann der tendenzielle Hinweis gegeben werden, im Zweifel eine eher komplexe Methode zu wählen, um einem möglichen Informationsverlust vorzubeugen. Hierbei ist jedoch zu beachten, dass die Aussagekraft mangelhafter Informationen nicht durch eine anspruchsvolle Methodik erhöht wird. Komplexe Methoden täuschen eine besondere Analysequalität oft nur vor.

Lösung zur Aufgabe 9 (Abschluss der Bilanzanalyse)

Hat der Analyst zuverlässige Methoden ausgewählt, werden die von der jeweiligen Methode geforderten Werte berechnet. Anschließend erfolgen der **Ergebnisvergleich und die Ergebnisinterpretation**. Hierbei kann der Analyst dem Problem gegenüberstehen, dass die verschiedenen eingesetzten Methoden zu unterschiedlichen Ergebnissen bezüglich desselben Ziels kommen. In einem solchen Fall ist eine Gewichtung der einzelnen Ergebnisse vorzunehmen. An die **kritische Auswertung der Ergebnisse** sollte sich eine **Ursachenforschung** anschließen.

Ist dieser Schritt abgeschlossen, kann das Gesamtergebnis in Form eines **Analyseberichts** dargestellt werden. In diesem Bericht sind die Zielsetzungen der Analyse, die Informationsquellen und die Analysemethoden explizit aufzuzeigen und zu begründen. Auf die Darstellung der Berechnung der Analyseergebnisse folgen im Analysebericht der Ergebnisvergleich und die Ergebnisinterpretation. Wenn möglich, wird der Bericht mit einer Gesamtbeurteilung abgeschlossen, die diesem durchaus auch vorangestellt werden kann.

Lösung zur Aufgabe 10 (Informationsbedürfnis versus Informationsqualität)

Die **Ursachen** für die Diskrepanz zwischen Informationsbedürfnis und Informationsqualität im Rahmen der Bilanzanalyse liegen hauptsächlich in den Informationsquellen (z. B. generelle Mängel und geringe Zukunftsbezogenheit), im Analysevorgehen (z. B. in der problematischen Wahl von Auswertungsmethoden und in den Interpretationsschwierigkeiten bei der Auswertung der Analyseergebnisse) sowie in der Person und/oder im Umfeld des Analysten.

Lösung zur Aufgabe 11 (Mangelnde Zukunftsorientierung)

Das allgemeine Ziel einer Bilanzanalyse besteht gewöhnlich darin, eine Basis für die Beurteilung der zukünftigen Entwicklung des Unternehmens zu erlangen. Jahresabschlüsse beziehen sich hingegen jeweils auf eine vergangene Periode. Planbilanzen sind weder verfügbar noch eine sichere Informationsquelle für eine zukunftsbezogene Analyse. Außerdem liegen gewöhnlich zwischen dem Bilanzstichtag und dem Tag der Durchführung einer Analyse mehrere Monate. Damit nimmt die Bedeutung des Jahresabschlusses für die Prognose weiter ab.

Lösung zur Aufgabe 12 (Bilanzpolitik)

Den Zielen des Bilanzanalysten (und anderer Adressaten) stehen die **bilanzpolitischen Ziele der Geschäftsleitung** oft entgegen. Letztere kann z. B. durch die Ausnutzung umfänglicher expliziter und impliziter Ansatz-, Bewertungs- und Ausweiswahlrechte den Jahresabschluss und somit auch das mit diesem vermittelte Bild der wirtschaftlichen Lage des Unternehmens erheblich beeinflussen (manipulieren).

Lösung zur Aufgabe 13 (Unvollständigkeit von Informationsquellen)

Der Jahresabschluss vermittelt überwiegend quantitative Informationen. **Qualitative Informationen** lassen sich in einem eher geringen (aber seit einiger Zeit der Menge nach wachsenden) Umfang aus dem Anhang und/oder dem Lagebericht bzw. dem im Falle internationaler Abschlüsse eventuell vorliegenden „Management Commentary" entnehmen.

Weiterhin sind auch die **quantitativen Aussagen** des Jahresabschlusses unvollständig, weil nicht alle wesentlichen wirtschaftlichen Aspekte in den Jahresabschluss eingehen. Als Beispiel sei auf die Informationen über vorhandene Kreditreserven oder die Existenz bestimmter immaterieller Werte hingewiesen, die, wie der Ruf eines Unternehmens, das Wissen der Mitarbeiter, die Kompetenzen der Führung sowie die Organisationsstruktur, dem grundsätzlich nicht aktivierbaren originären (also dem selbsterstellten) Geschäfts- oder Firmenwert zuzurechnen sind.

Die mangelnde Differenzierung bezieht sich auf mehrere Aspekte. So werden eine „**richtige" und klare Bezeichnung** von Bilanz- sowie Gewinn- und Verlustrechnungs- bzw. Gesamtergebnisrechnungspositionen sowie die Zuordnung von Geschäftsvorfällen zu den Positionen nicht immer einheitlich vorgenommen. Schließlich beeinträchtigt eine **zunehmende Unternehmensverflechtung** die Aussagekraft von (Einzel-)Abschlüssen, weil (faktische) Konzerne möglicherweise überhaupt keinen Konzernabschluss aufstellen oder die Aussagekraft publizierter Einzelabschlüsse durch Konzernbildung – insbesondere durch konzernspezifische Verrechnungspreise – beeinträchtigt ist.

Lösung zur Aufgabe 14 (Ungeeignetheit von Informationsquellen)

Als wesentliches **Beispiel** kann die **Liquiditätsprognose** genannt werden. Diese ist lediglich auf Basis von Zahlungsströmen durchführbar. Der Jahresabschluss basiert hingegen auf periodenabgegrenzten Erfolgsströmen, also auf einer Ertrags- und Aufwandsrechnung.

Lösung zur Aufgabe 15 (Begrenzung durch Normierung)

Die beliebteste Methode der klassischen Bilanzanalyse ist der Kennzahlenvergleich. Jede Kennzahl **reduziert** jedoch eine **Vielzahl von Informationen auf eine einzige komprimierte Größe.** Eine Möglichkeit, dieser Problematik entgegenzuwirken, liegt in der Konstruktion von **Kennzahlensystemen,** in denen einzelne Einflussfaktoren und deren Beziehungen explizit berücksichtigt werden (sollen).

Ein weiteres Interpretationsproblem ist die **Herleitung eines vergleichbaren Beurteilungsmaßstabs.** Hierzu können etwa die Kennzahlen früherer Perioden (**Zeitvergleich**) herangezogen werden, über deren Güte – im Sinne des Vergleichs zu einem unbekannten Totaloptimum – allerdings keine Aussage gemacht werden kann. Auch die Ergebnisse des Vergleiches mit „goldenen Regeln" (**Normvergleich**) sind wissenschaftlich nicht begründbar. Zudem ist zu konstatieren, dass von den bilanzierenden Unternehmen oft versucht wird, diese „Normzahlen" durch bilanzpolitische Maßnahmen zu erfüllen.

Lösung zur Aufgabe 16 (Grenzen im personellen Bereich)

Die Praktikabilität einzelner Analysemethoden sowie die Schwierigkeiten bei deren Anwendung erfordern qualifiziertes Personal. Dieses steht nicht immer zur Verfügung. So verfügen Analysten oft nicht über die **Qualifikation,** komplexe Informationsquellen auszuwerten. Auch wenn der Analyst ausreichend qualifiziert ist, kann es dennoch sein, dass aus **Kosten- oder Zeitgründen** eine umfangreiche Analyse nicht durchgeführt wird.

Lösungsvorschläge zu den Aufgaben des II. Kapitels

Lösung zur Aufgabe 1 (Adressaten der Bilanzanalyse)

Zu den Bilanzanalyseadressaten gehören **primär** alle **Interessengruppen, die nicht auf interne Informationen zurückgreifen können** und deren Informationsbedürfnis somit ausschließlich auf der Basis externer Informationen gestillt werden kann. Hierzu zählen die eher „machtlosen" Interessengruppen, also die Kleineigen- und Kleinfremd-kapitalgeber (z. B. auch die Deliktsgläubiger), die Arbeitnehmer, aber auch die Konkur-renten sowie ganz generell die interessierte Öffentlichkeit. Die Geschäftsleitung, die Aufsichtsorgane, die Großeigen- und Großfremdkapitalgeber des Unternehmens sowie die Finanzverwaltung und Gerichte haben hingegen aufgrund rechtlicher oder faktischer Machtbefugnisse Zugang zu aussagekräftigeren internen Informationsquellen. Sie sind **nur sekundär**, z. B. für Plausibilitätszwecke, an einer Bilanzanalyse interessiert.

Lösung zur Aufgabe 2 (Zielformulierung und Zielhierarchisierung)

Die **wesentlichen Partialziele** sind die Analyse und Prognose der Liquiditäts-, der Er-folgs- und der Vermögenslage. Darüber hinaus können jedoch weitere Ziele, wie etwa die Analyse der Personal- oder der Umweltpolitik, verfolgt werden. Zwischen diesen Zielen können hierarchische Beziehungen und Korrelationen bestehen, die im Rahmen der Bilanzanalyse erkannt und (z. B. im Rahmen von Kennzahlensystemen) beachtet werden sollten.

Lösung zur Aufgabe 3 (Informationsbedürfnisse)

Bei den nicht quantifizierbaren Informationsbedürfnissen handelt es sich z. B. um die Qualität der Unternehmensführung, die Marktposition des Unternehmens oder Entwick-lungschancen des Produktions- und Absatzprogramms. Das nicht quantifizierbare In-formationsbedürfnis lässt sich mit Hilfe einer Analyse des Jahresabschlusses i. d. R. **nur indirekt und unvollständig befriedigen**. Für die Beurteilung qualitativer Merk-male ist es sinnvoller, den Lagebericht (bzw. den „Management Commentary") sowie **zeitnähere Publikationen** der (seriösen) Wirtschaftspresse heranzuziehen und die darin enthaltenen Informationen mit großer Sorgfalt kritisch zu analysieren.

Lösung zur Aufgabe 4 (Auswahl der geeigneten Vergleichsmaßstäbe)

Ein Zielerreichungsgrad kann als **Optimum** formuliert werden. Das bedeutet, dass ein nachprüfbarer Extremwert (Maximum, Minimum) hergeleitet und mit dem Ist-Wert verglichen wird (**absolute Zieldefinition**). Neben dieser anspruchsvollen Definition des Zielerreichungsgrades kann sich die Analyse auch auf die **Darstellung eines „vorteil-haften"** („guten") **Wertes** beschränken (**relative Zieldefinition**).

Die Bilanzanalyse sollte aus zwei Gründen auf die letztere Vorgehensweise hinsichtlich des Zielerreichungsgrades reduziert werden: Der erste Grund ist, dass die Informationsquellen der Bilanzanalyse eher mangelhaft und unvollständig sind. Der zweite Grund liegt darin, dass es recht selten objektive (d. h. betriebswirtschaftlich als allgemeingültig anerkannte) Maßstäbe für eine praktikable Optimumbeschreibung gibt. Ein aus Sicht des Analyseadressaten „vorteilhafter" Wert kann dagegen durch Vergleich mit anderen Unternehmen (Betriebs- oder Branchenvergleich), anderen Perioden (Zeitvergleich) oder auch mit Normzahlen (Normvergleich) definiert werden. Bei der Auswahl der Vergleichsmaßstäbe ist **zu untersuchen, ob diese den gesuchten „guten" Wert tatsächlich repräsentieren**.

Lösung zur Aufgabe 5 (Probleme bei der Informationsbeschaffung)

Grundsätzliches Ziel der Informationsbeschaffung ist, alle für die Bilanzanalyse verfügbaren Informationsquellen heranzuziehen. Die **Anzahl der Informationsquellen** für die Bilanzanalyse ist eher **gering**. Eine Eingrenzung der ohnehin geringen Informationsmöglichkeiten muss daher selten vorgenommen werden. Allerdings ist es denkbar, dass die Überfrachtung von Anhang und Lagebericht bzw. „Management Commentary" eines Unternehmens zur Informationsüberflutung führt. Dies ist oft auch bilanzpolitisch gewollt, um eine Verwässerung wichtiger, aber vielleicht (aus Sicht der Unternehmensleitung) nachteiliger Informationen zu erzielen.

Lösung zur Aufgabe 6 (Publikationspflicht)

Nach §§ 325–329 **HGB** besteht für sämtliche Kapitalgesellschaften und haftungsbeschränkte Personenhandelsgesellschaften grundsätzlich eine Pflicht zur Publikation von Abschlüssen. Diese Pflicht differiert hinsichtlich der Unternehmensgröße und der Abschlussart (Einzelabschluss versus Konzernabschluss). Darüber hinaus bestehen Publikationspflichten nach dem **PublG**, welche sich vor allem an bestimmten Größenmerkmalen orientieren. Auch kraft **Wirtschaftszweig** (z. B. Versicherungen) und kraft **Rechtsform** (z. B. Genossenschaften) können sich in Deutschland Publikationspflichten ergeben.

Lösung zur Aufgabe 7 (Umfang des Jahresabschlusses)

Der publizierte Jahresabschluss einer großen Kapitalgesellschaft besteht regelmäßig aus der Bilanz, der Gewinn- und Verlustrechnung sowie dem Anhang. Darüber hinaus ist ein Lagebericht zu veröffentlichen, der letztlich nicht als Bestandteil des Jahresabschlusses gilt.

Lösung zur Aufgabe 8 (Lagebericht)

Im Lagebericht sind der Geschäftsverlauf und die Lage des Unternehmens (**Wirtschaftsbericht**) darzustellen. Zu berichten ist auch über Vorgänge von besonderer Bedeutung, die nach dem Bilanzstichtag eingetreten sind (**Nachtragsbericht**), über die voraussichtliche Entwicklung der Gesellschaft (**Prognosebericht**) sowie über den Stand von Forschung und Entwicklung (**Forschungs- und Entwicklungsbericht**). Darüber hinaus ist über die Risiken und die gewählten Risikomanagementziele und -methoden der Gesellschaft (**Risikobericht**), die bestehenden Zweigniederlassungen (**Zweigniederlassungsbericht**) sowie die Grundzüge des Vergütungssystems der Organe der Gesellschaft und die gegebenenfalls individualisierten Vorstandsvergütungen (**Vergütungsbericht**) zu informieren. Zudem muss der Lagebericht einen Teilbericht beinhalten, der über das interne Kontroll- und Risikomanagementsystem bezüglich des Rechnungslegungsprozesses (sog. **IKS-Bericht**) informiert.

Lösung zur Aufgabe 9 (Publikationsumfang)

Zu den „sonstigen" Publikationen gehören etwa **Werbekampagnen**, die **Hauptversammlungsansprache** und **Publikationen der Wirtschaftspresse**. Bei sämtlichen dieser Publikationen ist – wie im Übrigen auch beim Lagebericht – die **subjektive Tendenz** zum „Marketinginstrument" zu beachten. Im Hinblick auf Werbekampagnen und bei Hauptversammlungsansprachen ist dies ohne weiteres plausibel; diese Informationsquellen sollen die Zielsetzung der Geschäftsleitung unterstützen. Aber auch die Fachpresse kann einer gefärbten (subjektiven) Ausrichtung unterliegen. Deshalb empfiehlt es sich hier, Veröffentlichungen unterschiedlich ausgerichteter Presseorgane zu studieren.

Lösung zur Aufgabe 10 (Wirkung von Manipulationsmöglichkeiten)

Die Gefahr, dass die Zahlen des Jahresabschlusses gegen die Interessen des Adressaten bilanzpolitisch manipuliert werden, ist umso größer, je stärker die **Interessengegensätze zwischen dem Bilanzierenden und den Adressaten** sind. Die bilanzpolitischen Ziele des Bilanzierenden können im Extremfall im Gegensatz zu den Zielen der Adressaten stehen. Der bilanzpolitische Spielraum kann im Rahmen der sich durch die Rechnungslegungsnormen ergebenden Grenzen so ausgenutzt werden, dass die Darstellung der wirtschaftlichen Lage des Unternehmens je nach Zielrichtung der Unternehmensleitung z. B. **eher pessimistisch** (konservativ) oder **eher optimistisch** (progressiv) manipuliert oder auf die Einhaltung bestimmter, vermeintlich von Adressaten erwarteter Normwerte bei „wichtigen" Kennzahlen ausgerichtet wird.

Lösung zur Aufgabe 11 (Möglichkeiten der Sachverhaltsgestaltung – Teil 1)

Durch die bilanzpolitisch motivierte Verschiebung der geplanten Investitionen ergibt sich die nachfolgende Plan-Bilanz „nach Bilanzpolitik". Auswirkungen auf den Gewinn ergeben sich – weil von Abschreibungen abstrahiert wird – nicht. Die Bilanzsumme reduziert sich um 25.000 €. Es handelt sich um eine Sachverhaltsgestaltung **vor** dem Bilanzstichtag.

Aktiva	Plan-Bilanz „nach Bilanzpolitik" in €		Passiva
Anlagevermögen	50.000	Eigenkapital (zu Periodenbeginn)	60.000
Umlaufvermögen (ohne liquide Mittel)	30.000	Jahresüberschuss	10.000
Umlaufvermögen (liquide Mittel)	45.000	Langfristiges Fremdkapital	25.000
		Kurzfristiges Fremdkapital	30.000
	125.000		**125.000**

Lösung zur Aufgabe 12 (Möglichkeiten der Sachverhaltsgestaltung – Teil 2)

Nach der hier vorliegenden Sachverhaltsgestaltung **vor** dem Bilanzstichtag ergibt sich das nachfolgende Bild der Plan-Bilanz „nach Bilanzpolitik". Die Vermögensstruktur ändert sich. Auswirkungen auf die Bilanzsumme und den Jahresüberschuss ergeben sich im Geschäftsjahr allerdings nicht. Für den Bilanzleser ist es nicht möglich, zu erkennen, dass diese „Sale-and-lease-back-Maßnahme" bilanzpolitisch motiviert ist.

Aktiva	Plan-Bilanz „nach Bilanzpolitik" in €		Passiva
Anlagevermögen	70.000	Eigenkapital (zu Periodenbeginn)	60.000
Umlaufvermögen (ohne liquide Mittel)	30.000	Jahresüberschuss	10.000
Umlaufvermögen (liquide Mittel)	50.000	Langfristiges Fremdkapital	50.000
		Kurzfristiges Fremdkapital	30.000
	150.000		**150.000**

Lösung zur Aufgabe 13 (Möglichkeiten der Sachverhaltsgestaltung – Teil 3)

Sofern die erworbenen Forschungsergebnisse unter Berücksichtigung des entgeltlichen Erwerbs den Ansatzkriterien entsprechen, erhöhen sich sowohl die Bilanzsumme als auch der Jahresüberschuss, denn die bisher als Aufwand berücksichtigten Forschungsleistungen werden nunmehr aktiviert und sind schließlich über deren vermeintliche Nutzungsdauer abzuschreiben. Die Plan-Bilanz „nach Bilanzpolitik" ergibt sich wie folgt:

Aktiva	Plan-Bilanz „nach Bilanzpolitik" in €		Passiva
Anlagevermögen	150.000	Eigenkapital (zu Periodenbeginn)	60.000
Umlaufvermögen (ohne liquide Mittel)	30.000	Jahresüberschuss	60.000
Umlaufvermögen (liquide Mittel)	20.000	Langfristiges Fremdkapital	50.000
		Kurzfristiges Fremdkapital	30.000
	200.000		**200.000**

Lösung zur Aufgabe 14 (Möglichkeiten der Sachverhaltsgestaltung – Teil 4)

Wenn vereinfacht angenommen wird, dass die Leistungen in äquivalenter Höhe in die Pensionskasse einzuzahlen sind, dann vermindern sich sowohl das langfristige Fremd-kapital (insbesondere die darin enthaltenen Rückstellungen) als auch die liquiden Mit-tel. Es liegt somit eine Bilanzverkürzung vor, die sich hier in einer deutlichen Erhöhung der Eigenkapitalquote niederschlägt, obwohl sich keine Auswirkungen auf den Jahres-überschuss ergeben. In der Realität werden die Zuführungen zu den Rückstellungen und die Versicherungsprämien jedoch gewöhnlich nicht übereinstimmen.

Aktiva	Plan-Bilanz „nach Bilanzpolitik" in €		Passiva
Anlagevermögen	100.000	Eigenkapital (zu Periodenbeginn)	60.000
Umlaufvermögen (ohne liquide Mittel)	30.000	Jahresüberschuss	10.000
Umlaufvermögen (liquide Mittel)	5.000	Langfristiges Fremdkapital	35.000
		Kurzfristiges Fremdkapital	30.000
	135.000		**135.000**

Lösung zur Aufgabe 15 (Möglichkeiten der Sachverhaltsgestaltung – Teil 5)

Statt der fertigen Erzeugnisse i. H. v. 25.000 € werden Forderungen aus Lieferungen und Leistungen i. H. v. 40.000 € im Umlaufvermögen ausgewiesen. Dies führt zu einer Erhöhung der Aktiva um 15.000 €. Der Jahresüberschuss erhöht sich aufgrund der Reali-sation der Lieferung ebenfalls um 15.000 €. Die Bilanzsumme erhöht sich entspre-chend.

Aktiva	Plan-Bilanz „nach Bilanzpolitik" in €		Passiva
Anlagevermögen	100.000	Eigenkapital (zu Periodenbeginn)	60.000
Umlaufvermögen (ohne liquide Mittel)	45.000	Jahresüberschuss	25.000
Umlaufvermögen (liquide Mittel)	20.000	Langfristiges Fremdkapital	50.000
		Kurzfristiges Fremdkapital	30.000
	165.000		**165.000**

Lösung zur Aufgabe 16 (Wertaufhellende versus wertbegründende Sachverhalte)

Als **wertaufhellende Sachverhalte** werden jene bezeichnet, die sich **bis zum Bilanz-stichtag** ereignet haben und dem Bilanzierenden zwischen (also: **nach**) **dem Bilanz-stichtag** und dem Tag der Aufstellung des Jahresabschlusses bekannt werden. Diese Sachverhalte sind im Jahresabschluss des alten Geschäftsjahres zu berücksichtigen.

Als **wertbegründende** (bzw. wertbeeinflussende) **Sachverhalte** werden hingegen jene bezeichnet, die sich durch **Ereignisse nach dem Bilanzstichtag** auf die Unternehmens-verhältnisse auswirken. Sie dürfen folglich bei der Bilanzierung erst im aktuellen Ge-schäftsjahr berücksichtigt werden und wirken sich erst zum nächsten Bilanzstichtag auf den Jahresabschluss aus. Haben sich die Sachverhalte vor dem Tag der Aufstellung er-eignet und sind diese von besonderer Bedeutung, müssen sie im Rahmen des handels-rechtlichen Lageberichts (im Nachtragsbericht) bzw. in den „Notes" angegeben werden.

Der Jahresabschluss kann vor diesem Hintergrund durch die **Wahl des Vorlage- bzw. Veröffentlichungszeitpunktes** beeinflusst werden. Je später der Vorlage- bzw. Veröffentlichungszeitpunkt (und somit regelmäßig auch der Aufstellungszeitpunkt) gewählt wird, umso größer ist die Gefahr, dass sich negativ (aber auch, jedoch wohl seltener positiv) auf den Jahresabschluss auswirkende wertaufhellende Sachverhalte in diesem zu berücksichtigen sind. Je früher hingegen der Vorlage- bzw. Veröffentlichungszeitpunkt gewählt wird, umso weniger wertaufhellende Sachverhalte werden gewöhnlich zu berücksichtigen sein.

Aber auch im Hinblick auf die **Abgrenzung „wertaufhellender Sachverhalt" versus „wertbegründender Sachverhalt"** kommt es aus bilanzpolitischer Sicht auf die Argumentation des Bilanzierenden an, denn schließlich ist relevant, welches Ereignis konkret als Grund einer Wertbeeinflussung angesehen wird. Im Hinblick auf das dargestellte Beispiel, in dem der Bilanzierende Ende Januar des aktuellen Jahres die Information über den Insolvenzantrag des Kunden erhält, den dieser am 15. Januar dieses Jahres gestellt hat, ist die Frage, welche Ursache zum möglichen Ausfall der Forderung gegen diesen Kunden geführt hat. Vordergründig könnte der **Insolvenzantrag** als ein solcher Sachverhalt angesehen werden. Diesbezüglich läge ein **„wertbegründender Sachverhalt"** vor, der erst zum nächsten Bilanzstichtag zu berücksichtigen wäre.

Eine Insolvenz tritt aber wirtschaftlich nicht aufgrund eines Insolvenzantrags ein, sondern wird auf frühere Ursachen zurückgehen. Ein Bilanzbuchhalter kann nach früheren Ursachen der Insolvenz und somit des möglichen Zahlungsausfalles suchen, wenn das Ziel besteht, schon im noch zu erstellenden Abschluss des Vorjahres eine Einzelwertberichtigung hinsichtlich der Forderung vorzunehmen. Diese muss schließlich erfolgen, wenn ein **„wertaufhellender Sachverhalt"** vorliegt. Ist die Insolvenz des Kunden A z. B. weitgehend auf einen konkreten Zahlungsausfall, den der Kunde A wiederum aufgrund einer im Vorjahr erfolgten Insolvenz von dessen Kunden B zu verzeichnen hatte, zurückzuführen („Anschlussinsolvenz")? Auch wenn eine konkrete bedeutende wirtschaftliche Fehlentscheidung des Kunden A im Vorjahr als Ursache von dessen Insolvenz identifiziert werden kann, könnte ein „wertaufhellender Sachverhalt" vorliegen.

Lösung zur Aufgabe 17 (Analyse des bilanzpolitischen Instrumentariums)

Um die **Möglichkeiten** expliziter Wahlrechte zu kennen, muss der Analyst mit den **zugrunde liegenden Bilanzierungsvorschriften** vertraut sein. Hierzu können die internationalen (IFRS) und/oder die nationalen Rechnungslegungsnormen (HGB und gegebenenfalls die steuerrechtlichen Regelungen) zählen.

Inwieweit explizite Wahlrechte im Einzelfall **ausgeübt** wurden, ergibt sich vor allem aus dem **Anhang bzw.** den **Notes.** So sind im Anhang z. B. gemäß § 284 HGB Angaben zu den ausgeübten Bilanzierungs- und Bewertungsmethoden sowie zu den diesbezüglichen Abweichungen zu machen.

Lösungsvorschläge zu den Aufgaben des III. Kapitels

Lösung zur Aufgabe 1 (Begriff der dispositiven Liquidität)

Die dispositive Liquidität ist die Fähigkeit, den fälligen Zahlungsverpflichtungen betrags- und zeitgerecht nachzukommen. Damit entspricht sie der **Zahlungsfähigkeit**. Diese liegt vor, wenn zu jedem Zeitpunkt der Überschuss der Einzahlungen einschließlich der vorhandenen Zahlungsmittel und Zahlungsmittelreserven mindestens so groß ist wie die Höhe der Zahlungsverpflichtungen. Den Zahlungsmittelreserven sind auch die nicht ausgenutzten Kreditlinien bei Kreditinstituten oder anderen Organisationen zu subsumieren. Bei einer externen Analyse liegen allerdings Informationen über Kreditlinien gewöhnlich nicht vor.

Lösung zur Aufgabe 2 (Dispositive versus strukturelle Liquidität)

Unter **dispositiver Liquidität** wird grundsätzlich die Zahlungsfähigkeit des Unternehmens verstanden. Es handelt sich also um die Liquiditätsdefinition i. e. S. Die **strukturelle Liquidität** bezieht sich hingegen auf die zeitlichen Möglichkeiten, Vermögensteile des Unternehmens im Rahmen des normalen Geschäftsverkehrs (also nicht durch Zerschlagung des Unternehmens) liquidieren zu können. Diese beiden Begriffe werden auch als **Liquidität** (= dispositive Liquidität) **und Liquidierbarkeit** (= strukturelle Liquidität) voneinander abgegrenzt.

Lösung zur Aufgabe 3 (Relative Definition der Liquidität)

Mit relativen Liquiditätsgrößen soll eine **„gute" oder „schlechte" Liquidität** gekennzeichnet werden. Diese relativen Definitionen stehen in einem gewissen Widerspruch zur absoluten Definition. **Überliquiditäten** deuten eher daraufhin, dass finanzielle Mittel nicht oder nur kurzfristig und damit womöglich zinsungünstig (unrentabel) angelegt sind. Eine **Unterliquidität** kann im Grunde nicht existieren, weil dies Illiquidität (Zahlungsunfähigkeit) bedeuten würde. Es könnte eventuell aber auch ein Hinweis darauf sein, dass eine gewünschte Liquiditätsreserve unterschritten ist. Bei der (externen) Bilanzanalyse ist es schon schwierig, Prognosen über Liquidität oder Illiquidität (in absoluter Ausprägung) aufzustellen. Auf die Analyse relativer Liquiditäten sollte deshalb verzichtet werden.

Lösung zur Aufgabe 4 (Bedeutung der Liquidität)

Die Sicherung der Zahlungsfähigkeit ist für alle Unternehmen eine notwendige Existenzbedingung. Dieses Ziel muss vor allen anderen Zielen erreicht werden, weil Illiquidität gewöhnlich zu einer Beendigung der unternehmerischen Aktivitäten führt.

Lösung zur Aufgabe 5 (Systematisierung der Liquiditätsanalysemethoden)

Das Ziel der Analyse der **Liquidierbarkeit** orientiert sich der Definition entsprechend (primär) an den Vermögensbeständen eines Unternehmens. Diese Analysemethoden werden als **bestandsorientierte Methoden** bezeichnet.

Die Analyse der **Liquidität** (Zahlungsfähigkeit) erfolgt bestenfalls auf Basis von Zahlungsströmen und Kassenbeständen. Diese Methoden werden **stromgrößenorientierte Methoden** genannt.

Da die beiden Ausprägungen der Liquiditätslage voneinander abhängen, ist es auch möglich, die bestands- und die stromgrößenorientierten Methoden zu kombinieren (**kombinierte Methoden**).

Lösung zur Aufgabe 6 (Umschlagshäufigkeiten)

Bei den **Umschlagshäufigkeiten** werden Änderungen von Bilanzpositionen (Stromgrößen) mit Beständen der Aktivseite verglichen. Damit sollen u. a. die Verflüssigungsmöglichkeiten von Vermögenspositionen beurteilt werden.

Lösung zur Aufgabe 7 (Hauptproblem bestandsorientierter Analysemethoden)

Das wesentliche Problem der bestandsorientierten Methoden liegt darin, dass **von** bilanziellen **Beständen auf Zahlungsströme geschlossen** werden soll. Um dieses Problem zu handhaben, müssten die nachfolgend dargestellten Bedingungen hergestellt werden.

Es müsste sich aus der Bilanz entnehmen lassen, zu welchen **Terminen** Vermögensteile zu verflüssigen sind und wann Zahlungsverpflichtungen eintreten. Für die Vermögenspositionen lassen sich aus der Bilanz kaum Rückschlüsse über die Liquidierbarkeit ziehen. Bei den Zahlungsverpflichtungen zeigen Jahresabschlüsse immerhin grobe Restlaufzeiten an (ein Jahr/fünf Jahre nach HGB bzw. kurz- versus langfristig nach IFRS).

Weiterhin müsste die Bewertung der Vermögens- bzw. Verpflichtungspositionen auf der Basis zukünftiger **Ein- bzw. Auszahlungen** erfolgen. Dies ist auf der Aktivseite prinzipiell gar nicht und auf der Passivseite lediglich tendenziell erfüllt. Bei HGB-Abschlüssen führt das Vorsichtsprinzip ferner dazu, dass die Liquiditätslage ungünstiger dargestellt wird.

Die Bilanz müsste schließlich **sämtliche** möglichen zukünftigen Ein- und Auszahlungen widerspiegeln. Das ist aufgrund des Stichtagsprinzips nicht erfüllbar. Die Bilanz enthält so z. B. keine Informationen über zukünftige Umsatzerlöse bzw. Personal- oder Materialauszahlungen.

Lösung zur Aufgabe 8 (Langfristige Deckungsgrade)

Üblicherweise werden folgende langfristige Deckungsgrade berechnet:

$$\text{Deckungsgrad A} = \frac{\text{bilanzanalytisches EK}}{\text{bilanzanalytisches AV}} \ (\cdot \ 100\ \%)$$

$$\text{Deckungsgrad B} = \frac{\text{bilanzanalytisches EK} + \text{langfristiges FK}}{\text{bilanzanalytisches AV}} \ (\cdot \ 100\ \%)$$

$$\begin{array}{l}\text{Deckungsgrad des} \\ \text{langfristig gebundenen} \\ \text{Vermögens}\end{array} = \frac{\text{originäres EK} + \text{originäres langfristiges FK}}{\left(\begin{array}{c}\text{originäres AV} \\ + \text{originäres langfristig gebundenes UV}\end{array}\right)} \ (\cdot \ 100\ \%)$$

In der Praxis existieren Normen, die etwa für den Deckungsgrad A $\geq$ 30 % sowie für den Deckungsgrad B und für den Deckungsgrad des langfristig gebundenen Vermögens jeweils $\geq$ 100 % fordern. Diese **Normvorstellungen** sind allerdings **nicht willkürfrei begründbar**. Es ist zudem nicht auszuschließen, dass die Geschäftsleitung durch bilanzpolitische Maßnahmen versucht, diese Normvorstellungen zum Bilanzstichtag zu erfüllen. Die Analyse führt dann allenfalls zu dem Ergebnis, dass es der Geschäftsleitung gelungen ist, den Vorstellungen der Bilanzanalysten zu entsprechen. Ein Negativbefund ist in diesem Sinne zumindest dann zu erstellen, wenn es der Geschäftsleitung nicht mehr gelingt, diese Normvorstellungen einzuhalten. Bestenfalls lassen sich aus einem Zeitvergleich Entwicklungstendenzen entnehmen.

Lösung zur Aufgabe 9 (Kurzfristige Deckungsgrade/Liquiditätsgrade)

Es handelt sich um die **Liquidität 1. und 2. Grades**:

$$\text{Liquidität 1. Grades} = \frac{\text{liquide Mittel 1. Grades}}{\text{kurzfristiges FK} - \text{Leistungsschulden}} \ (\cdot \ 100\ \%)$$

$$\text{Liquidität 2. Grades} = \frac{\text{liquide Mittel 2. Grades (monetäres UV)}}{\text{kurzfristiges FK} - \text{Leistungsschulden}} \ (\cdot \ 100\ \%)$$

Bei beiden Kennzahlen tritt das generelle **Problem** auf, dass keine nicht bilanzierten Zahlungsverpflichtungen berücksichtigt werden. Da die Kennzahlen eine kurzfristige Analyse erlauben sollen, besteht zudem das Problem, dass sich die Liquiditätslage zum Zeitpunkt der Bilanzanalyse bereits völlig verändert haben kann. Die kurzfristigen Forderungen und Verbindlichkeiten sind zwischen Bilanzstichtag und dem Zeitpunkt der Bilanzanalyse weitgehend ausgeglichen; der Stand der liquiden Mittel ist unter Umständen völlig verändert. Letztlich existiert auch kein kausaler Zusammenhang zwischen der Liquiditätslage am Bilanzstichtag und der zukünftigen Liquiditätsentwicklung.

Lösung zur Aufgabe 10 (Nettoumlaufvermögen)

Das Nettoumlaufvermögen [„(Net) Working Capital"] ist nicht einheitlich definiert. Es existieren absolute und relative Kennzahlen. Relativ definiert entspricht die Kennzahl der **Liquidität 3. Grades**:

$$\text{Liquidität 3. Grades} = \text{Working Capital Ratio} = \frac{UV}{\text{kurzfristiges FK}} \ (\cdot\ 100\ \%)$$

Auch bei dieser horizontalen Liquiditätskennzahl wird unterstellt, dass zwischen der zukünftigen Liquiditätslage und der Höhe des Nettoumlaufvermögens ein Zusammenhang besteht. Die Kennzahl impliziert, dass die Liquiditätslage umso besser ist, je langfristiger die Zahlungsverpflichtungen und je kurzfristiger die Verflüssigungsmöglichkeiten sind. Die in der Lösung zu Aufgabe 9 geäußerte **Kritik** an den Liquiditätsgraden gilt analog für das Nettoumlaufvermögen.

Lösung zur Aufgabe 11 (Normvorgaben kurzfristiger Deckungsgrade)

Es handelt sich z. B. um die **„Quick Ratio"** (im Rahmen des **„Acid Test"**), die fordert, dass die Liquidität 2. Grades mindestens 100 % sein soll. Weiterhin existiert die **„Current Ratio"**, die verlangt, dass das relative „Working Capital" (Liquidität 3. Grades) mindestens 200 % betragen soll.

Die **Probleme dieser Kennzahlen** liegen – wie sehr häufig im Spannungsfeld zwischen Bilanzpolitik und Bilanzanalyse – darin, dass die Geschäftsleitung mit Hilfe bilanzpolitischer Mittel den Jahresabschluss auf die Einhaltung dieser Normvorstellungen manipulieren kann (siehe hierzu auch die Lösung zur Aufgabe 8).

Lösung zur Aufgabe 12 (Umschlagskoeffizienten)

Umschlagskoeffizienten sind Kennzahlen, bei denen **Vermögenspositionen mit den Abgängen von diesen Positionen in Relation** gesetzt werden. Damit soll eine Einschätzung der Liquidierbarkeit ermöglicht werden. Die **Umschlagshäufigkeit** (Relation von Vermögensabgängen zu Beständen) zeigt an, wie oft eine bestimmte Vermögensposition in einem Jahr umgeschlagen wird. Der Kehrwert der Umschlagshäufigkeit (die **Umschlagsdauer**) gibt vergleichbare Informationen: Diese soll einen Hinweis darauf geben, wie lange eine Vermögensposition tendenziell im Unternehmen verbleibt.

Lösung zur Aufgabe 13 (Stromgrößenorientierte Liquiditätsanalysemethoden)

Stromgrößenorientierte Methoden basieren auf **Bewegungsgrößen**. Informationsquelle ist demgemäß – wie bei der Ermittlung des Cashflows – eher die Gewinn- und Verlustrechnung. Daneben existieren aber auch Kapitalflussrechnungen, bei denen (hauptsächlich) aus der **Differenz von** (Bilanz-)**Beständen** auf Zahlungsströme geschlossen wird.

Lösung zur Aufgabe 14 (Ermittlung des Cashflow)

Der Cashflow kann **direkt** aus den Erfolgsgrößen der Gewinn- und Verlustrechnung hergeleitet werden. Die Differenz der zahlungswirksamen Teile der Erträge und Aufwendungen bildet den (ertragswirtschaftlichen) Cashflow. Die Praxis und der überwiegende Teil der Literatur nehmen eine **indirekte Ermittlung** vor. Der Überschuss der Erfolgsrechnung wird hierbei um die zahlungsunwirksamen Teile der Erträge und Aufwendungen korrigiert. Als banalste indirekte Berechnung findet sich die Formel:

Cashflow = Jahresüberschuss + Abschreibungen.

Lösung zur Aufgabe 15 (Cashflow nach DVFA/SG)

Nach DVFA/SG wird der Cashflow indirekt wie folgt bestimmt:

	Jahresüberschuss/-fehlbetrag
+	Abschreibungen auf Gegenstände des Anlagevermögens
–	Zuschreibungen zu Gegenständen des Anlagevermögens
±	Veränderung der Rückstellungen für Pensionen bzw. anderer langfristiger Rückstellungen
±	andere nicht zahlungswirksame Aufwendungen/Erträge von wesentlicher Bedeutung
=	**Jahres-Cashflow**
±	Bereinigung ungewöhnlicher zahlungswirksamer Aufwendungen/Erträge von wesentlicher Bedeutung
=	**Cashflow nach DVFA/SG**

Lösung zur Aufgabe 16 (Cashflow als Liquiditätskennzahl)

Wenn von den bestehenden Einschränkungen abgesehen wird, kommt dem Cashflow unter den Liquiditätskennzahlen eine relativ hohe Bedeutung zu. Dieser ermöglicht insbesondere dann eine Liquiditätsprognose, wenn die Zahlungsströme bezüglich ihrer Regelmäßigkeit differenziert werden. Je höher ein regelmäßig erreichbarer Zahlungsüberschuss ist, in desto geringerem Umfang muss voraussichtlich liquiditätsbeanspruchendes Fremdkapital zur Finanzierung unregelmäßiger Mittelverwendungen aufgenommen werden (**Innenfinanzierungskraft**). Der Cashflow ist damit tendenziell ein **Indikator für finanzielle Unabhängigkeit und Stabilität** des Unternehmens.

Der Cashflow hat weiterhin den Vorteil, dass er die **Manipulationsbemühungen** der Geschäftsleitung **weitgehend neutralisiert**. Insbesondere bei der Bemessung der Abschreibungen wird in größerem Umfang Bilanzpolitik betrieben, um die Höhe des Jahresergebnisses zu beeinflussen. Der Cashflow bleibt zumindest hiervon unberührt.

Lösung zur Aufgabe 17 (Bewegungsbilanz)

Bei der Bewegungsbilanz werden die einzelnen Positionen zweier aufeinander folgender Bilanzen **saldiert und** die Salden – nach Fristigkeit geordnet – **als Mittelherkunft und als Mittelverwendung gegenübergestellt.** Die Bewegungsbilanz hat damit grundsätzlich folgende Struktur:

Mittelverwendung	**Bewegungsbilanz**	Mittelherkunft
Aktivmehrungen		Passivmehrungen
Passivminderungen		Aktivminderungen
Summe der Beständedifferenzen		Summe der Beständedifferenzen

Lösung zur Aufgabe 18 (Erweiterte Kapitalflussrechnung)

Die erweiterte Kapitalflussrechnung versucht, die Mängel der Bewegungsbilanz – des Ausweises ausschließlich saldierter Bestandsgrößen – zu beheben. Die **Beständedifferenzenrechnung wird um Kontenumsätze und/oder um Erfolgsströme aus der Gewinn- und Verlustrechnung erweitert.** Kontenumsätze sind bei der Bilanzanalyse grundsätzlich nicht bekannt, so dass zwecks Erweiterung der Kapitalflussrechnung ausschließlich auf die Gewinn- und Verlustrechnung zurückgegriffen werden muss. Die erweiterte Kapitalflussrechnung hat folgendes Bild:

Mittelverwendung	**Erweiterte Kapitalflussrechnung**	Mittelherkunft
Zugänge im Anlagevermögen		Abgänge im Anlagevermögen
sonstige Aktivmehrungen (ohne Anlagevermögen)		sonstige Aktivminderungen (ohne Anlagevermögen)
Passivminderungen (ohne Ergebnis)		Passivmehrungen (ohne Ergebnis)
Aufwendungen (ohne Abschreibungen)		Erträge (ohne Zuschreibungen)
Verwendung des Bilanzerfolges des Vorjahres (z. B. Dividendenzahlungen, Zuführungen zu den Rücklagen)		
Summe		Summe

Lösung zur Aufgabe 19 (Fondsrechnungen)

Ein Beispiel für Fondsrechnungen ist der Fonds **„Nettoumlaufvermögen":**

Fonds „Nettoumlaufvermögen"	= Vorräte
	+ Forderungen mit einer Restlaufzeit bis zu einem Jahr
	+ Flüssige Mittel (liquide Mittel 1. Grades)
	– kurzfristiges FK

Gelegentlich werden die sonstigen geldnahen Wertpapiere in diesen Fonds einbezogen. Werden die Vorräte herausgerechnet, ergibt sich der Fonds „**Nettogeldvermögen**".

Die **Analyse der Fondsdifferenzen** hat gegenüber der Analyse der absoluten Fondswerte – etwa bei den Liquiditätsgraden – **keine ersichtlichen Vorteile**. Auch bei der Analyse von Liquiditäts- oder Deckungsgraden kann die Höhe eines Fonds nicht ohne jeden **Vergleichsmaßstab** interpretiert werden. Solche Vergleichsmaßstäbe sind aber allenfalls die Fondshöhen anderer Geschäftsjahre oder die relativierten Fondshöhen anderer Unternehmen oder der Branche. Ob diese Veränderungen als Differenz (wie bei der Fondsrechnung) oder als Relation (wie häufig bei der Bestandsrechnung) dargestellt werden, ergibt keinen qualitativen Unterschied.

Lösung zur Aufgabe 20 (Gesamtkapitalliquidität)

Die Gesamtkapitalliquidität kann als **Kennzahlensystem** dargestellt werden. Sie wird dabei transparent in hierarchische, ursachenbezogene Einflussfaktoren zerlegt. Durch Relativierung der einzelnen Kennzahlen soll eine **Vergleichbarkeit** mit anderen Unternehmen oder der Branche hergestellt werden. Bedeutender ist jedoch, dass versucht wird, eine **Ursachenanalyse** vorzunehmen.

Allerdings können mit einem Kennzahlensystem die generellen Probleme der Kennzahlenanalyse – im Hinblick auf die vollständige Erfassung und wirklichkeitsnahe Abbildung der Einflussfaktoren und die Beurteilung ihrer Aussagekraft bezüglich zukünftiger Entwicklungen – nicht gelöst werden. Jedem Kennzahlensystem – so auch der Gesamtkapitalliquidität – kommt durch die systematische Darstellung möglicher Abhängigkeiten ein allerdings nicht zu unterschätzendes **pädagogisches Moment** zu.

Lösung zur Aufgabe 21 (Liquiditätskennzahlen: Methoden-Informationsvergleich)

Die Bilanzanalyse hat regelmäßig ein **prognoseorientiertes Ziel**. **Komplexe Methoden** – wie etwa eine umfängliche direkte Cashflow-Berechnung oder die erweiterte Kapitalflussrechnung – sind gewöhnlich **nicht informationskompatibel**. Die **einfachen** bestands- und stromgrößenorientierten **Methoden** sind zwar **informationskompatibel**, deren Aussagekraft ist allerdings durch deren simple Methodik eingeschränkt. Die größte Informationskompatibilität kommt der **kombinierten Methode** zu.

Lösung zur Aufgabe 22 (Liquiditätskennzahlen: Methodenvergleich)

Sämtliche Liquiditätskennzahlen erheben den Anspruch, zielkompatibel zu sein. Ziel ist die Liquiditätsprognose. Allerdings sind **alle Verfahren vergangenheitsorientiert**. Das Ziel der Liquiditätsanalyse kann damit lediglich sein, **zukünftige Tendenzen** aus der Liquiditätslage der Vergangenheit **zu vermuten**.

Lösung zur Aufgabe 23 (Erfolg und Erfolgsanalyse)

Das **Ziel einer erfolgsorientierten Bilanzanalyse** ist die Beurteilung der Fähigkeit des Unternehmens, in Zukunft Gewinne nachhaltig zu erzielen und damit Entnahmen bzw. Gewinnausschüttungen zu ermöglichen. Um diese Zielerreichung beurteilen zu können, ist es notwendig, den **Erfolg** zu **definieren**. Da die Erfolgssituation zudem aus ökonomischer Sicht analysiert werden soll, muss dieser Erfolg **„betriebswirtschaftlich"** definiert sein. Eine HGB- oder IFRS-Definition genügt diesen Ansprüchen nur, wenn diese die Kriterien einer solch zweckorientierten Gewinndefinition erfüllt. Dies ist jedoch nicht der Fall.

Als **Gewinn im betriebswirtschaftlichen Sinne** könnte der **Geldbetrag** bezeichnet werden, **der dem Unternehmen** – ohne dass sich die Qualität und die Quantität der Produktionsfaktoren ändern – **in einem Geschäftsjahr entzogen werden kann**. Die Ertragskraft des Unternehmens muss also erhalten bleiben. Um den betriebswirtschaftlich „richtigen" Erfolg zu ermitteln, muss demnach theoretisch der jeweilige Gesamtwert der Produktionsfaktorenkombination am Ende und zu Beginn des Geschäftsjahres ermittelt werden. Die sich ergebende Differenz stellt einen betriebswirtschaftlich definierten Erfolg dar.

Lösung zur Aufgabe 24 (Bedeutung des originären Geschäfts- oder Firmenwertes)

Der in der Bilanz sowie in der Gewinn- und Verlustrechnung als Jahresüberschuss ausgewiesene Erfolg des Geschäftsjahres stellt – von der Ausnahme der erfolgsneutralen Ergebniskomponenten nach IFRS abgesehen – die Reinvermögensdifferenz eines Unternehmens zwischen Beginn und Ende des Geschäftsjahres dar. Diese Summe vernachlässigt zum einen den nicht unerheblichen Teil der **Vermögenskomponenten, die nicht bilanzierungsfähig sind** (z. B. diverse immaterielle Werte). Darüber hinaus können – insbesondere in handelsrechtlichen Jahresabschlüssen – weitere Abweichungen aus **systematischen Unterbewertungen** der Aktiva resultieren.

Zum anderen sind in der Bilanz die **Verbundeffekte** nicht ausgewiesen, die dadurch entstehen, dass die Produktionsfaktoren mehr oder weniger vorteilhaft miteinander kombiniert im Rahmen der Produktion eingesetzt werden. Die Veränderungen des originären Geschäfts- oder Firmenwertes bleiben somit – trotz der wesentlichen Einflüsse auf den betriebswirtschaftlichen Gewinn – in der HGB- und in der IFRS-Gewinnermittlung außer Betracht.

Lösung zur Aufgabe 25 (Einflussfaktoren der Erfolgsanalyse)

Als ein wesentlicher Faktor muss das Bestehen von **Wahlrechten** genannt werden. Das im Jahresabschluss ausgewiesene Jahresergebnis resultiert damit nicht nur aus betrieblichen Aktivitäten, sondern es wird in nicht geringem Umfang durch die bewusste bilanzpolitische Ausnutzung der Wahlrechte beeinträchtigt. Damit lässt sich zwar der Totalgewinn des Unternehmens grundsätzlich nicht beeinflussen, wohl aber dessen Verteilung auf die einzelnen Geschäftsjahre (Perioden). Die Ergebnisverschiebung kann dabei so nachhaltig sein, dass diese praktisch einem dauerhaften Nichtausweis von Ergebnisteilen gleichkommt.

Eine weitere und erhebliche Beeinträchtigung geht von **Konzernverflechtungen** aus. Aus den Einzelbilanzen ist nicht ersichtlich, in welchem Umfang das Ergebnis durch konzerninterne Vorgänge beeinflusst wurde. Solche Einflüsse resultieren vor allem aus Verrechnungspreisen, deren Gestaltung weitgehend im Aktionsbereich der Konzernleitung liegt. Das Manipulationspotential durch Verrechnungspreise ist erheblich. Bei Unternehmen, die in einen Konzernverbund integriert sind, werden die Ergebnisse aus der Analyse eines Einzelabschlusses nicht besonders informativ sein. Lediglich der Konzernabschluss stellt die Basis für eine wirksame Bilanzanalyse dar.

Lösung zur Aufgabe 26 (Systematisierung der Erfolgsanalysemethoden)

Erfolgsanalysemethoden können in die Methoden der Erfolgsbetragsanalyse und die Methoden der Erfolgsquellenanalyse unterschieden werden:

- Das Ziel der **Erfolgsbetragsanalyse** ist die Ermittlung der Höhe eines möglichst vergleichbaren „bilanzpolitikfreien" Periodenerfolges, der dem betriebswirtschaftlich „richtigen" Gewinn nahekommt. Diese absolute Zahl ist normalerweise nicht besonders aussagekräftig. Deshalb dient dieser Periodenerfolg bei der Bilanzanalyse vor allem der Ermittlung diverser Rentabilitätsgrößen.
- Bei der **Erfolgsquellenanalyse** steht die Struktur der Erfolge im Vordergrund. Hier wird versucht, den Gewinn hinsichtlich seiner Herkunftsquellen auf Betriebszugehörigkeit, Nachhaltigkeit und Volatilität zu untersuchen.

Lösung zur Aufgabe 27 (Erfolgsbetragsanalyse)

In der Literatur werden vor allem das Ergebnis nach DVFA/SG, verschiedene „EBIT-Kennzahlen", die Börsenkapitalisierung, die Wertschöpfung und der Cashflow genannt. Diverse Rentabilitätsanalysen setzen solche Größen in Relation zum Kapitaleinsatz, um damit eine Vergleichbarkeit (Zeit-, Betriebs- oder Branchenvergleich) zu ermöglichen.

Lösung zur Aufgabe 28 (Ergebnis nach DVFA/SG)

Das Ergebnis nach DVFA/SG ist wie folgt definiert:

	Jahresüberschuss/-fehlbetrag
±	Bereinigungspositionen im Anlage- und im Umlaufvermögen
±	Bereinigungspositionen der Passiva
±	Erfassung von Fremdwährungs- und sonstigen Einflüssen
=	**Ergebnis nach DVFA/SG**

Das wesentliche Ziel dieser Kennzahl ist, die eher „ungewöhnlichen" Teile des Erfolges zu eliminieren, um damit nur den regelmäßig erzielbaren Erfolg darzustellen. Da das Ergebnis nach DVFA/SG aus dem handelsrechtlichen Jahresüberschuss/-fehlbetrag hergeleitet wird, hat es grundsätzlich nicht die Zielsetzung, einen betriebswirtschaftlich „richtigen" Gewinn darzustellen. Im Vordergrund dieser Kennzahl steht vielmehr das Ziel der Herstellung der **Vergleichbarkeit**.

Lösung zur Aufgabe 29 (Cashflow im Rahmen der Erfolgsanalyse)

Der Cashflow ist eine finanzwirtschaftliche Kennzahl und sollte deshalb als Erfolgskennzahl **grundsätzlich ungeeignet** sein. Die Verwendung dieser Kennzahl bei der Erfolgsanalyse wird vor allem damit begründet, dass **Manipulationen** der Geschäftsleitung, die sich aus der Ausnutzung von Bewertungswahlrechten ergeben, weitgehend ausgeschaltet werden.

Lösung zur Aufgabe 30 (Börsenkapitalisierung)

Im Hinblick auf die Börsenkapitalisierung wird (stark) vereinfacht unterstellt, dass diese die Werteinschätzung der Kapitalanleger an der Börse widerspiegeln soll. Wenn vor diesem Hintergrund die ökonomisch bedeutsame Unterscheidung zwischen **Wert und Preis** einerseits sowie die Möglichkeiten der **Beeinflussung von Börsenkursen** andererseits vernachlässigt werden, kann die Veränderung von Ertragserwartungen der Anleger aus der Differenz der Börsenkapitalisierung zu Beginn und zum Ende des Geschäftsjahres „abgelesen" werden.

Lösung zur Aufgabe 31 (Technische Analyse von Kurs-Graphiken)

Bei der technischen Analyse von Kurs-Graphiken („Chart-Analyse") wird der Verlauf der Aktienkurse mit den gleitenden Durchschnitten dieser Kurve verglichen. Die „Chart-Analyse" wird regelmäßig dazu eingesetzt, günstige Zeitpunkte für den An- und den Verkauf von Aktien (Schnittpunkte der Kurven) zu finden. Die Zielsetzung ist also weniger, Börsenkurse zu prognostizieren, sondern **Kauf- oder Verkaufssignale** zu **setzen** und/oder dem „Herdentrieb" zu folgen bzw. diesen zu nutzen.

Eine Begründung für die relativ große Wahrscheinlichkeit der Richtigkeit solcher Prognosen lässt sich am ehesten in der **Hypothese der sich selbsterfüllenden Prophezeiung** finden. Die Börsenkurse sind direkt abhängig von Angebot und Nachfrage. Wenn Angebot und Nachfrage aber durch die verbreitete Anwendung der technischen Analyse beeinflusst werden, treten die erwarteten Kursentwicklungen durch das Verhalten der Marktteilnehmer bzw. dem „Glauben" an die „Chart-Analysten" selbst ein.

Lösung zur Aufgabe 32 (Wertschöpfung)

Unter der Wertschöpfung wird der **von sämtlichen Produktionsfaktoren** eines Unternehmens geschaffene und um **Vorleistungen** anderer Unternehmen korrigierte **Produktionswert** verstanden. Dagegen basiert der Gewinn als Erfolgsmaßstab im Wesentlichen auf dem Produktionsfaktor „Kapital" (Vermögen).

Lösung zur Aufgabe 33 (Ermittlung der Wertschöpfung)

Bei der Ermittlung der Wertschöpfung wird in die Entstehungs- und die Verteilungsrechnung unterschieden. Die **Entstehungsrechnung** folgt der Definition der Wertschöpfung. Danach wird unter der Wertschöpfung der Produktionswert verstanden, der von einem Unternehmen unter Berücksichtigung der Vorleistungen anderer Unternehmen erwirtschaftet wird:

(ordentliche) Wertschöpfung = Produktionswert − Vorleistungen

Nach der **Verteilungsrechnung** ist die Wertschöpfung die Summe der an die Produktionsfaktoren „Arbeit" und „Kapital" fließenden Beträge. Hinzu kommen die Beträge, die an den Staat abgeführt werden. Dementsprechend wird die Wertschöpfung nach der Verteilungsrechnung wie folgt ermittelt:

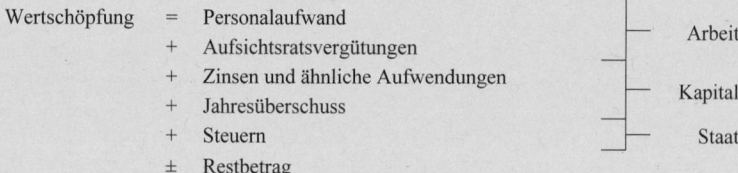

Wertschöpfung	=	Personalaufwand	
	+	Aufsichtsratsvergütungen	Arbeit
	+	Zinsen und ähnliche Aufwendungen	
	+	Jahresüberschuss	Kapital
	+	Steuern	Staat
	±	Restbetrag	

Lösung zur Aufgabe 34 (Gewinnschwellenanalyse)

Die Gewinnschwellenanalyse („Break-Even-Analyse") gehört in die Gruppe der Methoden zur Ermittlung **kritischer Werte**. Bei der „Break-Even-Analyse" wird diesbezüglich die Gewinnschwelle im Sinne eines **Beschäftigungsgrades** gesucht, bei dem der Gewinn gerade gleich null ist. Die **Aussagefähigkeit** der „Break-Even-Analyse" bei der Bilanzanalyse ist beschränkt. Das Ergebnis der Analyse sagt nicht mehr aus, als dass der Gewinn gerade dann gleich null ist, wenn die Umsatzerlöse eben die Aufwendungen decken. Eine Aufteilung in fixe und variable Bestandteile ist hier überflüssig. Als Schlussfolgerung wird behauptet, dass die Wahrscheinlichkeit der Gewinnerzielung umso größer ist, je weiter der erwirtschaftete Umsatz den kritischen Umsatz übersteigt. Dieser Zusammenhang besteht eindeutig nur dann, wenn der Einfluss aller anderen Faktoren gleich bleibt. Das ist *in praxi* nicht gegeben. Bei der externen „Break-Even-Analyse" wird zudem nicht jene Größe bestimmt, für deren Ermittlung diese Kennzahl entwickelt wurde: der kritische „Output".

Lösung zur Aufgabe 35 (Rentabilität)

Unter Rentabilität wird eine **Relation** verstanden, die eine den **Erfolg** (Überschuss) repräsentierende Größe (z. B. Gewinn oder Wertschöpfung) **zu einer anderen Größe** (z. B. Eigenkapital oder Umsatz), der Basisgröße, in Beziehung setzt. Von der **Basisgröße** wird erwartet, dass diese im Wesentlichen zur Erzielung des Erfolges (Überschusses) beigetragen hat. Die Rentabilitätsanalyse ist **der Analyse absoluter Größen vorzuziehen**, weil damit die Vergleichsmöglichkeit nicht identischer Unternehmen – insbesondere auch ein Vergleich mit der Branche oder der gesamten Volkswirtschaft – verbessert wird. Die Rentabilitätsanalyse hat darüber hinaus den Vorteil, dass der weit verbreitete Adressatenwunsch nach der **Prognose von „Renditen"** erfüllt wird.

Lösung zur Aufgabe 36 (Eigenkapitalrentabilität)

Die Eigenkapitalrentabilität ist allgemein wie folgt definiert:

$$\text{Eigenkapitalrentabilität} = \frac{\text{Gewinn (oder Jahresüberschuss)}}{\text{durchschnittliches EK}} \ (\cdot\ 100\ \%)$$

Das erste **Problem** ist die Frage, welche Größe als „Gewinn" angesetzt werden kann. Des Weiteren ist zu untersuchen, welche Höhe das „durchschnittliche Eigenkapital" hat.

Als **Gewinn** kann aus theoretischer Sicht nur ein betriebswirtschaftlich definierter Gewinn gelten. *In praxi* wird jedoch gewöhnlich der Jahresüberschuss bzw. das Ergebnis nach DVFA/SG als Gewinngröße herangezogen. Diese Größe kann im Sinne einer realen oder substanziellen Kapitalerhaltung modifiziert werden. Die Wertschöpfung ist als „Gewinngröße" ungeeignet, weil bei der Eigenkapitalrentabilität als Bezugsgröße eben nur ein Produktionsfaktor („Kapital") und darüber hinaus nur ein Teil dieses Produktionsfaktors („Eigenkapital") angesetzt wird. In der Praxis wird dies nicht immer beachtet.

Für das **Eigenkapital** muss ein Durchschnittswert aus den (bilanzanalytischen) Eigenkapitalpositionen zweier aufeinander folgender Bilanzstichtage angesetzt werden. Das in der Bilanz ausgewiesene Eigenkapital sollte also um stille Reserven korrigiert werden, wenn diese im Ausnahmefall aus der Bilanz oder dem Anhang erkennbar sind.

Lösung zur Aufgabe 37 (Gesamtkapitalrentabilität)

Bei der Gesamtkapitalrentabilität wird das **Kapital nicht nach der Herkunft aufgespalten**. Es geht vielmehr insgesamt als Bezugsgröße in die Kennzahl ein. Als Erfolgsgröße muss deshalb der **Jahresüberschuss um** den „Gewinn" der Fremdkapitalgeber – also um die **Fremdkapitalzinsen** – **ergänzt** werden. Damit ergibt sich die (korrigierte) Gesamtkapitalrentabilität wie folgt:

$$\text{Gesamtkapital-}\atop\text{rentabilität}_{\text{korr}} = \frac{\text{Jahresüberschuss + Zinsen und ähnliche Aufwendungen}}{\text{durchschnittliches EK + durchschnittliches langfristiges FK}} \ (\cdot\ 100\ \%)$$

Lösung zur Aufgabe 38 (Gesamtkapitalrentabilitätsanalyse)

Die „kennzahlensystemorientierte" Gesamtkapitalrentabilitätsanalyse soll es ermöglichen, anhand einer **Kennzahlenhierarchie** die Ursachen für die Entwicklung der Ertragskraft des Unternehmens zu erkennen. Durch die Anwendung derartiger Kennzahlensysteme bei der Bilanzanalyse können zwei Zielsetzungen verfolgt werden. Einerseits ist es möglich, die **Ursachen für eine bestimmte Entwicklung** der Ertragskraft des Unternehmens zu erkennen. Andererseits kann gegebenenfalls **kontrolliert** werden, ob die Geschäftsleitung in ihrem **Zielsystem** der nachhaltigen Gewinnerwirtschaftung genügend Aufmerksamkeit geschenkt hat und schenkt. Allerdings werden derartige Kennzahlensysteme eher bei der betriebsinternen Planung und Kontrolle eingesetzt. Für eine externe Analyse fehlt gewöhnlich ein Teil der erforderlichen Informationen.

Lösung zur Aufgabe 39 (Betriebsrentabilität)

Die Betriebsrentabilität bezieht sich auf den regelmäßig erreichbaren Teil des Gewinnes. Zufällige Schwankungen, die eher im betriebsfremden Bereich auftreten, sollen eliminiert werden. Die Betriebsrentabilität ist damit eine **Kennzahl für die nachhaltig durch Verfolgung des Betriebszwecks zu erzielende relative Ertragskraft des Unternehmens**. Als Basis wird deshalb das betriebsnotwendige Vermögen herangezogen. Dieser Teil des Gesamtvermögens ist im Rahmen der Bilanzanalyse allerdings lediglich näherungsweise ermittelbar.

Lösung zur Aufgabe 40 (Umsatzrentabilität)

Bei sämtlichen relativen Kennzahlen wird vermutet, dass die Basisgröße eine wesentliche Ursache für das Ergebnis ist. Bei der Umsatzrentabilität wird entsprechend unterstellt, dass die **Umsatzaktivitäten** – repräsentiert durch die Umsatzerlöse – die entscheidende **Ursache für die Überschusserzielung** sind. Aus diesem Grund kann als Überschuss (im Zähler) nur das Betriebsergebnis (oder gegebenenfalls der Produktionswert) eingesetzt werden, weil das außerordentliche und das betriebsfremde Ergebnis nicht durch Umsatzerlöse verursacht wurden. Die Umsatzrentabilität ist damit wie folgt definiert:

$$\text{Umsatzrentabilität} = \frac{\text{Betriebsergebnis}}{\text{Umsatzerlöse}} \quad (\cdot\ 100\ \%)$$

Lösung zur Aufgabe 41 (Relative Wertschöpfungen)

Wenn als Erfolgsmaßstab die **Wertschöpfung im Zähler** eingesetzt wird, ergibt sich eine relative Wertschöpfung. **Im Nenner** werden häufig **einzelne Produktionsfaktoren** berücksichtigt – insbesondere die durchschnittliche Beschäftigtenzahl.

Das ist jedoch problematisch, denn so wird unterstellt, dass die Wertschöpfungsanteile der anderen, nicht explizit berücksichtigten Produktionsfaktoren unverändert geblieben sind. Dies trifft aber regelmäßig nicht zu. Die Wertschöpfung ist schließlich durch die Kombination der Produktionsfaktoren erwirtschaftet worden.

Kennzahlen dieser Art werden häufig zur **Durchsetzung von Gruppeninteressen** herangezogen, weil diese aufgrund der dargestellten Problematik den Wertschöpfungs-beitrag des jeweils angesetzten Produktionsfaktors (insbesondere den der Arbeits-kräfte) tendenziell zu positiv darstellen. Entsprechende Verzerrungen treten nicht auf, wenn als Bezugsgröße für die relative Wertschöpfung die Umsatzerlöse herangezogen werden.

Lösung zur Aufgabe 42 (Gewinn je Aktie)

Der Gewinn je Aktie ist wie folgt definiert:

$$\text{Gewinn je Aktie} = \frac{\text{Gewinn}}{\text{durchschnittlich im Umlauf befindliche Aktien}} \quad [\text{in } €]$$

Als **Gewinn** wird regelmäßig der Jahresüberschuss oder auch das Ergebnis nach DVFA/SG angesetzt. Da der Nenner nur einen **Teil des Eigenkapitals** umfasst (die Rücklagen sind beispielsweise nicht berücksichtigt), führt die alleinige Anwendung dieser Kennzahl selten zu dem Ziel, die Ertragskraft des Unternehmens zu erkennen.

Lösung zur Aufgabe 43 (Kurs-Gewinn-Verhältnis)

Das Kurs-Gewinn-Verhältnis (KGV, „Price Earnings Ratio") stellt den Börsenpreis ei-ner Aktie ihrem Gewinn gegenüber. Es ist folgendermaßen definiert:

$$\text{Kurs-Gewinn-Verhältnis} = \frac{\text{Börsenkurs} \cdot \text{Anzahl der Aktien}}{\text{Jahresüberschuss}}$$

Diese **reziproke Rentabilitätskennzahl** ist vor allem aus der Sicht der Kapitalanleger interessant. Je höher das KGV ist, desto „teurer" ist die Aktie. Von Bedeutung ist *in praxi* ein Branchenvergleich auf Basis dieser Kennzahl. Allerdings sind diesbezüglich die Probleme zu beachten, die sich aus der dürftigen Aussagekraft des Börsenkurses, welcher ins Verhältnis zum (vergangenheitsorientierten) Gewinn gestellt wird, ergeben.

Lösung zur Aufgabe 44 (Erfolgsquellenanalyse)

Das gesamte Jahresergebnis wird nach **zwei Kriterien** aufgeteilt: Nach dem (1.) Krite-rium der **Regelmäßigkeit** wird das Ergebnis in ein „ordentliches" bzw. ein außerordent-liches Teilergebnis gegliedert. Das 2. Kriterium ist die **Betriebszugehörigkeit**. Danach unterteilt sich das „ordentliche" Ergebnis in ein Betriebsergebnis und ein betriebsfremdes Ergebnis.

Somit wird das gesamte Jahresergebnis in folgende drei Gruppen aufgespaltet:

gesamtes
Jahresergebnis   =   Betriebsergebnis
                 +   betriebsfremdes Ergebnis   ⎤─ „ordentliches" Ergebnis
                 +   außerordentliches Ergebnis   ⎦

Zumindest bei der externen Analyse ist eine **zweifelsfreie Zuordnung** der einzelnen Positionen der Gewinn- und Verlustrechnung zu einem dieser drei Bereiche **nicht möglich**. Sämtliche Versuche, dies dennoch zu tun, beruhen lediglich auf groben Schätzungen.

Lösung zur Aufgabe 45 (Kombinierte Erfolgsanalyse)

Bei der Erfolgsanalyse werden zwei Zielsetzungen verfolgt. Zum einen soll der jährliche **Erfolg** möglichst „richtig" – d. h. **nach betriebswirtschaftlichen Kriterien** – ermittelt werden. Zum anderen ist die **Nachhaltigkeit** der Gewinnerzielung zu analysieren. Eine kombinierte Analyse versucht, diese Zielsetzungen durch eine sinnvolle Zusammenfassung einzelner Kennzahlen und durch simultane Auswertung der Analyseergebnisse zu erreichen.

Zur **Betragsanalyse** wird die Betriebsrentabilität herangezogen. Bestenfalls sind hierbei das Betriebsergebnis und das betriebsnotwendige Vermögen um Inflations- und/oder Wachstumseinflüsse zu modifizieren.

Eine **Analyse der Nachhaltigkeit** kann durch die Erfolgsspaltung unterstützt werden. Das ermittelte Betriebsergebnis wird dem gesamten Jahresergebnis gegenübergestellt. Diese Relation gibt den Betriebsanteil – also den betrieblich verursachten und vermutlich eher nachhaltigen Teil – des gesamten Jahresergebnisses wieder.

Schließlich sollte der eigenen Analyse der Ertragskraft die **„Marktbeurteilung"** gegenübergestellt werden. Hierzu kann die langfristige Börseneinschätzung i. S. d. Börsenkapitalisierung herangezogen werden, wenn – trotz und unter Beachtung aller Vorbehalte gegenüber der Aussagekraft des Börsenkurses – unterstellt wird, dass diese primär von der Ertragskraft geprägt ist. Als Kennzahl lässt sich die relative Börsenkapitalisierung wie folgt berechnen:

$$\text{relative Börsenkapitalisierung} = \frac{\text{Börsenkapitalisierung}}{\text{bilanzanalytisches EK}} \ (\cdot \ 100 \ \%)$$

Für jede dieser Kennzahlen ist ein **langfristiger Zeit- und Branchenvergleich** durchzuführen. Branchenabweichungen sollten dabei allerdings „unbedeutender" als zeitliche Entwicklungen sein.

Lösung zur Aufgabe 46 (Erfolgsanalyse: Methoden-Informationsvergleich)

Die im publizierten Jahresabschluss enthaltenen Informationen zur Erfolgslage haben grundsätzlich nur eine **sehr eingeschränkte Aussagekraft**. Die Gründe hierfür sind:

- Es besteht eine Diskrepanz zwischen der betriebswirtschaftlichen Erfolgsdefinition und der Erfolgsdefinition nach HGB oder IFRS.
- Eine wesentliche Informationsverschlechterung wird durch die Ausnutzung der bilanzpolitischen Möglichkeiten verursacht.
- Schließlich führen Konzernverflechtungen dazu, dass Gewinne nicht nur zeitlich, sondern auch örtlich (international) verschoben werden können.

Der **Cashflow** ist *ex definitione* keine Erfolgsgröße. Dieser kann allenfalls bei einer langfristigen Analyse ein Erfolgsmaßstab sein. Aufgrund der Mangelhaftigkeit der Informationsbasis ist der Cashflow hierbei jedoch sehr vorsichtig zu interpretieren.

Die genannten allgemeinen Einschränkungen gelten auch für die **Wertschöpfung**. Allerdings ist diese nicht nur auf einen Produktionsfaktor bezogen. Somit gehen in relativ großem Umfang nicht manipulierbare Bestandteile in diese Größe ein. Der „Fehler", der durch die Ausübung von Bewertungswahlrechten seitens der Geschäftsleitung bzw. durch konzerninterne Gewinnverschiebungen auftritt, wirkt sich nur auf den kapitalorientierten Teil der Wertschöpfung aus. Das Ausmaß des „Fehlers" ist demnach geringer als bei den obigen Kennzahlen.

Die Einsatzmöglichkeiten der **Gewinnschwellenanalyse** („Break-Even-Analyse") sind bei der (externen) Bilanzanalyse erheblich eingeschränkt. Die kritische Größe – die Menge der abgesetzten Produkte (und die damit verbundene Zusammensetzung des Produktionsprogramms) – ist regelmäßig nicht bekannt.

Sämtliche **Rentabilitätsanalyseverfahren** unterliegen den gleichen informatorischen Einschränkungen, weil die absoluten Erfolgsgrößen lediglich in Relation zu einer Bezugsgröße gesetzt werden. Darüber hinaus ergeben sich Informationsprobleme bei der Ermittlung der jeweiligen Bezugsgröße.

Auch die Verfahren der **Erfolgsquellenanalyse** unterliegen den genannten Informationsbeschränkungen. Dennoch muss diesen Verfahren eine höhere Informationskompatibilität zugebilligt werden, weil diese die Ergebnisse durch die Berechnung von Erfolgsanteilen vergleichbarer machen. Grundsätzlich ist hierbei jedoch auf die Manipulationsgefahr bei der Zuordnung von Erfolgsbestandteilen auf die einzelnen Ergebnisgruppen hinzuweisen.

Die **kombinierte Analyse** versucht, die eingeschränkten Informationen des Jahresabschlusses durch die simultane Anwendung verschiedener, relativ einfach zu berechnender Methoden möglichst angemessen zu interpretieren. Dabei sind die vermeintlich wichtigsten Einflussfaktoren weitgehend berücksichtigt, ohne dass das Informationsmaterial mit komplizierten Methoden „informativer" gemacht werden soll.

Lösung zur Aufgabe 47 (Erfolgsanalyse: Methodenvergleich)

Wird bei der Durchführung der Bilanzanalyse das Ziel verfolgt, die Höhe und die Herkunft des Gewinns nach betriebswirtschaftlichen Maßstäben zu ermitteln, dann sind **sämtliche Methoden als nicht zielkonform anzusehen**. Das theoretisch „richtige" Vorgehen ist praktisch nicht durchführbar. Das liegt sowohl an den genannten **Informationsproblemen** als auch am **Mangel an allgemeingültigen betriebswirtschaftlichen Definitionen**.

Bezüglich der Analyse der **Höhe des** betrieblichen **Erfolges** bietet die Methode des nach Maßstäben der qualifizierten Substanzerhaltung korrigierten Vermögensvergleiches einen Kompromiss zwischen Praktikabilität und theoretischem Anspruch. Auch der Analyse langfristiger Börsentrends kommt eine höhere Aussagekraft zu, wenn diese als Ausdruck der Erfolgsbeurteilung durch den Kapitalanleger betrachtet wird.

Zur Beurteilung der **Nachhaltigkeit der Erfolge** ist besonders eine Erfolgsquellenanalyse geeignet, weil sich mit wachsendem Betriebsanteil die Wahrscheinlichkeit gleichmäßiger Erfolgserzielung erhöhen dürfte. Unter Berücksichtigung der Ergebnisse des Methoden-Informationsvergleiches muss empfohlen werden, bei der externen Erfolgsanalyse das kombinierte Verfahren anzuwenden.

Lösung zur Aufgabe 48 (Substanzbezogene Vermögensdefinition)

Unter dem substanzbezogenen Vermögen wird die Summe aller einzelnen, im wirtschaftlichen Eigentum des Unternehmens stehenden und nach den jeweiligen Rechnungslegungsnormen bilanzierungsfähigen Vermögenspositionen verstanden. Die Summe der Vermögenspositionen wird auch **Roh- oder Bruttovermögen** genannt. Wenn das Rohvermögen um die Schulden vermindert wird, ergibt sich als Saldo das **Rein- bzw. Nettovermögen**. Dieses entspricht dem Eigenkapital. Je nach zugrunde liegender Rechnungslegungsnorm ist das substanzbezogene Vermögen unterschiedlich hoch.

Lösung zur Aufgabe 49 (Einschränkungen beim Vermögensausweis in Bilanzen)

Im Hinblick auf den Vermögensausweis in der Bilanz besteht eine Vielzahl von Einschränkungen. Die Bilanz enthält **nur bilanzierungsfähige Vermögensteile**. Nicht bilanzierungsfähige Werte (z. B. der „gute Ruf" des Unternehmens, Standortvorteile sowie eine effiziente Ablauforganisation) werden nicht ausgewiesen. Auch das Humanvermögen wird nicht aktiviert, weil es lediglich schätzungsweise oder überhaupt nicht zu ermitteln ist.

Die Bilanz stellt weiterhin das Vermögen als **Summe von einzeln bewerteten Vermögensteilen** dar. Synergieeffekte, die durch Kombination der Produktionsfaktoren entstanden sind, bleiben unberücksichtigt. Die Vermögensteile werden grundsätzlich **nicht nach betriebswirtschaftlichen Wertmaßstäben** (im Sinne ertragswertorientierter Werte) bewertet. Nach HGB gelten das handelsrechtliche Niederstwertprinzip sowie das Nominalwertprinzip; nach IFRS wird uneinheitlich bewertet, wenn sowohl das Anschaffungskosten- als auch das Neubewertungsmodell zur Anwendung kommen.

Darüber hinaus verfälschen **Bewertungsfreiheiten** die ausgewiesenen Beträge. Zudem wirken sich im HGB die Bewertungsprinzipien auf Aktiv- und Passivseite unterschiedlich aus. Das handelsrechtliche Vorsichtsprinzip bewirkt eine eher pessimistische Darstellung der Vermögenslage: Die Vermögensgegenstände werden tendenziell unterbewertet, während die Schulden eher überbewertet werden.

Lösung zur Aufgabe 50 (Zielsetzungen der Vermögensanalyse)

Im Sinne der Ertragswertorientierung ist das Vermögen unter dem Aspekt der **Erfolgserzielungsmöglichkeiten** zu beurteilen. Die substanzmäßige Beurteilung des Vermögens soll gewisse Hinweise darüber geben, inwieweit das Ziel der **Liquiditätssicherung** zukünftig eingehalten werden kann. In diesem Zusammenhang ist auf den Begriff der Liquidierbarkeit zu verweisen, der indes definitionsgemäß eine Einzelliquidation des Vermögens unterstellt. Eine Vermögensanalyse gibt demnach Hinweise auf das **Erfolgserzielungs- und** das **Liquiditätssicherungspotential**.

Lösung zur Aufgabe 51 (Unterziele der substanzorientierten Vermögensanalyse)

Mit Hilfe der substanzorientierten Vermögensanalyse wird angestrebt, zielgerichtete Aussagen aus der Vermögensstruktur der Aktivseite (**vertikale Vermögensstrukturanalyse**) zu erhalten. In analoger Weise wird versucht, Informationen aus der Kapitalstruktur der Passivseite (**vertikale Finanzierungsstrukturanalyse**) zu generieren. Schließlich sollen Aussagen über das Investitions- und Finanzierungsverhalten durch eine **horizontale Vermögens-Kapitalstrukturanalyse** ermöglicht werden.

Lösung zur Aufgabe 52 (Unterziele der Vermögensstrukturanalyse)

Die Analyse des Sachvermögens hat im Wesentlichen das Ziel, das **Liquiditätssiche-rungsvermögen** festzustellen. Unterziele sind Aussagen über die **Liquidierbarkeit** des Vermögens **und** über die **Flexibilität** des Unternehmens, auf liquiditätsändernde Situationen reagieren zu können.

Eine Beurteilung des **Erfolgserzielungsvermögens** soll im Sachvermögen durch eine Analyse der **Kapazitätsauslastung und** außerdem durch eine Analyse des **Humanvermögens** ermöglicht werden.

Lösung zur Aufgabe 53 (Intensitätskennzahlen)

Intensitätskennzahlen werden gebildet, indem ausgewählte Vermögensteile in Relation zueinander gesetzt werden:

$$\text{Anlagenintensität} = \frac{\text{bilanzanalytisches AV}}{\text{bilanzanalytisches Gesamtvermögen}} \; (\cdot \; 100 \; \%)$$

$$\text{Umlaufintensität} = \frac{\text{bilanzanalytisches UV}}{\text{bilanzanalytisches Gesamtvermögen}} \; (\cdot \; 100 \; \%)$$

$$\text{Geldvermögensintensität} = \frac{\text{Geldvermögen}}{\text{bilanzanalytisches Gesamtvermögen}} \; (\cdot \; 100 \; \%)$$

Aus einem Zeit- oder Branchenvergleich wird bei der Bilanzanalyse die **Liquidierbarkeit** als umso besser beurteilt, je niedriger etwa die erste bzw. je höher die beiden letzten Intensitätskennzahlen sind.

Lösung zur Aufgabe 54 (Anpassungsfähigkeit an Liquiditätsveränderungen)

Bei der externen Analyse werden insbesondere **Intensitätskennzahlen** (Anlage-, Umlauf- und Geldvermögensintensität), aber auch **Umschlagskoeffizienten** herangezogen, um die **Liquiditätselastizität** des Unternehmens zu analysieren.

Die **Aussagekraft** solcher Vermögenskennzahlen über die Elastizität ist allerdings beschränkt, weil viele Einflussfaktoren nicht berücksichtigt werden. So kann etwa eine sinkende Anlagenintensität nicht nur auf eine erhöhte Elastizität hinweisen, sondern z. B. durch eine niedrigere Bewertung wegen fehlender Einsatzmöglichkeiten des Anlagevermögens zustande kommen. Auch „Sale-and-lease-back-Aktivitäten" senken die Anlagenintensität, obwohl durch diese Maßnahmen die Liquiditätsanpassungsmöglichkeiten nicht notwendigerweise erhöht werden. Bei der (externen) Bilanzanalyse sollte die Elastizität deshalb nur unter Vorbehalt analysiert werden.

Lösung zur Aufgabe 55 (Kapazitätsauslastung/Beschäftigungsgrad)

In der Praxis der Bilanzanalyse wird häufig **zwischen der Entwicklung des Umlauf-vermögens und des Beschäftigungsgrades eine gewisse Parallelität vermutet.** Das trifft nicht notwendigerweise zu. Steigende Vorräte können bedeuten, dass wegen er-höhter Beschäftigung der Einkauf größerer Mengen notwendig ist. Es kann jedoch auch darauf verweisen, dass die gleichen Mengen zu höheren Preisen angeschafft werden mussten. Steigende Debitoren (Forderungen aus Lieferungen und Leistungen) können Ausdruck erhöhter betrieblicher Aktivitäten sein. Sie können aber auch eine schlechtere Zahlungsmoral der Kunden anzeigen. Eine nähere Analyse der Gründe ist bei einer ex-ternen Untersuchung schwierig – zumeist sogar unmöglich.

Lösung zur Aufgabe 56 (Ansätze zur Humanvermögensermittlung)

Zu den Ansätzen der Humanvermögensermittlung zählen die Firmenwert- und die Oppor-tunitätskostenmethode, die Methode der zukünftigen Einkünfte, die Methode der zu-künftigen Leistungsbeiträge, die Kostenwertmethode und schließlich die „Saarbrücker Formel". Alle Vorschläge stellen Näherungslösungen dar, welche Informationen voraus-setzen, die oft nicht einmal das interne Rechnungswesen zu geben in der Lage ist. **Bei der (externen) Bilanzanalyse ist die Ermittlung des Humanvermögens deshalb sogar unmöglich.**

Lösung zur Aufgabe 57 (Firmenwertmethode)

Bei der Firmenwertmethode wird unterstellt, dass die über den Branchendurchschnitt hinausgehenden Gewinnteile den Wert des Humanvermögens verkörpern. Danach ent-spricht der Wert des Humanvermögens dem **Barwert aller zukünftigen Differenzen zwischen dem erwirtschafteten und dem branchenüblichen Gewinn.** Diese (Über-gewinn-)Methode vernachlässigt allerdings, dass Gewinne auch durch die günstige **Kombination** der aus der Bilanz ersichtlichen Produktionsfaktoren verursacht werden und nicht nur durch das Vorhandensein des in der Bilanz unberücksichtigten Faktors „Arbeit" oder die isolierte Verbesserung nur eines Produktionsfaktors.

Lösung zur Aufgabe 58 (Methode der zukünftigen Einkünfte)

Die **Summe der Barwerte der zukünftigen Einkünfte der Mitarbeiter** soll nach dieser Methode dem Humanvermögen entsprechen. Das ist insoweit angreifbar, als ein direk-ter Zusammenhang zwischen den Einkünften der einzelnen Mitarbeiter und ihrem jewei-ligen Beitrag zum Unternehmenserfolg unterstellt wird. Außerdem wird hier versucht, das Humanvermögen als Summe der Einzelwerte zu schätzen. Verbundeffekte werden ver-nachlässigt.

Lösung zur Aufgabe 59 (Methode der zukünftigen Leistungsbeiträge)

Nach dieser Methode wird das Humanvermögen durch die **Summe der Erfolgsbeiträge** ermittelt, welche die einzelnen Mitarbeiter erbringen. Der Erfolgsbeitrag des einzelnen Mitarbeiters ist allerdings nicht feststellbar. Außerdem wird mit dieser Methode versucht, den Gesamtwert durch Addition von Einzelwerten zu berechnen.

Lösung zur Aufgabe 60 (Kostenwertmethode)

Nach dieser Methode soll analog zur bilanziellen Bewertung des Sachvermögens eine Bewertung des Humanvermögens mit den **„Anschaffungs- oder Herstellungskosten"** **der einzelnen Mitarbeiter** erfolgen. Hierbei werden auch die Ausgaben erfasst und auf die einzelnen Mitarbeiter „verteilt", welche die Gesamtheit der Mitarbeiter betreffen. Das Humanvermögen besteht danach also aus der Summe der direkten und indirekten „Personalbeschaffungs- und -herstellungskosten". Diese Methode ist intern zwar praktikabel, theoretisch jedoch nicht haltbar.

Lösung zur Aufgabe 61 (Verschuldungsgrade)

In der Analysepraxis werden insbesondere der **Verschuldungskoeffizient und** der **Anspannungskoeffizient** (Fremdkapitalquote) eingesetzt:

$$\text{Verschuldungskoeffizient} = \frac{\text{bilanzanalytisches FK}}{\text{bilanzanalytisches EK}} \ (\cdot \ 100 \ \%)$$

$$\text{Anspannungskoeffizient} = \frac{\text{bilanzanalytisches FK}}{\text{bilanzanalytisches GK}} \ (\cdot \ 100 \ \%)$$

Zeit- oder Branchenvergleiche lassen die **Aussage** zu, dass mit steigenden Koeffizienten das Liquiditätssicherungsvermögen ab- und das Erfolgserzielungsvermögen zunimmt. Im Hinblick auf die Aussage zum Erfolgserzielungsvermögen wird allerdings unterstellt, dass die Fremdkapitalzinsen niedriger sind als die Gesamtkapitalrentabilität und somit bei höherer Verschuldung *ceteris paribus* die Eigenkapitalrentabilität steigt (sog. **Leverage-Effekt**). Diese Interpretation ist insofern zu relativieren, als einerseits keine allgemeingültigen Erklärungen existieren, wie eine optimale Finanzierung ausgestaltet ist, und andererseits die Aussagekraft der Passivseite der Bilanz hinsichtlich der Fristigkeit des Fremdkapitals sehr gering ist. Zudem ist die Fristigkeit der Verbindlichkeiten gegenüber verbundenen Unternehmen leicht beeinflussbar.

Lösung zur Aufgabe 62 (Horizontale Vermögens-Finanzierungsstrukturanalyse)

Bei dieser Analyse werden ausgewählte Aktivpositionen bestimmten Passivpositionen gegenübergestellt. Damit sollen im Wesentlichen die **Entsprechung der Fristigkeiten hinsichtlich Investition und Finanzierung** überprüft und somit Rückschlüsse auf das Liquiditätssicherungsvermögen ermöglicht werden. Als Kennzahlen werden Deckungsgrade, Liquiditätsgrade, das Nettoumlaufvermögen u. a. herangezogen.

Lösung zur Aufgabe 63 (Vermögensanalyse: Methoden-Informationsvergleich)

Im Hinblick auf die **Analyse des Vermögens (Aktiva)** bestehen unterschiedliche Beurteilungsmöglichkeiten. Intensitätskennzahlen und Umschlagskoeffizienten basieren auf einigermaßen leicht zu ermittelnden Größen. Eine verlässliche Beurteilung des Beschäftigungsgrades ist aufgrund der mangelhaften Informationen jedoch kaum durchführbar. Auch eine Analyse des Humanvermögens kann wegen der Unvollkommenheit der publizierten Informationen nicht vorgenommen werden. Bei der **Analyse der Passivseite** ist die Ermittlung von laufzeitbezogenen Verschuldungsgraden wegen der mangelhaften Aussagekraft der Bilanz hinsichtlich der Restlaufzeit nur approximativ möglich.

Für die Vermögens-Finanzierungsstrukturanalyse (**horizontale Betrachtung**) gelten grundsätzlich die gleichen informationsbezogenen Probleme. Zudem ist bei dieser Analyse, die hauptsächlich auf das Liquiditätssicherungsvermögen gerichtet ist, die grundsätzlich bestehende Problematik zu beachten, dass die Liquidität auf Zahlungsströmen und Beständen liquider Mittel basiert, während die Bilanz das Ergebnis von periodisierten Erfolgsströmen darstellt.

Lösung zur Aufgabe 64 (Vermögensanalyse: Methodenvergleich)

Sämtliche der bestandsorientierten Methoden sind kaum geeignet, die vergangene **Liquiditätslage** genauer beurteilen zu können als mit der getroffenen Aussage: „Die derzeitige Existenz des Unternehmens zeigt, dass es in der Vergangenheit liquide war." Eine Prognose ist allenfalls kurzfristig und nur tendenziell möglich. Dabei ist allerdings zu beachten, dass zwischen dem Bilanzstichtag und dem Tag der Analyse ein relativ langer Zeitraum liegt. Probleme bestehen auch bei der Analyse des **Erfolgserzielungsvermögens**. Das im Jahresabschluss ausgewiesene Vermögen ist unvollständig. Weiterhin ist es aufgrund seiner Bewertung (Einzel- statt Gesamtbewertung) und gesetzlicher Einschränkungen kaum geeignet, die Höhe und Nachhaltigkeit zukünftiger Erfolge erkennen zu lassen. Hinsichtlich einzelner Hilfsmaßstäbe, wie etwa des Beschäftigungsgrades, fehlen darüber hinaus die Informationen für eine einigermaßen aussagekräftige Analyse.

Lösungsvorschläge zu den Aufgaben des IV. Kapitels

Lösung zur Aufgabe 1 (Ziele und Arten der Kreditwürdigkeitsanalyse)

Kreditwürdigkeitsprüfungen verfolgen das **Ziel**, die Gefahr einzuschätzen, dass ein Kredit ausfällt. Dabei ist es gleichgültig, ob durch den Interessenten selbst die Absicht besteht, einen Kredit zu vergeben, wie dies bei einer Kreditprüfung durch eine Bank meist der Fall ist. Diese Analyse wird **Primäranalyse** genannt, weil der potentielle Kreditgeber und der Analyseadressat identisch sind.

Demgegenüber soll bei einer **Sekundäranalyse** untersucht werden, ob eine dritte, nicht mit dem Analyseadressaten identische Person/Institution bereit ist, einen Kredit zu gewähren. So sind etwa Eigenkapitalgeber daran interessiert, die Kreditwürdigkeit zu prognostizieren, weil – unter bestimmten Bedingungen – mit zunehmender Fremdkapitalaufnahme die Eigenkapitalrentabilität steigt (sog. Leverage-Effekt). Darüber hinaus ist die Gefahr des Eigenkapitalverlustes durch Illiquidität umso geringer, je höher die Kreditwürdigkeit des Unternehmens ist. Diese liquiditätsmäßige Zielsetzung wird beispielsweise auch von Lieferanten oder Obligationären verfolgt.

Lösung zur Aufgabe 2 (Verknüpfung zwischen Teilanalysen)

Die Kreditwürdigkeitsprüfung – als die Prognose der Kreditrückzahlungsfähigkeit – umfasst mit der Liquiditätsanalyse, der Erfolgsanalyse und der Vermögensanalyse zahlreiche bedeutende Partialanalysen. Eine **Liquiditätsprognose** ist die wichtigste Untersuchung im Rahmen der Kreditwürdigkeitsprüfung. Falliert das Unternehmen, bevor der Kredit vollständig zurückgezahlt wurde, ist zumindest ein Teil des Kredits verloren.

Unter diesem Aspekt ist auch die **Vermögensanalyse** zu betrachten. Je höher das Liquiditätssicherungsvermögen ist und je besser die Erfolgsaussichten sind, desto besser wird im Allgemeinen die Kreditwürdigkeit sein. Demnach ist auch die zukünftige **Erfolgslage** ein wichtiges Kriterium, weil hier die Quelle der Zinszahlungs- und Tilgungsmöglichkeiten liegt.

Lösung zur Aufgabe 3 (Fragebogenanalyse)

Besonders in der **Praxis der Kreditinstitute** ist die (elektronische) Fragebogenanalyse weit verbreitet. Diese Methode enthält eine gewisse Anzahl von Fragen, von denen vermutet wird, dass diese die Beurteilung der Kreditwürdigkeit ermöglichen können. Ein solcher Fragenkatalog umfasst mindestens die Bereiche der Rechtsform, der wirtschaftlichen Verhältnisse und der Kredit(be)sicherungsmöglichkeiten.

Die Aussagefähigkeit des Kriteriums **„Rechtsform"** ist vergleichsweise gering.

Eine Analyse der **wirtschaftlichen Verhältnisse** umfasst die Auswertung der Jahresabschlüsse z. B. hinsichtlich der Eigenkapitalausstattung, der Liquiditäts- oder der Erfolgsaussichten. Auch die Güte der Geschäftsbeziehungen, die sich eventuell aus der Wirtschaftspresse entnehmen lässt, ist kreditwürdigkeitsbeeinflussend. Schließlich wird die wirtschaftliche Lage durch faktische oder rechtliche Abhängigkeiten im Rahmen eines Konzerns bestimmt.

Die **Möglichkeiten der Kredit(be)sicherung** sind bei einer externen Analyse kaum beurteilbar. Am ehesten lassen sich noch die Möglichkeiten der grundpfandrechtlichen Sicherung ermitteln, weil die durch Grundpfandrechte gesicherten Verbindlichkeiten im Anhang auszuweisen sind. Hierzu kann eine Hilfskennzahl aufgestellt werden:

$$\text{Besicherungsquote} = \frac{\text{grundpfandrechtlich gesicherte Verbindlichkeiten}}{\text{Grundstücke gemäß Bilanz}} \; (\cdot \, 100\,\%)$$

Die **Besicherungsquote** kann aufgrund der Bewertungsnormen größer als 100 % sein. Immerhin lässt ein langjähriger Vergleich dieser Quote Rückschlüsse darauf zu, inwieweit nicht ausgenutzte Sicherungsmöglichkeiten durch Grundpfandrechte existieren.

Lösung zur Aufgabe 4 (Analyse der „fünf Cs")

Die Kreditanalyse der „fünf Cs" basiert auf den Kriterien „Character", „Capacity", „Capital", „Collateral" und „Conditions". Unter dem Begriff **„Character"** wird die persönliche Zuverlässigkeit und Integrität des Kreditsuchenden verstanden. Mit **„Capacity"** werden die Fähigkeiten der Geschäftsleitung umschrieben. **„Capital"** beschränkt sich meist auf die Eigenkapitalausstattung des Unternehmens. **„Collateral"** stellt die Besicherungsmöglichkeiten des Unternehmens dar. Die **„Conditions"** umfassen schließlich die allgemeine konjunkturelle und technologische Entwicklung des Unternehmens, der Branche und/oder der Volkswirtschaft.

Die Merkmale „Capacity", „Capital" und „Conditions" lassen sich im Rahmen der Bilanzanalyse **relativ einfach ermitteln**. Da die restlichen Kriterien („Character" und „Collateral") extern **kaum analysiert werden können**, obwohl diese in der praktischen Kreditwürdigkeitsanalyse entscheidend sind, kommt dieser Methode bei der (externen) Bilanzanalyse eine **geringe Bedeutung** zu. Allenfalls kann hieraus eine vereinfachte „Checkliste" abgeleitet werden.

Lösung zur Aufgabe 5 (Schuldentilgungsdauer)

Die Schuldentilgungsdauer verknüpft das Nettofremdkapital mit dem Cashflow wie folgt:

$$\text{Schuldentilgungsdauer} = \frac{\text{Netto-FK zum Bilanzstichtag}}{\text{Cashflow}} \; [\text{in Jahren}]$$

Diese Kennzahl zeigt an, wie lange es tendenziell dauern würde, bis die Schulden durch die betrieblichen Einzahlungsüberschüsse getilgt werden können. Je kürzer dieser Zeitraum ist, desto kreditwürdiger wird das Unternehmen sein. Empirische Untersuchungen haben ergeben, dass dieser Kennzahl eine recht **hohe Prognosezuverlässigkeit** zukommt.

Lösung zur Aufgabe 6 (Relativer Reingewinn)

Der Kennzahl „relativer Reingewinn" kommt als **Tendenzindikator** – so ergaben es zumindest empirische Untersuchungen – eine besondere Bedeutung zu:

$$\text{relativer Reingewinn} = \frac{\text{Jahresüberschuss}}{\text{durchschnittliches Gesamtkapital}} \ (\cdot \ 100 \ \%)$$

Im Gegensatz zur Gesamtkapitalrentabilität sind **Fremdkapitalzinsen im Zähler nicht berücksichtigt**, weil eine Zunahme dieser Position den relativen Reingewinn erhöhen und damit – im Hinblick auf die Interpretation dieser Kennzahl – zu einer erhöhten Kreditwürdigkeit führen würde.

Lösung zur Aufgabe 7 („Current Ratio")

Vor allem in der angloamerikanischen Praxis werden oftmals bestandsorientierte Kennzahlen zur Kreditwürdigkeitsprüfung herangezogen. Die „Current Ratio" verlangt, dass das **Verhältnis zwischen** Umlaufvermögen und kurzfristigem Fremdkapital (Verbindlichkeiten und Rückstellungen) mindestens **2 zu 1** sein soll. Die eventuell kurzfristige Geldmittelbeanspruchung soll also durch kurzfristig liquidierbares Vermögen mindestens in doppelter Höhe gedeckt sein.

Der „Current Ratio" kommt allerdings nur eine **geringe oder überhaupt keine Aussagekraft** bezüglich der Kreditwürdigkeit zu. Schließlich ist die Anwendung dieser Kennzahl so gängig, dass diese durch Bilanzmanipulationen oftmals in günstiger(er) Höhe ausgewiesen werden kann.

Lösung zur Aufgabe 8 (Profilanalyse)

Profilanalysen zeigen den **typischen Verlauf bestimmter Kennzahlen im Zeitablauf**. Dabei werden die Kennzahlen mehrerer Unternehmen so zusammengefasst, dass sich in einer Kennzahlengruppe nur Unternehmen mit dem gleichen Merkmal befinden. Im Rahmen von Kreditwürdigkeitsprüfungen wird zu einem Stichtag etwa das Merkmal „Zusammengebrochen" bzw. – alternativ – das Merkmal „Überlebt" herangezogen.

Für jede dieser Gruppen werden bestimmte Kennzahlen berechnet und die zeitliche Entwicklung dieser Kennzahlen in ein **Diagramm** übertragen. In dieses Diagramm wird auch das jeweilige Kennzahlenprofil des Analyseunternehmens übernommen. Für die Profilanalyse werden insbesondere der relative Cashflow bzw. der relative Reingewinn berücksichtigt. Die Kreditwürdigkeit des Unternehmens wird dann danach beurteilt, inwieweit das individuelle Analyseprofil mehr in die Richtung des „typisch guten" oder mehr in die Richtung des „typisch schlechten" Profils tendiert.

Lösung zur Aufgabe 9 (Qualitative Kreditwürdigkeitsanalyse)

Bei der qualitativen Analyse werden **Einflussfaktoren** berücksichtigt, **die sich nicht zahlenmäßig ausdrücken lassen** (z. B. die persönliche Zuverlässigkeit und Integrität des Kreditsuchenden). Auch auf diesem Gebiet wurden empirische Beobachtungen und Untersuchungen angestellt. Dabei wurden u. a. Zusammenhänge zwischen den qualitativen Merkmalen der Konjunkturlage, der Häufigkeit der Zusammenbrüche sowie des Alters der Unternehmer bzw. der Geschäftsleitung einerseits und der Kreditwürdigkeit andererseits festgestellt. Für eine Einzelanalyse ist gleichwohl zu empfehlen, die Kriterien, die hinter den qualitativen Merkmalen verborgen sind, zugrunde zu legen. Die qualitative Analyse ist dabei als **Ergänzung der quantitativen Analyse** heranzuziehen.

Lösung zur Aufgabe 10 (Qualitativ-quantitative Ranganalyse)

Im Rahmen einer Sekundäranalyse wird bei der qualitativ-quantitativen Ranganalyse zuerst eine **quantitative Analyse** auf der Basis von Kennzahlen unterschiedlicher Zielsetzungen durchgeführt. Solche Kennzahlen sind z. B. die Liquidität 2. Grades und der Deckungsgrad A. Die Ergebnisse dieser Bewertungen können mit einem Gewichtungsfaktor multipliziert werden. Schließlich wird eine **qualitative Analyse** so weit durchgeführt, wie die qualitativen Faktoren überhaupt zu ermitteln sind. Hier handelt es sich z. B. um die Konjunkturlage, die Branchenentwicklung und die Besicherungsquote. Auch diese können mit einem Gewichtungsfaktor berücksichtigt werden. Die **Summe der gewichteten Beurteilungen** stellt ein Rangkriterium dar. Je größer diese Zahl ist, desto besser wird die Kreditwürdigkeit sein. Die Beurteilung ist allerdings – wie die Gewichtung – weitgehend subjektiv.

Lösung zur Aufgabe 11 (Analyse der Personalpolitik im Überblick)

Eine Analyse des personalpolitischen Verhaltens wäre möglich, wenn sich eine Methode finden ließe, mit deren Hilfe die positiven oder negativen **Ausprägungen** der jeweiligen Analysesituation **in allgemeingültige quantitative Nutzengrößen transformiert** werden könnten. Das würde eine nachprüfbare Rangfolge von Kriterien ermöglichen. Ein solcher quantitativer Maßstab ist bisher nicht bekannt. Aufgrund der Subjektivität der Nutzenvorstellungen ist auch nicht zu erwarten, dass eine entsprechende Methode entwickelt wird.

Deshalb kann die Analyse des personalpolitischen Verhaltens **nur qualitativ** erfolgen. Eine solche Analyse kann lediglich Kriterien aufzählen, die der Nutzenvorstellung eines Arbeitnehmers entsprechen könnten, und Hinweise darüber geben, auf Basis welcher Informationen welche Schlüsse auf das personalwirtschaftliche Verhalten der Geschäftsleitung gezogen werden können. Die wichtigsten dieser **Kriterien** sind der Grad der sozialen Sicherheit des Arbeitsplatzes, die Qualität der Aus- und Fortbildungsmöglichkeiten, das Betriebsklima und die Beförderungsmöglichkeiten.

Der **erste Schritt** einer solchen Analyse ist die Festlegung einer individuellen Rangfolge im Hinblick auf entsprechende Kriterien aus Sicht des Analyseadressaten. Im **zweiten Schritt** werden die einzelnen Kriterien beurteilt und mit ihrem Rangfolgeplatz gewichtet. Das **Ergebnis** ist ein subjektives Gütemaß für das personalwirtschaftliche Verhalten des analysierten Unternehmens.

Lösung zur Aufgabe 12 (Soziale Sicherheit)

Der Begriff der sozialen Sicherheit umfasst den Bereich der finanziellen Leistungen des Unternehmens an die Arbeitnehmer. Hierbei sollte geprüft werden, wie groß die **Nachhaltigkeit** solcher Leistungen ist. Grundlage der Analyse sind die Partialanalysen der Liquiditätslage, der Erfolgslage und der Vermögenslage.

Wenn die Existenzwahrscheinlichkeit positiv beurteilt wurde, sind die Möglichkeiten und der Wille des Unternehmens zu analysieren, Personalleistungen in gewisser Höhe zu erbringen. Die **Möglichkeit angemessener Löhne und Gehälter** ist eng mit dem Erfolgserzielungsvermögen des Unternehmens verknüpft. Der **Wille**, dem Faktor „Arbeit" einen möglichst hohen Anteil an der Wertschöpfung zukommen zu lassen, drückt sich in den jeweiligen Richtlinien der Personalpolitik aus. Ein Vergleich des Lohnniveaus (bzw. Gehaltniveaus) des analysierten Unternehmens mit dem Niveau anderer Unternehmen oder mit dem der Branche bzw. mit entsprechenden Tariflöhnen kann hierüber Aufschluss geben. Das Lohnniveau kann wie folgt berechnet werden:

$$\text{Lohnniveau} = \frac{\text{Personalaufwand} - \text{Bezüge der Unternehmensleitung}}{\text{durchschnittliche Arbeitnehmerzahl} - \text{Mitarbeiter in der Unternehmensleitung}} \left[\begin{array}{c}\text{je Person} \\ \text{und Jahr}\end{array}\right]$$

Die soziale Sicherheit umfasst auch die Zahlungen bei vorübergehender Arbeitsunfähigkeit bzw. nach der endgültigen Arbeitsbeendigung. Je höher die **freiwilligen und vertraglichen Zahlungen des Unternehmens für Unterstützung und Altersversorgung** sind, desto höher wird die soziale Sicherheit sein. Die gesetzliche soziale Sicherung ist dabei nicht relevant, weil das Unternehmen auf diese Zahlungen keinen Einfluss hat. Kennzahl für die freiwilligen Sozialleistungen ist der Quotient aus der Summe der Aufwendungen für Altersversorgung und der durchschnittlichen Belegschaftsstärke. Mit dieser Kennzahl kann ein Branchenvergleich durchgeführt werden. Hinweise ergeben sich auch aus dem Sozialbericht. Allerdings muss hierbei beachtet werden, dass die Geschäftsleitung ihre eigenen Zielsetzungen und nicht die des Analysten verfolgt.

Neben der Fähigkeit, dass das Unternehmen überhaupt die soziale Sicherheit finanziell gewährleisten kann, ist zu prüfen, **inwieweit die Höhe der Zahlungen gesichert ist.** Diese Sicherheit nimmt mit dem Grad der „Freiwilligkeit" ab. Zahlungen aufgrund gesetzlicher, tarifvertraglicher bzw. vertraglicher Zwänge sind sicherer als freiwillige Zahlungen. Als Maßstab für diese Sicherheit kann das Verhältnis zwischen effektivem Lohnniveau und tarifvertraglichem Mindestlohnniveau herangezogen werden. Je näher diese beiden Größen beieinander liegen, desto wahrscheinlicher ist die zukünftige Einhaltung des derzeitigen Lohnniveaus. Zudem sollte überprüft werden, inwieweit Anhangangaben zur Berechnung von Pensionsrückstellungen auf Gehaltstrends verweisen.

Lösung zur Aufgabe 13 (Aus- und Fortbildung)

Hinweise auf die Möglichkeiten der betrieblichen Aus-, Fort- und Weiterbildung lassen sich aus Stellenanzeigen, Werbepublikationen, Werkszeitungen und gegebenenfalls aus Sozialbilanzen entnehmen. Eine Zugehörigkeit zu internationalen Konzernen lässt vermuten, dass die Möglichkeit einer Aus- und Fortbildung im Ausland besteht. Inwieweit aber die eventuellen Bildungsmöglichkeiten im Einzelfall tatsächlich nutzbar sind, kann im Rahmen einer externen Analyse nicht festgestellt werden.

Lösung zur Aufgabe 14 (Betriebsklima)

Der Begriff „Betriebsklima" ist genauso umfassend wie unbestimmt. Unter Betriebsklima lässt sich die Menge der **in einem Unternehmen herrschenden Einflüsse auf die Zufriedenheit des einzelnen Arbeitnehmers** verstehen. Diese Einflüsse können allenfalls aufgezählt (Arbeitsbedingungen, informelle Beziehungen zu Kollegen, formelle Beziehungen zu Vorgesetzten und Untergebenen usw.), aber nicht quantifiziert werden.

Maßstäbe für die Beurteilung des Betriebsklimas können vor allem die Fluktuationsquote und der Krankenstand des Unternehmens sein. Beide Kennzahlen werden jedoch auch durch eine große Zahl weiterer Faktoren beeinflusst, so dass der Zusammenhang zwischen den Kennzahlen und dem Betriebsklima nicht sicher herstellbar ist. Ein Zusammenhang besteht wohl am ehesten zwischen der Fluktuationsquote und dem Betriebsklima.

Der einzelne Bilanzadressat ist jedoch weniger am durchschnittlichen Betriebsklima des (gesamten) Unternehmens, sondern am **Betriebsklima in den für ihn relevanten Abteilungen oder sogar in noch kleineren Gruppen** interessiert. Hier kann das Betriebsklima außerordentlich unterschiedlich sein. Eine externe Analyse ist insoweit nicht möglich.

Lösung zur Aufgabe 15 (Beförderungsmöglichkeiten)

Die **innerbetrieblichen Aufstiegschancen** sind eine wichtige Voraussetzung für eine positive Beurteilung der personalwirtschaftlichen Situation. Bedauerlicherweise lassen sich diese im Rahmen einer externen Analyse ebenfalls nur äußerst vage feststellen. Ein Indiz für eine positive interne Beförderungspolitik ist der in Presseveröffentlichungen oder Unternehmensprospekten bekannt gemachte Grundsatz, dass eine Beförderung möglichst aus den eigenen Reihen vorgenommen wird. Ein Rückschluss darauf, dass dies möglicherweise nicht der Fall ist, lässt sich aus der Zahl der (externen) Stellenanzeigen eines Unternehmens für höhere Positionen ziehen.

Lösung zur Aufgabe 16 (Begriff „Umweltpolitik")

Die Umweltpolitik umfasst alle Maßnahmen, für die „**menschliche Gesellschaft**" einen möglichst hohen Grad an **Lebensqualität** zu erreichen. Da die Lebensqualität als solche – aufgrund ihrer Zusammensetzung aus sehr vielen und sehr unterschiedlichen z. T. konkurrierenden Faktoren – **nicht messbar** ist, können lediglich ausgewählte Indikatoren zur Analyse des Umweltverhaltens eines Unternehmens herangezogen werden.

Lösung zur Aufgabe 17 (Indikatoren zur Analyse der Umweltpolitik)

Die **Informationspolitik** des Unternehmens ist ein erster Hinweis auf das umweltpolitische Verhalten. Es kann vermutet werden, dass das Umweltverhalten mit zunehmender Informationsfreudigkeit als umso besser zu beurteilen ist, weil Unternehmen ihre „Verdienste" auf diesem Sektor nicht zu verheimlichen pflegen.

Der Bereich der **Aktionärspolitik** ist von umso größerer Bedeutung, je breiter das Kapital gestreut ist. Es kann angenommen werden, dass die Lebensqualität der Kapitaleigner umso besser ist, je höher und regelmäßiger die Dividende ausfällt.

Zudem wird die Umweltpolitik eines Unternehmens durch die **Personalpolitik** charakterisiert. Es ist unbestritten, dass ein Unternehmen auf die Lebensqualität der Arbeitnehmer einen sehr großen, wenn nicht den bedeutendsten Einfluss hat.

Weiterhin bestimmt das **steuerliche Verhalten** eines Unternehmens die Umweltpolitik i. w. S. Die Steuern legen den finanziellen Rahmen fest, der die Erreichbarkeit von Wohlfahrtszielen determiniert, aber nicht garantiert.

Im engeren Sinne lässt sich das umweltpolitische Verhalten des Unternehmens an den durchgeführten **Umweltschutzmaßnahmen** messen. Darunter sind vor allem die Maßnahmen in Bezug auf die Vermeidung, Reduzierung und Beseitigung chemischer, akustischer oder physikalischer Einflüsse des Unternehmens auf die nähere oder weitere Umgebung zu verstehen.

Schließlich ist der **Konjunkturbeitrag** des Unternehmens zu beachten. Hierunter fallen die Einflüsse des Unternehmens auf die Entwicklung der Preise, auf die Arbeitslosenquote, auf den Exportbeitrag und auf das gesamtwirtschaftliche Wachstum. Der Konjunkturbeitrag beeinflusst primär den materiellen Teil der Wohlfahrt: den Wohlstand.

Lösung zur Aufgabe 18 (Qualität der Informationspolitik)

Der Bereich der Informationspolitik ist in zweifacher Hinsicht bedeutsam für die externe Analyse. **Einerseits** ist die ausreichende Publikation von Informationen notwendige **Voraussetzung** zur Durchführung einer externen Analyse. Da eine solche Analyse bis zu einem gewissen Grad umso einfacher ist, je umfangreicher und detaillierter die publizierten Informationen sind, und da Geschäftsleitungen dies wissen, kann **andererseits** ein positiver **Zusammenhang** zwischen dem Grad der Informationsbereitschaft eines Unternehmens und der Qualität des sozialen Verhaltens unterstellt werden.

Als Maß für die Informationspolitik kann nur der **freiwillig publizierte Teil** angesehen werden. Die gesetzlich vorgeschriebene Mindestpublikation ist kein Kriterium für das Informationsverhalten. In bestimmten Industriezweigen werden im Lagebericht die Aktivitäten zum Umweltschutz freiwillig hervorgehoben. Sind solche Aktivitäten nicht genannt, kann davon ausgegangen werden, dass diese nicht durchgeführt wurden bzw. werden.

Weiterhin geben die **Zahl und** die **Detailliertheit anderer Publikationen** ein Bild von der Informationspolitik. Oft werden während des laufenden Geschäftsjahres Berichte über die wirtschaftliche Lage und die prognostizierte Entwicklung publiziert. Auch die Existenz und der Inhalt von Werkszeitungen, Aktionärsberichten und Werbekampagnen sollten als Maßstab für die Güte der Informationspolitik herangezogen werden.

Lösung zur Aufgabe 19 (Aktionärspolitik)

Bei Aktiengesellschaften im **Streubesitz** kommt der Aktionärspolitik eine enorme Bedeutung zu. In diesen Fällen stellt die Gruppe der Aktionäre einen relevanten Teil der Bevölkerung dar, der durch die Unternehmenspolitik besonders berührt wird, ohne selbst (wesentlichen) Einfluss auf das Schicksal des Unternehmens zu haben. Die Aktionärspolitik kann dann als positiv beurteilt werden, wenn eine ausreichende **Dividende** ausgeschüttet wird **und** wenn auf den Kleinanleger zugeschnittene **Aktionärsinformationen** gegeben werden. Hinweise in Zeitungen und Zeitschriften über kartellrechtliche Schwierigkeiten, vor allem wenn diese internationale Gewinnverschiebungen betreffen, müssen hingegen negativ beurteilt werden.

Lösung zur Aufgabe 20 (Steuerliches Verhalten)

„Gesamtwirtschaftlich optimal" im Hinblick auf das steuerliche Verhalten muss nicht **primär** heißen, viele Steuern zu bezahlen, sondern vor allem keinen Missbrauch steuerlicher Normen zu betreiben bzw. diese Normen zu beachten. Höhe und Zeitnähe der Steuerzahlungen stellen diesbezüglich **sekundäre Kriterien** dar. Das steuerliche Verhalten von Unternehmen lässt sich aufgrund externer Informationsquellen nur näherungsweise abschätzen. Da vor allem hinsichtlich des primären Kriteriums „steuerlicher Missbrauch" wenige bis keine Informationen vorliegen, stehen im Rahmen der Bilanzanalyse die sekundären Kriterien im Mittelpunkt. Das steuerliche Verhalten wird deshalb als umso negativer beurteilt, je mehr die Geschäftsleitung versucht, notwendige **Steuerzahlungen** möglichst **gering zu halten oder** weit **in die Zukunft zu verschieben**. Hierbei wird ein Zielkonflikt zwischen gesellschaftspolitischem Anspruch und unternehmenspolitischen Anreizen deutlich.

Diesbezüglich deutet beispielsweise die Existenz von **Korrekturposten aufgrund steuerlicher Außenprüfungen** in der Bilanz darauf hin, dass versucht wurde, die notwendigen Steuerzahlungen früherer Jahre zu mindern. Weitere Hinweise auf ein gegebenenfalls gesamtwirtschaftlich als negativ zu beurteilendes steuerliches Verhalten können sich aus der Höhe der **Steuerrückstellungen** ergeben.

Besonders ungünstig sind **Gewinnverschiebungen in andere Volkswirtschaften**, weil dann im Inland Steuerzahlungen in entsprechender Höhe überhaupt nicht anfallen. Während nationale Steuerverschiebungen eher zeitlicher Natur sind, hat die internationale Gewinnverschiebung einen endgültigen Steuerausfall für die nationale Volkswirtschaft zur Folge. Solche Gewinnverschiebungen sind nicht aus dem Jahresabschluss erkennbar, weil sich die wirtschaftliche Angemessenheit von Verrechnungspreisen (sofern diese überhaupt bekannt sind) im Rahmen der Bilanzanalyse nicht prüfen lässt.

Der **Grad der Ausnutzung steuerrechtlich vorgesehener Vergünstigungen** ist ein weiteres Kriterium für das gesamtwirtschaftliche steuerliche Verhalten eines Unternehmens. Dieses Kriterium ist jedoch sehr vorsichtig zu interpretieren, weil die steuerlichen Nachteile durch andere Vorteile für die Volkswirtschaft ausgeglichen werden soll(t)en.

Lösung zur Aufgabe 21 (Umweltschutz)

Umweltschutzaktivitäten werden meist in breiter Form durch Anzeigenwerbung, im Lagebericht oder in anderer Form publiziert. Bei der Beurteilung dieser Maßnahmen ist zu beachten, dass die entsprechend publizierten **Informationen eher positiv gefärbt sind**. Problematisch ist die Bestimmung eines Vergleichsmaßstabs, anhand dessen die durchgeführten Aktivitäten beurteilt werden können. Es kann im Rahmen der Bilanzanalyse nicht einmal annähernd geschätzt werden, in welchem Umfang und in welcher Art

Maßnahmen zum Schutz der Umwelt von dem zu analysierenden Unternehmen gefordert werden müssen, weil nicht ausreichend bekannt ist, wie groß der schädigende Einfluss des Unternehmens ist.

Anhaltspunkte für die Beurteilung des Umweltschutzes können etwa der **Investitionsumfang** auf diesem Sektor oder die **Höhe des Forschungs- und Entwicklungsaufwandes** mit dem Ziel des Umweltschutzes sein. Dabei wird unterstellt, dass ein positiver Zusammenhang zwischen der Höhe der Investitionen bzw. des Aufwandes und der Effektivität der finanzierten Maßnahmen besteht. Auch diesbezügliche positive bzw. negative Pressenachrichten über das betreffende Unternehmen können ein Hinweis auf das Umweltverhalten i. e. S. sein.

Lösung zur Aufgabe 22 (Konjunkturbeitrag)

Informationen über den Konjunkturbeitrag eines Unternehmens lassen sich kaum aus publizierten Jahresabschlüssen entnehmen. Hier ist der Analyst auf die **Publikationen der Wirtschaftspresse** angewiesen. Ist diesen z. B. zu entnehmen, dass das betreffende Unternehmen sämtliche Preiserhöhungen, die der Markt zulässt, vornimmt oder dass (starke) Rohstoffpreisminderungen nicht an die Abnehmer weitergegeben werden, ist der Beitrag des Unternehmens zur Preisstabilität als „schlecht" zu beurteilen.

Informationen über die Anmeldung von Massenentlassungen oder über häufige Kurzarbeit bei schlechten wirtschaftlichen Entwicklungen einerseits bzw. über die Neugründung von Produktionsstätten oder die Überbeanspruchung vorhandener Produktionskapazitäten bei guten wirtschaftlichen Entwicklungen andererseits lassen auf eine einzelwirtschaftlich ausgerichtete Personalpolitik schließen. Ein **prozyklisches Verhalten** bei der Personaleinstellung bzw. -entlassung ist als „ungünstig" hinsichtlich der Entwicklung bzw. Stabilität der gesamtwirtschaftlichen Arbeitslosenquote zu beurteilen.

Der **außenwirtschaftliche Beitrag** des Unternehmens wird an dessen Exportquote gemessen. Hierüber gibt der Lagebericht gewisse Informationen. Eine offensive Exportpolitik in Zeiten hoher Handelsbilanzüberschüsse ist tendenziell als „negativ" zu beurteilen. Der entgegengesetzt wirkende Beitrag des Unternehmens zur Importquote lässt sich meist nicht feststellen, weil es hierüber kaum externe Informationen gibt. Der Beitrag des Unternehmens zum **allgemeinen Wirtschaftswachstum** ist an der relativen Wachstumsquote des Unternehmens zu messen.

Lösung zur Aufgabe 23 (Wachstumsrate)

Die Wachstumsrate ist eine zur Analyse der Investitionspolitik verwendete Methode, bei der **die Nettoinvestitionen den Abschreibungen gegenübergestellt** werden. Die Nettoinvestitionen repräsentieren den Wert des hinzugekommenen Produktionsvermögens. Die Abschreibungen sollen die Vermögensabnutzung widerspiegeln:

$$\text{Wachstumsrate} = \left(\frac{\text{Nettoinvestitionen}}{\text{Abschreibungen}} - 1\right) (\cdot\ 100\ \%)$$

Die **Interpretation der Wachstumsrate ist aufgrund der Prämissen problematisch**. Der Zugang ist immer mit den Preisen des der Analyse vorausgehenden Geschäftsjahres bewertet. Die Abschreibungen werden hingegen weitgehend nach Anschaffungs- oder Herstellungskosten früherer Jahre bemessen. Außerdem wird ein Zusammenhang zwischen Abnutzung und Abschreibung unterstellt, der nur zufällig gegeben ist.

Lösung zur Aufgabe 24 (Cashflow im Rahmen der Analyse der Investitionspolitik)

Mit Hilfe des Cashflows lässt sich beurteilen, ob ein Unternehmen **Ersatzinvestitionen** aus eigenen Mitteln finanzieren kann (**Erhaltung des Produktivvermögens**) und ob darüber hinaus noch Mittel zur Verfügung stehen, die **Rationalisierungs- und Erweiterungsinvestitionen** ermöglichen (**Hinweis auf die Wachstumskraft**). Da dauerhaft nur selbst erwirtschaftete Überschüsse das Wachstum sichern können und der Cashflow eine Kennzahl ist, die diese Überschüsse verkörpert, wird **zwischen Cashflow und Wachstum eine gleichgerichtete Entwicklung vermutet**. Problematisch ist allerdings, dass der Cashflow nominell definiert ist. Bei steigenden Geldentwertungsraten wird der Cashflow also ebenfalls steigen, ohne dass dies Wachstum bedeutet.

Lösung zur Aufgabe 25 (Informationsbasis für die Abhängigkeitsanalyse)

Zur Analyse der Abhängigkeitsbeziehungen können z. B. Beteiligungsmitteilungen, Abhängigkeitserklärungen und die Konzernabschlüsse herangezogen werden.

Lösung zur Aufgabe 26 (Auswertung der Beteiligungsmitteilung)

Die Beteiligungsmitteilung wird nicht publiziert. Die betroffene AG hat allerdings das Bestehen einer (ihr angezeigten) **Sperrminorität bzw. Mehrheitsbeteiligung** unverzüglich zu **publizieren**. Solange eine solche Beteiligung existiert, ist diese im Anhang der betroffenen AG darzulegen. Besteht die Beteiligung nicht mehr, entfällt die Publikation.

Der **tatsächliche Abhängigkeitsgrad** lässt sich jedoch kaum aufgrund der Publikationen über gesellschaftsrechtliche Beziehungen beurteilen. Die Abhängigkeit basiert eher auf dem Gesamtbild der Beziehungen. Dazu gehören z. B. vertragliche Beziehungen, wie ein Gewinnabführungsvertrag, Darlehensverträge über größere Summen bzw. Produktionsabsprachen. Auch eine Personalunion in der Geschäftsleitung kann faktisch zu Abhängigkeitsbeziehungen führen.

Lösung zur Aufgabe 27 (Auswertung der Abhängigkeitserklärung)

Ein abhängiges Unternehmen ist unter bestimmten Voraussetzungen verpflichtet, einen **Abhängigkeitsbericht** aufzustellen, prüfen zu lassen und das Ergebnis dieses Berichts zu publizieren. Dabei ist vor allem über einen Nachteilsausgleich durch das beherrschende Unternehmen zu berichten. Für externe Bilanzanalysten hat der Abhängigkeitsbericht keine Informationskraft, weil er nicht veröffentlicht wird.

Die ausschließliche Publikation der **Ergebnisse der Abhängigkeitsprüfung** ist hingegen aus zwei Gründen wenig aussagekräftig. Einerseits stellt der Vorstand des abhängigen Unternehmens den Abhängigkeitsbericht auf und prüft somit selbst die Abhängigkeit des von ihm geführten Unternehmens. Eine subjektive Verzerrung ist deshalb – trotz anschließender Kontrolle durch den Abschlussprüfer – nicht auszuschließen. Andererseits ist die Beurteilung der wirtschaftlichen Abhängigkeit auch für den Vorstand schwierig, weil es an eindeutigen Maßstäben mangelt. Die Abhängigkeitserklärung kann dem Bilanzanalysten also allenfalls **tendenziell** eine Abhängigkeitsbeurteilung erleichtern.

Lösung zur Aufgabe 28 (Auswertung des Konzernabschlusses)

Der **Konzernanhang** kann für die Beurteilung der Abhängigkeit herangezogen werden, weil hier über den Konsolidierungskreis berichtet werden muss. Wird ein Unternehmen genannt, gehört es zum Konzern. Allein dieser Hinweis lässt eine hohe Abhängigkeit vermuten.

Auskunft gibt der Konzernanhang zudem über wichtige Beziehungen zu Wirtschaftssubjekten, die nicht mit einem Konzernunternehmen verbunden sind. So muss über jene **wesentlichen Geschäfte** berichtet werden, welche die Konzernunternehmen **zu marktunüblichen Bedingungen mit nahestehenden Unternehmen und Personen** vorgenommen haben.

Insgesamt ist allerdings die **Aussagekraft** des Konzernanhangs im Hinblick auf die Abhängigkeit als „nicht besonders gut" zu beurteilen. Die meisten Informationen lassen sich schon dem Anhang des Einzelabschlusses entnehmen. In Ermangelung an Informationen über die tatsächliche Mangelhaftigkeit ist regelmäßig ohnehin nur die Aussage möglich, dass mit zunehmender Beteiligungsquote eine steigende Abhängigkeit zu vermuten ist.

Aus dem (Konzern-)**Lagebericht** lassen sich oft weitere Indizien für die Beurteilung der Abhängigkeit herleiten. Insbesondere die Berichtsteile über den Geschäftsverlauf im abgelaufenen Geschäftsjahr sowie über wichtige Vorgänge nach Abschluss des Geschäftsjahres sollten genau analysiert werden. Hier können bedeutsame Rechtsgeschäfte oder andere Vorgänge, wie der Erwerb wesentlicher Beteiligungen und der Abschluss langfristiger Lieferverträge, aufgeführt sein.

Lösung zur Aufgabe 29 (Primär- versus Sekundäranalyse)

Es handelt sich um die Analyse der Soll- bzw. der Ist-Zielerreichung. Im Fall der **Analyse der Soll-Zielerreichung (Primäranalyse)** setzt der Analyst nach seinen eigenen Vorstellungen ein Zielsystem und Zielerreichungsgrade fest. Die von ihm vorgegebenen Soll-Größen werden mit den Ist-Größen verglichen. Diese Art der Analyse deckt sich mit dem üblichen Vorgehen der Bilanzanalyse. Der Analyst beurteilt anhand seines eigenen Zielsystems die Erreichung einzelner Partial- oder Totalziele.

Bei der **Analyse der Ist-Zielerreichung (Sekundäranalyse)** versucht der Analyst, das Zielsystem der Geschäftsleitung und die von der Geschäftsleitung geplanten Zielerreichungsgrade zu eruieren. Die Bilanzanalyse hat in diesem Fall das Ziel, festzustellen, inwieweit die Pläne oder die Erwartungen der Geschäftsleitung erfüllt worden sind. Die Beurteilung des Zielsystems und der Zielerreichungsgrade ist dabei nicht Gegenstand der Analyse. Die Sekundäranalyse stellt (lediglich) den Versuch dar, die wirtschaftliche Lage des Unternehmens aus der Sicht der Geschäftsleitung zu beurteilen. Sie ist – soweit die Ziele und die Zielerreichungsgrade bekannt sind – einfacher durchzuführen als die Primäranalyse, weil weder das Zielsystem noch die Zielerreichungsgrade festgelegt werden müssen.

Lösung zur Aufgabe 30 (Grenzen der Analyse der Unternehmenszielerreichung)

In der Praxis der externen Bilanzanalyse sind die Möglichkeiten, sich über die Zielkriterien zu informieren, sehr gering. So ist es durchaus denkbar, dass das **Zielsystem** durch die Geschäftsleitung nicht eindeutig definiert ist. Damit ist es auch unmöglich, eine Zielerreichung festzustellen. In diesen Fällen mangelt es an Beurteilungskriterien. Regelmäßig wird das Unternehmenszielsystem aber nicht vollständig undefiniert sein, sondern sich in einzelnen Zielsetzungen niederschlagen (z. B. Umsatzerhöhungen, Arbeitsplatzerhaltung). In diesen Fällen existieren **Teilzielsysteme**, die – soweit bekannt – Gegenstand der Analyse sein können.

Weiterhin ist erforderlich, dass auch die **Zielerreichungsgrade** formuliert sind. Ist das der Fall (z. B. Umsatzerhöhung um 10 % oder Freisetzung von Arbeitskräften nur durch altersbedingten Abgang) und sind diese dem Analysten auch bekannt, können sie als Analysekriterium herangezogen werden.

Neben den **Mängeln in den Zielsystemen der Geschäftsleitungen** wird vor allem das Problem bestehen, dass möglicherweise existente **Zielsysteme überhaupt nicht bekannt** sind. Eine Publizitätspflicht besteht schließlich nicht. Die freiwillige Informationspraxis auf diesem Gebiet ist entweder nicht ausreichend oder subjektiv verzerrt. Eine Sekundäranalyse der Unternehmenszielerreichung ist deshalb häufig unmöglich.

Lösungsvorschläge zu den Aufgaben des V. Kapitels

Lösung zur Aufgabe 1 (Spezifische Probleme bei der Konzernabschlussanalyse)

Ebenso wie die Beziehungen zwischen einzelnen Abteilungen eines Einzelunternehmens als Innenbeziehungen den handelsrechtlichen Jahresabschluss nicht beeinflussen, dürfen die konzerninternen Vorgänge den Jahresabschluss der wirtschaftlichen Einheit „Konzern" nicht verändern. Im Rahmen der Konzernrechnungslegung sind die internen Beziehungen entsprechend zu eliminieren. Diese Forderung führt grundsätzlich dazu, dass der Konzernabschluss nur die Außenbeziehungen der bilanzierenden wirtschaftlichen Einheit „Konzern" ausweisen soll. Somit ergibt sich bei der Bilanzanalyse **prinzipiell kein Unterschied zwischen Konzern- und Einzelanalyse**.

Da die völlige Eliminierung der konzerninternen Vorgänge weder gesetzlich vorgeschrieben ist noch praktisch gelingt, können sich im Einzelfall **Beeinträchtigungen** der Analyseergebnisse beispielsweise durch folgende Aspekte ergeben:

- die unvollständige Eliminierung erfolgswirksamer konzerninterner Vorgänge,
- die Unvollkommenheit des Konsolidierungskreises,
- die Uneinheitlichkeit der Bewertung sowie
- die unübersichtliche Darstellung von Bilanz sowie Gewinn- und Verlustrechnung bzw. Gesamtergebnisrechnung.

Lösung zur Aufgabe 2 (Unvollkommenheit des Konsolidierungskreises)

Der Konsolidierungskreis kann in zwei „Richtungen" unvollkommen sein. Es kann **einerseits** sein, dass Unternehmen einbezogen sind, die wirtschaftlich nicht als Konzernunternehmen zu betrachten sind, und es ist **andererseits** möglich, dass Unternehmen nicht in den konsolidierten Abschluss einbezogen sind, obwohl sie wirtschaftlich Konzernunternehmen darstellen.

Zur **ersten Gruppe** gehören jene Unternehmen, die zwar die **Möglichkeit der Beherrschung** haben (z. B. aufgrund nachhaltiger Präsenzmehrheit auf den Hauptversammlungen), diese aber praktisch nicht nutzen. Wird diese Möglichkeit also tatsächlich nicht ausgenutzt, liegt zwar aus rechtlicher, aber nicht aus wirtschaftlicher Sicht ein „Konzernverhältnis" vor.

In die **zweite Gruppe** gehören z. B. Unternehmen, auf deren Einbeziehung aufgrund expliziter Wahlrechte nach § 296 HGB oder impliziter Wahlrechte im Rahmen der IFRS verzichtet werden kann.

Lösung zur Aufgabe 3 (Uneinheitlichkeit der Bewertung)

Gelten für Mutter- und Tochtergesellschaften abweichende Bewertungsgrundsätze, ist eine Umwertung nach den Grundsätzen vorzunehmen, die für die Muttergesellschaft gelten. Die Einheitlichkeit der Bewertung kann jedoch durchbrochen werden, wenn die Uneinheitlichkeit der Bewertung das Bild der sog. Vermögens-, Finanz- und Ertragslage vergleichsweise wenig beeinträchtigt. Nach IFRS 10 wird auch für **IFRS-Konzernabschlüsse** eine sachliche Stetigkeit gefordert: Für gleiche Geschäftsvorfälle müssen somit die gleichen Rechnungslegungsgrundsätze gelten.

Es kann jedoch nicht verhindert werden, dass die im Rahmen der Einzelabschlüsse in unterschiedliche Richtungen wirkenden bilanzpolitischen Maßnahmen (aufgrund von Sachverhaltsgestaltungen oder unterschiedlich ausgeübter impliziter Wahlrechte) in den IFRS-Konzernabschluss eingehen. Gleiches gilt für HGB-Konzernabschlüsse.

Lösung zur Aufgabe 4 (Uneinheitlichkeit des Ausweises)

Die Zusammenfassung von nicht gleichartig gegliederten Bilanzen bzw. Gewinn- und Verlustrechnungen der einzelnen Konzernunternehmen kann zu einer **Einschränkung von Klarheit und Übersichtlichkeit der Konzernabschlüsse** führen. Ein sachkundiger Bilanzleser wird eine Bilanzanalyse dennoch vornehmen können. Eine bedeutende Beeinträchtigung der Aussagekraft des Konzernabschlusses ist hierin nicht zu sehen.

Lösung zur Aufgabe 5 (Unvollständigkeit der Erfolgskonsolidierung)

Es brauchen grundsätzlich nur Erfolge neutralisiert zu werden, die auf Lieferungen oder sonstigen Leistungen zwischen solchen Unternehmen basieren, die in den Konzernabschluss einbezogen worden sind (sog. **Zwischenergebniseliminierung**). Da es auch **Konzernmitglieder** gibt, **die** aus rechnungslegungsnormspezifischen Gründen **nicht in den Konzernabschluss einbezogen werden**, führt diese Vorschrift dazu, dass die im Hinblick auf die nicht einbezogenen Konzernunternehmen entstehenden konzerninternen Gewinne und Verluste nicht eliminiert werden.

Darüber hinaus kann auf eine Eliminierung konzerninterner Gewinn- und Verlustbestandteile verzichtet werden, wenn diese nur von **untergeordneter Bedeutung** für den Einblick in die Vermögens-, Finanz- und Ertragslage sind. Über einen Verzicht auf die Zwischenergebniseliminierung muss im Konzernanhang berichtet werden. Da keine objektiven Maßstäbe existieren, was als „unbedeutend" zu spezifizieren ist, muss bei der externen Analyse davon ausgegangen werden, dass konzerninterne Erfolge ungewissen (vermutlich aber geringen) Umfangs im Konzernabschluss enthalten sind.

Lösung zur Aufgabe 6 (Probleme internationaler Vergleiche im Überblick)

Es sind vor allem zwei Probleme zu konstatieren: Auch wenn den zu vergleichenden Jahresabschlüssen dieselbe Rechnungslegungsphilosophie zugrunde liegt, kann eine sog. **Umwertung** – also eine Vereinheitlichung im Hinblick auf Ansatz, Bewertung und Ausweis – erforderlich sein, weil beispielsweise die Bilanzierungsprinzipien nicht einheitlich oder teilweise zu unkonkret festgelegt sind. Die Umwertung bezeichnet die entsprechend erforderliche Anpassung der einzelnen Jahresabschlüsse.

Sind die Jahresabschlüsse umgewertet worden, müssen diese gegebenenfalls im Hinblick auf die Währung vereinheitlicht werden. Hierbei wird von der **Umrechnung** gesprochen.

Lösung zur Aufgabe 7 (Probleme bei der Umrechnung)

Zum einen muss entschieden werden, ob ein Wechselkurs oder ein Kaufkraftkurs zur Umrechnung herangezogen wird. **Zum anderen** ist zu klären, ob einheitlich mit nur einem bestimmten Kurs umgerechnet wird oder – aufgrund unterschiedlicher Anschaffungs-, Herstellungs- oder Realisationszeitpunkte – mit mehreren Kursen gerechnet werden soll.

Das Problem **„Wechselkurs versus Kaufkraftkurs"** besteht darin, dass Wechselkurse unter starkem Einfluss der Notenbanken stehen und deshalb nicht unbedingt den tatsächlichen Wertvorstellungen in verschiedenen Ländern entsprechen. Vor diesem Hintergrund ist der Kaufkraftkurs grundsätzlich der sachgerechtere Umrechnungsmaßstab. Praktisch ist es jedoch unmöglich, mit Kaufkraftkursen umzurechnen, weil die speziellen Kaufkraftparitäten in den verschiedenen Vermögensbereichen nicht bekannt sind. Da außerdem die Passivseite mit Wechselkursen umgerechnet werden muss – denn Schulden haben keine zu ermittelnde Kaufkraft –, entstünden Umschichtungen im Vermögen und unter Umständen erhebliche Veränderungen des Gewinns, die lediglich auf der jeweiligen Umrechnungsmethode basieren. Somit ist es **bei der Bilanzanalyse** *in praxi* notwendig, **mit Wechselkursen umzurechnen**.

Monetäre Werte müssen prinzipiell mit dem Stichtagskurs umgerechnet werden, während nicht monetäre Werte grundsätzlich mit historischen Kursen angesetzt werden sollten. Im Rahmen der (externen) **Bilanzanalyse** kann jedoch **nur mit Stichtagskursen** umgerechnet werden, weil z. B. die einzelnen Anschaffungs- oder Herstellungs- bzw. Realisationszeitpunkte nicht bekannt sind, so dass die historischen Kurse überhaupt nicht zugeordnet werden können.

Lösung zur Aufgabe 8 (Ziele der steuerlichen Außenprüfung)

Bei der Außenprüfung wird die **formelle und materielle Richtigkeit der Buchführung** unter besonderer Berücksichtigung der Einhaltung steuerrechtlicher Vorschriften geprüft. Von herausragender Bedeutung ist dabei die materielle Richtigkeit, insbesondere die Vollständigkeit der Buchführung.

Lösung zur Aufgabe 9 (Unterteilung der Verprobungsrechnungen)

Bei den sog. Verprobungsrechnungen handelt es sich um den **inneren Betriebsvergleich** (Zeitvergleich), den **äußeren Betriebsvergleich** (Betriebs- oder Branchenvergleich), die **wirtschaftlichen Kontrollrechnungen und** die **Vermögenszuwachsrechnungen**. Ergeben sich hierbei schließlich Differenzen zwischen den Soll- und den Ist-Ergebnissen, muss der Betriebsprüfer nach den Gründen forschen. Lässt sich die Abweichung nicht erklären, kann es zur Schätzung von Besteuerungsgrundlagen kommen.

Lösung zur Aufgabe 10 (Steuerliche Außenprüfung versus Bilanzanalyse)

Für die Bilanzanalyse sind der Zeit- und der Branchenvergleich geeignet. Wirtschaftliche Kontrollrechnungen und Vermögenszuwachsrechnungen betreffen entweder nur intern bekannte Differenzen zwischen Soll und Ist oder beziehen den Privatbereich des Unternehmers in die Analyse ein. Ein entsprechendes **Vorgehen** ist bei der Bilanzanalyse nicht möglich oder entspricht nicht deren Zielsetzung.

Die steuerliche Außenprüfung hat grundsätzlich lediglich das **Ziel**, Fehler aufzudecken. Die Bilanzanalyse wird nach sehr unterschiedlichen Zielsetzungen durchgeführt. Eine Analyse steuerlichen oder buchmäßigen Fehlverhaltens des Unternehmers ist jedoch regelmäßig keine Zielsetzung der Bilanzanalyse.

Anlage:

Auszüge
aus dem Lagebericht und dem Jahresabschluss 05 der
MUSTER AKTIENGESELLSCHAFT (MUSTER AG)[1]

[1] Hierbei handelt es sich eine stark gekürzte, neutralisierte und an die aktuelle Rechtslage (HGB) angepasste Version des sog. AG-Berichts der *HEIDELBERGER DRUCKMASCHINEN AG*, Kurfürsten-Anlage 52–60, 69115 Heidelberg, des Geschäftsjahres 2005/2006 (1. April 2005 bis 31. März 2006). Im Sinne der Einheitlichkeit wurde bei der Anpassung auf die aktuelle Rechtslage auf den sog. AG-Bericht der *HEIDELBERGER DRUCKMASCHINEN AG* des Geschäftsjahres 2012/2013 (1. April 2012 bis 31. März 2013) zurückgegriffen. Quelle jeweils: www.heidelberg.com.

Auf einen Blick

Angaben in Mio. €	Jahr 01	Jahr 02	Jahr 03	Jahr 04	**Jahr 05**
Auftragseingang	1.962	1.864	1.607	1.869	1.938
Umsatzerlöse	2.320	1.883	1.570	1.673	1.777
Auslandsumsatz in %	82	84	86	84	86
Ergebnis der betrieblichen Tätigkeit	416	128	−82	63	55
... in % vom Umsatz	18	7	−5	4	3
Jahresüberschuss/-fehlbetrag	278	59	−1.168	52	85
... in % vom Umsatz	12	3	−74	3	5
Investitionen[2]	81	75	67	80	86
Forschungs- und Entwicklungskosten	233	220	195	166	185
Bilanzsumme	3.782	3.589	2.452	2.397	2.530
Anlagevermögen	1.804	2.118	1.221	1.190	1.581
Eigenkapital	1.743	1.682	514	575	538
Gezeichnetes Kapital	220	220	220	220	213
Eigenkapitalquote in %	47	47	21	24	21
Ausschüttung	120	–	–	26	54[3]
Dividende je Aktie in €	1,40	–	–	0,30	0,65[3]
Ergebnis je Aktie in €	3,24	0,68	−13,59	0,60	1,03
Aktienkurs zum Geschäftsjahresende in €	50,06	16,21	27,99	24,65	36,40
Börsenkapitalisierung zum Geschäftsjahresende	4.301	1.393	2.405	2.118	3.023
Arbeitnehmer im Jahresdurchschnitt[4]	12.612	12.135	11.436	10.841	10.822

Die Aktie

Als ausgesprochen erfreulich erwies sich im Berichtsjahr die Entwicklung an den Börsen. Der DAX konnte das Berichtsjahr mit einem Plus von insgesamt 37 % abschließen; noch stärker legte der MDAX zu: Er gewann im gleichen Zeitraum über 52 %!

Die *MUSTER*-Aktie entwickelte sich im Verlauf des Berichtsjahres ausgesprochen positiv und folgte größtenteils dem Anstieg der Indices. Mit Beginn unseres Aktienrückkaufprogramms im November erhielt die Aktie noch einmal zusätzlichen Auftrieb. Am letzten Börsentag des Jahres 05 schloss sie mit 36,40 € und hat damit in zwölf Monaten insgesamt eine Steigerung von 48 % erzielt. Mit dieser Steigerung konnte im Berichtsjahr die Wertentwicklung des DAX deutlich übertroffen werden!

Damit unsere Aktionäre an dieser positiven Entwicklung teilhaben können, werden Vorstand und Aufsichtsrat der Hauptversammlung vorschlagen, eine Dividende von 0,65 € pro Aktie für das Geschäftsjahr 05 auszuschütten.

---

[2]   Ohne Finanzanlagevermögen.

[3]   Gemäß Gewinnverwendungsvorschlag.

[4]   Inklusive Diplomanden/Praktikanten und Mitarbeitern in Elternzeit.

Auszüge aus dem Lagebericht der *MUSTER AG*

Unternehmen und Rahmenbedingungen

Die *MUSTER AKTIENGESELLSCHAFT*

Die *MUSTER AKTIENGESELLSCHAFT* ist das Mutterunternehmen des *MUSTER-KONZERNS*. Mit einem Marktanteil von weltweit über 40 % im Bogenoffsetdruck ist der Konzern der international führende Ausrüster der Printmedien-Industrie. Das Unternehmen befasst sich neben der Herstellung von Druckmaschinen und Geräten zur Druckplattenbebilderung mit dem Vertrieb von Ersatzteilen und der Übernahme von Konzernfunktionen.

Standorte

Die *MUSTER AKTIENGESELLSCHAFT* umfasst fünf Standorte (Hagen sowie Düsseldorf, Greifswald, Ilmenau und Stendal). Am Standort Hagen befinden sich Verwaltung, Entwicklung, eine Vorführdruckerei sowie ein Schulungszentrum. Bogenoffsetmaschinen werden im Produktionsverbund an den spezialisierten deutschen Standorten gefertigt. Dabei kommen präzise bearbeitete Gussteile aus Greifswald, dreh- und profilförmige Teile liefert das Werk Ilmenau, Modellteile, Elektronikkomponenten und Versuchsteile werden im Werk Düsseldorf produziert; hier montieren wir auch alle Bogenoffsetmaschinen. Der fünfte deutsche Standort ist Stendal: Er leistet Entwicklungsarbeit sowie Service für die Druckvorstufe.

Mitarbeiter

An unseren fünf deutschen Standorten waren am Bilanzstichtag 10.855 Mitarbeiter beschäftigt. Die Mitarbeiterzahl lag nach Jahren mit starken Rückgängen – begünstigt durch das größere Geschäftsvolumen von der weltgrößten, lediglich alle vier Jahre stattfindenden Fachmesse – diesmal wieder leicht über dem Vorjahreswert von 10.738 Mitarbeitern. Unserem Anspruch, bei jedem Aspekt unserer Lösungen ausschließlich höchste Qualität zu liefern, können wir nur aufgrund der hohen Qualifikation unseres Vertriebs und unserer Mitarbeiter gerecht werden. Ein wichtiges Anliegen unserer Personalpolitik ist es, qualifizierte und motivierte Arbeitskräfte für uns zu gewinnen bzw. an uns zu binden.

Anzahl der Mitarbeiter je Standort	31.12.05
Hagen	2.298
Düsseldorf	6.240
Greifswald	1.295
Ilmenau	664
Stendal	358
Gesamt	**10.855**

Die Ausbildungsquote an den deutschen Standorten der *MUSTER AKTIENGESELLSCHAFT* belief sich im Berichtsjahr auf 6 %.

Im Januar 05 unterschrieben Vorstand und Belegschaftsvertreter den Pakt zur Zukunftssicherung für die deutschen Standorte. Diese Regelungen traten am 1. Februar 05 in Kraft und gelten bis zum 31. Dezember 07, teilweise auch bis zum Jahr 09. Der Pakt zur Zukunftssicherung wird die Mitarbeiterpolitik der nächsten Jahre maßgeblich bestimmen – und er wird dazu beitragen, dass wir ab dem Geschäftsjahr 07 deutliche Einsparungen bei den Personalkosten erzielen werden. Im Berichtsjahr haben wir bereits spürbar vom Pakt profitiert. Ein Blick auf die wesentlichen Punkte des Pakts macht deutlich, dass er nicht allein auf die Senkung der Personalkosten und Beschäftigungssicherung zielt, sondern auf eine umfassende Verbesserung der Wettbewerbsfähigkeit. Er beinhaltet im Wesentlichen eine unentgeltliche Erhöhung der Arbeitszeit um etwa 5 %. Mehrarbeitszuschläge werden in der Regel nicht mehr bezahlt. Betriebsbedingte Kündigungen werden – abhängig von der Geschäftsentwicklung – während der Laufzeit der Vereinbarung nicht ausgesprochen. Ab dem 1. Januar 06 wird der neue einheitliche Entgelt-Rahmentarifvertrag für Arbeiter und Angestellte (ERA) eingeführt; zukünftige Tariferhöhungen werden teilweise angerechnet.

Umweltschutz

Wasser, Boden und Luft rein zu halten und mit Rohstoffen und Energie sorgsam umzugehen – diesem Anspruch hat sich die *MUSTER AKTIENGESELLSCHAFT* schon lange verschrieben. Sowohl in der Produktion als auch in der Produktentwicklung sind alle Aspekte zur Schonung der Ressourcen systematisch integriert. Jeder der bereits aufgeführten fünf Standorte des Unternehmens ist nach der international gültigen Umweltmanagementnorm ISO 14001 aufgebaut. Diese Norm beinhaltet nicht nur eine umweltgerechte Produktentwicklung, sondern auch eine umweltschonende Produktion von Druckmaschinen sowie Geräten der Druckvorstufe. Mit diesem TÜV-Zertifikat dokumentiert die *MUSTER AKTIENGESELLSCHAFT* ein funktionierendes Umwelt- und Qualitätsmanagement auf Basis internationaler Normen. Trotz dieser hohen Standards arbeiten wir permanent daran, die erreichten Umweltstandards weiter auszubauen. Die Abfallverwertungsquote der *MUSTER AKTIENGESELLSCHAFT* – die den Anteil des verwertbaren Abfalls angibt – verbesserte sich gegenüber dem Vorjahr auf 94 %!

Vergütungssystem von Vorstand und Aufsichtsrat

Unsere **Vorstände** beziehen ein monatliches festes Grundgehalt. Zudem werden variable Gehaltsbestandteile ausgezahlt: Zum einen eine jährliche Unternehmenstantieme, die vom Erfolg des Konzerns im Geschäftsjahr abhängig ist; als Messgrößen dienen hierbei der Free Cashflow – der Saldo aus dem Mittelzufluss aus laufender Geschäftstätigkeit und den vorgenommenen Investitionen – sowie das betriebliche Ergebnis. Zum anderen kann jedes Vorstandsmitglied eine persönliche Tantieme erhalten, die nach der individuellen Leistung bei der Erreichung vorher abgestimmter Ziele bemessen wird. Wenn diese Ziele zu 100 % erreicht werden, beträgt der Anteil der persönlichen Tantieme am Gesamtgehalt 15 %, die Unternehmenstantieme hat einen Anteil von 35 %, und das fixe Grundgehalt macht 50 % der Gesamtsumme aus. Bei Zielüber- oder -unterschreitung erhöht oder vermindert sich die Höhe der Tantiemen und damit ihr Anteil am Gehalt. Darüber hinaus erhalten die Vorstandsmitglieder Pensionszusagen (Direktzusagen) sowie Sachbezüge; hierbei handelt es sich hauptsächlich um Werte für einen Dienstwagen, die nach steuerlichen Richtlinien angesetzt werden. Details zu den Vergütungen finden Sie im Anhang (Tz. 25).

Die Vergütung unseres **Aufsichtsrates** ist in der Satzung geregelt und wird durch die Hauptversammlung festgelegt. Die Vergütung besteht aus zwei Komponenten: Einer jährlichen festen Vergütung in Höhe von 18.000 € sowie einer variablen Vergütung, die von der Höhe der Dividende abhängt; sie erhalten 750 € je 0,05 € Dividende, die über eine Dividende von 0,45 € je Stückaktie hinaus gezahlt werden. Der Aufsichtsratsvorsitzende bezieht das Zweifache der regulären Aufsichtsratsvergütung, sein Stellvertreter sowie die Ausschussvorsitzenden das Eineinhalbfache und Mitglieder der Ausschüsse des Aufsichtsrates das Eineinviertelfache. Übt ein Aufsichtsratsmitglied mehrere Ämter aus, so erhält es lediglich die Vergütung für das am höchsten vergütete Amt. Aufsichtsratsmitglieder, die dem Aufsichtsrat nur während eines Teils des Geschäftsjahres angehört haben, erhalten eine zeitanteilige Vergütung. Je Sitzungstag wird jedem Aufsichtsratsmitglied eine Kostenpauschale von 500 € erstattet.

Wirtschaftliches Umfeld und Branchenentwicklung

Nach dem erfolgreichen Jahr 03 wuchs die **Weltwirtschaft** auch im Jahr 04 laut IWF mit 4,8 % überdurchschnittlich weiter – der dauerhaft hohe Ölpreis drosselte den Konjunkturmotor schwächer als ursprünglich erwartet. Die **gesamtwirtschaftliche Produktion** in den USA – neben China und Indien das wichtigste Wachstumszentrum weltweit – wurde vor allem vom privaten Konsum angekurbelt. Die Situation europäischer Ausrüster der Printmedien-Industrie im US-Markt gestaltete sich schwierig. Die Wechselkursverhältnisse zwischen Euro, US-Dollar und japanischem Yen sorgten hier für einen starken Wettbewerb. Unsere japanischen Konkurrenten können aufgrund der Wechselkursproblematik ihre Produkte deutlich billiger anbieten.

Die insgesamt positive Wirtschaftsentwicklung stärkte die **Druckbranche**: In den Industrieländern erholte sie sich weiter von der vorangegangenen Rezession. In den Schwellenländern wuchsen die Produktion von Druckprodukten und die Ausrüstung von Druckereien überproportional um 5 bis 10 %. Besonders erfreulich hat sich auch unser Stammmarkt entwickelt! Das Geschäftsklima der deutschen Druckindustrie sprang auf den höchsten Stand seit Oktober 01. Auch bei der Kapazitätsauslastung hielt der Aufwärtstrend aufgrund des deutlich angewachsenen Produktionsvolumens an.

Wirtschaftliche Entwicklung

Geschäftsverlauf

Die **Auftragseingänge** entwickelten sich im Berichtsjahr mit 1.938 Mio. € erfreulich gut. Selbst der teilweise durch die Fachmesse begünstigte Vorjahreswert konnte sogar noch einmal um 4 % übertroffen werden. Die Bestelleingänge zogen ab dem zweiten Quartal des Berichtsjahres stark an und blieben dann konstant über den Vorjahreswerten. Insbesondere im vierten Quartal kam es zu einer deutlichen Steigerung gegenüber dem Vorjahresquartal.

Der **Umsatz** erreichte 1.777 Mio. €. Damit konnten wir den Wert des Vorjahres auch hier deutlich um über 6 % steigern. Im asiatischen Raum konnten wir unseren hohen Marktanteil verteidigen und kräftige Zuwächse erzielen. Der Umsatzanstieg in unserer Wachstumsregion Asien betrug insgesamt 15 %. In unserer umsatzstärksten Region EMEA konnten wir ebenfalls einen deutlichen Umsatzanstieg von 9 % auf 857 Mio. € erzielen! Insgesamt beträgt der Auslandsanteil des Umsatzes 86 %. Der überwiegende Teil der Umsätze wurde durch den Verkauf von Bogenmaschinen erwirtschaftet – der Bereich Druckvorstufe steuerte einen Anteil von 6 % bei.

Ertrags-, Vermögens- und Finanzlage

Mit 55 Mio. € lag das **Ergebnis der betrieblichen Tätigkeit** unter dem Niveau des Vorjahreswertes. Dieser Rückgang ist vor dem Hintergrund zu sehen, dass im Vorjahr das Ergebnis durch Erträge aus dem konzerninternen Verkauf einer ausländischen Tochtergesellschaft verbessert wurde. Bereinigt um diesen Effekt hat sich das Ergebnis aus der betrieblichen Tätigkeit gegenüber dem Vorjahr deutlich erhöht. Diese Zunahme ist maßgeblich auf den spürbaren Umsatzanstieg und eine nachhaltige Senkung der Strukturkosten zurückzuführen. Das **Finanzergebnis** der *MUSTER AKTIENGESELLSCHAFT* hat sich im Berichtsjahr gegenüber dem Vorjahr deutlich auf 59 Mio. € verbessert. Dieser Anstieg ist größtenteils auf die Ausschüttung zweier Tochtergesellschaften zurückzuführen. Die Position **Steuern vom Einkommen und vom Ertrag** stieg gegenüber dem Vorjahr auf 29 Mio. €. Durch die erfreulichen Entwicklungen von Betriebsergebnis und Finanzergebnis verbesserte sich der **Jahresüberschuss** im Berichtsjahr um 65 % auf 85 Mio. €.

Gewinn- und Verlustrechnung (Angaben in Mio. €)	Jahr 04	**Jahr 05**
Umsatzerlöse	1.673	1.777
Ergebnis der betrieblichen Tätigkeit	63	55
… in % vom Umsatz	3,8	3,1
Finanzergebnis	–4	59
Ergebnis der gewöhnlichen Geschäftstätigkeit	59	114
… in % vom Umsatz	3,5	6,4
Steuern vom Einkommen und vom Ertrag	7	29
… Steuerquote in %	12,3	25,4
Jahresüberschuss	52	85
… in % vom Umsatz	3,1	4,8

Die **Bilanzsumme** ist im Berichtsjahr angestiegen. Dies beruht vor allem auf einem starken Anstieg des **Anlagevermögens**, der überwiegend durch die im Berichtsjahr durchgeführten Kapitalerhöhungen bei Tochtergesellschaften bedingt ist. Das Investitionsvolumen in Sachanlagen und immaterielle Vermögensgegenstände ist im Vergleich zum Vorjahr lediglich leicht angestiegen. Die Erhöhungen der Beteiligungswerte der Tochtergesellschaften *A AG* und *B AG* sowie Investitionen in Wertpapiere des Anlagevermögens führten insbesondere zu einem Anstieg der Investitionen in die Finanzanlagen auf 412 Mio. €. Diese Kapitalerhöhungen wurden im Wesentlichen durch Einlage sowie Forderungen sowie Bareinlagen durchgeführt und dienten der Verbesserung der Kapitalstruktur. Das **Umlaufvermögen** reduzierte sich durch die Ausstattung unserer Tochtergesellschaften mit Eigenkapital. Bedingt durch die Ausweitung unserer Geschäftstätigkeit erhöhten sich die Vorräte um 28 Mio. € gegenüber dem Vorjahreswert.

Die Entwicklung des **Eigenkapitals** wurde durch den stark angestiegenen Jahresüberschuss positiv beeinflusst – allerdings überkompensierte dies die am 31. Dezember 05 durchgeführte Kapitalherabsetzung in Verbindung mit dem im August 05 begonnenen Aktienrückkauf. In Summe führt dies zu einem leicht gesunkenen Eigenkapital von 538 Mio. € und einer Eigenkapitalquote von 21 %, die sich trotz der Kapitalherabsetzung gegenüber dem Vorjahreswert von 24 % nur leicht reduzierte. Der Anstieg bei den **Rückstellungen** um 7 % betrifft im Wesentlichen die Rückstellungen für Pensionen und ähnliche Verpflichtungen und beruht größtenteils auf der erstmaligen Anwendung der neuen Richttafeln von Dr. *KLAUS HEUBECK* sowie auf der Verschmelzung der *C GMBH* auf die *MUSTER AKTIENGESELLSCHAFT*. Die **Verbindlichkeiten** haben sich gegenüber dem Vorjahr um 12 % erhöht. Während die Verbindlichkeiten gegenüber Kreditinstituten rückläufig waren, stiegen die Verbindlichkeiten gegenüber verbundenen Unternehmen deutlich an. Im Berichtsjahr haben wir unsere Kapitalstruktur weiter optimiert und dabei die sehr günstige Kapitalmarktsituation genutzt: Wir haben unsere langfristige Kreditlinie bereits weit vor ihrem Ablauf im Jahr 06 erneuert – dank des günstigen Marktumfeldes zu für uns deutlich besseren Konditionen. Der neue Vertrag über einen syndizierten Kreditrahmen von 550 Mio. € läuft bis zum Geschäftsjahr 10 und beinhaltet zwei Optionen auf Verlängerung um je ein weiteres Jahr.

Bilanzstruktur (Angaben in Mio. €)	31.12.04	in % der Bilanzsumme	**31.12.05**	in % der Bilanzsumme
Anlagevermögen	1.190	50	1.581	63
Umlaufvermögen[5]	1.207	50	949	37
Bilanzsumme	**2.397**	**100**	**2.530**	**100**
Eigenkapital	575	24	538	21
Rückstellungen	932	39	999	40
Verbindlichkeiten[5]	890	37	993	39
Bilanzsumme	**2.397**	**100**	**2.530**	**100**

Forschung und Entwicklung

Im Berichtsjahr verzeichneten wir Forschungs- und Entwicklungskosten in Höhe von 185 Mio. € – das entspricht einer F&E-Quote von 10 % des Umsatzes. Der größte Teil floss in die Serienanläufe der Produkte, die wir auf der Fachmesse im Jahre 04 vorgestellt haben. Zusätzlich haben wir mit Beginn des Geschäftsjahres damit begonnen, eine Maschinengeneration für eine größere, von uns bislang nicht bediente Formatklasse zu entwickeln. Zur Fachmesse im Jahre 08 wollen wir diese neue Maschinengeneration in den Formatklassen 6 und 7b vorstellen. Zum Bilanzstichtag waren 1.266 Mitarbeiter in der Forschung und Entwicklung tätig, das sind 12 % der gesamten Belegschaft.

Ereignisse nach dem Bilanzstichtag

Nach dem Bilanzstichtag lagen keine wesentlichen Ereignisse vor.

Kontrollsystem, Risiken und Chancen

Kontrollsystem

[...]

Risiko- und Chancenmanagement

Unternehmerische Aktivitäten sind **grundsätzlich mit Risiken** verbunden. Eine der wichtigsten Aufgaben der Unternehmensführung besteht darin, Risiken so gering wie möglich zu halten bzw. dafür zu sorgen, dass die Risiken einer Unternehmung in einem vertretbaren Verhältnis zu ihren Gewinnerwartungen stehen. Darüber hinaus haben wir ein Risiko- und Chancenmanagementsystem etabliert.

Unser **Risiko- und Chancenmanagement** ist unternehmensweit einheitlich geregelt und fester Bestandteil der Fünfjahresplanung sowie der unterjährigen Controlling- und Reportingprozesse: Um zu gewährleisten, dass unsere Vorgaben eingehalten werden, haben wir eine Organisationsanweisung herausgegeben und die Vorgehensweise in einer Unternehmensrichtlinie dokumentiert. So können wir den Risiken – auch solchen, die sich aus unserer Strategie ergeben – systematisch und gezielt gegensteuern sowie Chancen konsequent nutzen. Alle operativen Einheiten und Unternehmensbereiche sind fest in

---

5   Inklusive Rechnungsabgrenzungsposten.

den Risiko- und Chancenmanagementprozess eingebunden; Risiken und Chancen werden direkt vor Ort erhoben und später verdichtet. Die Verantwortung für eine angemessene Bewertung und einen adäquaten Umgang mit den Risiken liegt jeweils auf der höchsten Führungsebene einer jeden Einheit. Es ist eine Kernaufgabe jeder Führungskraft, Risiken permanent im Auge zu behalten. In jedem Quartal werden die Risiken auf Unternehmensebene zusammengefasst und dem Vorstand berichtet; er prüft so regelmäßig, ob sich Einschätzungen verändern und welche Maßnahmen unter Umständen ergriffen werden müssen. Bei unerwartet auftretenden größeren Risiken ist eine sofortige Berichterstattung vorgeschrieben. Nachdem Risiken identifiziert wurden, werden die Schlüsselparameter Eintrittswahrscheinlichkeit, Höhe des Verlustes bei Eintritt und der erwartete Risikoverlauf im Planungszeitraum quantifiziert, um sie zu bewerten. Als Grundlage für die Einstufung in Risikokategorien dient das durchschnittliche Betriebsergebnis, das pro Jahr erzielt wird; hierfür wurden einheitliche Meldegrenzen definiert. Da die Geschäftsbereiche das Schadenspotenzial an dem Betriebsergebnis messen, das sie verantworten, können wir die Erfassung des Risikos eng mit dem Prozess des operativen Controllings verzahnen.

Internes Kontroll- und Managementsystem hinsichtlich der Rechnungslegung
[...]

Risiko- und Chancenbericht

Das **Gesamtrisiko des Unternehmens** ist im Vergleich zu den letzten Jahren gesunken. Unsere strategischen Risiken sind überschaubar – in unserem Kerngeschäftsfeld Bogenoffsetdruck profitieren wir von recht zuverlässigen Prognosemöglichkeiten; wir überprüfen unsere Strategie jährlich. Die Gewinnschwelle des Unternehmens haben wir stark abgesenkt: Wir sind unabhängiger von Auftragsschwankungen und flexibler in der Produktion als früher, weil wir unser Maßnahmenpaket zur nachhaltigen Reduzierung der Strukturkosten weitestgehend umgesetzt haben; zusätzlich wirkt der Pakt zur Zukunftssicherung, dessen Regelungen seit Februar 05 gelten, auch einem künftigen Anstieg der Personalkosten entgegen. Unser Geschäftsverlauf wird von der Entwicklung der Weltwirtschaft bestimmt, für die nächsten Jahre sind die Aussichten positiv. Zudem vermindert unsere große regionale Streuung unser Gesamtrisiko, weil wir von der konjunkturellen Entwicklung einzelner Märkte unabhängiger sind: Wir haben unsere Präsenz in den Schwellenländern weiter ausgebaut, der Umsatzanteil dieser Märkte wächst beständig.

Legende: ⇨ = Risiko unverändert; ↘ = Reduzierung des Risikos	Veränderungen zum Vorjahr (Stand 31.12.05)
Konjunktur und Märkte	↘
Branche/Wettbewerb	↘
Produkte	↘
Finanzwirtschaft	⇨
Leistungswirtschaft	⇨
Gesamtrisiko	↘

Abbildung: *Entwicklung der Risikogruppen*

In der vorangehenden Abbildung haben wir unsere Risiken zu fünf Risikogruppen zusammengefasst und deren Entwicklung im Vorjahresvergleich dargestellt: Wie haben sich die zusammengefassten Risikopositionen entwickelt? Die **Risikogruppen „Leistungswirtschaft" und „Finanzwirtschaft"** sind gleich geblieben, bei den anderen hat sich das Risiko reduziert. Weder im Moment noch auf absehbare Zeit ist ein existenzgefährdendes Risiko für das Unternehmen erkennbar. Das gilt sowohl für die Ergebnisse unserer abgeschlossenen wirtschaftlichen Tätigkeit als auch für Aktivitäten, die wir planen oder eingeleitet haben.

Unter **Konjunktur- und Marktrisiken** sind alle Risiken zusammengefasst, die sich aufgrund von allgemeinen konjunkturellen Einflüssen und von politischen oder gesellschaftlichen Einflüssen ergeben könnten; auch Zinsänderungs- und Wechselkursrisiken haben wir in diese Position eingerechnet. Wir konnten die Auswirkungen konjunktureller Schwankungen auf das Ergebnis des Unternehmens weiter begrenzen, nach wie vor ist die zukünftige Entwicklung der Weltwirtschaft jedoch von immenser Bedeutung für unsere Geschäftsentwicklung: Unser Umsatzwachstum verläuft in der Regel nahezu parallel zu den Zuwachsraten der Gesamtwirtschaft. Konjunkturprognosen zeichnen für die nächsten Jahre ein positives Bild für die Weltwirtschaft, obwohl der Rohölpreis dämpfend wirkt. Sollte sich der konjunkturelle Aufschwung in den derzeitigen Wachstumsregionen jedoch nicht wie erwartet fortsetzen, würde dies unsere Geschäftsentwicklung beeinträchtigen – wir sehen die Eintrittswahrscheinlichkeit dieses Risikos momentan als gering an. Der stark wachsende chinesische Markt ist voller Chancen für uns, weil wir hier hervorragend aufgestellt sind – er birgt jedoch auch etliche Risiken: Kehrseite des rapiden Wirtschaftswachstums ist die Gefahr der Überhitzung der Volkswirtschaft, dazu kommen politische und gesellschaftliche Unsicherheiten. Insbesondere könnten zollrechtliche Änderungen oder verschärfte Einfuhrbestimmungen – wie verstärkte Marktregulierung und Wiedereinführung einer Importsteuer auch für Hightechmaschinen – unseren Geschäftsverlauf beeinflussen. Gerade für das laufende Geschäftsjahr sehen wir hier ein Risiko.

Auch die **Branchen- und Wettbewerbsrisiken** haben sich im Vergleich zum Vorjahr leicht verringert. Allerdings besteht weiterhin die Gefahr, dass sich die Wechselkursverhältnisse stark zu Ungunsten der europäischen Anbieter verschlechtern werden, und damit den Wettbewerb weiter verschärfen. Sollte das Wechselkursverhältnis von Dollar, Yen und Euro unseren japanischen Wettbewerbern künftig noch größere Vorteile verschaffen, bestünde das Risiko, dass das Preisniveau für die Ausrüstung von Druckereien insgesamt nachgibt.

Die **Risiken im Zusammenhang mit Forschung und Entwicklung**, mit Produkteinführungen und mit der Akzeptanz unserer Produkte am Markt sind ebenfalls im Vergleich zum Vorjahr zurückgegangen. Dies ist natürlich auch darauf zurückzuführen, dass die Produkte, die wir auf der Fachmesse im Jahre 04 vorgestellt haben, mittlerweile alle erfolgreich in Serie gegangen sind und vom Markt sehr gut aufgenommen wurden. Verzögerungen bei Produkteinführungen und Weiterentwicklungen stellen dennoch nach wie vor ein Risiko für uns dar – die geplante Ausweitung unseres Produktportfolios durch ein größeres Format zur Fachmesse im Jahre 08 könnte sich beispielsweise durch unvorhergesehene Schwierigkeiten verschieben; gerade in der recht frühen Entwicklungsphase, in der wir uns befinden, können wir dieses Risiko nicht völlig ausschließen. Auch bei den weiteren geplanten Produktneuerungen und -erweiterungen ist eine Akzeptanz des Markteintritts zumindest denkbar.

Nicht zuletzt aufgrund der verbesserten wirtschaftlichen Lage unserer Kunden sind die **finanzwirtschaftlichen Risiken** im Vorjahresvergleich nicht angestiegen; die in dieser Risikogruppe enthaltenen steuerlichen Risiken sind nahezu unverändert vorhanden. Grundlage für ein adäquates Management von Risiken mit Blick auf Finanzinstrumente ist eine fundierte Datenbasis: unser unternehmensweites Finanzberichtswesen. Der Bereich „Corporate Treasury" identifiziert Zins-, Währungs- und Liquiditätsrisiken des Konzerns und leitet geeignete Maßnahmen und Strategien ab, um diese Risiken zentral – und gemäß den vom Vorstand erlassenen Richtlinien – zu steuern. Darüber hinaus verfügen wir über eine rollierende Zwölf-Monats-Konzernliquiditätsplanung, mit der wir etwaige Trendabweichungen frühzeitig erkennen können. Risiken aus der Änderung von Zinssätzen und Währungskursen wirken wir entgegen, indem wir sie durch ein zentrales Währungs- und Zinsmanagement überwachen und sie mithilfe von derivativen Finanzinstrumenten steuern. Detaillierte Angaben hierzu finden Sie im Anhang (siehe Tz. 22).

Leistungswirtschaftliche Risiken bzw. Risiken aus betrieblichen Funktionsbereichen minimieren wir systematisch, zurzeit sehen wir in diesen Bereichen daher keine größeren Risiken. Da Risikomanagement ein fester Bestandteil unseres Lieferantenmanagements ist, sichern wir uns im Bereich der Beschaffung von vornherein gegen viele Risiken ab und wirken ihnen entgegen: durch kennzahlenorientiertes Lieferantenmonitoring, durch konsequentes und systematisches Beobachten aller relevanten Märkte, und indem wir im Materialplanungssystem mit einer rollierenden Zwölfmonatsprognose einsetzen. Wir beziehen dabei auch unsere Lieferanten mit ein – der Grad ihrer Einbindung steigt mit der Komplexität der von ihnen zugelieferten Teile an. So wirken wir auch dem Risiko von Lieferantenausfällen oder der verzögerten Lieferung von Komponenten aufgrund großer Nachfrage entgegen; zusätzlich verbreitern wir zurzeit unsere Lieferantenbasis. Eine weitere Verknappung und damit Verteuerung von Rohstoffen, insbesondere von Stahl, könnte unsere Fertigungskosten belasten – unsere aktuelle Planung enthält jedoch bereits ein sehr realistisches und konservatives Szenario der Rohstoffpreisentwicklung. Gezielte Investitionen stellen sicher, dass wir alle Produkte in ausreichender Stückzahl produzieren können. Wir sehen daher für die Produktion keine nennenswerten Risiken – auch weil wir

Risiken aus dem Personalbereich konsequent gegensteuern. Durch ein effektives IT-Management und modernste Technologien sehen wir im IT-Bereich keine nennenswerten Risiken: Durch geeignete Sicherungsmaßnahmen haben wir uns gegen etwaige Ausfälle unserer Systeme gewappnet; die Gefahr, dass sie durch Viren angegriffen werden, haben wir durch umfassende präventive Maßnahmen deutlich verringert. Umweltrisiken steuern wir schon im Vorfeld durch ein leistungsfähiges Umweltmanagement gegen – sowohl bei der Produktgestaltung als auch bei der Produktion.

Prognosebericht

Wir erwarten, dass die **Weltwirtschaft** auch im Jahr 06 hohe Zuwachsraten erzielt; verschiedene Institute und Banken – beispielsweise das IWF – gehen von einem Plus von 4,9 % aus. Ein Risiko für das Wachstum der Weltwirtschaft stellt vor allem der auf hohem Niveau unbeständige Ölpreis dar. In den USA, einem der Wachstumsmotoren der Weltwirtschaft in den letzten Jahren, werden die hohen Energiepreise und die zunehmende Straffung der Geldpolitik die Konjunktur voraussichtlich leicht bremsen. Ein anderes Bild bietet sich in Europa: Sehr niedrige Zinsen werden die Konjunktur stützen – die Konsumnachfrage wird dennoch insgesamt auf sehr niedrigem Niveau bleiben. Osteuropa wird voraussichtlich weiterhin kräftig wachsen; vor allem die starke Rohstoffnachfrage wird das Wirtschaftswachstum in Russland trotz der wirtschaftspolitischen Defizite auf hohem Niveau halten. In Asien dürfte sich das rapide Wachstum in China und Indien auch in den kommenden Jahren fortsetzen, die übrigen ostasiatischen Schwellenländer werden ebenfalls weiterhin kräftig expandieren.

In den Industrieländern ist der **Umsatz mit Druckprodukten** im Berichtsjahr erneut gestiegen; wir erwarten, dass sich die Printmedien-Industrie weiter erholen und das Druckvolumen mindestens in den nächsten drei Jahren wachsen wird. Für das laufende Geschäftsjahr gehen wir von einem moderaten Umsatzwachstum im mittleren einstelligen Prozentbereich aus – zu Beginn des Jahres wird unsere derzeit gute Auftragslage eine gute Grundlage hierfür bilden. Auf Basis der Umsatzsteigerung sowie unserer Maßnahmen zur Senkung der Strukturkosten – wie den Pakt zur Zukunftssicherung – erwarten wir im kommenden Berichtsjahr einen Anstieg des Ergebnisses aus betrieblicher Tätigkeit. Daraus resultierend erwarten wir eine operative Umsatzrendite, die sich im Bereich größer 3 % bewegen wird. Neben Risiken, die teilweise in unseren Erwartungen berücksichtigt sind, gibt es auch Chancen, die wir nicht berücksichtigt haben, weil ihre Eintrittswahrscheinlichkeiten nur sehr schwer abzuschätzen sind. Die Konjunktur und die Branche könnten sich deutlich besser entwickeln als angenommen. Besonders positiv für die *MUSTER AKTIENGESELLSCHAFT* wäre ein schneller und nachhaltiger Anstieg der Investitionsbereitschaft in den USA. Eine weitere Chance wäre eine positive Entwicklung der Wechselkurse von Dollar und Euro im Verhältnis zum japanischen Yen, von der wir vor allem im US-Markt deutlich profitieren würden.

Wichtiger Hinweis

Dieser Geschäftsbericht enthält in die Zukunft gerichtete Aussagen, welche auf Annahmen und Schätzungen der Unternehmensleitung der *MUSTER AKTIENGESELLSCHAFT* beruhen. Auch wenn die Unternehmensleitung der Ansicht ist, dass diese Annahmen und Schätzungen zutreffend sind, können die künftige tatsächliche Entwicklung und die künftigen tatsächlichen Ergebnisse von diesen Annahmen und Schätzungen aufgrund vielfältiger Faktoren erheblich abweichen. Zu diesen Faktoren können beispielsweise die Veränderung der gesamtwirtschaftlichen Lage, der Wechselkurse und der Zinssätze sowie Veränderungen innerhalb der Printmedien-Industrie gehören. Die *MUSTER AKTIENGESELLSCHAFT* übernimmt keine Gewährleistung und keine Haftung dafür, dass die künftige Entwicklung und die künftig erzielten tatsächlichen Ergebnisse mit den in diesem Geschäftsbericht geäußerten Annahmen und Schätzungen übereinstimmen werden. Es ist von der *MUSTER AKTIENGESELLSCHAFT* weder beabsichtigt noch übernimmt sie eine gesonderte Verpflichtung, die in diesem Geschäftsbericht geäußerten Annahmen und Schätzungen zu aktualisieren, um sie an Ereignisse oder Entwicklungen nach dem Erscheinen dieses Geschäftsberichts anzupassen.

Erklärung zur Unternehmensführung

[… § 289a HGB …]

Auszüge aus dem Jahresabschluss der *MUSTER AG* des Jahres 05

Gewinn- und Verlustrechnung des Jahres 05

Angaben in Tsd. €	Anhang	01.01. bis 31.12.04	01.01. bis 31.12.05
Umsatzerlöse	4	1.672.817	1.776.588
Bestandsveränderung der Erzeugnisse		29.028	26.865
Andere aktivierte Eigenleistungen		24.350	24.463
Gesamtleistung		**1.726.195**	**1.827.916**
Sonstige betriebliche Erträge	5	199.757	140.906
Materialaufwand	6	679.756	779.869
Personalaufwand	7	640.068	675.209
Abschreibungen		66.184	71.480
Sonstige betriebliche Aufwendungen	8	476.470	386.856
Ergebnis der betrieblichen Tätigkeit		**63.474**	**55.408**
Ergebnis aus Finanzanlagen	9	8.324	89.964
Sonstige Zinsen und ähnliche Erträge	10	47.097	36.062
Abschreibungen auf Finanzanlagen	11	12.328	21.976
Zinsen und ähnliche Aufwendungen	12	47.531	45.135
Finanzergebnis		**−4.438**	**58.915**
Ergebnis der gewöhnlichen Geschäftstätigkeit		**59.036**	**114.323**
Steuern vom Einkommen und vom Ertrag		7.239	28.983
Jahresüberschuss		**51.797**	**85.340**
Gewinnvortrag aus dem Vorjahr		–	25
Einstellungen in Gewinnrücklagen		25.000	31.000
Bilanzgewinn		**26.797**	**54.365**

Bilanz zum 31. Dezember 05

Aktiva

Angaben in Tsd. €	Anhang	31.12.04	31.12.05
Anlagevermögen	13		
Immaterielle Vermögensgegenstände		18.920	20.735
Sachanlagen		371.793	371.062
Finanzanlagen		799.736	1.189.563
		1.190.449	1.581.360
Umlaufvermögen			
Vorräte	14	256.920	284.728
Forderungen und sonstige Vermögensgegenstände	15	886.821	649.125
Flüssige Mittel		49.180	934
		1.192.921	934.787
Rechnungsabgrenzungsposten	16	14.094	13.713
		2.397.464	**2.529.860**

Passiva

Angaben in Tsd. €	Anhang	31.12.04	31.12.05
Eigenkapital	17		
Gezeichnetes Kapital		219.926	212.610
Kapitalrücklage		10.846	10.846
Gewinnrücklage		317.300	259.892
Bilanzgewinn		26.797	54.365
		574.869	537.713
Rückstellungen			
Rückstellungen für Pensionen und ähnliche Verpflichtungen		528.267	576.715
Andere Rückstellungen	18	404.341	421.854
		932.608	998.569
Verbindlichkeiten	19	885.453	988.101
Rechnungsabgrenzungsposten		4.534	5.477
		2.397.464	**2.529.860**

Entwicklung des Anlagevermögens

Angaben in Tsd. €	Anschaffungs- und Herstellungskosten						Kumulierte Abschreibungen						Buchwerte	
	01.01.05	Zugang aus Verschmelzung	Zugänge	Abgänge	Um-buchungen	31.12.05	01.01.05	Zugang aus Verschmelzung	Zugänge	Abgänge	Um-buchungen	31.12.05	31.12.04	31.12.05
Immaterielle Vermögensgegenstände														
Entgeltlich erworbene Software, Nutzungs- und sonstige Rechte	71.162	10.672	9.551	–6.984	6	84.407	52.266	10.672	7.156	–6.408	–13	63.673	18.896	20.734
Geleistete Anzahlungen	24	–	1	–	–24	1							24	1
	71.186	10.672	9.552	–6.984	–18	84.408	52.266	10.672	7.156	–6.408	–13	63.673	18.920	20.735
Sachanlagen														
Grundstücke und Bauten	647.266	–	2.450	–2.650	57	647.123	426.396	–	14.394	–804	–1	439.985	220.870	207.138
Technische Anlagen und Maschinen	529.060	57	14.722	–18.857	4.044	529.026	470.247	57	17.534	–18.853	–	468.985	58.813	60.041
Andere Anlagen, Betriebs- und Geschäftsausstattung	583.265	1.160	48.664	–46.009	2.312	589.392	497.557	1.129	32.396	–34.785	14	496.311	85.708	93.081
Geleistete Anzahlungen und Anlagen im Bau	6.402	–	10.795	–	–6.395	10.802	–	–	–	–	–	–	6.402	10.802
	1.765.993	1.217	76.631	–67.516	18	1.776.343	1.394.200	1.186	64.324	–54.442	13	1.405.281	371.793	371.062
Finanzanlagen														
Anteile an verbundenen Unternehmen	1.558.661	–	369.396	–26	–3.090	1.924.941	1.052.343	–	16.688	–	–	1.069.031	506.318	855.910
Beteiligungen	17.745	–	–	–230	3.090	20.605	1.026	–	5.136	–230	–	5.932	16.719	14.673
Wertpapiere des Anlagevermögens	275.708	–	42.462	–	–	318.170	1.397	–	–	–	–	1.397	274.311	316.773
Sonstige Ausleihungen	2.747	–	596	–738	–	2.605	359	–	152	–113	–	398	2.388	2.207
	1.854.861	–	412.454	–994	–	2.266.321	1.055.125	–	21.976	–343	–	1.076.758	799.736	1.189.563
	3.692.040	11.889	498.637	–75.494	–	4.127.072	2.501.591	11.858	93.456	–61.193	–	2.545.712	1.190.449	1.581.360

Auszüge aus dem Anhang des Jahres 05

1   Vorbemerkungen

Bei der Aufstellung des Jahresabschlusses werden die **Vorschriften** des Handels- und Aktienrechts zugrunde gelegt. Dem kaufmännischen Vorsichtsprinzip wird dabei Rechnung getragen. Die **Bilanz** wird unter Berücksichtigung der teilweisen Verwendung des Jahresergebnisses aufgestellt. Die Gliederung der **Gewinn- und Verlustrechnung** erfolgt nach dem Gesamtkostenverfahren. Im Sinne einer größeren Klarheit werden in beiden Rechenwerken einzelne Posten zusammengefasst. Hierzu geben wir nachfolgend eine Aufgliederung nach Einzelpositionen mit ergänzenden Erläuterungen und Vermerken. Die Wertangaben in den tabellarischen Darstellungen beziehen sich grundsätzlich auf je 1.000 € (1 T€).

Mit Wirkung zum 1. Januar 05 wurde die *C GMBH*, Binz, auf die *MUSTER AKTIENGESELLSCHAFT* verschmolzen. Im Wesentlichen wurden Pensionsrückstellungen der nicht mehr aktiven Gesellschaft in Höhe von 18.354 T€ übernommen. Aus der Verschmelzung ist die Vergleichbarkeit mit dem Vorjahr nicht beeinträchtigt.

2   Währungsumrechnung

Geschäftsvorfälle in fremder Währung werden grundsätzlich mit dem Kurs zum Zeitpunkt der Erstverbuchung und bei Deckung durch Sicherungsgeschäfte mit dem Sicherungskurs bewertet. Am Abschlussstichtag erfolgt die Umrechnung von auf fremde Währung lautenden Vermögensgegenständen und Verbindlichkeiten zum dann geltenden Devisenkassamittelkurs. Nicht realisierte wechselkursbedingte Gewinne werden nur erfasst, wenn die Restlaufzeit des zugrunde liegenden Vermögensgegenstands bzw. der zugrunde liegenden Verbindlichkeit nicht mehr als ein Jahr beträgt. Für die Anteilsbesitzliste erfolgt die Umrechnung der in ausländischer Währung aufgestellten Abschlüsse bei Vermögensgegenständen und Schulden zum Kurs am Jahresultimo sowie bei Aufwendungen und Erträgen zu Jahresdurchschnittskursen.

3   Bilanzierungs- und Bewertungsgrundsätze

Anschaffungskosten erfassen auch direkt zurechenbare Anschaffungsnebenkosten. Herstellungskosten berücksichtigen neben den Einzel- und Gemeinkosten für Material und Fertigung auch Sonderkosten der Fertigung, den fertigungsbedingten Werteverzehr der Anlagevermögens sowie angemessene Teile der Kosten für allgemeine Verwaltung und Sozialleistungen. Soweit bei Vermögensgegenständen des Anlage- und Umlaufvermögens in Vorjahren außerplanmäßige Abschreibungen vorgenommen wurden, werden diese, solange die Gründe hierfür weiter bestehen, beibehalten.

Entgeltlich erworbene immaterielle Vermögensgegenstände werden zu Anschaffungskosten aktiviert und ihrer voraussichtlichen Nutzungsdauer entsprechend linear abgeschrieben. Sachanlagen sind zu Anschaffungs- oder Herstellungskosten abzüglich planmäßiger bzw. (bei voraussichtlich dauernden Wertminderungen) außerplanmäßigen Abschreibungen bewertet. Die planmäßigen Abschreibungen erfolgen ausschließlich nach der linearen Methode und berücksichtigen im Hinblick auf die Nutzungsdauer den technischen und wirtschaftlichen Werteverzehr. Auf Zugänge wird die Abschreibung zeitanteilig nach Monaten verrechnet. Geringwertige Wirtschaftsgüter werden entsprechend § 6 Abs. 2 EStG im Zugangsjahr voll abgeschrieben. Bei den Finanzanlagen sind Anteile an verbundenen Unternehmen, Beteiligungen und Wertpapiere zu Anschaffungskosten oder bei Vorliegen von voraussichtlich dauernden Wertminderungen zu dem niedrigeren beizulegenden Wert aktiviert. Verzinsliche Ausleihungen sind zum Nominalwert bilanziert; zinslose Darlehen werden auf den Barwert abgezinst.

Die Vorräte sind zu Anschaffungs- bzw. Herstellungskosten angesetzt. Der Ermittlung der Wertansätze liegt für alle Vorratsgruppen das gewogene Durchschnittswertverfahren zugrunde. Die Herstellungskosten sind zu Vollkosten bewertet; somit werden die gemäß § 255 Abs. 2 Sätze 2 bis 3 HGB aktivierungsfähigen Kosten einbezogen. Soweit am Bilanzstichtag niedrigere Wiederbeschaffungspreise vorliegen, werden diese berücksichtigt. Den Bestandsrisiken der Vorratshaltung, die aus Lagerdauer und geminderter Verwertbarkeit ergeben, ist durch Wertabschläge ausreichend Rechnung getragen. Bei Forderungen und sonstigen Vermögensgegenständen werden alle erkennbaren Einzelrisiken und das allgemeine Kreditrisiko durch angemessene Wertberichtigungen berücksichtigt.

Rückstellungen für Pensionen und ähnliche Verpflichtungen berücksichtigen neben den Leistungen unserer Versorgungsordnung auch die arbeitsrechtlich abgesicherten Todesfallüberbrückungsgelder. Die Ermittlung erfolgt aufgrund versicherungsmathematischer Berechnungen – unter Berücksichtigung zukünftig erwarteter Gehalts- und Rentensteigerungen – nach dem Teilwertverfahren auf der Basis eines Rechnungszinsfußes von 3,5 % und unter Zuhilfenahme der Richttafeln 2005G von *HEUBECK*. Sind die Voraussetzungen für die Unverfallbarkeit einer Anwartschaft erfüllt, wird für Mitarbeiter, die vor dem 30. Lebensjahr eingetreten sind, das Eintrittsdatum als Beginn der Berechnungen zugrunde gelegt, frühestens jedoch das 20. Lebensjahr. Bei der Festlegung des Rechnungszinssatzes wurde von dem Wahlrecht nach § 253 Abs. 2 Satz 2 HGB Gebrauch gemacht. [...] Die Verpflichtungen aus Pensionszusagen sind nicht durch Vermögensgegenstände abgedeckt, die ausschließlich der Erfüllung von Pensionsverpflichtungen dienen und dem Zugriff übriger Gläubiger entzogen sind, weshalb keine Verrechnung gemäß § 246 Abs. 2 Satz 2 HGB erfolgte. [...] Bei der Bemessung der übrigen Rückstellungen wird allen erkennbaren Risiken und ungewissen Verbindlichkeiten Rechnung getragen. Die Bewertung erfolgt in Höhe des nach vernünftiger kaufmännischer Beurteilung notwendigen Erfüllungsbetrags. Rückstellungen mit einer Restlaufzeit von mehr als einem Jahr sind mit dem ihrer Restlaufzeit entsprechenden durchschnittlichen Marktzinssatz der vergangenen sieben Geschäftsjahre abgezinst. Es werden auch Rückstellungen für Gewährleistungen ohne rechtliche Verpflichtung gebildet.

Verbindlichkeiten werden mit ihrem Erfüllungsbetrag passiviert.

Für Ausgaben bzw. Einnahmen, die Aufwendungen und Erträge für eine bestimmte Zeit nach dem Abschlussstichtag darstellen, sind aktive und passive Rechnungsabgrenzungsposten gebildet worden. Die Wertansätze der Eventualverbindlichkeiten entsprechen dem zum Bilanzstichtag ermittelten Haftungsumfang.

Erläuterungen zur Gewinn- und Verlustrechnung

4   Umsatzerlöse

	Jahr 04	**Jahr 05**
Europe, Middle East and Africa	788.149	857.281
Eastern Europe	171.988	149.229
North America	193.577	164.960
Latin America	90.090	113.454
Asia/Pacific	429.013	491.664
	1.672.817	**1.776.588**

Vom Gesamtumsatz entfielen 1.526.787 T€ bzw. 85,9 % auf das Ausland.

5   Sonstige betriebliche Erträge

	Jahr 04	**Jahr 05**
Auflösung von Rückstellungen	37.937	55.056
Erträge von verbundenen Unternehmen	27.828	34.958
Einnahmen aus betrieblichen Einrichtungen	8.789	8.720
Übrige Erträge	125.203	42.172
	199.757	**140.906**

Die übrigen Erträge des Vorjahres enthielten Erlöse aus dem konzerninternen Verkauf einer Tochtergesellschaft. In den „Übrigen Erträgen" sind periodenfremde Erträge in Höhe von 4.360 T€ (Vorjahr 4.550 T€). Zudem finden sich hierunter nicht zahlungswirksame Erträge in Höhe von 2.460 T€ (Vorjahr 0 €).

6   Materialaufwand

	Jahr 04	**Jahr 05**
Aufwendungen für Roh-, Hilfs- und Betriebsstoffe und für bezogene Waren	540.774	592.331
Aufwendungen für bezogene Leistungen	138.982	187.538
	679.756	**779.869**

7 Personalaufwand und Mitarbeiter

	Jahr 04	Jahr 05
Löhne und Gehälter	502.100	514.335
Soziale Abgaben und Aufwendungen für Altersversorgung und Unterstützung	137.968	160.874
... davon: Altersversorgung	(38.302)	(63.075)
	640.068	**675.209**

Durchschnittliche Zahl der Mitarbeiter	Jahr 04	Jahr 05
Gewerbliche Arbeitnehmer	5.906	5.900
Angestellte	4.201	4.183
Auszubildende und Praktikanten	734	739
	10.841	**10.822**

8 Sonstige betriebliche Aufwendungen

	Jahr 04	Jahr 05
Aufwendungen für sonstige Fremdleistungen	44.817	56.559
Sondereinzelkosten des Vertriebs	83.237	52.933
Planung, Organisation, Beratung	49.889	48.089
Instandhaltung	35.511	41.870
Mieten, Pachten und Leasing	31.687	27.680
Fertigungsunabhängige Gemeinkosten	7.393	15.683
Werbekosten	19.476	13.408
Reisekosten	9.808	8.536
Versicherungsaufwand	9.502	7.164
Kommunikationskosten	6.355	5.658
Patentkosten und Lizenzgebühren	5.671	3.419
Sonstige Steuern	1.136	1.291
Übrige Kosten	171.988	104.566
	476.470	**386.856**

In den „Übrigen Kosten" sind periodenfremde Aufwendungen in Höhe von 5.703 T€ (Vorjahr 0 €) enthalten.

9 Ergebnis aus Finanzanlagen

	Jahr 04	Jahr 05
Erträge aus Beteiligungen		
Erträge aus Gewinnabführungsverträgen	12.318	18.662
Erträge aus sonstigen Beteiligungen	1.193	72.365
	13.511	91.027
... davon: aus verbundenen Unternehmen	(13.511)	(91.027)
Erträge aus anderen Wertpapieren und		
Ausleihungen des Finanzanlagevermögens	12.033	12.386
Aufwendungen aus Verlustübernahme	−17.220	−13.449
... davon: aus verbundenen Unternehmen	(−17.220)	(−13.449)
	8.324	**89.964**

In den Erträgen aus sonstigen Beteiligungen sind Ausschüttungen zweier Tochtergesellschaften enthalten.

10 Sonstige Zinsen und ähnliche Erträge

	Jahr 04	Jahr 05
Zinserträge	47.097	36.062
... davon: aus verbundenen Unternehmen	(44.300)	(32.769)
	47.097	**36.062**

11   Abschreibungen auf Finanzanlagen

Erläuterungen unter Tz. 13.

12   Zinsen und ähnliche Aufwendungen

	Jahr 04	**Jahr 05**
Zinsaufwendungen	47.531	45.135
... davon: an verbundene Unternehmen	(11.584)	(21.038)
	47.531	**45.135**

Erläuterungen zur Bilanz

13   Anlagevermögen

Das Finanzanlagevermögen hat sich im Berichtsjahr um 389,8 Mio. € erhöht. Im Wesentlichen handelt es sich um Kapitalerhöhungen bei den folgenden Gesellschaften *A AG* (243,8 Mio. €), *B AG* (66,5 Mio. €), *D GMBH* (28,0 Mio. €) und *E GMBH* (18,0 Mio. €). Außerdem wurden 42,5 Mio. € in Wertpapiere des Anlagevermögens investiert. Den Kapitalerhöhungen standen außerplanmäßige Abschreibungen auf Finanzanlagen in Höhe von insgesamt 21,8 Mio. € gegenüber.

14   Vorräte

	31.12.04	**31.12.05**
Roh-, Hilfs- und Betriebsstoffe	58.334	54.785
Unfertige Erzeugnisse, unfertige Leistungen	143.918	164.346
Fertige Erzeugnisse und Waren	54.628	65.597
Geleistete Anzahlungen	40	–
	256.920	**284.728**

15   Forderungen und sonstige Vermögensgegenstände

	31.12.04	davon Restlaufzeit über 1 Jahr	**31.12.05**	davon Restlaufzeit über 1 Jahr
Forderungen aus Lieferungen und Leistungen	46.811	663	64.274	285
Forderungen gegen verbundene Unternehmen	736.359	–	469.358	–
Sonstige Vermögensgegenstände	103.651	–	115.493	29.851
	886.821	**663**	**649.125**	**30.136**

Unter den Forderungen gegen verbundene Unternehmen werden überwiegend kurzfristige Ausleihungen an Tochtergesellschaften des *MUSTER*-Konzerns ausgewiesen. Neben Tilgungen führten vor allem Sacheinlagen bei verbundenen Unternehmen zu dem Rückgang der Ausleihungen. Die sonstigen Vermögensgegenstände beinhalten hauptsächlich Steuererstattungsansprüche.

16   Aktive Rechnungsabgrenzung

In der aktiven Rechnungsabgrenzung sind 8.038 T€ (Vorjahr: 9.155 T€) enthalten, die aus dem Disagio aus der Begebung einer Wandelanleihe über unsere ausländische Finanzierungstochtergesellschaft resultieren.

17   Eigenkapital

	01.01.05	Beschluss der Hauptver-sammlung vom 20. April 05 Gewinnaus-schüttung	Einstellung in die Rücklagen	Kapital-herab-setzung	Zuführung aus dem Jahresüber-schuss 05	**31.12.05**
Gezeichnetes Kapital	219.926	–	–	–7.316	–	212.610
Kapitalrücklage	10.846	–	–	–	–	10.846
Gewinnrücklage Gesetzliche Rücklage	20.451	–	–	–	–	20.451
Andere Gewinn-rücklagen	296.849	–	1.000	–89.408	31.000	239.441
	317.300	–	1.000	–89.408	31.000	259.892
Bilanzgewinn	26.797	–25.772	–1.000	–	54.340	54.365
Eigenkapital	**574.869**	**–25.772**	–	**–96.724**	**85.340**	**537.713**

Zum Bilanzstichtag verfügt die MUSTER AKTIENGESELLSCHAFT über keine eigenen Aktien. […]

18   Andere Rückstellungen

	31.12.04	**31.12.05**
Steuerrückstellungen	165.045	195.045
Sonstige Rückstellungen		
Verpflichtungen aus dem Vertriebsbereich	35.997	37.841
Verpflichtungen aus dem Personalbereich	143.168	150.411
Verpflichtungen aus dem Bereich Forschung und Entwicklung	3.752	4.558
Übrige	56.379	33.999
	239.296	226.809
	404.341	**421.854**

Die Steuerrückstellungen berücksichtigen wie im Vorjahr vor allem Verpflichtungen aus möglichen Nachveranlagungen im Rahmen steuerlicher Betriebsprüfungen. Die Verpflichtungen aus dem Vertriebsbereich beinhalten im Wesentlichen Gewährleistungen. Die Verpflichtungen aus dem Personalbereich betreffen größtenteils Urlaubs- und Arbeitszeitguthaben sowie Gratifikationen.

19   Verbindlichkeiten

	31.12.04	davon Restlaufzeit bis 1 Jahr	von 1 bis 5 Jahre	über 5 Jahre	**31.12.05**	davon Restlaufzeit bis 1 Jahr	von 1 bis 5 Jahre	über 5 Jahre
Gegenüber Kreditinstituten	242.032	202.532	28.000	11.500	142.881	110.381	28.000	4.500
Erhaltene Anzahlungen auf Bestellungen	6.922	6.922	–	–	5.878	5.878	–	–
Aus Lieferungen und Leistungen	105.621	105.248	373	–	108.173	108.002	171	–
Gegenüber verbundenen Unternehmen	452.999	172.999	–	280.000	648.706	368.706	–	280.000
Sonstige Verbindlichkeiten Aus Steuern	1.210	1.210	–	–	1.270	1.270	–	–
Im Rahmen der sozialen Sicherheit	15.671	15.671	–	–	9.968	9.968	–	–
Übrige	60.998	50.689	10.309	–	71.225	52.450	11.985	6.790
	77.879	67.570	10.309	–	82.463	63.688	11.985	6.790
	885.453	**555.271**	**38.682**	**291.500**	**988.101**	**656.655**	**40.156**	**291.290**

Die Verbindlichkeiten gegenüber verbundenen Unternehmen beinhalten die Verbindlichkeiten gegenüber unserer ausländischen Finanzierungstochtergesellschaft aus der Begebung einer Wandelanleihe (siehe bereits Tz. 16) in Höhe von 280 Mio. €.

20   Latente Steuern

Zum Bilanzstichtag besteht (wie bereits im Vorjahr) ein Aktivüberhang bei den latenten Steuern. Das Wahlrecht gemäß § 274 Abs. 1 HGB zum Ansatz der sich daraus ergebenden Steuerentlastung als aktive latente Steuer wird nicht ausgeübt. [...]

21   Haftungsverhältnisse

	31.12.04	**31.12.05**
Obligo aus der Begebung und Übertragung von Wechseln	58.336	59.565
... davon: aus verbundenen Unternehmen	(58.336)	(59.565)
Bürgschaften und Garantien	248.267	231.163
... davon: aus verbundenen Unternehmen	(–)	(–)
	306.603	**290.728**

Die Bürgschaften und Garantien betreffen im Wesentlichen Bankgarantien für Kreditausleihungen an verbundene Unternehmen und Mieteintrittsverpflichtungen für Leasingverträge der Tochtergesellschaften.

22   Derivative Finanzinstrumente

[...]

23   Sonstige finanzielle Verpflichtungen

Der Gesamtbetrag der sonstigen finanziellen Verpflichtungen zum Bilanzstichtag beträgt 164,5 Mio. € (Vorjahr: 169,6 Mio. €). Aus Investitionsaufträgen bestand zum 31. Dezember 05 ein Bestellobligo von 25,3 Mio. € (Vorjahr: 19,7 Mio. €), davon betreffen 0,1 Mio. € (Vorjahr: 0,06 Mio. €) verbundene Unternehmen. Die künftigen Miet- und Leasingverpflichtungen belaufen sich auf 139,2 Mio. € (Vorjahr: 149,9 Mio. €). Sie stehen hauptsächlich im unmittelbaren wirtschaftlichen Zusammenhang mit den im Jahr 00 abgeschlossenen Sale-and-lease-back-Verträgen. Weitere für die Beurteilung der Finanzlage bedeutsame Verpflichtungen sind nicht zu vermerken.

Sonstige Angaben

24   Entsprechenserklärung nach § 161 AktG

Der Vorstand und der Aufsichtsrat der *MUSTER AKTIENGESELLSCHAFT* haben die gemäß § 161 AktG vorgeschriebene Erklärung abgegeben und den Aktionären auf unserer Netzseite dauerhaft zugänglich gemacht. Frühere Entsprechenserklärungen wurden dort ebenfalls dauerhaft zugänglich gemacht.

25   Organe der Gesellschaft

[...] Der die Mitglieder des Vorstands (A. B., Dr. C. D. und Dr. E. F.) betreffende Personalaufwand im Geschäftsjahr 05 beläuft sich auf 2.409 T€. [...] Die Vergütungen des Aufsichtsrates im Geschäftsjahr 05 betragen 451 T€, davon waren 390 T€ feste und 61 T€ variable Vergütungen. [...]

26   Aktien-Optionsprogramm

[...]

27   Honorar der Abschlussprüfer

	Jahr 05
Abschlussprüfungen	430
Sonstige Bestätigungs- oder Bewertungsleistungen	13
Steuerberatungsleistungen	43
Sonstige Leistungen	2
	488

28   Anteilsbesitz

[…]

29   Vorschlag für die Verwendung des Bilanzgewinns

Für das Geschäftsjahr 05 ergibt sich unter Einbeziehung der Einstellungen in Gewinnrücklagen ein Bilanzgewinn von 54.365.130,50 €. Wir schlagen vor, diesen Bilanzgewinn wie folgt zu verwenden:

	€
Ausschüttung der Dividende von 0,65 € je Stückaktie	53.534.456,95
Gewinnvortrag	830.673,55
Bilanzgewinn	**54.365.130,50**

Auf jede der am Tag der Aufstellung des Jahresabschlusses der *MUSTER AKTIENGESELLSCHAFT* (8. Februar 06) dividendenberechtigte Stückaktie (82.360.703 Stückaktien) entfällt eine Dividende von 0,65 €. Vorstand und Aufsichtsrat schlagen vor, den Gewinnvortrag entsprechend zu erhöhen, soweit sich die Dividendensumme bei weiterem Aktienrückkauf bis zur Hauptversammlung weiter verringert.

Hagen, den 8. Februar 06

MUSTER AKTIENGESELLSCHAFT
Der Vorstand
A. B.   Dr. C. D.   Dr. E. F.

Versicherung der gesetzlichen Vertreter

Wir versichern nach bestem Wissen, dass gemäß den anzuwendenden Rechnungslegungsgrundsätzen der Jahresabschluss ein den tatsächlichen Verhältnissen entsprechendes Bild der Vermögens-, Finanz- und Ertragslage der Gesellschaft vermittelt und im Lagebericht der Geschäftsverlauf einschließlich des Geschäftsergebnisses und die Lage der Gesellschaft so dargestellt sind, dass ein den tatsächlichen Verhältnissen entsprechendes Bild vermittelt wird, sowie die wesentlichen Chancen und Risiken der voraussichtlichen Entwicklung der Gesellschaft beschrieben sind.

Hagen, den 8. Februar 06

MUSTER AKTIENGESELLSCHAFT
Der Vorstand
A. B.   Dr. C. D.   Dr. E. F.

Bestätigungsvermerk des Abschlussprüfers

Wir haben den Jahresabschluss – bestehend aus Bilanz, Gewinn- und Verlustrechnung sowie Anhang – unter Einbeziehung der Buchführung und den Lagebericht der *MUSTER AKTIENGESELLSCHAFT*, Hagen, für das Geschäftsjahr vom 1. Januar 05 bis zum 31. Dezember 05 geprüft. Die Buchführung und die Aufstellung von Jahresabschluss und Lagebericht nach den deutschen handelsrechtlichen Vorschriften liegen in der Verantwortung des Vorstandes der Gesellschaft. Unsere Aufgabe ist es, auf der Grundlage der von uns durchgeführten Prüfung eine Beurteilung über den Jahresabschluss unter Einbeziehung der Buchführung und über den Lagebericht abzugeben.

Wir haben unsere Jahresabschlussprüfung nach § 317 HGB unter Beachtung der vom Institut der Wirtschaftsprüfer (IDW) festgestellten deutschen Grundsätze ordnungsmäßiger Abschlussprüfung vorgenommen. Danach ist die Prüfung so zu planen und durchzuführen, dass Unrichtigkeiten und Verstöße, die sich auf die Darstellung des durch den Jahresabschluss unter Beachtung der Grundsätze ordnungsmäßiger Buchführung und durch den Lagebericht vermittelten Bildes der Vermögens-, Finanz- und Ertragslage wesentlich auswirken, mit hinreichender Sicherheit erkannt werden. Bei der Festlegung der Prüfungshandlungen werden die Kenntnisse über die Geschäftstätigkeit und über das wirtschaftliche und rechtliche Umfeld der Gesellschaft sowie die Erwartungen über mögliche Fehler berücksichtigt. Im Rahmen der Prüfung werden die Wirksamkeit des rechnungslegungsbezogenen internen Kontrollsystems sowie Nachweise für die Angaben in Buchführung, Jahresabschluss und Lagebericht überwiegend auf der Basis von Stichproben beurteilt. Die Prüfung umfasst die Beurteilung der angewandten Bilanzierungsgrundsätze und der wesentlichen Einschätzungen des Vorstandes sowie die Würdigung der Gesamtdarstellung des Jahresabschlusses und des Lageberichts. Wir sind der Auffassung, dass unsere Prüfung eine hinreichend sichere Grundlage für unsere Beurteilung bildet.

Unsere Prüfung hat zu keinen Einwendungen geführt.

Nach unserer Beurteilung aufgrund der bei der Prüfung gewonnenen Erkenntnisse entspricht der Jahresabschluss den gesetzlichen Vorschriften und vermittelt unter Beachtung der Grundsätze ordnungsmäßiger Buchführung ein den tatsächlichen Verhältnissen entsprechendes Bild der Vermögens-, Finanz- und Ertragslage der Gesellschaft. Der Lagebericht steht in Einklang mit dem Jahresabschluss, vermittelt insgesamt ein zutreffendes Bild von der Lage der Gesellschaft und stellt die Chancen und Risiken der zukünftigen Entwicklung zutreffend dar.

Hagen, den 11. Februar 06

MUSTERREVISION WIRTSCHAFTSPRÜFUNGSGESELLSCHAFT
Aktiengesellschaft

G. H.   I. J.
Wirtschaftsprüfer   Wirtschaftsprüfer

Literaturverzeichnis

A

ADAM, D. (1983): Planung in schlechtstrukturierten Entscheidungssituationen mit Hilfe heuristischer Vorgehensweisen, in: BFuP, 35. Jg., S. 484–494.

ADAM, D./HERING, T./WELKER, M. (1995): Künstliche Intelligenz durch neuronale Netze, in: WISU, 24. Jg., S. 507–514 (Teil I) und S. 587–592 (Teil II).

ADRIAN, R./HEIDORN, T. (2000): Der Bankbetrieb, 15. Aufl., Wiesbaden.

AMEN, M. (1998): Erstellung von Kapitalflußrechnungen, 2. Aufl., München, Wien.

ANTONAKOPOULOS, N. (2010): Erfolgsquellenanalyse nach IFRS auf der Basis des Gesamterfolgs (total comprisive income), in: KoR, 10. Jg., S. 121–129.

ARBEITSKREIS „EXTERNE UNTERNEHMENSRECHNUNG" (1988): Ergebnis je Aktie, Empfehlungen des Arbeitskreises „Externe Unternehmensrechnung" der Schmalenbach-Gesellschaft – Deutsche Gesellschaft für Betriebswirtschaft e. V., in: ZfbF, 40. Jg., S. 138–148.

ARBEITSKREIS „EXTERNE UNTERNEHMENSRECHNUNG" DER SCHMALENBACH-GESELLSCHAFT (1996): Empfehlungen zur Vereinheitlichung von Kennzahlen in Geschäftsberichten, in: DB, 49. Jg., S. 1989–1994.

ARBEITSKREIS EXTERNE UNTERNEHMENSRECHNUNG DER SCHMALENBACH-GESELLSCHAFT (2002): Grundsätze für das Value Reporting, in: DB, 55. Jg., S. 2337–2340.

AULER, W. (1925): Bilanzkritik, Abschnitt A, in: *BOTT, K.* (Hrsg.), Handwörterbuch des Kaufmanns, Erster Bd., A–D, Hamburg, S. 499–501.

B

BAETGE, J. (2002): Die Früherkennung von Unternehmenskrisen anhand von Abschlusskennzahlen, Rückblick und Standortbestimmung, in: DB, 55. Jg., S. 2281–2287.

BAETGE, J./ARMELOH, K.-H./SCHULZE, D. (1997a): Anforderungen an die Geschäftsberichterstattung aus betriebswirtschaftlicher und handelsrechtlicher Sicht, in: DStR, 35. Jg., S. 176–180.

BAETGE, J./ARMELOH, K.-H./SCHULZE, D. (1997b): Empirische Befunde über die Qualität der Geschäftsberichterstattung börsennotierter deutscher Kapitalgesellschaften, in: DStR, 35. Jg., S. 212–219.

BAETGE, J./BAETGE, K./KRUSE, A. (1999): Moderne Verfahren der Jahresabschlußanalyse: Das Bilanz-Rating, in: DStR, 37. Jg., S. 1628–1632.

BAETGE, J./BALLWIESER, W. (1977): Zum bilanzpolitischen Spielraum der Unternehmensleitung, in: BFuP, 29. Jg., S. 199–215.

BAETGE, J./BALLWIESER, W. (1978): Probleme einer rationalen Bilanzpolitik, in: BFuP, 30. Jg., S. 511–530.

BAETGE, J./BEERMANN, T. (2000): Vergleichende Bilanzanalyse von Abschlüssen nach IAS/US-GAAP und HGB, in: BB, 55. Jg., S. 2088–2094.

BAETGE, J./JERSCHENSKY, A. (1996): Beurteilung der wirtschaftlichen Lage von Unternehmen mit Hilfe von modernen Verfahren der Jahresabschlußanalyse, Bilanzbonitäts-Rating von Unternehmen mit Künstlichen Neuronalen Netzen, in: DB, 49. Jg., S. 1581–1591.

BAETGE, J./KIRSCH, H.-J./THIELE, S. (2004): Bilanzanalyse, 2. Aufl., Düsseldorf.

BAETGE, J./KIRSCH, H.-J./THIELE, S. (2011): Konzernbilanzen, 9. Aufl., Düsseldorf.

BAETGE, J./KIRSCH, H.-J./THIELE, S. (2012): Bilanzen, 12. Aufl., Düsseldorf.

BAETGE, J./KÖSTER, H./HATER, A. (2011): Bilanzanalyse, kennzahlenbasierte, in: *BUSSE VON COLBE, W./ CRASSELT, N./PELLENS, B.* (Hrsg.), Lexikon des Rechnungswesens, 5. Aufl., München, S. 99–103.

BAETGE, J./KRAUSE, C./MERTENS, P. (1994): Zur Kritik an der Klassifikation von Unternehmen mit Neuronalen Netzen und Diskriminanzanalysen, Stellungnahme zum Beitrag von Anton Burger (ZfB 64. Jg. (1994), S. 1165–1179), in: ZfB, 64. Jg., S. 1181–1191.

BAETGE, J./MARESCH, D./SCHULZ, R. (2008): Zur (Un-)Möglichkeit des Zeitvergleichs von Kennzahlen, in: DB, 61. Jg., S. 417–422.

BAETGE, J./SCHMIDT, A. (2010): Das BilMoG – Erleichterung oder Erschwernis für die Bilanzanalyse?, in: *RAU, F. H./MERK, P.* (Hrsg.), Kapitalmarkt in Theorie und Praxis, FS zum 50-jährien Jubiläum der DVFA, Frankfurt am Main, S. 169–186.

BAETGE, J./STRÖHER, T. (2006): Krisenfrüherkennung auf der Basis von Jahresabschlüssen mit künstlichen neuronalen Netzen, in: *HUTZSCHENREUTER, T./GRIESS-NEGA, T.* (Hrsg.), Krisenmanagement, Wiesbaden, S. 117–142.

BAETGE, J./WÜNSCHE, B./HATER, A. (2011): Bilanzanalyse, empirisch-statistische, in: *BUSSE VON COLBE, W./CRASSELT, N./PELLENS, B.* (Hrsg.), Lexikon des Rechnungswesens, 5. Aufl., München, S. 95–99.

BAETGE, J., ET AL. (1994): Bonitätsbeurteilung von Jahresabschlüssen nach neuem Recht (HGB 1985) mit Künstlichen Neuronalen Netzen auf der Basis von Clusteranalysen, in: DB, 47. Jg., S. 337–343.

BALLMANN, W. (1971) (Hrsg.): Die Kreditwürdigkeit, 2. Aufl., Berlin.

BALLWIESER, W. (1987): Die Analyse von Jahresabschlüssen nach neuem Recht, in: WPg, 40. Jg., S. 57–68.

BALLWIESER, W. (1989): Die Einflüsse des neuen Bilanzrechts auf die Jahresabschlussanalyse, in: *BAETGE, J.* (Hrsg.), Bilanzanalyse und Bilanzpolitik, 3. Aufl., Düsseldorf, S. 15–49.

BALLWIESER, W. (1993): Bilanzanalyse, in: *CHMIELEWICZ, K./SCHWEITZER, M.* (Hrsg.), Handwörterbuch des Rechnungswesens, 3. Aufl., Stuttgart, Sp. 211–221.

BALLWIESER, W./HACHMEISTER, D. (2013): Unternehmensbewertung, 4. Aufl., Stuttgart.

BANTLEON, U./SCHORR, G. (2004): Kapitaldienstfähigkeit, Düsseldorf.

BANTLEON, U./SCHORR, G. (2010): Ausgewählte Auswirkungen des BilMoG auf die Beurteilung der Kapitaldienstfähigkeit von nicht kapitalmarktorientierten Kapitalgesellschaften, in: DStR, 48. Jg., S. 1491–1497.

BARTHEL, W. (2009): Unternehmenswert: Konsequenzen aus der Subprime-Krise, in: BB, 64. Jg., S. 1025–1032.

BARTRAM, W. (1996): Die Umsatz-Rentabilität – zentrale Kennzahl zur Unternehmensbeurteilung, in: WPg, 49. Jg., S. 393–403.

BAUER, J. (1981a): Grundlagen einer handels- und steuerrechtlichen Rechnungspolitik der Unternehmung, Wiesbaden.

BAUER, J. (1981b): Zur Rechtfertigung von Wahlrechten in der Bilanz, in: BB, 36. Jg., S. 766–772.

BAUGHN, W. H./WALKER, C. E. (1968) (Hrsg.): The Banker's Handbook, 2. Aufl., Homewood.

BAUM, H. G./COENENBERG, A. G./GÜNTHER, T. (2007): Strategisches Controlling, 4. Aufl., Stuttgart.

BAUSCH, A./FRITZ, T. (2005): Behandlung des derivativen Goodwill nach US-GAAP und IFRS, in: WiSt, 34. Jg., S. 302–307.

BEAVER, W. H. (1966): Financial Rations as Predictors of Failures, in: Empirical Research in Accounting: Selected Studies 1966, Journal of Accounting Research, EH 1, Bd. 4, S. 71–111.

BECHTEL, W.-H./KÖSTER, H./STEENKEN, H.-U. (1976): Die Veröffentlichung und Prüfung von Vorhersagen über die Entwicklung von Unternehmungen, in: *BAETGE, J./MOXTER, A./SCHNEIDER, D.* (Hrsg.), Bilanzfragen, FS für U. Leffson, Düsseldorf, S. 205–216.

BECKER, B., ET AL. (2011): Basel III und die möglichen Auswirkungen auf die Unternehmensfinanzierung, in: DStR, 49. Jg., S. 375–380.

BECKER, M./LABUCAY, I./RIEGER, C. (2007): Erfassung und Bewertung von Humankapital – Kritische Anmerkungen zur Saarbrücker Formel, in: BFuP, 59. Jg., S. 38–58.

BEHRINGER, S. (2010): Cash-flow und Unternehmensbeurteilung, 10. Aufl., Berlin.

BERTL, R. (2013): Bilanzpolitische Spielräume im IFRS, UGB und in der Steuerbilanz, in: *BERTL, R., ET AL.* (Hrsg.), Bilanzpolitik, Wiener Bilanzrechtstage 2012, Wien, S. 9–31.

BERTHEL, J. (1973): Zur Operationalisierung von Unternehmungs-Zielkonzeptionen, in: ZfB, 43. Jg., S. 29–58.

BEXTERMÖLLER, M. (2001): Empirisch-linguistische Analyse des Geschäftsberichts, Dissertation 2001 an der Universität Dortmund, Dortmund.

BIEG, H. (1993a): Die Instrumente der Jahresabschlußpolitik, in: StB, 44. Jg., S. 178–183 (Teil I), S. 216–221 (Teil II), S. 252–257 (Teil III), S. 295–299 (Teil IV) und S. 337–342 (Teil V).

BIEG, H. (1993b): Jahresabschlußanalyse, in: StB, 44. Jg., S. 378–386 (Teil I), S. 414–421 (Teil II) und S. 454–461 (Teil III).

BIEG, H. (1993c): Ziele der Jahresabschlußpolitik, in: StB, 44. Jg., S. 96–103.

BIEG, H. (1998): Die Cash-Flow-Analyse als stromgrößenorientierte Finanzanalyse, in: StB, 49. Jg., S. 432–439 (Teil I) und S. 472–478 (Teil II).

BIEG, H. (1999): Die Cash-Flow-Analyse als stromgrößenorientierte Finanzanalyse, in: StB, 50. Jg., S. 22–29 (Teil III).

BIEG, H./HOSSFELD, C. (1996): Der Cash-flow nach DVFA/SG, in: DB, 49. Jg., S. 1429–1434.

BIEG, H./KUßMAUL, H./WASCHBUSCH, G. (2012): Externes Rechnungswesen, 6. Aufl., München.

BIEG, H., ET AL. (2008): Die Saarbrücker Initiative gegen den Fair Value, in: DB, 61. Jg., S. 2543–2546.

BIGUS, J. (2007a): Zur bilanziellen Abgrenzung von Eigen- und Fremdkapital, in: DBW, 67. Jg., S. 7–21.

BIGUS, J. (2007b): Diskussion zur bilanziellen Kapitalabgrenzung, in: DBW, 67. Jg., S. 352–356.

BISCHOFF, W. (1972): Cash flow und Working capital, Wiesbaden.

BITZ, M./SCHNEELOCH, D./WITTSTOCK, W. (2011): Der Jahresabschluss, 5. Aufl., München.

BLOCHWITZ, S./EIGERMANN, J. (2000): Unternehmensbeurteilung durch Diskriminanzanalyse mit qualitativen Merkmalen, in: ZfbF, 52. Jg., S. 58–73.

BÖCKING, H.-J./DUTZI, A. (2010): Verbesserung der Qualität der deutschen Rechnungslegung durch das Bilanzrechtsmodernisierungsgesetz (BilMoG)?, in: BAUMHOFF, H./DÜCKER, R./KÖHLER, S. (Hrsg.), Besteuerung, Rechnungslegung und Prüfung der Unternehmen, FS für N. Krawitz, Wiesbaden, S. 783–803.

BORN, K. (2008): Bilanzanalyse international, 3. Aufl., Stuttgart.

BÖSSER, J./PILHOFER, J./BARTH, V. (2012): Die Bedeutung des Ausgleichspostens für die Anteile anderer Gesellschafter und dessen bilanzanalytische Behandlung, in: PiR, 8. Jg., S. 378–385.

BÖTZEL, S. (1993): Ein Modell zur Beschreibung der Publizitätsgüte deutscher Konzerne, in: WPg, 46. Jg., S. 201–208.

BREITHECKER, V./SCHMIEL, U. (2003): Steuerbilanz und Vermögensaufstellung in der Betriebswirtschaftlichen Steuerlehre, Berlin.

BREUER, K./KAMPKÖTTER, P. (2009): Humankapitalbewertung, in: WISU, 38. Jg., S. 1320.

BRÖSEL, G. (2008): „Impairment Only Approach" nach IFRS – Probleme und Lösungsansätze, in: HERING, T./KLINGELHÖFER, H. E./KOCH, W. (Hrsg.), Unternehmungswert und Rechnungswesen, FS für M. J. Matschke, Wiesbaden, S. 229–250.

BRÖSEL, G. (2009a): Bilanzpolitik, in: BRÖSEL, G./ZWIRNER, C. (Hrsg.), IFRS-Rechnungslegung, 2. Aufl., München, S. 37–52.

BRÖSEL, G. (2009b): Poolabschreibung im IFRS- und HGB-Abschluss? – Zur Übernahme der EStG-Normen in die IFRS- und die handelsrechtliche Bilanzierung, Contra-Meinung in der Rubrik „Pro und Contra" (Pro-Meinung: A. HAAKER), in: PiR, 5. Jg., S. 272–273.

BRÖSEL, G./KLASSEN, T. R. (2006): Zu möglichen Auswirkungen des IFRS 3 und des IAS 36 auf das M&A-Management, in: KEUPER, F./HÄFNER, M./VON GLAHN, C. (Hrsg.), Der M&A-Prozess, Wiesbaden, S. 445–476.

BRÖSEL, G./MINDERMANN, T. (2009): § 253 HGB. Zugangs- und Folgebewertung, in: PETERSEN, K./ZWIRNER, C. (Hrsg.), BilMoG, Gesetze – Materialien – Erläuterungen, München, S. 405–423.

BRÖSEL, G./MINDERMANN, T./BOECKER, C. (2009): Zur Vereinfachung der Vorratsbewertung durch BilMoG, in: BRZ, 33. Jg., S. 501–506.

BRÖSEL, G./MINDERMANN, T./ZWIRNER, C. (2009): Zur Bewertung der Schulden gemäß BilMoG, in: StuB, 11. Jg., S. 647–653.

BRÖSEL, G./MÜLLER, S. (2007): Goodwillbilanzierung nach IFRS aus Sicht des Beteiligungscontrollings, in: KoR, 7. Jg., S. 34–42.

BRÖSEL, G./NEULAND, J. (2013a): Informationspflichten versus -erwartungen hinsichtlich der verbalen Berichterstattung nach HGB und IFRS – Basis einer qualitativen Bilanzanalyse?, in: StuB, 15. Jg., S. 22–26.

BRÖSEL, G./NEULAND, J. (2013b): Qualitative Bilanzanalyse – Anwendungsmöglichkeiten und -grenzen, in: StuB, 15. Jg., S. 335–341.

BRÖSEL, G./ROTHE, C. (2003): Zum Management operationeller Risiken im Bankbetrieb, in: BFuP, 55. Jg., S. 376–396.

BRÖSEL, G./WITTKO, A. (2009): Gläubigerschutzorientierte Rechnungslegung – Auf internationalen Pfaden oder am seidenen Faden?, in: *BRÖSEL, G./KEUPER, F.* (Hrsg.), Controlling und Medien, FS für R. Dintner, Berlin, S. 237–252.

BRÖSEL, G./ZWIRNER, C. (2009): Zum Goodwill nach IFRS aus Sicht des Abschlußprüfers, in: BFuP, 61. Jg., S. 190–206.

BUCHHEIM, R. (2009): Publizität, Rechenwerke und Jahresabschlussgliederung, in: *BRÖSEL, G./ ZWIRNER, C.* (Hrsg.), IFRS-Rechnungslegung, 2. Aufl., München, S. 21–35.

BUCHHEIM, R./GRÖNER, S. (2003): Anwendungsbereich der IAS-Verordnung an der Schnittstelle zu deutschem und zu EU-Bilanzrecht, in: BB, 58. Jg., S. 953–955.

BUCHHEIM, R./KNORR, L. (2006): Der Lagebericht nach DRS 15 und internationale Entwicklungen, in: WPg, 59. Jg., S. 413–425.

BUCHHOLZ, R. (2012): Internationale Rechnungslegung, 10. Aufl., Berlin.

BUCHHOLZ, R. (2013): Grundzüge des Jahresabschlusses nach HGB und IFRS, 8. Aufl., München.

BUCHNER, R. (1996): Wirtschaftliches Prüfungswesen, 2. Aufl., München.

BUDDE, W.-D./FÖRSCHLE G. (1988): Ausgewählte Fragen zum Inhalt des Anhangs, in: DB, 41. Jg., S. 1457–1463.

BULLINGER, H.-J. (1994): Einführung in das Technologiemanagement, Stuttgart.

BURGER, A. (1994a): Plädoyer für eine theoretische Fundierung der Jahresabschlußanalyse, Anmerkungen zur Stellungnahme von Jörg Baetge, Clemens Krause und Peter Mertens (ZfB 64. Jg. (1994), S. 1181–1191), in: ZfB, 64. Jg., S. 1193–1197.

BURGER, A. (1994b): Zur Klassifikation von Unternehmen mit neuronalen Netzen und Diskriminanzanalysen, in: ZfB, 64. Jg., S. 1165–1179.

BURGER, A. (1995): Jahresabschlußanalyse, München, Wien.

BURGER, A. (1997): Zwischenberichterstattung für Gläubiger?, in: WPg, 50. Jg., S. 359–366.

BURGER, A./SCHELLBERG, B. (1996): Neuronale Netze in der Jahresabschlußanalyse, in: BFuP, 48. Jg., S. 102–122.

BUSSE VON COLBE, W. (1966): Aufbau und Informationsgehalt von Kapitalflußrechnungen, in: ZfB, 36. Jg., EH I, S. 82–114.

BUSSE VON COLBE, W., ET AL. (2000) (Hrsg.): Ergebnis je Aktie nach DVFA/SG, 3. Aufl., Stuttgart.

C

CLEMM, H. (1989): Bilanzpolitik und Ehrlichkeits- („true and fair view"-)Gebot, in: WPg, 42. Jg., S. 357–366.

COENENBERG, A. G. (1974): Jahresabschlußinformation und Kapitalmarkt, Zur Diskussion empirischer Forschungsansätze und -ergebnisse zum Informationsgehalt von Jahresabschlüssen für Aktionäre, in: ZfbF, 26. Jg., S. 647–657.

COENENBERG, A. G. (2001): Jahresabschluß und Jahresabschlußanalyse, 18. Aufl., Landsberg.

COENENBERG, A. G. (2003): Strategische Jahresabschlussanalyse – Zwecke und Methoden, in: KoR, 3. Jg., S. 165–177.

COENENBERG, A. G. (2005): International Financial Reporting Standards (IFRS) auch für den Mittelstand?, in: DBW, 65. Jg., S. 109–113.

COENENBERG, A. G./ALVAREZ M. (2002): Bilanzanalyse, in: BALLWIESER, W./COENENBERG, A. G./VON WYSOCKI, K. (Hrsg.), Handwörterbuch der Rechnungslegung und Prüfung, 3. Aufl., Stuttgart, Sp. 394–416.

COENENBERG, A. G./FINK, C. (2008): Segmentberichterstattung als Grundlage der strategischen Jahresabschlussanalyse, in: ZfgK, 61. Jg., S. 1154–1158.

COENENBERG, A. G./FINK, C. (2011): Strategische Jahresabschlussanalyse, in: KAJÜTER, P./MINDERMANN, T./WINKLER, C. (Hrsg.), Controlling und Rechnungslegung, FS für K.-P. Franz, Stuttgart, S. 143–167.

COENENBERG, A. G./HALLER, A./SCHULTZE, W. (2012): Jahresabschluss und Jahresabschlussanalyse, 22. Aufl., Stuttgart.

CONRADS, M. (1974): Human Resource Accounting, Ein Versuch der aufgabenorientierten Abbildung des betrieblichen Humanvermögens in Unternehmensrechnungssystemen, in: BFuP, 26. Jg., S. 378–391.

D

DALDRUP, H. (1999): Publizität umweltbezogener Informationen in Geschäftsberichten, Ergebnisse einer empirischen Analyse der Berichtspraxis, in: WPg, 52. Jg., S. 734–748.

DIERKES, M./KOPMANN, U. (1974): Von der Sozialbilanz zur gesellschaftsbezogenen Unternehmenspolitik – Ansätze zu einem Management System for Social Goals, in: BFuP, 26. Jg., S. 295–321.

DIETZ, J./FÜSER, K./SCHMIDTMEIER, S. (1997): Neuronale Kreditwürdigkeitsprüfung im Konsumentenkreditgeschäft, in: DBW, 57. Jg., S. 475–489.

DILGER, A. (2008): Wert und Bewertung von Humankapital aus Unternehmenssicht, in: HERING, T./KLINGELHÖFER, H. E./KOCH, W. (Hrsg.): Unternehmungswert und Rechnungswesen, FS für M. J. Matschke, Wiesbaden, S. 133–148.

DOBLER, M. (2005): Folgebewertung des Goodwill nach IFRS 3 und IAS 36, in: PiR, 1. Jg., S. 24–29.

DÖRING, U. (2008): Bilanzanalyse, in: CORSTEN, H./GÖSSINGER, R. (Hrsg.), Lexikon der Betriebswirtschaftslehre, München, S. 111–114.

DRÖLL, D. (1973): Bewerber fragen – Firmen stellen sich vor, Frankfurt am Main.

DRUKARCZYK, J. (1973): Zur Brauchbarkeit der Konzeption des ökonomischen Gewinns, in: WPg, 26. Jg., S. 183–188.

DUDEK, H. (1974): Aussagefähigkeit der Konzernrechnungslegungen, in: DB, 27. Jg., S. 1352–1354.

DÜRR, U. L. (2007): Mezzanine-Kapital in der HGB- und IFRS-Rechnungslegung, Ausprägungsformen, Bilanzierung, Rating, Berlin.

DVFA-KOMMISSION RATING STANDARDS (2001): DVFA-Rating Standards, in: FB, 3. Jg., Beilage 4.

E

ECKES, R./WALTER, K.-F. (2004): Vorbereitung auf das interne Rating bei Banken, in: DStR, 42. Jg., S. 518–522.

EISENHOFER, A. (1972): Zum Begriff Gesamtkapitalrentabilität, in: ZfB, 42. Jg., S. 249–262.

ENGEL-BOCK, J. (2007): Bilanzanalyse leicht gemacht, 5. Aufl., Frankfurt am Main.

EULER, R. (2002): Paradigmenwechsel im handelsrechtlichen Einzelabschluss: Von den GoB zu den IAS?, in: BB, 57. Jg., S. 875–880.

EWERT, R. (1993): Rechnungslegung, Wirtschaftsprüfung, rationale Akteure und Märkte, Ein Grundmodell zur Analyse der Qualität von Unternehmenspublikationen, in: ZfbF, 45. Jg., S. 715–747.

F

FEDERMANN, R. (2010): Bilanzierung nach Handelsrecht, Steuerrecht und IAS/IFRS, 12. Aufl., Berlin.

FINK, C. (2007): Lageberichterstattung und Erfolgspotenzialanalyse, Marburg.

FINK, C./KAJÜTER, P. (2011): Das IFRS Practice Statement „Management Commentary", in: KoR, 11. Jg., S. 177–181.

FINK, C./KETTERLE, G./SCHEFFEL, S. (2012): Revenue Recognition: Bilanzpolitische, -analytische und prozessuale Auswirkungen des Re-Exposure Draft auf die Bilanzierungspraxis, in: DB, 65. Jg., S. 1997–2006.

FINK, C./KUNATH, O. (2010): Bilanzpolitisches Potenzial bei der Rückstellungsbildung und -bewertung nach neuem Handelsrecht, in: DB, 63. Jg., S. 2345–2352.

FINK, C./REUTHER, F. (2010): Bilanzpolitik als Mittel zur Gestaltung des Jahresabschlusses, in: *FINK, C./SCHULTZE, W./WINKELJOHANN, N.* (Hrsg.), Bilanzpolitik und Bilanzanalyse nach neuem Handelsrecht, Stuttgart, S. 3–27.

FINK, C./ULBRICH, P. (2007): Segmentberichterstattung nach IFRS 8 aus Sicht der Gestaltungspraxis, in: PiR, 3. Jg., S. 31–37.

FISCHER, A./WIEBEN, H.-J. (2009): Einsatz qualitativer Merkmale in bankinternen Ratingsystemen, in: *EVERLING, O./HOLSCHUH, K./LEKER, J.* (Hrsg.), Credit Analyst, München, S. 225–239.

FISCHER, T. M./KLÖPFER, E. (2005): Human Ressource Reporting – Neue Anforderungen an die Berichterstattung von Unternehmen, in: DB, 58. Jg., S. 2704–2707.

FISCHER, T. M./KLÖPFER, E. (2006): Bilanzpolitik nach IFRS: Sind die IFRS objektiver als das HGB?, in: KoR, 6. Jg., S. 709–719.

FLEISCHER, K. (1999): Die Untauglichkeit des KGV zur Prognose von Aktienkursveränderungen, in: ZfB, 69. Jg., S. 71–82.

FORRESTER, J. W. (1973): World Dynamics, 2. Aufl., Cambridge/Massachusetts.

FRANKE, G./LAUX, H. (1970): Der Wert betrieblicher Informationen für Aktionäre, in: Neue Betriebswirtschaft, 23. Jg., S. 1–8.

FREIBERG, J. (2012): Streichung der aktivierten Entwicklungskosten im Rahmen der Bilanzanalyse?, Contra-Meinung in der Rubrik „Pro und Contra" (Pro-Meinung: *A. HAAKER*), in: PiR, 8. Jg., S. 58–59.

FREIDANK, C.-C. (2012): Kostenrechnung, 9. Aufl., München.

FREIDANK, C.-C./VELTE, P. (2013): Rechnungslegung und Rechnungslegungspolitik, 2. Aufl., München.

FRIEDRICH, H. (1975): Erfolgreiches Krisenmanagement nicht aus der Bilanz abzulesen, in: Handelsblatt vom 1. Januar 1975, S. 7.

G

GEBHARDT, G. (1999): Empfehlungen zur Gestaltung informativer Kapitalflußrechnungen nach internationalen Grundsätzen, in: BB, 54. Jg., S. 1314–1321.

GEMEINSAME ARBEITSGRUPPE DER DVFA UND SCHMALENBACH-GESELLSCHAFT (1998): Fortentwicklung des Ergebnisses nach DVFA/SG, in: DB, 51. Jg., S. 2537–2542.

GIESE, R. (1974): Aussagewertbeeinträchtigung des aktienrechtlichen Konzernabschlusses als Kriterium für den Konsolidierungskreis, in: ZfbF, 26. Jg., S. 397–408.

GLEIßNER, W./FÜSER, K. (2003): Leitfaden Rating – Basel II: Rating-Strategien für den Mittelstand, 2. Aufl., München.

GÖLLERT, K. (1984): Auswirkungen des Bilanzrichtlinien-Gesetzes auf die Bilanzanalyse, in: BB, 39. Jg., S. 1845–1853.

GÖLLERT, K. (2008): Auswirkungen des Bilanzrechtsmodernisierungsgesetzes (BilMoG) auf die Bilanzpolitik, in: DB, 61. Jg., S. 1165–1171.

GÖLLERT, K. (2009): Problemfelder der Bilanzanalyse: Einflüsse des BilMoG auf die Bilanzanalyse, in: DB, 62. Jg., S. 1773–1778.

GRÄFER, H./SCHNEIDER, G./GERENKAMP, T. (2012): Bilanzanalyse, 12. Aufl., Herne.

GRAUMANN, M. (1997): Grundlagen der Bilanzanalyse: Kapital-, Verschuldungs-, Liquiditäts- und Finanzanalyse, in: WISU, 26. Jg., S. 117–120.

GROLL, K.-H. (1969): Die Bruttogewinnanalyse, in: BFuP, 21. Jg., S. 447–461.

GROLL, K.-H. (2004): Das Kennzahlensystem zur Bilanzanalyse, 2. Aufl., München, Wien.

GROTTKE, M. (2009): Die strukturelle Textanalyse als bilanzanalytisches Instrument zur Auswertung von Lageberichten, in: DBW, 69. Jg., S. 463–477.

GROTTKE, M. (2012): Die strukturale Lageberichtanalyse als Bestandteil einer offenen, erweiterten Jahresabschlussanalyse, Köln.

GÜNTHER, T./GRÜNING, M. (2000): Einsatz von Insolvenzprognoseverfahren bei der Kreditwürdigkeitsprüfung im Firmenkundenbereich, in: DBW, 60. Jg., S. 39–59.

H

HAAKER, A. (2005): Das Wahrscheinlichkeitsproblem bei der Rückstellungsbilanzierung nach IAS 37 und IFRS 3 – Eine Analyse der Regelungen im Hinblick auf die Erfüllung des Informationszwecks, in: KoR, 5. Jg., S. 8–15.

HAAKER, A. (2008): Das Wahlrecht zur Anwendung der *full goodwill method* nach IFRS 3 (2008), in: PiR, 4. Jg., S. 188–194.

HAAKER, A. (2009): Zur Zukunft der Kapitalerhaltung – IFRS und Solvenztest statt HGB-Abschluss?, in: Zeitschrift für das gesamte Genossenschaftswesen (ZfgG), 59. Jg., S. 198–218.

HAAKER, A. (2010): Ein kritischer Blick auf den Entwurf eines DSR-Thesenpapiers zur Zukunft des europäischen Gläubigerschutzes – Eine ökonomische Analyse hinsichtlich der Zielsetzung eines hinreichenden Gläubigerschutzes, in: Zeitschrift für Unternehmens- und Gesellschaftsrecht, 39. Jg., S. 1055–1094.

HAAKER, A. (2011): Pro-Forma-Ergebnisse zur Anlegerinformation?, Contra-Meinung in der Rubrik „Pro und Contra" (Pro-Meinung: J. FREIBERG), in: PiR, 7. Jg., S. 259–260.

HAAKER, A. (2012a): Streichung der aktivierten Entwicklungskosten im Rahmen der Bilanzanalyse?, Pro-Meinung in der Rubrik „Pro und Contra" (Contra-Meinung: J. FREIBERG), in: PiR, 8. Jg., S. 58–59.

HAAKER, A. (2012b): Verkürzung des Prognosehorizonts im Lagebericht?, Pro-Meinung in der Rubrik „Pro und Contra" (Contra-Meinung: J. FREIBERG), in: PiR, 8. Jg., S. 290.

HAAS, S. (2009): Ratingorientierte Bilanzpolitik, in: DStR, 47. Jg., S. 2021–2026.

HAKELMACHER, S. (2006): Bilanzblüten in Molwanien, Das Ringen um die perfekte Rechnungslegung in einem unbekannten Land, Regensburg.

HALLER, A. (1994): Die Grundlagen der externen Rechnungslegung in den USA, 4. Aufl., Stuttgart.

HAMEL, W. (1984): Ansatzpunkte Strategischer Bilanzierung, in: ZfbF, 36. Jg., S. 903–912.

HARTMANN, B. (1985): Angewandte Betriebsanalyse, 3. Aufl., Freiburg im Breisgau.

HARTMANN, H. (1974): Gesellschaftsbezogenes Rechnungswesen als Ausdruck sozialverantwortlicher Unternehmungsführung, in: BFuP, 26. Jg., S. 334–344.

HAUSCHILDT, J. (1971): Entwicklungslinien der Bilanzanalyse, in: ZfbF, 23. Jg., S. 335–351.

HAUSCHILDT, J. (1996): Erfolgs-, Finanz- und Bilanzanalyse, 3. Aufl., Köln.

HAUSCHILDT, J. (2006): Bilanzanalyse im Dienste der Krisendiagnose, in: HUTZSCHENREUTER, T./GRIESS-NEGA, T. (Hrsg.), Krisenmanagement, Wiesbaden, S. 95–115.

HAUSCHILDT, J./LEKER, J. (1995): Bilanzanalyse unter dem Einfluß moderner Analyse- und Prognoseverfahren, in: BFuP, 47. Jg., S. 249–268.

HAX, H. (1964): Der Bilanzgewinn als Erfolgsmaßstab, in: ZfB, 34. Jg., S. 642–651.

HEBESTREIT, G./TEITLER-FEINBERG, E. (2012): Werden die USA die IFRS künftig übernehmen und falls ja, wann und wie?, in: IRZ, 7. Jg., S. 49–54.

HEERING, D./HEERING A. (2004): Die Anhangangaben (notes) nach IAS/IFRS, in: StuB, 6. Jg., S. 149–155.

HEESEN, B. (2009): Bilanzgestaltung, Wiesbaden.

HEESEN, B./GRUBER, W. (2008): Bilanzanalyse und Kennzahlen, Wiesbaden.

HEIDEN, M. (2006): Pro-forma-Berichterstattung – Reporting zwischen Information und Täuschung, Berlin.

HEIDEN, M./BRÖSEL, G. (2004): Pro-forma-Kennzahlen – Darstellung und kritische Würdigung aus Sicht der Sparkassen, in: *ELLER, R., ET AL.* (Hrsg.), Handbuch IFRS, Stuttgart, S. 336–355.

HEINHOLD, M. (1984): Instrumente der unternehmerischen Bilanzpolitik, in: WiSt, 13. Jg., S. 449–454.

HEINHOLD, M. (1993): Bilanzpolitik, in: *WITTMANN, W., ET AL.* (Hrsg.), Handwörterbuch der Betriebswirtschaft, Bd. 1, 5. Aufl., Stuttgart, Sp. 525–543.

HEINTGES, S./HÄRLE, P. (2005): Probleme der Anwendung von IFRS im Mittelstand, in: DB, 58. Jg., S. 173–181.

HERING, T. (2005): Grenzpreisermittlung für angebotene Arbeitskraft – Das Personalvermögen als Erfolgspotential der Arbeit, in: Das Personalvermögen, o. Jg., Heft 4, S. 8–9.

HERING, T. (2006): Unternehmensbewertung, 2. Aufl., München, Wien.

HERING, T. (2008): Investitionstheorie, 3. Aufl., München.

HERZIG, N./BÄR, M. (2003): Die Zukunft der steuerlichen Gewinnermittlung im Licht des europäischen Bilanzrechts, in: DB, 56. Jg., S. 1–8.

HILD, D. (1973): Betriebliche Wertschöpfung, in: DB, 26. Jg., S. 981–982.

HIRSCH, B./VOLNHALS, M. (2012): Information Overload im betrieblichen Berichtwesen – ein unterschätztes Phänomen, in: DBW, 72. Jg., S. 23–55.

HIRSCH, H. (2000): Bilanzanalyse und Bilanzkritik, 2. Aufl., Wiesbaden.

HIRTSIEFER, H. (1970): Probleme bei der Einbeziehung ausländischer Konzernunternehmen in den Konzernabschluß, in: BB, 25. Jg., Beilage zu H. 6, S. 2–8.

HITZ, J.-M./KUHNER, C. (2002): Die Neuregelung zur Bilanzierung des derivativen Goodwill nach SFAS 141 und 142 auf dem Prüfstand, in: WPg, 55. Jg., S. 273–287.

HITZ, J.-M./TEUTEBERG, T. (2013): Verpflichtende und freiwillige Cashflow-Berichterstattung – empirischer Befund für den deutschen Kapitalmarkt, in: KoR, 13. Jg., S. 33–42.

HOFER, C. W./SCHENDEL, D. (1978): Strategy Formulation: Analytical Concepts, St. Paul.

HOFFJAN, A. (2003): Competitor Accounting – Nutzen des Jahresabschlusses in der Konkurrenzanalyse, in: BB, 58. Jg., S. 1494–1498.

HOFFJAN, A. (2004): Die jahresabschlussbasierte Konkurrenzanalyse als Instrument des Competitor Accounting, in: *BRÖSEL, G./KASPERZAK, R.* (Hrsg.), Internationale Rechnungslegung, Prüfung und Analyse, München, Wien, S. 615–635.

HOFFMANN, W.-D. (2010): Die Prüfung des Prognoseberichts, in: StuB, 12. Jg., S. 761–762.

HOFMANN, R. (1974): Aussagewert und Grenzen der Unternehmensanalyse auf der Grundlage publizierter Quellen, in: DB, 27. Jg., S. 1393–1399 (Teil I) und S. 1441–1445 (Teil II).

HOMBURG, O. (2004): Der Umstellungsprozess des Rechnungswesens auf IFRS – Herausforderung und Chance, in: *SCHEER, A.-W., ET AL.* (Hrsg.), Innovation durch Geschäftsprozessmanagement, Berlin et al., S. 77–92.

HOMBURG, O./BRÖSEL, G. (2007): Change Management durch Umstellung der Rechnungslegung auf IFRS, in: *KEUPER, F./GROTEN, H.* (Hrsg.), Nachhaltiges Change Management, Wiesbaden, S. 127–156.

HOMMEL, M./RAMMERT, S. (2012): IFRS-Bilanzanalyse, 3. Aufl., Frankfurt am Main.

HORVÁTH, P. (2011): Controlling, 12. Aufl., München.

HUCH, B. (1972): Zum Gewinn als Steuerbemessungsgrundlage bei der Erhaltung der entwicklungsadäquaten Ertragskraft wachsender Unternehmen, in: ZfB, 42. Jg., S. 237–248.

HÜLS, D. (1995): Früherkennung insolvenzgefährdeter Unternehmen, Düsseldorf.

HUSMANN, R. (1997): Segmentierung des Konzernabschlusses zur bilanzanalytischen Untersuchung der wirtschaftlichen Lage des Konzerns, in: WPg, 50. Jg., S. 349–359.

HÜTTCHE, T. (2005): Typologische Bilanzanalyse: Qualitative Auswertung von IFRS-Abschlüssen, in: KoR, 3. Jg., S. 318–323.

I

INITIATIVE FINANZSTANDORT DEUTSCHLAND (2010) (Hrsg.): Finanzstandort Deutschland – Rating Broschüre, Frankfurt am Main.

J

JÄCKEL, A./POPPE, H. (2000): Krisendiagnose durch qualitative Bilanzanalyse, in: *HAUSCHILDT, J./ LEKER, J.* (Hrsg.), Krisendiagnose durch Bilanzanalyse, 2. Aufl., Köln, S. 88–117.

JACOBS, O. H./GREIF, M./WEBER, D. (1972): Möglichkeiten und Grenzen der Informationsgewinnung mit Hilfe der Bilanzanalyse, in: WiSt, 1. Jg., S. 425–431.

JANTZEN, M. (2009): Transfer und Konservierung von Erfahrungswissen im Unternehmen, Hamburg.

JONAS, H. (1974): Probleme und Tendenzen der Rechnungslegung in den USA (II), in: DB, 27. Jg., S. 1345–1351.

K

KAHLE, H. (2002): Informationsversorgung des Kapitalmarkts über internationale Rechnungslegungsstandards, in: KoR, 2. Jg., S. 95–107.

KAJÜTER, P./FINK, C. (2012): Management Commentary – Kritische Punkte und offene Fragen zum IFRS Practice Statement des IASB, in: KoR, 12. Jg., S. 247–252.

KAUFMANN, K. (1974): Verhalten in Organisationen, in: *SPECHT, K. G., ET AL.* (Hrsg.), Soziologie im Blickpunkt der Unternehmungsführung, Herne, Berlin, S. 21–72.

KAYA, D./SCHERR, E. (2010): Strategien zur Jahresabschlusspublizität im Mittelstand, in: BBK, Bd. 28, S. 755–765.

KELLER, B. (1996): Unternehmensexterne ökologische Berichterstattung, Ein Konzept zur Verbesserung der ökologieorientierten Publizität, in: DStR, 34. Jg., S. 1663–1668.

KELLER, M. (1973): Betriebliche Wertschöpfung, in: DB, 26. Jg., S. 289–291.

KELLER, R. (2006): Der Geschäftsbericht, Überzeugende Unternehmenskommunikation durch klare Sprache und gutes Deutsch, Wiesbaden.

KELLER, R. (2007): Checkliste zum Wettbewerb „Der beste Geschäftsbericht 2007", Düsseldorf, http://www. phil-fak.uni-duesseldorf.de/uploads/media/Checkliste_Geschaeftsbericht.pdf (Abruf: 13.04.2012).

KERN, W. (1971): Kennzahlensysteme als Niederschlag interdependenter Unternehmungsplanung, in: ZfbF, 23. Jg., S. 701–718.

KERTH, A./WOLF, J. (1993): Bilanzanalyse und Bilanzpolitik, 2. Aufl., München, Wien.

KESSLER, H. (2009): Internationale Rechnungslegung und Abschlussanalyse, in: *EVERLING, O./HOLSCHUH, K./LEKER, J.* (Hrsg.), Credit Analyst, München, S. 165–196.

KESSLER, H. (2010): Abschlussanalyse nach IFRS und HGB, in: PiR, 6. Jg., S. 33–41.

KEUPER, F. (2001): Strategisches Management, München, Wien.

KEUPER, F. (2004): Unternehmensanalyse mit Hilfe der Kapitalflußrechnung, in: *BRÖSEL, G./KASPERZAK, R.* (Hrsg.), Internationale Rechnungslegung, Prüfung und Analyse, München, Wien, S. 653–673.

KIRCHNER, C. (1973): Die Umrechnung ausländischer Bilanzen für internationale Konzernbilanzen, Ein kritischer Überblick über die Diskussion in den USA, in: ZfB, 43. Jg., S. 795–814.

KIRSCH, H. (1997a): Informationsgehalt von Wertschöpfungsrechnungen, in: DB, 50. Jg., S. 2290–2293.

KIRSCH, H. (1997b): Wertschöpfungsrechnungen in deutschen Geschäftsberichten, in: WISU, 26. Jg., S. 352–364.

KIRSCH, H. (2002a): Derivative Ableitung einer IAS-Kapitalflussrechnung nach der direkten Methode, in: WISU, 31. Jg., S. 1101–1104.

KIRSCH, H. (2002b): Schätzungen und Absichten des Managements als wesentliche Einflussgrößen der internationalen Rechnungslegung, in: Betrieb und Wirtschaft, 56. Jg., S. 1013–1019.

KIRSCH, H. (2003a): Erfolgsstrukturanalyse auf Basis der Gliederungs- und Angabevorschriften zur IAS/IFRS-Gewinn- und Verlustrechnung, in: DB, 56. Jg., S. 2449–2455.

KIRSCH, H. (2003b): Gestaltungspotenzial durch verdeckte Bilanzierungswahlrechte nach IAS/IFRS, in: BB, 58. Jg., S. 1111–1116.

KIRSCH, H. (2004a): Besonderheiten der bestandsorientierten Liquiditätsanalyse nach IAS/IFRS, in: ZfB, 42. Jg., S. 1014–1020.

KIRSCH, H. (2004b): Rentabilitätsanalysen auf Basis eines IAS/IFRS-Abschlusses, in: BB, 59. Jg., S. 261–266.

KIRSCH, H. (2005a): Liquiditätsbeurteilung mit Bilanzkennzahlen nach HGB und IFRS, in: StuB, 7. Jg., S. 878–885.

KIRSCH, H. (2005b): Möglichkeiten und Grenzen der Kapitalrentabilitätsanalyse eines IFRS-Abschlusses, in: Unternehmensbewertung & Management, 3. Jg., S. 229–237.

KIRSCH, H. (2006): Beurteilung des bilanzpolitischen Instrumentariums der IFRS-Rechnungslegung, in: BB, 61. Jg., S. 1266–1271.

KIRSCH, H. (2007): Segmentbezogene Jahresabschlussanalyse nach IFRS 8, in: PiR, 3. Jg., S. 61–67.

KIRSCH, H. (2010): Analyse von IFRS-Abschlüssen aufgrund zu erwartender Darstellungsänderungen in den Abschlussinstrumenten, in: PiR, 6. Jg., S. 248–253.

KIRSCH, H. (2011): Managementberichterstattung als neuer Teil der IFRS-Finanzberichterstattung, in: BBK, 6. Jg., S. 587–593.

KIRSCH, H. (2012): IFRS-Abschlussanalyse: Finanz- und erfolgswirtschaftliche Aspekte, 3. Aufl., Berlin.

KITHIER, W. (1975): Der Einfluß der Führungsorganisation auf den Wert eines Unternehmens, in: WPg, 28. Jg., S. 410–417.

KITTNER, M. (1997): „Human Ressources" [sic!] in der Unternehmensbewertung, in: DB, 50. Jg., S. 2285–2290.

KLAUS, J. (1994): Umweltökonomische Berichterstattung, Ziele, Problemstellungen und praktische Ansätze, Stuttgart.

KLINGELS, B. (2005): Die cash generating unit nach IAS 36 im IFRS-Jahresabschluss, Berlin.

KLOOCK, J. (1989): Bilanzpolitik und Maßgeblichkeitsprinzip aus handelsrechtlicher Sicht, in: BFuP, 41. Jg., S. 141–158.

KNOPP, L. (1999): Ökobilanzen als Instrument umweltorientierter Unternehmensführung, in: BB, 54. Jg., S. 1699–1702.

KÖHLER, R. (2012): Die bilanzpolitische Bedeutung der Gemeinkostenverteilung bei der Ermittlung der Herstellungskosten, in: StBp, 52. Jg., S. 74–79 (Teil I), S. 89–93 (Teil II) und S. 127–133 (Teil III).

KOMMISSION FÜR METHODIK DER FINANZANALYSE DER DEUTSCHEN VEREINIGUNG FÜR FINANZANALYSE UND ANLAGEBERATUNG (DVFA)/ARBEITSKREIS „EXTERNE UNTERNEHMENSRECHNUNG" DER SCHMALENBACH-GESELLSCHAFT – DEUTSCHE GESELLSCHAFT FÜR BETRIEBSWIRTSCHAFT (SG) (1993): Cash Flow nach DVFA/SG, Gemeinsame Empfehlung, in: WPg, 46. Jg., S. 599–602.

KÖNIGSGRUBER, R. (2009): Bilanzmanipulation und Managementpräferenzen bezüglich der Strenge des Systems der Rechnungslegungsregulierung, in: ZfB, 79. Jg., S. 847–868.

KRAJCEVIC, F. (1971): Das Rechnungswesen als Grundlage einer aufschlußreichen Betriebsanalyse, in: BFuP, 23. Jg., S. 193–202.

KRAWITZ, N. (2005): Anhang und Lagebericht nach IFRS, München.

KREHL, H./STROBEL, S. (2009): Planung in Ratingverfahren – Die Berücksichtigung von Planungsaspekten in Kreditratingmodellen und Bonitätsanalysen, in: *EVERLING, O./HOLSCHUH, K./LEKER, J.* (Hrsg.), Credit Analyst, München, S. 197–223.

KÜHNBERGER, M./ECKSTEIN, P./WOITHE, M. (1996): Die Diskriminanzanalyse als ein Instrument zur Früherkennung negativer Unternehmensentwicklungen, Eine empirische Studie auf der Basis simulierter Daten, in: ZfB, 66. Jg., S. 1449–1464.

KÜHNBERGER, M./STACHULETZ, R. (1986): Kritische Anmerkungen zu einigen neueren Entwicklungen in der Bilanzpolitik, in: DBW, 46. Jg., S. 356–372.

KUßMAUL, H. (1999): Einordnung der Fundamentalanalyse, in: StB, 50. Jg., S. 56–58.

KUßMAUL, H./CLOß, C. (2010a): Die vorstichtagsbezogenen jahresabschlusspolitischen Instrumente, in: StB, 61. Jg., S. 425–429.

KUßMAUL, H./CLOß, C. (2010b): Die Ziele der Jahresabschlusspolitik, in: StB, 61. Jg., S. 384–388.

KUßMAUL, H./CLOß, C. (2011a): Die nachstichtagsbezogenen jahresabschlusspolitischen Instrumente, in: StB, 62. Jg., S. 18–24.

KUßMAUL, H./CLOß, C. (2011b): Möglichkeiten und Grenzen der quantitativen und qualitativen Jahresabschlussanalyse, in: StB, 62. Jg., S. 67–74.

KUßMAUL, H./GRÄBE, S. (2010): Der Maßgeblichkeitsgrundsatz vor dem Hintergrund des BilMoG, in: StB, 61. Jg., S. 106–115.

KUßMAUL, H./LUTZ, R. (1993): Instrumente der Bilanzpolitik, in: WiSt, 22. Jg., S. 399–403.

KUßMAUL, H./TCHERVENIACHKI, V. (2005): Entwicklung der Rechnungslegung mittelständischer Unternehmen im Kontext der Internationalisierung der Bilanzierungspraxis, in: DStR, 43. Jg., S. 616–621.

KÜTING, K. (1991): Aufbereitungsmaßnahmen im Rahmen der Bilanzanalyse, in: DStR, 29. Jg., S. 1468–1474.

KÜTING, K. (1992a): Besonderheiten der Konzernabschlußanalyse, in: DStR, 30. Jg., S. 1334–1338 (Teil I) und S. 1374–1378 (Teil II).

KÜTING, K. (1992b): Grundlagen der qualitativen Bilanzanalyse, in: DStR, 30. Jg., S. 691–695 (Teil I) und S. 728–733 (Teil II).

KÜTING, K. (1996): Das Spannungsverhältnis zwischen Bilanzpolitik und Bilanzanalyse, Zur Interdependenz von Jahresabschlußgestaltung und Jahresabschlußbeurteilung, in: DStR, 34. Jg., S. 934–944.

KÜTING, K. (1997): Die handelsbilanzielle Erfolgsspaltungs-Konzeption auf dem Prüfstand, Zugleich: Vorschläge zur Neuorientierung der Erfolgsquellenanalyse, in: WPg, 50. Jg., S. 693–702.

KÜTING, K. (1998a): Die Grenzen der externen Erfolgsanalyse und ihre Konsequenzen, in: DStR, 36. Jg., S. 907–912 (Teil I) und S. 948–952 (Teil II).

KÜTING, K. (1998b): Möglichkeiten und Grenzen der betragsmäßigen Erfolgsanalyse, in: WPg, 51. Jg., S. 1–10.

KÜTING, K. (2000): Möglichkeiten und Grenzen der Bilanzanalyse am Neuen Markt, Auf der Suche nach neuen Wegen der Unternehmensbeurteilung, in: FB, 2. Jg., S. 597–605 (Teil I) und S. 674–683 (Teil II).

KÜTING, K. (2005): Wurde ein zu hoher Preis für IFRS gezahlt?, in: FAZ vom 17. Oktober 2005, S. 22.

KÜTING, K. (2006a): Auf der Suche nach dem richtigen Gewinn, in: DB, 59. Jg., S. 1441–1450.

KÜTING, K. (2006b): Der Stellenwert der Bilanzanalyse und Bilanzpolitik im HGB- und IFRS-Bilanzrecht, in: DB, 59. Jg., S. 2753–2762.

KÜTING, K. (2008): Bilanzpolitik, in: *KÜTING, K.* (Hrsg.), Saarbrücker Handbuch der Betriebswirtschaftlichen Beratung, Herne, S. 747–830.

KÜTING, K. (2009): Bilanzanalyse deutscher Konzerne: Auswirkungen der Finanzmarktkrise auf die Umsatz- und Ergebnisgrößen, in: BB, 64. Jg., S. 1742–1746.

KÜTING, K. (2011a): Der Objektivierungsgrundsatz im HGB- und IFRS-System, in: DB, 64. Jg., S. 1404–1410.

KÜTING, K. (2011b): Unbestimmte Rechtsbegriffe im HGB und in den IFRS: Konsequenzen für Bilanzpolitik und Bilanzanalyse, in: BB, 66. Jg., S. 2091–2095.

KÜTING, K. (2012): Das Phänomen der Buchwert-Marktwert-Lücke, in: DB, 65. Jg., S. 1937–1946.

KÜTING, K. (2013): Der Geschäfts- oder Firmenwert in der deutschen Konsolidierungspraxis 2012, in: DStR, 51. Jg., S. 1794–1803.

KÜTING, K./BENDER, J. (1992): Das Ergebnis je Aktie nach DVFA/SG, Analyse und kritische Würdigung einer wichtigen Kennzahl zur Unternehmens- und Aktienbeurteilung, in: BB, 47. Jg., Beilage 16.

KÜTING, K./BOECKER, C. (2003): Die Synthese von Information und Ertragsstärke in der externen Unternehmensanalyse, in: StuB, 5. Jg., S. 97–101.

KÜTING, K./DAWO, S. (2002a): Bilanzpolitische Gestaltungspotenziale der International Financial Reporting Standards (IFRS), Ansatzfragen am Beispiel der Abbildung immaterieller Werte, in: StuB, 4. Jg., S. 1157–1163.

KÜTING, K./DAWO, S. (2002b): Bilanzpolitische Gestaltungspotenziale der International Financial Reporting Standards (IFRS), Bewertungsfragen insbesondere bei immateriellen Werten, in: StuB, 4. Jg., S. 1205–1213.

KÜTING, K./GRAU, P. (2012): Die Auswirkungen des Bilanzrechtsmodernisierungsgesetzes auf die bilanzanalytische Strukturbilanz, in: DStR, 50. Jg., S. 1241–1247.

KÜTING, K./HARTH, H.-J./LEINEN, M. (2001): Fehlende Vergleichbarkeit von Jahresabschlüssen als Hindernis einer internationalen Jahresabschlussanalyse?, in: WPg, 54. Jg., S. 681–690.

KÜTING, K./HAYN, S. (1995): Unterschiede zwischen den Rechnungslegungsvorschriften von IASC und SEC/FASB vor dem Hintergrund einer internationalisierten Rechnungslegung in Deutschland (Teil II), in: DStR, 33. Jg., S. 1642–1648.

KÜTING, K./HEIDEN, M./LORSON, P. (2000): Neuere Ansätze der Bilanzanalyse, Externe unternehmenswertorientierte Performancemessung, in: BBK, Bd. 18, Beilage 1.

KÜTING, K./HÜTTEN, C. (1996): Der Geschäftsbericht als Publizitätsinstrument, Darstellung der rechtlichen Grundlagen und Anmerkungen zu gestalterischen Anforderungen, in: BB, 51. Jg., S. 2671–2697.

KÜTING, K./KAISER, T. (1992): Externe Liquiditätsanalyse auf der Grundlage veröffentlichter Jahresabschlüsse, in: DStR, 30. Jg., S. 1142–1146 (Teil I) und S. 1180–1184.

KÜTING, K./KESSLER, H. (1992): Finanzwirtschaftliche Bilanzanalyse: Finanzierungs- und Horizontalanalyse, in: DStR, 30. Jg., S. 1029–1034.

KÜTING, K./LAM, S./MOJADADR, M. (2010): Entwicklungstendenzen der Bilanzanalyse, in: DB, 63. Jg., S. 2289–2297.

KÜTING, K./LAUER P. (2011): Die Jahresabschlusszwecke nach HGB und IFRS – Polarität oder Konvergenz?, in: DB, 64. Jg., S. 1985–1991.

KÜTING, K./PFITZER, N./WEBER, C.-P. (2011): IFRS oder HGB?, Systemvergleich und Beurteilung, Stuttgart.

KÜTING, K./RANKER, D./WOHLGEMUTH, F. (2004): Auswirkungen von Basel II auf die Praxis der Rechnungslegung, in: FB, 6. Jg., S. 93–104.

KÜTING, K./REUTER, M. (2005): Werden stille Reserven in Zukunft (noch) stiller? – Machen die IFRS die Bilanzanalyse überflüssig oder weitgehend unmöglich?, in: BB, 60. Jg., S. 706–713.

KÜTING, K./WEBER, C.-P. (2008): Bilanzanalyse, in: *KÜTING, K.* (Hrsg.), Saarbrücker Handbuch der Betriebswirtschaftlichen Beratung, Herne, S. 659–746.

KÜTING, K./WEBER, C.-P. (2012a): Der Konzernabschluss, 13. Aufl., Stuttgart.

KÜTING, K./WEBER, C.-P. (2012b): Die Bilanzanalyse, 10. Aufl., Stuttgart.

KÜTING, K./WEBER, C.-P./WIRTH, J. (2008): Die Goodwillbilanzierung im finalisierten Business Combinations Project Phase II, in: KoR, 8. Jg., S. 139–152.

KÜTING, K./WIRTH, J. (2005): Paradigmenwechsel in der Bilanzanalyse, in: FAZ vom 17. Januar 2005, S. 18.

KÜTING, K./WOHLGEMUTH, F. (2004): Möglichkeiten und Grenzen der internationalen Bilanzanalyse, Erkenntnisfortschritte durch eine internationale Strukturbilanz?, in: DStR, 42. Jg., Beihefter zu Heft 48, S. 1–19.

L

LACHNIT, L. (1973): Wesen, Ermittlung und Aussage des Cash Flow, in: ZfbF, 25. Jg., S. 59–77.

LACHNIT, L. (1975): Kennzahlensysteme als Instrument der Unternehmensanalyse, dargestellt an einem Zahlenbeispiel, in: WPg, 28. Jg., S. 39–51.

LACHNIT, L. (2004): Bilanzanalyse, Wiesbaden.

LACHNIT, L./AMMANN, H./MÜLLER, S. (1997): Wesen und Besonderheiten der Konzernabschlußanalyse, in: DStR, 35. Jg., S. 383–388.

LACHNIT, L./MÜLLER, S. (2003): Bilanzanalytische Behandlung von Geschäfts- oder Firmenwerten, in: KoR, 3. Jg., S. 540–550.

LACHNIT, L./WULF, I. (2010): Auswirkungen des BilMoG auf die Abschlussanalyse, in: StuB, 12. Jg., S. 687–695.

LACHNIT, L., ET AL. (1998): Probleme einer international ausgerichteten Jahresabschlußanalyse, Exemplarische Darstellung anhand einer vergleichenden Betrachtung des dual nach HGB und US-GAAP erstellten Daimler-Benz-Konzernabschlusses, in: DB, 51. Jg., S. 2177–2184.

LANGE, T./KREIPL, M./MÜLLER, S. (2012): Implikationen der BilMoG-Umstellung auf die Aussagekraft von Jahresabschlüssen, in: ZCG, 7. Jg., S. 139–145.

LANGENBECK, J. (2007): Kompakt-Training Bilanzanalyse, 3. Aufl., Ludwigshafen.

LAUX, H. (1971): Unternehmensbewertung bei Unsicherheit, in: ZfB, 41. Jg., S. 525–540.

LAUX, H. (1974): Kontrollertrag und Gewinn, in: ZfbF, 26. Jg., S. 505–520.

LEFFSON, U. (1970): Cash Flow – weder Erfolgs- noch Finanzierungsindikator!, in: *FORSTER, K.-H./SCHUMACHER, P.* (Hrsg.), Aktuelle Fragen der Unternehmensfinanzierung und Unternehmensbewertung, FS für K. Schmaltz, Stuttgart, S. 108–127.

LEFFSON, U. (1984): Bilanzanalyse, 3. Aufl., Stuttgart.

LEFFSON, U. (1987): Grundsätze ordnungsmäßiger Buchführung, 7. Aufl., Düsseldorf.

LEKER, J. (1994): Fraktionierende Frühdiagnose von Unternehmenskrisen anhand von Jahresabschlüssen, Entwicklung eines multiplen Diskriminanzmodells zur Diagnose von unterschiedlichen Krisenstadien, in: ZfbF, 46. Jg., S. 732–750.

LEKER, J./SCHEFFCZYK, E. (2006): Fraktionierende Frühdiagnose von Unternehmenskrisen, in: *HUTZSCHENREUTER, T./GRIESS-NEGA, T.* (Hrsg.), Krisenmanagement, Wiesbaden, S. 143–164.

LEKER, J./WIEBEN, H.-J. (1998): Unternehmensbeurteilung unter Anwendung traditioneller und neuer Verfahren der Bilanzanalyse, in: DB, 51. Jg., S. 585–590.

LITTKEMANN, J./HOLTRUP, M./REINBACHER, P. (2014): Jahresabschluss, Norderstedt.

LITTKEMANN, J./KREHL, H. (2000): Kennzahlen der klassischen Bilanzanalyse – Nicht auf Krisendiagnosen zugeschnitten, in: *HAUSCHILDT, J./LEKER, J.* (Hrsg.), Krisendiagnose durch Bilanzanalyse, 2. Aufl., Köln, S. 19–32.

LORSON, P. (1992): Möglichkeiten und Grenzen der Break-Even-Analyse als Instrument der Betriebsanalyse, in: DStR, 30. Jg., S. 300–307.

LORSON, P./SCHEDLER, J. (2002): Unternehmenswertorientierung von Unternehmensrechnung, Finanzberichterstattung und Jahresabschlussanalyse, in: *KÜTING, K./WEBER, C.-P.* (Hrsg.), Das Rechnungswesen im Konzern, Vom Financial Accounting zum Business Reporting, Stuttgart, S. 253–294.

LÜDENBACH, N. (2013): § 5 Anhang (Notes and Disclosures), in: *LÜDENBACH, N./HOFFMANN, W.-D.* (Hrsg.), Haufe IFRS Kommentar, 11. Aufl., Freiburg, S. 219–253.

M

MAIER, H. (1974): Modelle zur Messung und Erfassung der Qualität des Lebens, in: BFuP, 26. Jg., S. 322–333.

MANDL, G. (2005): Zur Berücksichtigung des Risikos bei Ermittlung des Nutzungswertes gemäß IAS 36: Darstellung und Kritik, in: *SCHNEIDER, D., ET AL.* (Hrsg.), Kritisches zu Rechnungslegung und Kapitalmarkt, Unternehmensfinanzierung und rationale Entscheidungen, FS für T. Siegel, Berlin, S. 139–159.

MANDL, G./JUNG, M. (2002): Prognose- und Schätzprüfung, in: *BALLWIESER, W./COENENBERG, A. G./VON WYSOCKI, K.* (Hrsg.), Handwörterbuch der Rechnungslegung und Prüfung, 3. Aufl., Stuttgart, Sp. 1698–1706.

MARKER, H. F. (1970): Bilanzfälschung und Bilanzverschleierung, Düsseldorf.

MARKOWITZ, H. M. (1952): Portfolio Selection, in: Journal of Finance, 7. Jg., S. 77–91.

MATSCHKE, M. J. (1975): Externe Schätzung von Scheinerfolgen aus aktienrechtlichen Jahresabschlüssen – dargestellt am Beispiel der BASF AG für das Jahr 1972, in: BFuP, 27. Jg., S. 276–306.

MATSCHKE, M. J. (1979): Insolvenzprognose aus vergangenheitsorientierten Jahresabschlüssen als Basis von Kreditentscheidungen, in: BFuP, 31. Jg., S. 485–504.

MATSCHKE, M. J. (1981): Prognosen im Rahmen der publizierten Rechnungslegung (Teil I), in: DB, 34. Jg., S. 2289–2295.

MATSCHKE, M. J. (1991): Finanzierung der Unternehmung, Herne, Berlin.

MATSCHKE, M. J. (1993): Investitionsplanung und Investitionskontrolle, Herne, Berlin.

MATSCHKE, M. J. (2006): Allgemeine Betriebswirtschaftslehre, Bd. I, 14. Aufl., Greifswald.

MATSCHKE, M. J./BRÖSEL, G. (2013): Unternehmensbewertung, 4. Aufl., Wiesbaden.

MATSCHKE, M. J./BRÖSEL, G./BYSIKIEWICZ, M. (2006): Finanzierungsalternativen beim Aufbruch von kleinen und mittleren Unternehmen in neue technologieorientierte Märkte, in: *MEYER, J.-A.* (Hrsg.), Kleine und mittlere Unternehmen in neuen Märkten, Jahrbuch der KMU-Forschung und -Praxis 2006, Lohmar, Köln, S. 403–428.

MATSCHKE, M. J./HERING, T./KLINGELHÖFER, H. E. (2002): Finanzanalyse und Finanzplanung, München, Wien.

MATSCHKE, M. J./WEGMANN, J. (1985): Analyse von Jahresabschlüssen der Eigengesellschaften auf dem Versorgungs- und Verkehrssektor in der Bundesrepublik Deutschland, in: Zeitschrift für öffentliche und gemeinwirtschaftliche Unternehmen (ZögU), 8. Jg., S. 399–422.

MEADOWS, D., ET AL. (1972): Die Grenzen des Wachstums, Bericht des Club of Rome zur Lage der Menschheit, Stuttgart.

MEADOWS, J., ET AL. (2001): Die neuen Grenzen des Wachstums, 5. Aufl., Reinbek bei Hamburg.

MEEH, G./KNAUSS, T. (2006): Die Ausweitung des wirtschaftlichen Eigenkapitals durch mezzanine Finanzierungsformen, in: *MEEH, G.* (Hrsg.), Unternehmensbewertung, Rechnungslegung und Prüfung, Hamburg, S. 307–335.

MINDERMANN, T./BRÖSEL, G. (2009): § 248 HGB. Bilanzierungsverbote und Wahlrechte, in: *PETERSEN, K./ZWIRNER, C.* (Hrsg.), BilMoG, Gesetze – Materialien – Erläuterungen, München, S. 390–395.

MINDERMANN, T./BRÖSEL, G. (2014): Buchführung und Jahresabschlusserstellung nach HGB – Lehrbuch, 5. Aufl., Berlin.

MOXTER, A. (1976): Fundamentalgrundsätze ordnungsmäßiger Rechenschaft, in: *BAETGE, J./MOXTER, A./SCHNEIDER, D.* (Hrsg.), Bilanzfragen, FS für U. Leffson, Düsseldorf, S. 87–100.

MOXTER, A. (1993): Bilanzrechtliche Probleme beim Geschäfts- oder Firmenwert, in: *BIERICH, M./HOMMELHOFF, P./KROPFF, B.* (Hrsg.), Unternehmen und Unternehmensführung im Recht, FS für J. Semmler, Berlin, New York, S. 853–861.

MOXTER, A. (2003a): Grundsätze ordnungsgemäßer Rechnungslegung, Düsseldorf.

MOXTER, A. (2003b): Meinungsspiegel zum Thema: Neue Vermögensdarstellung in der Bilanz, in: BFuP, 55. Jg., S. 480–490.

MOXTER, A. (2008): Aktivierungspflicht für selbsterstellte immaterielle Anlagewerte?, in: DB, 61. Jg., S. 1514–1517.

MÜLLER, D. (2006): Grundlagen der Betriebswirtschaftslehre für Ingenieure, Berlin et al.

MÜLLER, S. (2009): Bilanzpolitik in der Unternehmenskrise, in: *FEDERMANN, R./KUßMAUL, H./MÜLLER, S.* (Hrsg.), Handbuch der Bilanzierung, Freiburg, Beitrag 27b.

MÜLLER, S. (2010): Bilanzpolitik, in: *FEDERMANN, R./KUßMAUL, H./MÜLLER, S.* (Hrsg.), Handbuch der Bilanzierung, Freiburg, Beitrag 27a.

MÜLLER, S./VARMAZ, A. (2012): § 284, in: *BERTRAM, K. ET AL.* (Hrsg.), Haufe HGB Bilanzkommentar, 3. Aufl., Freiburg, S. 1213–1241.

MÜLLER-STEWENS, G./LECHNER, C. (2005): Strategisches Management, 3. Aufl., Stuttgart.

MÜNCH, D. (1969): Der betriebswirtschaftliche Erkenntnisgehalt der Cash-Flow-Analyse, in: DB, 22. Jg., S. 1301–1306.

MÜNSTERMANN, H. (1966): Wert und Bewertung der Unternehmung, Wiesbaden.

N

NÖCKER, R. (2004): Das Dilemma der Bilanzierung, in: FAZ vom 7. Oktober 2004, S. 11.

O

O. V. (2009): Neues aus der Betriebsprüfung: Techniken und Methoden, in: pwc: steuern+recht, o. Jg., Oktober, S. 6–8.

OESTREICHER, A./SPENGEL, C. (1996): Vergleichende Analyse internationaler Jahresabschlüsse, in: WPg, 49. Jg., S. 381–393.

OLBRICH, M. (1999): Unternehmungskultur und Unternehmungswert, Wiesbaden.

OLBRICH, M. (2000): Zur Bedeutung des Börsenkurses für die Bewertung von Unternehmungen und Unternehmungsanteilen, in: BFuP, 52. Jg., S. 454–465.

OLBRICH, M. (2009): IFRS und Unternehmungsbewertung, in: *BRÖSEL, G./ZWIRNER, C.* (Hrsg.), IFRS-Rechnungslegung, 2. Aufl., München, S. 525–534.

OLBRICH, M. (2011): IFRS 13 und finanzierungstheoretische Modelle zur Zeitwertbestimmung, in: KoR, 11. Jg., S. 393–394.

OLBRICH, M./BRÖSEL, G. (2007): Inkonsistenzen der Zeitwertbilanzierung nach IFRS: Kritik und Abhilfe, in: DB, 60. Jg., S. 1543–1549.

OLBRICH, M./FUHRMANN, K. (2011): DAX 30-Geschäftsberichte im Lichte von § 244 HGB und § 400 AktG, in: AG, 56. Jg., S. 326–331.

ORDELHEIDE, D. (1973): Zur Erfolgskonsolidierung in Konzernabschlüssen, Zugleich Besprechungsaufsatz, in: ZfB, 43. Jg., S. 777–794.

OTTEL, K. (1933): Bilanz und Liquidität, in: *MEITHNER, K.* (Hrsg.), Die Bilanzen der Unternehmungen, Bd. I, FS für J. Ziegler, Wien, S. 531–544.

P

PAETZMANN, K. (2001): Finanzierung mittelständischer Unternehmen nach „Basel II" – Neue „Spielregeln" durch bankinterne Ratings, in: DB, 54. Jg., S. 493–497.

PAETZMANN, K. (2012): § 289, in: *BERTRAM, K. ET AL.* (Hrsg.), Haufe HGB Bilanzkommentar, 3. Aufl., Freiburg, S. 1305–1346.

PAPE, U. (2011): Grundlagen der Finanzierung und Investition, 2. Aufl., München.

PAWELZIK, K. U. (2006): Die Erstellung einer Konzernkapitalflussrechnung nach IAS 7 – Grundsätze und Fallstudie, in: KoR, 6. Jg., S. 344–352.

PECHTL, H. (2000): Die Prognosekraft des Prognoseberichts, Eine empirische Untersuchung am Beispiel deutscher Aktiengesellschaften, in: ZfbF, 52. Jg., S. 141–159.

PEEMÖLLER, V. H. (2003): Bilanzanalyse und Bilanzpolitik, 3. Aufl., Wiesbaden.

PEEMÖLLER, V. H. (2005): Controlling, 5. Aufl., Herne, Berlin.

PEEMÖLLER, V. H./ZWINGEL, T. (1996): Analyse der ökologischen Berichterstattung im handelsrechtlichen Jahresabschluß ausgewählter Branchen, in: WPg, 49. Jg., S. 50–64.

PELLENS, B., ET AL. (2011): Internationale Rechnungslegung, 8. Aufl., Stuttgart.

PELLENS, B./SELLHORN, T. (2001): Neue Goodwill-Bilanzierung nach US-GAAP, in: DB, 54. Jg., S. 713–720.

PETERSEN, K./BANSBACH, F./DORNBACH, E. (2014) (Hrsg.): IFRS Praxishandbuch 2014, 9. Aufl., München.

PETERSEN, K./ZWIRNER, C. (2008): IAS 32 (rev. 2008) – Endlich mehr Eigenkapital nach IFRS?, in: DStR, 46. Jg., S. 1060–1066.

PETERSEN, K./ZWIRNER, C. (2009): Konzernrechnungslegung nach HGB, Weinheim.

PETERSEN, K./ZWIRNER, C./KÜNKELE, K. P. (2010): Bilanzanalyse und Bilanzpolitik nach BilMoG, 2. Aufl., Herne.

PEUPELMANN, H. W. (1971): Cash-Flow, Betriebsergebnis und Bewegungsbilanz, in: DB, 24. Jg., S. 57–67.

PFLEGER, G. (1982): Sachverhaltsgestaltungen zwischen inländischen verbundenen Unternehmen als Mittel der Bilanzpolitik, in: DB, 35. Jg., S. 2145–2148 (Teil I) und S. 2198–2204 (Teil II).

PFLEGER, G. (1991): Die neue Praxis der Bilanzpolitik, 4. Aufl., Freiburg et al.

PIEPER, H. (1972): Die reale Geldkapitalerhaltungskonzeption, Eine geeignete Methode zur Eliminierung der Geldentwertung aus der handelsrechtlichen Bilanz und Erfolgsrechnung?, in: BFuP, 24. Jg., S. 203–217.

PORTER, M. E. (2008): Wettbewerbsstrategie, 11. Aufl., Frankfurt am Main, New York.

R

RAMMERT, S. (2010): Bilanzpolitik und Bilanzanalyse, in: *LÜDENBACH, N./HOFFMANN, W.-D.* (Hrsg.), Haufe IFRS-Kommentar, 8. Aufl., Freiburg et al., S. 2243–2288.

RASCHENBERGER, M. (1933): Bilanzkritik und Bilanzanalyse, in: *MEITHNER, K.* (Hrsg.), Die Bilanzen der Unternehmungen, Bd. I, FS für J. Ziegler, Wien, S. 545–593.

REHKUGLER, H./KERLING, M. (1995): Einsatz Neuronaler Netze für Analyse- und Prognose-Zwecke, in: BFuP, 47. Jg., S. 306–324.

REHKUGLER, H./PODDIG, T. (1998): Bilanzanalyse, 4. Aufl., München, Wien.

REICHLING, P./KRYVKO, A. (2010): Rating-Validierung, in: WISU, 39. Jg., S. 1331–1338.

REINER, G. (2011): Shareholder Value und Nachhaltigkeit: Zur obersten Leitungsmaxime des Vorstands, in: Zeitschrift für Vergleichende Rechtswissenschaft, 110. Jg., S. 443–475.

REINHART, A. (1998): Die Auswirkungen der Rechnungslegung nach „International Accounting Standards" auf die betragsmäßige Ergebnisanalyse deutscher Jahresabschlüsse, in: BB, 53. Jg., S. 1355–1361.

RICHTER, L./KRUCZYNSKI, M. (2012): E-Bilanz, in: *KÜTING, K./PFITZER, N./WEBER, C.-P.* (Hrsg.), Handbuch der Rechnungslegung: Einzelabschluss – Kommentar zur Bilanzierung und Prüfung, 5. Aufl. (15. Ergänzungslieferung), Stuttgart, Kap 6 E, Rz. 501–562.

RICHTER, L./KRUCZYNSKI, M./KURZ, C. (2011): E-Bilanz: Finales Anwendungsschreiben des BMF vom 28.9.2011 – Update zu BB 2010, 2489 ff. und BB 2011, 1963 ff., in: BB, 66. Jg., S. 2731–2733.

RIEBELL, C. (1999): Die Konzernbilanzanalyse, 2. Aufl., Stuttgart.

RIEBELL, C. (2006): Die Praxis der Bilanzauswertung, 8. Aufl., Stuttgart.

RIETMANN, P. (1973): Bilanzanalyse, Standard-Formularsatz zur rationellen Durchführung von Bilanzanalysen in der Praxis, Wiesbaden.

RITTERSHAUSEN, H. (1964): Unternehmensbewertung und Price-earnings ratio, in: ZfB, 34. Jg., S. 652–659.

ROGLER, S. (1992): Vermittelt das Umsatzkostenverfahren ein besseres Bild der Ertragslage als das Gesamtkostenverfahren?, in: DB, 45. Jg., S. 749–752.

ROGLER, S. (2009): Segmentberichterstattung nach IFRS 8 im Fokus von Bilanzpolitik und Bilanzanalyse, in: KoR, 9. Jg., S. 500–505 (Teil I) und S. 576–583 (Teil II).

ROHE, E.-H. (1990): Entwicklungstendenzen des praktischen Umweltschutzes in der chemischen Industrie, in: *WAGNER, G. R.* (Hrsg.), Unternehmung und ökologische Umwelt, München, S. 97–112.

ROLFES, B./EMSE, C. (2001): Interne Rating-Verfahren zur Bonitätsklassifizierung, in: DStR, 39. Jg., S. 316–321.

ROLLBERG, R. (2012): Operativ-taktisches Controlling, München.

ROMMELFANGER, H. (2009): Ratingmethoden, in: *EVERLING, O./HOLSCHUH, K./LEKER, J.* (Hrsg.), Credit Analyst, München, S. 81–102.

ROTH, M./PRECHTL, S. (2014): § 285 HGB, in: *PETERSEN, K./ZWIRNER, C./BRÖSEL, G.* (Hrsg.), Systematischer Praxiskommentar Bilanzrecht, 2. Aufl., Köln, S. 956–1006.

RÜCKLE, D. (1984): Externe Prognosen und Prognoseprüfung, in: DB, 37. Jg., S. 57–69.

RUHNKE, K./NERLICH, C. (2004): Behandlung von Regelungslücken innerhalb der IFRS, in: DB, 57. Jg., S. 389–395.

RUHNKE, K./SCHMIDT, M. (2005): Fair Value und Wirtschaftsprüfung, in: *BIEG, H./HEYD, R.* (Hrsg.), Fair Value, München, S. 575–597.

RUHNKE, K./SIMONS, D. (2012): Rechnungslegung nach IFRS und HGB, 3. Aufl., Stuttgart.

RUSS, W. (1986): Der Anhang als dritter Teil des Jahresabschlusses, 2. Aufl., Bergisch Gladbach.

S

SAVELSBERG, G. (1974): Mit Lineal und Stift auf Tendenz-Fährte, in: Handelsblatt vom 25./26. Oktober 1974, S. 27–29.

SCHAUMBURG, H. (2013): Außenprüfung (Betriebsprüfung), in: *PELKA, J./NIEMANN, W.* (Hrsg.), Beck'sches Steuerberater-Handbuch 2013/2014, 14. Aufl., München, Kapitel M (S. 1369–1421).

SCHEFFLER, E. (2002): Kapitalflussrechnung – Stiefkind in der deutschen Rechnungslegung, in: BB, 57. Jg., S. 295–300.

SCHELD, G. A. (2009): Betriebswirtschaftliche Kennzahlenanalyse, Büren.

SCHIECKE, K. (1965): Der Cash Flow, in: Die Aktiengesellschaft, 10. Jg., S. 77–81.

SCHILDBACH, T. (1972): Zur Eignung des ökonomischen Gewinnes im Rahmen der Rechnungslegung von Aktiengesellschaften, in: WPg, 25. Jg., S. 40–42.

SCHILDBACH, T. (2006): Der Erfolg im Rahmen der internationalen Rechnungslegung – konzeptionelle Vielfalt bei der Information des Kapitalmarkts, in: *KÜRSTEN, W./NIETERT, B.* (Hrsg.), Kapitalmarkt, Unternehmensfinanzierung und rationale Entscheidungen, FS für J. Wilhelm, Berlin, Heidelberg, S. 311–328.

SCHILDBACH, T. (2008): Was bringt die Lockerung der IFRS für Finanzinstrumente?, in: DStR, 46. Jg., S. 2381–2385.

SCHILDBACH, T./STOBBE, T./BRÖSEL, G. (2013): Der handelsrechtliche Jahresabschluss, 10. Aufl., Sternenfels.

SCHMALENBACH, E. (1917/18): Die Werte von Anlagen und Unternehmungen in der Schätzungstechnik, in: ZfhF, 12. Jg., S. 1–20.

SCHMALENBACH, E. (1963): Kostenrechnung und Preispolitik, 8. Aufl., Köln, Opladen.

SCHMEISSER, W. (2007): Zur Ansatz- und Bewertungsproblematik von Humankapital nach IFRS, in: BFuP, 59. Jg., S. 1–19.

SCHMIDT, F. (1921): Die organische Bilanz im Rahmen der Wirtschaft, Leipzig.

SCHMIDT, R. (1981): Diagnose von Unternehmensentwicklungen auf Basis computergestützter Inhaltsanalyse, in: *BRATSCHITSCH, R./SCHNELLINGER, W.* (Hrsg.), Unternehmenskrisen – Ursachen, Frühwarnung, Bewältigung, Stuttgart, S. 353–379.

SCHMITT, C. (2011): Finanzierungsstrategien mittelständischer Unternehmen vor dem Hintergrund von Basel III, in: BB, 66. Jg., S. 105–109.

SCHNEIDER, D. (1971): Aktienrechtlicher Gewinn und ausschüttungsfähiger Betrag, in: WPg, 24. Jg., S. 607–617.

SCHNEIDER, D. (1989): Erste Schritte zu einer Theorie der Bilanzanalyse, in: WPg, 42. Jg., S. 633–642.

SCHNEIDER, D. (1997): Betriebswirtschaftslehre, Bd. 3: Theorie der Unternehmung, München, Wien.

SCHNEIDER, D. (2007): Eigenkapitalquote und Fortbestehensprognose – Zweifel an zwei Grundannahmen des Unternehmensreorganisationsgesetzes, in: Der Wirtschaftstreuhänder, o. Jg., Heft 4, S. 10–14.

SCHNEIDER, D. (2008): Wider Zahlengläubigkeit bei der Informationsfunktion des Jahresabschlusses, in: *WAGNER, F. W./SCHILDBACH, T./SCHNEIDER, D.* (Hrsg.), Private und öffentliche Rechnungslegung, FS für H. Streim, Wiesbaden, S. 325–336.

SCHOENFELD, H.-M. W. (1974): Die Rechnungslegung über das betriebliche „Human-Vermögen", Eine kritische Betrachtung des Entwicklungsstandes, in: BFuP, 26. Jg., S. 1–33.

SCHOLZ, C. (2007a): Es zieht ein Herr Becker durchs Land ... noch immer – Replik zur Kritik am Artikel zur Saarbrücker Formel, in: BFuP, 59. Jg., S. 59–65.

SCHOLZ, C. (2007b): Ökonomische Humankapitalbewertung – Eine betriebswirtschaftliche Annäherung an das Konstrukt Humankapital, in: BFuP, 59. Jg., S. 20–37.

SCHOLZ, C./STEIN, V./BECHTEL, R. (2006): Human Capital Management, 2. Aufl., München, Unterschleißheim.

SCHÖNBACH, K./FRÜH, W. (1984): Der dynamisch-transaktionale Ansatz II: Konsequenzen, in: Rundfunk und Fernsehen, 32. Jg., S. 314–329.

SCHREIBER, U. (2000): Die Bedeutung der US-amerikanischen Rechnungslegung für die Besteuerung von Gewinnen und Ausschüttungen, in: *BALLWIESER, W.* (Hrsg.), US-amerikanische Rechnungslegung, 4. Aufl., Stuttgart, S. 49–98.

SCHRUFF, W. (2011): Die IFRS-Rechnungslegung im Spannungsfeld zwischen Cashflow-Prognose und Rechenschaft, in: WPg, 64. Jg., S. 855–860.

SCHULT, E. (1973): Die Wirtschaftlichkeit von Kapitalanlagen in Abschreibungs- und Verlustobjekten, in: BFuP, 25. Jg., S. 11–19.

SCHULT, E. (1975): Wirksame Liquiditätsprognose mit Hilfe der Kennzahl: Liquiditätselastizität, in: WPg, 28. Jg., S. 570–576.

SCHULT, E. (1991): Bilanzierung und Bilanzpolitik in Aufgabe und Lösung, 8. Aufl., Freiburg im Breisgau.

SCHULT, E. (2001): Bilanzanalyse, in: *FEDERMANN, R./KUßMAUL, H./MÜLLER, S.* (Hrsg.), Handbuch der Bilanzierung, Freiburg, Beitrag 25b.

SCHULTE, H. (1974): Die Sozialbilanz der STEAG Aktiengesellschaft, in: BFuP, 26. Jg., S. 277–294.

SCHULTE, K.-W. (1986): Inhalt und Gliederung des Anhangs, in: BB, 22. Jg., S. 1468–1480.

SCHULTZ, S. (2004): Grundlagen der Jahresabschlusspolitik, in: *BRÖSEL, G./KASPERZAK, R.* (Hrsg.), Internationale Rechnungslegung, Prüfung und Analyse, München, Wien, S. 527–542.

SCHÜRMANN, C. (2009): Ein Cocktail zu viel, in: WirtschaftsWoche, o. Jg., Heft 14 vom 30. März 2009, S. 108–110.

SCHÜRMANN, C. (2011): Wie von Zauberhand, in: WirtschaftsWoche, o. Jg., Heft 40 vom 1. Oktober 2011, S. 92–101.

SCHÜRMANN, C. (2013): Mächtig aufpoliert, in: WirtschaftsWoche, o. Jg., Heft 32 vom 5. August 2013, S. 74–83.

SEIDEL, K. (1933): Die Erfolgs- und Rentabilitätsrevision, in: *MEITHNER, K.* (Hrsg.), Die Bilanzen der Unternehmungen, Bd. II, FS für J. Ziegler, Wien, S. 767–801.

SEISING, R. (2004): Information, Kommunikation, Wissen: Wissenschafts- und Technikgeschichte wohin?, in: *SEISING, R./FOLKERTS, M./HASHAGEN, U.* (Hrsg.), Form, Zahl, Ordnung – Studien zur Wissenschafts- und Technikgeschichte, Wiesbaden, S. 799–836.

SELCHERT, F. W. (1978): Bilanzpolitik und Jahresabschlussprüfung, in: WISU, 7. Jg., S. 44–50 (Teil I) und S. 61–65 (Teil II).

SELCHERT, F. W. (1996): Windowdressing – Grenzbereich der Jahresabschlußgestaltung, in: DB, 49. Jg., S. 1933–1940.

SIEBEN, G. (1964): Prospektive Erfolgserhaltung, Ein Beitrag zur Lehre von der Unternehmungserhaltung, in: ZfB, 34. Jg., S. 628–641.

SIEBEN, G./BARION, H.-J./MALTRY, H. (1993): Bilanzpolitik, in: *CHMIELEWICZ, K./SCHWEITZER, M.* (Hrsg.), Handwörterbuch des Rechnungswesens, 3. Aufl., Stuttgart, Sp. 229–239.

SIEBEN, G./HAASE, K. D. (1971): Die Jahresabschlußrechnung als Informations- und Entscheidungsrechnung, in: WPg, 24. Jg., S. 53–57 (Teil I) und S. 79–84 (Teil II).

SIEBEN, G./MATSCHKE, M. J./KÖNIG, E. (1981): Bilanzpolitik, in: *KOSIOL, E./CHMIELEWICZ, K./SCHWEITZER, M.* (Hrsg.), Handwörterbuch des Rechnungswesens, 2. Aufl., Stuttgart, Sp. 224–236.

SIEGEL, T. (1993): Umweltschutz im Jahresabschluß – Probleme und Lösungsmöglichkeiten, in: BB, 48. Jg., S. 326–336.

SIEGEL, T., ET AL. (1999): Stille Reserven und aktienrechtliche Informationspflichten, in: ZIP, 20. Jg., S. 2077–2085.

SIGLE, H. (1993): Bilanzstrukturpolitik, in: *CHMIELEWICZ, K./SCHWEITZER, M.* (Hrsg.), Handwörterbuch des Rechnungswesens, 3. Aufl., Stuttgart, Sp. 239–249.

SORG, P. (1988): Die voraussichtliche Entwicklung der Kapitalgesellschaft, in: WPg, 41. Jg., S. 381–389.

STAHN, F. (1996): Kapitalflußrechnung als dritte Konzern-Jahresrechnung, Bergisch Gladbach et al.

STAHN, F. (1997): Die Kapitalflußrechnung in der aktuellen Berichterstattung deutscher Konzerne, Eine empirische Untersuchung unter Einbeziehung von über 100 großen Unternehmen, in: BB, 52. Jg., S. 1991–1996.

STEINER, M./SCHIFFEL, S. (2007): Bilanzielle Kapitalabgrenzung von Eigen- und Fremdkapital, in: DBW, 67. Jg., S. 349–352.

STÜDEMANN, K. (1970): Die cash flow-Untersuchung als Mittel der Unternehmensanalyse, in: WPg, 23. Jg., S. 392–398.

STUHR, H.-J./BOCK, M. (1995): Einfluß von Umweltschutzanforderungen auf die Unternehmensbewertung, in: Betrieb und Wirtschaft, 49. Jg., S. 293–299.

T

TACKE, H. R./TACKE, E. (1997): Jahresabschlussanalyse in der Praxis, Herne, Berlin.

TANSKI, J. S. (2002): WorldCom: Eine Erläuterung zu Rechnungslegung und Corporate Governance, in: DStR, 40. Jg., S. 2003–2007.

TANSKI, J. S. (2006): Bilanzpolitik und Bilanzanalyse nach IFRS, München.

TRACY, J. A. (1994): How to read a financial report, 4. Aufl., New York et al.

U

UHLIG, H. (1995): Finanzprognosen mit Neuronalen Netzen, München.

UNREIN, D. (2011): Das IASB-Practice-Statement zum Management Commentary, in: PiR, 7. Jg., S. 66–73.

V

TER VEHN, A. (1924): Gewinnbegriffe in der Betriebswirtschaft, in: ZfB, 1. Jg., S. 361–375.

VEIT, K.-R./TÖNNIES, M. (1997): Bilanzielle Transparenz von Unternehmenszusammenschlüssen im internationalen Vergleich, in: WPg, 50. Jg., S. 223–228.

VOLK, G. (2002): „Neue" Jahresabschluss- bzw. Ertragskennzahlen: Arten, Aussagekraft und Verwendungsmotivation, in: StuB, 4. Jg., S. 521–525.

W

WACKERBARTH, U./EISENHARDT, U. (2013): Gesellschaftsrecht II – Recht der Kapitalgesellschaften, Heidelberg et al.

WAGENHOFER, A. (1990): Informationspolitik im Jahresabschluß – Freiwillige Informationen und strategische Bilanzanalyse, Heidelberg.

WAGENHOFER, A. (2006): Fair Value-Bewertung im IFRS-Abschluss und Bilanzanalyse, in: IRZ, 1. Jg., S. 31–37.

WAGENHOFER, A. (2010): Bilanzierung und Bilanzanalyse, 10. Aufl., Wien.

WARLIMONT, G. (2007): Wenn die Wall Street bibbert, in: FTD vom 29. Januar 2007, S. 13.

WASCHBUSCH, G. (1993): Die Ziele der handelsrechtlichen Jahresabschlußpolitik, in: WISU, 22. Jg., S. 235–239.

WASCHBUSCH, G. (1994): Die Instrumente der handelsrechtlichen Jahresabschlußpolitik: Ein Systematisierungsansatz, in: WISU, 23. Jg., S. 807–816 (Teil I) und S. 919–924 (Teil II).

WASCHBUSCH, G./LOEWENS, J. (2013): Monofunktionalität der IFRS zwischen Theorie und Praxis, in: KoR, 13. Jg., S. 252–255.

WATRIN, C. (2001): Internationale Rechnungslegung und Regulierungstheorie, Wiesbaden.

WEBER, J./WEIßENBERGER, B. E. (2010): Einführung in das Rechnungswesen, 8. Aufl., Stuttgart.

WEHRHEIM, M. (1997): Krisenprognose mit Hilfe einer Kapitalflußrechnung?, in: DStR, 35. Jg., S. 1699–1704.

WEHRHEIM, M./SCHMITZ, T. (2009): Jahresabschlussanalyse, 3. Aufl., Stuttgart et al.

WEIBEL, P. (1971): Probleme der Bonitätsbeurteilung von Unternehmungen aus der Sicht der Banken, in: *KILGUS, E.* (Hrsg.), Betriebswirtschaftliche Probleme des Bankbetrieb(e)s, Zürich, S. 97–118.

WEIßENBERGER, B. E./SIEBER, T./KRAFT, J.-C. (2011): Strategieberichterstattung deutscher Aktiengesellschaften im Lagebericht nach HGB, in: KoR, 11. Jg., S. 254–263.

WEINAND, M./OLDEWURTEL, C./WOLZ, M. (2011): Rückstellungen nach BilMoG, in: KoR, 11. Jg., S. 161–166.

WELGE, M. K./AL-LAHAM, A. (2012): Strategisches Management, 6. Aufl., Wiesbaden.

WERNER, U. (1990a): Die Analyse des Lageberichts als Instrument empirischer Zielforschung, in: ZfbF, 42. Jg., S. 1014–1035.

WERNER, U. (1990b): Die Berücksichtigung nichtnumerischer Daten im Rahmen der Bilanzanalyse, in: WPg, 43. Jg., S. 369–376.

WERNER, U. (1991): Die Messung des Unternehmenserfolgs auf Basis einer kommunikationstheoretisch begründeten Jahresabschlußanalyse – dargestellt am Beispiel deutscher Rückversicherungsunternehmen, Wiesbaden.

WILTS, J. (1974): Zur ökonomischen Bedeutung von Rentabilitätsgrößen, in: ZfbF, 26. Jg., S. 473–479.

WINKELJOHANN, N./SOLFRIAN, G. (2003): Basel II – Neue Herausforderungen für den Mittelstand und seine Berater, in: DStR, 41. Jg., S. 88–92.

WIRTH, J. (2005): Müssen sich Personengesellschaften arm rechnen?, in: FAZ vom 28.11.2005, S. 20.

WÖHE, G. (1997): Bilanzierung und Bilanzpolitik, 9. Aufl., München.

WÖHE, G./DÖRING, U. (2013): Einführung in die Allgemeine Betriebswirtschaftslehre, 25. Aufl., München.

WOHLGEMUTH, F. (2007): IFRS: Bilanzpolitik, Bilanzanalyse, Gestaltung und Vergleichbarkeit von Jahresabschlüssen, Berlin.

WULF, I. (2010): Auswirkungen des BilMoG auf die Bilanzpolitik und Beurteilung aus Sicht der Abschlussanalyse, in: StuB, 12. Jg., S. 563–569.

WÜSTEMANN, J. (1996): US-GAAP: Modell für das deutsche Bilanzrecht?, in: WPg, 49. Jg., S. 421–431.

VON WYSOCKI, K./WOHLGEMUTH, M./BRÖSEL, G. (2014): Konzernrechnungslegung, 5. Aufl., Konstanz, München.

Z

ZDROWOMYSLAW, N./KASCH, R./PUCHINGER, T. (1999): Grundzüge der Jahresabschlußanalyse, in: Betrieb und Wirtschaft, 53. Jg., S. 41–46 (Teil I) und S. 81–87 (Teil II).

ZIEHM, F. (1974): Die Sozialbilanz – notwendiges Führungsinstrument oder modische Neuheit?, in: DB, 27. Jg., S. 1489–1494.

ZÜLCH, H./DETZEN, D. (2012): Status Quo der Übernahme und Akzeptanz der IFRS in den USA – Condorsement als kleinster gemeinsamer Nenner?, in: DB, 65. Jg., S. 1166–1168.

ZWIRNER, C. (2010): Financial Covenants: (mögliche) Auswirkungen des BilMoG, in: BC, 34. Jg., S. 278–284.

ZWIRNER, C./BOECKER, C. (2010): Erkennen und Überwachen der Bilanzpolitik, in: Der Aufsichtsrat, 7. Jg., S. 110–112.

ZWIRNER, C./KÜNKELE, K. P. (2009): Übergangsvorschriften zur Anwendung der geänderten Regelungen des BilMoG – Bilanzpolitische Implikationen des Übergangs auf das neue Bilanzrecht, in: DB, 62. Jg., S. 1081–1087.

ZWIRNER, C./KÜNKELE, K. P. (2012): Eigenständige Steuerbilanzpolitik, in: StuB, 14. Jg., Beilage zu Heft 7, S. 1–16.

Normenverzeichnis

ABGABENORDNUNG (AO) in der Fassung der Bekanntmachung vom 1. Oktober 2002 (BGBl. I, S. 3866; 2003 I, S. 61), zuletzt geändert durch Art. 13 des Gesetzes vom 18. Dezember 2013 (BGBl. I, S. 4318).

AKTIENGESETZ (AktG) vom 6. September 1965 (BGBl. I, S. 1089), das zuletzt durch Art. 26 des Gesetzes vom 23. Juli 2013 (BGBl. I, S. 2586) geändert worden ist.

BETRIEBSPRÜFUNGSORDNUNG (BpO 2000) – Allgemeine Verwaltungsvorschrift für die Betriebsprüfung vom 15. März 2000 (Bundesanzeiger Nr. 5, S. 368; BStBl. I, S. 368), zuletzt geändert durch die allgemeine Verwaltungsvorschrift vom 24. April 2012 (BStBl. I, S. 492).

BETRIEBSVERFASSUNGSGESETZ (BetrVG) in der Fassung der Bekanntmachung vom 25. September 2001 (BGBl. I, S. 2518), zuletzt geändert durch Art. 3 Abs. 4 des Gesetzes vom 20. April 2013 (BGBl. I, S. 868).

BILANZRECHTSREFORMGESETZ (BilReG) – Gesetz zur Einführung internationaler Rechnungslegungsstandards und zur Sicherung der Qualität der Abschlussprüfung vom 4. Dezember 2004 (BGBl. I, S. 3166).

BILANZRECHTSMODERNISIERUNGSGESETZ (BilMoG) – Gesetz zur Modernisierung des Bilanzrechts vom 25. Mai 2009 (BGBl. I, S. 1102).

DEUTSCHER CORPORATE GOVERNANCE KODEX in der Fassung vom 13. Mai 2013 (Bekanntmachung am 10. Juni 2013 im elektronischen Bundesanzeiger).

DRS 2: Deutscher Rechnungslegungs Standard Nr. 2: Kapitalflussrechnung, Stand: 5. Januar 2010, Bekanntmachung gemäß § 342 Abs. 2 HGB am 18. Februar 2010.

DRS 3: Deutscher Rechnungslegungs Standard Nr. 3: Segmentberichterstattung, Stand: 15. Juli 2005, Bekanntmachung gemäß § 342 Abs. 2 HGB am 31. August 2005.

DRS 20: Deutscher Rechnungslegungs Standard Nr. 20: Konzernlagebericht, Stand: 2. November 2012, Bekanntmachung gemäß § 342 Abs. 2 HGB am 4. Dezember 2012.

EINFÜHRUNGSGESETZ ZUM HANDELSGESETZBUCH (EGHGB) in der im BGBl. III, Gliederungsnummer 4101-1, veröffentlichten bereinigten Fassung, das durch Art. 2 des Gesetzes vom 4. Oktober 2013 (BGBl. I, S. 3746) geändert worden ist.

EINKOMMENSTEUERGESETZ (EStG) in der Fassung der Bekanntmachung vom 8. Oktober 2009 (BGBl. I, S. 3366, 3862), zuletzt geändert durch Art. 11 des Gesetzes vom 18. Dezember 2013 (BGBl. I, S. 4318).

FRAMEWORK, siehe Rahmenkonzept für die Rechnungslegung.

HANDELSGESETZBUCH (HGB) vom 10. Mai 1897 (RGBl., S. 219), in der im BGBl. III, Gliederungsnummer 4100-1, veröffentlichten bereinigten Fassung, das durch Art. 1 des Gesetzes vom 4. Oktober 2013 (BGBl. I, S. 3746) geändert worden ist.

IDW PS 450 – IDW Prüfungsstandard: Grundsätze ordnungsmäßiger Berichterstattung bei Abschlussprüfungen in der Fassung vom 1. März 2012; verabschiedet vom Hauptfachausschuss (HFA) am 29. September 2003.

INSOLVENZORDNUNG (InsO) – Insolvenzordnung vom 5. Oktober 1994 (BGBl. I, S. 2866), zuletzt geändert durch Art. 6 des Gesetzes vom 31. August 2013 (BGBl. I, S. 3533).

INTERNATIONAL FINANCIAL REPORTING STANDARDS/INTERNATIONAL ACCOUNTING STANDARDS (IFRS/ IAS)/INTERNATIONAL FINANCIAL REPORTING INTERPRETATION COMMITTEE (IFRIC) – veröffentlicht durch diverse Verordnungen der Europäischen Gemeinschaft/Union, zuletzt aktualisiert bzw. ergänzt durch die Verordnung (EU) Nr. 1375/2013 der Kommission vom 19. Dezember 2013 zur Änderung der Verordnung (EG) Nr. 1126/2008 zur Übernahme bestimmter internationaler Rechnungslegungsstandards gemäß der Verordnung (EG) Nr. 1606/2002 des Europäischen Parlaments und des Rates in Bezug auf den International Accounting Standard 39 Text von Bedeutung für den EWR (ABl. EU, Nr. L 346, S. 42 vom 20. Dezember 2013).

PUBLIZITÄTSGESETZ (PublG) – Gesetz über die Rechnungslegung von bestimmten Unternehmen und Konzernen vom 15. August 1969 (BGBl. I, S. 1189), zuletzt geändert durch Art. 3 Abs. 3 des Gesetzes vom 4. Oktober 2013 (BGBl. I, S. 3746).

RAHMENKONZEPT FÜR DIE RECHNUNGSLEGUNG: International Accounting Standards Board (IASB), The Conceptual Framework for Financial Reporting 2010, London 2010.

SOLVABILITÄTSVERORDNUNG (SolvV) vom 14. Dezember 2006 (BGBl. I, S. 2926), zuletzt geändert durch Art. 2 der Verordnung vom 20. September 2013 (BGBl. I, S. 3672).

UNTERNEHMENSREORGANISATIONSGESETZ (URG) – (Österreichisches) Bundesgesetz über die Reorganisation von Unternehmen – BGBl. I, Nr. 114/1997, zuletzt geändert durch BGBl. I, Nr. 58/2010.

WERTPAPIERHANDELSGESETZ (WpHG): Gesetz über den Wertpapierhandel vom 26. Juli 1994 in der Fassung der Bekanntmachung vom 9. September 1998 (BGBl. I, S. 2708), das durch Art. 6 Abs. 3 des Gesetzes vom 28. August 2013 (BGBl. I, S. 3395) geändert worden ist.

Stichwortverzeichnis

Seite

A

Abhängigkeit ....44, 255, 296 ff.
Abhängigkeitsbericht....................297, 300 f.
Abhängigkeitserklärung ....300 f.
Abhängigkeitsgrade.................... 296 ff., 300 f.
Abhängigkeitsprüfung ....296 ff.
Abnutzung ....219, 288 f., 291
Abschreibung ....
.....69 f., 96, 107 f., 194, 223, 289 ff., 357
Abschreibungsquote 112
Acid Ratio 141
Acid Test 141
Adressat...4 ff., 18, 43, 62 ff., 87 f., 268, 312 ff.
Adressatenorientierung.............................. 18
Aktienanalyse....................213 f., 215 f.
Aktionärspolitik................... 276, 279
Aktionärsschutz, *siehe* Investorenschutz
Aktualität..................................... 20, 34
Analyse... 3,
    integrierte .... 334 f., 339 ff.,
    qualitative Kreditwürdigkeits- ......263 ff.,
    quantitative..................... 13, 23, 35, 45,
    quantitative Kreditwürdigkeits- ....254 ff.,
    technische..................................... 196 f.
Analysebericht.............................. 18, 30
Analysemethoden, Auswahl der... 7 f., 22, 26 ff.
Analyseobjekt.............................3 f., 334, 338
Analyseziele ....22 ff., 43 ff., 113
Anhang ....54 f., 110, 313 f., 326
Anlage(n)gitter, *siehe* Anlage(n)spiegel
Anlagenabnutzungsgrad 291
Anlagenalter, relatives...............................291 f.
Anlagendeckung.. 138
Anlagenintensität...............................79, 235 f.
Anlage(n)spiegel 54, 146, 288, 291
Ansatz... 67 f., 71, 73, 77, 95 f., 103 f., 106, 108
Ansatzwahlrechte 102, 104, 106, 108
Anschaffungskostenmodell 69, 117, 137
Anspannungskoeffizient......................242 f.
Anteile, eigene................................. 125

Anzahlungen, erhaltene 118, 140
Äquivalenz...19, 80
Assoziierung .... 49, 298 ff.
Aufstiegschancen, Analyse der....................274
Aufwand .... 5, 133, 159, 221 ff.
Aufwands- und Ertragskonsolidierung.........354
Aufwandsrückstellungen 68, 123, 292
Ausgabe 133
Aussagen,
    beurteilende 324, 326,
    Intervall-....................................323, 326,
    komparative 324, 326,
    nicht zu klassifizierende 324, 326,
    Präzisionsgrad von.................... 323 ff.,
    Punkt-...323, 326
Ausschüttungsbemessung 49, 61, 65, 349
Außenprüfung, steuerliche......39, 281 f., 365 ff.
Ausweis.........67, 71, 74, 78, 103 f., 107 ff., 353
Ausweiswahlrechte ....103 f., 107 ff.
Auszahlung ....133, 137, 159 f.

B

Balanced Scorecard 304
Banker's Rule 143
Barwert 240, 359
Basel I/II/III ....15 f., 243, 252, 266
Beförderung, Analyse der...........................274
Beherrschung ....297, 351 f.
Beherrschungsvertrag 299, 301
Beizulegender Zeitwert abzüglich
    Verkaufskosten...................................358
Beschäftigungsgrad, *siehe* Kapazitätsauslastung
Besicherungsquote......................................256
Bestände, durchschnittliche ....115, 145 f.
Beständedifferenzenbilanz.......................164 f.
Bestandsgrößen...............................135 f., 143 ff.
Bestätigungsvermerk 7, 52, 59
Besteuerungsgrundlage...........................365 ff.
Beteiligungsmitteilung...........................296 ff.

Betrag, erzielbarer 358
Betriebsanalyse.. 8, 48
Betriebsanteil.............................222, 226 f., 231
Betriebsbilanz 279
Betriebsergebnis ..... 208 ff., 217 ff., 223 ff., 231
Betriebsergebnisanteil ....222, 226 f., 231
Betriebsklima, Analyse des ....273 f.
Betriebsrentabilität ....208 ff., 224 ff.
Betriebsvergleich....24, 38, 46, 140, 361, 366 ff.,
     äußerer/externer .... 46, 361, 366 ff.,
     innerer/interner......................46, 366 ff.
Bewegungsbilanz........................ 162 f., 164 ff.
Bewegungsvergleich 14
Bewertung ......67 ff., 73, 77 f., 95, 103 f., 107 f.
Bewertungswahlrechte .....95, 103 f., 107 f., 352
Beziehungszahlen....................................78 f.
Big Bath Accounting 112
Bilanz. 53
Bilanzanalyse,
     Abgrenzungen ....8 f.,
     Definition 3,
     empirische ....10 ff.,
     Entwicklungsstand ....10 ff.,
     Grenzen ....31 ff.,
     Grundsätze ....17 ff.,
     Methodik ....21 ff.,
     pragmatische Ebene der ....319 ff.,
     Praxis...14 ff.,
     qualitative.......................13, 16, 309 ff.,
     semantische Ebene der.................326 ff.,
     semiotische ....317 ff.,
     statistische ....10 ff., 15,
     strategische...........................16, 333 ff.,
     syntaktische Ebene der.................322 ff.,
     Theorie ....10 ff.,
     Zielsetzung ....4 f.
Bilanzanalyst 3
Bilanzierung ....4, 66 ff.,
     Grundsätze 17, 64
Bilanzkritik...3, 30
Bilanzmanipulation .... 34, 83, 151, 183 f., 228
Bilanzpolitik ... 7, 14, 34, 39, 74 f., 82 ff., 183 f.,
     Analyse der .... 14, 40, 74 f., 78, 109 ff.,
     darstellungsgestaltende 95,
     Grenzen der ....84 ff.,
     Instrumente der ....94 ff.,
     konservative ....87 ff., 111,
     progressive ....87 ff., 111,
     sachverhaltsgestaltende ....94 f.,
     Zielsystem ....86 ff.

Bilanzpolitikprofil.....................................111 f.
Bilanzrechtsmodernisierungsgesetz
     (BilMoG)............................14, 105, 221
Bilanzrechtsreformgesetz (BilReG).............59 f.
Bilanzregel, goldene .... 38 f., 46 f., 139
Bilanzstichtag .... 34, 51, 53, 93, 98 ff.
Bilanztheorie,
     dynamische 64,
     statische 64
Bildung, Analyse der ....272 f.
Bonitätsbeurteilung................. 12, 15 f., 249 ff.
Börsenkapitalisierung .... 195 ff., 227, 229,
     relative 227
Börsenkurs................9, 195 ff., 215 f., 227, 229
Branchenvergleich ... 14, 24, 38, 46, 140, 366 ff.
Break-Even-Analyse,
     siehe Gewinnschwellenanalyse
Bruttoausweis 170
Buchführung, Grundsätze der..........................
     ....5, 17, 63, 311, 313
Bundesanzeiger.. 51 ff.
Burn Rate, *siehe* Verbrennungsrate
Business-Combination-Projekt 356

C

Capacity..256 f.
Capital..256 f.
Case Law..65 f.
Cash Ratio..141
Cash-burn Rate, *siehe* Geldverbrennungsrate
Cashflow..........149 ff., 174 f., 229, 258 f., 290,
     direkter......................... 152, 157 ff., 175,
     erfolgswirtschaftlicher.......149 ff., 194 f.,
     finanzwirtschaftlicher ... 149 ff., 160, 290,
     indirekter .... 55, 151 f., 153 ff., 174
Character .... 256 f.
Chart-Analyse 197
Code Law..65 f.
Collateral..256 ff.
Common Law 65
Completed-Contract-Methode 70
Conditions..256 f.
Corporate Governance Kodex ....51 f.
Current Ratio ....142 f., 260
Cut-Off-Point...11

D

Darstellungsgestaltung .... 94 f., 102 ff.
Datenbasis .... 7 f., 19 f., 32 f., 75, 77
Debitorenziel 145, 237
Deckungsgrade ....138 ff.,
    horizontale ....135, 140 ff.,
    kurzfristige ....140 ff.,
    langfristige ....138 ff.
Deckungsvermögen .... 107, 123 f.
Definition .... 3 f., 22 ff., 43 ff., 82 f., 246
Dekodierung 4
Disagio 103, 119, 126, 155
Diskontierungszinsfuß 181, 359
Diskriminanzanalyse ....11 f.,
    multivariate 11,
    univariate... 11
Dividende ....43, 167 ff., 216, 279
DuPont-System..................................... 81, 207

E

E-Bilanz.. 366
Earnings per Share, *siehe* Gewinn je Aktie
Ebene,
    pragmatische ....319 ff.,
    semantische ....326 ff.,
    syntaktische................................322 ff.
EBIT… ....187 ff.
EBITDA ....187, 190 ff.
EBITDASO 187, 193
Effektivverschuldung 258
Eigenfinanzierungsquote 267
Eigenkapital......120 ff., 126, 204 f., 242 ff., 257
Eigenkapitalquote..................... 101, 243 f., 257
Eigenkapitalrentabilität ....204 f., 242 f., 250
Eigenkapitalspiegel 55
Eigenkapitalveränderungsrechnung 55
Einheit, zahlungsmittelgenerierende ....357 ff.
Einlagen, ausstehende 119
Einnahme.. 133, 176 f.
Einzahlung................................ 133, 137, 158
Einzelabschluss ....37, 49, 60 f., 294, 296, 349 f.
Eisberghypothese...................... 97, 112
Empfängerorientierung,
    siehe Adressatenorientierung
Entscheidungsfeld, bilanzpolitisches..........92 ff.
Entscheidungswert...................................... 9, 64
Entschuldungsgrad 258

Entsprechung,
    von Informationsbedürfnis und
    Informationsmöglichkeit 17, 25, 31,
    sachliche 80, 145, 206, 212,
    wertmäßige 80, 145, 209, 237,
    zeitliche 80
Entstehungsrechnung.............................. 198 ff.
EPS, *siehe* Gewinn je Aktie
Erfahrungswissen....................................315 f.
Erfolg.............................5, 180 ff., 265, 353 f.,
    konzerninterner...............................353 f.
Erfolgsanalyse,...................................... 180 ff.,
    betragsmäßige.............. 180, 184, 186 ff.,
    kombinierte.................. 185, 224 ff., 230,
    strukturelle............ 180, 184, 216 ff., 230
Erfolgsermittlung, periodengerechte 64, 70
Erfolgserzielungsvermögen ....233 f., 246, 286
Erfolgsglättung ....89, 96 f., 183
Erfolgskonsolidierung...............................353 f.
Erfolgslage, Analyse der........................ 180 ff.
Erfolgsquellenanalyse..................... 184, 216 ff.
Ergebnis,
    außerordentliches...........................219 f.,
    betriebsfremdes ....218 f.,
    ordentliches 217, 220
Ergebnis je Aktie .... 213 ff.,
    unverwässertes............................214 f.,
    verwässertes......................................215
Ergebnis nach DVFA/SG ....186 f., 228
Ergebnisberechnung ....28 f.
Ergebnisdarstellung 30, 76
Ergebnisinterpretation....................29 f., 77
Ergebniskontrolle...318
Ergebnisvergleich............................29 f., 76
Ergebnisverwendung ....58, 120 f.
Erhaltungsaufwendungen..................286, 291 f.
Ermessensspielräume......... 95, 102 ff., 332, 357
Ertrag......................5, 133, 158, 180 f., 221 ff.
Ertrags- und Aufwandsstrukturanalyse......221 f.
Ertragskraft ....180 ff., 194 f., 216 ff., 224 ff.
Ertragsteuern................... 188 ff., 209 f., 218 ff.
Ertragswert......................................180 f.
Exportpolitik 284

F

Fair Value ....68 f., 117 f., 158, 182, 321, 358
Fair Value less Costs to Sell 358
Fehlklassifikation 12, 259
Fertigungsaufträge, langfristige ... 70, 118 f., 154
Finanzanlagen 118
Finanzierung, optimale 243
Finanzierungsregel, goldene .... 38 f., 139, 242
Finanzierungsstrukturanalyse .... 242 ff., 245 f.
Finanzmittelfonds .... 133, 150, 173 ff.
Firmenwertmethode 240
Fluktuationsquote .... 273 f.
Fonds.... .... 133 f., 150 f., 163 f., 170 ff.
Fondsrechnung .... 163 f., 170 ff.
Forschung und Entwicklung .... 56, 292 ff.
Forschungs- und Entwicklungsbericht ... 56, 295
Forschungs- und Entwicklungsintensität ... 294 f.
Fortschrittskontrolle 303
Fragebogenanalyse .... 254 ff.
Free Cash Flow 359
Fremdkapital ..... 113 f., 121 ff., 160, 190, 242 ff.
Fremdkapitalquote .... 242 ff.
Fremdkapitalzins .. 81, 190, 206, 242 f., 259, 367
Full-Goodwill-Methode .... 356 f.
Fundamentalanalyse 196

G

Gebühren 199
Geheimhaltungsbedürfnis .... 56 f.
Geldverbrennungsrate .... 161 f.
Geldvermögensintensität .... 235 f.
Gemeinwesen 280
Generalnorm 5, 44, 183, 312
Generalklausel, *siehe* Generalnorm
Genossenschaften .... 51, 55, 121 f.
Gesamtergebnisrechnung 3, 36, 54, 71, 221
Gesamtkapital .... 81, 176, 205, 259 f., 284 f., 368
Gesamtkapitalliquidität .... 176 ff.
Gesamtkapitalrentabilität ... 205 ff., 242 f., 259 f.
Gesamtkostenverfahren .... 54, 71, 103 f., 208 ff.
Geschäfts- oder Firmenwert,
     derivativer .... 69, 116, 209, 355 ff.,
     originärer 35, 226, 232, 253
Geschäftsleitung, Qualität der ... 112, 257, 303 f.
Gestaltungspotential, bilanzpolitisches ......84 ff.

Gewinn.... 65, 81, 90, 180 ff., 202 f., 205, 213 ff.,
     je Aktie .... 213 ff.,
     kritischer ....202 f.,
     ökonomischer .... 180 f., 228
Gewinn- und Verlustrechnung ....
     ....36, 54, 58, 116, 157, 167, 170, 184, 217
Gewinnschwellenanalyse .... 202 f., 230
Gewinnverschiebung .... 183, 230, 255, 281 f.
Gläubigerschutz 5, 33, 63, 65, 294, 312, 363
Gleichgewicht, finanzielles .... 131 f., 179
Gliederungsvorschriften ... 53, 71, 345, 353, 366
Gliederungszahlen .... 78 f.
Goodwill, *siehe* Geschäfts- oder Firmenwert
Größenkriterien/-merkmale .... 52 f., 99, 264
Großreinemachen 112
Grundlagenforschung 293
Grundsätze ordnungsgemäßer Bilanzanalyse .....
     .... 17 ff.

H

Haftungsbeschränkung .. 5, 49, 52 ff., 254 f., 334
Halbreingewinnsatz 368
Handelsregister, elektronisches .... 51 ff.
Hard Facts .... 252 f.
HGB .... 14, 33, 49 ff., 59 ff., 63, 65, 67 ff., 97 ff.
Humanvermögen .... 239 ff.

I

IFRS... 14, 36 f., 49 ff., 59 ff., 85, 89, 97 ff., 358
IKS-Bericht 56
Illiquidität .... 131 ff., 139, 151
Impairment Only Approach .... 356 f.
Impairment Test .... 69, 356 ff.
Imparitätsprinzip .... 70 f.
Importquote 284
Indexzahlen .... 79 f.
Inflationsindex .... 224 ff., 285
Informationsanalyse 311
Informationsaufbereitung... 26, 72 ff., 77 ff., 332
Informationsbedürfnis ... 17 ff., 25 ff., 31, 43 ff.
Informationsbeschaffung .... 25 f., 48 ff.
Informationserwartung .... 315 ff.
Informationskompatibilität .... 22, 26 ff.
Informationspflichten, verbale 71,
     nach HGB .... 312 f.,
     nach IFRS .... 314 f.
Informationspolitik .... 86, 276, 277 ff.

Informationsquellen ... 3 f., 8, 25 ff., 31 ff., 48 ff.,
    Zukunftsbezogenheit der 32
Informationsüberlastung 320
Informationsvermittlungsfunktion ....312 ff., 349
Innenbeziehungen 350
Innenfinanzierungsgrad .... 160 f., 290
Innenfinanzierungskraft .... 151, 160 f.
Innenverpflichtungen 68, 123
Innovationspolitik .... 286 f., 292 ff.
Insolvenz .... 11 f., 131 f., 161, 257, 262 f.
Insolvenzquote 257
Instandhaltungsaufwendungen 292
Internationalisierung ....13 f., 72 ff., 361 ff.
Interpretation, vorsichtige .... 19, 57 f.
Intransparenz, syntaktische 325
Investitionsdeckung 161, 289,
    Netto- .... 161, 290 f.
Investitionspolitik .... 286 f., 288 ff.
Investitionsquote ....289 f.
Investorenschutz ....65 f., 314
Ist-Zielerreichung,
    siehe Unternehmenszielerreichung

J

Jahresabschluss.... 3 ff., 7, 10 ff., 35 ff., 49 ff., 61
Jahresabschlussanalyse, *siehe* Bilanzanalyse
Jahreserfolg .... 120 f., 186 ff., 259 f.

K

Kalkulationszinsfuß 181, 359
Kapazität ....156, 238 f., 245 f., 288
Kapazitätsauslastung ....238 f., 245 f.
Kapitaldienst....................63 f., 161, 250 f., 258
Kapitaldienstfähigkeit ....250 f.
Kapitaldienstgrenze 258
Kapitalerhaltung,
    nominelle............................ 182,
    substantielle.............................. 180, 205
Kapitalerhöhung 57, 158, 213, 279
Kapitalflussrechnung.........55, 150, 162 ff., 288,
    erweiterte...............................161, 167 ff.,
    Total-...171 f.
Kapitalintensität....................................... 223
Kapitalmarktorientierung .... 49 ff., 59 ff.
Kapitalstruktur .... 97, 221 ff., 235 ff., 242 ff.
Kapitalstrukturkennzahl ....243 f.
Kapitalvolumen, optimales,
    siehe Finanzierungsvolumen, optimales

Kaufkraftkurs/-parität ....363 f.
Kaufpreisallokation...............................356, 360
Kennzahlen..... 11 f., 14, 19, 38 f., 46, 78 ff., 141,
    absolute ....78 f.,
    angloamerikanische ....
    .... 141, 143, 187 ff., 206, 211, 260,
    bestandsorientierte .... 135 ff., 246, 260,
    horizontale ....80, 135, 138 ff., 244 f.,
    Intensitäts- .... 223, 235 f., 294 f.,
    Liquiditäts- .... 140 ff.,
    Pro-Forma- ....228 f.,
    relative ...78 ff., 140, 184, 204, 221 f., 364,
    Rentabilitäts- .... 204 ff.,
    vermögensorientierte .... 235 ff.,
    vertikale .... 80, 235 ff.,
    Wachstums- .... 225 f., 284 f.
Kennzahlenvergleich ....14, 38, 367 f.
Kennzahlenhierarchie 207
Kennzahlensystem ....14, 47, 81 f., 176 ff., 207 f.,
    analytisches 81,
    synthetisches..81
Klassenbildung ....11 f.
Klassifikation 12, 259
Kleinaktionär 6, 9, 43, 303
Konjunkturbeitrag........................... 276, 283 ff.
Konjunkturlage ....263 f.
Konkurrentenanalyse 6, 335, 338, 346
Konsolidierung ....301 f., 351 ff.,
    Unterschiedsbetrag aus der
    Kapital- .... 355 ff.
Konsolidierungskreis .... 301 f., 351 f.
Kontrolle 303
Konzept der einheitlichen Leitung...............299
Konzern... 3, 37, 49 ff., 59 f., 183, 296 ff., 349 ff.
Konzernabschluss ..... 49 ff., 59 f., 301 f., 349 ff.
Konzernanhang ....50, 301 f., 354
Konzernbeziehungen .... 183 f., 296 ff., 350
Konzernbilanzanalyse .... 349 ff.
Konzerninnenbeziehungen.........................350
Konzernlagebericht .... 50, 55 ff., 302, 345
Konzernverflechtungen,
    siehe Unternehmensverbindungen
Kostenwertmethode 241
Krankenstand 273
Kredit....................... 12, 15 f., 101, 249 ff.
Kreditfähigkeit............................. 15 f., 249 f.
Kreditorenziel.......................................147
Kreditsicherheit.......................249, 251, 264
Kreditsicherung.......................249 f., 254

Kreditwürdigkeit .... 11, 15 f., 38, 249 ff.
Kreditwürdigkeitskriterien,
    qualitative/quantitative ...... 254 f., 263 ff.
Kreditwürdigkeitsprüfung .... 15 f., 38, 249 ff.
Kundenziel, *siehe* Debitorenziel
Kurs-Gewinn-Verhältnis .... 215 f.

L

Lagebericht ....3 f., 55 ff., 83, 297, 309 ff., 333 ff.
Lagerreichweite .... 145, 237 f.
Lasten, stille, *siehe* Reserven, stille
Leasing .... 68, 191 ff.
Lebensqualität .... 275 f.
Leistungsvermögen, menschliches,
    siehe Humanvermögen
Leverage-Effekt .... 242 f., 250
Leverage Ratio 243
Liquiditätsanalyse .... 131f., 134 ff., 246, 261
Liquidierbarkeit ...... 131, 135 ff., 176 ff., 235 ff.
Liquidität ... 46 f., 131 ff., 140 ff., 148 ff., 176 ff.,
    1. Grades .... 140 f.,
    2. Grades .... 140 f., 267,
    3. Grades .... 142 f., 274, 260, 267,
    dispositive .... 131 f., 148 ff., 176 ff.,
    strukturelle .. 131, 135 ff., 176 ff., 235 ff.,
    Über-/Unter- 132
Liquiditätsanalyse, kombinierte .... 176 ff.
Liquiditätsanalysemethoden,
    bestandsorientierte .... 135 ff., 235 ff.,
    stromgrößenorientierte .... 148 ff.
Liquiditätsgrade .... 140 ff., 274, 260, 267
Liquiditätslage, Analyse der .... 131 ff.
Liquiditätssicherungsvermögen ....
    .... 233, 242 ff., 246, 251
Liquiditätsziel 233
Lohnniveau .... 270 ff.
Lohnquote 271

M

Management Commentary .... 50, 57 f., 345 ff.
Manipulationsfreiheit 19, 191, 193
Markt, aktiver 69
Maßgeblichkeit 34, 84, 90,
    umgekehrte 34
Mehrheitsbeteiligung .... 298 f.
Methode der zukünftigen Einkünfte 240
Methode der zukünftigen Leistungsbeiträge ... 240

Methoden-Informationsvergleich ....
    .... 22, 27 f., 178, 228 ff., 245 f., 343 ff.
Methodenauswahl .... 26 ff., 40
Methodenvergleich ... 22, 28, 179, 231, 246, 348
Mezzanine-Kapital 122
Mitgliedsstaatenwahlrecht .... 59 f.
Mittel, stilistische und rhetorische 327
Mutterunternehmen .... 50, 351 f.

N

Nachhaltigkeit 185, 197, 217, 224, 231, 246
Nachteilsausgleich .... 296 f., 300
Nachtragsbericht 56, 344
Net Cash Fund, *siehe* Nettogeldvermögen
Net Working Capital,
    siehe Nettoumlaufvermögen
Nettogeldvermögen .... 133, 170 f., 176 f.
Nettoinvestitionen .... 160 f., 288 ff.
Nettoumlaufvermögen .... 134 f., 142 f., 170 f.
Netze, neuronale 12, 15
Neubewertungsmodell .... 69, 117 f.
Neubewertungsrücklage .... 69, 117 f., 120
Normvergleich .... 24, 38 f., 46 f., 140 ff.
Nutzungswert .... 358 f.

O

Offenlegungspflicht .... 51 ff., 60
Ökobilanzen 279
Opportunitätskostenmethode 240
Ordnungssysteme .... 81 f.
Orientierung, betriebswirtschaftliche ....
    .... 18, 26, 77, 113
Overriding Principle 5

P

Partialanalyse .... 22, 24 f., 44, 47, 265
Partialziele .... 22 ff., 29, 44, 47, 176 f.
Pensionsrückstellung .... 69, 107, 123 f.
Pensionszusagen, (un)mittelbare .... 69 f.
Percentage-of-Completion-Methode 70, 154
Personalintensität 223
Personalpolitik .... 268 ff., 276, 284
Personenhandelsgesellschaft .... 4 f., 49 ff., 254 f.
Poolabschreibung 287
Portfoliotechnik .... 342 f.

Potential ....84, 286, 310, 338 ff.,
   -analyse 339,
   Erfolgs- .... 20, 257, 339 f.,
   Forschungs- .... 10 ff.,
   ökonomisches/wirtschaftliches . 283, 359,
   Produktions- 289
Praktikabilität 19, 26
Prämissenkontrolle 318
Preis 9, 192
Price Earnings Ratio,
   siehe Kurs-Gewinn-Verhältnis
Primäranalyse ....263 f., 267, 278 f.
Produktbilanz 303
Produktionsfaktoren .. 180 f., 198, 201, 223, 239
Produktionsvermögen ....288 ff.
Produktionswert .... 198 ff., 212 f., 223, 239,
   preisbereinigter 239
Profilanalyse ....261 ff., 304
Prognosebericht 56, 323
Prognoseproblematik,
   siehe Prognoseunsicherheit
Prognosespielräume .... 74, 84, 95 f., 105 ff.
Prognoseunsicherheit 10, 33, 105, 178, 317
Prognosezuverlässigkeit 259
Prophezeiung, selbsterfüllende 12, 197, 229
Prozessbilanz 279
Publikationen .... 3 f., 45, 48 ff., 58, 255, 284, 347
Publizitätsgesetz 51, 53

Q

Quick Ratio 142, 144, 267

R

Ranganalyse, qualitativ-quantitative ....265 ff.
Rating. ....15 f., 82, 252 f.
Realisationsprinzip .... 70 f.
Realvermögen ....235 ff.
Rechenschaftsadressat 6
Rechenschaftsempfänger 6
Rechenschaftsinteressent 6
Rechensysteme 81
Rechnungsabgrenzungsposten 68, 119, 124
Rechnungslegungsphilosophie ...... 64 ff., 361 ff.
Rechtsform .... 36 f., 51 ff., 98, 254 f.
Rechtssystem .... 65 f.
Rechtzeitigkeit ....20, 35 f.
Recoverable Amount, *siehe* Betrag, erzielbarer
Reingewinn, relativer ....259 f.

Reingewinnsatz 368
Reinvermögen 133, 182, 232
Rentabilität .... 47, 133, 184 f., 204 ff., 224 ff.
Rentabilitätsanalysen ....204 ff., 224 ff.
Rentabilitätskennziffer ....367 f.
Reserven, stille .... 70, 77, 88 f., 96, 112 f.
Ressource .... 232, 338 ff.
Restbetrag 201
Return on Assets,
   siehe Gesamtkapitalrentabilität
Return on Capital Employed 211
Return on Investment ....81, 206 f., 259
Return on Net Assets,
   siehe Gesamtkapitalrentabilität
Return on Sales, *siehe* Umsatzrentabilität
Risikobericht ....56, 344 f.
Rohgewinnaufschlag 367
Rohgewinnsatz 368
ROA, *siehe* Gesamtkapitalrentabilität
ROCE, *siehe* Return on Capital Employed
ROI, *siehe* Return on Investment
RONA, *siehe* Gesamtkapitalrentabilität
ROS, *siehe* Umsatzrentabilität
Rückstellungen ....68 ff., 107, 123 f., 133, 281 f.

S

Saarbrücker Formel 241
Sachverhaltsdarstellung 94
Sachverhaltsgestaltung .... 94 f., 97 ff.
Sachvermögen 133, 239
Schätzungsspielräume .... 74, 95 f., 105 ff.
Scheingewinn 182, 225
Schuldentilgungsdauer .... 258 f., 261 f., 267
Scoring 16, 82
Segmentbericht 50, 52, 55, 222
Sekundäranalyse ....251, 266 f., 303 ff.
Selbstliquidationsperiode 131
Sicherheit, Analyse der sozialen .... 270 ff.
Soft Facts ....252 f., 263
Soll-Zielerreichung,
   siehe Unternehmenszielerreichung
Solvabilitätsverordnung 16, 252
Solvenztest ....11 f., 161
Sonderposten ....67, 122 f.
Sozialbericht 57, 272, 293
Sozialbilanz ....272 f., 278, 295
Sozialleistungen, freiwillige ....271 f.
Sperrminorität ....298 f.

Spekulation 196, 229, 359
Stammaktien ....213 ff.
Standort- und Anlagenbilanz 279
Stellenanzeigen ....272 ff.
Stetigkeit ....85, 92 f., 173
Steuerbilanz .... 34, 84 f., 88, 112, 282, 365 ff.
Steuern.... 69, 88, 122 f., 187 ff., 199 ff., 280 ff.,
    Ertrag- .... 122, 188 ff., 209 f., 218 ff., 359,
    latente ..... 67, 89, 103, 117 ff., 124 f., 282
Steuerrückstellungen .... 159, 281 f.
Streubesitz 279
Stromgrößen .... 133 ff., 148 ff.
Strukturanalyse, horizontale ....234, 244 ff.
Strukturbilanz .... 26, 78, 113 ff., 125 ff., 360
Subjektivität ...... 8 f., 22 f., 58, 181, 263, 317 ff.
Substanzerhaltung .... 180, 224 f., 231
SWOT-Analyse 341

T

Taxonomie 366
Tilgungsdauer, *siehe* Schuldentilgungsdauer
Tochterunternehmen.....49, 95, 294, 302, 351 ff.
Totalanalyse ....22, 24, 29 f., 43 f.
Totalerfolg ....70, 86 f.
Totalziel...................22 ff., 29, 43 f., 47, 303 ff.
Transparenz 13, 18, 60, 79, 125, 325
Two-to-One-Rule 143

U

Übernahmebericht 297
Umlaufintensität ....235 f.
Umrechnung ....362, 363 f.
Umsatz, kritischer....................................202 f.
Umsatzabweichung 203
Umsatzkostenverfahren 54, 71, 209
Umsatzrentabilität .... 81, 207, 211 f.
Umschlagsdauer .... 143 ff., 236 ff.
Umschlagshäufigkeit .....81, 143 ff., 207, 236 ff.
Umschlagskoeffizienten .... 143 ff., 236 ff.
Umweltanalyse(n) ....334 ff.,
    globale..337,
    spezielle...337 f.
Umweltbericht 57
Umweltpolitik..275 ff.
Umweltschutz...........................276, 278, 282 f.
Umwertung...362 f.
Uneinheitlichkeit ....352 f.
Unsicherheit 10, 33, 73, 148, 178, 317, 325

Unterliquidität, *siehe* Illiquidität
Unternehmensanalyse .... 8, 334 f., 338 ff.,
    siehe auch Betriebsanalyse
Unternehmensbewertung ....8 f., 17
Unternehmensgröße ....52 f., 99, 264
Unternehmenspolitik................ 86 f., 94 ff., 279
Unternehmensverbindungen... 183 f., 296 ff., 350
Unternehmensverflechtungen,
    siehe Unternehmensverbindungen
Unternehmenswert...............................8 f., 181
Unternehmenszielerreichung ....43 f., 303 ff.
Unterschiedsbetrag ....120, 123 f., 351 f., 355 ff.
US-GAAP....................61 ff., 76, 356, 361 ff.

V

Value in Use, *siehe* Nutzungswert
Veränderungsbilanz ....164 f.
Verbindlichkeit ....60 f., 124, 327
Verbrennungsrate....................................161
Verbundbeziehungen ....125, 296 ff., 349 ff.
Vergleichbarkeit .... 13, 60, 74, 187, 360, 361 ff.
Vergleiche, internationale .... 361 ff.
Vergleichsmaßstäbe .... 23 f., 45 f., 140
Vergleichswährung ....363 f.
Vergütungsbericht.....................................56
Verhalten, steuerliches.................... 276, 280 ff.
Verhältnisse, wirtschaftliche..... 10, 94 ff., 254 f.
Verhältniszahlen 79, 132, 143, 177
Vermögen ...4 f., 45 f., 53, 64 f., 96 f., 232, 265,
    betriebsnotwendiges ....
    ....137 f., 208, 210 f., 224 ff., 284,
    immaterielles ....
    .... 67, 69, 116 ff., 176, 232, 293
Vermögens-, Finanz- und Ertragslage/
    VFE-Lage ...... 4 f., 44, 94 ff., 129 ff., 251
Vermögens-Finanzierungsstrukturanalyse.........
    .... 234, 244 ff.
Vermögensanalyse, kombinierte................244 f.
Vermögensgegenstand 67
Vermögenslage, Analyse der .... 232 ff., 251
Vermögensrentabilität,
    siehe Gesamtkapitalrentabilität
Vermögensstrukturanalyse....... 235 ff., 243, 245
Vermögenswert......................................67
Vermögenszuwachsrechnung ....366 f.
Verrechnungspreise 183, 281
Verprobungsrechnungen ....366 f.

Verschuldungsgrad ....242 ff.,
  dynamischer, ...258 f.
Verschuldungskoeffizient ....242 f.
Verteilungsrechnung ....201 f.
Verursachungsprinzip 218, 305
Viereck, magisches 276, 285
Vorleistungen ....198 ff.
Vorsichtsprinzip 5, 33, 63, 65, 70

W

Wachstum ....224 ff., 284 f., 288 ff.,
  qualifiziertes 180,
  reales 225,
  relatives ....180, 284 f.,
  volkswirtschaftliches .... 180, 224 f., 285
Wachstumskraft 290
Wachstumsquote ....284 f.
Wachstumsrate ....288 f.
Wahlrechte ... 73 f., 89, 95, 102 ff., 321, 352, 362,
  explizite .... 73 f., 84, 95, 102 ff., 111,
  implizite ..... 14, 74, 84, 95, 105 ff., 321 f.
Wechselkurs ....363 f.
Wert ....8 f., 192
Wertaufhellung 102
Werthaltigkeitstest ....348 f.
Wertminderungstest, *siehe* Werthaltigkeitstest
Wertschöpfung ....198 ff., 230, 270,
  außerordentliche ....198 ff.,
  ordentliche ....198 ff.,
  relative ....212 f.
Window Dressing 100
Wirtschaftlichkeit 20, 25, 93, 367
Wirtschaftlichkeitskennziffer ....367 f.
Wirtschaftsbericht 56
Wirtschaftsgüter 131,
  geringwertige 287
Wirtschaftszweig 51
Wohlfahrt ....275 f.
Wohlstand 276
Working Capital, *siehe* Nettoumlaufvermögen
Working Capital Ratio,
  siehe Liquidität 3. Grades

Z

Zahlungsfähigkeit ..... 63, 131 ff., 148 ff., 176 ff.
Zahlungsmittelfonds 133
Zahlungsmittelreserven ....131 f.
Zahlungsunfähigkeit ....131 f.,
  drohende ....131 f.
Zeitvergleich ....
  .... 14, 38, 45 f., 112, 140, 320 ff., 366 f.
Ziel-Mittel-Hierarchien 24
Zielantinomie 285
Zieldefinition .... 22 ff., 45, 72,
  absolute 23,
  relative ....23 f.
Zielerreichung,
  siehe Unternehmenszielerreichung
Zielerreichungsgrade .... 24, 44, 303 ff., 340
Zielformulierung ....22 ff., 43 ff., 72
Zielgewichtung ....22, 24 f., 29, 43, 47
Zielhierarchie .... 22 ff., 47, 234
Zielkompatibilität ....22, 26, 28 f.
Zielkonflikte ....90 f., 285
Zielorientierung 8, 17, 21
Zielsystem .... 8 f., 86 ff., 288, 303 ff.,
  bilanzpolitisches .... 86 ff.
Zirkelschluss 181
Zukunftsbezogenheit 32
Zukunftserfolgswert 181
Zukunftsorientierung .....18 f., 73, 286, 313, 335
Zusammenbruchhäufigkeit ....263 f.
Zweckforschung 293
Zweigniederlassungsbericht 56
Zweischneidigkeit ....85 f., 93
Zwischenberichterstattung 51
Zwischenergebniseliminierung ....353 f.